“十二五”国家重点图书出版规划项目

材料学的纳米尺度计算模拟：从基本原理到算法实现

单斌　陈征征　陈蓉　编著

Materials Science

华中科技大学出版社
http://www.hustp.com
中国·武汉

内 容 简 介

本书主要介绍了计算材料学中比较常用的微观尺度模拟方法的基本理论，深入讨论了各种模拟方法的数值化实现、数值算法的收敛性及稳定性等，综述了近年来计算材料学国内外最新研究成果。

本书共分为六章。前两章内容包含材料模拟的理论基础。第 1 章介绍了必要的数学基础，包括线性代数、插值与拟合、优化算法、数值积分及群论等方面内容。第 2 章介绍了量子力学、晶体点群及固体理论基础。第 3 章介绍了第一性原理，主要包括 Hartree-Fock 方法和密度泛函理论，同时详细讨论了如何利用平面波赝势方法求解体系总能和本征波函数，并简要介绍了近年来发展比较迅速的准粒子近似和激发态算法。第 4 章介绍了紧束缚方法，重点推导了 Slater-Koster 双中心近似下哈密顿矩阵元的普遍表达式、原子受力的计算方法，以及紧束缚模型自洽化的方法。第 5 章介绍了分子动力学方法，包括原子经验势的种类、微正则系综下分子动力学的实现算法，同时详细讨论了微正则系综向正则系综的变换，以及近年来发展起来的第一性原理分子动力学的理论基础。第 6 章介绍了蒙特卡罗方法，包括随机数采样策略及不同系综下的蒙特卡罗算法，以及连接微观与宏观现象的动力学蒙特卡罗方法。附录对正文中涉及的若干数学算法进行了详细讨论。

本书可作为材料专业、物理专业、化学专业及相关专业高年级本科生及研究生的教材或高校教师的参考书，也可作为从事计算材料学研究的科技工作者的阅读资料。

图书在版编目(CIP)数据

材料学的纳米尺度计算模拟：从基本原理到算法实现/单斌，陈征征，陈蓉编著.—武汉：华中科技大学出版社，2015.5（2022.8重印）
ISBN 978-7-5609-9682-0

Ⅰ.①材…　Ⅱ.①单…　②陈…　③陈…　Ⅲ.①纳米技术-应用-材料-计算-模拟　Ⅳ.①TB3

中国版本图书馆 CIP 数据核字(2015)第 116367 号

材料学的纳米尺度计算模拟：
从基本原理到算法实现　　　　单　斌　陈征征　陈　蓉　编著
Cailiaoxue de Nami Chidu Jisuan Moni:
Cong Jiben Yuanli dao Suanfa Shixian

策划编辑：俞道凯
责任编辑：姚同梅
封面设计：原色设计
责任校对：马燕红
责任监印：徐　露
出版发行：华中科技大学出版社（中国·武汉）　电话：(027)81321913
　　　　　武汉市东湖新技术开发区华工科技园　邮编：430223
录　　排：武汉市洪山区佳年华文印部
印　　刷：广东虎彩云印刷有限公司
开　　本：710mm×1000mm　1/16
印　　张：25.25　插页：2
字　　数：524 千字
版　　次：2022 年 8 月第 1 版第 9 次印刷
定　　价：128.00 元

作者简介

单斌，男，1978年9月出生，华中科技大学材料学院材料科学与技术系副主任，教授，博士生导师。兼任美国德州大学达拉斯分校材料系客座教授、中科院宁波材料所客座研究员。教育部新世纪优秀人才支持计划获得者，湖北省首届“百人计划”专家，湖北省杰出青年基金获得者，中国稀土学会催化专业委员会委员，美国材料学会、电化学学会会员。主要从事材料的计算模拟研究，先进催化材料的研发，高分子材料、梯度功能材料的3D打印研究，原子层沉积装备研制等工作。在Science、ACS Nano、 ACS Catalysis、Physical Review Letters等国际权威期刊上发表论文60余篇，他引上千余次。长期担任Nano Letters、Physical Review Letters、Physical Review B、Journal of Catalysis、Journal of Physical Chemistry、Computational Materials Science等国际权威期刊的审稿人，任中国NSFC通讯评审专家。

陈征征，2006年清华大学物理系毕业，获理学博士学位，现任美国加利福尼亚州立大学北岭分校物理系助理研究员。主要研究方向为基于第一性原理计算的难熔金属辐照损伤模拟、新型催化剂设计以及表面催化的微观动力学模拟。已于Physical Review Letters、ACS Nano、Chemical Science等相关领域国际权威期刊上发表论文30篇，并任Physical Review Letters、Physical Review B以及Journal of Physical Chemistry等期刊的特约审稿人。

陈蓉，1978年8月出生，华中科技大学机械科学与工程学院教授、博导，华中科技大学柔性电子研究中心副主任，中组部首批“青年千人计划”入选者，教育部“新世纪优秀人才支持计划”入选者，国家重大科学研究计划——青年科学家专题项目负责人。围绕着原子层沉积、纳米颗粒制备、薄膜工艺与设备开发，承担了多项新能源与微电子相关项目的研究工作，是选择性原子层沉积技术研究的先驱者之一。在Advanced Materials、Energy & Environmental Science、ACS Nano等国际知名期刊上发表论文50余篇；申请微纳制造领域发明专利20余项，包括5项美国专利、3项国际专利。美国劳伦斯-伯克利国家实验室开放基金特邀专家评审组成员，并担任美国NSF基金评委，Scientific Reports编委，以及ACS Nano、Applied Physics Letters、Journal of Applied Physics等国际权威期刊审稿人。

前　言

计算材料学是一门新兴的、发展迅速的综合性基础科学。它的研究方法既区别于理论物理学采用简化模型寻找普遍规律的做法，也不同于实验物理学在真实世界里对实际体系进行观测的方法。计算材料学采用的是一种分析型的“虚拟实验”方法。它根据物质材料遵循的物理学基本方程，利用高效计算机强大的运算能力对材料的性质、功能以及演化过程等进行详细的、拆解式的模拟和预测，以深入理解材料学实验中观察到的各种现象，并缩短新材料研发的周期，降低研发成本。这种虚拟实验既保留了实际体系适当的真实性，也避免了实验中无法消除环境因素干扰的缺点，而且可以直接“观察”微观过程，而非通过测量其他量而间接地研究隐藏在现象后面的真实物理机制。近二十年来，随着计算机性能的飞速提升，这门学科在科学研究领域已愈来愈受到重视。

计算材料学，特别是原子层面上的微观模拟，已经构成了相当丰富的理论体系，包括服从经典牛顿运动定律的经验势方法、遵循薛定谔方程的第一性原理方法以及介于两者之间的所谓半经验方法等。最近十年来，随着清洁能源技术的发展，针对激发态的理论和模拟算法也取得了长足的进步。从已公开的研究成果来看，即使是比较纯粹的实验工作，也往往包含对实验现象的微观模拟，以避免“知其然而不知其所以然”的尴尬。在这样的学科发展背景下，编写一本详细介绍计算材料学基本算法的教材是非常必要的。

本书共分为六章。前两章内容包含材料模拟的理论基础。第 1 章介绍了必要的数学基础，包括线性代数、插值与拟合、优化算法、数值积分以及群论等方面的内容。第 2 章介绍了量子力学、晶体点群及固体理论基础。第 3 章介绍了第一性原理，主要包括 Hartree-Fock 方法以及密度泛函理论，同时详细讨论了如何利用平面波-赝势方法求解体系总能和本征波函数，并简要介绍了近年来发展比较迅速的准粒子近似和激发态算法。第 4 章介绍了紧束缚方法，重点推导了 Slater-Koster 双中心近似下哈密顿矩阵元的普遍表达式、原子受力的计算方法，以及紧束缚模型自洽化的方法。第 5 章介绍了分子动力学方法，包括原子经验势的种类、微正则系综下分子动力学的实现算法，同时详细讨论了微正则系综向正则系综的变换，以及近年来发展起来的第一性原理分子动力学的理论基础。第 6 章介绍了蒙特卡罗方法，包括随机数采样策略及不同系综下的蒙特卡罗算法，以及连接微观与宏观现象的动力学蒙特卡罗方法。本书最后有附录，对正文中涉及的若干数学算法进行了详细讨论。在编写过程中，一方面我们查阅了大量的原始文献，对涉及的方程进行了详细的推导，尽量避免由于转述他人的解释而造成的错漏，另一方面，对于每一个知识点，我们都参考了尽可能多的国内外同类教材，再精炼出我们认为最易于理解和表述的方法在书中介绍出来，以利于初学者从不同角度来理解同一个问题。有不同方法的比较，人们才能进行全方位的理解，而不是简单地、被动地接受知识的灌输。因此，本书在讲解基本原理的章节中尽量从更为形象、直观的角度出发，在保证正确的基础上力求有别于已有教材的内容。

根据我们自己在学习和工作中的体会，计算材料学学习比较困难的一点在于基本理论与具体应用之间存在着不小的距离。以第3章讲述的密度泛函理论为例，在完成 Kohn-Sham 方程推导之后，密度泛函理论的理论基础就告一段落了，但是从该方程出发到编写出实用的软件包还是有很长的一段路要走。这个问题在其他几章介绍的方法中也比较突出。学生对此的感受可能更深。即使把书上的公式全部自己推导出来，可能还是不知道如何利用这些知识乃至应用于实际。这对于激发学习者的学习兴趣无疑是不利的。因此在本书中我们不惜牺牲了一定的可读性，而花费了大量的篇幅来介绍每一种方法的具体实现过程。虽然有些“冒天下之大不韪”的意思，但是我们仍然认为，这种处理方式是有意义的。我们希望，读者能将这本书从头到尾读下来，相信一定可以提升自己的工作和研究水平。

本书由单斌、陈征征和陈蓉编著。特别感谢国家重大科学研究计划青年项目(2013CB934800)、华中科技大学教材立项基金的大力支持。

由于水平有限，书中不可避免地会存在不完善的地方，我们衷心希望各位专家和广大读者不吝批评和指正。

编著者

2015 年 12 月

目　　录

第1章 数学基础

1.1 矩阵运算

矩阵是线性代数中一种基本的数学对象。矩阵最初被引入是为了求解线性方程组，但是在其发展过程中矩阵则已出现在科学以及工程中的几乎各个方面。在本书的后续章节中我们将看到，用矩阵表示对称群的各个群元或者体系的薛定谔(Schrödinger)方程非常直观并且易于理解。因此我们首先简要介绍矩阵的最基本的性质和运算法则。

1.1.1 行列式

1.1.1.1 行列式的定义及基本性质

将若干个数按照一定的顺序排列起来就构成了矩阵，例如：

$$\boldsymbol{A}=\begin{bmatrix}1 & 2 & 3\\ 4 & 5 & 6\\ 7 & 8 & 9\\ 10 & 11 & 12\end{bmatrix} \tag{1.1}$$

一个矩阵的维数由行数和列数描述，一般称为 $m\times n$ 矩阵。一个矩阵的横排叫做行，纵排叫做列。如 $\boldsymbol{A}$ 就是一个四行三列的矩阵。如果行数与列数相等，则该矩阵称为 n 阶方阵。对于一个 n 阶方阵 $\boldsymbol{B}$，可以定义它的行列式为

$$|\boldsymbol{B}|=\det\boldsymbol{B}=\sum_{\sigma\in S_n}\operatorname{sgn}(\sigma)\prod_{i=1}^{n}a_{i,\sigma(i)} \tag{1.2}$$

式中：S_n 是集合$\{1,2,\cdots,n\}$到其自身的一一映射(即置换)的所有操作，每个操作均用 σ 表示。显然一共有 $n!$ 种操作，这几种操作也即该集合的所有排列。$\operatorname{sgn}(\sigma)$代表置换 σ 的符号，等于$(-1)^m$，而 m 为 σ 所包含的逆序数。逆序的定义为：给定一个有序数对(i,j)，若其满足 $1\leqslant i<j\leqslant n$ 且 $\sigma(i)>\sigma(j)$，则称为 σ 的一个逆序。例如：若 $\sigma(123)=(231)$，则逆序数 $m=2$；若 $\sigma(123)=(321)$，则 $m=3$。对于每一个 σ，都从每一行中抽取一个元素 $a_{i,\sigma(i)}$ 做连乘。从该定义式不难看出，行列式即方阵中所有不同行、不同列元素的连乘的一个线性组合。一般而言，直接从定义式(1.2)出发计算 $|\boldsymbol{B}|$ 比较繁杂，因此有必要归纳出行列式的若干性质以简化运算。

性质1 行列式的行与列按原顺序互换，其值不变，即

$$\begin{vmatrix} a_{11} & a_{12} & \cdots & a_{1n} \\ a_{21} & a_{22} & \cdots & a_{2n} \\ \vdots & \vdots & & \vdots \\ a_{n1} & a_{n2} & \cdots & a_{nn} \end{vmatrix} = \begin{vmatrix} a_{11} & a_{21} & \cdots & a_{n1} \\ a_{12} & a_{22} & \cdots & a_{n2} \\ \vdots & \vdots & & \vdots \\ a_{1n} & a_{2n} & \cdots & a_{nn} \end{vmatrix} \tag{1.3}$$

性质 2 行列式的任一行(列)拥有线性性质：① 若该行(列)有公因子，可提到行列式外；② 若该行(列)的每个元素均写成两个数之和，则行列式可以表示为两个行列数之和。即

$$\begin{vmatrix} a_{11} & a_{12} & \cdots & a_{1n} \\ \vdots & \vdots & & \vdots \\ ka_{i1} & ka_{i2} & \cdots & ka_{in} \\ \vdots & \vdots & & \vdots \\ a_{n1} & a_{n2} & \cdots & a_{nn} \end{vmatrix} = k \begin{vmatrix} a_{11} & a_{12} & \cdots & a_{1n} \\ \vdots & \vdots & & \vdots \\ a_{i1} & a_{i2} & \cdots & a_{in} \\ \vdots & \vdots & & \vdots \\ a_{n1} & a_{n2} & \cdots & a_{nn} \end{vmatrix} \tag{1.4}$$

$$\begin{vmatrix} a_{11} & a_{12} & \cdots & a_{1n} \\ \vdots & \vdots & & \vdots \\ a_{i1}+b_{i1} & a_{i2}+b_{i2} & \cdots & a_{in}+b_{in} \\ \vdots & \vdots & & \vdots \\ a_{n1} & a_{n2} & \cdots & a_{nn} \end{vmatrix} = \begin{vmatrix} a_{11} & a_{12} & \cdots & a_{1n} \\ \vdots & \vdots & & \vdots \\ a_{i1} & a_{i2} & \cdots & a_{in} \\ \vdots & \vdots & & \vdots \\ a_{n1} & a_{n2} & \cdots & a_{nn} \end{vmatrix} + \begin{vmatrix} a_{11} & a_{12} & \cdots & a_{1n} \\ \vdots & \vdots & & \vdots \\ b_{i1} & b_{i2} & \cdots & b_{in} \\ \vdots & \vdots & & \vdots \\ a_{n1} & a_{n2} & \cdots & a_{nn} \end{vmatrix} \tag{1.5}$$

性质 3 行列式中的任意两行(列)互换，行列式的值改变符号。即

$$\begin{vmatrix} a_{11} & a_{12} & \cdots & a_{1n} \\ \vdots & \vdots & & \vdots \\ a_{i1} & a_{i2} & \cdots & a_{in} \\ \vdots & \vdots & & \vdots \\ a_{j1} & a_{j2} & \cdots & a_{jn} \\ \vdots & \vdots & & \vdots \\ a_{n1} & a_{n2} & \cdots & a_{nn} \end{vmatrix} = - \begin{vmatrix} a_{11} & a_{12} & \cdots & a_{1n} \\ \vdots & \vdots & & \vdots \\ a_{j1} & a_{j2} & \cdots & a_{jn} \\ \vdots & \vdots & & \vdots \\ a_{i1} & a_{i2} & \cdots & a_{in} \\ \vdots & \vdots & & \vdots \\ a_{n1} & a_{n2} & \cdots & a_{nn} \end{vmatrix} \tag{1.6}$$

性质 4 若行列式中任意两行(列)元素完全相等，则该行列式的值为 0。即，若 $[a_{i1}, a_{i2}, \cdots, a_{in}] = [a_{j1}, a_{j2}, \cdots, a_{jn}]$，则

$$\begin{vmatrix} a_{11} & a_{12} & \cdots & a_{1n} \\ \vdots & \vdots & & \vdots \\ a_{i1} & a_{i2} & \cdots & a_{in} \\ \vdots & \vdots & & \vdots \\ a_{j1} & a_{j2} & \cdots & a_{jn} \\ \vdots & \vdots & & \vdots \\ a_{n1} & a_{n2} & \cdots & a_{nn} \end{vmatrix} = 0 \tag{1.7}$$

性质 5　将行列式中的任意一行(列)的每个元素同乘以一个非零常数 k,再将其加到另一行(列)的相应元素上,行列式的值不变。即

$$\begin{vmatrix} a_{11} & a_{12} & \cdots & a_{1n} \\ \vdots & \vdots & & \vdots \\ a_{i1} & a_{i2} & \cdots & a_{in} \\ \vdots & \vdots & & \vdots \\ a_{j1} & a_{j2} & \cdots & a_{jn} \\ \vdots & \vdots & & \vdots \\ a_{n1} & a_{n2} & \cdots & a_{nn} \end{vmatrix} = \begin{vmatrix} a_{11} & a_{12} & \cdots & a_{1n} \\ \vdots & \vdots & & \vdots \\ a_{i1}+ka_{j1} & a_{i2}+ka_{j2} & \cdots & a_{in}+ka_{jn} \\ \vdots & \vdots & & \vdots \\ a_{j1} & a_{j2} & \cdots & a_{jn} \\ \vdots & \vdots & & \vdots \\ a_{n1} & a_{n2} & \cdots & a_{nn} \end{vmatrix} \tag{1.8}$$

根据上述性质,还可以有如下几个重要的推论,分列如下。

推论 1　若行列式任意一行(列)元素全为零,则该行列式的值为 0。

推论 2　若行列式的任意两行(列)的元素对应成比例,则该行列式的值为 0。

此外,还有一个比较重要的定理:

行列式的乘法定理　两个 n 阶方阵乘积的行列式等于两个方阵的行列式的乘积,即

$$\det \boldsymbol{AB} = \det \boldsymbol{A} \det \boldsymbol{B}$$ [1]

1.1.1.2　行列式的展开

可以将 n 阶行列式按照一行(列)展开,将其变成 n 个低阶行列式的线性组合。设将 $|\boldsymbol{A}|$ 按照第 i 行展开,则有

$$|\boldsymbol{A}| = \sum_{j=1}^{n} (-1)^{i+j} a_{ij} M_{ij} \tag{1.9}$$

式中:M_{ij} 称为关于 a_{ij} 的余子式,是将行列式 $|\boldsymbol{A}|$ 的第 i 行与第 j 列元素全部拿掉而形成的一个 $n-1$ 阶行列式,其具体表示为

$$M_{ij} = \begin{vmatrix} a_{11} & \cdots & a_{1,j-1} & a_{1,j+1} & \cdots & a_{1n} \\ \vdots & & \vdots & \vdots & & \vdots \\ a_{i-1,1} & \cdots & a_{i-1,j-1} & a_{i-1,j+1} & \cdots & a_{i-1,n} \\ a_{i+1,1} & \cdots & a_{i+1,j-1} & a_{i+1,j+1} & \cdots & a_{i+1,n} \\ \vdots & & \vdots & \vdots & & \vdots \\ a_{n1} & \cdots & a_{n,j-1} & a_{n,j+1} & \cdots & a_{nn} \end{vmatrix} \tag{1.10}$$

若定义关于 a_{ij} 的代数余子式为

$$A_{ij} = (-1)^{i+j} M_{ij} \tag{1.11}$$

则行列式的展开式有很简洁的形式,即

$$|\boldsymbol{A}| = \sum_{j=1}^{n} a_{ij} A_{ij} \tag{1.12}$$

式(1.9)和式(1.12)在第 2 章中讨论 Hartree-Fock 方程的时候将会用到。

1.1.1.3 法则

克莱默法则(Cramer's Rule)及其推论是求解 n 元一次定解线性方程组的重要方法,在本书后续章节中会经常看到。因此在这里做一下简要的介绍。

设有一个由 N 个线性非齐次方程组成的方程组,其中包含 n 个未知数 $x_1, x_2, \cdots, x_n$:

$$\begin{gathered} a_{11}x_1+a_{12}x_2+\cdots+a_{1n}x_n=b_1 \\ a_{21}x_1+a_{22}x_2+\cdots+a_{2n}x_n=b_2 \\ \vdots \\ a_{n1}x_1+a_{n2}x_2+\cdots+a_{nn}x_n=b_n \end{gathered} \tag{1.13}$$

记其系数矩阵为 $\boldsymbol{A}=(a_{ij})_{N\times N}$,若 $|\boldsymbol{A}|\neq 0$,则上述方程组有唯一解:

$$x_i=\frac{|\boldsymbol{A}_i|}{|\boldsymbol{A}|} \tag{1.14}$$

式中:$|\boldsymbol{A}_i|$ 为用常数项 $b_1, b_2, \cdots, b_n$ 替换 $|\boldsymbol{A}|$ 的第 i 列所成的行列式,

$$|\boldsymbol{A}_i|=\begin{vmatrix} a_{11} & \cdots & a_{1,i-1} & b_1 & a_{1,i+1} & \cdots & a_{1n} \\ a_{21} & \cdots & a_{2,i-1} & b_2 & a_{2,i+1} & \cdots & a_{2n} \\ \vdots & & \vdots & \vdots & \vdots & & \vdots \\ a_{n1} & \cdots & a_{n,i-1} & b_n & a_{n,i+1} & \cdots & a_{nn} \end{vmatrix} \tag{1.15}$$

由克莱默法则可得出推论:若齐次线性方程组

$$\sum_{j=1}^{n}a_{ij}x_j=0 \quad (i=1,2,\cdots,n)$$

的系数行列式 $|\boldsymbol{A}|\neq 0$,则该方程组只有零解。而其逆否命题为:齐次线性方程组有非零解的必要条件是该齐次线性方程组的系数行列式 $|\boldsymbol{A}|=0$。

实际上,系数行列式 $|\boldsymbol{A}|=0$ 是齐次线性方程组有非零解的充要条件[2]。在本书后续的章节中我们将多次用到这个条件,包括近自由电子气模型、第一性原理计算方法、紧束缚方法等都会用到它。

1.1.2 矩阵的本征值问题

给定一个 N 阶方阵 $\boldsymbol{A}$、一个 N 维的非零矢量 $\boldsymbol{v}$ 及一个常数 λ,如果满足

$$\boldsymbol{A}\boldsymbol{v}=\lambda\boldsymbol{v} \tag{1.16}$$

则称 λ 是 $\boldsymbol{A}$ 的本征值,$\boldsymbol{v}$ 是 $\boldsymbol{A}$ 的属于 λ 的本征矢。从几何的角度来讲,方阵 $\boldsymbol{A}$ 代表在 N 维空间中的一个线性变换。在该空间中给定一个矢量 $\boldsymbol{v}$,如果将线性变换 $\boldsymbol{A}$ 作用于 $\boldsymbol{v}$ 上会得到一个新的矢量 $\boldsymbol{v}'$,如果 $\boldsymbol{v}'$ 与原矢量 $\boldsymbol{v}$ 共线,且其内积定义下 $\boldsymbol{v}'$ 的长度改变为 $\boldsymbol{v}$ 的 λ 倍,则 $\boldsymbol{v}$ 即为 $\boldsymbol{A}$ 的本征矢。若 λ 为负数,则 $\boldsymbol{v}'$ 反向。因此,矩阵 $\boldsymbol{A}$ 的本征矢 $\boldsymbol{v}$ 在 $\boldsymbol{A}$ 的作用下除增加一个常数因子外不会改变任何信息。

按照方程(1.16)的定义,有

$$(\boldsymbol{A}-\lambda\boldsymbol{I})\boldsymbol{v}=0 \tag{1.17}$$

式中：$\boldsymbol{I}$ 为 N 阶单位矩阵。$\boldsymbol{v}$ 即为上述齐次线性方程组的非零解。由 1.1.1.3 节中介绍的克莱默法则，可得其充要条件为

$$\det(\boldsymbol{A}-\lambda\boldsymbol{I})=0 \tag{1.18}$$

式(1.18)的左端是一个关于 λ 的 N 次多项式，称为矩阵 $\boldsymbol{A}$ 的本征值多项式。方程(1.18)有 N 个根，代表着 $\boldsymbol{A}$ 的所有本征值。高次多项式的根难以解析得到，因此如何高效、普遍地求出矩阵 $\boldsymbol{A}$ 的本征值是数值计算中非常重要的一个课题。对这个问题的详细讨论超出了本书的范围，读者可参阅更为专业的书籍[3]。

本征值方程(1.17)的成立有一个前提条件，即该 N 维线性空间由一组标准正交基张开，这可以由式中的单位矩阵 $\boldsymbol{I}$ 看出。但是很多情况下张开空间的基组/基函数并不满足正交条件（如第 3 章中的超软赝势和第 4 章中的紧束缚方法）。在这种情况下需要求解所谓的广义本征值方程：

$$\boldsymbol{A}\boldsymbol{v}=\lambda\boldsymbol{S}\boldsymbol{v} \tag{1.19}$$

式中：$\boldsymbol{S}$ 称为交叠矩阵。具体的表达式依赖于求解的问题，我们将在相关章节中详细讨论。

1.1.3 矩阵分解

矩阵分解是求解线性方程组的一种重要方法。本节简要介绍两种常见的关于方阵的分解算法。

1. 方阵的 *LU* 分解

LU 分解本质上是高斯消元法的一种表示方式。它将非奇异的方阵 $\boldsymbol{A}$ 分解成一个下三角矩阵($\boldsymbol{L}$)和一个上三角矩阵($\boldsymbol{U}$)的乘积。因此，对于系数矩阵为 $\boldsymbol{A}$ 的线性方程

$$\boldsymbol{A}\boldsymbol{x}=\boldsymbol{b} \tag{1.20}$$

求解的任务变为两步，即

$$\boldsymbol{L}\boldsymbol{y}=\boldsymbol{b},\quad \boldsymbol{U}\boldsymbol{x}=\boldsymbol{y} \tag{1.21}$$

计算过程由于 $\boldsymbol{L}$ 和 $\boldsymbol{U}$ 结构特殊可获得显著的简化。下面介绍比较基本和常用的 Doolittle 分解法。

设 $\boldsymbol{A}=\boldsymbol{L}\boldsymbol{U}$，其中

$$\boldsymbol{L}=\begin{bmatrix} 1 & & & \\ l_{21} & 1 & & \\ \vdots & \ddots & \ddots & \\ l_{n1} & \cdots & l_{n(n-1)} & 1 \end{bmatrix},\quad \boldsymbol{U}=\begin{bmatrix} u_{11} & u_{12} & \cdots & u_{1n} \\ & u_{22} & \ddots & u_{2n} \\ & & \ddots & u_{(n-1)n} \\ & & & u_{nn} \end{bmatrix} \tag{1.22}$$

不难求出

$$u_{kj}=a_{kj}-\sum_{r=1}^{k-1} l_{kr}u_{rj}\quad (j=k,k+1,\cdots,n) \tag{1.23}$$

$$l_{ik} = \left(a_{ik} - \sum_{r=1}^{k-1} l_{ir} u_{rk}\right) \Big/ u_{kk} \quad (i = k+1, k+2, \cdots, n) \tag{1.24}$$

因此,当 k 按顺序由 1 取到 n 时,交替使用方程(1.23)及方程(1.24),就可以得到 $\boldsymbol{L}$ 和 $\boldsymbol{U}$ 的全部元素。具体方法是:首先取 $k=1$,由方程(1.23)计算出上三角矩阵 $\boldsymbol{U}$ 的第一行元素,之后利用方程(1.24)计算下三角矩阵 $\boldsymbol{L}$ 的第一列元素;设 $k=k+1$,用方程(1.23)计算 $\boldsymbol{U}$ 的第 k 行元素,再用方程(1.24)计算 $\boldsymbol{L}$ 的第 k 列元素。上述过程重复 n 次,当 $k=n$ 时,Doolittle 分解完成。

现介绍一下如何利用得到的 $\boldsymbol{L}$ 和 $\boldsymbol{U}$ 求解线性方程(1.20)。由式(1.21)可知 $\boldsymbol{y}$ 和 $\boldsymbol{x}$ 的递推公式为

$$y_i = b_i - \sum_{k=1}^{i-1} l_{ik} y_k \quad (i = 1, 2, \cdots, n) \tag{1.25}$$

$$x_i = \left(y_i - \sum_{k=i+1}^{n} u_{ik} x_k\right) \Big/ u_{ii} \quad (i = n, n-1, \cdots, 1) \tag{1.26}$$

式(1.26)即为方程(1.20)的解。注意由 x_n 递减至 x_1 的求解过程,对应于高斯消元法中的回代过程。

例 1.1 给定矩阵

$$\boldsymbol{A}=\begin{bmatrix} 1 & 6 & 0 & 3 \\ 0 & 2 & 0 & 4 \\ -1 & -6 & 3 & -3 \\ 0 & -2 & 0 & 8 \end{bmatrix}, \quad \boldsymbol{b}=\begin{bmatrix} 5 \\ 4 \\ 5 \\ 4 \end{bmatrix}$$

利用 $\boldsymbol{LU}$ 分解求 $\boldsymbol{Ax}=\boldsymbol{b}$ 的解。

解 $k=1$ 时,由式(1.23)得

$$u_{11}=a_{11}=1, \quad u_{12}=a_{12}=6, \quad u_{13}=a_{13}=0, \quad u_{14}=a_{14}=3$$

再由式(1.24)得

$$l_{21}=\frac{a_{21}}{u_{11}}=0, \quad l_{31}=\frac{a_{31}}{u_{11}}=-1, \quad l_{41}=\frac{a_{41}}{u_{11}}=0$$

$k=2$ 时,由式(1.23)得

$$u_{22}=a_{22}-l_{21}u_{12}=2, \quad u_{23}=a_{23}-l_{21}u_{13}=0, \quad u_{24}=a_{24}-l_{21}u_{14}=-4$$

再由式(1.24)得

$$l_{32}=\frac{a_{32}-l_{31}u_{12}}{u_{22}}=0, \quad l_{42}=\frac{a_{42}-l_{41}u_{12}}{u_{22}}=-1$$

$k=3$ 时,由式(1.23)得

$$u_{33}=a_{33}-l_{31}u_{13}-l_{32}u_{23}=3, \quad u_{34}=a_{34}-l_{31}u_{14}-l_{32}u_{24}=0$$

再由式(1.24)得

$$l_{43}=\frac{a_{43}-l_{41}u_{13}-l_{42}u_{23}}{u_{33}}=0$$

$k=4$ 时,由式(1.23)得

$$u_{44}=a_{44}-l_{41}u_{14}-l_{42}u_{24}-l_{43}u_{34}=4$$

因此，

$$\boldsymbol{L}=\begin{bmatrix}1 & & & \\ 0 & 1 & & \\ -1 & 0 & 1 & \\ 0 & -1 & 0 & 1\end{bmatrix},\quad \boldsymbol{U}=\begin{bmatrix}1 & 6 & 0 & 3\\ & 2 & 0 & -4\\ & & 3 & 0\\ & & & 4\end{bmatrix}$$

再根据式(1.25)，解得

$$\boldsymbol{y}^{\mathrm{T}}=[5\quad 4\quad 10\quad 8]$$

最后由式(1.26)求得最终解为

$$\boldsymbol{x}^{\mathrm{T}}=[-37\quad 6\quad 10/3\quad 2]$$

2. 方阵的 Cholesky 分解

Cholesky 分解实际上是 $\boldsymbol{LU}$ 分解的一个特例。当 $\boldsymbol{A}$ 是对称正定矩阵时，$\boldsymbol{LU}$ 分解可以进一步简化为一个下三角矩阵 $\boldsymbol{L}$ 与它的转置 $\boldsymbol{L}^{\mathrm{T}}$ 的乘积，即

$$\boldsymbol{A}=\boldsymbol{LL}^{\mathrm{T}} \tag{1.27}$$

因为 $\boldsymbol{A}$ 是正定矩阵，所以必然存在唯一的 $\boldsymbol{LU}$ 分解。引入一个对角矩阵 $\boldsymbol{D}$，其对角线上的元素为 $\boldsymbol{U}$ 的对角线元素 $u_{11},u_{22},\cdots,u_{nn}$。因为 $\boldsymbol{A}^{\mathrm{T}}=\boldsymbol{A}$，所以有

$$\boldsymbol{A}^{\mathrm{T}}=\boldsymbol{U}^{\mathrm{T}}\boldsymbol{L}^{\mathrm{T}}=\boldsymbol{U}^{\mathrm{T}}\boldsymbol{D}^{-1}\boldsymbol{DL}^{\mathrm{T}}=(\boldsymbol{D}^{-1}\boldsymbol{U})^{\mathrm{T}}(\boldsymbol{LD})^{\mathrm{T}}=\boldsymbol{A}=\boldsymbol{LU} \tag{1.28}$$

显然，因为 $\boldsymbol{LU}$ 分解唯一，所以要使式(1.28)成立，必须有 $\boldsymbol{D}^{-1}\boldsymbol{U}=\boldsymbol{L}^{\mathrm{T}}$。对称正定矩阵 $\boldsymbol{A}$ 还可以写为

$$\boldsymbol{A}=\boldsymbol{LDL}^{\mathrm{T}}=(\boldsymbol{LD}^{1/2})(\boldsymbol{LD}^{1/2})^{\mathrm{T}} \tag{1.29}$$

式(1.29)即为 Cholesky 分解。根据 $\boldsymbol{LU}$ 分解的讨论，不难得出 Cholesky 分解矩阵元的计算公式以及线性方程组解的递推公式，即对于任意 j，有

$$l_{jj}=\left(a_{jj}-\sum_{k=1}^{j-1}l_{jk}^{2}\right)^{1/2} \tag{1.30}$$

$$l_{ij}=\left(a_{ij}-\sum_{k-1}^{j-1}l_{ij}l_{jk}\right)\Big/l_{jj}\quad (i=j+1,j+2,\cdots,n) \tag{1.31}$$

当 j 依次由 1 变到 n 时，利用式(1.30)和式(1.31)可以得出 Cholesky 的分解矩阵。线性方程组解的递推公式请读者自行推导。

3. 一般矩阵的奇异值分解(singular value decomposition，SVD)

对于一个 $m\times n$(设 $m>n$)矩阵 $\boldsymbol{A}$，总可以将其写为下面三个矩阵之积：

$$\boldsymbol{A}=\boldsymbol{U}\begin{bmatrix}\boldsymbol{S}\\ \boldsymbol{0}\end{bmatrix}\boldsymbol{V}^{\mathrm{T}} \tag{1.32}$$

式中：$\boldsymbol{U}$、$\boldsymbol{V}$ 分别是 $m\times m$、$n\times n$ 正交矩阵，且 $\boldsymbol{U}$ 和 $\boldsymbol{V}$ 的第 i 列分别是 $\boldsymbol{AA}^{\mathrm{T}}$ 的第 i 个本征值 η_i^2 以及 $\boldsymbol{A}^{\mathrm{T}}\boldsymbol{A}$ 的第 i 个本征值 λ_i^2 的本征矢；$\boldsymbol{S}$ 是一个 $n\times n$ 对角矩阵，其对角元素为 $\boldsymbol{A}^{\mathrm{T}}\boldsymbol{A}$ 各个本征值的二次方根，且有

$$\lambda_1\geqslant\lambda_2\geqslant\cdots\geqslant\lambda_n\geqslant 0 \tag{1.33}$$

关于奇异值分解更为详细的介绍，可参阅文献[4]。

1.1.4 幺正变换

一个波函数可以用不同的正交完备基组进行展开，即

$$\psi = \sum_k a_k \phi_k \tag{1.34}$$

$$\psi = \sum_k a'_k \phi'_k \tag{1.35}$$

很容易推导出$[a_1, a_1, \cdots]$与$[a'_1, a'_2, \cdots]$之间的关系。将这两个方程写为一个等式，且两端与ϕ'_j的左矢内积，利用基组之间的正交性可以得到

$$\sum_k a'_k \langle \phi'_j \mid \phi'_k \rangle = \sum_k \delta_{jk} a'_k = a'_j = \sum_k \langle \phi'_j \mid \phi'_k \rangle a_k = \sum_k S_{jk} a_k \tag{1.36}$$

写成矩阵形式为

$$\begin{bmatrix} a'_1 \\ a'_2 \\ \vdots \end{bmatrix} = \begin{bmatrix} S_{11} & S_{12} & \cdots \\ S_{21} & S_{22} & \cdots \\ \vdots & \vdots & \ddots \end{bmatrix} \begin{bmatrix} a_1 \\ a_2 \\ \vdots \end{bmatrix} \tag{1.37}$$

可见，量子力学中不同表象之间是用一个矩阵$\boldsymbol{S}$相联系的，而可以证明，$\boldsymbol{S}$矩阵满足

$$\boldsymbol{S}\boldsymbol{S}^\dagger = \boldsymbol{S}^\dagger \boldsymbol{S} = \boldsymbol{I} \tag{1.38}$$

满足上述关系的矩阵$\boldsymbol{S}$称为幺正矩阵，而相应的变换称为幺正变换。幺正性的证明如下。我们考查$\boldsymbol{S}^\dagger\boldsymbol{S}$矩阵的第$\alpha$行、第$\beta$列的元素，即

$$\begin{aligned}(\boldsymbol{S}^\dagger \boldsymbol{S})_{\alpha\beta} &= \sum_i \boldsymbol{S}^\dagger_{\alpha i} \boldsymbol{S}_{i\beta} = \sum_i \boldsymbol{S}^*_{i\alpha} \boldsymbol{S}_{i\beta} = \sum_i \langle \phi_i \mid \phi'_\alpha \rangle^* \langle \phi_i \mid \phi'_\beta \rangle \\ &= \sum_i \langle \phi'_\alpha \mid \phi_i \rangle \langle \phi_i \mid \phi'_\beta \rangle = \langle \phi'_\alpha \mid \phi'_\beta \rangle = \delta_{\alpha\beta}\end{aligned} \tag{1.39}$$

量子力学中的算符$\hat{A}$也可以经由正交完备基组展开。但是与波函数在该函数空间中展为一个矢量不同，算符$\hat{A}$通常被表示为一个矩阵$\boldsymbol{A}$，其矩阵元A_{ij}为

$$A_{ij} = \langle \phi_i | \hat{A} | \phi_j \rangle$$

同样可以考察算符矩阵在不同表象下的关系。设$\hat{A}$在$\{\phi_1, \phi_2, \cdots, \phi_n\}$表象下的表示矩阵为$\boldsymbol{A}$，而在$\{\phi'_1, \phi'_2, \cdots, \phi'_n\}$表象下的表示矩阵为$\boldsymbol{A}'$，则

$$\boldsymbol{A}' = \boldsymbol{S}^\dagger \boldsymbol{A} \boldsymbol{S} \tag{1.40}$$

算符作用在波函数上会得到另一个波函数，在$\{\phi_1, \phi_2, \cdots, \phi_n\}$表象下记为

$$\boldsymbol{A} | \psi \rangle = | \varphi \rangle \tag{1.41}$$

在$\{\phi'_1, \phi'_2, \cdots, \phi'_n\}$表象下重新观察该方程左端，有

$$\boldsymbol{A}' | \psi' \rangle = \boldsymbol{S}^\dagger \boldsymbol{A} \boldsymbol{S} \boldsymbol{S}^\dagger | \psi \rangle = \boldsymbol{S}^\dagger \boldsymbol{A} | \psi \rangle = \boldsymbol{S}^\dagger | \varphi \rangle = | \varphi' \rangle \tag{1.42}$$

这正是方程(1.41)。因此，矩阵方程式在幺正变换下保持不变。这是幺正变换的一个重要的性质。特别是，当$|\psi\rangle$是$\hat{A}$的本征函数时，经幺正变换后，相应的$|\psi'\rangle$仍然是$\hat{A}$的本征函数。更进一步，通过与式(1.42)相似的推导，可以得出结论：幺正变换不会改变算符的本征值。幺正变换的这两个性质表明算符$\hat{A}$(或其相应的矩阵)的本

征值问题与具体表象无关。因此，可以寻找最适合的表象。在算符自身表象中，矩阵 $\mathbf{A}$ 是对角矩阵，且对角线上的元素即为 $\hat{\mathbf{A}}$ 的本征值。所以 $\hat{\mathbf{A}}$ 的本征值问题可以归结为如何使相应的矩阵 $\mathbf{A}$ 对角化的问题。当对角化完成时，幺正矩阵 $\mathbf{S}$ 的第 i 列是 $\hat{A}$ 属于本征值 λ_i 的本征函数。

此外，幺正变换还有几种重要的性质：矢量内积在幺正变换下保持不变（因此矢量的模保持不变）；矩阵的迹 $\mathrm{tr}\mathbf{A}$ 在幺正变换下保持不变；厄米特（Hermite）算符在幺正变换下其厄米特特性保持不变。这些性质使得幺正变换在量子力学中得到了非常广泛的应用。

1.2　群论基础

在计算材料学中，很多情况下处理的都是有周期对称性的体系。为了描述对称性，需要用到群论。对群论的详细讨论大大超出了本书的范围。因此在本节中，我们只给出在后续章节中会用到的基本概念。

1.2.1　群的定义

设有一个数学"对象"的集合 $\{a\}$，集合中的各元素间定义了与次序有关的运算方法（称为乘法或群乘），如果满足下列四个条件，则该集合构成群 G：

(1) 存在一个单位元 E，集合中任何其他元素 a 与其相乘均得到该元素自身，即 $aE=a$；

(2) 集合中任意一个元素 a_i，均存在对应其自身的逆 a_i^{-1}，二者相乘得到单位元 E，即 $a_ia_i^{-1}=E$；

(3) 集合中任意两个元素相乘得到的结果仍然是该集合的元素，即 $a_ia_j=a_k$；

(4) 元素间的乘法满足结合律，即 $(a_ia_j)a_k=a_i(a_ja_k)$。

集合中元素的个数称为群阶。

数学"对象"是个抽象的概念，可以是操作、矩阵、数等。下面给出几个例子。

示例 1　所有整数在代数加法运算下构成群，单位元为 0，元素 n 的逆元为其相反数 $-n$。该群为无限群。

示例 2　集合 $\{1, e^{i2\pi/m}, \cdots, e^{i(m-1)2\pi/m}\}$ 在数乘运算下构成群，单位元为 1，元素 $e^{i2\pi n/m}$ 的逆元为 $e^{i2\pi(m-n)/m}$。该群为有限群，群阶为 m。

示例 3　所有行列式 $\det\mathbf{A}\neq 0$ 的 N 阶方阵在矩阵乘法运算下构成群，单位元为单位矩阵 $\boldsymbol{I}$，元素 $\mathbf{A}$ 的逆元为其逆矩阵 $\mathbf{A}^{-1}$。该群为无限群。

示例 4　下列八个 3×3 矩阵在矩阵乘法运算下构成一个八阶群：

$$\mathbf{A}=\begin{bmatrix}1&0&0\\0&1&0\\0&0&1\end{bmatrix},\quad \boldsymbol{B}=\begin{bmatrix}0&-1&0\\1&0&0\\0&0&1\end{bmatrix},\quad \boldsymbol{C}=\begin{bmatrix}-1&0&0\\0&-1&0\\0&0&1\end{bmatrix},\quad \boldsymbol{D}=\begin{bmatrix}0&1&0\\-1&0&0\\0&0&1\end{bmatrix}$$

$$\boldsymbol{E}=\begin{bmatrix}1&0&0\\0&-1&0\\0&&-1\end{bmatrix},\quad \boldsymbol{F}=\begin{bmatrix}-1&0&0\\0&1&0\\0&0&-1\end{bmatrix},\quad \boldsymbol{G}=\begin{bmatrix}0&1&0\\1&0&0\\0&0&-1\end{bmatrix},\quad \boldsymbol{H}=\begin{bmatrix}0&-1&0\\-1&0&0\\0&0&-1\end{bmatrix}$$

示例 5 三维空间中所有使正方形或四方体(Oxy 面投影为正方形,Oxz 面以及 Oyz 面投影为长方形)与其自身重合的旋转操作构成群。这些对称操作有八个:全等操作 E;绕 z 轴旋转 $\pi/2$、π、$3\pi/2$,分别标记为 c_{4z}、c_{2z} 以及 c_{4z}^3;绕 x 轴、y 轴、$\hat{\boldsymbol{x}}+\hat{\boldsymbol{y}}$ 轴以及 $-\hat{\boldsymbol{x}}+\hat{\boldsymbol{y}}$ 轴转动 π,分别标记为 c_{2x}、c_{2y}、c'_2 以及 c''_2。这个八阶群称为 D_4 群。

1.2.2 子群、陪集、正规子群与商群

如果群 G 中有若干元素的集合 S,在群乘作用下同样满足群的四个条件,则 S 同样是一个群,称为群 G 的子群。例如 1.2.1 节示例 3 中,所有行列式 $\det\boldsymbol{A}=1$ 的 N 阶方阵构成矩阵群 G 的一个子群。又如 1.2.1 节示例 5 中,E、c_{4z}、c_{2z}、c_{4z}^3 这四个元素构成一个 D_4 群的一个子群,称为 C_4 群。

取属于群 G 但不属于某子群 S 的一个元素 a_i,右乘子群 S 中的所有元素,得到的集合 Sa_i 称为子群 S 的右陪集,a_i 称为陪集代表元。可以证明,S 的两个右陪集 Sa_i 和 Sa_j 或完全相同,或交集为零。而且 S 的右陪集数 $m-1$ 必须满足方程

$$g=sm \tag{1.43}$$

式中:g 是群 G 的阶;s 是其子群 S 的阶;m 是式(1.43)的整数解[5]。右陪集的这两条性质表明,可以将群 G 按照其某个子群 S 做右陪集分解,即

$$G=S+Sa_2+Sa_3+\cdots+Sa_m \tag{1.44}$$

式中:陪集代表元 $a_1=E$。例如 D_4 群,按照其子群 C_4 群做右陪集分解,有

$$D_4=C_4+C_4c_{2x}$$

式中:$C_4=\{E,c_{4z},c_{2z},c_{4z}^3\}$;$C_4\cdot c_{2x}=\{c_{2x},c_{2y},c'_2,c''_2\}$。此外,请注意陪集代表元 a_i 并不唯一,可以是陪集 Sa_i 中的任意元素。

事实上,作为 D_4 群的子群,C_4 群满足更强的条件,即任取 D_4 群中的一个元素 a_i(如 c_{2x}),均可以保证

$$a_i^{-1}C_4a_i=C_4 \tag{1.45}$$

因此,C_4 称为 D_4 的一个正规子群,或称不变子群。不难证明,若将 D_4 群按照 C_4 群做陪集分解的两个集合 $\{C_4,C_4c_{2x}\}$ 看作两个数学"对象"的话,则这两个集合同样满足群的定义,称为商群。上述定义以及讨论可以扩展到一般情况,只需要将 D_4 替换为一般群 G、将 C_4 替换为 G 的某个子群 S 即可。

1.2.3 直积群

如果两个群 $G_1=\{E,a_1,a_2,\cdots,a_n\}$ 和 $G_2=\{E,b_1,b_2,\cdots,b_m\}$ 仅有 E 为公共元,且 G_1 中的任意群元均与 G_2 中的任意群元对易,则二者可构成直积群

$$G=G_1\otimes G_2=\{E,a_2,\cdots,a_m,b_2,\cdots,b_n,a_2b_2,\cdots,a_2b_n,\cdots,a_mb_2,\cdots,a_mb_n\} \tag{1.46}$$

而 G_1 和 G_2 均为直积群 G 的正规子群。直积群也是对群进行扩维的一种重要的手段。在 1.2.5 节及 2.2.1.4 节中我们将看到直积群的若干实例。

1.2.4　群的矩阵表示

群表示理论是群论中非常重要的一个组成部分。我们在此不详细讨论，只简单给出与后续章节有直接关系的若干结论。

对于群 G，如果能找到一组构成群的可逆方阵，对于每一个群元 a_i，都有一个与其对应的方阵 $\boldsymbol{D}(a_i)$，且对于群 G 中的任意两个元素 a_i 以及 a_j 都有

$$\boldsymbol{D}(a_i)\boldsymbol{D}(a_j)=\boldsymbol{D}(a_ia_j) \tag{1.47}$$

则该矩阵群称为群 G 的一个矩阵表示，简称表示。这些方阵的阶数 l 称为群 G 表示的维数。1.2.1 节中的示例 4 就是示例 5 中 D_4 群的一个三维表示。下列八个二阶矩阵

$$\boldsymbol{A}=\begin{bmatrix}1 & 0\\0 & 1\end{bmatrix},\quad \boldsymbol{B}=\begin{bmatrix}0 & -1\\1 & 0\end{bmatrix},\quad \boldsymbol{C}=\begin{bmatrix}-1 & 0\\0 & -1\end{bmatrix},\quad \boldsymbol{D}=\begin{bmatrix}0 & 1\\-1 & 0\end{bmatrix}$$

$$\boldsymbol{E}=\begin{bmatrix}1 & 0\\0 & -1\end{bmatrix},\quad \boldsymbol{F}=\begin{bmatrix}-1 & 0\\0 & 1\end{bmatrix},\quad \boldsymbol{G}=\begin{bmatrix}0 & 1\\1 & 0\end{bmatrix},\quad \boldsymbol{H}=\begin{bmatrix}0 & -1\\-1 & 0\end{bmatrix}$$

构成 D_4 群的一个二维表示。而一阶单位矩阵 $\boldsymbol{I}$ 同样满足群表示的定义，因此是 D_4 群的一个一维表示。这些例子表明，一个群的表示并不唯一，而是有无限多种。但是所有这些表示或彼此等价，或者可以分解为若干个更低维的、基本的表示。本书中所接触到的群均为描述分子或晶体空间对称性的点群，每个群元都代表三维空间中的一个对称操作。相应地，我们将各群元的表示矩阵选为其对应的坐标变换矩阵，也即我们只讨论点群的一个三维表示。

1.2.5　三维转动反演群 $O(3)$

首先讨论三维空间中的正当转动。转动算符 $\hat{R}$ 作用到三维空间中某个矢量 $\boldsymbol{r}$ 上，使其变换到 $\boldsymbol{r}'$，且作用到两个矢量上，保持这两个矢量的内积不变。可以证明，这样的算符可用一个三阶方阵 $\boldsymbol{A}$ 表示，其行列式满足 $\det\boldsymbol{A}=\pm1$。$\det\boldsymbol{A}=1$ 的情况称为正当转动，而 $\det\boldsymbol{A}=-1$ 的情况称为非正当转动。

在三维空间中的所有正当转动 R 构成一个正当转动群 $SO(3)$。该群是一个无限群。对于 $\hat{R}$ 的描述，比较简单的方法是绕旋转轴 $\hat{\boldsymbol{n}}$ 旋转 θ 角，其中 $\hat{\boldsymbol{n}}$ 的取向由其与 x、y、z 三个坐标轴的夹角余弦（称为方位余弦）l、m、n 确定。因此 R 的表示矩阵为[5]

$$\begin{bmatrix}\cos\theta+l^2(1-\cos\theta) & lm(1-\cos\theta)-n\sin\theta & ln(1-\cos\theta)+m\sin\theta\\ ml(1-\cos\theta)+n\sin\theta & \cos\theta+m^2(1-\cos\theta) & mn(1-\cos\theta)-l\sin\theta\\ nl(1-\cos\theta)-m\sin\theta & nm(1-\cos\theta)+l\sin\theta & \cos\theta+n^2(1-\cos\theta)\end{bmatrix} \tag{1.48}$$

更多的情况下，R 由欧拉角描述。本书中不讨论这种方法。

再考虑非正当转动。因为 $\det\boldsymbol{A}=-1$，不存在单位元，所以所有非正当转动无法构成群。考虑到中心反演算符 $\boldsymbol{I}$ 可表示为

$$\begin{bmatrix} -1 & 0 & 0 \\ 0 & -1 & 0 \\ 0 & 0 & -1 \end{bmatrix}$$

且有恒等式 $\det\boldsymbol{AB}\equiv\det\boldsymbol{A}\det\boldsymbol{B}$，所有的非正当转动均可以表示为一个正当转动和中心反演的联合作用，即

$$\hat{S}=\hat{I}\hat{R} \tag{1.49}$$

很显然，$\{E,I\}$构成一个二阶群，标记为 C_i。而 I 与任意正当转动 R 均可对易。所有的 R 均属于 $SO(3)$群。根据直积群的定义，$SO(3)$和 C_i 可以组成直积群，记为 $O(3)$。这个群包含了三维空间中所有的正当转动和非正当转动，称为三维转动反演群：

$$O(3)=SO(3)\otimes C_i$$

$SO(3)$与 C_i 都是 $O(3)$的正规子群。

1.3 最优化方法

最优化方法是材料模拟研究中一个很重要的工具。寻找体系的基态构型、模型参数的拟合，以至于体系久期方程的求解，本质上都可归于对目标函数的优化。而各种优化方法的本质区别，在于确定搜索方向的方法不同。根据构造搜索方向所需要用到的信息，可以大略分为需要目标函数的导数和仅用到函数值的两大类优化方法。其中，前一类的方法精度和效率通常较高，主要有最速下降法（一阶导数）、共轭梯度法（一阶导数）、牛顿法（二阶导数）、拟牛顿法（一阶导数）等。而后一类方法实现简单，计算代价小，主要有坐标轮换法、鲍威尔法、单纯形法等。本节中我们具体介绍几种比较常用的最优化方法。

对于一般函数的优化，可以普遍地将其步骤归结如下：

(1) 给定起始点 $\boldsymbol{x}_0$、收敛判据 ε；

(2) 进行迭代，$\boldsymbol{x}_{i+1}=\boldsymbol{x}_i+\alpha_i\boldsymbol{d}_i$，其中 $\boldsymbol{d}_i$ 为搜索方向，α_i 为步长；

(3) 选取合适的 $\boldsymbol{d}_i$ 和 α_i，使得 $F(\boldsymbol{x}_{i+1})=F(\boldsymbol{x}_i+\alpha_i\boldsymbol{d}_i)<F(\boldsymbol{x}_i)$；

(4) 重复步骤(2)和(3)，直到 $\|\boldsymbol{x}_{i-1}-\boldsymbol{x}\|<\varepsilon$ 或者当前梯度的模 $\|\boldsymbol{r}_i\|<\varepsilon$ 为止。

由于函数在最小极值附近，一阶导数为零，因此可以近似地将其进行泰勒展开，成为二次型的形式。现讨论如下二次型函数 $F(x)$的优化：

$$F(x)=\frac{1}{2}\boldsymbol{x}^{\mathrm{T}}\boldsymbol{A}\boldsymbol{x}-\boldsymbol{b}^{\mathrm{T}}\boldsymbol{x} \tag{1.50}$$

其中 $\boldsymbol{A}$ 是对称正定的，也就是 $\boldsymbol{A}^{\mathrm{T}}=\boldsymbol{A}$。首先可以确定，对于式(1.50)所示形式的函数，如果已经确定第 i 步的搜索方向，则容易确定第 i 步的搜索步长。该步骤等价于求解

$$\frac{\mathrm{d}F(\boldsymbol{x}_{i+1})}{\mathrm{d}\alpha_i}=\frac{\mathrm{d}F(\boldsymbol{x}_i+\alpha_i\boldsymbol{d}_i)}{\mathrm{d}\alpha_i}=0 \tag{1.51}$$

根据求导的链式法则，有

$$\frac{\mathrm{d}F(\boldsymbol{x}_i+\alpha_i\boldsymbol{d}_i)}{\mathrm{d}\alpha_i}=\nabla F(\boldsymbol{x}_i+\alpha_i\boldsymbol{d}_i)^{\mathrm{T}}\boldsymbol{d}_i=0 \tag{1.52}$$

$$[\boldsymbol{A}(\boldsymbol{x}_i+\alpha_i\boldsymbol{d}_i)-b]^{\mathrm{T}}\boldsymbol{d}_i=0 \tag{1.53}$$

$$\alpha_i(\boldsymbol{A}\boldsymbol{d}_i)^{\mathrm{T}}\boldsymbol{d}_i=(b-\boldsymbol{A}\boldsymbol{x}_i)^{\mathrm{T}}\boldsymbol{d}_i \tag{1.54}$$

$$\alpha_i=\frac{\boldsymbol{r}_i^{\mathrm{T}}\boldsymbol{d}_i}{\boldsymbol{d}_i^{\mathrm{T}}\boldsymbol{A}\boldsymbol{d}_i} \tag{1.55}$$

其中残余矢量 $\boldsymbol{r}_i=-\nabla F(\boldsymbol{x})|_{x=x_i}=\boldsymbol{b}-\boldsymbol{A}\boldsymbol{x}_i$。可以看到，只要保证搜索方向确实是函数的下降方向，α_i 的表达式(1.55)就是普遍成立的。α_i 即为 $i \rightarrow i+1$ 步的最优步长（只对于二次型函数严格成立）。

以上结论也适用于其他形式函数的优化。

1.3.1　最速下降法

最速下降法(steepest decent)：对于一个目标函数 F，在其优化过程中首先需要确定优化方向。直观地考虑，此优化方向应该选择为 F 在当前点处的负梯度方向 $\boldsymbol{r}_k=-\nabla F|_{x=x_k}$，因为 F 沿这个方向数值下降最快。确定优化方向 $\boldsymbol{d}$ 之后，利用一维搜索算法（如解析法、进退法、三次函数法等）找出沿 $\boldsymbol{d}$ 方向上的最小值及其对应点。此后将该点作为新的出发点重复上述过程，直至 $\|\boldsymbol{d}\|\leqslant\varepsilon$（$\varepsilon$ 是预设的收敛判据），此时优化过程结束[6]。详细步骤如下。

算法 1.1

(1) 给定起始点 $\boldsymbol{x}_0$，收敛判据 ε，设 $i=0$，计算 $\boldsymbol{x}_0$ 处 F 的负梯度方向：$\boldsymbol{r}_0=-\nabla F|_{x=x_0}$，设 $\boldsymbol{d}_0=\boldsymbol{r}_0$；

(2) 若 $\|\boldsymbol{r}_i\|\leqslant\varepsilon$，则优化结束，转到步骤(4)，否则更新 F 在 $\boldsymbol{d}_i$ 方向上的最优位置，$\boldsymbol{x}_{i+1}=\boldsymbol{x}_i+\alpha_i\boldsymbol{d}_i$，$\alpha_i$ 由方程(1.55)确定；

(3) 计算当前负梯度方向 $\boldsymbol{r}_{i+1}$，将其作为新的搜索方向 $\boldsymbol{d}_{i+1}=\boldsymbol{r}_{i+1}$，设 $i=i+1$，回到步骤(2)；

(4) 计算 $F(\boldsymbol{x}_i)$并保存 $\boldsymbol{x}_i$。

最速下降法的收敛速度正比于 F 的条件数（最大本征值与最小本征值的比值）。可以证明，相邻的两次最速下降的搜索方向互相垂直。如果 F 的条件数太大，考虑一个二元函数 $F(x_1,x_2)$，该函数在极值点 $\boldsymbol{x}^*$ 附近可以近似展开成二次函数，其等高线是一系列离心率较大的同心椭圆。如图 1.1 所示，每一步的负梯度方向 $\boldsymbol{r}_k$ 并不指向极值点所在位置，因此搜索方向沿着“之”字形曲折地逼近极值点。且迭代点越靠近极值点，其搜索步长就越小，收敛速度就越慢。显然这种方法的效率比较低下。

1.3.2　共轭梯度法

从 1.3.1 节可以看到，虽然最速下降法每一步都沿着“最优”方向，也就是函数下

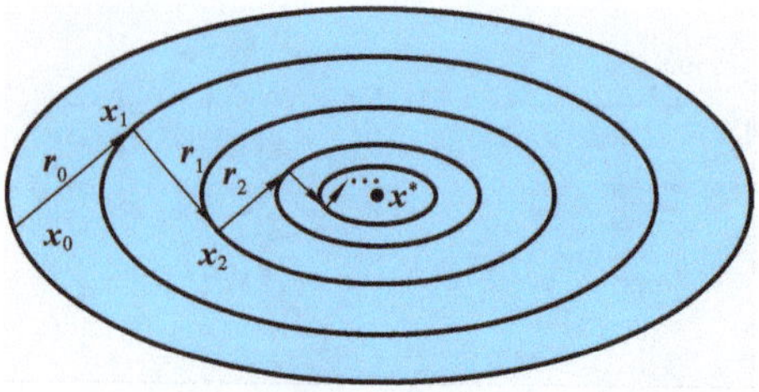

图 1.1　最速下降法沿“之”字形逼近最优解 x^*

降最快的方向前进，但是效率低下。这是因为搜索方向之间的关联性过强。事实上，在最速下降法中，当第 i 步结束，进行第 $i+1$ 步优化时，又会重新引入沿着第 $i-1$ 步方向的误差。这一点在二维情况下尤为明显。如图 1.1 所示，寻找二元函数 $F(\boldsymbol{x}_1, \boldsymbol{x}_2)$ 的极小值，虽然用了若干步搜索，但是因为 $\boldsymbol{r}_k$ 和 $\boldsymbol{r}_{k+2}$ 互相平行，所以实际上搜索方向只有两个。这样的优化策略显然不能满足复杂函数或者高维函数的优化要求。因此，如果我们知道函数在一系列点上的值和梯度，就应该尽量使每一步的优化相互独立。也就是新的优化步并不会引起老的搜索方向上的误差，共轭梯度法(conjugate gradient)正是基于这样的思路的一种算法。

在各种优化算法中，共轭梯度法是非常重要的一个分支，主要分为线性共轭梯度法(用于优化二次型函数)和非线性共轭梯度法(用于优化一般函数)。其优点是所需存储量小，稳定性高，而且不需要任何外来参数，特别是对于系数矩阵正定的线性系统具有 N 步收敛性。下面对此算法做简要的介绍。

1.3.2.1　线性共轭梯度法

首先介绍矢量“共轭”的概念。设有一组非零矢量 $\{\boldsymbol{d}_i\}$，如果其中任意两个矢量 $\boldsymbol{d}_i$ 和 $\boldsymbol{d}_j$ 对于一个对称正定矩阵 $\boldsymbol{A}$ 满足

$$(\boldsymbol{d}_i)^{\mathrm{T}}\boldsymbol{A}\boldsymbol{d}_j = 0 \quad (i \neq j) \tag{1.56}$$

则称 $\{\boldsymbol{d}_i\}$ 是关于 $\boldsymbol{A}$ 共轭的一组矢量。这组矢量同时也是线性无关的，因此可作为 N 维空间的基组。

先用一个简单的例子来阐述共轭梯度法的思想。选择一个形如 $F(\boldsymbol{x}) = \frac{1}{2}\boldsymbol{x}^{\mathrm{T}}\boldsymbol{A}\boldsymbol{x} - \boldsymbol{b}^{\mathrm{T}}\boldsymbol{x}$ 的 N 元二次函数，为寻找这个函数的最优解，从任意一点 $\boldsymbol{x}_0$ 出发，每次沿一个 $\boldsymbol{d}_i$ 方向进行一维搜索(即确定沿该方向函数 $F(\boldsymbol{x})$ 的最小值)。那么我们可以提出一个问题，假设有两个搜索方向 $\boldsymbol{d}_1$ 和 $\boldsymbol{d}_2$，它们之间要满足什么样的关系，才能够使两步搜索“相互独立”?

首先考虑从 $\boldsymbol{x}_1$ 出发，如果允许求解点沿着 $\boldsymbol{d}_1$ 和 $\boldsymbol{d}_2$ 的方向自由运动，那么最优解 $\boldsymbol{x}' = \boldsymbol{x}_1 + \alpha_1\boldsymbol{d}_1 + \alpha_2\boldsymbol{d}_2$ 应满足

$$\frac{\mathrm{d}F(\boldsymbol{x}')}{\mathrm{d}\alpha_1} = \nabla F(\boldsymbol{x}')^{\mathrm{T}}\boldsymbol{d}_1 = 0 \tag{1.57}$$

$$\frac{\mathrm{d}F(\boldsymbol{x}')}{\mathrm{d}\alpha_2} = \nabla F(\boldsymbol{x}')^{\mathrm{T}}\boldsymbol{d}_2 = 0 \tag{1.58}$$

化简后得

$$[(\boldsymbol{x}+\alpha_1\boldsymbol{d}_1+\alpha_2\boldsymbol{d}_2)^{\mathrm{T}}\boldsymbol{A}-\boldsymbol{b}^{\mathrm{T}}]\boldsymbol{d}_1=0 \tag{1.59}$$

$$[(\boldsymbol{x}+\alpha_1\boldsymbol{d}_1+\alpha_2\boldsymbol{d}_2)^{\mathrm{T}}\boldsymbol{A}-\boldsymbol{b}^{\mathrm{T}}]\boldsymbol{d}_2=0 \tag{1.60}$$

如果这两步搜索相互独立，则理论上沿着 $\boldsymbol{d}_1$ 和 $\boldsymbol{d}_2$ 方向分别优化也应得到相同的结果。设首先由 $\boldsymbol{x}_1$ 沿 $\boldsymbol{d}_1$ 方向到达 $\boldsymbol{x}_2=\boldsymbol{x}_1+\alpha_1\boldsymbol{d}_1$ 点，再沿着 $\boldsymbol{d}_2$ 方向到达 $\boldsymbol{x}_3=\boldsymbol{x}_2+\alpha_2\boldsymbol{d}_2$ 点，则极值点条件分别满足：

$$\frac{\mathrm{d}F(\boldsymbol{x}_2)}{\mathrm{d}\alpha_1}=\nabla F(\boldsymbol{x}_2)^{\mathrm{T}}\boldsymbol{d}_1=0 \tag{1.61}$$

$$\frac{\mathrm{d}F(\boldsymbol{x}_3)}{\mathrm{d}\alpha_2}=\nabla F(\boldsymbol{x}_3)^{\mathrm{T}}\boldsymbol{d}_2=0 \tag{1.62}$$

化简后得

$$[(\boldsymbol{x}+\alpha_1\boldsymbol{d}_1)^{\mathrm{T}}\boldsymbol{A}-\boldsymbol{b}^{\mathrm{T}}]\boldsymbol{d}_1=0 \tag{1.63}$$

$$[(\boldsymbol{x}+\alpha_1\boldsymbol{d}_1+\alpha_2\boldsymbol{d}_2)^{\mathrm{T}}\boldsymbol{A}-\boldsymbol{b}^{\mathrm{T}}]\boldsymbol{d}_2=0 \tag{1.64}$$

比较方程(1.59)和方程(1.63)可知，若沿着 $\boldsymbol{d}_1$ 和 $\boldsymbol{d}_2$ 的优化步相互独立，则有

$$\boldsymbol{d}_2^{\mathrm{T}}\boldsymbol{A}\boldsymbol{d}_1=0 \tag{1.65}$$

这也正是两个矢量关于 $\boldsymbol{A}$ 共轭的定义。由上述讨论可以看到，如果选取共轭方向作为搜索方向，则各个优化步之间是相互独立的。上面描述的过程，可以推广到 N 步的优化。

假设 $\boldsymbol{d}_0=\boldsymbol{r}_0$，我们在选取新方向 $\boldsymbol{d}_k$ 的时候，不但希望新的优化步可以使得在 $\boldsymbol{d}_k$ 方向取得最小，即

$$F(\boldsymbol{x}_{k+1})=\min_{\alpha_k}F(\boldsymbol{x}_k+\alpha_k\boldsymbol{d}_k) \tag{1.66}$$

而且要求 $\boldsymbol{d}_k$ 的选取，能够使得 $F(x)$ 在 $\boldsymbol{d}_0,\boldsymbol{d}_1,\cdots,\boldsymbol{d}_k$ 所张开的子空间里取得最小值，即

$$F(\boldsymbol{x}_{k+1})=\min_{x\in\{\boldsymbol{d}_0,\boldsymbol{d}_1,\cdots,\boldsymbol{d}_k\}}F(\boldsymbol{x}_k+\alpha_k\boldsymbol{d}_k) \tag{1.67}$$

利用数学归纳法，设第 $k-1$ 步时的 $\boldsymbol{x}_k$ 是前一步极小值问题的解，也就是说 $\boldsymbol{x}_k$ 在 $\boldsymbol{d}_0,\boldsymbol{d}_1,\cdots,\boldsymbol{d}_{k-1}$ 所张开的子空间里取得最小值，即

$$F(\boldsymbol{x}_k)=\min_{x\in\{\boldsymbol{d}_0,\boldsymbol{d}_1,\cdots,\boldsymbol{d}_{k-1}\}}F(\boldsymbol{x}_{k-1}+\alpha_{k-1}\boldsymbol{d}_{k-1}) \tag{1.68}$$

则第 k 步的优化问题可以简化为

$$F(\boldsymbol{x}_{k+1})=F(\boldsymbol{x}_k+\alpha_k\boldsymbol{d}_k)=F(\boldsymbol{x}_k)+\alpha_k\boldsymbol{x}_k^{\mathrm{T}}\boldsymbol{A}\boldsymbol{d}_k-\alpha_k\boldsymbol{b}^{\mathrm{T}}\boldsymbol{d}_k+\frac{\alpha_k^2}{2}\boldsymbol{d}_k^{\mathrm{T}}\boldsymbol{A}\boldsymbol{d}_k \tag{1.69}$$

式中：$\boldsymbol{x}_k$ 是在 $\boldsymbol{d}_0,\boldsymbol{d}_1,\cdots,\boldsymbol{d}_{k-1}$ 所张开的子空间内的矢量，

$$\boldsymbol{x}_k=\boldsymbol{x}_0+\alpha_0\boldsymbol{d}_0+\alpha_1\boldsymbol{d}_1+\cdots+\alpha_{k-1}\boldsymbol{d}_{k-1} \tag{1.70}$$

可以看到，如果每次选取的搜索方向 $\boldsymbol{d}_k$ 满足

$$\boldsymbol{d}_j^{\mathrm{T}}\boldsymbol{A}\boldsymbol{d}_k=0\quad(j=0,1,\cdots,k-1) \tag{1.71}$$

则容易有 $\boldsymbol{x}_k^{\mathrm{T}}\boldsymbol{A}\boldsymbol{d}_k=0$，因此，第 k 步的优化问题可以分解为两个独立的极小值问题，即

$$\min_{x_{k+1}\in\{d_0,d_1,\cdots,d_k\}} F(\boldsymbol{x}_{k+1})=\min_{x_k,\alpha_k} F(\boldsymbol{x}_k+\alpha_k\boldsymbol{d}_k)$$
$$=\min_{x_k\in\{d_0,d_1,\cdots,d_{k-1}\}} F(\boldsymbol{x}_k)+\min_{\alpha_k}\left(-\alpha_k\boldsymbol{b}^{\mathrm{T}}\boldsymbol{d}_k+\frac{\alpha_k^2}{2}\boldsymbol{d}_k^{\mathrm{T}}\mathbf{A}\boldsymbol{d}_k\right) \quad (1.72)$$

根据数学归纳法,第一项的最优解即为 $\boldsymbol{x}_k$,而 α_k 的值可以通过对第二项求极值得到,其中第二步的推导用到了 $\boldsymbol{x}_k^{\mathrm{T}}\mathbf{A}\boldsymbol{d}_k=0$ 的条件:

$$\alpha_k=\frac{\boldsymbol{b}^{\mathrm{T}}\boldsymbol{d}_k}{\boldsymbol{d}_k^{\mathrm{T}}\mathbf{A}\boldsymbol{d}_k}=\frac{(\boldsymbol{b}-\mathbf{A}\boldsymbol{x}_k)^{\mathrm{T}}\boldsymbol{d}_k}{\boldsymbol{d}_k^{\mathrm{T}}\mathbf{A}\boldsymbol{d}_k}=\frac{\boldsymbol{r}_k^{\mathrm{T}}\boldsymbol{d}_k}{\boldsymbol{d}_k^{\mathrm{T}}\mathbf{A}\boldsymbol{d}_k} \quad (1.73)$$

根据残余矢量所满足的性质,可以简化第 k 步的优化距离 α_k 的表达形式。

首先,由 $\boldsymbol{x}_k=\boldsymbol{x}_{k-1}+\alpha_{k-1}\boldsymbol{d}_{k-1}$ 可以得到

$$\boldsymbol{r}_k=\boldsymbol{b}-\mathbf{A}\boldsymbol{x}_k=\boldsymbol{b}-\mathbf{A}(\boldsymbol{x}_{k-1}+\alpha_{k-1}\boldsymbol{d}_{k-1})=(\boldsymbol{b}-\mathbf{A}\boldsymbol{x}_{k-1})-\alpha_{k-1}\mathbf{A}\boldsymbol{d}_{k-1}$$
$$=\boldsymbol{r}_{k-1}+\alpha_{k-1}\mathbf{A}\boldsymbol{d}_{k-1} \quad (1.74)$$

因此根据 $\boldsymbol{r}_k$ 的递推和 α_k 的表达式,有

$$\boldsymbol{r}_k^{\mathrm{T}}\boldsymbol{d}_k=\boldsymbol{r}_k^{\mathrm{T}}(\boldsymbol{r}_k+\beta_{k-1}\boldsymbol{d}_{k-1})=\boldsymbol{r}_k^{\mathrm{T}}\boldsymbol{r}_k+\beta_{k-1}\boldsymbol{r}_k^{\mathrm{T}}\boldsymbol{d}_{k-1}$$
$$=\boldsymbol{r}_k^{\mathrm{T}}\boldsymbol{r}_k+\beta_{k-1}(\boldsymbol{r}_{k-1}+\alpha_{k-1}\mathbf{A}\boldsymbol{d}_{k-1})^{\mathrm{T}}\boldsymbol{d}_{k-1}=\boldsymbol{r}_k^{\mathrm{T}}\boldsymbol{r}_k \quad (1.75)$$

以上推导中用到了方程(1.73)。由此得到共轭梯度算法中的每个搜索步的步长为

$$\alpha_k=\frac{\boldsymbol{r}_k^{\mathrm{T}}\boldsymbol{d}_k}{\boldsymbol{d}_k^{\mathrm{T}}\mathbf{A}\boldsymbol{d}_k}=\frac{\boldsymbol{r}_k^{\mathrm{T}}\boldsymbol{r}_k}{\boldsymbol{d}_k^{\mathrm{T}}\mathbf{A}\boldsymbol{d}_k} \quad (1.76)$$

进一步研究进行 N 次的搜索之后所找到的最优解 $\boldsymbol{x}_N$ 与实际的最优解 $\boldsymbol{x}^*$ 有多大的差距。将初始点与最优解的距离用 $\{\boldsymbol{d}_i\}$ 展开,则有

$$\boldsymbol{x}^*-\boldsymbol{x}_0=\lambda_1\boldsymbol{d}_2+\lambda_2\boldsymbol{d}_2+\cdots+\lambda_N\boldsymbol{d}_N \quad (1.77)$$

将式(1.77)左乘 $(\mathbf{A}\boldsymbol{d}_i)^{\mathrm{T}}$,则由式(1.56)有

$$\lambda_i=\frac{\boldsymbol{d}_i^{\mathrm{T}}\mathbf{A}(\boldsymbol{x}^*-\boldsymbol{x}_0)}{\boldsymbol{d}_i^{\mathrm{T}}\mathbf{A}\boldsymbol{d}_i} \quad (1.78)$$

设 $\boldsymbol{x}_i$ 为 i 轮优化之后所处位置,即 $\boldsymbol{x}_i=\boldsymbol{x}_0+\sum_{j=1}^{i=1}\alpha_j\boldsymbol{d}_j$,同样因为共轭性,有

$$\boldsymbol{d}_i^{\mathrm{T}}(\boldsymbol{x}_i-\boldsymbol{x}_0)=0 \quad (1.79)$$

将其代入方程(1.78),得

$$\lambda_i=\frac{\boldsymbol{d}_i^{\mathrm{T}}\mathbf{A}[(\boldsymbol{x}^*-\boldsymbol{x}_0)-(\boldsymbol{x}_i-\boldsymbol{x}_0)]}{\boldsymbol{d}_i^{\mathrm{T}}\mathbf{A}\boldsymbol{d}_i}=\frac{\boldsymbol{d}_i^{\mathrm{T}}\mathbf{A}(\boldsymbol{x}^*-\boldsymbol{x}_i)}{\boldsymbol{d}_i^{\mathrm{T}}\mathbf{A}\boldsymbol{d}_i}=\alpha_i \quad (1.80)$$

式(1.80)说明,每轮优化都会消除 $\boldsymbol{x}^*-\boldsymbol{x}_0$ 沿某个共轭矢量上的分量。因此 N 轮优化结束后,$\boldsymbol{x}^*-\boldsymbol{x}_N=\mathbf{0}$。也即线性共轭梯度法具有 N 步收敛性,其收敛速度明显优于最速下降法。

构建一组关于 $\mathbf{A}$ 的共轭矢量,最直接的方法就是求出 $\mathbf{A}$ 的所有本征矢 $\{\boldsymbol{d}_i\}$。借此对空间 $\boldsymbol{x}$ 做线性变换,$\boldsymbol{x}'=[\boldsymbol{d}_1,\boldsymbol{d}_2,\cdots,\boldsymbol{d}_N]^{-1}\boldsymbol{x}$。在 $\boldsymbol{x}'$ 空间内,$\mathbf{A}$ 是一个对角矩阵,也即二次函数 $F(\boldsymbol{x}')$ 是一个正置的 N 维椭球体,每个轴分别与一个坐标轴平行。如图 1.2 所示。这样,从任意一个初始点 $\boldsymbol{x}_0'$ 出发,每轮优化都可以达到当前坐标轴方

向上的函数极小值点，非常直观地表现了上文所证明的 N 步收敛性。这里以图 1.3 所示方法为例，讨论上文所揭示的一个深刻的概念，即共轭梯度法的第 k 轮搜索，得到的结果是函数 $F(\boldsymbol{x})$ 在由 $\{\boldsymbol{d}_0, \boldsymbol{d}_1, \cdots, \boldsymbol{d}_{k-1}\}$ 张开的 k 维子空间内的最优解 $\boldsymbol{x}_k$。如图 1.3 所示，设有一个三元二次函数 $F(\boldsymbol{x})$ 由 $\boldsymbol{x}_0$ 出发，第一步沿 $\boldsymbol{d}_0$ 到达该方向上以等值面 $S_0 = F(\boldsymbol{x}_0)$ 为边界的空间内距离该等值面最远的点 $\boldsymbol{x}_1$（即“最优”解）。第二步沿 $\boldsymbol{d}_1$ 到达由 $\boldsymbol{d}_0$、$\boldsymbol{d}_1$ 展开的平面 π 内距离 S_0 最远的点 $\boldsymbol{x}_2$。第三步沿 $\boldsymbol{d}_2$ 到达由 $\boldsymbol{d}_0$、$\boldsymbol{d}_1$ 与 $\boldsymbol{d}_2$ 张开的空间（也即 $F(\boldsymbol{x})$ 的定义空间）内距离 S_0 最远的点 $\boldsymbol{x}_3$，显然，$\boldsymbol{x}_3$ 是真正的最优解。可以看到，线性共轭梯度法中每一步都同时包含了此前所有搜索步骤的信息，因此虽然每一步的搜索方向并不是该点处函数值下降最快的方向（一维最优方向），但是从 k 维子空间的角度来看却是最佳的选择。

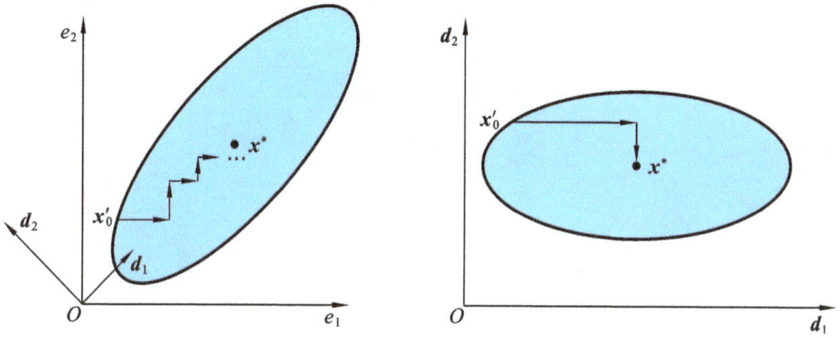

图 1.2　通过共轭矢量旋转坐标系使函数正置

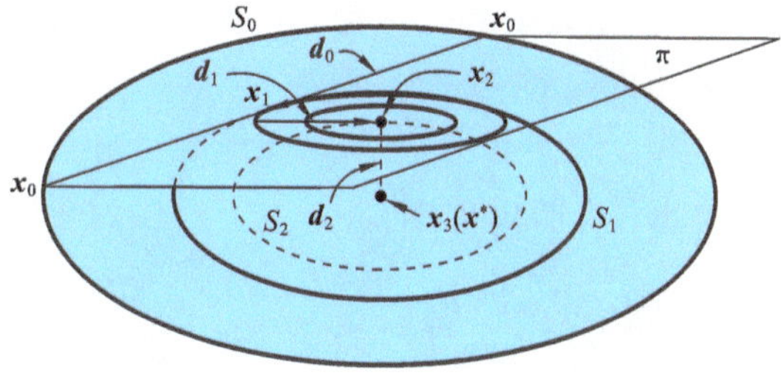

图 1.3　线性共轭梯度法优化过程

但是预先获得一组完备的共轭矢量（例如求解 $\boldsymbol{A}$ 的本征矢或利用施密特正交化）并不实用。因为在解决大型线性系统时，得到所需的 N 个共轭矢量往往非常耗时。此外，保存所有这些矢量信息也会遇到存储方面的困难。共轭梯度法的核心在于用迭代点的负梯度构造共轭矢量，这也是共轭梯度法名称的来源。

重新考察图 1.3，我们可以从另一个角度诠释线性共轭梯度法的工作过程。第一步如前所述，沿 $\boldsymbol{d}_0$ 方向到达距离 S_0 最远的点 $\boldsymbol{x}_1$。第二步由 $\boldsymbol{x}_1$ 开始，沿 $\boldsymbol{d}_1$ 到达距离等值面 $S_1 = F(\boldsymbol{x}_1)$ 最远的点 $\boldsymbol{x}_2$（该点也是 $\boldsymbol{d}_0$ 沿 $\boldsymbol{d}_1$ 平移时能被 S_1 所截取的最大长度所对应的位置），第三步由 $\boldsymbol{x}_2$ 开始沿 $\boldsymbol{d}_2$ 到达距离等值面 $S_2 = F(\boldsymbol{x}_2)$ 最远的点 $\boldsymbol{x}_3$

(该点也是平面 π 沿 $\boldsymbol{d}_2$ 平移时能被 S_2 所截取的最大面积所对应的位置)。显然，我们并不需要预先知道所有的共轭矢量。在保证搜索方向关于 $\boldsymbol{A}$ 共轭的前提下，每一步的优化过程只与前一步的优化结果有关。因此可以提出一种迭代算法，每次构建新的搜索方向(共轭方向)，沿该方向寻找函数的最优解。在共轭梯度算法中，一般取新的搜索方向为当前负梯度 $\boldsymbol{r}_{k+1}$ 和上一步搜索方向 $\boldsymbol{d}_k$ 的线性组合：

$$\boldsymbol{d}_{k+1}=\boldsymbol{r}_{k+1}+\beta_k\boldsymbol{d}_k \tag{1.81}$$

式中：$\boldsymbol{r}_{k+1}$ 为函数在 $k+1$ 步之后的残余矢量。利用数学归纳法可以证明，$\boldsymbol{d}_{k+1}$ 与 $\boldsymbol{d}_k$ 共轭[7]。由此可求得

$$\beta_k=\frac{\boldsymbol{r}_{k+1}^{\mathrm{T}}\boldsymbol{A}\boldsymbol{d}_k}{\boldsymbol{d}_k^{\mathrm{T}}\boldsymbol{A}\boldsymbol{d}_k} \tag{1.82}$$

其中，第一步的 $\boldsymbol{d}_0$ 取最速下降方向 $\boldsymbol{r}_0$。至此，我们得到了共轭梯度算法的基本步骤以及 α_k 和 β_k 的表达式，即

$$\boldsymbol{r}_{k+1}=\boldsymbol{r}_k-\alpha_k\boldsymbol{A}\boldsymbol{d}_k$$

$$\boldsymbol{d}_k=\boldsymbol{r}_k+\beta_{k-1}\boldsymbol{d}_{k-1}$$

$$\beta_{k-1}=-\frac{\boldsymbol{r}_k^{\mathrm{T}}\boldsymbol{A}\boldsymbol{d}_{k-1}}{\boldsymbol{d}_{k-1}^{\mathrm{T}}\boldsymbol{A}\boldsymbol{d}_{k-1}}$$

$$\alpha_k=\frac{\boldsymbol{r}_k^{\mathrm{T}}\boldsymbol{r}_k}{\boldsymbol{d}_k^{\mathrm{T}}\boldsymbol{A}\boldsymbol{d}_k}$$

但是对上述算法还需要进行进一步的改进以提高效率。这是因为计算 β_k 必须进行两次矩阵-矢量运算，所以有必要简化 α_k 和 β_k 的表达式。沿共轭方向的优化函数有若干重要的性质。首先，函数 F 在第 k 轮优化所得点 $\boldsymbol{x}_k$ 处的负梯度方向(残余矢量)与此前 $k-1$ 次的搜索方向 $\boldsymbol{d}_i$ 均正交，即

$$\boldsymbol{r}_k^{\mathrm{T}}\boldsymbol{d}_i=0 \quad (i=0,\cdots,k-1) \tag{1.83}$$

其次，各步的残余矢量 $\boldsymbol{r}_k$ 相互之间正交，即

$$\boldsymbol{r}_k^{\mathrm{T}}\boldsymbol{r}_j=0 \quad (k\neq j) \tag{1.84}$$

此外，连续两次优化的负梯度方向 $\boldsymbol{r}_{k-1}$ 与 $\boldsymbol{r}_k$ 满足

$$\boldsymbol{r}_k-\boldsymbol{r}_{k-1}=\alpha_{k-1}\boldsymbol{A}\boldsymbol{d}_{k-1} \tag{1.85}$$

将方程(1.76)、方程(1.84)与方程(1.85)代入 β_k 的表达式(1.82)，则可得

$$\beta_k=\frac{\boldsymbol{r}_k^{\mathrm{T}}\boldsymbol{r}_k}{\boldsymbol{r}_{k-1}^{\mathrm{T}}\boldsymbol{r}_{k-1}} \tag{1.86}$$

更严格的证明指出，采用式(1.81)和式(1.86)构建共轭方向，第一步必须取初始点的负梯度方向，否则任意两个搜索方向并不关于 $\boldsymbol{A}$ 共轭[6,7]。在这种情况下共轭梯度法的收敛速率并不优于最速下降法的收敛速率。

至此，我们可以提出线性共轭梯度法的实现算法如下。

算法 1.2

(1) 给定起始点 $\boldsymbol{x}_0$，收敛判据 ε，设 $i=0$，计算 $\boldsymbol{x}_0$ 处 F 的负梯度方向 $\boldsymbol{r}_0=$

$-\nabla F|_{x=x_0}$，设 $\boldsymbol{d}_0=\boldsymbol{r}_0$。

(2) 若 $\|\boldsymbol{r}_i\|\leqslant\varepsilon$，则优化结束，转到步骤(4)，否则更新 F 在 $\boldsymbol{d}_i$ 方向上的最优位置，$\boldsymbol{x}_{i+1}=\boldsymbol{x}_i+\alpha_i\boldsymbol{d}_i$，$\alpha_i$ 由方程(1.76)或方程(1.55)确定。

(3) 依据方程(1.81)及方程(1.86)计算当前负梯度方向 $\boldsymbol{r}_{i+1}$，并构建新的共轭梯度方向 $\boldsymbol{d}_{i+1}$，设 $i=i+1$，回到步骤(2)。

(4) 计算 $F(\boldsymbol{x}_i)$并保存 $\boldsymbol{x}_i$。

需要注意的是必须保证初始的搜索方向 $\boldsymbol{d}_0$ 是目标函数在当前点的负梯度方向。可以看到，这样建立的算法每步只需要保存当前负梯度 $\boldsymbol{r}_{r+1}$、前一步的搜索方向 $\boldsymbol{d}_i$ 以及前一步的位置 $\boldsymbol{x}_{i+1}$ 这三个 N 维矢量，因此在处理大型方程组的情况下具有非常明显的存储空间上的优势。

下面以最速下降法中的二次函数为例，说明线性共轭梯度法的优化过程，同时验证其二次终止性。设

$$F(\boldsymbol{x})=6x_1^2+6x_2^2-8x_1x_2-16x_1+4x_2$$

若将其表示为 $F(\boldsymbol{x})=\dfrac{1}{2}\boldsymbol{x}^{\mathrm{T}}\boldsymbol{A}\boldsymbol{x}-\boldsymbol{b}\boldsymbol{x}$ 的形式，则有

$$\boldsymbol{A}=\begin{bmatrix}12 & -8\\ -8 & 12\end{bmatrix},\quad \boldsymbol{b}=\begin{bmatrix}16\\ -4\end{bmatrix}$$

设初始点为 $\boldsymbol{x}_0=[4,0]^{\mathrm{T}}$，则第一轮优化首先计算 $\boldsymbol{x}_0$ 处的负梯度 $\boldsymbol{r}_0$ 为

$$\boldsymbol{r}_0=\begin{bmatrix}-32\\ 28\end{bmatrix}$$

因此搜索方向

$$\boldsymbol{d}_0=\boldsymbol{r}_0=\begin{bmatrix}-32\\ 28\end{bmatrix}$$

由方程(1.76)求得沿 $\boldsymbol{d}_0$ 的优化步长 α_0 为

$$\alpha_0=\frac{\boldsymbol{r}_0^{\mathrm{T}}\boldsymbol{r}_0}{\boldsymbol{d}_0^{\mathrm{T}}\boldsymbol{A}\boldsymbol{d}_0}=\frac{113}{2252}$$

则沿 $\boldsymbol{d}_0$ 的函数最优解为

$$\boldsymbol{x}_1=\boldsymbol{x}_0+\alpha_0\boldsymbol{d}_0=\frac{1}{563}\begin{bmatrix}1348\\ 791\end{bmatrix}$$

第二轮优化，计算 $\boldsymbol{x}_1$ 处的负梯度为

$$\boldsymbol{r}_1=-\frac{120}{563}\begin{bmatrix}7\\ 8\end{bmatrix}$$

由方程(1.81)及方程(1.86)构建搜索方向为

$$\boldsymbol{d}_1=\boldsymbol{r}_1+\beta\boldsymbol{d}_0=-\frac{120}{563^2}\begin{bmatrix}4181\\ 4294\end{bmatrix}$$

沿 $\boldsymbol{d}_0$ 的优化步长为

$$\alpha_1=\frac{\boldsymbol{r}_1^{\mathrm{T}}\boldsymbol{r}_1}{\boldsymbol{d}_1^{\mathrm{T}}\boldsymbol{A}\boldsymbol{d}_1}=\frac{563}{2260}$$

则沿 $\boldsymbol{d}_1$ 的函数最优解为

$$\boldsymbol{x}_2=\boldsymbol{x}_1+\alpha_1\boldsymbol{d}_1=\begin{bmatrix}2\\1\end{bmatrix}$$

这也是 $F(\boldsymbol{x})$的全局最优解。可以看到，对于 N 元二次凸函数，线性共轭梯度法可以在 N 步优化内达到最优解。

1.3.2.2 非线性共轭梯度法

上述的讨论局限于多元二次凸函数。对于一般函数 F 仍然可以沿用算法 1.2，但是需要进行部分修改，且不再保证有 N 步收敛性。这种优化方法称为非线性共轭梯度法。具体来说，与算法 1.2 相比，非线性共轭梯度法中沿搜索方向 $\boldsymbol{d}_i$ 优化的步长没有解析表达式，需要利用一维搜索算法（在下文介绍）确定 α_i。这种数值解法同时带来另一个问题，即一维搜索过于精确会消耗大量的时间，严重地降低算法效率。但是，如果过于粗糙，那么下一步构建的搜索方向的共轭性会受到影响，极端情况下，新的搜索方向甚至不是函数值的下降方向。为了解决这一困难，一般在算法实现上会采取“重置”的策略，即每步优化结束后计算当前的负梯度 $\boldsymbol{r}_{i+1}$，以及构建新的搜索方向 $\boldsymbol{d}_{i+1}$，如果 $\boldsymbol{r}_{i+1}^{\mathrm{T}}\boldsymbol{d}_{i+1}<0$，则设 $\boldsymbol{d}_{i+1}=\boldsymbol{r}_{i+1}$，即从最速下降方向重新开始。

算法 1.3

（1）给定起始点 $\boldsymbol{x}_0$，收敛判据 ε，设 $i=0$，计算 $\boldsymbol{x}_0$ 处 F 的负梯度方向，$\boldsymbol{r}_0=-\nabla F|_{\boldsymbol{x}=\boldsymbol{x}_0}$，设 $\boldsymbol{d}_0=\boldsymbol{r}_0$。

（2）若 $\|\boldsymbol{r}_i\|\leqslant\varepsilon$，则优化结束，转到步骤（4），否则沿 $\boldsymbol{d}_i$ 进行一维搜索，确定 F 在 $\boldsymbol{d}_i$ 方向上的最优位置，$\boldsymbol{x}_{i+1}=\boldsymbol{x}_i+\alpha_i\boldsymbol{d}_i$。

（3）依据方程（1.81）及方程（1.86）计算 F 在 $\boldsymbol{x}_{i+1}$ 处的负梯度 $\boldsymbol{r}_{i+1}$，并构造新的共轭梯度方向 $\boldsymbol{d}_{i+1}$。若 $\boldsymbol{r}_{i+1}^{\mathrm{T}}\boldsymbol{d}_{i+1}<0$，则设 $\boldsymbol{d}_{i+1}=\boldsymbol{r}_{i+1}$。设 $i=i+1$，回到步骤（2）。

（4）计算 $F(\boldsymbol{x}_i)$并保存 $\boldsymbol{x}_i$。

1.3.3 牛顿法与拟牛顿法

使用导数的最优化算法中，拟牛顿法是目前为止最为有效的一种算法，具有收敛速度快、算法稳定性强、编写程序容易等优点，在现今的大型计算程序中有着广泛的应用。

1.3.3.1 牛顿法

牛顿法（Newton method）的基本思想是在极小值点附近通过对目标函数 $F(x)$ 做二阶泰勒展开，进而找到 $F(x)$的极小值点的估计值[6]。一维情况下，令函数 $\varphi(x)$ 为$F(x)$在 x_k 附近的近似：

$$\varphi(x)=F(x_k)+F'(x_k)(x-x_k)+\frac{1}{2}F''(x_k)(x-x_k)^2$$

则其导数 $\varphi'(x)$ 满足

$$\varphi'(x)|_{x=x_k}=F'(x_k)+F''(x_k)(x-x_k)=0 \tag{1.87}$$

因此

$$x_{k+1}=x_k-\frac{F'(x_k)}{F''(x_k)} \tag{1.88}$$

将 x_{k+1} 作为 $f(x)$ 极小值点的一个进一步的估计值。重复上述过程，可以产生一系列的极小值点估值集合 $\{x_k\}$。一定条件下，这个极小值点序列 x_k 收敛于 $F(x)$ 的极值点。

将上述讨论扩展到 N 维空间，类似的，对于 N 维函数 $F(\boldsymbol{x})$，同样可以用 $\varphi(\boldsymbol{x})$ 做近似，即

$$F(\boldsymbol{x})\approx\varphi(\boldsymbol{x})=F(\boldsymbol{x}_k)+\nabla f(\boldsymbol{x}_k)(\boldsymbol{x}-\boldsymbol{x}_k)+\frac{1}{2}(\boldsymbol{x}-\boldsymbol{x}_k)^{\mathrm{T}}\nabla^2 F(\boldsymbol{x}-\boldsymbol{x}_k)$$

式中：$\nabla F(\boldsymbol{x})$ 和 $\nabla^2 F(\boldsymbol{x})$ 分别是目标函数的一阶和二阶导数，表现为一个 N 维矢量和一个 $N\times N$ 对称矩阵。后者又称为目标函数 $F(\boldsymbol{x})$ 在 $\boldsymbol{x}_k$ 处的 Hessian 矩阵。设 $\nabla^2 F(\boldsymbol{x})$ 可逆，则可得与方程(1.88)类似的迭代公式：

$$\boldsymbol{x}_{k+1}=\boldsymbol{x}_k-[\nabla^2 F(\boldsymbol{x}_k)]^{-1}\nabla F(\boldsymbol{x}_k) \tag{1.89}$$

这就是原始牛顿法的迭代公式，其中 $[\nabla^2 F(\boldsymbol{x}_k)]^{-1}\nabla F(\boldsymbol{x}_k)$ 称为牛顿方向。

原始牛顿法虽然具有二次终止性(即用于二次凸函数时，经有限次迭代必达极小值点)，但是要求初始点需要尽量靠近极小值点，否则由方程(1.89)可知，体系优化的步长可能过长，对于行为复杂的函数(如定义域内有若干极小值)有可能产生振荡而导致优化失败。为了解决这一问题，人们又提出了阻尼牛顿法[6]。

与牛顿法不同，阻尼牛顿法每一优化步的步长并不是利用方程(1.89)解析地确定，而是在确定搜索方向后沿该方向进行一维搜索从而找出该方向上的极小值点，其过程类似于一个欠阻尼振子达到其平衡位置的过程。然后在该点处重新确定搜索方向，重复上述过程，直至函数梯度小于预设判据 ε 为止。由此列出算法如下。

算法 1.4

(1) 给定初始点 $\boldsymbol{x}_0$，设定收敛判据 ε，$k=0$。

(2) 计算 $\nabla F(\boldsymbol{x}_k)$ 和 $\nabla^2 F(\boldsymbol{x}_k)$。

(3) 若 $\|\nabla F(\boldsymbol{x}_k)\|<\varepsilon$，则停止迭代，转步骤(5)；否则确定搜索方向 $\boldsymbol{d}_k=-[\nabla^2 F(\boldsymbol{x}_k)]^{-1}\nabla F(\boldsymbol{x}_k)$。

(4) 从 $\boldsymbol{x}_k$ 出发，沿 $\boldsymbol{d}_k$ 做一维搜索，即

$$\min_{\alpha} F(\boldsymbol{x}_k+\alpha\boldsymbol{d}_k)=F(\boldsymbol{x}_k+\alpha_k\boldsymbol{d}_k)$$

令 $\boldsymbol{x}_{k+1}=\boldsymbol{x}_k+\alpha_k\boldsymbol{d}_k$，设 $k=k+1$，转步骤(2)。

(5) 计算 $F(\boldsymbol{x}_i)$ 并保存 $\boldsymbol{x}_i$。

因为引入了一维搜索，所以阻尼牛顿法通常具有更强的稳定性。可以看到，阻尼牛顿法在形式上与其他利用导数的优化算法十分相似。但是它每一步仍然需要计算

函数的二阶导数，因此与牛顿法相比，效率并没有显著提高。

1.3.3.2 拟牛顿法

如同1.3.3.1节指出，牛顿法虽然收敛速度快，但是计算过程中需要计算目标函数的二阶偏导数，难度较大。更为复杂的是目标函数的Hessian矩阵无法保持正定，从而会令牛顿法失效。为了解决这两个问题，人们提出了拟牛顿法（quasi-Newton method）。这个方法的基本思想是不用二阶偏导数而构造出可以近似Hessian矩阵的逆的正定对称阵，并由此确定拟牛顿法的搜索方向——沿其优化目标函数。构造方法的不同决定了不同的拟牛顿法。

首先分析如何构造矩阵才可以近似Hessian矩阵的逆。

设第k次迭代之后得到点$\boldsymbol{x}_{k+1}$，将目标函数$F(\boldsymbol{x})$在$\boldsymbol{x}_{k+1}$处展开成泰勒级数，取二阶近似，得

$$F(\boldsymbol{x})\approx F(\boldsymbol{x}_{k+1})+\nabla F(\boldsymbol{x}_{k+1})(\boldsymbol{x}-\boldsymbol{x}_{k+1})+\frac{1}{2}(\boldsymbol{x}-\boldsymbol{x}_{k+1})^{\mathrm{T}}\nabla^2 F(\boldsymbol{x}_{k+1})(\boldsymbol{x}-\boldsymbol{x}_{k+1})$$

因此

$$\nabla F(\boldsymbol{x})\approx\nabla F(\boldsymbol{x}_{k+1})+\nabla^2 F(\boldsymbol{x}_{k+1})(\boldsymbol{x}-x_{k+1})$$

令$\boldsymbol{x}=\boldsymbol{x}_k$，则

$$\nabla F(\boldsymbol{x}_{k+1})-\nabla F(\boldsymbol{x}_k)\approx\nabla^2 F(\boldsymbol{x}_{k+1})(\boldsymbol{x}_k-\boldsymbol{x}_{k+1}) \tag{1.90}$$

记

$$\boldsymbol{s}_k=\boldsymbol{x}_{k+1}-\boldsymbol{x}_k,\quad \boldsymbol{y}_k=\nabla F(\boldsymbol{x}_{k+1})-\nabla F(\boldsymbol{x}_k)$$

同时设Hessian矩阵$\nabla F(\boldsymbol{x}_{k+1})$可逆，则方程(1.90)可以表示为

$$\boldsymbol{s}_k\approx[\nabla^2 F(\boldsymbol{x}_{k+1})]^{-1}\boldsymbol{y}_k \tag{1.91}$$

只要计算目标函数的一阶导数，就可以依据式(1.91)估计该处的Hessian矩阵的逆。也即，为了使用不包含二阶导数的矩阵$\boldsymbol{H}_{k+1}$来近似牛顿法中Hessian矩阵的逆矩阵$[\nabla^2 F(\boldsymbol{x}_{k+1})]^{-1}$，$\boldsymbol{H}_{k+1}$必须满足

$$\boldsymbol{s}_k\approx\boldsymbol{H}_{k+1}\boldsymbol{y}_k \tag{1.92}$$

方程(1.92)称为割线方程，也称为拟牛顿条件。上述推导采用了纯粹的代数演绎，因此理解起来有些困难。图1.4阐述了一维情况下牛顿法与拟牛顿法的几何意义。如图1.4所示，纵坐标是目标函数$F(x)$的导函数$F'(x)=\mathrm{d}F(x)/\mathrm{d}x$。为求得$F(x)$的优化解，需要求出$F'(x)$的零点。在牛顿法（见图1.4(a)）中，对于每一步的估计值x_k，都需要求出该点处的$F'(x)$的导数$F''(x)|_{x_k}$，并将相应的切线与x轴的交点作为下一步最优解的估计值x_{k+1}（见式(1.89)）。因此，牛顿法又可称为切线法（导函数的切线，因此需要用到目标函数的二阶导数，N维情况下即为Hessian矩阵）。图1.4(b)所示为利用拟牛顿法求解$F'(x)=0$的过程，很明显，这是用x_{k-1}以及x_k处的导函数值的连线（即$F'(x)$的割线）与x轴的交点作为最优解的一个进一步的估计x_{k+1}，也就是用割线来近似切线。这正是割线方程(1.92)的几何含义。图1.4也可以用来理解牛顿法的二次终止性。因为如果目标函数是一元二次函数，那

么图 1.4(a)所示的导函数即为一条直线，给定初始点 x_0，按照式(1.89)，牛顿法可以一步达到最优解 x^*。

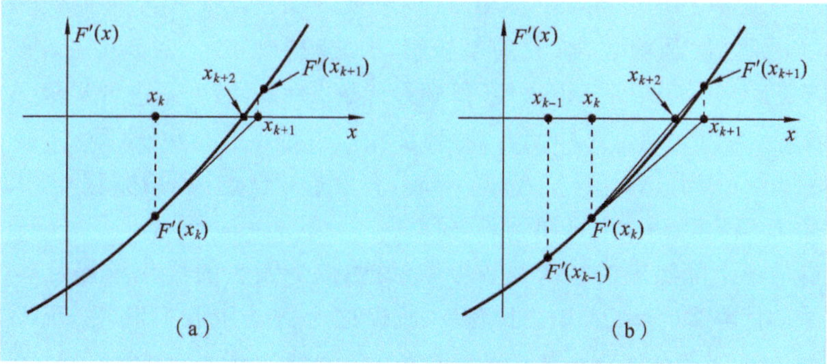

图 1.4　一维情况下牛顿法与拟牛顿法的几何意义

(a) 牛顿法；(b) 拟牛顿法

除满足割线方程外，$\boldsymbol{H}_{k+1}$ 还需要满足其他一些条件，如具备对称性、更新矩阵的秩尽量低，等等。实际上，满足这些条件的矩阵即更新算法并不唯一，因此相应的拟牛顿法也不止一种。下面不加证明地给出两个最常用的 $\boldsymbol{H}_{k+1}$ 构造公式。

1. DFP 公式

设初始的矩阵 $\boldsymbol{H}_0$ 为单位矩阵 $\boldsymbol{I}$，然后通过修正 $\boldsymbol{H}_k$ 给出 $\boldsymbol{H}_{k+1}$，即

$$\boldsymbol{H}_{k+1}=\boldsymbol{H}_k+\Delta\boldsymbol{H}_k$$

DFP 算法中定义校正矩阵为

$$\Delta\boldsymbol{H}_k=\frac{\boldsymbol{s}_k\boldsymbol{s}_k^{\mathrm{T}}}{\boldsymbol{s}_k^{\mathrm{T}}\boldsymbol{y}_k}-\frac{\boldsymbol{H}_k\boldsymbol{y}_k\boldsymbol{y}_k^{\mathrm{T}}\boldsymbol{H}_k}{\boldsymbol{y}_k^{\mathrm{T}}\boldsymbol{H}_k\boldsymbol{y}_k}$$

因此

$$\boldsymbol{H}_{k+1}=\boldsymbol{H}_k+\frac{\boldsymbol{s}_k\boldsymbol{s}^{\mathrm{T}}}{\boldsymbol{s}_k^{\mathrm{T}}\boldsymbol{y}_k}-\frac{\boldsymbol{H}_k\boldsymbol{y}_k\boldsymbol{y}_k^{\mathrm{T}}\boldsymbol{H}_k}{\boldsymbol{y}_k^{\mathrm{T}}\boldsymbol{H}_k\boldsymbol{y}_k}\tag{1.93}$$

可以验证，这样产生的 $\boldsymbol{H}_{k+1}$ 对二次凸函数而言可以保证正定，且满足拟牛顿条件。

2. BFGS 公式

BFGS 公式有时也称为 DFP 公式的对偶公式。这是因为其推导过程与方程(1.93)的推导过程完全一样，只需要将 $\boldsymbol{s}_k$ 和 $\boldsymbol{y}_k$ 互换，最后可以得到

$$\boldsymbol{H}_{k+1}=\boldsymbol{H}_k+\left(1+\frac{\boldsymbol{y}_k^{\mathrm{T}}\boldsymbol{H}_k\boldsymbol{y}_k}{\boldsymbol{s}_k^{\mathrm{T}}\boldsymbol{y}_k}\right)\frac{\boldsymbol{s}_k\boldsymbol{s}_k^{\mathrm{T}}}{\boldsymbol{s}_k^{\mathrm{T}}\boldsymbol{y}_k}-\frac{\boldsymbol{H}_k\boldsymbol{y}_k\boldsymbol{s}_k^{\mathrm{T}}+\boldsymbol{s}_k\boldsymbol{y}_k^{\mathrm{T}}\boldsymbol{H}_k}{\boldsymbol{s}_k^{\mathrm{T}}\boldsymbol{y}_k}\tag{1.94}$$

这个公式要优于 DFP 公式，因此目前得到了最为广泛的应用。

将利用方程(1.93)或方程(1.94)的拟牛顿法的计算方法列为如下算法。

算法 1.5

(1) 给定初始点 $\boldsymbol{x}_0$，设定收敛判据 ε，$k=0$，设 $\boldsymbol{H}_0=\boldsymbol{I}$。

(2) 计算出目标函数 $F(\boldsymbol{x})$ 在 $\boldsymbol{x}_k$ 处的梯度 $\boldsymbol{g}_k=\nabla f(\boldsymbol{x}_k)$。

(3) 确定搜索方向 $\boldsymbol{d}_k$：$\boldsymbol{d}_k=-\boldsymbol{H}_k\boldsymbol{g}_k$。

(4) 从 $\boldsymbol{x}_k$ 出发，沿 $\boldsymbol{d}_k$ 做一维搜索，使得 α_k 满足 $f(\boldsymbol{x}_k+\alpha_k\boldsymbol{d}_k)=\min\limits_{\alpha\geqslant 0} f(\boldsymbol{x}_k+\alpha_k\boldsymbol{d}_k)$。若 $F(\boldsymbol{x})$ 是 N 元二次凸函数，则 α_k 有解析解，即方程(1.55)。令 $\boldsymbol{x}_{k+1}=\boldsymbol{x}_k+\alpha_k\boldsymbol{d}_k$。

(5) 若 $\|\boldsymbol{g}_{k+1}\|\leqslant\varepsilon$，则停止迭代，得到最优解 $\boldsymbol{x}=\boldsymbol{x}_{k+1}$，否则进行步骤(6)。

(6) 若 $k=N-1$，则令 $\boldsymbol{x}_0=\boldsymbol{x}_{k+1}$，回到步骤(2)，否则进行步骤(7)。

(7) 令 $\boldsymbol{g}_{k+1}=\nabla F(\boldsymbol{x}_{k+1})$，$\boldsymbol{s}_k=\boldsymbol{x}_{k+1}-\boldsymbol{x}_k$，$\boldsymbol{y}_k=\boldsymbol{g}_{k+1}-\boldsymbol{g}_k$，利用方程(1.93)或方程(1.94)计算 $\boldsymbol{H}_{k+1}$，设 $k=k+1$，回到步骤(2)。

最后以最速下降法中的二次函数为例，说明拟牛顿法的优化过程及其二次终止性。因为手动计算 BFGS 公式过于繁杂，所以这个例子中我们利用 DFP 公式更新 $\boldsymbol{H}_k$。设

$$F(\boldsymbol{x})=6\boldsymbol{x}_1^2+6\boldsymbol{x}_2^2-8\boldsymbol{x}_1\boldsymbol{x}_2-16\boldsymbol{x}_1+4\boldsymbol{x}_2$$

同样，设初始点为 $\boldsymbol{x}_0=[4,0]^{\mathrm{T}}$，则第一轮优化首先计算 $\boldsymbol{x}_0$ 处的导数，即

$$\boldsymbol{g}_0=\begin{bmatrix}32\\-28\end{bmatrix}$$

此时，$\boldsymbol{H}_0=\boldsymbol{I}$，因此搜索方向

$$\boldsymbol{d}_0=-\boldsymbol{H}_0\boldsymbol{g}=\begin{bmatrix}-32\\28\end{bmatrix}$$

由方程(1.76)求得沿 $\boldsymbol{d}_0$ 的优化步长为

$$\alpha_0=\frac{\boldsymbol{g}_0^{\mathrm{T}}\boldsymbol{g}_0}{\boldsymbol{d}_0^{\mathrm{T}}\boldsymbol{A}\boldsymbol{d}_0}=\frac{113}{2252}$$

则沿 $\boldsymbol{d}_0$ 的函数最优解为

$$\boldsymbol{x}_1=\boldsymbol{x}_0+\alpha_0\boldsymbol{d}_0=\frac{1}{563}\begin{bmatrix}1348\\791\end{bmatrix}$$

第二轮优化计算 $\boldsymbol{x}_1$ 处的导数为

$$\boldsymbol{g}_1=\frac{120}{563}\begin{bmatrix}7\\8\end{bmatrix}$$

计算 $\boldsymbol{s}_0$ 与 $\boldsymbol{y}_0$ 如下：

$$\boldsymbol{s}_0=\boldsymbol{x}_1-\boldsymbol{x}_0=\frac{113}{563}\begin{bmatrix}-8\\7\end{bmatrix},\quad \boldsymbol{y}_0=\boldsymbol{g}_1-\boldsymbol{g}_0=\frac{452}{563}\begin{bmatrix}-38\\37\end{bmatrix}$$

由方程(1.93)构造 $\boldsymbol{H}_1$，即

$$\boldsymbol{H}_1=\frac{1}{6334876}\begin{bmatrix}3263020 & 3008784\\3008784 & 3389725\end{bmatrix}$$

由 $\boldsymbol{H}_1$ 构造搜索方向，即

$$\boldsymbol{d}_1=-\boldsymbol{H}_1\boldsymbol{g}_1=-\frac{120}{2813}\begin{bmatrix}37\\38\end{bmatrix}$$

沿 $\boldsymbol{d}_0$ 的优化步长为

$$\alpha_1 = -\frac{\boldsymbol{g}_1^{\mathrm{T}}\boldsymbol{d}_1}{\boldsymbol{d}_1^{\mathrm{T}}\boldsymbol{A}\boldsymbol{d}_1} = \frac{2813}{11260}$$

则沿 $\boldsymbol{d}_1$ 的函数最优解为

$$\boldsymbol{x}_2 = \boldsymbol{x}_1 + \alpha_1 \boldsymbol{d}_1 = \begin{bmatrix} 2 \\ 1 \end{bmatrix}$$

$\boldsymbol{x}_2$ 即为 $F(\boldsymbol{x})$的全局最优解。结合此例以及 1.3.2.1 节的例子，可以看到，虽然从第二步开始搜索路径有所区别，但是对于 N 元二次凸函数，拟牛顿法同样可以在 N 步优化内达到最优解。

1.3.3.3　限域拟牛顿法

1. 限域拟牛顿法的基本思想

算法 1.5 的步骤(3)中，为了确定第 k 次搜索方向，需要知道对称正定矩阵 $\boldsymbol{H}_k$，因此对于 N 维的问题，存储空间大小至少是 $N(N+1)/2$，对大型计算而言，这显然是一个极大的缺点。作为比较，共轭梯度法只需要存储三个 N 维矢量。为了解决这个问题，Nocedal 首次提出了基于 BFGS 公式的限域拟牛顿法(L-BFGS 法)[8]。

L-BFGS 法的基本思想是存储有限次数(如 m 次)的更新矩阵 $\Delta\boldsymbol{H}_k$，如果 $k>m$，就舍弃 m 次以前的 $\Delta\boldsymbol{H}_{k-m+1}$，也即 L-BFGS 法的记忆只有 m 次。如果 $m=N$，则 L-BFGS法等价于标准的 BFGS 法。

首先将方程(1.94)写为乘法形式，即

$$\boldsymbol{H}_{k+1} = (\boldsymbol{I} - \rho_k \boldsymbol{s}_k \boldsymbol{y}_k^{\mathrm{T}})\boldsymbol{H}_k(\boldsymbol{I} - \rho_k \boldsymbol{y}_k \boldsymbol{s}_k^{\mathrm{T}}) + \rho_k \boldsymbol{s}_k \boldsymbol{s}_k^{\mathrm{T}} = \boldsymbol{v}_k^{\mathrm{T}}\boldsymbol{H}_k\boldsymbol{v}_k + \rho_k \boldsymbol{s}_k \boldsymbol{s}_k^{\mathrm{T}} \tag{1.95}$$

式中：$\rho = \dfrac{1}{\boldsymbol{y}_k^{\mathrm{T}}\boldsymbol{s}_k}$；$\boldsymbol{v}_k$ 是 $N\times N$ 矩阵。在乘法形式下舍弃 m 次以前的 $\Delta\boldsymbol{H}_{k-m+1}$ 等价于置 $\boldsymbol{v}_k=\boldsymbol{I}$，$\rho_k=0$。容易得出，给定 m 后，矩阵 $\boldsymbol{H}_{k+1}$ 可以按如下方式更新。

若 $k+1\leqslant m$，则

$$\begin{aligned}\boldsymbol{H}_{k+1} = {} & \boldsymbol{v}_k^{\mathrm{T}}\boldsymbol{v}_{k-1}^{\mathrm{T}}\cdots\boldsymbol{H}_0\boldsymbol{v}_0\cdots\boldsymbol{v}_{k-1}\boldsymbol{v}_k + \boldsymbol{v}_k^{\mathrm{T}}\cdots\boldsymbol{v}_1^{\mathrm{T}}\rho_0\boldsymbol{s}_0\boldsymbol{s}_0^{\mathrm{T}}\boldsymbol{v}_1\cdots\boldsymbol{v}_k\boldsymbol{v}_k^{\mathrm{T}}\boldsymbol{v}_{k-1}^{\mathrm{T}}\cdots\boldsymbol{v}_2^{\mathrm{T}}\rho_1\boldsymbol{s}_1\boldsymbol{s}_1^{\mathrm{T}}\boldsymbol{v}_2\cdots\boldsymbol{v}_k\cdots \\ & + \boldsymbol{v}_k^{\mathrm{T}}\boldsymbol{v}_{k-1}^{\mathrm{T}}\rho_{k-2}\boldsymbol{s}_{k-2}\boldsymbol{s}_{k-2}^{\mathrm{T}}\boldsymbol{v}_{k-1}\boldsymbol{v}_k + \boldsymbol{v}_k^{\mathrm{T}}\rho_{k-1}\boldsymbol{s}_{k-1}\boldsymbol{s}_{k-1}^{\mathrm{T}}\boldsymbol{v}_k + \rho_k\boldsymbol{s}_k\boldsymbol{s}_k^{\mathrm{T}}\end{aligned} \tag{1.96}$$

若 $k+1>m$，则

$$\begin{aligned}\boldsymbol{H}_{k+1} = {} & \boldsymbol{v}_k^{\mathrm{T}}\boldsymbol{v}_{k-1}^{\mathrm{T}}\cdots\boldsymbol{v}_{k-m+1}^{\mathrm{T}}\boldsymbol{H}_0\boldsymbol{v}_{k-m+1}\cdots\boldsymbol{v}_{k-1}\boldsymbol{v}_k \\ & + \boldsymbol{v}_k^{\mathrm{T}}\cdots\boldsymbol{v}_{k-m+2}^{\mathrm{T}}\rho_{k-m+1}\boldsymbol{s}_{k-m+1}\boldsymbol{s}_{k-m+1}^{\mathrm{T}}\boldsymbol{v}_{k-m+2}\cdots\boldsymbol{v}_k\cdots + \boldsymbol{v}_k^{\mathrm{T}}\rho_{k-1}\boldsymbol{s}_{k-1}\boldsymbol{s}_{k-1}^{\mathrm{T}}\boldsymbol{v}_k + \rho_k\boldsymbol{s}_k\boldsymbol{s}_k^{\mathrm{T}}\end{aligned} \tag{1.97}$$

方程(1.96)和方程(1.97)称为狭义 BFGS 矩阵(special BFGS matrices)。仔细分析这两个方程以及 ρ_k 和 $\boldsymbol{v}_k$ 的定义，可以发现，在 L-BFGS 法中构造 $\boldsymbol{H}_{k+1}$ 只需要保留 $2m+1$ 个 N 维矢量：m 个 $\boldsymbol{s}_k$、m 个 $\boldsymbol{y}_k$ 以及 $\boldsymbol{H}_0$(对角矩阵)。

2. 快速计算 $\boldsymbol{H}\cdot\boldsymbol{g}$

L-BFGS 法中确定搜索方向 $\boldsymbol{d}_k$ 时需要计算 $\boldsymbol{H}\cdot\boldsymbol{g}$，可以用下列算法高效地完成

计算任务。

算法 1.6

IF $k \leqslant m$ Then

incr=0; BOUND=k

ELSE

incr=$k-m$; BOUND=m

ENDIF

$\boldsymbol{q}$BOUND=$\boldsymbol{g}_k$;

DO i=(BOUND−1),0,−1

$j=i+$incr;

$\alpha_i=\rho_j \boldsymbol{s}_j^{\mathrm{T}} \boldsymbol{q}_{i+1}$;

储存 α_i;

$\boldsymbol{q}_i=\boldsymbol{q}_{i+1}-\alpha_i \boldsymbol{y}_j$;

ENDDO

$\boldsymbol{g}_0=\boldsymbol{H}_0 \cdot \boldsymbol{g}_0$;

DO i=0,(BOUND−1)

$j=i+$incr;

$\beta_j=\rho_j \boldsymbol{y}_j^{\mathrm{T}} \boldsymbol{g}_j$;

$\boldsymbol{g}_{i+1}=\boldsymbol{g}_i+\boldsymbol{s}_j(\alpha_i-\beta_i)$;

ENDDO

完整的程序包可从下列网址下载：

http://www.ece.northwestern.edu/ nocedal/software.html

1.3.3.4 针对二次非凸函数的若干变形

对于二次凸函数，BFGS 法具有良好的全局收敛性。但是对于二次非凸函数，也即目标函数 Hessian 矩阵非正定的情况，无法保证按照 BFGS 法构造的拟牛顿方向必为下降方向。为了扩大 BFGS 公式的应用范围，很多研究者提出了对 BFGS 公式稍做修改或变形的办法，下面举两个例子。

1. Li-Fukushima 方法[9]

Li 和 Fukushima 提出了新的构造矩阵 $\boldsymbol{H}_k$ 的方法，即

$$\boldsymbol{H}_{k+1}^{-1}=\boldsymbol{H}_k^{-1}-\frac{\boldsymbol{H}_k^{-1}\boldsymbol{s}_k\boldsymbol{s}_k^{\mathrm{T}}\boldsymbol{H}_k^{-1}}{\boldsymbol{s}_k^{\mathrm{T}}\boldsymbol{H}_k^{-1}\boldsymbol{s}_k}+\frac{\boldsymbol{y}_k^{*}\boldsymbol{y}_k^{*\mathrm{T}}}{\boldsymbol{y}_k^{*\mathrm{T}}\boldsymbol{s}_k}$$

$$\boldsymbol{H}_{k+1}=(\boldsymbol{I}-\rho_k^{*}\boldsymbol{s}_k\boldsymbol{y}_k^{*\mathrm{T}})\boldsymbol{H}_k(\boldsymbol{I}-\rho_k^{*}\boldsymbol{y}_k^{*\mathrm{T}}\boldsymbol{s}_k^{\mathrm{T}})+\rho_k^{*}\boldsymbol{s}_k\boldsymbol{s}_k^{\mathrm{T}} \tag{1.98}$$

式中

$$\boldsymbol{y}_k^{*\mathrm{T}}=\boldsymbol{g}_{k+1}-\boldsymbol{g}_k+\boldsymbol{t}_k\|\boldsymbol{g}_k\|\boldsymbol{s}_k$$

$$t_k=1+\max\left(0,\frac{-\boldsymbol{y}_k^{\mathrm{T}}\boldsymbol{s}_k}{\|\boldsymbol{s}_k\|^2}\right)$$

$\boldsymbol{y}_k$ 的定义见算法 1.5，而

$$\rho_k^* = \frac{1}{\boldsymbol{y}_k^{*\mathrm{T}}\boldsymbol{s}_k}$$

除此之外，算法 1.5 中一维搜索采用如下方式：给定两个参数 $\sigma\in(0,1)$和 $\varepsilon\in(0,1)$，找出最小的非负整数 j，满足

$$f(\boldsymbol{x}_k+\varepsilon_j \mathrm{d}_k)\leqslant f(\boldsymbol{x}_k)+\sigma\varepsilon_j \boldsymbol{g}_k^{\mathrm{T}}\boldsymbol{d}_k$$

取 $j_k=j$，步长 $\alpha_k=\varepsilon_{jk}$。

2. Xiao-Wei-Wang **方法**[10]

Xiao、Wei 和 Wang 提出了计入目标函数值 $f(x)$的另一种 $\boldsymbol{H}_k$ 的构造方法。

设 $\boldsymbol{y}_k^\dagger=\boldsymbol{y}_k+\alpha_k\boldsymbol{s}_k$，其中，

$$\alpha_k=\frac{1}{\|\boldsymbol{s}_k\|^2}[2(f(\boldsymbol{x}_k)-f(\boldsymbol{x}_{k+1}))+(\boldsymbol{g}_{k+1}+\boldsymbol{g}_k)^{\mathrm{T}}\boldsymbol{s}_k]$$

$\boldsymbol{H}_k$ 的形式与方程(1.95)和方程(1.98)中 H_{k+1}的形式相同：

$$\boldsymbol{H}_{k+1}=(\boldsymbol{I}-\rho_k^\dagger\boldsymbol{s}_k\boldsymbol{y}_k^{\dagger\mathrm{T}})\boldsymbol{H}_k(\boldsymbol{I}-\rho_k^\dagger\boldsymbol{y}_k^\dagger)\boldsymbol{s}_k^{\mathrm{T}}+\rho_k^\dagger\boldsymbol{s}_k\boldsymbol{s}_k^{\mathrm{T}} \tag{1.99}$$

而一维搜索则采用弱 Wolfe-Powell 准则：

给定两个参数 $\delta\in(0,1/2)$和 $\sigma\in(\delta,1)$，找出步长 α_k，满足

$$f(\boldsymbol{x}_k+\alpha_k\boldsymbol{d}_k)\leqslant f(\boldsymbol{x}_k)+\delta\alpha_k\boldsymbol{g}_k^{\mathrm{T}}\boldsymbol{d}_k \tag{1.100}$$

$$\boldsymbol{g}_{k+1}^{\mathrm{T}}\boldsymbol{d}_k\geqslant\sigma\boldsymbol{g}_k^{\mathrm{T}}\boldsymbol{d}_k \tag{1.101}$$

如果 $\alpha_k=1$ 满足方程(1.100)、方程(1.101)，则取 $\alpha_k=1$。

可以看出，这两种方法只是改变了 $\boldsymbol{y}_k$ 的定义方式，其他则与标准的 BFGS 法完全一样。因此将二者推广到限域形式是非常直接的，这里不再给出算法。用于二次非凸函数的拟牛顿法还在进一步发展当中，上述的两个例子并不一定是最佳算法。

1.3.3.5　小结

最速下降法、共轭梯度法以及(拟)牛顿法都是利用目标函数的导数构造新的搜索方向的。从上面的讨论可以看出，优化方法中的搜索方向只需要保证是函数值下降的方向即可。牛顿方向是最重要的优化方向，也是理论上最快的搜索方向。如果目标函数确实是严格的二次凸函数，沿牛顿方向可以直接前进到最优解，而与空间维数无关。共轭梯度法中第 k 轮构建的搜索方向指向 k 维子空间中的最优解。该子空间由前面 $k-1$ 步以及当前步所有搜索方向所张开。而最速下降法的搜索方向仅指向一维子空间，即当前函数梯度方向中的最优解。因此，一般认为，(拟)牛顿法优于共轭梯度法，而共轭梯度法优于最速下降法。但是在实际工作中，因为目标函数的 Hessian 矩阵往往不满足严格的正定条件，所以(拟)牛顿法可能会出现收敛失败的情形，当初始点距离最优解较远时这一点尤为突出。实践表明，共轭梯度法兼具较强的适应性以及较高的效率，是解决一般优化问题的首选方案。

1.3.4　一维搜索算法

使用导数的优化算法都涉及沿优化方向 $\boldsymbol{d}_k$ 的一维搜索。事实上一维搜索算法

本身就一个非常重要的课题，它分为精确一维搜索算法和非精确一维搜索算法。标准的拟牛顿法和 L-BFGS 法均采用精确一维搜索。与精确一维搜索算法相比，非精确一维搜索算法虽然牺牲了部分精度，但是效率更高，调用函数的次数更少，因此 Li-Fukushima 方法和Xiao-Wei-Wang 方法中均采用了这类算法。本节分别给出两类算法中应用最为广泛的一个例子，即二点三次插值方法和 Wolfe-Powell 准则。

1.3.4.1　二点三次插值方法

在采用精确一维搜索的各种算法中，这种方法得到的评价最高。其基本思想是选取两个初始点 x_1 和 x_2，满足 $x_1<x_2$，$f'(x_1)<0$，$f'(x_2)<0$。这样的初始条件保证了在区间(x_1,x_2)中存在极小值点。利用这两点处的函数值 $f(x_1)$、$f(x_2)$(记为 f_1、f_2)和导数值 $f'(x_1)$、$f'(x_2)$(记为 f'_1、f'_2)构造一个三次多项式 $\varphi(x)$，使得 $\varphi(x)$ 在 x_1 和 x_2 处与目标函数 $f(x)$有相同的函数值和导数值，则设 $\varphi(x)=a(x-x_1)^3+b(x-x_1)^2+c(x-x_1)+d$，那么通过四个边界条件可以完全确定 a、b、c、d 这四个参数。然后找出 $\varphi'(x)$的零点 x'，作为极小值点的一个进一步的估计。可以证明，由 x_1 出发，最佳估计值的计算公式为

$$x'=x_1+\frac{-c}{b+\sqrt{b^2-3ac}} \tag{1.102}$$

为了避免每次都要求解四维线性方程组的麻烦，整个搜索过程可以采用如下算法。

算法 1.7

(1) 给定初始点 x_1 和 x_2，满足 $x_1<x_2$，计算函数值 f_1、f_2 和导数值 f'_1、f'_2，并且 $f'_1<0$，$f'_2>0$，给定允许误差 δ。

(2) 计算得到最佳估计值 x'：

$$\begin{cases} s=\dfrac{3(f_2-f_1)}{x_2-x_1} \\ z=s-f'_1-f'_2 \\ w^2=z^2-f'_1f'_2 \end{cases} \tag{1.103}$$

$$x'=x_1+(x_2-x_1)\frac{1-f'_2+w+z}{f'_2-f'_1+2w} \tag{1.104}$$

(3) 若$|x_2-x_1|\leqslant\delta$，则停止计算，得到点 x'；否则转到步骤(4)。

(4) 计算 $f(x')$和 $f'(x')$。若 $f'(x')=0$，则停止计算，得到点 x'；若 $f'(x')<0$，则令 $x_1=x'$，$f_1=f(x')$，$f'_1=f'(x')$，转步骤(2)；若 $f'(x')>0$，则令 $x_2=x'$，$f_2=f(x')$，$f'_2=f'(x')$，转步骤(2)。

若利用三次函数插值，利用方程(1.103)、方程(1.104)并不是唯一的方法，也可以利用以下式子来计算 a、b、c 三个参数：

$$\begin{cases} a=\dfrac{f_1+f_2}{(x_2-x_1)^2}-\dfrac{2(f_2-f_1)}{(x_2-x_1)^3} \\ b=\dfrac{2f'_1-f'_2}{x_2-x_1}+\dfrac{3}{2}\dfrac{f_2-f_1}{(x_2-x_1)^2} \\ c=f'_1 \end{cases} \tag{1.105}$$

然后利用式(1.102)寻找最佳点 x'。此外，即使 $f'(x_2)<0$，一般而言也可以用式(1.102)外推寻找 x'[11]。

1.3.4.2 Wolfe-Powell 准则

式(1.100)、式(1.101)给出了非精确一维搜索算法。如果将不等式(1.101)用下式替换：

$$|\boldsymbol{g}_{k+1}^{\mathrm{T}}\boldsymbol{d}_k|\leqslant-\sigma\boldsymbol{g}_k^{\mathrm{T}}\boldsymbol{d}_k$$

也即

$$\sigma\boldsymbol{g}_k^{\mathrm{T}}\boldsymbol{d}_k\leqslant\boldsymbol{g}_{k+1}^{\mathrm{T}}\boldsymbol{d}_k\leqslant-\sigma\boldsymbol{g}_k^{\mathrm{T}}\boldsymbol{d}_k \tag{1.106}$$

则式(1.100)、式(1.106)称为强 Wolfe-Powell 准则，其重要性在于当 $\sigma\to0$ 时，该方法过渡为精确一维搜索算法。算法如下[11]。

算法 1.8

(1) 给定两个参数 $\delta\in(0,1/2)$ 和 $\sigma\in(\delta,1)$，x 为初始点(相应于 $\alpha_k=0$)，x_2 为猜想点(可设为1)。计算两点处的函数值 f_1、f_2 和导数值 f'_1、f'_2。给定最大循环次数 $N_{\max}$，设 $k=0,i=0$。

(2) 若 f_2 和 f'_2 违反式(1.100)或者式(1.106)的右半段即 $\boldsymbol{g}_{k+1}^{\mathrm{T}}\boldsymbol{d}_k\leqslant\sigma\boldsymbol{g}_k^{\mathrm{T}}\boldsymbol{d}_k$，则缩小搜索范围的上限 $x_{\text{upper}}=\delta x_2$；否则转到步骤(5)。

(3) 若 $f_2>f_1$，利用二次插值方法寻找最佳点 $x_{\min}$，即

$$x_{\min}=x_1-\frac{1}{2}\frac{f'_{1}(x_2-x_1)^2}{f_2-f_1-f'_1(x_2-x_1)} \tag{1.107}$$

设 $x_2=x_{\min}$，计算 f_2 和 f'_2。设 $k=k+1$，若 $k\leqslant N_{\max}$，转到步骤(2)，否则转到步骤(5)；若 $f_2\leqslant f_1$，转到步骤(4)。

(4) 利用式(1.103)、式(1.104)(或者式(1.102)、式(1.105))寻找最佳点 $x_{\min}$。令 $x_2=x_{\min}$，计算 f_2 和 f'_2。设 $k=k+1$，若 $k\leqslant N_{\max}$，转到步骤(2)；否则转到步骤(5)。

(5) 若 f'_2 满足式(1.106)的左半段，则停止计算，得到最佳点 x_2；否则转到步骤(6)。

(6) 利用式(1.103)、式(1.104)(或者式(1.102)、式(1.105))寻找最佳点 $x_{\min}$，并计算 f_2 以及 f'_2；设 $i=i+1$，若 $i\leqslant N_{\max}$，转到步骤(2)；否则转到步骤(7)。

(7) 停止计算，得到目前最佳估计值 x_2。

需要补充说明的是，步骤(4)以及步骤(6)可以有不同的估算方法，例如：

$$x_{\min}=x_2-\frac{f'_2(x_2-x_1)}{f'_2-f'_1} \tag{1.108}$$

此外，点 x 处的导数值 $f'(x)=\boldsymbol{g}^{\mathrm{T}}\boldsymbol{d}$，因为在一维搜索中，$x$ 相当于待求步长 α。在大多数情况下，当 $\sigma=0.4$ 以及 $\rho=0.1$ 时可以取得很好的效果。Wolfe-Powell 准则的几何意义可以参考文献[11]、[12]。

1.3.5 单纯形法

单纯形(simplex)法是无导数优化的直接算法中比较重要和常用的一种算法，最早由 Nelder-Mead 于 1965 年提出[12]。其基本思想与前面介绍的优化方法有所不同。已知的 n 维空间中 $n+1$ 个点 $\{\boldsymbol{x}_i\}$ 处的函数值 $f(\boldsymbol{x}_i)$，将这些点作为一个凸多面体的各个顶点。根据每个顶点处函数值的大小，通过诸如反射、伸长、压缩等操作寻找降低函数值 $f(\boldsymbol{x})$ 的有利方向，从而用一个函数值更小的点代替当前的最大值点，构成一个新的单纯形。重复这个过程，逼近极小值点，直到函数值符合预设的判据。具体而言，单纯形法遵循下面的步骤。

算法 1.9

(1) 将 $\mathbf{R}^n$ 空间中已知的 $n+1$ 个点按照函数值大小按升序排列，即

$$f(\boldsymbol{x}_1)\leqslant f(\boldsymbol{x}_2)\leqslant\cdots\leqslant f(\boldsymbol{x}_{n+1})$$

确定允许误差 ε、反射系数 $\alpha>0$(一般取 1)、扩展系数 $\gamma>1$(一般取 2)、压缩系数 $\eta\in(0,1)$，并设定当前迭代次数 $k=1$。

(2) 显然，$\boldsymbol{x}_{n+1}$ 是最差的极小值点估计值，而其他 n 个点可能有利于改进极小值点估计值。为此，计算这 n 个点的形心 $\bar{\boldsymbol{x}}$，即

$$\bar{\boldsymbol{x}}=\frac{1}{n}\sum_{i=1}^{n}\boldsymbol{x}_i \tag{1.109}$$

(3) 将 $\boldsymbol{x}_{n+1}$ 经过 $\bar{\boldsymbol{x}}$ 进行反射，得到

$$\boldsymbol{x}_\alpha=\bar{\boldsymbol{x}}+\alpha(\bar{\boldsymbol{x}}-\boldsymbol{x}_{n+1}) \tag{1.110}$$

并计算该点的函数值 $f(\boldsymbol{x}_\alpha)$，记为 f_α。

(4) 若 $f_\alpha<f(\boldsymbol{x}_1)$，则方向 $\boldsymbol{x}_\alpha-\bar{\boldsymbol{x}}$ 有利于降低函数值，因此可沿其进一步扩展，即取

$$\boldsymbol{x}_\gamma=\bar{\boldsymbol{x}}+\gamma(\boldsymbol{x}_\alpha-\bar{\boldsymbol{x}}) \tag{1.111}$$

并计算该点的函数值 $f(\boldsymbol{x}_\gamma)$，记为 f_γ。若 $f_\gamma<f(\boldsymbol{x}_1)$，则扩展成功，更新 $\boldsymbol{x}_{n+1}=\boldsymbol{x}_\gamma$ 及函数值 $f(\boldsymbol{x}_{n+1})=f_\gamma$，转到步骤(9)；否则扩展失败，更新 $\boldsymbol{x}_{n+1}=x_\alpha$ 及函数值 $f(\boldsymbol{x}_{n+1})=f_\alpha$，转到步骤(9)。

(5) 若 $f(\boldsymbol{x}_1)\leqslant f_\alpha\leqslant f(\boldsymbol{x}_n)$，则更新 $\boldsymbol{x}_{n+1}=\boldsymbol{x}_\alpha$ 以及函数值 $f(\boldsymbol{x}_{n+1})=f_\alpha$，转到步骤(9)。

(6) 若 $f(\boldsymbol{x}_n)\leqslant f_\alpha<f(\boldsymbol{x}_{n+1})$，则取

$$\boldsymbol{x}_\beta=\bar{\boldsymbol{x}}+\beta(\boldsymbol{x}_\alpha-\bar{\boldsymbol{x}}) \tag{1.112}$$

并计算该点的函数值 $f(\boldsymbol{x}_\beta)$，记为 f_β。若 $f_\beta<f_\alpha$，则更新 $\boldsymbol{x}_{n+1}=\boldsymbol{x}_\beta$ 及函数值 $f(\boldsymbol{x}_{n+1})=f_\beta$，转到步骤(9)；否则转到步骤(8)。

(7) 若 $f(\boldsymbol{x}_{n+1})\leqslant f_\alpha$，则取

$$\boldsymbol{x}_\beta=\bar{\boldsymbol{x}}+\beta(\boldsymbol{x}_{n+1}-\bar{\boldsymbol{x}}) \tag{1.113}$$

并计算该点的函数值 $f(\boldsymbol{x}_\beta)$，记为 f_β。若 $f_\beta<f(\boldsymbol{x}_{n+1})$，则更新 $\boldsymbol{x}_{n+1}=\boldsymbol{x}_\beta$ 及函数值 $f(\boldsymbol{x}_{n+1})=f_\beta$，转到步骤(9)；否则转到步骤(8)。

(8) 各点向当前极小值点收缩，即

$$\boldsymbol{x}_i = \boldsymbol{x}_i + \frac{1}{2}(\boldsymbol{x}_1 - \boldsymbol{x}_i), \quad (i = 2, 3, \cdots, n+1) \tag{1.114}$$

并更新各点的函数值 $f(\boldsymbol{x}_i)(i=1,2,\cdots,n+1)$。

(9) 检查收敛判据。

若

$$\frac{1}{n+1}\sum_{i=1}^{n+1}[f(\boldsymbol{x}_i) - f(\bar{\boldsymbol{x}})]^2 < \varepsilon^2 \tag{1.115}$$

则停止计算，得到目前最佳估计值 $\boldsymbol{x}_1$，否则设 $k = k+1$，转到步骤(2)。

不难看出，依照算法 1.8，每次更新后得到的单纯形必有一个顶点处的函数值小于或等于原单纯形上各顶点处的函数值。因此，算法 1.8 可以逐步改进对函数极小值点的估计值，直至满足收敛判据为止。某些情况下，使用单纯形法会出现优化无法继续的问题，这种情况下，可以重置一个单纯形，再运用算法 1.8，类似于非线性共轭梯度法的“重置”。具体的讨论请参考文献[14]。

1.3.6　最小二乘法

最小二乘法(least square) 是一种特殊的优化方法，它并不要求得到的曲线精确地通过每个参与拟合的离散数据点，而是使得曲线尽可能地符合数据分布的特点。该种方式一般被称为“曲线拟合”，广泛应用于模型参数的拟合，因此对于几乎所有领域都有重要的意义。设有 N 个数据点$\{(x_i, y_i)\}$，其中$\{x_i\}$是 N 个自变量的取值，而$\{y_i\}$则是相应的 N 个测量值(或称输出值)，则根据这些数据点有可能提出一个包含 m 个参数$\{p_j\}$的函数 $f(x;\boldsymbol{p})$ 来描述$\{x_i\}$与$\{y_i\}$的关系。这个函数的优劣由 N 个点的预测值与测量值之差的二次方和来表征，即

$$F(\boldsymbol{p}) = \frac{1}{2}\sum_{i=1}^{N} r_i^2 = \sum_{i=1}^{N} | y_i - f(x_i;\boldsymbol{p}) |^2 \tag{1.116}$$

如果将所有数据点上的残差值 r_i 排成一个 N 维矢量，称为残余矢量 $\boldsymbol{r}$，则式(1.116)即为 $\boldsymbol{r}$ 的二阶范数，或称“长度”的二次方。残余矢量长度最小对应于最优的参数$\{p_i\}$。因此，对于最小二乘法，需要最优化的目标函数是 $F(\boldsymbol{p})$。该函数虽然没有最大值，但是存在最小值。

根据式(1.116)，写出 $F(\boldsymbol{p})$关于 $\boldsymbol{p}$ 的一阶导数(m 维矢量)和二阶导数($m\times m$ 矩阵)如下：

$$\nabla F(\boldsymbol{p}) = \sum_{j=1}^{N} r_j(\boldsymbol{p}) \nabla r_j(\boldsymbol{p}) = \begin{bmatrix} \frac{\partial r_1(\boldsymbol{p})}{\partial p_1} & \frac{\partial r_2(\boldsymbol{p})}{\partial p_1} & \cdots & \frac{\partial r_N(\boldsymbol{p})}{\partial p_1} \\ \frac{\partial r_1(\boldsymbol{p})}{\partial p_2} & \frac{\partial r_2(\boldsymbol{p})}{\partial p_2} & \cdots & \frac{\partial r_N(\boldsymbol{p})}{\partial p_2} \\ \vdots & \vdots & & \vdots \\ \frac{\partial r_1(\boldsymbol{p})}{\partial p_m} & \frac{\partial r_2(\boldsymbol{p})}{\partial p_m} & \cdots & \frac{\partial r_N(\boldsymbol{p})}{\partial p_m} \end{bmatrix} \begin{bmatrix} r_1(\boldsymbol{p}) \\ r_2(\boldsymbol{p}) \\ \vdots \\ r_N(\boldsymbol{p}) \end{bmatrix} = J(\boldsymbol{p})^{\mathrm{T}} \boldsymbol{r} \tag{1.117}$$

$$\begin{aligned}\nabla^2 F(\boldsymbol{p}) &= \sum_{j=1}^{N} \nabla r_j(\boldsymbol{p}) \nabla r_j(\boldsymbol{p})^{\mathrm{T}} + \sum_{J=1}^{n} r_j(\boldsymbol{p}) \nabla^2 r_j(\boldsymbol{p}) \\ &= J(\boldsymbol{p})^{\mathrm{T}} J(\boldsymbol{p}) + \sum_{j=1}^{N} r_j(\boldsymbol{p}) \nabla^2 r_j(\boldsymbol{p}) \end{aligned} \tag{1.118}$$

式中：$J(\boldsymbol{p})$为 $F(\boldsymbol{p})$的雅可比矩阵，

$$J(\boldsymbol{p})=\begin{bmatrix} \frac{\partial r_1(\boldsymbol{p})}{\partial p_1} & \frac{\partial r_1(\boldsymbol{p})}{\partial p_2} & \cdots & \frac{\partial r_1(\boldsymbol{p})}{\partial p_m} \\ \frac{\partial r_2(\boldsymbol{p})}{\partial p_1} & \frac{\partial r_2(\boldsymbol{p})}{\partial p_2} & \cdots & \frac{\partial r_2(\boldsymbol{p})}{\partial p_m} \\ \vdots & \vdots & & \vdots \\ \frac{\partial r_N(\boldsymbol{p})}{\partial p_1} & \frac{\partial r_N(\boldsymbol{p})}{\partial p_2} & \cdots & \frac{\partial r_N(\boldsymbol{p})}{\partial p_m} \end{bmatrix} \tag{1.119}$$

而式(1.118)中的每一个$\nabla^2 r_j(\boldsymbol{p})$均为 $m\times m$ 矩阵。

很多情况下，式(1.118)右端的第二项被认为可以忽略[7]，而第一项为主导项。下节所要介绍的线性最小二乘拟合自然满足$\nabla^2 r_j(\boldsymbol{p})=\boldsymbol{0}$ 的条件，而处理非线性最小二乘拟合的算法也大都利用了$\nabla^2 F(\boldsymbol{p})=\boldsymbol{0}$ 这个性质。

1.3.6.1 线性最小二乘拟合

如果 $f(x;\boldsymbol{p})$可以写成关于 $\boldsymbol{p}$ 的线性函数，则对 $F(\boldsymbol{p})$的优化称为线性最小二乘拟合。由式(1.116)可知，残余矢量 $\boldsymbol{r}$ 也是 $\boldsymbol{p}$ 的线性函数，也即普遍地有 $\boldsymbol{r}(\boldsymbol{p})=\boldsymbol{J}\boldsymbol{p}-\boldsymbol{y}$，其中 $\boldsymbol{J}$ 和 $\boldsymbol{y}$ 分别是与 $\boldsymbol{p}$ 无关的矩阵和矢量。由此，目标函数 $F(\boldsymbol{p})$可写为

$$F(\boldsymbol{p})=\frac{1}{2}|\boldsymbol{J}\boldsymbol{p}-\boldsymbol{y}|^2 \tag{1.120}$$

此外，易得

$$\begin{cases}\nabla F(\boldsymbol{p})=\boldsymbol{J}^{\mathrm{T}}(\boldsymbol{J}\boldsymbol{p}-\boldsymbol{y}) \\ \nabla^2 F(\boldsymbol{p})=\boldsymbol{J}^{\mathrm{T}}\boldsymbol{J}\end{cases} \tag{1.121}$$

显然$\nabla^2 r_j(\boldsymbol{p})\equiv\boldsymbol{0}$。式(1.120)同时表明，$F(\boldsymbol{p})$是个凸函数。因此所求参数 $\boldsymbol{p}_{\min}$应满足方程$\nabla F(\boldsymbol{p})=\boldsymbol{0}$，即

$$\boldsymbol{J}^{\mathrm{T}}\boldsymbol{J}\boldsymbol{p}_{\min}=\boldsymbol{J}^{\mathrm{T}}\boldsymbol{y} \tag{1.122}$$

式(1.122)(实际上是 m 阶方程组)也称为线性最小二乘问题的法方程。因此，线性最小二乘拟合转化为求解 m 阶线性方程组。根据 1.1.3 节介绍的 **LU** 分解或者 Cholesky 分解法，即可求出 $\boldsymbol{p}_{\min}$，也即式(1.120)的最小二乘解。

原则上讲，由式(1.119)可以求出雅可比矩阵 $\boldsymbol{J}$，但是在实际情况中往往将需要拟合的函数 $f(x;\boldsymbol{p})$表示为若干个线性无关的基函数的线性组合(相当于 $\boldsymbol{J}$ 列满秩)，所以可以直接给出 $\boldsymbol{J}^{\mathrm{T}}\boldsymbol{J}$ 的表达式。最常见的基函数选择为 x 的各阶次幂，即选取多项式空间 Φ 为

$$\Phi=\mathrm{Span}\{1,x,x^2,\cdots,x^{m-1}\}$$

进而将 $f(x;\boldsymbol{p})$表示为

$$f(x;\boldsymbol{p}) = \sum_{j=1}^{m} p_j x^{j-1} \tag{1.123}$$

从更普遍的意义上来说，可以取任意一组线性无关的基函数张开的函数空间为

$$\Phi = \mathrm{Span}\{\varphi_1, \varphi_2, \cdots, \varphi_m\}$$

而

$$f(x;\boldsymbol{p}) = \sum_{j=1}^{m} p_j \varphi_j \tag{1.124}$$

将式(1.124)代入式(1.116)及式(1.117)中，可得$\nabla F(\boldsymbol{p})$的每个分量：

$$\frac{\partial F}{\partial p_j} = \sum_{i=1}^{N} \varphi_j(x_i)\left(\sum_{j=1}^{m} p_j \varphi_j(x_i) - y_i\right) \tag{1.125}$$

将式(1.125)中的两个求和号交换次序，则条件$\nabla F(\boldsymbol{p}) = \boldsymbol{0}$即可表示为

$$\sum_{j=1}^{m} (\boldsymbol{\varphi}_j, \boldsymbol{\varphi}_k) p_j = (\boldsymbol{y}, \boldsymbol{\varphi}_k) \quad (k = 1, 2, \cdots, m) \tag{1.126}$$

式中：$\boldsymbol{\varphi}_{k(j)} = [\varphi_{k(j)}(x_1), \varphi_{k(j)}(x_2), \cdots, \varphi_{k(j)(x_N)}]^{\mathrm{T}}$ 是 $N\times 1$ 矢量；$(\cdot, \cdot)$表示两个矢量的内积。这样，方程(1.122)可写为

$$\begin{bmatrix} (\boldsymbol{\varphi}_1, \boldsymbol{\varphi}_1) & (\boldsymbol{\varphi}_2, \boldsymbol{\varphi}_1) & \cdots & (\boldsymbol{\varphi}_m, \boldsymbol{\varphi}_1) \\ (\boldsymbol{\varphi}_1, \boldsymbol{\varphi}_2) & (\boldsymbol{\varphi}_2, \boldsymbol{\varphi}_2) & \cdots & (\boldsymbol{\varphi}_m, \boldsymbol{\varphi}_2) \\ \vdots & \vdots & & \vdots \\ (\boldsymbol{\varphi}_1, \boldsymbol{\varphi}_m) & (\boldsymbol{\varphi}_1, \boldsymbol{\varphi}_m) & \cdots & (\boldsymbol{\varphi}_m, \boldsymbol{\varphi}_m) \end{bmatrix} \begin{bmatrix} p_1 \\ p_2 \\ \vdots \\ p_m \end{bmatrix} = \begin{bmatrix} (\boldsymbol{y}, \boldsymbol{\varphi}_1) \\ (\boldsymbol{y}, \boldsymbol{\varphi}_2) \\ \vdots \\ (\boldsymbol{y}, \boldsymbol{\varphi}_m) \end{bmatrix} \tag{1.127}$$

至此，给定 N 组离散数据，通过求解方程(1.127)，就可以得出待定系数 $p_1, p_2, \cdots, p_m$。

利用 Cholesky 分解求解线性最小二乘拟合很多情况下是非常简便而且有效的。但是因为系数矩阵是 $\boldsymbol{J}^{\mathrm{T}}\boldsymbol{J}$，条件数是 $\boldsymbol{J}$ 的条件数的二次方，所以当 $\boldsymbol{J}$ 的条件数比较大时，该方法的数值稳定性会比较差，系数矩阵数值上的微小变化都会极大地影响 $\boldsymbol{p}$ 的最终结果。也可能会遇见模型中的 m 个参数并不是线性无关的情况。此时 $\boldsymbol{J}^{\mathrm{T}}\boldsymbol{J}$ 的行列式为 0，方程(1.122)或者方程(1.127)无法求解。因此，在这些情况下我们需要借助于更稳定的奇异值分解法[7]。

根据 1.1.3 节介绍的关于矩阵的奇异值分解的相关内容，雅可比矩阵 $\boldsymbol{J}$ 可以分解为

$$\boldsymbol{J} = \boldsymbol{U}\begin{bmatrix} \boldsymbol{S} \\ \boldsymbol{0} \end{bmatrix}\boldsymbol{V}^{\mathrm{T}} = [\boldsymbol{U}_1 \ \boldsymbol{U}_2]\begin{bmatrix} \boldsymbol{S} \\ \boldsymbol{0} \end{bmatrix}\boldsymbol{V}^{\mathrm{T}} = \boldsymbol{U}_1\boldsymbol{S}\boldsymbol{V}^{\mathrm{T}} \tag{1.128}$$

式中：$\boldsymbol{U}$、$\boldsymbol{V}$ 均是正交矩阵，且 $\boldsymbol{U}_1$ 和 $\boldsymbol{V}$ 的第 i 列分别是 $\boldsymbol{J}\boldsymbol{J}^{\mathrm{T}}$ 和 $\boldsymbol{J}^{\mathrm{T}}\boldsymbol{J}$ 的第 i 个本征值 σ_i^2 的本征矢。将式(1.128)代入式(1.120)，并且根据“矢量范数在对该矢量的正交变换下保持不变”的性质，有

$$|\boldsymbol{J}\boldsymbol{p} - \boldsymbol{y}|^2 = |\boldsymbol{U}^{\mathrm{T}}(\boldsymbol{J}\boldsymbol{p} - \boldsymbol{y})|^2 = |\boldsymbol{S}\boldsymbol{V}^{\mathrm{T}}\boldsymbol{p} - \boldsymbol{U}_1^{\mathrm{T}}\boldsymbol{y}|^2 + |\boldsymbol{U}_2^{\mathrm{T}}\boldsymbol{y}|^2 \tag{1.129}$$

式(1.129)右端的$|\boldsymbol{U}_2^{\mathrm{T}}\boldsymbol{y}|^2$ 是个常数项，所以要使$|\boldsymbol{J}\boldsymbol{p} - \boldsymbol{y}|^2$最小化，就要求 $\boldsymbol{p}$ 满足$|\boldsymbol{S}\boldsymbol{V}^{\mathrm{T}}\boldsymbol{p} - \boldsymbol{U}_1^{\mathrm{T}}\boldsymbol{y}|^2$为零的条件。即有

$$\boldsymbol{p}_{\min} = \boldsymbol{V}\boldsymbol{S}^{-1}\boldsymbol{U}_1^{\mathrm{T}}\boldsymbol{y} = \sum_{i=1}^{m} \frac{\boldsymbol{u}_i^{\mathrm{T}}\boldsymbol{y}}{\sigma_i}\boldsymbol{v}_i \tag{1.130}$$

式中：$\boldsymbol{u}_i$ 与 $\boldsymbol{v}_i$ 分别代表矩阵 $\boldsymbol{U}$ 和 $\boldsymbol{V}$ 的第 i 列。

1.3.6.2 非线性最小二乘拟合

如果 $f(x;\boldsymbol{p})$不能表示为关于待定参数 $\boldsymbol{p}$ 的线性函数，则相应的拟合问题称为非线性最小二乘拟合问题。对于某些类型的非线性函数，可以将其转化为线性函数，从而利用 1.3.6.1 节介绍的方法进行求解。例如：

$$y = p_1 \mathrm{e}^{p_2 x}, \quad y = \frac{1}{p_0 + p_1 x + p_2 x^2}$$

这两个函数可以化为

$$\ln y = \ln p_1 + p_2 x, \quad \frac{1}{y} = p_0 + p_1 x + p_2 x^2$$

这样就将问题转化为求解关于 $\boldsymbol{p}$ 的线性函数的问题。

但是更多的函数无法进行类似的变换。因此有必要讨论针对普遍的非线性函数进行最小二乘拟合的算法。求解这类问题的思路有两种，一种称为搜索算法，即利用后面将要介绍的蒙特卡罗方法在 $\boldsymbol{p}$ 允许的相空间内直接寻找方程(1.116)中函数 $F(\boldsymbol{p})$的最小值。另外一种称为迭代算法，思路是将非线性函数在当前最佳解邻域内近似为线性函数，因此每一步均为求解线性最小二乘拟合，以此进行迭代求解，直至最佳解在允许的误差范围内，参数达到预期的精度为止。搜索算法在高维情况下的计算量比较大，因此本节重点讨论迭代算法。

式(1.118)给出了最小二乘拟合中目标函数的 Hessian 矩阵。现在令该式右端第二项近似为零，有

$$\nabla^2 F_k \approx \boldsymbol{J}_k^{\mathrm{T}}\boldsymbol{J}_k$$

式中：下标 k 表示第 k 次迭代。这种近似实际上等于在第 $k+1$ 次迭代中将目标函数 $F(\boldsymbol{p})$用下面的函数近似：

$$\Phi_k(\boldsymbol{p}) = \frac{1}{2}|\boldsymbol{J}_k\boldsymbol{p} - \boldsymbol{r}_k|^2 \approx F(\boldsymbol{p}) \tag{1.131}$$

式中：$\boldsymbol{r}_k$ 是第 k 次迭代后得到的残余矢量。可以看到，式(1.131)正是线性最小二乘法的目标函数式(见式(1.120))。由方程(1.122)求出当前的优化方向 $\boldsymbol{d}_k$，有

$$\boldsymbol{d}_k = -(\boldsymbol{J}_k^{\mathrm{T}}\boldsymbol{J}_k)^{-1}\boldsymbol{J}_k^{\mathrm{T}}\boldsymbol{r}_k \tag{1.132}$$

$\boldsymbol{d}_k$ 有一个重要的性质，即当 $\boldsymbol{J}_k$ 列满秩而且∇F_k 不为零时，$\boldsymbol{d}_k$ 总是 $F(\boldsymbol{p})$的下降方向(至少不是上升方向)，即

$$\boldsymbol{d}_k^{\mathrm{T}} \nabla F_k = \boldsymbol{d}_k^{\mathrm{T}}\boldsymbol{J}_k^{\mathrm{T}}\boldsymbol{r}_k = -\boldsymbol{d}_k^{\mathrm{T}}\boldsymbol{J}_k^{\mathrm{T}}\boldsymbol{J}_k\boldsymbol{d}_k = -|\boldsymbol{J}_k\boldsymbol{d}_k|^2 \leqslant 0 \tag{1.133}$$

这一性质使得我们可以沿 $\boldsymbol{d}_k$ 寻找 F 最小值对应的步长 λ_k，即

$$\lambda_k = \min_{\lambda} F(\boldsymbol{p}_k + \lambda\boldsymbol{d}_k) \tag{1.134}$$

求出 λ_k 后，有

$$\boldsymbol{p}_{k+1} = \boldsymbol{p}_{k+1} + \lambda_k\boldsymbol{d}_k \tag{1.135}$$

式(1.135)为第 $k+1$ 次近似。重复上述过程，直到求得满足判据的解为止。上述步骤称为高斯-牛顿算法。

显然，高斯-牛顿算法与 1.3.3.1 节介绍的阻尼牛顿法极为相似。唯一不同之处在于此处采用的是 $\Phi_k(\boldsymbol{p})$ 而非真正的目标函数 $F(\boldsymbol{p})$ 的 Hessian 矩阵。

1.3.7　拉格朗日乘子

1.3.6 节中介绍的各种最优化方法对目标函数没有任何的限制，因此属于无约束最优化方法。在实际问题中，往往有一些限制条件，也即对目标函数的约束。对这种带约束条件的优化问题需要进行特殊的处理。应用比较广泛的一种是拉格朗日乘子法。本节对其进行简要介绍。

设有目标函数 $f(\boldsymbol{x})$ 以及 m 个限制条件 $h(\boldsymbol{x})=0$，其中 $\boldsymbol{x}=[x_1,x_2,\cdots,x_n]^{\mathrm{T}}$ 为 n 维向量，则最优化问题为

$$\begin{aligned} \min \quad & f(\boldsymbol{x}) \\ \text{s. t.} \quad & h_1(\boldsymbol{x})=0 \\ & h_2(\boldsymbol{x})=0 \\ & \quad\vdots \\ & h_m(\boldsymbol{x})=0 \end{aligned}$$

每个限制条件 $h_j(\boldsymbol{x})$ 均引入一个 n 维的曲面，要求自变量 $\boldsymbol{x}$ 仅允许在该等值面上变化。为了满足该条件，$\boldsymbol{x}$ 的移动方向显然要与 h_j 的梯度方向垂直。从数学上讲，h_j 的梯度为

$$\nabla h_j=\begin{bmatrix}\dfrac{\partial h_j}{\partial x_1} & \dfrac{\partial h_j}{\partial x_2} & \cdots & \dfrac{\partial h_j}{\partial x_n}\end{bmatrix}^{\mathrm{T}}$$

定义 h_j 的切向 $\boldsymbol{T}_j$ 满足

$$\boldsymbol{T}_j \cdot \nabla h_j=0$$

即为了时刻满足限制条件 h_j，$\boldsymbol{x}$ 只能沿 $\boldsymbol{T}_j$ 的方向变化(高维情况下 $\boldsymbol{T}_j$ 不唯一)。同时，为了使目标函数 $f(\boldsymbol{x})$ 增大或减小，$\boldsymbol{x}$ 需要沿目标函数的梯度方向 ∇f(或者有 ∇f 的分量的方向)移动。将上述两方面的讨论结合，可以看到，在限制条件 h_j 下优化 $f(\boldsymbol{x})$ 仅可能在满足 $\nabla f \cdot \boldsymbol{T}_j \neq 0$ 的条件下进行，即 $f(\boldsymbol{x})$ 的梯度有不为零的 $\boldsymbol{T}_j$ 方向上的分量。基于同样的讨论，在 $f(\boldsymbol{x})$ 的极值处，$\boldsymbol{T}_j$ 应与 $f(\boldsymbol{x})$ 正交，也即 ∇f 与 ∇h_j 平行。因此，必然存在一个非零的实数 λ，使得

$$\nabla f(\boldsymbol{x})+\lambda \nabla h_j(\boldsymbol{x})=0 \tag{1.136}$$

上面的讨论只涉及 m 个限制条件中任意的一个 h_j。实际上对于所有的 h_j，必须同时满足方程(1.136)，因此写出其普遍形式为

$$\nabla f(\boldsymbol{x})+\sum_{j=1}^{m}\lambda_j \nabla h_j(\boldsymbol{x})=0 \tag{1.137}$$

同时需要满足方程(1.136)中的约束条件 $h_j=0$，$j=1,2,\cdots,m$。

上述讨论的几何意义可以用一个简单的例子加以说明。如图 1.5 所示，设 $f(x_1,x_2)$ 的等值线为一系列的同心圆（为简单起见，设圆心为坐标原点），约束条件 $h(x_1,x_2)=0$ 为不过圆心的一条直线。这样，寻找 $f(x_1,x_2)$ 的最小值只能沿着这条直线进行。在本例中，很明显 $f(x_1,x_2)$ 的最小值为该直线上距圆心最短的距离，也即圆心到该直线的距离。以该距离为半径作一个圆，可知这个圆与直线（即约束条件）相切，而 $f(x_1,x_2)$ 的梯度方向指向圆心。因此，在极小值处，$f(x_1,x_2)$ 的梯度与约束条件的切线正交，且 $f(x_1,x_2)$ 与 $h(x_1,x_2)$ 二者的梯度（或称法线）相平行。

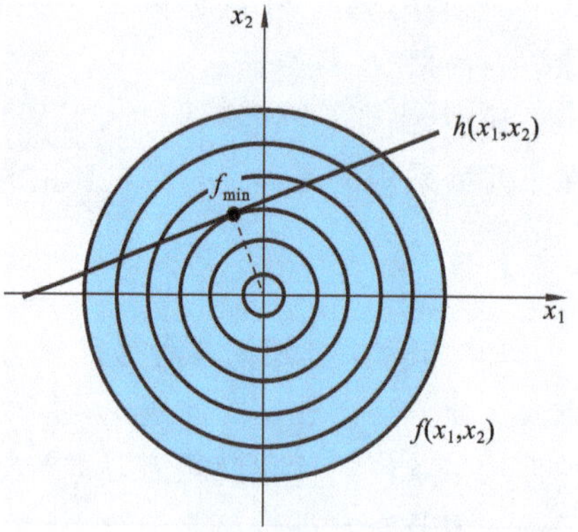

图 1.5　等式约束的拉格朗日乘子法几何意义

引入拉格朗日函数

$$F(\boldsymbol{x},\boldsymbol{\lambda})=f(\boldsymbol{x})+\boldsymbol{\lambda}^{\mathrm{T}}\boldsymbol{h}(\boldsymbol{x}) \tag{1.138}$$

式中：$\boldsymbol{\lambda}$ 是 m 维的矢量，$\boldsymbol{\lambda}=[\lambda_1,\lambda_2,\cdots,\lambda_m]^{\mathrm{T}}$；$\boldsymbol{h}(\boldsymbol{x})=[h_1(\boldsymbol{x}),h_2(\boldsymbol{x}),\cdots,h_m(\boldsymbol{x})]^{\mathrm{T}}$。可见，拉格朗日函数是关于 $\boldsymbol{x}$ 和 $\boldsymbol{\lambda}$ 的 $n+m$ 元函数，其梯度为

$$\nabla \boldsymbol{F}=\begin{bmatrix}\dfrac{\partial f}{\partial x_1}+\sum\limits_{j=1}^{m}\lambda_j\dfrac{\partial h_j}{\partial x_1}\\ \dfrac{\partial f}{\partial x_2}+\sum\limits_{j=1}^{m}\lambda_j\dfrac{\partial h_j}{\partial x_2}\\ \vdots\\ \dfrac{\partial f}{\partial x_n}+\sum\limits_{j=1}^{m}\lambda_j\dfrac{\partial h_j}{\partial x_n}\\ h_1\\ \vdots\\ h_m\end{bmatrix}^{\mathrm{T}}=\begin{bmatrix}\nabla f(\boldsymbol{x})+[\nabla \boldsymbol{h}(x)]^{\mathrm{T}}\boldsymbol{\lambda}\\ \boldsymbol{h}(\boldsymbol{x})\end{bmatrix} \tag{1.139}$$

式中：$\nabla \boldsymbol{h}$ 是一个 $m\times n$ 矩阵，

$$\nabla \boldsymbol{h}=\begin{bmatrix}\dfrac{\partial h_1}{\partial x_1} & \dfrac{\partial h_1}{\partial x_2} & \cdots & \dfrac{\partial h_1}{\partial x_n}\\ \dfrac{\partial h_2}{\partial x_1} & \dfrac{\partial h_2}{\partial x_2} & \cdots & \dfrac{\partial h_2}{\partial x_n}\\ \vdots & \vdots & & \vdots\\ \dfrac{\partial h_m}{\partial x_1} & \dfrac{\partial h_m}{\partial x_2} & \cdots & \dfrac{\partial h_m}{\partial x_n}\end{bmatrix} \tag{1.140}$$

可见，设$\nabla F=\mathbf{0}$，则由方程(1.139)可知，这正是方程(1.136)和方程(1.137)描述的条件以及约束条件。因此，通过拉格朗日函数，可将约束条件下的优化问题转化为无约束条件的优化问题。根据方程(1.139)，$\nabla F=\mathbf{0}$是一个$n+m$维的方程组，可以通过解析法或数值方法求解。需要注意，这种做法只能保证求出的是$f(\boldsymbol{x})$的极值点，但是具体是极大值还是极小值需要代入原方程或者考虑二级充分条件，这里不多做介绍。此外，满足$\nabla F=\mathbf{0}$的$\boldsymbol{x}$只是F的静态点(stationary point)，有可能并不是其极值点。

例1.2 求$f(x_1,x_2)=x_1^2+x_2^2$的最小值，约束条件为$h(x_1,x_2)=3x_1^2-x_2-2=0$。

解 定义$F(x_1,x_2,\lambda)=x_1^2+x_2^2+\lambda(3x_1^2-x_2-2)$，根据方程(1.139)以及条件$\nabla F=\mathbf{0}$可得

$$\begin{cases}2x_1+6\lambda x_1=0\\2x_2-\lambda=0\\3x_1^2-x_2-2=0\end{cases}$$

由此方程组容易得到三组解：$x_1=\sqrt{22}/6,x_2=-1/6,\lambda=-1/3$；$x_1=-\sqrt{22}/6,x_2=-1/6,\lambda=-1/3$；$x_1=0,x_2=-2,\lambda=-4$。将这三组解代入$f(x_1,x_2)$的表达式可得，该函数在$x_1=\pm\sqrt{22}/6,x_2=-1/6$处取得最小值$f_{\min}=\dfrac{23}{36}$。而$x_1=0,x_2=-2$仅是$F(x_1,x_2,\lambda)$的静态点。此外，可以验证，在两组最小值处，$f(x_1,x_2)$与$h(x_1,x_2)$的梯度平行。

例1.3 求$f(x_1,x_2)=x_1x_2^2$的最小值，约束条件为$h(x_1,x_2)=x_1^2+x_2^2-2=0$。

解 定义$F(x_1,x_2,\lambda)=x_1x_2^2+\lambda(x_1^2+x_2^2-2)$，由$\nabla F=\mathbf{0}$以及方程(1.139)得

$$\begin{cases}x_2^2+2\lambda x_1=0\\2x_1x_2+2\lambda x_2=0\\x_1^2+x_2^2-2=0\end{cases}$$

上述方程组有关于(x_1,x_2,λ)的六组解：$(\sqrt{2},0,0)$，$(-\sqrt{2},0,0)$，$(\sqrt{2/3},\sqrt{4/3},-\sqrt{2/3})$，$(-\sqrt{2/3},\sqrt{4/3},\sqrt{2/3})$，$(\sqrt{2/3},-\sqrt{4/3},-\sqrt{2/3})$，$(-\sqrt{2/3},-\sqrt{4/3},\sqrt{2/3})$。将其代入原函数得，在$x_1=-\sqrt{2/3},x_2=\pm\sqrt{4/3}$处$f(x_1,x_2)$达到最小值$-\sqrt{32/27}$。不难验证，在$x_1=\sqrt{2/3},x_2=\pm\sqrt{4/3}$处$f(x_1,x_2)$达到最大值$\sqrt{32/27}$。

拉格朗日乘子法还包括针对不等式约束条件(如自变量约束于某个范围之内)的处理以及与罚函数相结合的增广拉格朗日函数。在这里不多做介绍，请参看有关书籍[6,7,11]。

1.4 正交化

1.4.1 矢量的正交化

设在 N 维空间中给定一组 N 维矢量 $\boldsymbol{v}_1,\boldsymbol{v}_2,\cdots,\boldsymbol{v}_N$，我们可以采用施密特正交化方法构筑该空间内的一组正交 N 维矢量 $\boldsymbol{u}_1,\boldsymbol{u}_2,\cdots,\boldsymbol{u}_N$。当由这组矢量构成的矩阵的秩与空间维数相等时，这组正交矢量可以作为该空间的一组完备正交基。施密特正交化的具体过程如下：

$$\begin{aligned}
\boldsymbol{u}_1 &= \boldsymbol{v}_1 \\
\boldsymbol{u}_2 &= \boldsymbol{v}_2 - \frac{\boldsymbol{v}_2\boldsymbol{u}_1}{\boldsymbol{u}_1\boldsymbol{u}_1}\boldsymbol{u}_1 \\
\boldsymbol{u}_3 &= \boldsymbol{v}_3 - \frac{\boldsymbol{v}_3\boldsymbol{u}_1}{\boldsymbol{u}_1\boldsymbol{u}_1}\boldsymbol{u}_1 - \frac{\boldsymbol{v}_3\boldsymbol{u}_2}{\boldsymbol{u}_2\boldsymbol{u}_2}\boldsymbol{u}_2 \\
&\vdots \\
\boldsymbol{u}_N &= \boldsymbol{v}_N - \sum_{j=1}^{N-1}\frac{\boldsymbol{v}_N\boldsymbol{u}_j}{\boldsymbol{u}_j\boldsymbol{u}_j}\boldsymbol{u}_j
\end{aligned} \tag{1.141}$$

如果我们需要得到一组关于矩阵 $\boldsymbol{A}$ 正交的矢量($\boldsymbol{u}_i\boldsymbol{A}\boldsymbol{u}_j=\boldsymbol{0}$，参见共轭梯度法)，同样可以用施密特正交化方法构筑：

$$\begin{aligned}
\boldsymbol{u}_1 &= \boldsymbol{v}_1 \\
\boldsymbol{u}_2 &= \boldsymbol{v}_2 - \frac{\boldsymbol{v}_2\boldsymbol{A}\boldsymbol{u}_1}{\boldsymbol{u}_1\boldsymbol{A}\boldsymbol{u}_1}\boldsymbol{u}_1 \\
\boldsymbol{u}_3 &= \boldsymbol{v}_3 - \frac{\boldsymbol{v}_3\boldsymbol{A}\boldsymbol{u}_1}{\boldsymbol{u}_1\boldsymbol{A}\boldsymbol{u}_1} - \frac{\boldsymbol{v}_3\boldsymbol{A}\boldsymbol{u}_2}{\boldsymbol{u}\boldsymbol{A}\boldsymbol{u}_2}\boldsymbol{u}_2 \\
&\vdots \\
\boldsymbol{u}_N &= \boldsymbol{v}_N - \sum_{j=1}^{N-1}\frac{\boldsymbol{v}_N\boldsymbol{A}\boldsymbol{u}_j}{\boldsymbol{u}_j\boldsymbol{A}\boldsymbol{u}_j}\boldsymbol{u}_j
\end{aligned} \tag{1.142}$$

1.4.2 正交多项式

和矢量正交化的过程类似，可以利用施密特正交化方法，构筑定义于某个区间范围的正交多项式。正交多项式在高斯积分法(见 1.5.4 节)中有重要运用。在区间 $[a,b]$ 上的正交多项式可以定义为

$$\int_a^b W(x)P_m(x)P_n(x)\mathrm{d}x = \delta_{mn}C_m \tag{1.143}$$

式中：P_m 和 P_n 分别表示阶数为 m 和 n 的多项式；$W(x)$ 为权重；δ_{mn} 是克罗内克单位脉冲函数；C_m 是一个与多项式阶数相关的常量或者表达式，如果 $C_m=1$，则多项式不仅正交，而且归一。方程(1.143)显示，由 n 个不同阶数的正交多项式，构成了 n 维空间上的一组完备基，可以用正交多项式对定义在此区间范围内的任意函数进

行展开。

在 1.4.1 节中提到的用于矢量正交化的施密特方法，可以类似地运用到正交多项式的构造上。下面看一个简单的例子：在区间[−1,1]上构造 n 阶的正交多项式。首先，选取一组独立的多项式 $p_n = x^n$。普遍地，n 阶的正交多项式 $P_n(x)$ 可以表示为 x^n 和从 0 阶到 $n-1$ 阶正交多项式 $P_l(x)$ 的线性组合：

$$P_n(x) = C_n\left(p_n + \sum_{l=0}^{n-1}\alpha_{nl}P_l(x)\right) \tag{1.144}$$

式中：C_n 为归一化常数。

先构造低阶的多项式：

$$P_0(x) = 1$$

$$P_1(x) = \left[x - \frac{\langle xP_0 \mid P_0\rangle}{\langle P_0 \mid P_0\rangle}\right]P_0$$

其他的高阶的多项式则可以由递推关系得到：

$$P_{i+1}(x) = \left[x - \frac{\langle xP_i \mid P_i\rangle}{\langle P_i \mid P_i\rangle}\right]P_i - \left[\frac{\langle P_i \mid P_i\rangle}{\langle P_{i-1} \mid P_{i-1}\rangle}\right]P_{i-1} \tag{1.145}$$

重复上述的递推过程并且归一化后，可以得到在区间[−1,1]上的正交多项式，此系列的多项式就是勒让德多项式。勒让德多项式的前几项分别为

$$\mathrm{P}_0(x) = 1$$

$$\mathrm{P}_1(x) = x$$

$$\mathrm{P}_2(x) = \frac{3}{2}x^2 - \frac{1}{2}$$

$$\mathrm{P}_3(x) = \frac{5}{2}x^3 - \frac{3}{2}x$$

$$\mathrm{P}_4(x) = \frac{35}{8}x^4 - \frac{30}{8}x^3 + \frac{3}{8}$$

其中的归一化条件用到了 $\mathrm{P}(1) = 1$。定义在[−1,1]区间上的正交多项式，根据 $W(x)$ 和 C_m 的不同，除了勒让德多项式，还有表 1.1 列举的切比雪夫多项式等。

表 1.1　定义在[−1,1]区间上的常见的正交多项式

$W(x)$	C_m	多　项　式
1	$\frac{2}{2n+1}$	勒让德多项式
$\frac{1}{\sqrt{1-x^2}}$	$\begin{cases}\pi, & n=0\\ \pi/2, & n\neq 0\end{cases}$	第一类切比雪夫多项式
$\sqrt{1-x^2}$	$\frac{\pi}{2}$	第二类切比雪夫多项式

1.5 积分方法

一般函数 $f(x)$ 的积分 $I=\int_a^b f(x)\mathrm{d}x$ 通常没有解析解,因此实际工作中往往利用数值方法来得到达到精度要求的积分近似值。容易想到,将积分限$[a,b]$分为 N 个子区间,在每个区间内用一个容易求得积分值且与原函数相近的函数去近似求得该区域内 $f(x)$ 的积分值,再对 N 个子区间求和即可。那么这个近似函数如何求得?接下来将主要讨论这个问题,之后将讨论其他的数值积分方法。

1.5.1 矩形法

矩形法是最简单也最符合直观的近似求积分的方法。它相当于用一系列矩形面积的总和来近似函数 $f(x)$ 的积分值。设在积分区间$[a,b]$上有 N 个离散点 x_1,x_2,…,x_N,已知各点上的函数值 $f(x_i)$,则

$$\int_a^b f(x)\mathrm{d}x \approx \sum_{i=1}^{N-1}(x_{i+1}-x_i)f(x_i) \tag{1.146}$$

式(1.146)即为复合左矩形公式。

类似地可以得到复合中点矩形公式:

$$\int_a^b f(x)\mathrm{d}x \approx \sum_{i=1}^{N-1}(x_{i+1}-x_i)\left(\frac{f(x_{i+1})+f(x_i)}{2}\right) \tag{1.147}$$

在矩形法中,所有区间内的被积函数均由常数函数近似,因此这种方法相当于用零阶插值函数逼近原函数。

1.5.2 梯形法

与矩形法相似,梯形法用一系列梯形面积的总和来近似积分 I。每个区间$[x_i,x_{i+1}]$上用线性函数来逼近原函数,有

$$g(x)=\frac{x_{i+1}-x}{x_{i+1}-x_i}f(x_i)+\frac{x-x_i}{x_{i+1}-x_i}f(x_{i+1})$$

因此在该区间内对 $g(x)$ 积分可得

$$\int_a^b f(x)\mathrm{d}x \approx \frac{1}{2}\sum_{i=1}^{N}(x_{i+1}-x_i)(f(x_{i+1})+f(x_i)) \tag{1.148}$$

当 $N+1$ 个点$\{x_i\}$均匀分布、彼此间隔为 h 时,式(1.148)简化为

$$\int_a^b f(x)\mathrm{d}x \approx \frac{h}{2}(S_t+2S_m) \tag{1.149}$$

式中

$$S_t=f_0+f_N$$
$$S_m=f_1+f_2+\cdots+f_{N-1}$$

梯形法相当于用一阶插值函数逼近原函数。

图 1.6 给出了矩形法与梯形法的几何意义(图中的函数曲线为 $f(x)=e^{-(x-3)^2/2}+2e^{-(x-8)^2/3}+0.5e^{-(x-13)^2/6}$)。可以看出，一般情况下，梯形法可以给出较矩形法更精确的结果。

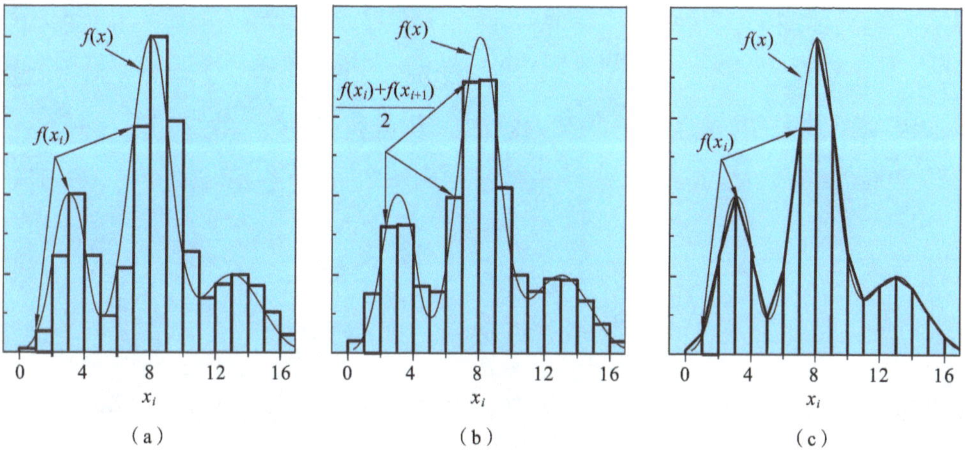

图 1.6　矩形法与梯度法求积分的几何意义

(a) 复合左矩形法;(b) 复合中点矩形法;(c) 梯形法

1.5.3　辛普森法

辛普森法也是在均匀分布的离散点网格上计算函数 $f(x)$ 的积分值的方法。但是与矩形法和梯形法不同，辛普森法相当于在积分域内用过三点的二次拉格朗日插值函数作为被积函数 $f(x)$ 的近似值，因此通常在三个点构成的长度为 $2h$ 的区域中分段求积分。具体来说，考察区间$[x_{i-1},x_{i+1}]$上的函数积分值 $I_{[x_{i-1},x_{i+1}]}$(x_i 是区间中点且距两端点距离均为h)，则 $f(x)$ 可以在 x_i 附近做泰勒展开，因此 $I_{[x_{i-1},x_{i+1}]}$可表示为

$$\begin{aligned}I_{[x_{i-1},x_{i+1}]} &= \int_{x_{i-1}}^{x_{i+1}} f(x)\mathrm{d}x \\ &= f(x_i)\int_{x_{i-1}}^{x_{i+1}}\mathrm{d}x+\frac{f^{(1)}(x_i)}{1!}\int_{x_{i-1}}^{x_{i+1}}(x-x_i)\mathrm{d}x+\frac{f^{(2)}(x_i)}{2!}\int_{x_{i-1}}^{x_{i+1}}(x-x_i)^2\mathrm{d}x \\ &\quad +\frac{f^{(3)}(x_i)}{3!}\int_{x_{i-1}}^{x_{i+1}}(x-x_i)^3\mathrm{d}x+\frac{f^{(4)}(x_i)}{4!}\int_{x_{i-1}}^{x_{i+1}}(x-x_i)^4\mathrm{d}x+\cdots \\ &= f(x_i)\times 2h+0+\frac{1}{3}f^{(2)}(x_i)\times h^3+0+\mathcal{O}(f^{(4)}h^5)\end{aligned} \tag{1.150}$$

式中：$f^{(n)}$ 代表被积函数的 n 阶导数。可见，因为$(x-x_i)^n$ 的奇偶性，最后的结果中偶数阶 h 的贡献为零。考虑到被积函数的二阶导数，可以得到 h^4 的精度。利用有限差分近似求得

$$f^{(2)}(x_i)\approx\frac{f(x_{i+1})+f(x_{i-1})-2f(x_i)}{h^2} \tag{1.151}$$

则由方程(1.150)可得

$$I_{[x_{i-1},x_{i+1}]}=h\left(\frac{1}{3}f(x_{i-1})+\frac{1}{3}f(x_{i+1})+\frac{4}{3}f(x_i)\right) \tag{1.152}$$

将积分上、下限分别扩展到 $x_0=a$ 以及 $x_N=b$，且记 $f(x_i)=f_i$，则

$$I_{[a,b]}=\sum_{i=1,3,5,\cdots}^{N-1}I_{[x_{i-1},x_{i+1}]}=\frac{1}{3}(f_0+4f_1+2f_2+4f_3+\cdots+2f_{N-2}+4f_{N-1}+f_N) \tag{1.153}$$

在式(1.153)中，预设 N 是偶数。从实际应用出发，方程(1.153)最好写为

$$I_{[a,b]}=\frac{1}{3}(S_t+4S_o+2S_e) \tag{1.154}$$

式中

$$\begin{cases}S_t=f_0+f_N\\ S_o=f_1+f_3+\cdots+f_{N-1}\\ S_e=f_2+f_4+\cdots+f_{N-2}\end{cases} \tag{1.155}$$

分别为端点函数值、奇数点函数值以及偶数点函数值之和。这是因为在实际工作中，无法保证单次划分网格就可以得到必要的精度，因此通常采取迭代的办法逐步增加网格点的数目。迭代形式的辛普森方法的算法如下[15]。

算法 1.10

(1) 设 $k=1$，给定离散点数目 $N^{(k)}+1$，设 $x_0=a$，$x_{N^{(k)}+1}=b$，$I_{\text{old}}=0$，并给定允许误差 ε。

(2) 设 $h^k=(b-a)/N^k$，并计算各点上的函数值 f_i，依据式(1.155)计算 S_t、$S_o^{(k)}$、$S_e^{(k)}$。

(3) 根据方程(1.154)计算 I_{new}，若 $|I_{\text{new}}-I_{\text{old}}|\leqslant\varepsilon$，计算停止，给出积分的最终结果 I_{new}，否则设 $I_{\text{old}}=I_{\text{new}}$，进行步骤(4)。

(4) 重设 $N^{(k+1)}=2N^{(k)}$ 以及 $h^{(k+1)}=h^{(k)}/2$，更新$\{x_i\}$的坐标，并据此计算所有新加点上的函数值 $f_i(i=1,3,5,\cdots)$。因为新加的点是原有区间的中点，所以可做如下更新：

$$S_e^{(k+1)}=S_o^{(k)}+S_e^{(k)},\quad S_o^{(k+1)}=\sum_{i=1,3,5,\cdots}^{N^{(k+1)}}f_i$$

更新 $k=k+1$，转到步骤(3)。

请读者自行利用二次拉格朗日插值函数推出方程(1.153)。

1.5.4 高斯积分

矩形法、梯形法及辛普森算法的共同点是：① 都采用了自变量均匀撒点的方式；② 求和时所有的函数值所附的权重(w_i)都相同。这一类的方法通常被称为牛顿-柯特斯(Cotes)法。从本质上来说，所有的积分都是利用离散的函数值，来近似连续的

积分值。用公式来表示就是

$$\int_a^b f(x)\mathrm{d}x \approx \sum_{i=1}^{N} w_i f(x_i) \tag{1.156}$$

在牛顿-柯特斯法中，所有的属于不同区间的 $w_i = 1$。如果现在舍弃等步长的前提条件，而同时优化 x_i 和 w_i，则可取得对函数积分的最佳估计。本章所要介绍的高斯积分法即基于此原理。可以从理论上证明，通过选择 N 个合适的节点 x_i 和权重 w_i，可以使式(1.156)的代数精度达到 $2N-1$。因此，用高斯积分法可以在用相同的函数撒点的情况下取得更加精确的结果。

高斯积分的基础在于多项式插值，算法可以保证用 N 次函数撒点取得 $2N-1$ 阶多项式的精度。设有如下定义在区间$[a,b]$上的任意函数，可以用多项式展开近似：

$$f(x) = c_0 + c_1 x + c_2 x^2 + c_3 x^3 + O(x^4) \tag{1.157}$$

为了让式(1.157)对于任意的 c_0、c_1、c_2、c_3 系数都成立，对应于 $N=2$，可以得到

$$\begin{cases} w_1 + w_2 = b - a \\ w_1 x_1 + w_2 x_2 = \dfrac{b^2 - a^2}{2} \\ w_1 x_1^2 + w_2 x_2^2 = \dfrac{b^3 - a^3}{3} \\ w_1 x_1^3 + w_2 x_2^3 = \dfrac{b^4 - a^4}{4} \end{cases}$$

解上述的联立方程组可得

$$w_1 = w_2 = \frac{b-a}{2} \tag{1.158}$$

$$x_1 = \frac{3+\sqrt{3}}{6}b + \frac{3-\sqrt{3}}{6}a \tag{1.159}$$

$$x_2 = \frac{3-\sqrt{3}}{6}b + \frac{3+\sqrt{3}}{6}a \tag{1.160}$$

即如果只可以进行两次函数撒点，而函数 $f(x)$ 可以用多项式近似的话，那么其在区间$[a,b]$上积分的最佳近似值为

$$\int_a^b f(x)\mathrm{d}x \approx \frac{b-a}{2} f\left(\frac{3+\sqrt{3}}{6}b + \frac{3-\sqrt{3}}{6}a\right) + \frac{b-a}{2} f\left(\frac{3-\sqrt{3}}{6}b + \frac{3+\sqrt{3}}{6}a\right) \tag{1.161}$$

将上面的特例推广到普遍的情形，N 阶高斯积分(积分精度可以达到 $2N-1$ 阶多项式)中的撒点和权重可以通过 N 阶多项式的根来求得。此 N 阶多项式必须和区间$[a,b]$上的任何 N 阶以下的多项式正交，即

$$\int_a^b x^k P(x)\mathrm{d}x = 0 \quad (k = 0,1,\cdots,N-1) \tag{1.162}$$

N 阶的勒让德多项式就是在区间$[0,1]$上有此性质的多项式。可以根据方程(1.162)的要求，分别求出撒点和权重。确定了 x_i 以后，可以构造一个通过 N 个点

的拉格朗日插值多项式进一步求解其积分值。此即为高斯-勒让德积分公式。表1.2列举了前五项的系数。

表 1.2　高斯积分法低阶的撒点权重表

阶　数	撒点坐标	撒点权重
1	0	2
2	$\pm\frac{\sqrt{3}}{3}$	1
3	0 $\pm\sqrt{3/5}$	8/9 5/9
4	$\pm\sqrt{(3-2\sqrt{6/5})/7}$ $\pm\sqrt{(3+2\sqrt{6/5})/7}$	$\frac{18+\sqrt{30}}{36}$ $\frac{18-\sqrt{30}}{36}$
5	0 $\pm\frac{1}{3}\sqrt{5-2\sqrt{10/7}}$ $\pm\frac{1}{3}\sqrt{5+2\sqrt{10/7}}$	128/255 $\frac{322+13\sqrt{70}}{900}$ $\frac{322-13\sqrt{70}}{900}$
…	…	…
n	勒让德多项式的根	$\frac{2}{(1-x_i^2)[\mathrm{P}'_n(x_i)]^2}$

例 1.4　求如下九阶多项式在区间$[-\pi,\pi]$上的积分(此多项式为函数 $\sin(x)+\cos(x)$的泰勒展开)：

$$P(x)=1+x-\frac{x^2}{2}-\frac{x^3}{6}+\frac{x^4}{24}+\frac{x^5}{120}-\frac{x^6}{720}-\frac{x^7}{5040}+\frac{x^8}{40320}+\frac{x^9}{362880} \quad (1.163)$$

解　此积分可以用解析法求得，但是普遍的函数通常无法通过解析求得，这里仅给出解析解以验证高斯积分法的正确性：

$$I=\int_{\pi}^{-\pi}P(x)\mathrm{d}x=2\pi-\frac{\pi^2}{3}+\frac{\pi^5}{60}-\frac{\pi^7}{2520}+\frac{\pi^9}{181440}\approx 0.0138505 \quad (1.164)$$

也可以首先将积分变换到$[-1,1]$区间上，然后再用标准的高斯积分法计算积分值。$[-1,1]$区间上高斯积分的撒点的坐标和权重可以查表得到。因

$$\int_a^b f(x)\mathrm{d}x=\frac{b-a}{2}\int_{-1}^{1}f\left(\frac{b-a}{2}x+\frac{a+b}{2}\right)\mathrm{d}x\approx\frac{b-a}{2}\sum_{i=1}^{N}w_i f\left(\frac{b-a}{2}x_i+\frac{a+b}{2}\right) \quad (1.165)$$

对于 $N=5$ 的情形，有

$$\int_{-\pi}^{\pi}P(x)\mathrm{d}x=\pi\sum_{i=1}^{5}w_i f(\pi x_i)$$

$$
\begin{aligned}
&= \pi\left[\frac{128}{225}f(0) + \frac{322+13\sqrt{70}}{900}f\left(\frac{\pi\sqrt{5-2\sqrt{10/7}}}{3}\right)\right.\\
&\quad + \frac{322+13\sqrt{70}}{900}f\left(\frac{-\pi\sqrt{5-2\sqrt{10/7}}}{3}\right)\\
&\quad + \frac{322-13\sqrt{70}}{900}f\left(\frac{\pi\sqrt{5+2\sqrt{10/7}}}{3}\right)\\
&\quad \left. + \frac{322-13\sqrt{70}}{900}f\left(\frac{-\pi\sqrt{5+2\sqrt{10/7}}}{3}\right)\right]\\
&\approx 0.0138505
\end{aligned} \tag{1.166}
$$

可见，通过五个撒点的高斯积分可精确地得到九阶多项式的积分值。

推广到更加普遍的情形，如果在式(1.156)的基础上引入权函数，考虑如下的积分：

$$\int_a^b \rho(x)f(x)\mathrm{d}x \approx \sum_{i=1}^{N} w_i f(x_i) \tag{1.167}$$

其中 $\rho(x) \geqslant 0$ 是权函数，则有更多的高斯积分形式。为不失普遍性，我们仅讨论定义在$[-1,1]$上的标准积分，其他区间上的积分可以利用式(1.165)进行变量代换得到。根据 $\rho(x)$ 表达式的不同，可得到以下几种常见的积分公式。

- 高斯 - 切比雪夫积分公式

$$\int_{-1}^{1} \frac{f(x)}{\sqrt{1-x^2}}\mathrm{d}x \approx \sum_{i}^{N} w_i f(x_i) \tag{1.168}$$

式中：x_i 是 N 阶切比雪夫多项式的零点，$x_i = \cos\dfrac{(2i-1)\pi}{2N}$；$w_i = \dfrac{\pi}{N}$。

- 高斯 - 拉盖尔积分公式

$$\int_{-1}^{1} \mathrm{e}^{-x} f(x)\mathrm{d}x \approx \sum_{i}^{N} w_i f(x_i) \tag{1.169}$$

式中：x_i 是 N 阶拉盖尔多项式 $L_N(x)$ 的根；$w_i = \dfrac{x_i}{(n+1)^2[L_{N+1}(x_i)]^2}$。

- 高斯 - 厄米特积分公式

$$\int_{-1}^{1} \mathrm{e}^{-x^2} f(x)\mathrm{d}x \approx \sum_{i}^{N} w_i f(x_i) \tag{1.170}$$

式中：x_i 是 N 阶厄米特多项式 $L_N(x)$ 的根，$w_i = \dfrac{2^{n-1}n\sqrt{\pi}}{N^2[H_{N-1}(x_i)]^2}$。

从上面的例子可以看到，高斯积分是一种高精度的积分方法，尤其是在计算无穷区间上的积分以及旁义积分中有广泛的应用。但是由于高斯积分的节点是不规则的，因此当节点增加时，前面计算的函数值不能重复利用，计算过程较为复杂。

1.5.5 蒙特卡罗方法

定积分除了可通过均匀分布（如辛普森法）或者满足特定条件（如高斯法）的网

格来计算以外，还可以通过随机撒点来计算。也即在 n 维空间中的一个定积分 I 可以通过下式计算：

$$I = \int_V d^n \boldsymbol{x} f(\boldsymbol{x}) \approx \hat{I} = \frac{V}{N}\sum_{i=1}^{N} f(\boldsymbol{x}_i) \tag{1.171}$$

式中：V 是 n 维空间中积分限所包围的区域的体积。在 $N \to \infty$ 的时候 $\hat{I}$ 等于 I。这种方法称为蒙特卡罗方法（Monte Carlo method，MC方法）。下面给出两个具体例子，为简单起见，将自变域取为[0,1]。

例 1.5 计算定积分 $I = \int_0^1 x^2 \mathrm{d}x$。

解 被积函数 $f(x)$ 是一个一元函数，首先产生 N 个在[0,1]上均匀分布的随机数 x_i，$i = 1, N$，然后估算各个点上的函数值 $f(x_i)$，然后计算积分近似值：

$$\hat{I} = \frac{1}{N}\sum_{i=1}^{N} x_i^2$$

例 1.6 计算定积分 $I = \int_0^1\int_0^1 x^2 y \mathrm{d}x\mathrm{d}y$。

解 被积函数 $f(x,y)$ 是一个二元函数，积分区域为正方形。首先产生 N 对各自在[0,1] 中均匀分布的随机数$(\{x_i\},\{y_i\})(i = 1,N)$，然后估算每对$(x_i,y_i)$ 上的函数值 $f(x_i,y_i)$，然后计算积分近似值：

$$\hat{I} = \frac{1}{N}\sum_{i=1}^{N} x_i^2 \cdot y_i$$

表 1.3 给出了上述两个定积分结果随撒点数 N 的变化情况，可以看到，随着 N 的逐渐增大，用蒙特卡罗方法得到的结果逼近各自的精确值（例 1.5 中为 2/3，例 1.6 中为 1/6）。但是与前面介绍的辛普森法或者高斯法相比，效率比较低，在 $N = 10^6$ 时，对于精确值的偏差分别为 4×10^{-4} 和 6×10^{-5}。可以严格证明，与其他数值积分方法不同，蒙特卡罗方法的偏差 $\sigma \propto 1/\sqrt{N}$，而与空间维数 n 无关。因此，对于高维积分，蒙特卡罗方法是比较理想的一种方法。

表 1.3 用蒙特卡罗方法所得积分结果与撒点数 N 的关系

N	$f(x) = x^2$ 积分值 $\hat{I}$	$\lvert I-\hat{I} \rvert$	$f(x,y) = x^2 y$ 积分值 $\hat{I}$	$\lvert I-\hat{I} \rvert$
1000	0.3467	1.4×10^{-2}	0.1675	8×10^{-3}
10000	0.3406	7×10^{-3}	0.1689	2×10^{-3}
100000	0.3339	6×10^{-4}	0.1658	9×10^{-4}
1000000	0.3337	4×10^{-4}	0.16673	6×10^{-5}

此外，重新观察方程(1.171)，可知 $\sum_{i=1}^{N} f(\boldsymbol{x}_i) \Big/ N$ 即为被积函数的非权重代数平均值 $\bar{f}$，若被积函数随 $\boldsymbol{x}$ 变化比较平缓，在撒点数较少的情况下就可以得到比较准确

的 $\bar{f}$。例如，f 是个常量，只需要采一个点就可以得到准确值。因此蒙特卡罗方法的效率也取决于被积函数的行为。为了提高效率，通常需要特别考虑随机点的分布。

在第 6 章中，我们将会对蒙特卡罗方法进行更详细的讨论。

1.6 习 题

1. 写出切比雪夫分解法中，利用线性方程组 $\boldsymbol{Ax}=\boldsymbol{b}$ 所求解的递推公式。
2. 证明算符矩阵在不同表象下的变换关系方程(1.40)。
3. 证明最速下降法中，相邻两次搜索方向正交。
4. 设有函数 $F=\frac{1}{2}\boldsymbol{x}^{\mathrm{T}}\boldsymbol{Ax}-\boldsymbol{bx}$，试证明共轭梯度法中，第 k 轮开始时的梯度方向 $\boldsymbol{r}_k$ 与此前 $k-1$ 轮的搜索方向 $\boldsymbol{d}_i$ 关于 $\boldsymbol{A}$ 共轭，即方程(1.83)。
5. 分别用 DFP 公式以及共轭梯度法求方程 $f(x_1,x_2,x_3)=2x_1^2+4x_2^2+3x_3^2+x_1x_3+4x_2x_3$ 的最小值。
6. 利用二次拉格朗日插值函数求得辛普森法积分公式(1.153)。
7. 利用拉格朗日乘子法求解最小值问题 $f(x_1,x_2)=x_1^2+2x_2^2$，约束条件 $h(x_1,x_2)=x_1/2-x_2+1=0$。

第 2 章　量子力学和固体物理基础

2.1　量子力学

2.1.1　量子力学简介

20 世纪初期的黑体辐射、光电效应、双缝干涉实验、原子光谱等实验，启迪并且引导人们开启了认识微观世界的大门。1900 年，普朗克首次提出量子化的概念，用于解释黑体辐射中的“紫外灾难”；1905 年，爱因斯坦提出光量子的概念，成功解释了光电效应与经典物理学之间的矛盾；玻尔则在 1913 年提出氢原子模型，从数值上验证了氢原子光谱的特性，使人们开始窥探到原子内部的结构与其遵循的物理规律。可以说，量子力学是人们理解这些微观尺度上的现象的基石，也是现代的计算材料学的基础。从根本上来说，在材料学中，主要是用通过数值方法求解材料体系的薛定谔方程，从而得到我们感兴趣的材料的力学、电学、光学等物理性质。

关于量子力学的发展历史许多教科书已经有详细介绍，在此不再赘述。简单做一下类比：经典力学中物体的状态用坐标来描述，而量子力学中体系的状态则用波函数来描述；经典力学中，决定一个物体坐标运动轨迹的是牛顿定律，而量子力学中决定体系状态演变的是薛定谔方程。与经典力学基于牛顿的三大定律类似，量子力学主要基于以下几个基本假设。

(1) 体系的任何状态，由连续、可微的波函数完全描述。波函数随时间的演变由含时薛定谔方程决定。

(2) 波函数的模二次方代表微观粒子在空间出现的概率。

(3) 物理上的可测量量，对应于量子力学中的线性厄米特算符。

(4) 对于体系的测量，将使波函数塌缩为算符的某个本征态。测量值对应于算符的本征值。多次测量的平均值对应于算符的期望值。

由于我们感兴趣的大部分材料体系都处于低能量的状态，因此非相对论的量子力学方程 —— 薛定谔方程是我们求解问题的关键，其在量子力学中的地位类似于牛顿定律之于经典力学。对于高能的物理过程，比如涉及粒子的高能碰撞、产生、湮灭、反粒子等，则需要用到量子电动力学方面的知识。

在量子力学的体系框架里，波函数是对一个微观粒子状态的完整描述。如果我们得到了微观粒子的波函数，那么包括它的空间分布概率、动能、动量、势能等一切可观测的物理量都将完全确定。因此从计算材料学的角度来看，研究材料体系的性质，最终归结于求解体系的波函数。除了方势阱、简谐振子、氢原子等少数几个可以解析求解的例子外，对我们实际研究的材料体系大多数都无法简单地得到波函数的精确解，而是要通过数值模拟和数值求解的方式，近似求解波函数。

在传统的解析求解方法遇到瓶颈的时候，计算机技术得到了高速发展，从而为数值求解和计算材料学的发展带来了契机。从 1946 年冯·诺依曼研制出第一台基于晶体管的计算机 ENIAC 以来，计算机计算能力的提高速度可以用日新月异来描述。一方面，高性能的大型计算机集群技术飞速发展，以 2013 年摘得世界超级计算机 500 强之首的国防科学技术大学的天河二号超级计算机为例，整个集群由 16000 多个节点组成，每个节点采用英特尔的 Ivy Bridge Xeon 芯片并且配备了 88 GB 的内存，峰值运算能力达到了令人咂舌的 33.86 PetaFLOPS(也就是每秒可以执行 3.386×10^{16} 次操作)。而与此相比，世界上第一台计算机 ENIAC 的计算速度仅为每秒 5000 次的加法运算。

除了计算机硬件上的发展外，软件方面的进步也为计算材料学的蓬勃发展奠定了良好的基础。首先，数值计算库不断完善和强大，如今，Linpack、Lapack、Scalpack、Gnu-ScientificLib、MKL、ACML、BLAS 等各种平台上的数值计算库为各种代数求解、矩阵运算等操作提供了非常良好和完备的支持，使得科研工作者从烦琐的底层数据操作的编程中解脱出来；其次，并行技术和规范标准如 MPI、OpenMP 的出现，使得各个处理器之间可以协同高效地工作，通过同时执行子任务加快整个程序的求解；最后，作为计算材料学的核心，模拟技术本身在过去几十年里蓬勃发展，不断涌现出高效、高精度的方法，包括密度泛函理论、针对不同系综的分子动力学算法，以及动力学蒙特卡罗方法等。这些方法大大拓展了材料学研究的时间和空间尺度，提高了计算的精度，使得计算材料学的研究领域愈加宽广。

我们引用“中国稀土之父”徐光宪先生的一段话对计算材料学的远景做一个展望：“进入 21 世纪以来，计算方法与分子模拟、虚拟实验，已经继实验方法、理论方法之后，成为第三个重要的科学方法，对未来科学与技术的发展，将起着越来越重要的作用。”

2013 年度诺贝尔化学奖授予了设计针对多尺度复杂化学系统模型的三位美国科学家。这正是对徐先生这段论述的最有力的证明。

2.1.2 薛定谔方程

量子力学中，描述体系状态的核心就是波函数。德拜在评价当年德布罗意的物质波的概念时，精辟地指出：既然有波，那么就应该有一个波动方程！薛定谔不久后果然提出了一个波动方程，即薛定谔方程。它是量子力学中最基本的方程，其正确性只能从实验来验证，而不能通过其他的原理推导出来。因此，从某种意义上来说，薛定谔方程也是量子力学的基本假定之一。在量子力学中，粒子的微观态由波函数来描述，我们所需要求解的波函数其实就是满足边界条件的薛定谔方程的解。而波函数的空间分布及其随时间的演化规律，则是通过求解含时薛定谔方程(由薛定谔于 1926 年首先提出）得到的。

薛定谔方程的形式非常简洁，却涵盖了微观粒子运动的基本规律。最普遍的含时薛定谔方程在数学上可以表示为

$$i\hbar \frac{\partial \Psi(r,t)}{\partial t} = \left(-\frac{\hbar^2}{2m}\nabla^2 + V(r,t)\right)\Psi(r,t) \tag{2.1}$$

方程的左端是波函数对时间的导数，右端涉及波函数对空间的导数。其实，如果把薛定谔方程与在势场中运动的非相对论性经典粒子的能量公式

$$E = \frac{p^2}{2m} + V(r) \tag{2.2}$$

相比对，就可以看到，只要做如下的变换，并且将其作用在波函数上，就可得到薛定谔方程的形式：

$$E \rightarrow i\hbar \frac{\partial}{\partial t} \tag{2.3}$$

$$p \rightarrow -i\hbar \nabla \tag{2.4}$$

在势能函数显含时间的时候，通过初态求解波函数随时间的演变是一件比较困难的事情。但是在许多我们感兴趣的材料体系和待求解问题中，势能项 V 并不显含 t，而仅仅是空间坐标 r 的函数。在这种情况下，微观粒子在势场中运动总能量守恒。可以将含时波函数写成分离变量的形式，即

$$\Psi(r,t) = \psi(r)e^{-iEt/\hbar} \tag{2.5}$$

将式(2.5)代入方程(2.1)，便可得到定态薛定谔方程（也称为不含时薛定谔方程）

$$\left(-\frac{\hbar^2}{2m}\nabla^2 + V(r)\right)\psi(r) = E\psi(r) \tag{2.6}$$

从物理上来讲，波函数必须单值、有限、连续。这是因为波函数的模方代表的是粒子在空间出现的概率。粒子在空间某点出现的概率必须唯一，因此波函数必须单值；概率也不可能无穷大，因此必须有限。波函数及其一阶导数的连续性，则可以通过分析薛定谔方程的数学形式得到。薛定谔方程是一个二阶微分方程，在势能 V 没有奇点的情况下，方程(2.6)左、右两端都必须有限。如果波函数或者其一阶导数不连续，则方程左端的拉普拉斯算符会导致无穷大或者导数不存在的情况。

对于实际的物理体系，由于边界条件的限制，只有满足一定条件的波函数和本征值才是可以接受的解。相对应的波函数的解是体系的能量本征函数，而定态薛定谔方程右端的参数 E 则是体系的能量本征值。定态薛定谔方程从本质上来讲就是粒子在外势场作用下的能量本征方程。而其解之所以被称为定态解，是因为如果波函数有如式(2.5)所示的形式，则粒子在空间的概率分布密度将不随时间变化，有

$$\rho(r,t) = |\Psi(r,t)|^2 = |\psi(r)|^2 e^{iEt/\hbar}e^{-iEt/\hbar} = \rho(r,0) \tag{2.7}$$

其实除了概率分布，体系在定态下，概率流、力学量（不含时）的平均值、力学量（不含时）的测量概率等物理量都不随时间变化。普遍情况下，某一时刻实际体系的

波函数可以表示为定态的线性叠加，体系的空间分布概率也会随时间的变化而变化，有

$$\Psi(r,t)=\sum_i c_i\psi_i(r)\mathrm{e}^{-\mathrm{i}E_it/\hbar} \tag{2.8}$$

值得一提的是，在最原始的薛定谔方程形式下，并没有与电子自旋相关的算符，因此电子的自旋方向并不会直接影响体系的总能。但是，由于电子是费米子，因此要求体系总波函数是反对称的，如方程(2.9)所示：

$$\psi(\boldsymbol{r}_1,\cdots,\boldsymbol{r}_i,\cdots,\boldsymbol{r}_j,\cdots,\boldsymbol{r}_N)=-\psi(\boldsymbol{r}_1,\cdots,\boldsymbol{r}_j,\cdots,\boldsymbol{r}_i,\cdots,\boldsymbol{r}_N) \tag{2.9}$$

这会对体系的能量计算产生间接的影响。具体的细节将在第 3 章加以介绍。

2.1.3　波函数的概率诠释

在宏观世界中，物体一般都具有粒子性。而人们所说的波动性，则通常指的是机械波，即多个粒子协同运动的一种表现。而在微观世界中，粒子则同时呈现出粒子性和波动性。这里的波动性也不等同于机械波中的波动性，而是单个粒子的内禀属性。微观粒子运动状态的完整描述是用波函数来实现的。从数学上讲，波函数是满足边界条件的薛定谔方程的解。从物理上来看，波函数的模方等于电子在空间各点的出现概率。这就是著名的玻恩对波函数的“概率诠释”。用公式可表示为

$$\rho(r,t)=|\Psi(r,t)|^2 \tag{2.10}$$

由波函数的概率诠释，可以引申出对波函数性质的积分要求。真实的波函数必须满足归一化的条件，也就是在全空间找到粒子的概率恒为 100%。另外，通过积分变换，我们可以证明，在薛定谔方程作用下，波函数的模方在全空间的积分守恒：

$$\begin{aligned}\frac{\mathrm{d}}{\mathrm{d}t}\int_{-\infty}^{\infty}|\Psi|^2\mathrm{d}x&=\int_{-\infty}^{\infty}\Psi^*\frac{\partial\Psi}{\partial t}+\frac{\partial\Psi^*}{\partial t}\Psi\\&=\int_{-\infty}^{\infty}\Psi^*\left[\frac{\mathrm{i}\hbar}{2m}\frac{\partial^2\Psi}{\partial x^2}-\frac{\mathrm{i}}{\hbar}V\Psi\right]+\left[\frac{\mathrm{i}\hbar}{2m}\frac{\partial^2\Psi^*}{\partial x^2}+\frac{\mathrm{i}}{\hbar}V\Psi^*\right]\Psi\\&=\int_{-\infty}^{\infty}\frac{\mathrm{i}\hbar}{2m}\left(\Psi^*\frac{\partial^2\Psi}{\partial x^2}-\frac{\partial^2\Psi^*}{\partial x^2}\Psi\right)\\&=\int_{-\infty}^{\infty}\frac{\partial}{\partial x}\left\{\frac{\mathrm{i}\hbar}{2m}\left(\Psi^*\frac{\partial\Psi}{\partial x}-\frac{\partial\Psi^*}{\partial x}\Psi\right)\right\}\\&=\frac{\mathrm{i}\hbar}{2m}\left(\Psi^*\frac{\partial\Psi}{\partial x}-\frac{\partial\Psi^*}{\partial x}\Psi\right)\Bigg|_{-\infty}^{\infty}=0\end{aligned} \tag{2.11}$$

也就是说，粒子在全空间出现的总概率守恒。由于在非相对论的低能情况下不会出现粒子的产生、湮灭、转变等物理过程，因此粒子在空间出现的总概率应该不会随时间变化。这也是对薛定谔方程正确性的一个侧面印证。

现以图 2.1 所示的波函数为例，举例说明如何用波函数得出体系的性质。

$$\Psi(x,t)=\begin{cases}A(a^2-x^2)\mathrm{e}^{-\mathrm{i}\omega t} & (|x|<a)\\ 0 & (|x|\geqslant a)\end{cases} \tag{2.12}$$

式中：a 是正实数；A 是归一化常数。我们希望计算如下的量：

(1) 归一化常数 A；

(2) $t=0$ 时，坐标 x 和 x^2 的期望值；

(3) 坐标的均方差 $\sigma_x = \sqrt{(x-\langle x\rangle)^2}$；

(4) 在区间$[\langle x\rangle-\sigma_x, \langle x\rangle+\sigma_x]$上找到粒子的概率；

(5) $t=0$ 时，动量 p 和 p^2 的期望值；

(6) 动量 p 的均方差 σ_p；

(7) $\sigma_p^2 \cdot \sigma_x^2$ 的值。

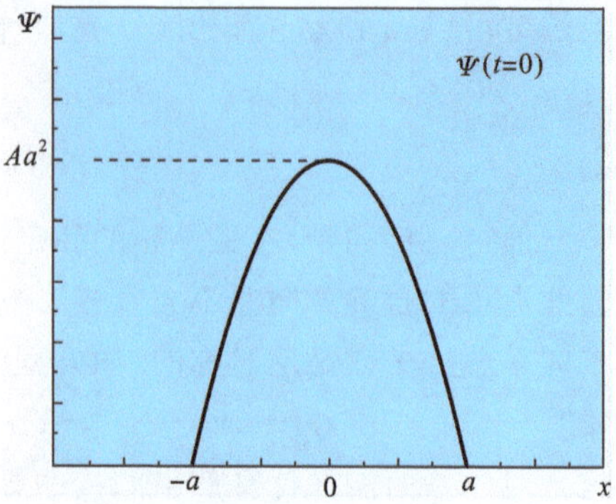

图 2.1　波函数示意图

1. 确定归一化常数

归一化常数 A 由方程$\int_{-\infty}^{\infty}\Psi^*(x)\Psi\mathrm{d}x=1$ 确定，波函数的归一化保证了微观粒子在全空间出现的总概率恒等于 1，即

$$\int_{-\infty}^{\infty}\Psi^*(x)\Psi\mathrm{d}x=1 \tag{2.13}$$

$$A^2\int_{-a}^{a}(a^2-x^2)^2\mathrm{d}x=1,\quad A=\sqrt{\frac{15}{16a^5}}$$

2. 求坐标 x 和 x^2 的期望值

在量子力学中，力学量的期望值的物理含义是，对 $N(N\to\infty)$ 个相同的体系分别进行多次独立测量，所得测量值的平均值。力学量 $\hat{F}$ 的期望值由方程$\langle F\rangle = \int_{-\infty}^{\infty}\Psi^*(x)\hat{F}\Psi(x)\mathrm{d}x$ 决定，根据此定义式，容易求得 x 和 x^2 的期望值，即

$$\langle x\rangle=\int_{-\infty}^{\infty}\Psi^*(x)x\Psi(x)\mathrm{d}x=A^2\int_{-a}^{a}x(a-x^2)^2\mathrm{d}x=0 \tag{2.14}$$

$$\langle x^2\rangle=\int_{-\infty}^{\infty}\Psi^*(x)x^2\Psi(x)\mathrm{d}x=A^2\int_{-a}^{a}x^2(a^2-x^2)^2\mathrm{d}x=\frac{1}{7}a^2 \tag{2.15}$$

3. 求坐标的均方差 σ_x

由于量子力学中对粒子的描述是一种概率描述，因此，即使是完全相同的体系，每次测量仍会塌缩到不同的本征态，因此测量的值也会有波动。波动的大小在数学上用均方差来表达，在物理上通常也称为“不确定度”，即

$$\sigma_x=\sqrt{\langle x^2\rangle-\langle x\rangle^2}=a/\sqrt{7} \tag{2.16}$$

4. 确定在区间$[\langle x\rangle-\sigma_x, \langle x\rangle+\sigma_x]$上找到粒子的概率

在量子力学中，电子在空间某点出现的概率等于波函数的模方在该点的取值，因此在区间$[\langle x\rangle-\sigma_x, \langle x\rangle+\sigma_x]$上找到粒子的概率为波函数的模方在此区间上的积分：

$$P=\int_{\langle x\rangle-\sigma_x}^{\langle x\rangle+\sigma_x}|\Psi(x)|^2\mathrm{d}x=A^2\int_{-a/\sqrt{7}}^{a/\sqrt{7}}(a^2-x^2)^2\mathrm{d}x=\frac{167\sqrt{7}}{686}=0.64 \tag{2.17}$$

5. 求动量 p 和 p^2 的期望值

动量 p 的期望值由方程 $\langle p\rangle=\int_{-\infty}^{\infty}\left(\Psi^*(x)-\mathrm{i}\hbar\frac{\partial}{\partial x}\Psi(x)\right)\mathrm{d}x$ 决定，有

$$\langle p\rangle=\int_{-\infty}^{\infty}\left(\Psi^*(x)-\mathrm{i}\hbar\frac{\partial}{\partial x}\Psi(x)\right)\mathrm{d}x=A^2\int_{-a}^{a}(a^2-x^2)(-\mathrm{i}\hbar)(-2x)\mathrm{d}x=0 \tag{2.18}$$

事实上，可以证明，任何实波函数的动量期望值都等于零，而动能二次方的期望值则为

$$\langle p^2\rangle=\int_{-\infty}^{\infty}\left[\Psi^*(x)(-\mathrm{i}\hbar)^2\frac{\partial^2}{\partial x^2}\Psi(x)\right]\mathrm{d}x=A^2\int_{-a}^{a}(a^2-x)(-\hbar^2)(-2)\mathrm{d}x=\frac{5\hbar^2}{2a^2} \tag{2.19}$$

6. 求动量的均方差

同样的，动量的均方差为

$$\sigma_p=\sqrt{\langle p^2\rangle-\langle p\rangle^2}=\sqrt{\frac{5}{2}}\frac{\hbar}{a} \tag{2.20}$$

7. 求 $\sigma_x^2\cdot\sigma_p^2$

量子力学中著名的不确定性原理指的是所有共轭变量的不确定度的乘积有一个最小值。本例中的位置和动量就是一堆共轭变量，因此它们各自不确定度的乘积满足不确定性原理，即它们要大于 $\left(\frac{\hbar}{2}\right)^2$，有

$$\sigma_x^2\cdot\sigma_p^2=\left(\frac{a}{\sqrt{7}}\right)^2\left(\sqrt{\frac{5}{2}}\frac{\hbar}{a}\right)^2=\frac{5}{14}\hbar\geqslant\langle\frac{1}{2\mathrm{i}}[\hat{x},\hat{p}]\rangle^2=\left(\frac{\hbar}{2}\right)^2 \tag{2.21}$$

2.1.4　力学量算符和表象变换

在 2.1.3 节的计算中，用到了动量的算符表达式 $\hat{p}=-\mathrm{i}\hbar\nabla$。在量子力学中，力学量都用算符来表达。当算符作用在一个波函数上时，其作用是将之转变成另外一个波函数。

用某个算符的本征函数 $\{\xi_1,\xi_2,\cdots\}$ 作为一组完备基展开波函数或者算符时，称之为波函数或力学量在该表象中的展开。一个普遍的算符在该表象中的矩阵元可以表达为

$$A_{ij}=\langle\xi_i\mid\hat{A}\mid\xi_j\rangle \tag{2.22}$$

同一个算符在不同表象中的表达可以用幺正变换来联系。具体的变换关系为

$$A'=SAS^{\dagger} \tag{2.23}$$

以下的关系式通常用来简化复杂的算符对易运算：

$$[\hat{A},\hat{B}]=\hat{A}\hat{B}-\hat{B}\hat{A} \tag{2.24}$$

$$[\hat{A},\hat{B}]=-[\hat{B},\hat{A}] \tag{2.25}$$

$$[\hat{A},\hat{A}^N]=0,\quad N=0,1,2,\cdots \tag{2.26}$$

$$[\hat{A},\hat{B}+\hat{C}]=[\hat{A},\hat{B}]+[\hat{A},\hat{C}] \tag{2.27}$$

$$[\hat{A}+\hat{B},\hat{C}]=[\hat{A},\hat{C}]+[\hat{B},\hat{C}] \tag{2.28}$$

$$[\hat{A},\hat{B}\hat{C}]=[\hat{A},\hat{B}]\hat{C}+\hat{B}[\hat{A},\hat{C}] \tag{2.29}$$

$$[\hat{A}\hat{B},\hat{C}]=[\hat{A},\hat{C}]\hat{B}+\hat{A}[\hat{B},\hat{C}] \tag{2.30}$$

2.1.4.1 厄米特共轭算符

首先引入一个重要概念,也就是一个算符的厄米特共轭。其定义如下:如果对于任意波函数,给定算符 $\hat{A}$,有算符 $\hat{A}^\dagger$ 满足以下的关系:

$$\langle\phi \mid \hat{A}\varphi\rangle \equiv \langle\hat{A}^\dagger\phi \mid \varphi\rangle \tag{2.31}$$

则将 $\hat{A}^\dagger$ 称为 $\hat{A}$ 算符的厄米特共轭算符。比如,如果算符 $\hat{A}$ 等于复数 a,则 $\hat{A}^\dagger=a^*$。这是因为

$$\langle\phi \mid a\varphi\rangle = a\langle\phi \mid \varphi\rangle$$

根据定义,有

$$\langle a^\dagger\phi \mid \varphi\rangle = \langle a^*\phi \mid \varphi\rangle \tag{2.32}$$

因此

$$a^\dagger = a^*$$

又例如,算符 $\hat{A}=\mathrm{d}/\mathrm{d}x$ 的厄米特共轭算符为 $\hat{A}^\dagger=-\hat{A}=-\mathrm{d}/\mathrm{d}x$。这是因为

$$\langle\phi \mid \underbrace{\frac{\mathrm{d}}{\mathrm{d}x}}_{\hat{A}}\varphi\rangle = \int_{-\infty}^{\infty}\mathrm{d}x\phi^*\frac{\mathrm{d}\varphi}{\mathrm{d}x} \xlongequal{\text{分部积分}} \underbrace{[\phi^*\varphi]\Big|_{-\infty}^{\infty}}_{=0} - \int_{-\infty}^{\infty}\mathrm{d}x\varphi\frac{\mathrm{d}\phi^*}{\mathrm{d}x} = \langle\underbrace{-\frac{\mathrm{d}}{\mathrm{d}x}}_{\hat{A}^\dagger}\phi \mid \varphi\rangle \tag{2.33}$$

2.1.4.2 厄米特算符

量子力学中有一类特殊的算符,即如果一个算符的厄米特共轭等于它本身,则称此类算符为厄米特算符。数学上可以表达为

$$\hat{A}^\dagger=\hat{A} \tag{2.34}$$

或者

$$\int\varphi^*\hat{A}\phi\mathrm{d}r=\int\phi(\hat{A}\varphi)^*\mathrm{d}r \tag{2.35}$$

量子力学中的力学量都可以用线性厄米特算符表达。其中线性满足了量子力学中态叠加的基本假定,而厄米特特性则保证了力学量的本征值为实数,这样,本征值才有可能和实际测量相对应。现证明厄米特算符的两个重要性质。

性质一:厄米特算符的本征值为函数。

证明:根据厄米特算符的定义,对于任意的波函数,有

$$\int\phi^*\hat{A}\phi\mathrm{d}r=\int(\hat{A}\phi)^*\phi\mathrm{d}r=\left(\int\phi^*\hat{A}\phi\mathrm{d}r\right)^* \tag{2.36}$$

当我们把波函数取成算符 $\hat{A}$ 的本征态时,则可以得到 $\varepsilon=\varepsilon^*$,因此厄米特算符的本征值为实数。

性质二:厄米特算符对应不同本征值的本征态相互正交。

证明:假设 ϕ_m 和 ϕ_n 分别是厄米特算符 $\hat{A}$ 的本征值为 ε_m 和 ε_n 的本征波函数(其中

$\varepsilon_m \neq \varepsilon_n$)。根据厄米特算符定义,有

$$\langle \hat{A}\phi_m \mid \phi_n \rangle = \langle \phi_m \mid \hat{A}\phi_n \rangle$$
$$\varepsilon_m \langle \phi_m \mid \phi_n \rangle = \varepsilon_n \langle \phi_m \mid \phi_n \rangle$$
$$(\varepsilon_m - \varepsilon_n)\langle \phi_m \mid \phi_n \rangle = 0$$

故有
$$\langle \phi_m \mid \phi_n \rangle = 0$$

2.1.4.3　动量算符

动量算符是量子力学中的基本算符之一,其他的许多算符包括动能算符、角动量算符等,都可以以动量算符为基础推导而出。根据经典的定义,动量的期望值等于坐标期望值对时间求导,可以根据动量算符的经典对应验证其形式的正确性:

$$\begin{aligned}
\langle \hat{p} \rangle &= m\frac{\mathrm{d}\langle \hat{x} \rangle}{\mathrm{d}t} = m\frac{\mathrm{d}}{\mathrm{d}t}\int_{-\infty}^{\infty} x\Psi^*(x,t)\Psi(x,t)\mathrm{d}x \\
&\xlongequal{\text{薛定谔方程}} m\int_{-\infty}^{\infty} x\frac{\partial}{\partial x}\left\{\frac{\mathrm{i}\hbar}{2m}\left(\Psi^*\frac{\partial \Psi}{\partial x} - \frac{\partial \Psi}{\partial x}\Psi^*\right)\right\}\mathrm{d}x \\
&\xlongequal{\text{分部积分}} \frac{\mathrm{i}\hbar}{2}x\left\{\underbrace{\left(\Psi^*\frac{\partial \Psi}{\partial x} - \frac{\partial \Psi}{\partial x}\Psi^*\right)}_{=0,\Psi\to 0 \text{ when } x\to\pm\infty}\right\}\Bigg|_{-\infty}^{\infty} - \frac{\mathrm{i}\hbar}{2}\int_{-\infty}^{\infty}\left(\Psi^*\frac{\partial \Psi}{\partial x} - \frac{\partial \Psi^*}{\partial x}\Psi\right)\mathrm{d}x \\
&\xlongequal{\text{分部积分}} -\frac{\mathrm{i}\hbar}{2}\int_{-\infty}^{\infty}\Psi^*\frac{\partial \Psi}{\partial x}\mathrm{d}x + \frac{\mathrm{i}\hbar}{2}\left\{\underbrace{\Psi^*\Psi\Big|_{-\infty}^{\infty}}_{=0,\Psi\to 0 \text{ when } x\to\pm\infty} - \int_{-\infty}^{\infty}\Psi^*\frac{\partial \Psi}{\partial x}\mathrm{d}x\right\} \\
&= \int_{-\infty}^{\infty}\Psi^*\left(-\mathrm{i}\hbar\frac{\partial}{\partial x}\right)\Psi\mathrm{d}x
\end{aligned}$$

我们看到,一维情况下动量算符可以表示为 $\hat{p} = -\mathrm{i}\hbar\frac{\partial}{\partial x}$,而三维情况下,只需将 $\frac{\partial}{\partial x}$ 用三维的那勒勒算符∇替代,$\hat{\boldsymbol{p}} = -\mathrm{i}\hbar\nabla$。

$$\hat{\boldsymbol{p}} = -\mathrm{i}\hbar\nabla = \mathrm{i}\hbar\left(\frac{\partial}{\partial x}\hat{\boldsymbol{x}} + \frac{\partial}{\partial y}\hat{\boldsymbol{y}} + \frac{\partial}{\partial z}\hat{\boldsymbol{z}}\right) \tag{2.37}$$

动量算符属于厄米特算符,与坐标算符互为共轭算符,二者之间互不对易,满足不确定性原理。

2.1.4.4　角动量算符

现以角动量为例,说明在量子力学中,如何将经典量表示成量子力学中的算符。在经典力学中,角动量的表达式为

$$\boldsymbol{L} = \boldsymbol{r} \times \boldsymbol{p} \tag{2.38}$$

即
$$L_x = yp_z - zp_y$$
$$L_y = zp_x - xp_z$$
$$L_z = xp_y - yp_x$$

为了得到量子力学中的角动量的表达式,只需对动量算符做如下相应的替换:

$$p_x \to \hat{p}_x = -\mathrm{i}\hbar\frac{\partial}{\partial x}$$

$$p_y \to \hat{p}_y = -\mathrm{i}\hbar \frac{\partial}{\partial y}$$

$$p_z \to \hat{p}_z = -\mathrm{i}\hbar \frac{\partial}{\partial z}$$

由此可以得到角动量各个分量算符的表达式：

$$\hat{L}_x = -\mathrm{i}\hbar\left(y\frac{\partial}{\partial z} - z\frac{\partial}{\partial y}\right)$$

$$\hat{L}_y = -\mathrm{i}\hbar\left(z\frac{\partial}{\partial x} - x\frac{\partial}{\partial z}\right)$$

$$\hat{L}_z = -\mathrm{i}\hbar\left(x\frac{\partial}{\partial y} - z\frac{\partial}{\partial x}\right)$$

下面计算 L_x 和 L_y 之间的对易关系：

$$\begin{aligned}[\hat{L}_x,\hat{L}_y] &= [y\hat{p}_z - z\hat{p}_y, z\hat{p}_x - x\hat{p}_z] \\ &= [y\hat{p}_z, z\hat{p}_x] - \underbrace{[z\hat{p}_y, z\hat{p}_x]}_{=0} - \underbrace{[y\hat{p}_z, x\hat{p}_z]}_{=0} + [z\hat{p}_y, x\hat{p}_z] \\ &= y\hat{p}_x[\hat{p}_z, z] + x\hat{p}_y[z,\hat{p}_z] = \mathrm{i}\hbar(x\hat{p}_y - y\hat{p}_x) = \mathrm{i}\hbar\hat{L}_z \end{aligned} \tag{2.39}$$

推导过程第二步中的第二项和第三项为零是因为 z、$\hat{p}_x$、$\hat{p}_y$ 和 x、y、$\hat{p}_z$ 分别相互对易。类似地，我们非常容易得到 L_x、L_y、L_z 之间的对易关系，即

$$\begin{cases}[\hat{L}_x,\hat{L}_y] = \mathrm{i}\hbar\hat{L}_z \\ [\hat{L}_y,\hat{L}_z] = \mathrm{i}\hbar\hat{L}_x \\ [\hat{L}_z,\hat{L}_x] = \mathrm{i}\hbar\hat{L}_y\end{cases} \tag{2.40}$$

可见角动量的各个分量之间并不对易，因此也没有共同的本征态。但是我们可以证明，总角动量 $\hat{L}^2$ 和角动量的各个分量对易。

$$\begin{aligned}[\hat{L}_z,\hat{L}^2] &= [\hat{L}_z,\hat{L}_x^2 + \hat{L}_y^2 + \hat{L}_z^2] = [\hat{L}_z,\hat{L}_x^2] + [\hat{L}_z,\hat{L}_y^2] + \underbrace{[\hat{L}_z,\hat{L}_z^2]}_{=0} \\ &= \hat{L}_x[\hat{L}_z,\hat{L}_x] + [\hat{L}_z,\hat{L}_x]\hat{L}_x + \hat{L}_y[\hat{L}_z,\hat{L}_y] + [\hat{L}_z,\hat{L}_y]\hat{L}_y \\ &= \mathrm{i}\hbar[\hat{L}_x\hat{L}_y + \hat{L}_y\hat{L}_x - \hat{L}_y\hat{L}_x - \hat{L}_x\hat{L}_y] = 0 \end{aligned} \tag{2.41}$$

因此有

$$[\hat{L}_x,\hat{L}^2] = [\hat{L}_y,\hat{L}^2] = [\hat{L}_z,\hat{L}^2] = 0 \tag{2.42}$$

2.1.4.5 电荷的密度算符

密度算符用狄拉克符号可以表示为

$$\hat{\rho} = |\psi\rangle\langle\psi| \tag{2.43}$$

这是因为上述的 $\hat{\rho}$ 算符在坐标本征态 $|\boldsymbol{r}\rangle$ 下的期望值等于电子在空间该点出现的概率（电荷密度），即

$$\langle\boldsymbol{r}|\hat{\rho}|\boldsymbol{r}\rangle = \langle\boldsymbol{r}|\psi\rangle\langle\psi|\boldsymbol{r}\rangle = \psi^*(\boldsymbol{r})\psi(\boldsymbol{r}) = |\psi(\boldsymbol{r})|^2 = \rho(\boldsymbol{r}) \tag{2.44}$$

当然，算符 $\hat{\rho}$ 在坐标本征态 $|\boldsymbol{r}\rangle$ 下的期望值仅仅取决于此算符的对角元。我们还可以定义算符 $\hat{\rho}$ 的非对角元。密度矩阵在计算力学量的期望值时尤为重要，在第 3 章 Hartree-Fock 方程的双电子积分中也将被用到。

$$\langle \boldsymbol{r} \mid \hat{\rho} \mid \boldsymbol{r}' \rangle = \langle \boldsymbol{r} \mid \psi \rangle \langle \psi \mid \boldsymbol{r}' \rangle = \psi^*(\boldsymbol{r})\psi(\boldsymbol{r}') \tag{2.45}$$

可以证明，一个任意算符的期望值可以表达为给定表象下密度矩阵和力学量算符矩阵的乘积的迹：

$$\begin{aligned}\langle \psi \mid \hat{A} \mid \psi \rangle &= \sum_\mu \sum_\nu \langle \psi \mid \zeta_\mu \rangle \langle \zeta_\mu \mid \hat{A} \mid \zeta_\nu \rangle \langle \zeta_\nu \mid \psi \rangle \\ &= \sum_\mu \sum_\nu \langle \zeta_\nu \mid \psi \rangle \langle \psi \mid \zeta_\mu \rangle \langle \zeta_\mu \mid \hat{A} \mid \zeta_\nu \rangle \\ &= \sum_\mu \sum_\nu \rho_{\nu\mu} A_{\mu\nu} = \mathrm{tr}\{\hat{\rho}\hat{A}\}\end{aligned} \tag{2.46}$$

因此密度矩阵在量子化学的计算中得到了广泛的应用。

2.1.5　一维方势阱

一维方势阱是量子力学中的经典问题，其中最容易求解的是一维无穷深势阱。其数学定义为

$$V(x) = \begin{cases} \infty, & x \leqslant 0 \text{ 或 } x \geqslant L \\ 0, & 0 < x < L \end{cases} \tag{2.47}$$

在势阱区域内，薛定谔方程是一个二阶齐次微分方程，非常容易写出其普遍解。而在势阱外部，由于势能无穷大，因此波函数必须为零（否则薛定谔方程的两端无法相等），即

$$\psi(x) = \begin{cases} A\sin\left(\sqrt{\dfrac{2mE}{\hbar^2}}x\right) + B\cos\left(\sqrt{\dfrac{2mE}{\hbar^2}}x\right), & 0 \leqslant x \leqslant L \\ 0, & x < 0 \text{ 或 } x > L \end{cases} \tag{2.48}$$

匹配波函数在边界 $x = 0$ 和 $x = L$ 处的边界条件为

$$\psi(0) = 0 \Rightarrow B = 0 \tag{2.49}$$

$$\psi(L) = 0 \Rightarrow A = 0$$

或

$$\sqrt{\frac{2mE}{\hbar}}L = n\pi \tag{2.50}$$

若 A 和 B 同时等于零，则意味着波函数不存在（全空间为零），因此可以满足边界条件的唯一可能就是能量 E 取分立值，并且在数值上为

$$E_n = \frac{n^2\pi^2\hbar^2}{2mL^2} \tag{2.51}$$

将能量的本征值代入方程(2.48)并且归一化，可以得到相应的本征波函数为

$$\psi(x) = \begin{cases} \sqrt{\dfrac{2}{L}}\sin\left(\dfrac{n\pi}{L}x\right), & 0 \leqslant x \leqslant L \\ 0, & x < \text{ 或 } x > L \end{cases} \tag{2.52}$$

图 2.2 展示了一维无穷深势阱的本征能级、相应的波函数，以及电子的空间概率分布（等于波函数的模方）。可以看到，量子力学中的势阱（简称量子阱）和经典势阱显著不同：

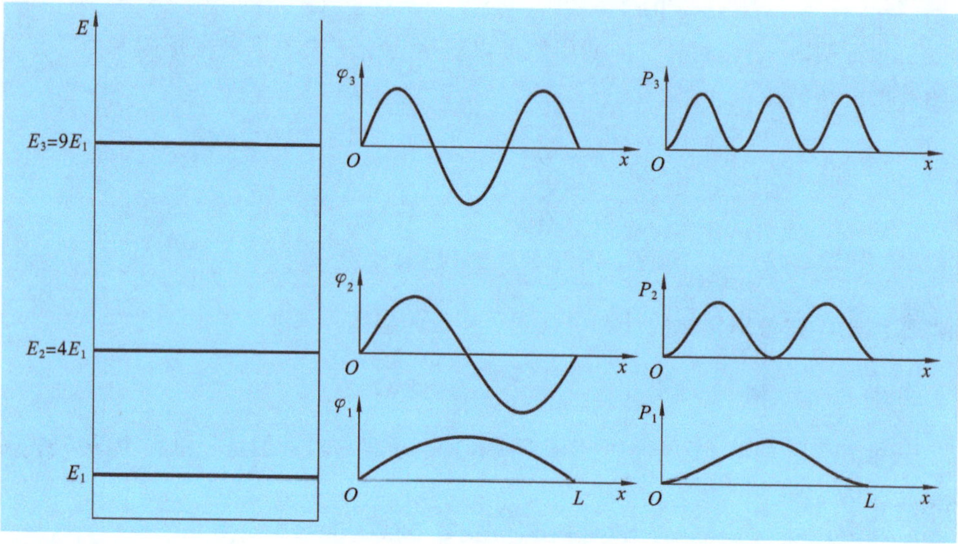

图 2.2　一维无穷深势阱

(1) 在经典势阱中，能级是连续分布的，而在量子阱中，能级是分立的；

(2) 在经典势阱中，体系总能的最小值可以为零，而在量子阱中，体系总能的最小值等于 E_1（零点能），并且零点能随着量子阱尺寸的减小而增大；

(3) 在经典势阱中，粒子在势阱中的概率分布是均匀的，而在量子阱中，概率分布随空间大小的变化，电子处在基态时，势阱中心区域电子出现的概率最大。

在实际材料体系中，通常形成的是有限深势阱。其束缚态的求解过程与无穷深势阱类似，但是束缚能级的确切位置需要通过数值求解的方法得到，详细的求解过程可以参考量子力学的相关参考书。在实验中，这样的势阱通常是通过形成不同禁带宽度的半导体材料异质结来得到的，其中最常见利用的是 GaAs 和 AlGaAs 这两种材料。如图 2.3 所示，其中 GaAs 的禁带宽度为 1.46 eV 左右，而掺杂 Al 元素的 AlGaAs 的禁带宽度为 2.0 eV 以上。考察导带的变化，相当于在 GaAs 层中引入了一个深度为 0.5 eV 左右的有限深势阱，电子容易被束缚在此势阱内，形成二维电子气。

2.1.6　方势垒的隧穿

势垒的隧穿也是量子力学中的重要问题，并且在实际材料体系和材料研究中有非常广泛的应用。比如分辨率可以达到原子尺度的扫描隧道显微镜就是利用电子在探针头和所观察表面原子之间的隧穿电流信号来实现原子级别上的探测的；比如原子分子物理中的核聚变、α 衰变等，都是在微观粒子的隧穿效应下才可能发生。在隧穿问题中，首先考虑最简单的方势垒，其势能曲线可以分段表示如下。

(1) 区域 Ⅰ：$x < 0, V(x) = 0$。

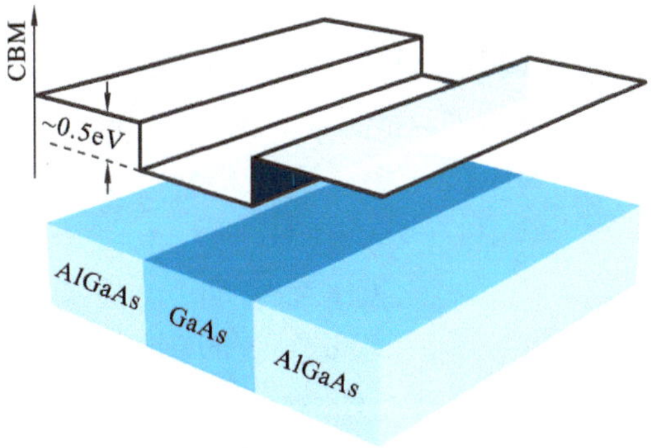

图 2.3 由 AlGaAs-GaAs-AlGaAs 异质结形成的有限深量子阱的示意图

注：CBM (conduct band minimum) 代表导带底

(2) 区域 Ⅱ：$0 < x < L, V(x) = V_0$。

(3) 区域 Ⅲ：$x > L, V(x) = 0$。

根据薛定谔方程，可以写出能量为 E 的粒子在三个区域的波函数，如图 2.4 所示。在势垒的左侧 $x < 0$ 的区域，既有入射波的分量(e^{ikx})，也有被势垒反射后的反射波分量(e^{-ikx})。而在势垒右侧 $x > L$ 的区域，根据透射的边界条件，只有透射波分量(e^{ikx})。在势垒区域($0 < x < L$)内，由于入射波能量 $E < V_0$，因此波函数以指数衰减的形式($e^{\kappa x}$ 和 $e^{-\kappa x}$)存在。由于波函数的叠加性，入射波的波幅取为 1 并不影响反射系数和透射系数的计算。由此，可以分区写出薛定谔方程在各个区域的解，然后利用边界条件将波函数衔接起来。

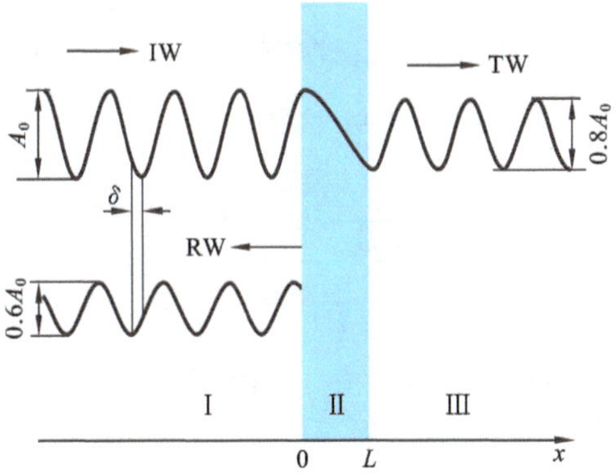

图 2.4 一维方势垒的透射示意图

注：IW、TW 和 RW 分别指代入射波、透射波和反射波。箭头代表波的行进方向。δ 表示因势垒反射而引起的相差。Ⅱ 区内的实线段表示方势垒内的衰减波函数。由振幅可知，透射系数与反射系数之和为 1

$$\psi_{\mathrm{I}}(x) = e^{ikx} + Be^{-ikx} \tag{2.53}$$

$$\psi_{\mathrm{II}}(x) = C_1 e^{\kappa x} + C_2 e^{-\kappa x} \tag{2.54}$$

$$\psi_{\mathrm{III}}(x) = D\mathrm{e}^{\mathrm{i}kx} \tag{2.55}$$

式中：$k = 2\sqrt{mE}/\hbar$；$\kappa = \sqrt{2m(V-E)}/\hbar$；$B$、$C_1$、$C_2$、$D$ 四个变量由在 $x=0$ 和 $x=L$ 处的波函数和波函数一阶导数连续的边界条件确定，即

$$1 + B = C_1 + C_2 \tag{2.56}$$

$$\mathrm{i}k(1-B) = \kappa(C_1 - C_2) \tag{2.57}$$

$$C_1\mathrm{e}^{\kappa L} + C_2\mathrm{e}^{-\kappa L} = D\mathrm{e}^{\mathrm{i}kL} \tag{2.58}$$

$$C_1\kappa\mathrm{e}^{\kappa L} - C_2\kappa\mathrm{e}^{-\kappa L} = \mathrm{i}kD\mathrm{e}^{\mathrm{i}kL} \tag{2.59}$$

根据式(2.58)和式(2.59)，可以将 C_1 和 C_2 表示为 D 的函数，即

$$C_1 = \frac{1}{2}D\left(1+\frac{\mathrm{i}k}{\kappa}\right)\mathrm{e}^{\mathrm{i}kL-\kappa L} \tag{2.60}$$

$$C_2 = \frac{1}{2}D\left(1-\frac{\mathrm{i}k}{\kappa}\right)\mathrm{e}^{\mathrm{i}kL+\kappa L} \tag{2.61}$$

将 C_1 和 C_2 代入式(2.56)和式(2.57)，解得

$$D = \mathrm{e}^{-\mathrm{i}kL}\left[\frac{\mathrm{i}\kappa}{2k}[1-(k/\kappa)^2]\sinh(\kappa L) + \cosh(\kappa L)\right]^{-1} \tag{2.62}$$

$$B = -\mathrm{i}\mathrm{e}^{\mathrm{i}kL}\frac{D}{2}\left(\frac{k}{\kappa}+\frac{\kappa}{k}\right)\sinh(\kappa L) \tag{2.63}$$

粒子流的透射概率是透射波幅的二次方，由此可以得到透射系数为

$$\begin{aligned} T = |D|^2 &= \frac{4k^2\kappa^2}{(k^2+\kappa^2)^2\sinh^2(\kappa L) + 4k^2\kappa^2} \\ &= \left[1+\frac{1}{4}\frac{V^2}{E(V-E)}\sinh^2(\kappa L)\right]^{-1} \end{aligned} \tag{2.64}$$

同样，粒子流的反射概率是反射波幅的二次方，由此可以得到反射系数为

$$\begin{aligned} R = |B|^2 &= \frac{1}{4}\left(\frac{k}{\kappa}+\frac{\kappa}{k}\right)^2\sinh^2(\kappa L)\,|D|^2 \\ &= \frac{\frac{1}{4}\frac{V^2}{E(V-E)}\sinh^2(\kappa L)}{1+\frac{1}{4}\frac{V^2}{E(V-E)}\sinh^2(\kappa L)} \end{aligned} \tag{2.65}$$

容易验证，$T+R=|D|^2+|B|^2=1$。对于 $E>V_0$ 的情况，只需将势垒区域内的指数衰减波函数改写为正弦形式的振荡波函数，也就是做 $\kappa\rightarrow \mathrm{i}k$ 的代换。如果对投射系数 T 进行无量纲化处理，令 $x'=\dfrac{E}{V}$，$L'=\dfrac{L}{\hbar/\sqrt{2mV}}$，则

$$T = \left[1+\frac{1}{4x'(1-x')}\sinh^2(\sqrt{1-x'}L')\right]^{-1} \tag{2.66}$$

图2.5显示了透射系数随着入射粒子有效能量与势垒高度比值 x，以及势垒有效宽度 L' 的变化而变化的情况。在给定势垒宽度的情况下，透射系数随着入射粒子有效能量的增加而单调递增并趋于1。对于给定能量的粒子，则透射系数有呈指数衰减

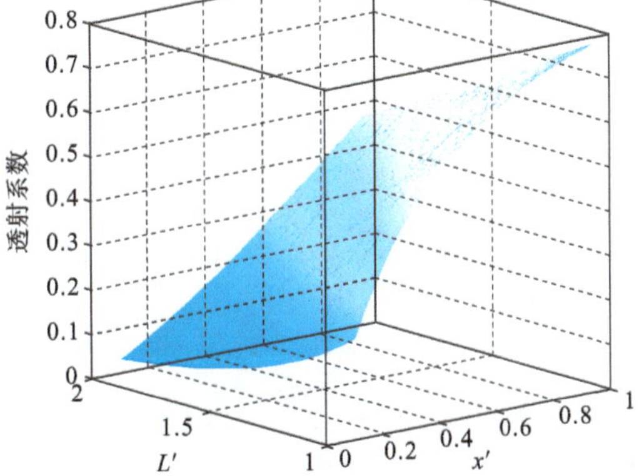

图 2.5 透射系数与入射粒子的有效能量和势垒有效宽度的变化关系

的趋势。

还可以看到，量子力学中微观粒子越过势垒的物理图像与经典物理图像截然不同，即使粒子的能量小于势垒的最高点，微观粒子仍有一定的概率可以透射，这就是量子力学上的隧穿效应，是微观粒子波动性的一种表现。同时我们观察透射系数的表达式也可以发现，粒子的质量越大，κ 值也越大，在相同能量下 T 就越小，这说明粒子的质量越小越容易发生透射。

2.1.7 WKB 方法

WKB 方法是由 Wentzel、Kramers 和 Brillouin 共同提出的近似地求解一维薛定谔方程的一种方法，在计算束缚态的本征能级和一维势垒的透射系数方面简单有效。

WKB 方法近似成立的条件是，微观粒子的德布罗意波长要远小于它所处的势能面变化的特征尺度。在这种情况下，可以假定波函数保持正弦曲线的形状，并且在传播几个波数后，势能面没有显著变化。

WKB 方法的讨论分两个区域进行：一个是经典区域，也就是 $E > V(x)$ 的区域，是指在经典情况中粒子可以运动的区域；另一个是隧穿区域，也就是 $E < V(x)$ 的区域，经典物理不允许粒子在隧穿区域内存在，而量子力学则允许粒子的波函数以指数衰减的形式在隧穿区域内存在。

WKB 方法近似思想来源于对自由势场中的平面波解。我们知道，在一个没有势场作用的体系中，自由电子的波函数可以表示为平面波的形式，即

$$\psi(x) = A\mathrm{e}^{\pm ikx} \tag{2.67}$$

式中

$$k = \sqrt{\frac{2m(E-V)}{\hbar^2}}$$

如果势能 $V(x)$ 变化缓慢，那么假定波函数的解仍然具有类似于平面波的形式，唯一的不同点在于现在我们允许波矢 $\boldsymbol{k}$ 随空间坐标变化，也就是

$$\psi(x)=A\mathrm{e}^{\mathrm{i}\varphi(x)}=A\mathrm{e}^{\mathrm{i}k(x)x} \tag{2.68}$$

式中

$$k(x)=\sqrt{\frac{2m[E-V(x)]}{\hbar^2}} \tag{2.69}$$

将波函数代入薛定谔方程，可以得到 $\varphi(x)$ 应满足方程

$$\frac{-\hbar^2}{2m}\frac{\partial^2}{\partial x^2}\psi(x)+V(x)\psi(x)=E(x) \tag{2.70}$$

得

$$\mathrm{i}\frac{\partial^2\varphi}{\partial x^2}-\left(\frac{\partial\varphi}{\partial x}\right)^2+(k(x))^2=0 \tag{2.71}$$

由于势能函数 $V(x)$ 变化缓慢，因此 $k(x)$ 和 $\varphi(x)$ 也随空间坐标缓慢变化，可以忽略 $\varphi(x)$ 的二阶导数，即

$$\frac{\partial^2\varphi}{\partial x^2}=0$$

故有

$$\left(\frac{\partial\varphi}{\partial x}\right)^2=(k(x))^2 \tag{2.72}$$

因此得到 WKB 方法的零级近似解为

$$\varphi(x)=\pm\int k(x)\mathrm{d}x+C_0 \tag{2.73}$$

$$\psi(x)=\exp\left[\mathrm{i}(\pm\int k(x)\mathrm{d}x+C_0)\right] \tag{2.74}$$

2.1.8 传递矩阵方法

前文讲解了如何求解方势垒(阱)的薛定谔方程，以及如何用 WKB 方法近似求解一维问题。但是，这两种方法都不能处理任意形状的势垒问题，并且从计算角度来讲不容易实现。对于一维势垒的透射问题，最优的解法当属传递矩阵的方法。该方法不仅可以计算任意形状势垒的隧穿问题，而且编程实现仅仅需要矩阵的连乘，因此相应的算法非常简单明了。下面对传递矩阵方法做一个简单介绍。如图 2.6 所示，任意形状的势垒都可以通过离散化变成一系列的方势垒的叠加，所以首先研究相邻的两个方势垒内波函数的系数之间的关系。

可以将相邻的两个区域内的波函数写成平面波的线性叠加：

$$\psi_1(x)=A_1\mathrm{e}^{\mathrm{i}k_1(x-x_0)}+B_1\mathrm{e}^{-\mathrm{i}k_1(x-x_0)} \tag{2.75}$$

$$\psi_2(x)=A_2\mathrm{e}^{\mathrm{i}k_2(x-x_1)}+B_2\mathrm{e}^{-\mathrm{i}k_2(x-x_1)} \tag{2.76}$$

我们需要找到有规律的表达式，将系数 A_2、B_2 和 A_1、B_1 联系起来。可以通过匹配边界上的波函数及其一阶导数得到

$$A_1\mathrm{e}^{\mathrm{i}k_1(x_1-x_0)}+B_1\mathrm{e}^{-\mathrm{i}k_1(x_1-x_0)}=A_2+B_2 \tag{2.77}$$

$$A_1k_1\mathrm{e}^{\mathrm{i}k_1(x_1-x_0)}-B_1k_1\mathrm{e}^{-\mathrm{i}k_1(x_1-x_0)}=k_2(A_2-B_2) \tag{2.78}$$

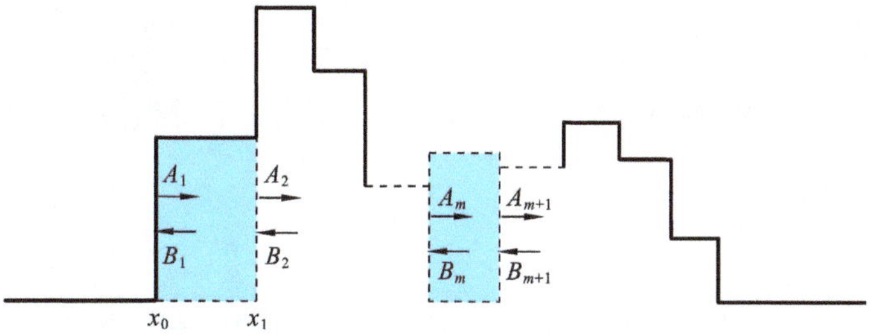

图 2.6　势垒的叠加

此条件可用矩阵的形式表示为

$$\begin{bmatrix} A_1 e^{ik_1(x_1-x_0)} \\ B_1 e^{-ik_1(x_1-x_0)} \end{bmatrix} = \begin{bmatrix} \frac{1+\Delta_1}{2} & \frac{1-\Delta_1}{2} \\ \frac{1-\Delta_1}{2} & \frac{1+\Delta_1}{2} \end{bmatrix} \begin{bmatrix} A_2 \\ B_2 \end{bmatrix} \tag{2.79}$$

即

$$\begin{bmatrix} A_1 \\ B_1 \end{bmatrix} = \underbrace{\begin{bmatrix} e^{-ik_1 d_1} & 0 \\ 0 & e^{ik_1 d_1} \end{bmatrix}}_{\mathscr{P}_1} \underbrace{\begin{bmatrix} \frac{1+\Delta_1}{2} & \frac{1-\Delta_1}{2} \\ \frac{1-\Delta_1}{2} & \frac{1+\Delta_1}{2} \end{bmatrix}}_{\mathscr{D}_1} \begin{bmatrix} A_2 \\ B_2 \end{bmatrix} \tag{2.80}$$

式中 $\Delta_1 = \dfrac{k_2}{k_1}$，$d_1 = x_1 - x_0$。用同样的方法，可以将此关系式推广到用来联系任意两个相邻的方势垒中的波函数：

$$\begin{bmatrix} A_m \\ B_m \end{bmatrix} = \mathscr{P}_m \mathscr{D}_m \begin{bmatrix} A_{m+1} \\ B_{m+1} \end{bmatrix} \tag{2.81}$$

对于一个有 N 个类似区域的势垒，容易得到

$$\begin{bmatrix} A_0 \\ B_0 \end{bmatrix} = \mathscr{D}_0 \mathscr{P}_1 \mathscr{D}_1 \cdots \mathscr{P}_N \mathscr{D}_N \begin{bmatrix} A_{N+1} \\ B_{N+1} \end{bmatrix} = \boldsymbol{T} \begin{bmatrix} A_{N+1} \\ B_{N+1} \end{bmatrix} \tag{2.82}$$

式中的 $\boldsymbol{T}$ 就是需要求解的转移矩阵，它是一个 2×2 矩阵，可以分解为 N 个 $\mathscr{P}$ 和 $\mathscr{D}$ 的连乘。如果已经求得了 $\boldsymbol{T}$，那么透射系数就很容易求得：透射概率的边界条件要求右边界的反射波系数为零，因此有

$$\begin{bmatrix} A \\ B \end{bmatrix} = \begin{bmatrix} T_{11} & T_{12} \\ T_{21} & T_{22} \end{bmatrix} \begin{bmatrix} F \\ 0 \end{bmatrix} \tag{2.83}$$

因此容易得到透射系数为

$$\eta = \frac{|A|^2 - |B|^2}{|A|^2} = 1 - \frac{|T_{21}|^2}{|T_{11}|^2} \tag{2.84}$$

此方法也同样适用于求解束缚态。对于任意势阱中的束缚态，要求其波函数趋于 ∞ 和 $-\infty$ 时不发散，因此，有

$$\begin{bmatrix} 0 \\ B \end{bmatrix} = \begin{bmatrix} T_{11} & T_{12} \\ T_{21} & T_{22} \end{bmatrix} \begin{bmatrix} A_{N+1} \\ 0 \end{bmatrix} \tag{2.85}$$

方程要有非平凡解，需要满足条件 $T_{11} = 0$，这也是束缚态能量所需要满足的方程。

2.1.9 氢原子

氢原子由原子核和绕核运动的电子构成，因此实际是一个两体问题。由于核与电子的相互作用仅仅依赖于核与电子之间的相对距离 $r = |\boldsymbol{r}_\mathrm{p} - \boldsymbol{r}_\mathrm{e}|$，因此可以通过坐标变换将总运动方程分解为质心的运动和相对运动两个单体问题。

以两个粒子的单独坐标为变量的定态薛定谔方程为

$$\left(-\frac{\hbar^2}{2m_\mathrm{p}}\nabla_\mathrm{p}^2 - \frac{\hbar^2}{2m_\mathrm{e}}\nabla_\mathrm{e}^2 + V(|\boldsymbol{r}_\mathrm{e} - \boldsymbol{r}_\mathrm{p}|)\right)\Psi(\boldsymbol{r}_\mathrm{e}, \boldsymbol{r}_\mathrm{p}) = E\Psi(\boldsymbol{r}_\mathrm{e}, \boldsymbol{r}_\mathrm{p}) \tag{2.86}$$

将电子坐标 $\boldsymbol{r}_\mathrm{e}$ 与核坐标 $\boldsymbol{r}_\mathrm{p}$ 变换为质心坐标与相对坐标，即

$$\boldsymbol{R} = \frac{m_\mathrm{e}\boldsymbol{r}_\mathrm{e} + m_\mathrm{p}\boldsymbol{r}_\mathrm{p}}{m_\mathrm{e} + m_\mathrm{p}} \tag{2.87}$$

$$\boldsymbol{r} = \boldsymbol{r}_\mathrm{e} - \boldsymbol{r}_\mathrm{p} \tag{2.88}$$

可以得到如下关系式：

$$\frac{1}{m_\mathrm{e}}\nabla_\mathrm{e}^2 + \frac{1}{m_\mathrm{p}}\nabla_\mathrm{p}^2 = \frac{1}{M}\nabla_R^2 + \frac{1}{\mu}\nabla_r^2 \tag{2.89}$$

式中

$$M = m_\mathrm{e} + m_\mathrm{p}, \quad \mu = \frac{m_\mathrm{e} m_\mathrm{p}}{m_\mathrm{e} + m_\mathrm{p}} \tag{2.90}$$

因此式(2.86)可以改写为

$$\left(-\frac{\hbar}{2M}\nabla_R^2 - \frac{\hbar^2}{2\mu}\nabla_r^2 + V(r)\right)\Psi(\boldsymbol{R}, \boldsymbol{r}) = E\Psi(\boldsymbol{R}, \boldsymbol{r}) \tag{2.91}$$

和式(2.86)相比，式(2.91)最大的简化是方程可分离变量。令 $\Psi(\boldsymbol{R}, \boldsymbol{r}) = \phi(\boldsymbol{R})\psi(\boldsymbol{r})$，则可以得到质心和相对运动所遵循的方程分别为

$$-\frac{\hbar^2}{2M}\nabla_R^2\phi(\boldsymbol{R}) = E_R\phi(\boldsymbol{R}) \tag{2.92}$$

$$\left(-\frac{\hbar^2}{2\mu}\nabla_r^2 + V(r)\right)\psi(\boldsymbol{r}) = E\psi(\boldsymbol{r}) \tag{2.93}$$

质心运动是氢原子整体的运动，而与其内部结构无关。我们需要关注的电子结构的信息包含在关于 $\psi(\boldsymbol{r})$ 的方程(2.93)中。可见此方程和假设氢原子核静止不动的单电子薛定谔方程在形式上并无任何不同，唯一的区别是方程中电子的质量由实际的 m_e 变成了简化后的有效质量 μ。下面着重关注如何求解电子相对核运动的薛定谔方程，并且暂时忽略 μ 和 m_e 之间的细微差别：

$$-\frac{\hbar}{2m_\mathrm{e}}\nabla^2\psi(\boldsymbol{r}) + V(r)\psi(\boldsymbol{r}) = E\psi(\boldsymbol{r}) \tag{2.94}$$

式中：$V(r)=-\dfrac{e^2}{4\pi\varepsilon_0\,|\boldsymbol{r}|}$，其所对应的势场为中心对称的势场。和求解角动量本征波函数类似，假设氢原子的波函数可以写作径向波函数 $R(r)$ 和角向波函数 $Y(\theta,\phi)$ 的乘积形式：

$$\Psi(\boldsymbol{r})=R(r)Y(\theta,\phi) \tag{2.95}$$

拉普拉斯算符在球坐标下的表达式为

$$\nabla^2=\frac{1}{r^2}\frac{\partial}{\partial r}\left(r^2\frac{\partial}{\partial r}\right)+\frac{1}{r^2\sin\theta}\frac{\partial}{\partial\theta}\left(\sin\theta\frac{\partial}{\partial\theta}\right)+\frac{1}{r^2\sin^2\theta}\left(\frac{\partial^2}{\partial\phi^2}\right) \tag{2.96}$$

将拉普拉斯算符∇^2 的球坐标表达式和分离变量形式的波函数代入薛定谔方程，可以得到

$$-\frac{\hbar^2}{2m_e}\left[\frac{Y(\theta,\phi)}{r^2}\frac{\mathrm{d}}{\mathrm{d}r}\left(r^2\frac{\mathrm{d}R(r)}{\mathrm{d}r}\right)+\frac{R(r)}{r^2\sin\theta}\frac{\partial}{\partial\theta}\left(\sin\theta\frac{\partial Y(\theta,\phi)}{\partial\theta}\right)+\frac{R(r)}{r^2\sin^2\theta}\frac{\partial^2Y(\theta,\phi)}{\partial\phi^2}\right]$$
$$+R(r)V(r)Y(\theta,\phi)=ER(r)Y(\theta,\phi) \tag{2.97}$$

方程(2.97) 两端同时除以 $Y(\theta,\phi)R(r)$，并且乘以 $-2m_e\left(\dfrac{r}{\hbar}\right)^2$，得

$$\left[\frac{1}{R(r)}\frac{\mathrm{d}}{\mathrm{d}r}\left(r^2\frac{\mathrm{d}R(r)}{\mathrm{d}r}\right)-\frac{2m_er^2}{\hbar^2}(V(r)-E)\right]$$
$$+\frac{1}{Y(\theta,\phi)}\left[\frac{1}{\sin\theta}\frac{\partial}{\partial\theta}\left(\sin\theta\frac{\partial Y(\theta,\phi)}{\partial\theta}\right)+\frac{1}{\sin^2\theta}\frac{\partial^2Y(\theta,\phi)}{\partial\phi^2}\right]=0 \tag{2.98}$$

可以看到，方程的第一项仅取决于 r，而第二项仅取决于 θ、ϕ，因此如果这两项之和等于零，则这两项应为正负相反而绝对值相同的两个常数。将这个常数暂且记为 $l(l+1)$，则可将式(2.98) 分离为径向方程与球函数方程，即

$$\frac{\mathrm{d}}{\mathrm{d}r}\left(r^2\frac{\mathrm{d}R(r)}{\mathrm{d}r}\right)-\frac{2m_er^2}{\hbar^2}(V(r)-E)R(r)-l(l+1)R(r)=0 \tag{2.99}$$

$$\frac{1}{\sin\theta}\frac{\partial}{\partial\theta}\left(\sin\theta\frac{\partial Y}{\partial\theta}\right)+\frac{1}{\sin^2\theta}\frac{\partial^2Y}{\partial\phi^2}+l(l+1)Y=0 \tag{2.100}$$

球函数方程的一般解为球谐函数，对此将在附录中做详细讨论。其低阶的几个解分别为

$$\mathrm{Y}_1^0=\frac{1}{\sqrt{4\pi}} \tag{2.101}$$

$$\mathrm{Y}_1^1=-\sqrt{\frac{3}{8\pi}}\sin(\theta\mathrm{e}^{\mathrm{i}\phi})=-\sqrt{\frac{3}{8\pi}}\frac{(x+\mathrm{i}y)}{r} \tag{2.102}$$

$$\mathrm{Y}_1^0=\sqrt{\frac{3}{4\pi}}\cos\theta=\sqrt{\frac{3}{4\pi}}\frac{z}{r} \tag{2.103}$$

$$\mathrm{Y}_1^{-1}=\sqrt{\frac{3}{8\pi}}\sin(\theta\mathrm{e}^{-\mathrm{i}\phi})=\sqrt{\frac{3}{8\pi}}\frac{(x-\mathrm{i}y)}{r} \tag{2.104}$$

$$\mathrm{Y}_2^0=\sqrt{\frac{5}{16\pi}}(3\cos^2\theta-1) \tag{2.105}$$

对于径向方程，首先做一次变量代换，以揭示其物理意义，即

$$R(r)=\frac{\chi(r)}{r} \tag{2.106}$$

$$\frac{\mathrm{d}}{\mathrm{d}r}\left[r^2\frac{\mathrm{d}R(r)}{\mathrm{d}r}\right]=r\frac{\mathrm{d}^2\chi}{\mathrm{d}r^2} \tag{2.107}$$

函数 $\chi(r)$ 所满足的方程为

$$-\frac{\hbar^2}{2m_e}\frac{\mathrm{d}^2\chi(r)}{\mathrm{d}r^2}+\underbrace{\left[\frac{l(l+1)\hbar^2}{2m_e r^2}-\frac{e^2}{4\pi\varepsilon_0 r}\right]}_{V_{\mathrm{eff}}(r)}\chi(r)=E\chi(r) \tag{2.108}$$

可见，$\chi(r)$ 所描述的准粒子是在一个由库仑场和离心势共同作用的有效势场中运动。角动量不等于零的波函数，随着 r 的减小，离心势不断增大，这也是为什么只有 s 电子可以进到原子核附近的原因。由于径向波函数 $R(r)$ 全空间有限，因此必须在如下的边界条件下求解束缚态 $\chi(r)$：

当 $r=0$ 时，$\chi(r)=0$，否则 $R(r)$ 在原点处发散；

当 $r\to\infty$ 时，$\chi(r)\to 0$，否则 $R(r)$ 对全空间积分发散。

问题最终归结于如何求解 $\chi(r)$ 在一维势场中的本征态。在严格求解前，先估算一下最后的能级会是什么样的量级。这个可以根据有效势的特点得到：

$$V_{\mathrm{eff}}(r)=\frac{l(l+1)\hbar^2}{2m_e r^2}-\frac{e^2}{4\pi\varepsilon_0 r} \tag{2.109}$$

$$=\frac{l(l+1)a_0^2}{r^2}E_R-\frac{2a_0}{r}E_R \tag{2.110}$$

式中

$$a_0=\frac{\hbar^2}{m_e}\left[\frac{4\pi\varepsilon_0}{e^2}\right] \tag{2.111}$$

$$E_R=\frac{e^2}{8\pi\varepsilon_0 a_0} \tag{2.112}$$

通过极值条件 $\mathrm{d}V_{\mathrm{eff}}/\mathrm{d}r=0$ 容易得到，当 $r=l(l+1)a_0$ 时，$V_{\mathrm{eff}}(r)$ 取得极小值

$$V_{\mathrm{eff}}^{\min}=-\frac{E_R}{l(l+1)} \tag{2.113}$$

求解方程(2.108)时，首先进行变量代换，将其简化为无量纲的方程。令

$$\rho=r/a_0 \tag{2.114}$$

$$E=-\gamma^2E_R \tag{2.115}$$

经过变量代换后，方程(2.108)化为

$$-\frac{\mathrm{d}^2\chi(\rho)}{\mathrm{d}\rho^2}+\left[\frac{l(l+1)}{\rho^2}-\frac{2}{\rho}\right]\chi(\rho)=-\gamma^2\chi(\rho) \tag{2.116}$$

首先考察 $\rho\to 0$ 和 $\rho\to\infty$ 时 $\chi(\rho)$ 的渐进解。显然，在 $\rho\to\infty$ 时，方程的通解为

$$\chi(\rho)=A\mathrm{e}^{-\gamma\rho}+B\mathrm{e}^{\gamma\rho} \tag{2.117}$$

根据边界条件 $\rho\to\infty$ 时 $\chi(\rho)\to 0$，舍弃指数发散项 $Be^{\gamma\rho}$。而在 $\rho\to 0$ 时，$V_{\text{eff}}(r)$ 中 $\dfrac{l(l+1)}{\rho^2}$ 项占主导地位，方程的通解为

$$-\frac{d^2\chi(\rho)}{d\rho^2}+\frac{l(l+1)}{\rho^2}\chi(\rho)=-\gamma^2\chi(\rho) \tag{2.118}$$

$$\chi(\rho)=C\rho^{-l}+D\rho^{l+1} \tag{2.119}$$

类似地，根据边界条件 $\rho\to 0$ 时 $\chi(\rho)\to 0$，舍弃级数发散项 $C\rho^{-l}$。

综上可以得

$$\chi(\rho\to\infty)\propto e^{-\gamma\rho} \tag{2.120}$$

$$\chi(\rho\to 0)\propto \rho^{-l} \tag{2.121}$$

得到 $\chi(\rho)$ 的渐进形式解后，假设最后解的形式可以表达为

$$\chi(\rho)=f(\rho)\rho^{l+1}e^{-\gamma\rho} \tag{2.122}$$

式中：$f(\rho)$ 为待求的多项式。这样函数形式的波函数保证了薛定谔方程的解满足在 $\rho\to 0$ 和 $\rho\to\infty$ 上的边界条件。将式(2.122)代入方程(2.116)，可以得到 $f(\rho)$ 所需满足的方程，即

$$\rho\frac{d^2f(\rho)}{d\rho^2}+2[(l+1)-\gamma\rho]\frac{df(\rho)}{d\rho}+2[1-\gamma(l+1)]f(\rho)=0 \tag{2.123}$$

如果将方程(2.123)再进行一次变量代换($2\gamma\rho=\xi$)，则可以将其化为特殊函数中的合流超几何方程，即

$$\xi\frac{d^2f(\xi)}{d\xi^2}+[2(l+1)-\xi]\frac{df(\xi)}{d\xi}-\left[(l+1)-\frac{1}{\gamma}\right]f(\xi)=0 \tag{2.124}$$

$$\xi\frac{d^2f(\xi)}{d\xi^2}+(z-\xi)\frac{df(\xi)}{d\xi}-\alpha f(\xi)=0 \tag{2.125}$$

式中

$$z=2(l+1) \tag{2.126}$$

$$\alpha=l+1-\frac{1}{\gamma} \tag{2.127}$$

标准的合流超几何方程(2.125)有两个线性独立解，即

$$f_1(\xi)=F(\alpha,z,\xi) \tag{2.128}$$

$$f_2(\xi)=\xi^{1-z}F(\alpha-z+1,2-z,\xi) \tag{2.129}$$

在 $\xi\sim 0$ 的区域内，f_2 的解趋于发散，是物理上所不能接受的，因此只保留 $f_1(\xi)$ 的线性独立解。然而，如果 $f_1(\xi)$ 为无穷级数，$F(\alpha,z,\xi\to\infty)\propto e^{\xi}$，这样的解同样不满足束缚态在无穷远处的边界条件。所以唯一的可能性就是 $F(\alpha,z,\xi)$ 截断为多项式。通过级数解，此条件等价于 α 为负整数，即

$$\alpha=l+1-\frac{1}{\gamma}=-n_r \tag{2.130}$$

由此可以得到氢原子的本征能级为

$$E=-\gamma^2 E_R=-\frac{E_R}{(n_r+l+1)^2} \tag{2.131}$$

令主量子数 $n=n_r+l+1$，氢原子的能级公式可以简写为

$$E=-\frac{E_R}{n^2} \tag{2.132}$$

图 2.7 给出了式(2.132)所描述的氢原子能级。可见，在氢原子中，能级仅和主量子数 n 有关，能级的简并度为 n^2。而一般的其他中心力场中的简并能级(简并度为 $2l+1$)并不具备如此高的简并度。从径向方程的求解过程中可以看出，这和势场的 $V\propto 1/r$ 的形式密切相关，因此也称为偶然简并。

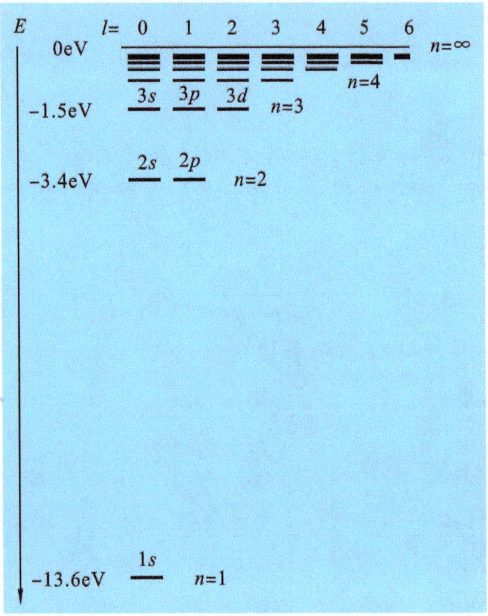

图 2.7　氢原子的能级示意图

综上所述，氢原子轨道的具体解可以写为

$$R_{nl}(r)=\frac{F_{nl}(r)\mathrm{e}^{-Zr/n}}{r} \tag{2.133}$$

式中：$F_{nl}(r)$ 为合流超几何函数。$R_{nl}(r)$ 几个低阶的解分别为

$$R_{10}(r)=2\left(\frac{Z}{a_0}\right)^{3/2}\mathrm{e}^{-Zr/a_0} \tag{2.134}$$

$$R_{21}(r)=\frac{1}{\sqrt{3}}\left(\frac{Z}{2a_0}\right)^{3/2}\left(\frac{Zr}{a_0}\right)\mathrm{e}^{-Zr/2a_0} \tag{2.135}$$

$$R_{20}(r)=2\left(\frac{Z}{2a_0}\right)^{3/2}\left(1-\frac{Zr}{2a_0}\right)\mathrm{e}^{-Zr/2a_0} \tag{2.136}$$

2.1.10 变分法

在量子力学计算中，除了一维势阱、氢原子等为数不多的体系可以求得基态的解析解外，大部分的实际体系都没有办法用解析的方法直接得到基态能量或者基态波函数。对于这类复杂的实际问题的求解，变分法是个相当有力的工具。

严格地说，变分法并不能保证我们得到的是基态的能量。其作用是提供一个对体系基态能量上限的估计值，也就是说，体系真正的基态能量一定小于或等于用变分法得到的值。在通常情况下，如果我们对体系波函数的物理性质有一定的理解，从而能够选取比较合适的试探波函数，则通常用变分法得出的基态最低能量和实际基态能量会比较接近。

变分法的基石是变分原理。变分原理告诉我们，取任意波函数，哈密顿量在任意波函数下的期望值都一定大于或等于基态能量。

假设我们将体系任意的一个归一化波函数用哈密顿量的本征态作为完备基进行展开，即

$$\psi = \sum_k a_k \phi_k \tag{2.137}$$

则容易得到哈密顿量在此波函数下的期望值的表达式：

$$\begin{aligned}\langle \psi \mid \hat{H} \mid \psi \rangle &= \sum_{kk'} a_k^* a_{k'} \langle \phi_k \mid H \mid \phi_{k'} \rangle = \sum_{kk'} a_k^* a_{k'} E_{k'} \delta_{kk'} = \sum_k a_k^* a_k E_k \\ &= \sum_k \mid a_k \mid^2 E_k \geqslant E_0 \sum_k \mid a_k \mid^2 = E_0 \end{aligned} \tag{2.138}$$

所以在实际的计算中，人们通常选取某种形式的含参波函数，并且变化波函数的参量，使其尽可能接近体系的基态。每一组参数下定义的波函数，对应于一组试探波函数，体系基态能量近似为试探波函数所对应的哈密顿量的最小期望值。

下面用两个具体的例子来示例变分法的运用。

1. 用变分法求氢原子的基态解

在原子坐标下，氢原子的薛定谔方程可以写为

$$\left\{-\frac{1}{2}\nabla^2 - \frac{1}{r}\right\}\psi(r) = E\psi(r) \tag{2.139}$$

由 2.1.9 节可知，方程的解为 Slater 形式的轨道，而基态能量 E_0 等于-0.5，则该方程的基态解为

$$\psi_0(r) = \frac{1}{\sqrt{\pi}}\mathrm{e}^{-r} \tag{2.140}$$

假设氢原子的基态无法解析求解，或者我们不知道如何求解，仍然可以用变分法，对氢原子的问题进行近似求解。设氢原子的试探基态波函数随着电子至原子核的距离的二次方衰减：

$$\psi(r) = N\mathrm{e}^{-\alpha r^2} \tag{2.141}$$

根据波函数归一化的条件，容易得到前面的归一化系数 N，即由

$$N^2\int_0^{\infty} e^{-2\alpha r^2} 4\pi r^2 dr = 1 \tag{2.142}$$

可得
$$N = \left(\frac{2\alpha}{\pi}\right)^{3/4} \tag{2.143}$$

因此归一化的试探波函数可以写为

$$\psi(r) = \left(\frac{2\alpha}{\pi}\right)^{3/4} e^{-\alpha r^2} \tag{2.144}$$

容易求得哈密顿量对于此试探波函数的期望值：

$$\begin{aligned}\langle\psi \mid \hat{H} \mid \psi\rangle &= \int r^2 dr\sin\theta d\theta d\varphi\psi^*(r)\left(-\frac{1}{2}\nabla^2 - \frac{1}{r}\right)\psi(r)\\ &= \int_0^{\infty} 4\pi r^2 dr\psi^*(r)\left(-\frac{1}{2}\nabla_r^2 - \frac{1}{r}\right)\psi(r)\\ &= \left(\frac{2\alpha}{\pi}\right)^{3/2}\int_0^{\infty} 4\pi r^2 dr e^{-\alpha r^2}\left[-\frac{1}{2r^2}\frac{d}{dr}\left(r^2\frac{d}{dr}\right) - \frac{1}{r}\right]c^{-\alpha r^2}\\ &= \left(\frac{2\alpha}{\pi}\right)^{3/2}\left(\frac{3\pi}{4}\sqrt{\frac{\pi}{2\alpha}} - \frac{\pi}{\alpha}\right)\\ &= \frac{3\alpha}{2} - 2\sqrt{\frac{2\alpha}{\pi}}\end{aligned} \tag{2.145}$$

令$\frac{\partial\langle\psi \mid \hat{H} \mid \psi\rangle}{\partial\alpha} = 0$，可以得到，当$\alpha = \frac{8}{9\pi}$时，哈密顿量的期望值取得极值，即

$$\langle\psi \mid \hat{H} \mid \psi\rangle_{\min} = -\frac{4}{3\pi} = -0.4244 \tag{2.146}$$

可见，我们用变分法近似得到了氢原子的基态解。通过变分得到的能量会随着展开基组的更加完备而愈趋于真实的基态能量。

2. 利用变分法求解一维δ势阱中的束缚态能量

δ势阱的数学定义为

$$V(x) = -\gamma\delta(x) \tag{2.147}$$

其严格的解可以参照曾谨严所著《量子力学导论》[15]，为

$$\begin{cases} E_0 = -\dfrac{m\gamma^2}{2\hbar^2} \\ \psi_0(r) = \dfrac{\sqrt{m\gamma}}{\hbar} e^{-m\gamma|x|/\hbar^2} \end{cases} \tag{2.148}$$

也可以用变分法，近似估计δ势阱中束缚态的能量。仍然假设试探波函数为高斯型的函数。由于是一维问题，因此高斯函数的归一化系数和三维情况略有不同，有

$$\psi(x) = \left(\frac{2\alpha}{\pi}\right)^{1/4} e^{-\alpha x^2} \tag{2.149}$$

可以求得在此试探波函数下的哈密顿量的期望值为

$$\langle\psi \mid \hat{H} \mid \psi\rangle = \int_{-\infty}^{\infty}\psi(x)\left\{-\frac{\hbar^2}{2m}\frac{d^2}{dx^2} - \alpha\delta(x)\right\}\psi(x) = \frac{\hbar^2\alpha}{2m} - \gamma\sqrt{\frac{2\alpha}{\pi}} \tag{2.150}$$

将哈密顿量的期望值对 α 求偏导，可以得到取极值的条件为

$$\frac{\mathrm{d}}{\mathrm{d}\alpha}\langle \hat{H} \rangle = \frac{\hbar^2}{2m} - \frac{\alpha}{\sqrt{2\pi\alpha}} = 0 \tag{2.151}$$

得

$$\alpha = \frac{2m^2\gamma^2}{\pi\hbar^4} \tag{2.152}$$

$$\langle \hat{H} \rangle_{\min} = -\frac{m\gamma^2}{\pi\hbar^2} \tag{2.153}$$

对于一般的情况，通常试探波函数中包含多个参量，然后通过改变这一系列的参量在相空间内寻找使哈密顿量取得极小值的波函数，并以此作为对基态波函数和基态能量的近似。由于一般的体系都没有办法严格解析求解，因此变分法在计算材料学中的应用非常广泛。

2.2　晶体对称性

2.2.1　晶体结构和点群

晶体最重要的特征是组成单元(原子或原子基团)的空间结构存在周期性以及对称性。依照晶体所有的对称性不同，可将其分为不同的种类。晶体的对称性对物质的光学性质、力学性质、电学性质等均有着极为重要的意义。本节介绍晶体结构的基本概念。

为了更好地描述晶体的空间结构，通常的做法是将晶体抽象为周期性排布的几何点阵，其中“点”代表晶体组成单元所处的位置，因此是抽象化的数学上的点，而不考虑具体的物质组成成分。点阵中的每个点都处于同样的环境。同时引入晶胞、格子、对称元素等概念来具体描述以及区分不同的几何点阵。晶胞是一种人为的划分，对按周期性排列的点阵而言，晶胞可以有无限多种选取方法。因此，为了方便，晶胞的选取需要遵循几条原则：

(1) 选取的晶胞应为平行六面体，且应尽可能地反映体系的对称性；

(2) 所选取晶胞的基矢，应尽可能地互相垂直或接近于垂直；

(3) 在满足上述原则的基础上，体积应尽可能小。

2.2.1.1　对称元素

描述空间点阵的对称性需要依靠具体的对称元素，称为对称操作。按照对称操作的特点，可以将其分为点式对称操作和非点式对称操作两大类。前者在操作过程中起码有一个点保持不动，后者则使体系内所有点均有位移。

(1) 全同操作　全同操作即为使各点保持不动的操作，标记为 E，其表示矩阵为单位矩阵 $\boldsymbol{I}$。

(2) 反演操作　反演操作为将各点关于中心反向的操作，标记为 i，其表示矩阵为负单位矩阵。

(3) 旋转操作　旋转操作是绕过原点的对称轴转动 $\phi=2\pi/n$ 的操作，标记为 c_n，其中 n 为该对称轴的阶数。因为描述晶体的空间点阵需要填充全空间，因此对称轴的阶数只有五种可能，分别标为 1、2、3、4、6。其中一阶轴即为 E，其余四种对称轴的旋转角 θ 相应为 180°、120°、90°以及 60°。

(4) 镜面反射　镜面反射是关于包含原点的镜面 σ 进行的反射。按照镜面与旋转轴相互位置不同，镜面反射又分为三种：若镜面与旋转轴垂直，则称为水平反射面 σ_h 的镜面反射；若包含旋转轴，则称为垂直反射面 σ_v 的镜面反射；此外还有一种对角镜面 σ_d 的镜面反射。我们将在介绍晶体点群时对其进行具体讨论。

(5) 旋转反射　旋转反射是绕对称轴旋转和关于垂直于该对称轴的镜面反射结合产生的操作形成的反射，标记为 s_n。在晶体中与旋转操作相对应，旋转反射轴也应有五种，但是 $s_1=\sigma_h$，而 $s_2=i$，因此特别标明的旋转反射轴有三种，即 s_3、s_4、s_6。事实上，还有一种旋转反演操作，即先绕对称轴旋转 ϕ，再关于中心反演，记为 $\bar{n}$。但是通过作图可以看到，旋转反演和旋转反射是等价的，因此在这里不将其作为单独的对称操作。但是需要注意，$\bar{3}=s_6$，而 $\bar{6}=s_3$。

(6) 螺旋轴操作　螺旋轴以及滑移面是晶体所特有的两类对称元素。螺旋轴操作并不是单纯的转动操作，而是转动操作和平移操作的结合。螺旋轴操作表示沿螺旋轴旋转 ϕ，接着沿该轴前进 L/n 个晶格，其中 L 是小于 n 的整数。因此，在晶体中，与旋转轴对应，应该有五种螺旋轴，其阶数分别为 1、2、3、4、6。一般记为 n_m。

(7) 滑移面操作　滑移面操作是镜面反射和平移操作的结合，分为轴滑移、对角滑移以及金刚石滑移三种。轴滑移是指镜面包含基矢 $\boldsymbol{a}$、$\boldsymbol{b}$ 和 $\boldsymbol{c}$，首先关于该镜面反射，然后沿该基矢方向平移 1/2 个基矢长度。对角滑移的镜面包含面对角线或体对角线，例如 $\boldsymbol{a}\pm\boldsymbol{b}$、$\boldsymbol{b}\pm\boldsymbol{c}$、$\boldsymbol{a}\pm\boldsymbol{c}$、$\boldsymbol{a}\pm\boldsymbol{b}\pm\boldsymbol{c}$ 等。因此对角滑移是关于镜面反射后再沿该对角线平移 1/2 对角线长度，如 $(\boldsymbol{a}\pm\boldsymbol{b})/2$、$(\boldsymbol{b}\pm\boldsymbol{c})/2$、$(\boldsymbol{a}\pm\boldsymbol{c})/2$、$(\boldsymbol{a}\pm\boldsymbol{b}\pm\boldsymbol{c})/2$ 等。金刚石滑移的滑移方向与对角滑移方向相同，但是平移量仅为对角线的 1/4，即关于镜面反射后沿该对角线平移 $(\boldsymbol{a}\pm\boldsymbol{b})/4$、$(\boldsymbol{b}\pm\boldsymbol{c})/4$、$(\boldsymbol{a}\pm\boldsymbol{c})/4$ 或者 $(\boldsymbol{a}\pm\boldsymbol{b}\pm\boldsymbol{c})/4$。这三种操作分别用 a（或者 b、c）、n 及 d 表示。此外，需要注意，仅靠“滑移面与滑移方向平行”这一个条件无法唯一确定该滑移面，应依据具体情况（如国际空间群表标号等）加以确定。

除了螺旋轴与滑移面操作之外，其他的对称操作都是正当转动和反演操作的组合，因此可以用正当转动矩阵及反演矩阵计算其相应的矩阵。

2.2.1.2　晶系与布拉菲格子

一般可以用六个参数表征晶胞的形状：三个基矢的长度 a、b、c，以及基矢间的三个夹角 α（$\boldsymbol{b}$、$\boldsymbol{c}$ 间夹角）、β（$\boldsymbol{a}$、$\boldsymbol{c}$ 间夹角）、γ（$\boldsymbol{a}$、$\boldsymbol{b}$ 间夹角）。考虑以下几个特殊的条件：① a、b、c 是否相等；② α、β、γ 是否相等；③ α、β、γ 是否等于 90°或者 120°。从拥有特

殊条件最多的立方系晶胞开始，即 $a=b=c$，$\alpha=\beta=\gamma=90°$，逐渐取消特殊条件（相当于降低对称性），可得到六类不等价的晶胞。比如：取消 $c=b$ 并保留其他条件，则可得四方系晶胞；进一步取消 $a=b$ 的条件，则得到正交系晶胞；若再取消 $\alpha=90°$，则得到单斜系晶胞；最后取消 $\beta=90°$，则得到三斜系晶胞。若采取另一条路线，从立方系开始，取消 $\alpha=90°$、$\beta=90°$、$\gamma=90°$ 并保留其他条件，可得三方（或称菱方）系晶胞；进一步取消任意一个条件，则晶胞退化为三斜系晶胞。需要特别考虑 $\gamma=120°$ 的情况，若同时满足 $a=b\neq c$，$\alpha=\beta=90°$，则该晶胞为六方系的晶胞；如果取消 $a=b$，则得到单斜系晶胞；若再将 $\alpha=90°$ 取消，则得到三斜系晶胞。

因此，对于三维的空间点阵，一共有七类不等价的晶胞，每一类称为一种晶系，因此共有七种晶系。图 2.8 给出了七种晶系的晶胞结构。更严格地说，不同的晶系可由各自的特征对称元素加以区分，其中特征对称元素指确定该晶系所需的最少的对称元素集合，结果列于表 2.1。

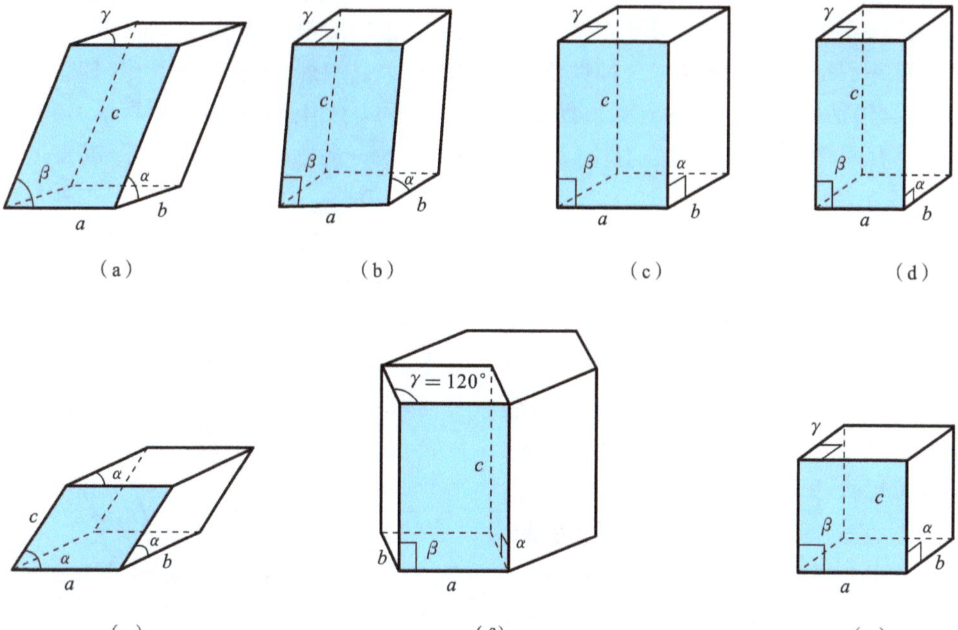

图 2.8　七种晶系晶胞结构

(a) 三斜系；(b) 单斜系；(c) 正交系；(d) 四方系；(e) 三方系；(f) 六方系；(g) 立方系

表 2.1　七种晶系的晶胞参数限制以及特征对称元素

晶　系	晶胞参数限制	特征对称元素
三斜系	$a\neq b\neq c$ $\alpha\neq\beta\neq\gamma\neq 90°$	无
单斜系	$a\neq b\neq c$ $\alpha\neq 90°$，$\beta=\gamma=90°$	一个反射面或一个二阶轴

续表

晶　系	晶胞参数限制	特征对称元素
正交系	$a\neq b\neq c$ $\alpha=\beta=\gamma=90^\circ$	三个互相垂直的二阶轴 或两个互相垂直的反射面
三方系	$a=b=c$ $\alpha=\beta=\gamma\neq 90^\circ$	一个三阶轴
四方系	$a=b\neq c$ $\alpha=\beta=\gamma=90^\circ$	一个四阶轴
六方系	$a=b\neq c$ $\alpha=\beta=90^\circ,\gamma=120^\circ$	一个六阶轴
立方系	$a=b=c$ $\alpha=\beta=\gamma=90^\circ$	四个彼此夹角为70.53°的三阶轴

若点阵中所有的点均处于晶胞的顶点处，则这样的晶胞称为简单晶胞，或素晶胞。但并不是所有点阵都有这种性质。除上述简单晶胞外，还有复式晶胞，即顶点以及心位（包括面心、体心）均有点占据的晶胞。综合以上信息，一共七种晶系，每种晶系可以有简单占位（P）、体心占位（I）、面心占位（F）（晶胞六个面的面心）以及底心占位（A-bc 面面心、B-ac 面面心、C-ab 面面心）四种情况。因此一共有二十八种空间点阵形式。但实际上有一部分点阵形式是彼此等价的，排除这部分形式之后，一共有十四种不等价的情况。这个结论是法国数学家 Bravais 首先推导出来的，因此也称为十四种 Bravais 格子。其原始的数学证明比较繁难，本节中我们从实例出发，按照对称性由低到高的顺序，具体说明为什么只有十四种独立的 Bravais 格子[16]。

（1）三斜系（triclinic）　三斜系晶胞只有简单占位 P 一种格子，因为该晶系仅可能有全同 E 以及反演 c_i 两种对称操作，因此 I 型、F 型以及 C 型占位均可划分为更小的三斜系 P 型格子，而不会引起对称性的变化。三斜系 Bravais 格子如图 2.9 所示。

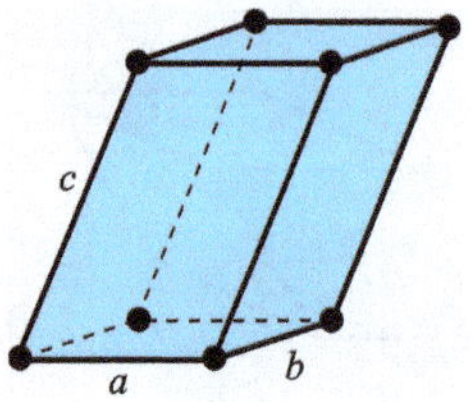

图 2.9　三斜系 Bravais 格子

（2）单斜系（monoclinic）　单斜系晶胞存在一个二阶轴 c_2 以及一个反射面 σ。该晶系有 P 型和 C 型两种独立的 Bravais 格子。其他占位情况中，A 型格子可重新划分为 P 型格子（取 $c'=(a+c)/2$）；I 型格子可转换为 B 型格子（取 $a'=a,b'=b,c'=b+c$）；F 型格子等价于 B 型格子（取 $a'=a,b'=(b+c)/2,c'=c$）。单斜系晶胞中，B 型与 C 型等价，因此依惯例将其表示为 C 型格子。单斜系 Bravais 格子如图 2.10 所示。

（3）正交系（orthorhombic）　正交系晶胞有三个二阶轴 c_2 以及三个反射面 σ。这种晶系拥有的独立格子种类较多，P 型、C 型、I 型以及 F 型格子均为独立的正交系 Bravais 格子，如图 2.11 所示。

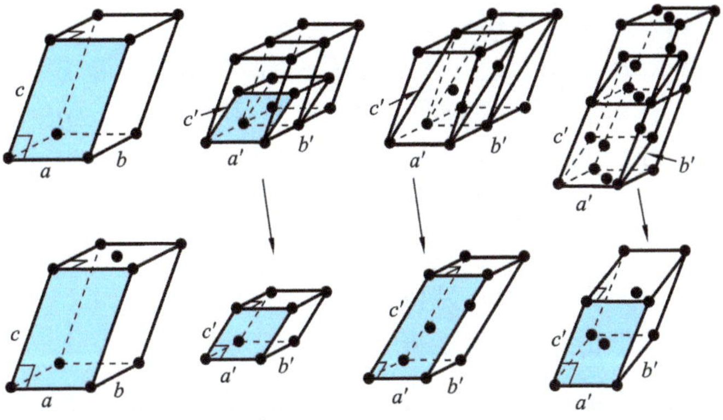

图 2.10 单斜系 Bravais 格子

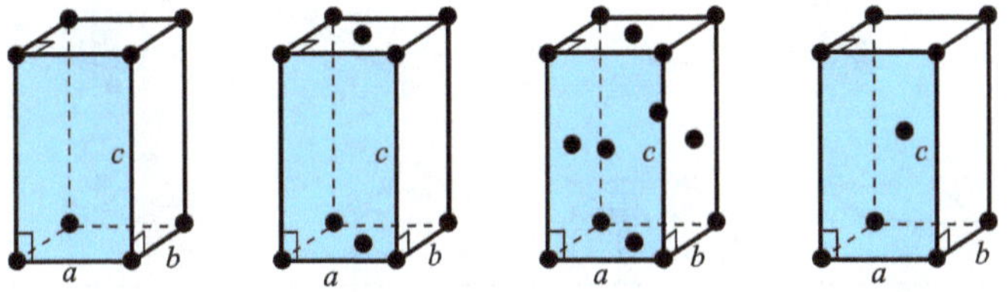

图 2.11 正交系 Bravais 格子

(4) 三方系(rhombohedral) 三方系晶胞存在一个三阶轴 c_3，而 C 型占位会破坏这个三阶对称性(A 型、B 型占位情况相同)，因此该类格子不可能属于三方系。三方系 Bravais 格子如图 2.12 所示，取 $a'=(a+b)/2$、$b'=(a-b)/2$，则 C 型格子退化为三斜系 P 型格子。而 F 型以及 I 型格子不会破坏任何三方晶系的对称操作，且均等价于三方系 P 型格子。取 $a'=(a+b)/2$、$b'=(b+c)/2$、$c'=(c+a)/2$，F 型格子即转化为三方系 P 型格子；取 $a'=(a-b+c)/2$、$b'=(a+b-c)/2$、$c'=(-a+b+c)/2$，

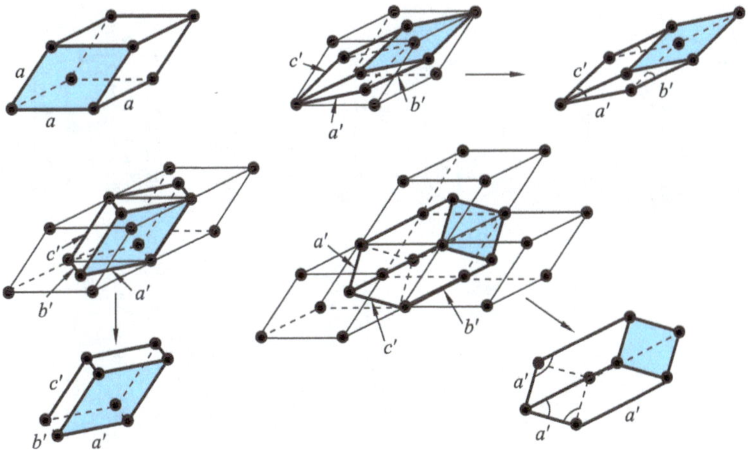

图 2.12 三方系 Bravais 格子

则 I 型格子可转化为三方系 P 型格子。

(5) 四方系(tetragonal) 四方系晶胞有一个四阶轴 c_4。除了 P 型格子外，I 型格子也是独立的一种格子，因为它拥有四方系所有对称性，而且无法分解为对称性更低的格子或者四方 P 型格子。除此之外，四方 C 型格子等价于更小的四方 P 型格子，F 型格子等价于四方 I 型格子，而 A 型以及 B 型格子会破坏四阶轴，因此不属于四方系。四方系 Bravais 格子如图 2.13 所示。可以看到，若取 $a'=(a+b)/2$，$b'=(a-b)/2$，则 C 型格子将转化为 P 型格子，F 型格子将转化为 I 型格子。而 A 型及 B 型格子实际上等价于正交系 C 型格子。

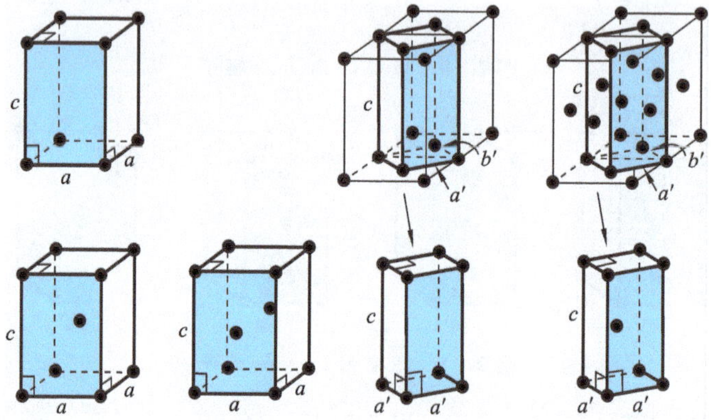

图 2.13　四方系 Bravais 格子

(6) 六方系(hexagonal) 六方系晶胞存在一个六阶轴 c_6，这样特殊对称元素的存在使得其只有 P 型格子，而其他复式格子均会破坏六阶轴。六方系 Bravais 格子如图 2.14 所示。C 型格子等价于四方系 P 型格子(取 $a'=(a+b)/2$，$b'=(a-b)/2$)。取 $a'=a-b$，$b'=a+b$，I 型格子可转换为正交系 F 型格子。A 型及 B 型格子等价于

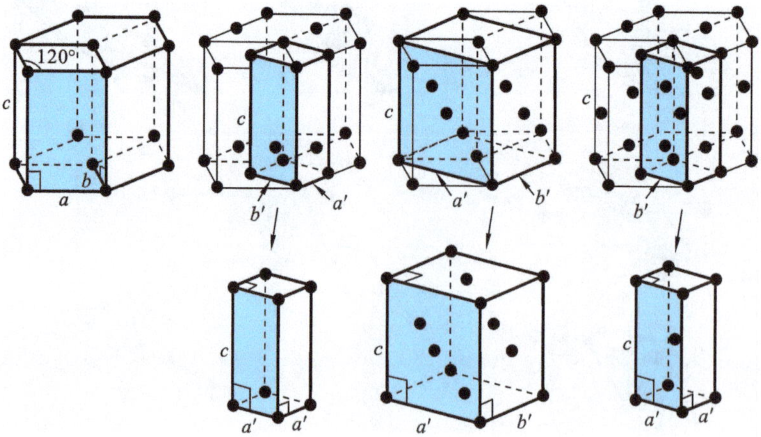

图 2.14　六方系 Bravais 格子

I 型格子，这里不再单独列出。最后，若取 $a'=a, b'=(a+b)/2$，则 F 型格子转换为正交系 I 型格子。

(7) 立方系(cubic)　立方系晶胞有四个三阶轴 c_3。除了 P 型格子以外，I 型和 F 型格子也分别是独立的 Bravais 格子，而 C 型格子会破坏三阶轴。如图 2.15 所示，取 $a'=(a+b)/2, b'=(a-b)/2$，则 C 型格子转化为四方系 P 型格子。特别需要强调的是，立方系 F 型格子不能转化为四方系 I 型格子，因为后者不能正确反映它的立方对称性。

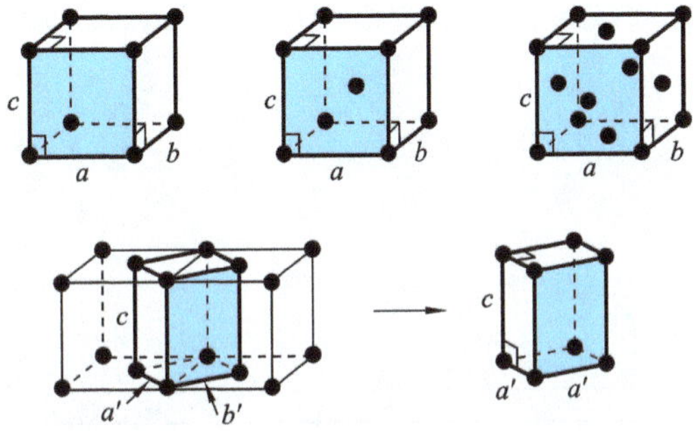

图 2.15　立方系 Bravais 格子

综上所述，空间点阵一共有十四种独立的形式，即十四种 Bravais 格子，如图 2.16所示。表 2.2 中列出了每种晶系所包含的 Bravais 格子种类以及正当晶胞的取法。其中三方系比较特殊，可以取三方晶胞和六方晶胞两种方式。当三方系取六方晶胞时并不产生新的格点形式。此外，在实际晶体学的应用中，常常将简单三

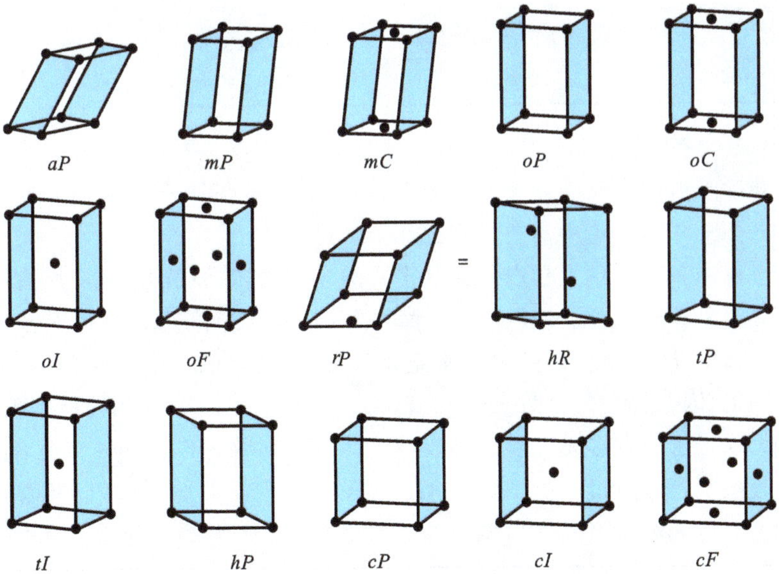

图 2.16　十四种 Bravais 格子

方格子用六方 R 型格子替换。R 型格子除顶点外，在体内(2/3,1/3,1/3)以及(1/3,2/3,2/3)处还各有一个点。可以证明，三方格子可用六方 R 型格子表示，而六方格子可用三方 R 型格子表示。因此，三方系与六方系可以合称为六方晶族。

表 2.2　七种晶系的正当晶胞取法以及 Bravais 格子种类

晶　系		正当晶胞取法	Bravais 格子种类
三斜系		a、b、c 不共面	三斜简单格子(aP)
单斜系		b 为二阶轴(或垂直于反射面)，且 $a\perp b$、$c\perp b$	单斜简单格子(mP) 单斜底心格子(mC)
正交系		a、b、c 互相垂直	正交简单格子(oP) 正交底心格子(oC) 正交体心格子(oI) 正交面心格子(oF)
三方系	菱方晶胞	a、b、c 与三重轴相交成等角，且彼此间交角相等	三方简单格子(rP)
	六方晶胞	$a\perp c$、$b\perp c$，且 a、b 呈 120°相交	六方简单格子(hR)
四方系		c 为四阶轴，且 a、b、c 互相垂直	四方简单格子(tP) 四方体心格子(tI)
六方系		$a\perp c$、$b\perp c$，且 a、b 呈 120°相交	六方简单格子(hP)
立方系		a、b、c 分别为四阶轴，且互相垂直	立方简单格子(cP) 立方体心格子(cI) 立方面心格子(cF)

2.2.1.3　转动点群

对于转动点群的严格推导涉及部分群论的知识，我们不在本书中详细讨论。这里只给出 2.2.1.4 节讨论中需要用到的几个结论。

转动点群由正当转动点群以及由其生成的非正当转动点群组成。所有的正当转动点群只有五种，分别是轴转动群 C、二面体群 D、四面体群 T、八面体群 O 以及二十面体群 P。其中 T、O 以及 P 三种群都是有限群，有特定的 n 阶旋转轴，每种旋转轴的数目也一定，因此群元的个数有限，如表 2.3 所示。而 C 和 D 两种群是无限群，即群元个数无限。这一点容易理解。例如，对于 C 群，对称操作为绕轴转动 $2\pi/n$，而对于 n 并没有限制，因此可以有 C_∞(如一氧化碳分子)。类似地，D 群也可以有一个无穷阶的主轴以及无穷多个与该主轴垂直的二阶轴，此即为 D_∞(如氧气分子)。正当转动点群与非正当转动操作，例如反演或者镜面反射相结合，可以得到其他的非正当转动点群，例如 D_{nh} 或者 S_n 群，等等。

表 2.3　五类正当转动点群

点群名称	对称操作个数	各转动轴的阶数与个数
轴转动群 C_n	n	n 阶转动轴：1 个
二面体群 D_n	$2n$	n 阶转动轴：1 个 二阶转动轴：n 个
四面体群 T	12	三阶转动轴：4 个 二阶转动轴：3 个
八面体群 O	24	四阶转动轴：3 个 三阶转动轴：4 个 二阶转动轴：6 个
二十面体群 P	60	五阶转动轴：6 个 三阶转动轴：10 个 二阶转动轴：15 个

2.2.1.4　晶体点群

2.2.1.1 节已经指出，因为晶体的空间延展性要求，晶体中的对称轴只有五种。这个限制使得晶体点群的数目是有限的。在本节中我们将看到，由对称元素与晶系按不同方式组合，一共可以产生三十二个晶体点群，其中包括十一个完全由正当转动对称元素构成的第一类点群和二十一个由正当与非正当转动对称元素构成的第二类点群。按照 2.2.1.2 节所确定的七种晶系，我们在本节中给出全部三十二个晶体点群。

（1）三斜系　由图 2.8 可知，三斜系晶胞的正当转动操作只有一阶轴转动 c_1，因此属于三斜系的第一类点群只有 C_1。此外，不违背三斜系晶胞对称性的非正当转动对称元素只有反演操作 i，因此三斜系包含一种第二类点群 C_i。三斜系包含的晶体点群 C_1 以及 C_i 的极射赤面投影如图 2.17 所示。

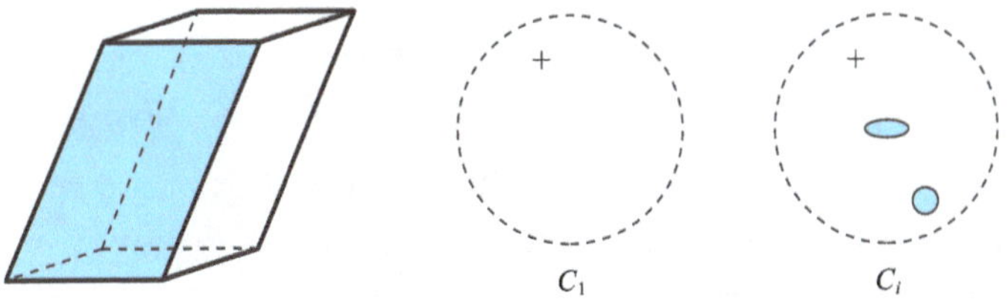

图 2.17　三斜系所含点群的极射赤面投影图

（2）单斜系　单斜系晶胞拥有一个二阶轴（基矢 $\boldsymbol{a}$），因此包含第一类点群 C_2。此外，由图 2.18 可知，单斜系晶胞还有一个与二阶轴垂直的水平反射面 σ_h（bc 面），因此包含第二类点群 C_{1h}。此外，二阶轴和该反射面联合作用，生成另一个第二类点群 C_{2h}。需要说明的是，单斜系也有反演操作，但是二阶轴与 c_i 结合仍然得到 C_{2h}，并没有新的点群生成。因此单斜系包含 C_2、C_{1h}、C_{2h} 三种晶体点群，其极射赤面投影如

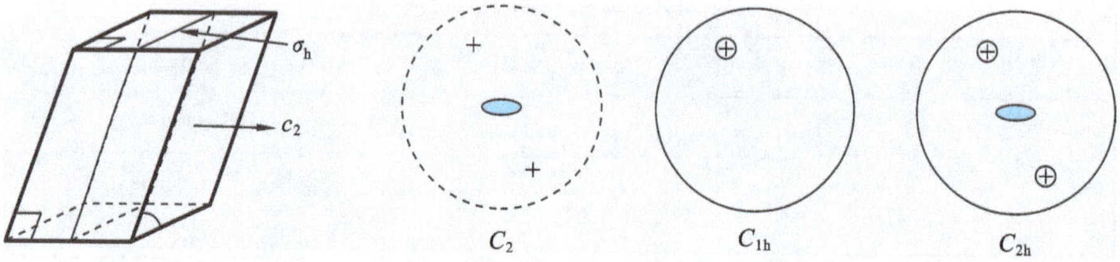

图 2.18　单斜系所含点群的极射赤面投影图

图 2.18 所示，其中 $C_{2h}=C_2\otimes C_i$。

(3) 正交系　容易看到，正交系晶胞包含一个二阶轴(基矢 $\boldsymbol{c}$)，称为主轴，以及两个与其垂直的二阶轴，即第一类点群 D_2。此外，正交系晶胞有三个反射面，其中一个是与主轴垂直的水平反射面 σ_h(ab 面)，另外两个包含主轴的反射面(ac 面与 bc 面)，称为垂直反射面 σ_v。二阶主轴与两个垂直反射面共同生成第二类点群 C_{2v}。而 D_2 群与水平反射面结合，生成另外一个点群 D_{2h}。与单斜系类似，正交系中的对称操作与反演操作结合并不产生新的点群，因此正交系包含 C_{2v}、D_2、D_{2h} 三种晶体点群，其极射赤面投影如图 2.19 所示，其中 $D_{2h}=D_2\otimes C_{1h}$。

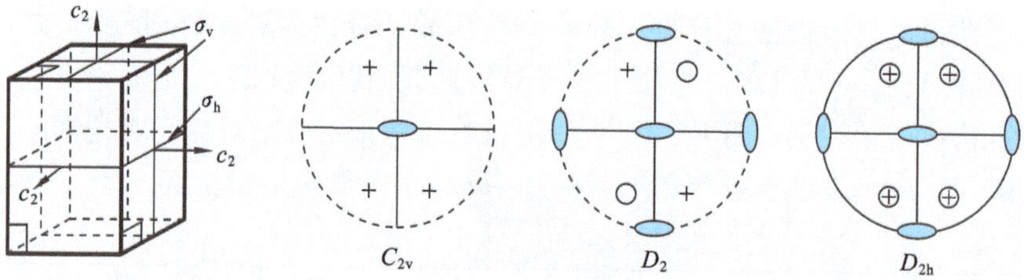

图 2.19　正交系所含点群的极射赤面投影图

(4) 三方系　显然，三方系晶胞有一个三阶的主轴和三个垂直于该主轴的二阶轴(图 2.20 中细虚线所示的 c_2 轴)，因此它包含第一类点群 C_3 和 D_3。此外，三方系晶胞还有三个包含主轴的垂直反射面 σ_v，它们与点群 C_3 结合生成点群 C_{3v}，而与点群 D_3 结合生成点群 D_{3d}，其中下标"d"表示这些垂直反射面平分二阶轴的夹角，该夹角记为 σ_d。此外，三方系还包含反演操作 i，它与点群 C_3 结合，使得主轴成为六阶的旋转反射轴(也即三阶旋转反演轴 $\bar{3}$)，从而产生了一个新的第二类点群 S_6。因此，三方系包含五种晶体点群 C_3、D_3、C_{3v}、D_{3d} 以及 S_6，其极射赤面投影如图 2.20 所示，其中 $D_{3d}=D_3\otimes C_i$，$S_6=C_3\otimes C_i$。

(5) 四方系　很明显，四方系晶胞拥有一个四阶主轴和四个与其垂直的二阶轴，因此，该晶系包含第一类点群 C_4 和 D_4。四方系包含一个水平反射面 σ_h，与 C_4 群和 D_4 群结合分别生成 C_{4h} 和 D_{4h} 两种点群。四方系还包含两对包含主轴的垂直反射面 σ_v，它们与点群 C_4 结合生成点群 C_{4v}。而这两对垂直反射面中的每一对都平分互相垂直的两个二阶轴的夹角，而包含另一对互相垂直的二阶轴，如图 2.21 所示。因此，每组反射面也可标记为 σ_d。σ_d 的存在使得 n 阶旋转主轴同时成为 $2n$ 阶的旋转反射

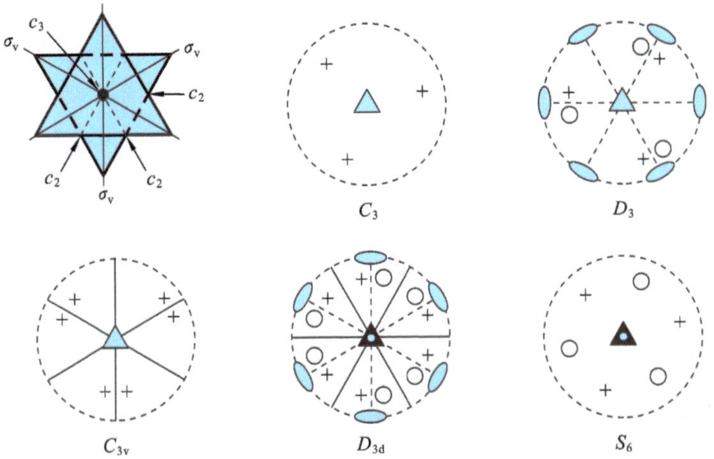

图 2.20　三方系所含点群的极射赤面投影图

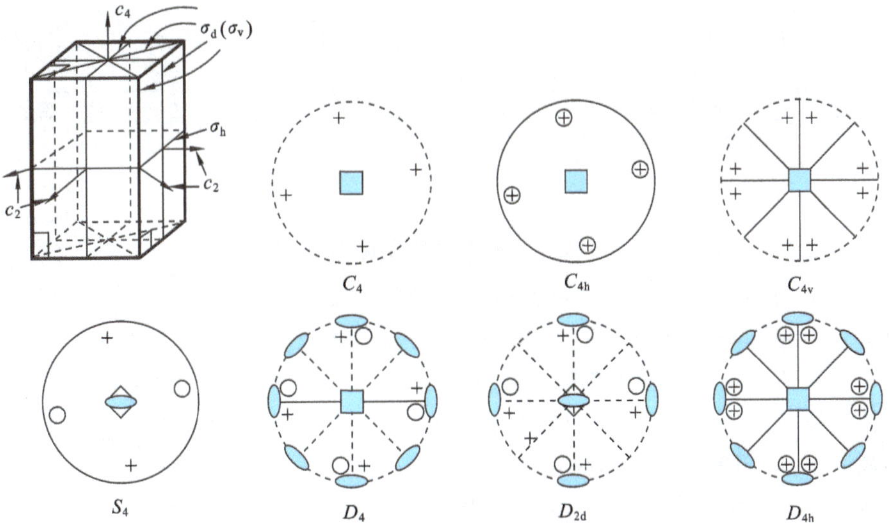

图 2.21　四方系所含点群的极射赤面投影图

轴，所以点群 D_4 与 σ_d 结合并不产生新的点群。与此同时，D_4 的子群 D_2 与任意一组 σ_d 结合，均可生成新的点群 D_{2d}。最后，因为四方系还包含反演操作 i，该操作与 C_4 群结合而将主轴变为四阶旋转反射轴，所以四方系还包含点群 S_4。反演操作 i 与其他点群结合并不产生新的点群。综上所述，四方系包含七个晶体点群，分别是 C_4、D_4、C_{4h}、D_{2d}、C_{4v}、D_{4h} 和 S_4 群，其极射赤面投影如图 2.21 所示，其中 $C_{4h}=C_4\otimes C_{1h}$，$D_{4h}=D_4\otimes C_{1h}$。

(6) 六方系　六方系晶胞有一个六阶主轴以及六个与其垂直的二阶轴，因此它包含第一类点群 C_6 和 D_6。此外，六方系显然包含 C_3 与 D_3 两个子群。与三方系不同，六方系还有一个水平反射面 σ_h，与点群 C_3 和 D_3 结合分别生成点群 C_{3h} 与 D_{3h}（需要指出，点群 C_{3h} 与 D_{3h} 的主轴均为三阶旋转反射轴，也即六阶旋转反演轴 $\bar{6}$），而与点群 C_6 和 D_6 结合，又分别生成 C_{6h} 与 D_{6h} 两种点群。六方系还有六个垂直反射面 σ_v，与点群 C_6 结合生成点群 C_{6v}。六方系虽然也包含反演操作 i，但是它与其余点群的结合并不生成新的点群。因此，六方系也包含七个晶体点群，分别是 C_6、D_6、C_{3h}、D_{3h}、C_{6h}、D_{6h} 和 C_{6v}，其极射赤面投影如图 2.22 所示，其中 $C_{3h}=C_3\otimes C_{1h}$，$C_{6h}=C_6\otimes C_{1h}$，$D_{6h}=D_6\otimes C_i$。

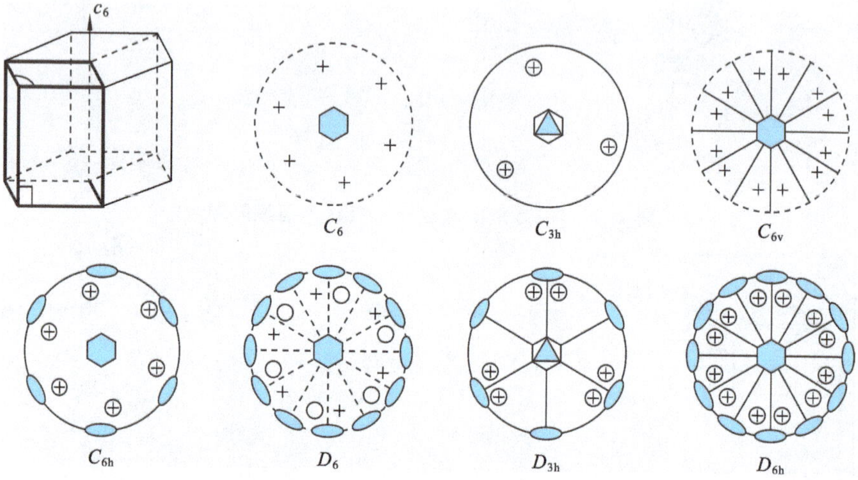

图 2.22　六方系所含点群的极射赤面投影图

(7) 立方系　立方系晶胞包含描述空间正多面体对称操作的点群。立方系晶胞包含正四面体、正六面体与正八面体三种正多面体，其中后两种互为对偶。此外还有正十二面体与正二十面体两种正多面体，但是因为它们存在五阶轴，所以不可能构成晶体点群。该晶系只包含描述正四面体和正六面体对称操作的晶体点群。与前面六种晶系不同，因为正多面体的几个面都是等价面，所以正多面体没有主轴。首先考虑正四面体，其所有十二个正当转动操作——包括四个三阶轴、三个二阶轴（见图 2.23）——组成了 T 群。正四面体不存在反演操作，但是包含六个反射面。如图 2.23所示，每个反射面均包含一个二阶轴并平分另两个二阶轴的夹角，因此可标记为 σ_d。垂直的二阶轴和 σ_d 的存在，使得每个二阶轴同时也是四阶反射轴。由图 2.23可知，s_{4_x} 和 $s_{4_x}^{-1}$ 均是正四面体的对称操作，但是 $s_{4_x}^2=c_{2_x}$ 却并不是新的群元。其余的两个二阶轴有类似的形式。因此，六个 σ_d、三个 s_4、三个 s_4^{-1} 和 T 群中的十二个操作一起组成了描述正四面体全部对称操作的 T_d 群。

接下来考虑正六面体（或正八面体）的情况。T 群与反演操作 i 结合可以生成 T_h 群，但是因为正四面体没有反演中心，所以 T_h 群是描述正六面体的一个群。正六面体的所有二十四个正当转动操作组成了 O 群，其中包含三个四阶轴、四个三阶轴以及六个二阶轴。最后，O 群与 i 结合生成最大的晶体点群 O_h，它包含四十八个操

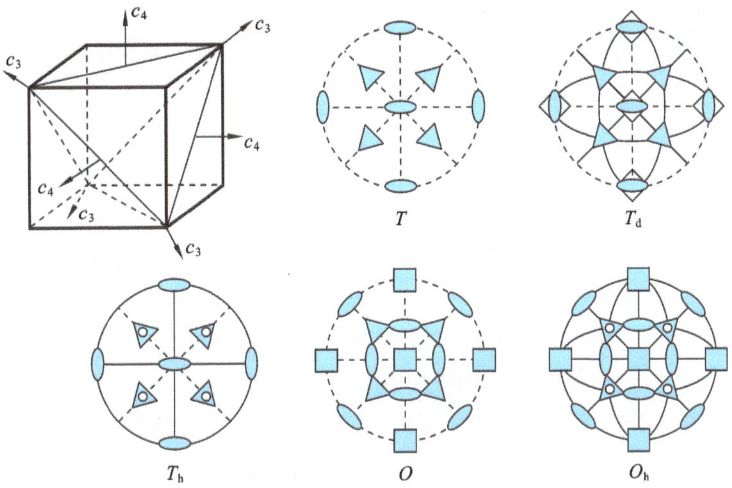

图 2.23 立方系所含点群的极射赤面投影图

作，是描述正六面体或正八面体全部对称操作的点群。因此，立方系包含五种点群，分别是 T、T_d、T_h、O 和 O_h，其关于[001]方向的极射赤面投影如图 2.23 所示，其中 $T_h = T \otimes C_i$，$O_h = O \otimes C_i$。

至此，我们找到了全部三十二个晶体点群。

2.2.1.5 空间群

晶体点群与 Bravais 格子相结合，一共可以产生二百三十个空间群。因此空间群的每个群元均对应一个联合操作，记为$\{\alpha|\boldsymbol{R}_n\}$，其中 α 代表点群对称操作，$\boldsymbol{R}_n$ 代表平移操作。对一个矢量 $\boldsymbol{r}$ 的操作效果为

$$\{\alpha|\boldsymbol{R}_n\}\boldsymbol{r} = \alpha\boldsymbol{r} + \boldsymbol{R}_n \tag{2.154}$$

空间群的单位元、逆元$\{\alpha|\boldsymbol{R}_n\}^{-1}$以及群乘分别为

$$\{E|\boldsymbol{0}\}$$

$$\{\alpha|\boldsymbol{R}_n\}^{-1} = \{\alpha^{-1}|-\alpha^{-1}\boldsymbol{R}_n\} \tag{2.155}$$

$$\{\alpha|\boldsymbol{R}_n\}\{\beta|\boldsymbol{R}_m\} = \{\alpha\beta|\alpha\boldsymbol{R}_m + \boldsymbol{R}_n\} \tag{2.156}$$

如前所述，扩展体系的对称操作除正当转动和非正当转动这些点式操作之外，还有螺旋轴和滑移面这类非点式操作。因此全部二百三十个空间群可以分为两类：一类只包含点式操作，共七十三种，称为简单空间群或点式空间群；另一类同时包含点式和非点式操作，共有一百五十七种。关于简单空间群的讨论相对比较简单，对加深对称操作与 Bravais 格子的理解也有帮助。下面进行简要的介绍。

在给定晶系中，该晶系所包含的每种点群与每种 Bravais 格子结合都会产生一种简单空间群。因此：三斜系有两种（一种 Bravais 格子与两种点群结合，$1\times2=2$）简单空间群；四方系有十四种简单空间群（两种 Bravais 格子与七种点群结合，$2\times7=14$）；依此类推，七种晶系总共可以生成六十一种简单空间群[5]。但是其中三方系

比较特殊,由表 2.2 以及图 2.16 可知,三方系的单胞有两种取法,其中六方 R 型格子与六方简单格子包含的五种点群,会生成独立的十种空间群,因此简单空间群总数增加至六十六种。此外,有些点群与 Bravais 格子的取向不同,会产生不同的空间群,这样的情况有七种,分列如下。

(1) 正交系　正交系中,C_{2v}点群的主轴与基矢 $\boldsymbol{c}$ 平行或者与基矢 $\boldsymbol{a}$ 平行,各生成一种空间群。因此正交系会额外贡献一种空间群。

(2) 三方系　三方系 P 型取法(见图 2.16)中,D_3 群三个二阶轴与图 2.20 所示等边三角形的边垂直或平行各会产生一个空间群。与之类似,D_{3d}群和 C_{3v}群的三个垂直反射面与等边三角形各边平行或者垂直也会各产生一个不同的空间群。因此三方系会额外贡献三种空间群。

(3) 四方系　四方系中,D_{2d}群中的一组二阶轴与 P 型格子的基矢 $\boldsymbol{a}$ 平行或与基面 ab 对角线平行会产生两种空间群,I 型格子与此类似。因此四方系会额外贡献两种空间群。

(4) 六方系　六方系中,D_{3h}群的二阶轴与 ab 面的长对角线及短对角线平行,各生成一种空间群。因此六方系会额外贡献一种空间群。

综上所述,简单空间群一共有七十三种。

关于一百五十七种非简单空间群的导出过于复杂,已经超出了本书的范围,其详细讨论请参考更专业的著作[17,18]。

2.2.2 常见晶体结构和晶面

常见的晶体结构有简单立方(SC)结构、面心立方(FCC)结构、体心立方(BCC)结构、密排六方(HCP)结构、金刚石(diamond)结构、闪锌矿结构(zinc blende)、钙钛矿结构(perovoskite)等。图 2.24 至图 2.26 所示为几种晶体结构以及 BCC 和 FCC 结构中几个常见的低指数面的堆垛顺序。

BCC 晶格如图 2.24 所示,其中,不同颜色、不同大小的球代表原子垂直于该面方向的堆垛顺序。可以看到,BCC 晶格沿[001]和[110]方向的堆垛顺序均为 $ABAB$,而沿[111]方向按 $ABCABC$ 顺序堆垛。FCC 晶格如图 2.25 所示,同样,不同颜色的不同大小的球代表 FCC 垂直于该面方向的堆垛顺序。比较两图可知,FCC 晶格和 BCC 晶格在这三个低指数面上的堆垛顺序相同,区别在于层间距与同原子层内间距不同。这种堆垛上的相似性源于 BCC 和 FCC 三维结构之间的相似。事实上,如果将 FCC 晶格沿[001]方向压缩到原周期的 $1/\sqrt{2}$,体系将转变为 BCC 晶格。

其他四种结构如图 2.26 所示。严格的 HCP 结构要求 $c/a=1.633$,与 FCC (111)面非常相似(见图 2.25),二者都是密堆结构。区别在于前者沿[001]方向堆垛顺序为 AB,后者沿[111]方向的堆垛顺序为 ABC。这种相似性使得在结构分析中对 FCC 和 HCP 非常难以区分。而金刚石结构和闪锌矿结构在空间原子排列上完全一

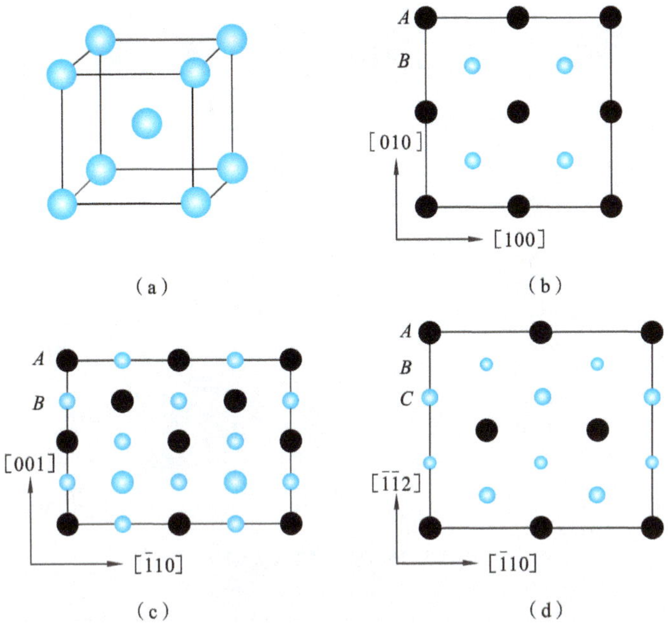

图 2.24　BCC 晶格及(001)面、(110)面、(111)面结构

(a) 晶格结构；(b) (001)面结构；(c) (110)面结构；(d) (111)面结构

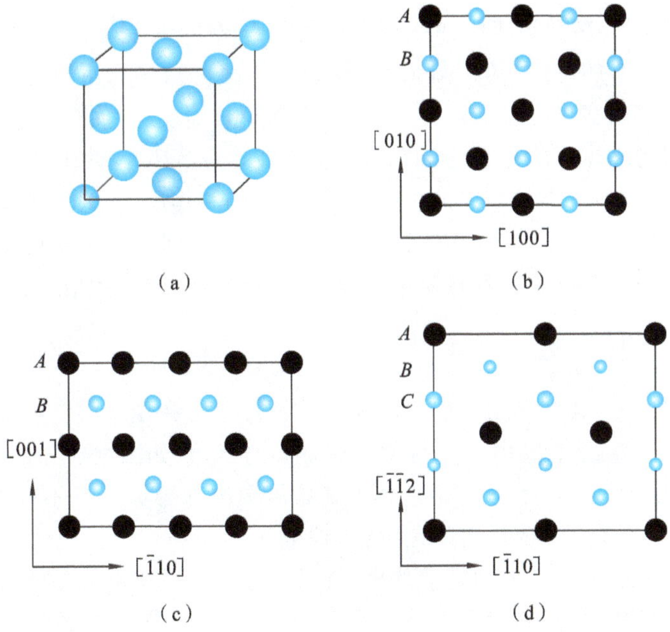

图 2.25　FCC 晶格及(001)面、(110)面、(111)面结构

(a) 晶格结构；(b) (001)面结构；(c) (110)面结构；(d) (111)面结构

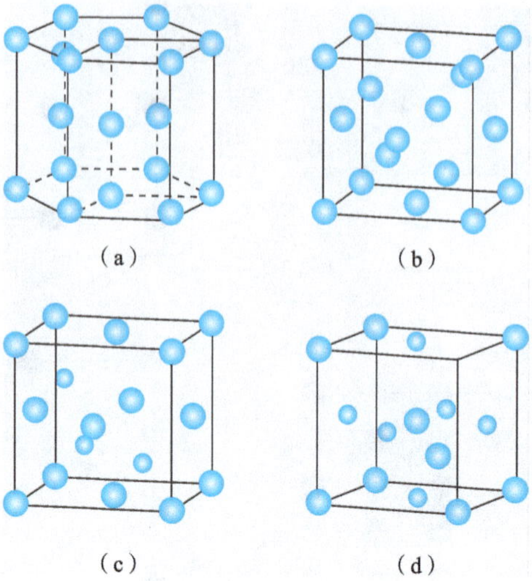

图 2.26　常见的晶体结构

(a) HCP(结构)；(b) 金刚石结构；(c) 闪锌矿结构；(d) 钙钛矿结构

致，均属于复式格子结构。将 FCC 格子沿体对角线平移 1/4，就得到这两种结构。不同之处在于，金刚石结构中两套格子上的元素种类相同，而闪锌矿结构中这两套格子上的原子分属不同的元素。最近十年来在材料研究中受关注较多的Ⅱ-Ⅵ族和Ⅲ-Ⅴ族化合物大多数属于闪锌矿结构。在第 4 章中，我们会给出闪锌矿结构的能带结构。需要注意的是，虽然在图 2.26(b)、(c)中两种结构均用用立方单胞给出，但是因为它们没有反演中心和四阶轴，所以并不属于八面体群，而是属于四面体群。属于钙钛矿结构的晶体多为过渡金属氧化物，化学式为 ABO_3，其中：A 一般为体积较大的碱土金属元素，占据立方体的顶点，起稳定结构的作用；B 为过渡金属元素，占据体心的位置；O 原子则占据面心位置，与过渡金属元素形成 BO_6 形式的正八面体。钙钛矿结构的晶体在催化以及自旋电子学领域有着很好的应用前景。

2.2.3　结构缺陷

在 2.2.2 节中，我们介绍了理想晶体的分类。但是在现实的材料中，由于材料中的原子数以 10^{23} 为数量级，并且不可避免有外界的扰动，如温度、压力等的扰动，或者因为合成过程的不完美，不可避免地会造成晶体中的部分原子并不处在晶格的完美位置，将其称为缺陷。需要指出的是，结构缺陷并不是热力学稳定的状态，原则上晶体生长的过程中如果条件控制足够严格，可以生长出几乎完美的晶体，但是缺陷的存在并不是少数材料的特例，而几乎是材料中的普遍现象。虽然从缺陷浓度上来说，缺陷原子可能只占总原子数的几百万分之一或者更少，但是这些缺陷对材料体系的性质却有着相当大的影响。比如，在催化领域中，几乎大部分的反应都是在缺陷处，而不是在完美的晶格表面上发生的。这是因为缺陷的存在，影响了缺陷最邻近原子的成键特性，而活化了缺陷周围原子的催化能力。缺陷的存在对材料的力学性质、电学性质也有很大的影响，比如，位错的运动决定了材料的塑性行为，并导致材料的屈服强度仅为理想晶体理论强度的千分之几，而刃位错在芯区附近形成沿位错线扩展的电偶极线。缺陷往往是散射中心，因而决定了材料的电阻率曲线。这些例子表明，对结构缺陷的研究是材料学至关重要的一个组成部分。

根据缺陷在空间中的局域性，通常将缺陷分为两大类。一类是在空间上局域的缺陷，通常称为点缺陷，例如掺杂原子、间隙原子、空位等。另一类则在空间上扩展，其中又细分为沿一维扩展的线缺陷，如位错，以及沿二维扩展的面缺陷，如表面、晶界、相界等。由于晶体缺陷将增大材料的熵（物体有序度的表征量），因此在通常情况下，缺陷体系的自由能随温度升高而减小得更快，从而使得缺陷的数目随着温度升高而呈指数增长。下面介绍几类重要缺陷的基本概念。

2.2.3.1　位错

位错（dislocation）是非常重要的一类结构缺陷。其特点是晶格畸变沿特定方向延伸，因此位错芯区呈一维扩展，像一条弹性直线或曲线，又称为位错线。Burgers 指出，位错可以用 Burgers 矢量 ***b*** 加以描述。Burgers 矢量的几何意义如图 2.27 所示，其中细箭线代表运动轨迹，粗箭线代表位错的 Burgers 矢量。考虑一个含位错的缺陷体系及一个完美晶格的参考体系，在参考体系中构建一个回路，在含位错的体系内按照该回路在每个边上走相同的步数，最后构成一个回路加上一段多余的矢量。而这段与参考体系相比多出来的矢量即为 Burgers 矢量。按照位错线与 Burgers 矢量的位置关系，可以将位错分为刃位错、螺位错和混合位错等。

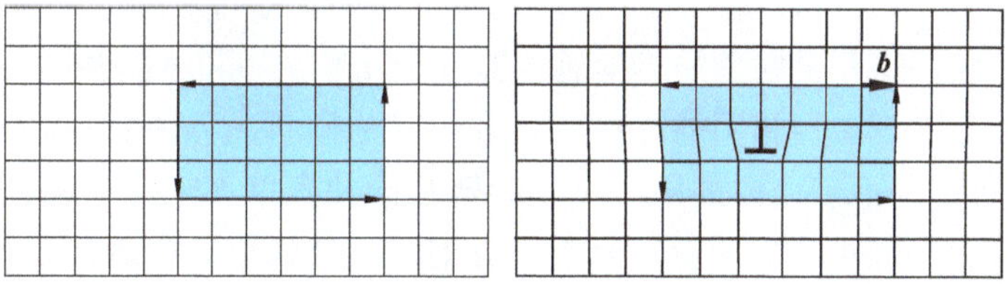

（a）　　（b）

图 2.27　Burgers **矢量**

（a）参考体系；（b）含位错体系

（1）刃位错（edge dislocation）　如图 2.28（a）所示，若位错的 Burgers 矢量 ***b*** 与位错线垂直，则该类位错称为刃位错。刃位错的主要运动方式是沿由位错线与 Burgers 矢量确定的滑移面滑移。刃位错的上半部分比下半部分多了半个原子面，因此滑移面以上为应力压缩区，以下为应力扩张区。这种正应力场的存在使得电荷分布、间隙原子分布和空位分布等在位错芯区处明显异于在理想晶格中的情况。

（2）螺位错（screw dislocation）　如图2.28（b）所示，若位错的 Burgers 矢量 ***b*** 与位错线平行，则该类位错称为螺位错。由该图可知，螺位错的存在使得晶体的原子面呈螺旋状排列，故此得名。与刃位错不同，螺位错并不会引起芯区附近原子体积的明显变化,而仅有切应力存在。此外,图中并未标出螺位错的滑移方向。这是因为 $\boldsymbol{b}$ 与位错线平行,因此螺位错的滑移面以及滑移方向不唯一。例如,体心立方晶体中〈111〉/2 螺位错共有四十八个滑移系。这种可以改变滑移面前进的运动方式为螺位错所特有,称为交滑移(cross-slip)。螺位错的交滑移对理解材料的塑性行为有着非常重要的意义。

(3) 混合位错(mixed dislocation) 若 Burgers 矢量 $\boldsymbol{b}$ 与位错线斜交,则这种位错称为混合位错。按照矢量的分解原则,混合位错可以分解为刃位错与螺位错的叠加。混合位错一般是由于位错线的扭折或者受特殊的晶体结构限制而出现的。后者比较典型的例子为面心立方晶体中的〈112〉/6 偏位错。关于该问题的详细讨论已超出本书的范围,可查阅更为专业的资料。

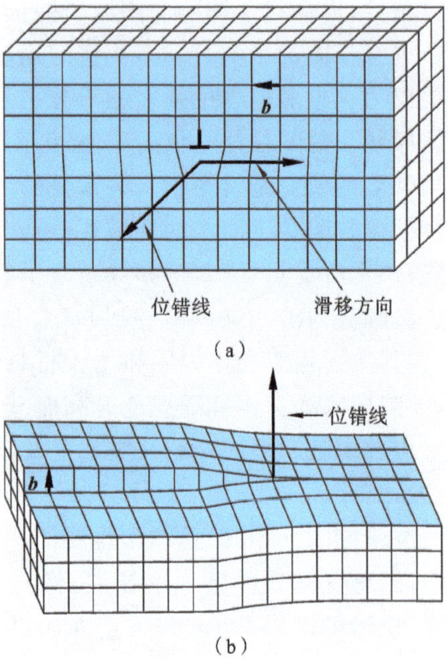

图 2.28 刃位错与螺位错

(a) 刃位错;(b) 螺位错

2.2.3.2 面缺陷

1. 晶界

一般而言,大块材料极少由单一晶粒构成。普遍的情况是材料中存在若干取向各不相同的晶粒。这些晶粒的交界面称为晶界(grain boundary),是一种非常典型的面缺陷。这里只考虑结构相同的晶粒所构成的对称倾斜晶界,也即将晶体沿某个面分为两部分,每部分沿该面内的同一个轴旋转相同的角度而形成的晶界。当倾角较小(小于 10°)时,晶界可以看作由一系列平行的刃位错组成。随着倾角增大,这些平行位错的间距减小,因此对大角度晶界而言,这些位错的间距已经可以比拟甚至小于位错芯区的尺度,在这种情况下上述模型不再适用,而应采用重位点阵模型(coincidence lattice site model,CLS)[19]。将一块立方晶体沿某个面分为两部分,每个部分代表一个晶粒。该分界面中有一个低指数的转轴方向[uvw]。设晶粒Ⅱ绕[uvw]旋转了一个特定角度 θ,使得两个点阵中的部分格点位置互相重叠,这些重叠的格点同样构成一个点阵,称为重位点阵。该点阵中每个格点所占的体积明显大于原点阵中的格点所占体积,二者的比值用 Σ 表示。Brandon 等给出了立方晶体中[uvw]、θ 及 Σ 的一般关系:

$$\theta=2\arctan\left(\frac{m}{n}\sqrt{u^2+v^2+w^2}\right)$$
$$\Sigma=n^2+m^2(u^2+v^2+w^2) \tag{2.157}$$

其中，m 与 n 是两个互质的整数，且 $m<n$。Σ 必须为奇数，如果 Σ 为偶数，则需要将其连续除以 2 直至得到奇数为止。现进一步说明 m 和 n 的物理意义。考虑与 (uvw) 面平行的一层二维点阵，一般情况下是正方点阵或者正交点阵。设沿分界面且垂直于转轴的方向为 x' 轴，单元长度为 $l_{x'}$，垂直于分界面且垂直于转轴的方向为 y' 轴，单元长度为 $l_{y'}$。绕转轴旋转 θ 后寻找重位格点。原点处的格点必定重合，而与其相距最近的一个重位格点坐标为 $(nl_{x'}, ml_{y'})$，其中 m、n 即为式(2.157)中的参数。以 BCC 结构的 $\Sigma5[001]$ 晶界为例。转轴为[001]，$m=1$，$n=3$，因此

$$\theta=2\arctan\left(\frac{1}{3}\sqrt{1^2+0^2+0^2}\right)=36.86°$$

$$\Sigma=3^2+1^2(1^2+0^2+0^2)=10$$

因为此时 Σ 是偶数，所以要除以 2，最终得到 $\Sigma=5$。图 2.29 为这个大角度对称倾斜晶界的示意图，图中 GB 代表晶界面，Ⅰ和Ⅱ分别代表构成该晶界的两个晶粒。文献[20]系统给出了立方晶体中若干晶界的 CLS 参数。

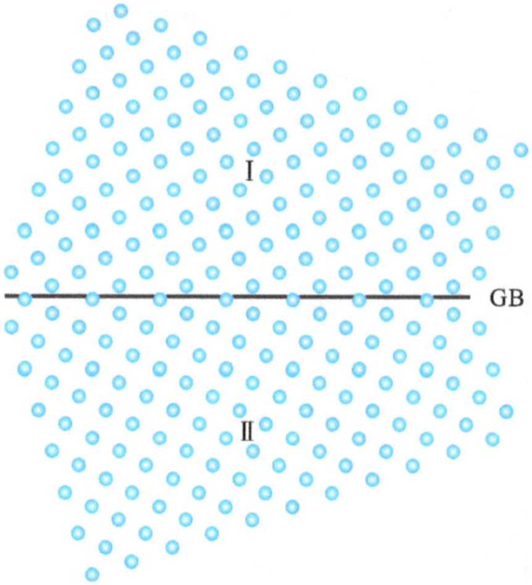

图 2.29 BCC 晶体转轴为[001]方向的 $\Sigma5[001]$ 大角度对称晶界示意图

显然，CLS 模型只能描述特殊的晶界结构。而对于倾角较大甚至是不同晶相构成的晶界，必须扩充甚至弃用 CLS 模型。到目前为止，公认的描述一般晶界结构的最普适理论是 Bollmann 提出并发展的 O-点阵模型(O-Lattice model)。我们在这里不做详细讨论，可参阅更专门的著作[20,21]。

2. 堆垛层错

沿着某一方向，晶体有特定的堆垛次序。如图 2.30 所示，FCC 晶体沿[111]方向的堆垛顺序为 *ABCABC*，BCC 晶体沿 $[\bar{1}\bar{1}2]$ 方向的堆垛顺序为 *ABCDEF*。某些情况下，比如由于存在位错或者原子/空位沿晶面汇集等，晶体沿该方向的堆垛次序会发生变化。这种偏离正常堆垛次序的情况称为堆垛层错(stacking fault)。图 2.30(a)中 FCC 晶体沿[111]方向的堆垛层错由 $[11\bar{2}]/6$ 偏位错引起，而图 2.30(b)中

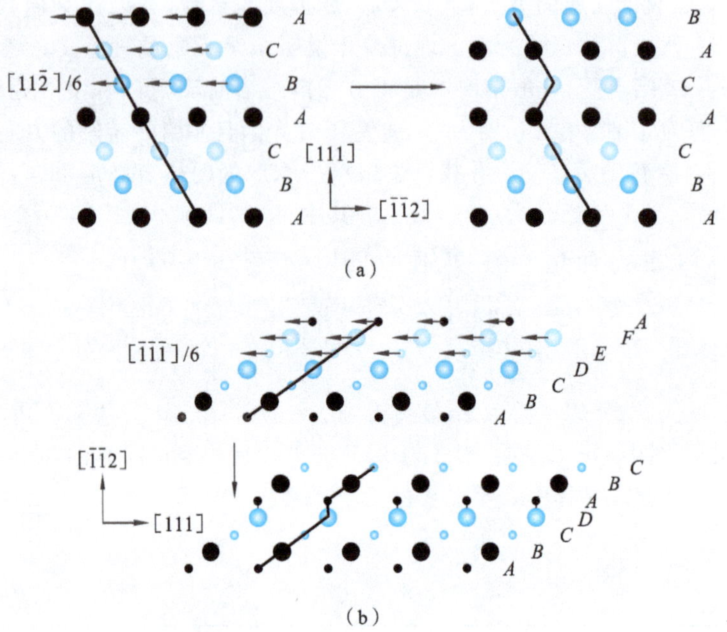

图 2.30　堆垛层错形成过程

(a) FCC 晶体沿[111]方向的堆垛层错形成过程;(b) BCC 晶体沿[$\bar{1}\bar{1}$2]方向的堆垛层错形成过程

注:小球体表示原子在纸面内,大球体表示原子在纸面之上以及之下;黑色实线表明了堆垛层错的几何意义

BCC 晶体沿[$\bar{1}\bar{1}$2]方向的堆垛层错由[$\bar{1}\bar{1}\bar{1}$]/6 偏位错引起。

3. 孪晶

将图 2.30(b)所示因偏位错引起的堆垛层错加以扩展:在连续三个原子层上都放置一个[11$\bar{2}$]/6 偏位错,如图 2.31 所示,则得到的[111]方向上的堆垛顺序为 *ABCACBA*。可以看到,在标为黑色的 *A* 原子层两侧,晶体关于 *A* 原子层呈镜像对称分布。这种特殊的堆垛顺序称为孪晶(twins),而对称的晶面(例如 *A* 原子层)就称为孪晶界(twin boundary)。近年来人们合成了含高密度孪晶的铜,发现了孪晶的一些非常有趣的性质,比如孪晶可以极大地提高铜的强度,但是同时铜孪晶与铜单晶相比电导率几乎不变[23],甚至可以通过改变孪晶的厚度来控制铜的强度[23,24]。这些

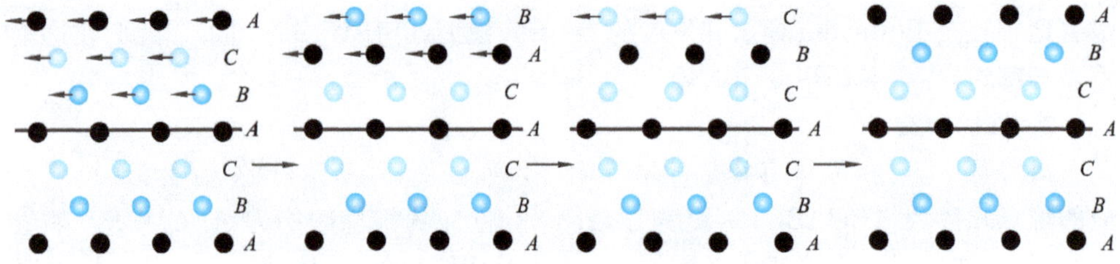

图 2.31　FCC 晶体孪晶生成过程

注:图中细箭头代表[11$\bar{2}$]/6 偏位错;坐标轴取向与图 2.30 相同

事实表明，结构缺陷是研究固体材料各方面性质的不可或缺的重要因素。

2.3 晶体的力学性质

2.3.1 状态方程

这里我们主要讨论固体的状态方程。描述固体各向同性的材料体积变化时的能量变化，最常用的是 Murnaghan 方程。

体模量(其倒数为该物质的压缩率)被广泛用于描述物体在各向同性的压强情况下体积的变化，其定义为

$$B=-V\left(\frac{\partial p}{\partial V}\right)_T \tag{2.158}$$

假设固体在压强 p_0 下的体积为 V_0，则当压强增大 Δp 时，体积减小量为 ΔV。所以体模量的物理意义为引起一定的相对体积变化(dV /V)所需要的压强变化。对于一种各向同性材料，只要知道了体模量，就可以推导出其固体的能量随着体积的变化而变化的趋势，也就是通常所说的状态方程。

作为一阶近似，可以认为体模量是个常量，而不随体积或者压强的变化而变化，即

$$-V\left(\frac{\partial p}{\partial V}\right)_T\simeq B \tag{2.159}$$

根据能量守恒定律，绝热条件下物体的内能 U 变化等于外界对物体所做的功 $-\int p\mathrm{d}V$ (我们所研究的均匀压缩过程不涉及热传导)。首先可以通过方程(2.159)得到压强 p 随体积变化的表达式(其中用到了压强为零时，物质体积为 V_0 的边界条件)为

$$-V\left(\frac{\partial p}{\partial V}\right)_T=B_0$$

得

$$p=-B_0\ln\left(\frac{V}{V_0}\right) \tag{2.160}$$

将式(2.160)代入能量守恒方程，即可得到物体的内能随体积变化的函数(假设体模量为常数)

$$\begin{aligned}U(V)&=U_0-\int_{V_0}^{V}p\mathrm{d}V=U_0-\int_{V_0}^{V}\left[-B_0\ln\left(\frac{V}{V_0}\right)\right]\mathrm{d}V\\&=U_0+B_0V\ln\left(\frac{V}{V_0}\right)-B_0(V-V_0)\end{aligned} \tag{2.161}$$

反之，如果算出了物体内能随着体积的变化量，则可以通过拟合得到方程(2.161)中的 B_0、V_0、U_0 三个参数。

Murnaghan 于 1944 年提出了更为严谨的物体状态方程[25]。在上面的推导中，

我们认为体模量 B_0 为常数。而在实际试验中，人们发现体模量和压强近似地呈线性关系，即

$$-V\left(\frac{\partial p}{\partial V}\right)_T \simeq B_0 + B'_0 p \tag{2.162}$$

重复式(2.160)和式(2.161)的推导过程，有

$$-V\left(\frac{\partial p}{\partial V}\right)_T = B_0 + B'_0 p$$

$$\Rightarrow \frac{\mathrm{d}p}{B_0 + B'_0 p} = -\frac{\mathrm{d}V}{V}$$

$$\Rightarrow p = \frac{B_0}{B'_0}\left[\left(\frac{V_0}{V}\right)^{B'_0} - 1\right]$$

物体的内能随体积变化的函数为

$$\begin{aligned} U(V) &= U_0 - \int_{V_0}^{V} p\mathrm{d}V = U_0 - \int_{V_0}^{V} \frac{B_0}{B'_0}\left[\left(\frac{V_0}{V}\right)^{B'_0} - 1\right]\mathrm{d}V \\ &= U_0 + \frac{B_0 V}{B'_0}\left[\frac{(V_0/V)^{B'_0}}{B'_0 - 1} + 1\right] - \frac{B_0 V_0}{B'_0 - 1} \end{aligned} \tag{2.163}$$

式(2.163)即为 Murnaghan 方程。可以通过拟合结合能曲线，得到 B_0、B'_0、V_0、U_0 四个参数。这是求各向同性的晶体体模量的常用方法。

2.3.2 应变与应力

材料在外力的作用下会产生形变，形变的重要结果就是材料内部格点间的相对位置发生改变。通常用应变 ε 来表征物体的形变。应变是无量纲的量。材料产生形变之后，就会有相应的应力 σ($\mathrm{N/m^2}$ 或 $\mathrm{J/m^3}$)。可以看到，应力的单位和压强或者能量密度的单位相同。图 2.32 给出了材料应力和应变的物理意义。材料内任意一点处(图2.32(a)中的立方体，该立方体的体积无限小）的应力状态应由九个分量 σ_{ij} 描述，其中第一个下标 i 表示应力所作用的面，第二个下标 j 表示应力作用的方向。根据力偶极矩平衡，可知 $\sigma_{ij}=\sigma_{ji}$。因此，应力是一个 3×3 的对称二阶张量，其中对角元称为正应力，非对角元称为切应力。相应地，材料内任意一点处的应变 ε 也是一个 3×3 的对称二阶张量。应变也分为正应变和切应变两种。前者是张量的对角元，描述的是边长的改变；后者是非对角元，描述的是形状的变化。图 2.32(b)给出了 ε 的物理意义。设材料中一个无限小的长方体 Ⅰ 经过形变后成为一个平行六面体 Ⅱ，图 2.32 给出了最重要的三个点形变前后的坐标。A 点沿 y 轴位移 u，沿 z 轴位移 v 到达 A'点，B 点沿 y 轴和 z 轴的位移分别为 $u+(\partial u/\partial y)\mathrm{d}y$ 和 $v+(\partial v/\partial y)\mathrm{d}y$，而 C 点相应的位移为 $u+(\partial u/\partial z)\mathrm{d}z$ 和 $v+(\partial v/\partial z)\mathrm{d}z$。由此可以计算正应变 ε_{yy} 和 ε_{zz}：

$$\varepsilon_{yy} = \frac{\overline{A'B'}_y - \overline{AB}}{\overline{AB}} = \frac{[u+(\partial u/\partial y)\mathrm{d}y] + \mathrm{d}y - u - \mathrm{d}y}{\mathrm{d}y} = \frac{\partial u}{\partial y} \tag{2.164}$$

$$\varepsilon_{zz} = \frac{\overline{A'C'}_z - \overline{AC}}{\overline{AC}} = \frac{[v+(\partial v/\partial y)\mathrm{d}y] + \mathrm{d}z - v - \mathrm{d}z}{\mathrm{d}z} = \frac{\partial v}{\partial z} \tag{2.165}$$

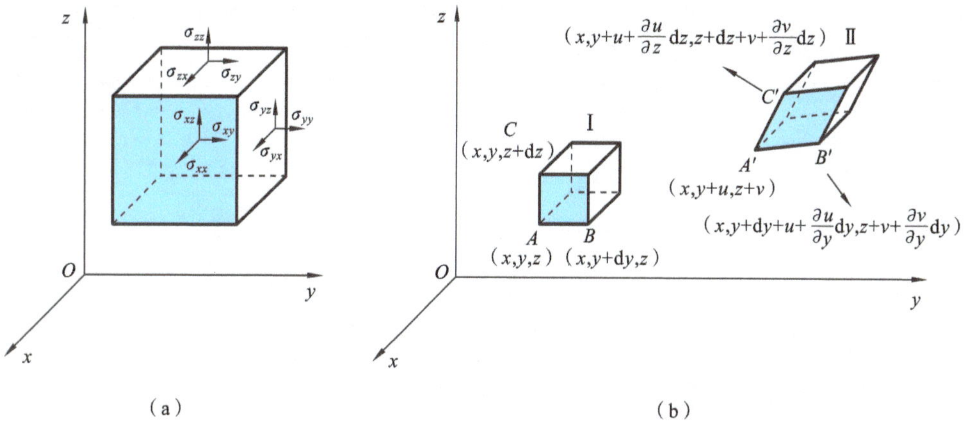

图 2.32　材料应力和应变的物理意义

(a) 应力分量；(b) 正应变和切应变的物理意义

同时也可以计算切应变 ε_{yz}，按照定义

$$\varepsilon_{yz}=\frac{1}{2}(\theta_y+\theta_z) \tag{2.166}$$

式中：θ_y 为$\overline{A'B'}$与 y 轴的夹角；θ_z 为$\overline{A'C'}$与 z 轴的夹角。小形变的条件下，$\varepsilon_{yy}\ll 1$，$\varepsilon_{zz}\ll 1$，有

$$\begin{cases}\theta_y\approx\tan\theta_y=\dfrac{(\partial v/\partial y)\mathrm{d}y}{\mathrm{d}y(1+\varepsilon_{yy})}=\dfrac{\partial v/\partial y}{1+\varepsilon_{yy}}\approx\dfrac{\partial v}{\partial y}\\[2ex]\theta_z\approx\tan\theta_z=\dfrac{(\partial u/\partial z)\mathrm{d}z}{\mathrm{d}z(1+\varepsilon_{zz})}=\dfrac{\partial u/\partial z}{1+\varepsilon_{zz}}\approx\dfrac{\partial u}{\partial z}\end{cases} \tag{2.167}$$

将式(2.167)代入式(2.166)，得

$$\varepsilon_{yz}=\frac{1}{2}\left(\frac{\partial v}{\partial y}+\frac{\partial u}{\partial z}\right) \tag{2.168}$$

在考虑到一阶近似的条件下，切应变并不改变小六面体的体积。

2.3.3　弹性常数

2.3.3.1　弹性常数概述

材料的应力 σ_{ij} 和应变 ε_{mn} 之间的关系通常用弹性常数 c_{ijmn} 来描述。具体而言，有

$$\sigma_{ij}=c_{ijmn}\varepsilon_{mn} \tag{2.169}$$

可见，弹性常数 c_{ijmn} 是四阶张量，一共有八十一个分量，但是这八十一个分量并不都是独立的。因为 σ_{ij} 与 ε_{mn} 都是对称二阶张量，即下标对换时各自的数值不变，所以 c_{ijmn} 的前两个下标可以互换，后两个下标也可以互换。此外，c_{ijmn} 还可以表达为系统内能 U 对于应变的二阶微分，即

$$c_{ijmn}=\frac{\partial^2 U}{\partial\varepsilon_{ij}\partial\varepsilon_{mn}}=\frac{\partial^2 U}{\partial\varepsilon_{mn}\partial\varepsilon_{ij}}$$

所以它的前后两对下标也可以互换。综上所述,可以写出如下关于 c_{ijmn} 的等式:

$$c_{ijmn}=c_{jimn}=c_{ijnm}=c_{jinm}=c_{mnij}=c_{nmij}=c_{mnji}=c_{nmji} \tag{2.170}$$

因此,c_{ijmn} 只有二十一个独立分量:

$$\begin{bmatrix} c_{1111} & c_{1122} & c_{1133} & c_{1123} & c_{1113} & c_{1112} \\ & c_{2222} & c_{2233} & c_{2223} & c_{2213} & c_{2212} \\ & & c_{3333} & c_{3323} & c_{3313} & c_{3312} \\ & & & c_{2323} & c_{2313} & c_{2312} \\ & & & & c_{1313} & c_{1312} \\ & & & & & c_{1212} \end{bmatrix} \tag{2.171}$$

为了书写方便,采用 Voigt 简标:

$$11\rightarrow 1 \quad 22\rightarrow 2 \quad 33\rightarrow 3 \quad 23\rightarrow 4 \quad 13\rightarrow 5 \quad 12\rightarrow 6$$

则应力和应变在小形变的情况下应该满足

$$\begin{bmatrix} \sigma_1 \\ \sigma_2 \\ \sigma_3 \\ \sigma_4 \\ \sigma_5 \\ \sigma_6 \end{bmatrix} = \begin{bmatrix} c_{11} & c_{12} & c_{13} & c_{14} & c_{15} & c_{16} \\ c_{21} & c_{22} & c_{23} & c_{24} & c_{25} & c_{26} \\ c_{31} & c_{32} & c_{33} & c_{34} & c_{35} & c_{36} \\ c_{41} & c_{42} & c_{43} & c_{44} & c_{45} & c_{46} \\ c_{51} & c_{52} & c_{53} & c_{54} & c_{55} & c_{56} \\ c_{61} & c_{62} & c_{63} & c_{64} & c_{65} & c_{66} \end{bmatrix} \begin{bmatrix} \varepsilon_1 \\ \varepsilon_2 \\ \varepsilon_3 \\ \varepsilon_4 \\ \varepsilon_5 \\ \varepsilon_6 \end{bmatrix} \tag{2.172}$$

比较常见的计算弹性常数的方法是设计一系列小的应变,然后研究应力或者体系能量随应变量的变化情况,再通过拟合求得我们感兴趣的弹性常数,对于不同的对称性需要设计不同的应变模式[26]。这是因为不同对称性的晶体结构具有不同数目的独立弹性常数,晶体的对称性越高,独立的弹性常数就越少。比如,三斜系的晶体有二十一个独立的弹性常数,而立方系的晶体只有三个独立的弹性常数。

2.3.3.2 立方系

下面以立方系的材料为例,说明对称性对独立弹性常数个数的影响。弹性常数 c_{ijmn} 是四阶张量,变换性质同 $r_ir_jr_mr_n$。而 O 群中的所有对称操作都可视为 x、y、z 轴间的变换。这里举出下面推导中需要用到的三个操作:c_{3xyz}(沿[111]轴旋转 $2\pi/3$ 角)、c_{2y}(沿[010]轴旋转 π 角)及 c_{2z}(沿[001]轴旋转 π 角)。其效果为

$$c_{3xyz}:(x,y,z)\rightarrow(z,x,y);\quad c_{2y}:(x,y,z)\rightarrow(\overline{x},y,\overline{z});\quad c_{2z}:(x,y,z)\rightarrow(\overline{x},\overline{y},z)$$

考虑方程(2.171)中的分量 c_{1111},变换性质为$(xx)(xx)$,以 c_{3xyz} 作用在 c_{1111} 上,有

$$(xx)(xx)\rightarrow(yy)(yy)\rightarrow(zz)(zz)$$

因此,$c_{1111}=c_{2222}=c_{3333}$。用 O 群中的其他对称操作作用在 c_{1111} 上,可以发现该关系永远成立。

考虑分量 c_{1122},变换性质为$(xx)(yy)$,以 c_{3xyz} 作用在 c_{1122} 上,有

$$(xx)(yy)\rightarrow(zz)(xx)\rightarrow(yy)(zz)$$

因此，$c_{1122}=c_{1133}=c_{2233}$。用 O 群中的其他对称操作作用在 c_{1122} 上，同样可以发现该关系永远成立。

考虑分量 c_{1212}，变换性质为 $(xy)(xy)$，以 c_{3xyz} 作用在 c_{1212} 上，有

$$(xy)(xy)\rightarrow(zx)(zx)\rightarrow(yz)(yz)$$

因此，$c_{1212}=c_{1313}=c_{2323}$。用 O 群中的其他对称操作作用在 c_{1212} 上，同样可以发现该关系永远成立。

考虑分量 c_{1123}，变换性质为 $(xx)(yz)$，以 c_{3xyz} 作用在 c_{1123} 上，有

$$(xx)(yz)\rightarrow(zz)(xy)\rightarrow(yy)(zx)$$

再以 c_{2z} 作用在 c_{1123} 上，有

$$(xx)(yz)\rightarrow(\bar{x}\bar{x})(\bar{y}z)=-(xx)(yz)$$

可得 $c_{1123}=c_{3312}=c_{2213}=0$。

考虑分量 c_{2313}，变换性质为 $(yz)(xz)$，以 c_{3xyz} 作用在 c_{2313} 上，有

$$(yz)(xz)\rightarrow(xy)(zy)\rightarrow(zx)(yz)$$

再以 c_{2y} 作用在 c_{2313} 上，有

$$(yz)(xz)\rightarrow(y\bar{z})(\bar{x}\bar{z})=-(yz)(xz)$$

可得 $c_{2313}=c_{1312}=c_{2312}=0$。

考虑分量 c_{1113}，变换性质为 $(xx)(xz)$，以 c_{3xyz} 作用在 c_{1113} 上，有

$$(xx)(xz)\rightarrow(zz)(zy)\rightarrow(yy)(yx)$$

再以 c_{2z} 作用在 c_{1113} 上，有

$$(xx)(xz)\rightarrow(\bar{x}\bar{x})(\bar{x}z)=-(xx)(xz)$$

可得 $c_{1113}=c_{2212}=c_{3323}=0$。

最后考虑分量 c_{1112}，变换性质为 $(xx)(xy)$，以 c_{3xyz} 作用在 c_{1112} 上，有

$$(xx)(xy)\rightarrow(zz)(zx)\rightarrow(yy)(yz)$$

再以 c_{2y} 作用在 c_{1112} 上，有

$$(xx)(xy)\rightarrow(\bar{x}\bar{x})(\bar{x}y)=-(xx)(xy)$$

可得 $c_{1112}=c_{2223}=c_{3313}=0$。

综上所述，满足 O 群对称性体系仅有三个独立的弹性常数：c_{1111}、c_{1122} 和 c_{2323}。采用 Voigt 简标，其弹性常数矩阵为

$$\begin{bmatrix}\sigma_1\\\sigma_2\\\sigma_3\\\sigma_4\\\sigma_5\\\sigma_6\end{bmatrix}=\begin{bmatrix}c_{11}&c_{12}&c_{12}&0&0&0\\c_{12}&c_{11}&c_{12}&0&0&0\\c_{12}&c_{12}&c_{11}&0&0&0\\0&0&0&c_{44}&0&0\\0&0&0&0&c_{44}&0\\0&0&0&0&0&c_{44}\end{bmatrix}\begin{bmatrix}\varepsilon_1\\\varepsilon_2\\\varepsilon_3\\\varepsilon_4\\\varepsilon_5\\\varepsilon_6\end{bmatrix}\tag{2.173}$$

2.4 固体能带论

能带论在固体理论中占有非常重要的地位。固体材料的电学、光学、输运或者响应性质都需要利用材料特定的能带结构加以分析、解释。

2.4.1 周期边界、倒空间与 Blöch 定理

晶体材料中原子按照一定的对称性呈周期性排列,因此由原子引入的势场(V_{ext})拥有同样的周期性以及对称性。考虑单电子薛定谔方程(参见式 2.1):

$$\hat{H}\psi(\boldsymbol{r})=-\left(-\frac{\hbar}{2m}\nabla^2+V(\boldsymbol{r})\right)=\varepsilon\psi(\boldsymbol{r}) \tag{2.174}$$

式中:$V(\boldsymbol{r})$是电子感受到的有效势,包括电子-电子相互作用以及 V_{ext}。$V(\boldsymbol{r})$显然也应该与体系拥有相同的对称性和周期性,否则体系会因为经典相互作用而无法保持当前的晶体结构。因此将空间群的群元$\{\alpha|\boldsymbol{R}_n\}$作用在 $V(\boldsymbol{r})$及 $\hat{H}$ 上,有

$$V(\{\alpha|\boldsymbol{R}_n\}\boldsymbol{r})=V(\boldsymbol{r}),\quad \hat{H}(\{\alpha|\boldsymbol{R}_n\}\boldsymbol{r})=\hat{H}(\boldsymbol{r})$$

这种周期性的哈密顿量会导致本征能级与本征波函数有一些特殊的性质。下面对这些性质进行详细讨论。

2.4.1.1 倒空间与布拉格反射

由 2.2.1 节中的讨论可知,晶体可以抽象为实空间中排列的点阵,如果已经确定了体系的单胞,则任意点阵 $\boldsymbol{R}_n$ 均可由单胞的基矢 $\boldsymbol{a}_1$、$\boldsymbol{a}_2$、$\boldsymbol{a}_3$ 展开:

$$\boldsymbol{R}_n=n_1\boldsymbol{a}_1+n_2\boldsymbol{a}_2+n_3\boldsymbol{a}_3$$

由实空间的基矢出发,也可以定义 k 空间(也称动量空间或者倒空间)中的基矢 $\boldsymbol{b}_1$、$\boldsymbol{b}_2$、$\boldsymbol{b}_3$:

$$\boldsymbol{b}_1=\frac{2\pi\cdot\boldsymbol{a}_2\times\boldsymbol{a}_3}{(\boldsymbol{a}_1\times\boldsymbol{a}_2)\cdot\boldsymbol{a}_3},\quad \boldsymbol{b}_2=\frac{2\pi\cdot\boldsymbol{a}_3\times\boldsymbol{a}_1}{(\boldsymbol{a}_1\times\boldsymbol{a}_2)\cdot\boldsymbol{a}_3},\quad \boldsymbol{b}_3=\frac{2\pi\cdot\boldsymbol{a}_1\times\boldsymbol{a}_2}{(\boldsymbol{a}_1\times\boldsymbol{a}_2)\cdot\boldsymbol{a}_3}$$

可以验证,$\boldsymbol{a}_i$ 与 $\boldsymbol{b}_i$ 满足如下正交关系:

$$\boldsymbol{a}_i\cdot\boldsymbol{b}_j=2\pi\delta_{ij} \tag{2.175}$$

与实空间中晶体结构的讨论类似,由 $\boldsymbol{b}_i$ 围成的平行六面体即为倒空间的单胞,而其维格纳-塞茨原胞则称为布里渊区(Brillouin zone),而且在倒空间中同样存在点阵,记为 $\boldsymbol{G}_m$,称为倒格矢。与实空间中的矢量可以用 $\boldsymbol{a}_i$ 展开一样,$\boldsymbol{G}_m$ 也可用 $\boldsymbol{b}_i$ 展开为

$$\boldsymbol{G}_m=m_1\boldsymbol{b}_1+m_2\boldsymbol{b}_2+m_3\boldsymbol{b}_3$$

由正交关系式(2.175)可得

$$\boldsymbol{R}_n\cdot\boldsymbol{G}_m=2\pi(n_1m_1+n_2m_2+n_3m_3)=2\pi N \tag{2.176}$$

式中 N 为整数。根据矢量内积的几何意义可知,满足上述方程的所有 $\boldsymbol{R}_n$ 在 $\boldsymbol{G}_m$ 上的投影相同,即这些矢量的终点均处在一个与 $\boldsymbol{G}_m$ 垂直的平面上。

因为电子运动有波的性质，而周期性排列的原子核对电子有散射作用，且原子间距与电子波长相近，所以可以预见在晶体中存在电子的衍射，称之为布拉格反射(Bragg reflection)。如图 2.33 所示，原子层的间距为 a。一束电子波(波矢为 $\boldsymbol{k}$)沿图中所示的入射方向到达两层相邻的晶格面，在晶格面与原子交换 $\hbar\boldsymbol{G}_m$ 的动量，则当两个晶面上的电子波程差为电子德布罗意波长 λ 的整数倍时，可观察到反射波 $\boldsymbol{k}'$。

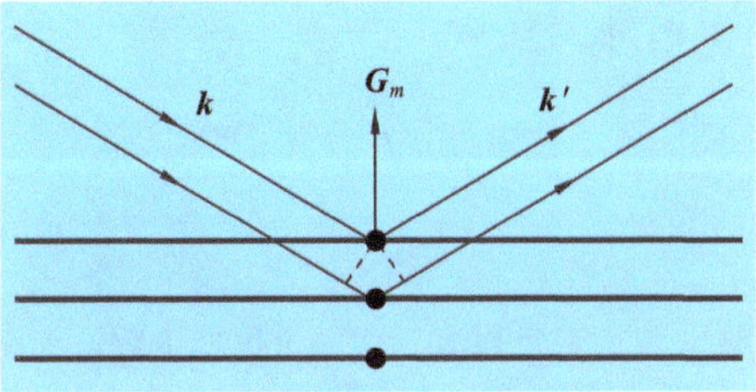

图 2.33　布拉格反射示意图

由图 2.33 可知

$$2a\sin\theta = N\lambda \tag{2.177}$$

式中 N 为整数。显然，方程(2.177)等价于

$$\boldsymbol{k}' = \boldsymbol{k} + \boldsymbol{G}_m \tag{2.178}$$

因为是弹性散射，即 $|\boldsymbol{k}'| = |\boldsymbol{k}|$，所以式(2.178)也可写为

$$\boldsymbol{k}\cdot\boldsymbol{G}_m = -\frac{1}{2}|\boldsymbol{G}_m|^2 \tag{2.179}$$

因为倒空间的周期性关系，$\boldsymbol{G}_m$ 有很多种选择，对于选定了 Γ 点的倒空间，可以通过方程(2.179)将空间划分为很多个封闭的区域。这些区域称为布里渊区。而包含 Γ 点的最小的一个封闭区域称为第一布里渊区(first Brillouin zone, FBZ)。

2.4.1.2　Blöch 定理与布里渊区

2.4.1.1 节中由周期性引入了倒空间的概念，本节则进一步讨论电子的本征波函数由于哈密顿量的周期性而呈现出的特点。为了描述体系的周期性，可以引入平移算符 $\hat{T}_{\boldsymbol{R}_I}$，有

$$\hat{T}_{\boldsymbol{R}_I} f(\boldsymbol{r}) = f(\boldsymbol{r}+\boldsymbol{R}_I) \tag{2.180}$$

因此，$\hat{\psi}(\boldsymbol{r})$ 也是平移算符 $\hat{T}_{\boldsymbol{R}_I}$ 的本征函数，有本征值方程

$$\hat{T}_{\boldsymbol{R}_I}\psi(\boldsymbol{r}) = t_I\psi(\boldsymbol{r}) \tag{2.181}$$

此外，因为平移并不改变函数的形状，所以有

$$|\hat{T}_{\boldsymbol{R}_I}\psi(\boldsymbol{r})|^2 = |\psi(\boldsymbol{r})|^2$$

有

$$t_I = \pm 1$$

因此，周期性势场中的电子本征波函数满足

$$\psi(\boldsymbol{r}) = u(\boldsymbol{r})\mathrm{e}^{\mathrm{i}\boldsymbol{k}\cdot\boldsymbol{r}} \tag{2.182}$$

$$u(\boldsymbol{r}+\boldsymbol{L}) = u(\boldsymbol{r}) \tag{2.183}$$

式中:$\boldsymbol{L}$ 为任意格矢。上述形式称为 Blöch 波函数。该式表明,周期势场中,电子本征波函数为调幅周期函数,其包络线为 $e^{i\boldsymbol{k}\cdot\boldsymbol{r}}$。图 2.34 给出了一个具体的例子。

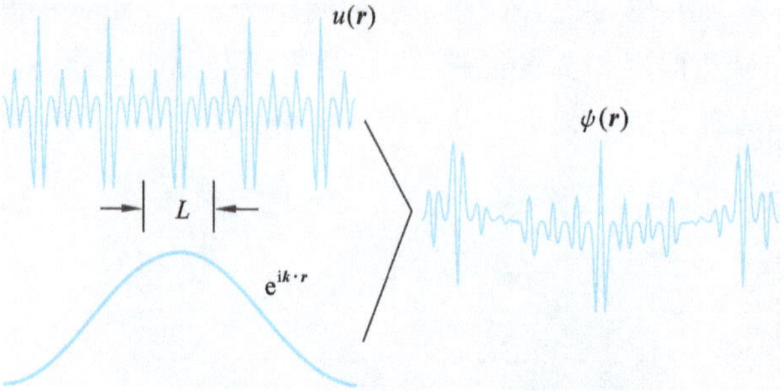

图 2.34 Blöch 波函数可以表示为一个周期函数与平面波的乘积

Blöch 定理是晶体平移对称性的直接结果。因为调幅项 $u(\boldsymbol{r})$ 的周期性,无限大晶体的电子结构可以利用实空间中一个单胞来表示。对固体物理的计算模拟而言,这无疑是一个非常有用的便利条件。

2.4.1.3 波恩-冯卡曼循环边界条件

严格来讲,平移对称性只在晶体无限大时才成立,而实际的晶体体积总是有限的。但是当表面处的原子数远小于晶体内部原子数时,表面效应可以忽略不计。此时需要设定一种特殊的边界条件,将平移对称性引入有限大晶体中。这就是著名的玻恩-冯卡曼循环边界条件(Born-von Karman cyclic boundary condition)。

考虑一块宏观尺度的晶体,沿单胞的三个基矢 $\boldsymbol{a}_1$、$\boldsymbol{a}_2$、$\boldsymbol{a}_3$ 分别重复 N_1、N_2 和 N_3 次。

波恩-冯卡曼循环边界条件要求晶体中的波函数 $\psi(\boldsymbol{r})$ 满足

$$\psi(\boldsymbol{r})=\psi(\boldsymbol{r}+N_1\boldsymbol{a}_1)=\psi(\boldsymbol{r}+N_2\boldsymbol{a}_2)=\psi(\boldsymbol{r}+N_3\boldsymbol{a}_3) \tag{2.184}$$

因为 $\psi(\boldsymbol{r})$ 必是 Blöch 波,所以有

$$e^{i\boldsymbol{k}\cdot N_1\boldsymbol{a}_1}=e^{i\boldsymbol{k}\cdot N_2\boldsymbol{a}_2}=e^{i\boldsymbol{k}\cdot N_3\boldsymbol{a}_3}=1 \tag{2.185}$$

式中:$\boldsymbol{k}$ 为波矢。实际上满足条件的 $\boldsymbol{k}$ 有无限多个,将式(2.185)中的 1 用复数形式等效表示为 $e^{i2\pi}$,则有

$$\boldsymbol{k}=\frac{m_1}{N_1}\boldsymbol{b}_1+\frac{m_2}{N_2}\boldsymbol{b}_2+\frac{m_3}{N_3}\boldsymbol{b}_3 \tag{2.186}$$

式中:m_i 为整数,且 $m_i\in[0,N_i)$;$\boldsymbol{b}_i$ 为倒空间基矢,由方程(2.175)给出。此时 $\boldsymbol{k}$ 的个数 N 有限,等于 $N_1\times N_2\times N_3$。因为 N_1、N_2、N_3 通常是很大的整数,所以这 N 个 $\boldsymbol{k}$ 点均匀而且密集地分布在第一布里渊区(FBZ)内。每个 $\boldsymbol{k}$ 点在倒空间内占据的体积为

$$\Delta\boldsymbol{k}_1\cdot(\Delta\boldsymbol{k}_2\times\Delta\boldsymbol{k}_3)=\frac{\boldsymbol{b}_1\cdot(\boldsymbol{b}_2\times\boldsymbol{b}_3)}{N_1N_2N_3}=\frac{(2\pi)^3}{N\Omega_{\text{cell}}}=\frac{(2\pi)^3}{V}$$

式中:V 为整块晶体的体积。根据与第 1 章矩形法计算积分类似的讨论,我们可以将第一布里渊区内对离散 $\boldsymbol{k}$ 点的求和转化为 $\boldsymbol{k}$ 的积分,即

$$\sum_{\boldsymbol{k}}f(\boldsymbol{k})=\frac{V}{(2\pi)^3}\int f(\boldsymbol{k})\mathrm{d}\boldsymbol{k} \tag{2.187}$$

这个关系式已出现在很多重要的推导中。

由波恩-冯卡曼循环边界条件还可引出下面两个常见的关系式：

$$\sum_{\boldsymbol{k}}^{\mathrm{FBZ}} \mathrm{e}^{\mathrm{i}\boldsymbol{k}\cdot(\boldsymbol{R}_i-\boldsymbol{R}_j)} = N_1 N_2 N_3 \delta_{ij} \tag{2.188}$$

$$\sum_{\boldsymbol{R}_i}^{V} \mathrm{e}^{\mathrm{i}(\boldsymbol{k}_l-\boldsymbol{k}_m)\cdot\boldsymbol{R}_i} = N_1 N_2 N_3 \delta_{lm} \tag{2.189}$$

原则上讲，$\mathrm{e}^{\mathrm{i}\boldsymbol{k}\cdot\boldsymbol{R}_i}$是平移算符 $\hat{T}_{\boldsymbol{R}_i}$ 的本征方程，因此也可以作为平移群的一个一维表示。所以上面这两个关系式的严格证明用到了群表示理论的若干定理和结论。考虑到本书没有涉及这方面的内容，所以这里不详加讨论，具体请参考文献[27]。以式(2.188)为例，可以给出一个比较简单的证明。

当 $\boldsymbol{R}_i=\boldsymbol{R}_j$ 时，方程(2.188)显然成立。否则，记

$$\boldsymbol{R}_i-\boldsymbol{R}_j=\boldsymbol{R}_{ij}=u\boldsymbol{a}_1+v\boldsymbol{a}_2+w\boldsymbol{a}_3$$

u、v、w 中至少有一个不为零。因为 $\boldsymbol{k}$ 点在布里渊区中均匀分布，所以求和可以写为

$$\sum_{\boldsymbol{k}}^{\mathrm{FBZ}} \mathrm{e}^{\mathrm{i}\boldsymbol{k}\cdot\boldsymbol{R}_{ij}} = \sum_{m_1=0}^{N_1-1} \mathrm{e}^{\mathrm{i}\frac{m_1}{N_1}u\,\boldsymbol{b}_1\cdot\boldsymbol{a}_1} \sum_{m_2=0}^{N_2-1} \mathrm{e}^{\mathrm{i}\frac{m_2}{N_2}v\,\boldsymbol{b}_2\cdot\boldsymbol{a}_2} \sum_{m_3=0}^{N_3-1} \mathrm{e}^{\mathrm{i}\frac{m_3}{N_3}w\,\boldsymbol{b}_3\cdot\boldsymbol{a}_3}$$

即三个等比数列求和结果的连乘。若 $u\neq 0$，则第一个等比数列求和为

$$\sum_{m_1=0}^{N_1-1} \mathrm{e}^{\mathrm{i}\frac{m_1}{N_1}u\boldsymbol{b}_1\cdot\boldsymbol{a}_1} = \frac{\mathrm{e}^{\mathrm{i}2u\pi}-1}{\mathrm{e}^{\mathrm{i}2\pi\frac{u}{N_1}}-1} = 0$$

对于 $v\neq 0$ 和 $w\neq 0$ 的情况，有相同的讨论。因此方程(2.188)得证。对方程(2.189)可做类似的证明。

2.4.2　空晶格模型与第一布里渊区

2.4.1.1 节中引入了一个在固体物理中占有极重要地位的概念——布里渊区。下面用空晶格模型以及 Blöch 定理说明布里渊区，尤其是第一布里渊区的重要性。

空晶格模型下，因为 $V(\boldsymbol{r})\equiv 0$，所以哈密顿量中只包含动能项 $-\frac{\hbar^2}{2m}\nabla^2$，相当于自由空间，所以易解得电子波函数为平面波 $\mathrm{e}^{\mathrm{i}\boldsymbol{k}\cdot\boldsymbol{r}}$，本征能级 $\varepsilon(\boldsymbol{k})=\frac{\hbar^2}{2m}|\boldsymbol{k}|^2$。由于体系有周期性，所以电子波函数同时应该符合 Blöch 波函数的形式。若实空间内的格矢为 $\boldsymbol{R}_n$，则很明显 $u(\boldsymbol{r})$可取 $u(\boldsymbol{r})=\mathrm{e}^{\mathrm{i}\boldsymbol{G}_m\cdot\boldsymbol{r}}$，$m$ 为任意整数，$\boldsymbol{G}_m$ 为倒格矢。所以，空晶格模型下，电子的本征波函数为

$$\psi(\boldsymbol{k},\boldsymbol{r})=\mathrm{e}^{\mathrm{i}(\boldsymbol{k}+\boldsymbol{G}_m)\cdot\boldsymbol{r}} \tag{2.190}$$

显然，通过平移算符，所有 $\boldsymbol{k}'=\boldsymbol{k}+\boldsymbol{G}_m$ 都与 $\boldsymbol{k}$ 联系起来，即都是 $\boldsymbol{k}$ 的等价点。式(2.190)也表明，倒空间中任意一个倒格矢均可以作为原点，这与空间中 $\boldsymbol{0}$ 点不确定是一致的。因此，如果想描述 $\varepsilon(\boldsymbol{k})$，可以首先选择倒空间中某个格矢为 $\boldsymbol{0}$ 点，一般称之为 Γ 点，然后利用倒空间的周期性，只研究第一布里渊区内的波函数或者本征能

级随 $\boldsymbol{k}$ 点变化的情况。图 2.35 给出了一维格子的扩展和简约布里渊区的能带结构。这意味着第一布里渊区内的 $\boldsymbol{k}_i$ 点,代表了倒空间中所有符合 $\boldsymbol{k}_i+\boldsymbol{G}_m$ 的点。为了保证对倒空间描述的完备性,每一个 $\boldsymbol{k}_i$ 点均有一套本征波函数$\{\psi_n(\boldsymbol{k}_i)\}$,其中下标 n 称为能带指标。由图 2.36 可以清楚地看到,能带指标 n 与第一布里渊区内 $\boldsymbol{k}_i$ 的等价点 $\boldsymbol{k}_i+\boldsymbol{G}_m$ 所在的第 n 布里渊区相对应。

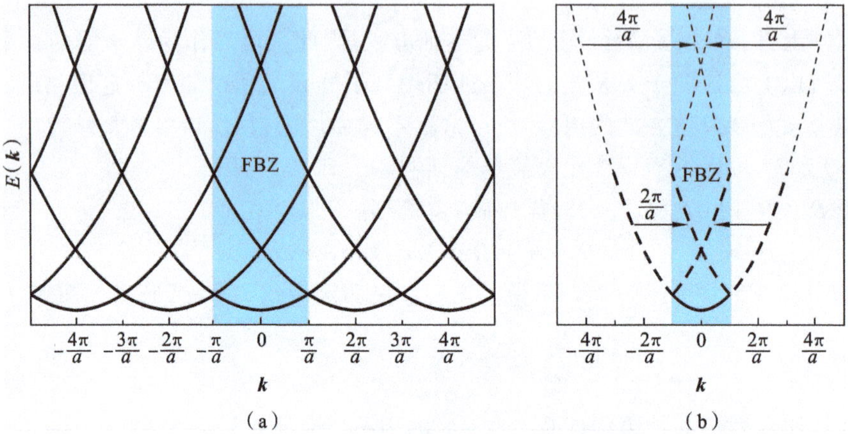

图 2.35 一维格子的重复与简约布里渊区的能带结构

(a) 一维格子的重复;(b) 简约布里渊区的能带结构

注:第一布里渊区用蓝色标出;图(b)中,粗实线、细虚线和粗虚线分别代表经过 0、1、2 次折叠返回第一布里渊区的部分

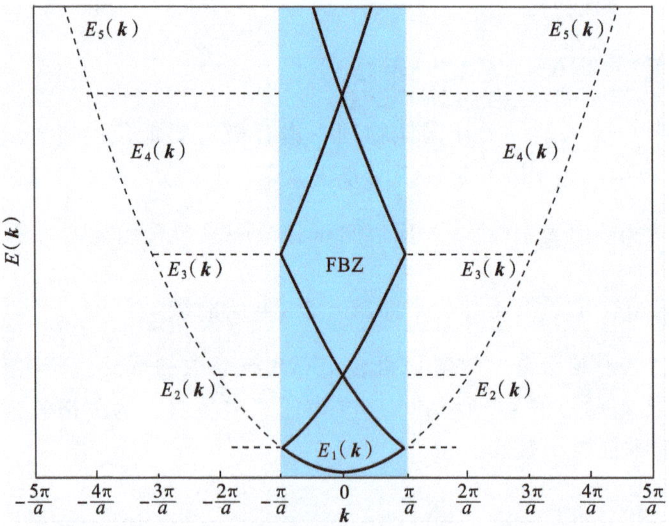

图 2.36 一维格子能带指标与扩展布里渊区关系示意

注:第一布里渊区用蓝色标出。虚线为扩展布里渊区自由电子的色散曲线,实线为相应的简约布里渊区的能带结构。图中示出了不同能带 $E_n(\boldsymbol{k})$和第一到第五布里渊区

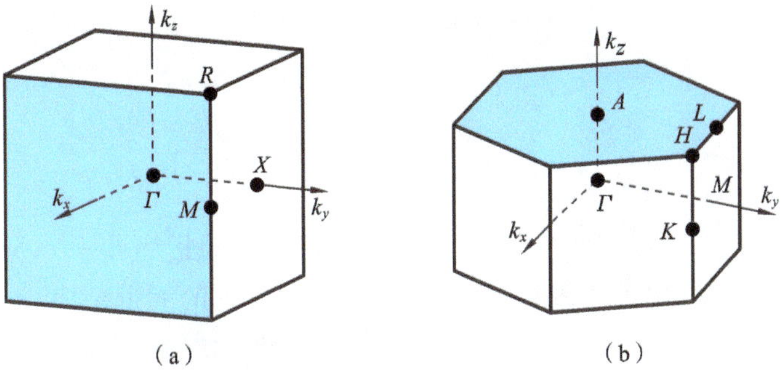

图 2.37　简立方晶体和 HCP 晶体的第一布里渊区及典型高对称点

(a) 简立方晶体的第一布里渊区及典型高对称点；(b) HCP 晶体的第一布里渊区及典型高对称点

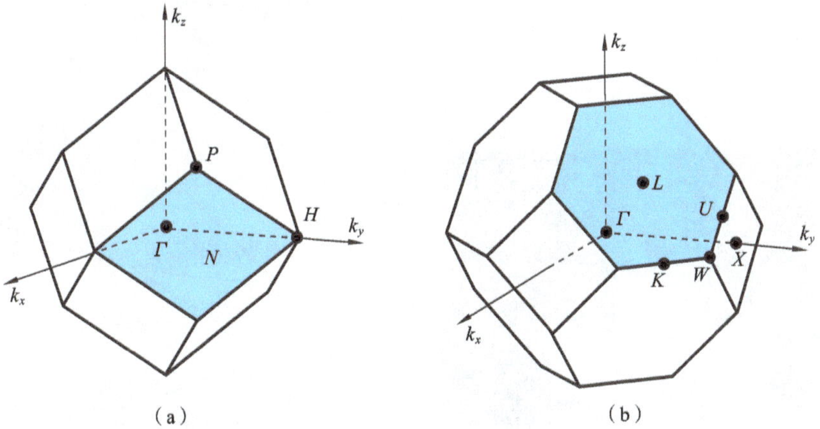

图 2.38　BCC 和 FCC 晶体的第一布里渊区及典型高对称点

(a) BCC 晶体的第一布里渊区及典型高对称点；(b) FCC 晶体的第一布里渊区及典型高对称点

一维情况下第一布里渊区与整个倒空间的关系同样适用于二维以及三维情况。图 2.37 和图 2.38 中给出了几种常见晶体结构的第一布里渊区。传统上，二维体系并未引起广泛的兴趣。但是近年来随着表面技术的兴起，二维体系的布里渊区和对称性也得到了越来越多的关注。图 2.39 给出了二维正方格子的第一到第六布里渊区。多维情况下，第一布里渊区和整个倒空间的映射关系较一维情况要复杂得多。相应地，多维体系第一布里渊区中的能带结构也要较一维情况复杂得多。图 2.40 给出了 FCC 空晶格第一布里渊区内沿高对称线 Δ 由 Γ 点到 X 点的能带结构。可以看到，不同能带间出现了交叉。这是因为二维以及三维体系的第一布里渊区中的每个点，都通过不同的倒格矢 $\boldsymbol{G}$ 与倒空间中其他的点联系起来。因为不同的 $\boldsymbol{G}$ 彼此不共线，所以即使能带指标相同，仍然需要额外的参量来描述该能带相对应的倒格矢 $\boldsymbol{G}$。在本例中，FCC 晶格对应的倒格矢为

$$\boldsymbol{G}=h\boldsymbol{b}_1+k\boldsymbol{b}_2+l\boldsymbol{b}_3=\frac{2\pi}{a}[h(\hat{\boldsymbol{x}}+\hat{\boldsymbol{y}}-\hat{\boldsymbol{z}})+k(-\hat{\boldsymbol{x}}+\hat{\boldsymbol{y}}+\hat{\boldsymbol{z}})+l(\hat{\boldsymbol{x}}-\hat{\boldsymbol{y}}+\hat{\boldsymbol{z}})] \tag{2.191}$$

因此对空晶格而言，沿高对称线 Δ 的能量 $E(\boldsymbol{k})$ 可以表示为

$$E(\boldsymbol{k})=\frac{\hbar}{2m}[(k_x+G_x)^2+G_y^2+G_z^2]$$
$$=\frac{\hbar^2}{2m}\left(\frac{2\pi}{a}\right)^2[(u+h-k+l)^2+(h+k-l)^2+(-h+k+l)^2] \tag{2.192}$$

式中：u 是由 Γ 点到 X 点的分数坐标。很明显，倒格矢的指标 h、k、l 不同，$E(\boldsymbol{k})$ 关于 u 的函数形式也不同，由此导致了如图 2.40 所示的复杂的能带结构。

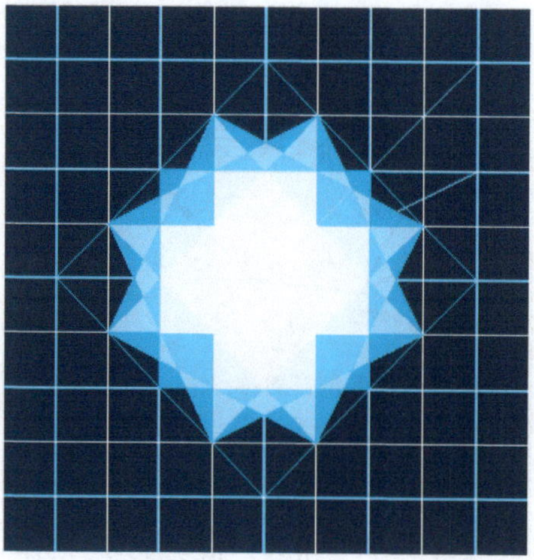

图 2.39　二维正方格子前六个布里渊区示意图

注：第一布里渊区用白色标出

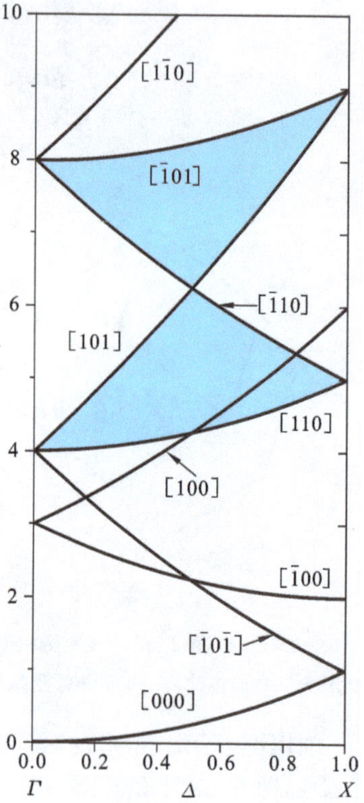

图 2.40　FCC 空晶格第一布里渊区内沿高对称线 Δ 由 Γ 点到 X 点的能带结构

注：能量 $E(\boldsymbol{k})$ 的单位为 $\hbar^2(2\pi)^2/(2ma^2)$；[hkl]代表倒格矢 $\boldsymbol{G}$

2.4.3　近自由电子近似与能带间隙

空晶格模型中离子对 Blöch 波函数没有任何作用。这样的模型显然不合理。设体系中晶格势较弱，则我们可以将空晶格模型改进为近自由电子模型[28]。

显然，晶格势函数 $V(\boldsymbol{r})$ 应该拥有与晶体结构一致的对称性和周期性，因此可将其展开为傅里叶级数：

$$V(\boldsymbol{r}) = V_0 + \sum_{n\neq 0} V(\boldsymbol{G}_n)\exp(\mathrm{i}\boldsymbol{G}_n \cdot \boldsymbol{r}) \tag{2.193}$$

而波函数 ψ 同样可以利用 Blöch 定理展为傅里叶级数：

$$\psi(\boldsymbol{k},\boldsymbol{r}) = \frac{1}{\sqrt{\Omega}}\exp(\mathrm{i}\boldsymbol{k}\cdot\boldsymbol{r})\sum_m u(\boldsymbol{G}_m)\exp(\mathrm{i}\boldsymbol{G}_m \cdot \boldsymbol{r}) \tag{2.194}$$

因为晶格势较弱，所以方程(2.193)中除 V_0 以外的各项都可以作为微扰项处理。零级近似即为空晶格模型，零级波函数则为

$$u(0)=1,\quad u(\boldsymbol{G}_m)=0\quad (m\neq 0)$$

显然，零级波即为平面波。

现在考虑 $V(\boldsymbol{G}_m)$ 的影响。将式(2.193)及式(2.194)代入薛定谔方程，有

$$\frac{1}{\sqrt{\Omega}}\sum_m\left[\frac{\hbar^2}{2m}|\boldsymbol{k}+\boldsymbol{G}_m|^2 - E(\boldsymbol{k})\sum_l V(\boldsymbol{G}_l)\exp(\mathrm{i}\boldsymbol{G}_l\cdot\boldsymbol{r})\right]u(\boldsymbol{G}_m)\exp[\mathrm{i}(\boldsymbol{k}+\boldsymbol{G}_m)\cdot\boldsymbol{r}] = 0 \tag{2.195}$$

将式(2.195) 左乘 $\frac{1}{\sqrt{\Omega}}\exp[-\mathrm{i}(\boldsymbol{k}+\boldsymbol{G}_n)\cdot\boldsymbol{r}]$ 并在 Ω 内积分，考虑到正交条件

$$\frac{1}{\Omega}\int_\Omega \exp(\mathrm{i}\boldsymbol{G}\cdot\boldsymbol{r}) = \delta_{G0} \tag{2.196}$$

则得

$$\left[\frac{\hbar^2}{2m}|\boldsymbol{k}+\boldsymbol{G}_n|^2 - E(\boldsymbol{k})\right]u(\boldsymbol{G}_n) + \sum_m V(\boldsymbol{G}_n-\boldsymbol{G}_m)u(\boldsymbol{G}_m) = 0 \tag{2.197}$$

即 $V(\boldsymbol{r})$ 中只有满足 $\boldsymbol{G}_l=\boldsymbol{G}_n-\boldsymbol{G}_m$ 的分量才不为 0[29]。式(2.197)表明，因为弱晶体势的存在，Blöch 波的各个分量彼此关联在一起。

在式(2.197)中取 $E(\boldsymbol{k})=\frac{\hbar^2 k^2}{2m}$，且求和项中只取 $u(0)$ 这一项，则有

$$u(\boldsymbol{G}_n) = -\frac{V(\boldsymbol{G}_n)}{\frac{\hbar^2}{2m}[(\boldsymbol{k}+\boldsymbol{G}_n)^2-k^2]} \tag{2.198}$$

式(2.198)表明，当 $\boldsymbol{k}$ 靠近布里渊区边界时，$k^2\approx|\boldsymbol{k}+\boldsymbol{G}_n|^2$，因此式(2.198)的分母近似为零，则 $u(\boldsymbol{G}_n)$ 非常大，$\exp(\mathrm{i}\boldsymbol{k}\cdot\boldsymbol{r})$ 和 $\exp[\mathrm{i}(\boldsymbol{k}+\boldsymbol{G}_m)\cdot\boldsymbol{r}]$ 两个态在该处简并。此时不能用前面的微扰法进行处理，而应利用量子力学中对于简并微扰的方法进行计算。取上述在布里渊区边界处简并的两个态，由方程(2.197)，有

$$\begin{gathered}\left[\frac{\hbar^2}{2m}k^2 - E(\boldsymbol{k})\right]u(0) + V(-\boldsymbol{G}_n)u(\boldsymbol{G}_n) = 0 \\ \left[\frac{\hbar^2}{2m}|\boldsymbol{k}+\boldsymbol{G}_n|^2 - E(\boldsymbol{k})\right]u(\boldsymbol{G}_n) + V(\boldsymbol{G}_n)u(0) = 0\end{gathered} \tag{2.199}$$

解上述方程组，考虑到 $V(-\boldsymbol{G}_n)=V^*(\boldsymbol{G}_n)$，即得弱晶格势下近自由电子气的能带关系为

$$E(\boldsymbol{k}) = \frac{1}{2}\left\{\left[\frac{\hbar^2k^2}{2m}+\frac{\hbar^2|\boldsymbol{k}+\boldsymbol{G}_n|^2}{2m}\right]\pm\left[\left(\frac{\hbar^2k^2}{2m}-\frac{\hbar^2|\boldsymbol{k}+\boldsymbol{G}_n|^2}{2m}\right)^2+4|V(\boldsymbol{G}_n)|^2\right]^{1/2}\right\} \tag{2.200}$$

由方程(2.200)不难得出，在布里渊区边界处，即当 $\boldsymbol{k}$ 满足布拉格散射条件式

(2.179)时,有

$$E_{\pm}=\frac{\hbar^2k^2}{2m}\pm|V(\boldsymbol{G}_n)| \tag{2.201}$$

因此,与空晶格模型相比,近自由电子气模型的色散曲线在布里渊区边界处会发生“断裂”,即产生能隙 $E_g=2|V(\boldsymbol{G}_n)|$,在这个能量范围内,不允许有任何电子态存在。

有必要对方程(2.200)做进一步的讨论。主要讨论两种极端情况:① 靠近布里渊区边界处,此时$(\hbar^2/2m)(k^2-|\boldsymbol{k}+\boldsymbol{G}_n|^2)\ll|V(\boldsymbol{G}_n)|$;② 远离布里渊区边界处,此时$(\hbar^2/2m)(k^2-|\boldsymbol{k}+\boldsymbol{G}_n|^2)\gg|V(\boldsymbol{G}_n)|$。这里仅讨论一维情况。为了方便讨论,首先将方程(2.200)改写为更简单的形式。一维情况下,将 k 以及 $k+G_n$ 分别表示为各自相对于布里渊区边界的偏离,即

$$\begin{cases}k=\dfrac{n\pi}{a}-\Delta k\\[2ex] k+G_n=\dfrac{n\pi}{a}+\Delta k\end{cases} \tag{2.202}$$

式中:$m\pi/a$ 即为各布里渊区的边界。引入

$$E_n=\frac{n^2\hbar^2\pi^2}{2ma^2} \tag{2.203}$$

将式(2.202)及式(2.203)代入方程(2.200),则有

$$E(k)=E_n+\frac{\hbar^2\Delta k^2}{2m}\pm\frac{1}{2}\left[16E_n\frac{\hbar^2\Delta k^2}{2m}+4|V(\boldsymbol{G}_n)|^2\right]^{1/2} \tag{2.204}$$

对于靠近布里渊区边界的情况,Δk 较小,将方程(2.204)中的二次方根项关于$(4E_n\hbar^2\Delta k^2/2m)/|V(\boldsymbol{G}_n)^2|$做泰勒展开,保留至 Δk^2 项,则有

$$E(k)=E_n+\frac{\hbar^2\Delta k^2}{2m}\pm|V(\boldsymbol{G}_n)|\left[1+\frac{2E_n}{|V(\boldsymbol{G}_n)|^2}\frac{\hbar^2\Delta k^2}{2ma^2}\right] \tag{2.205}$$

这表明,靠近布里渊边界处,$E(k)$均以抛物线形式逼近极限值式(2.201)。

对于远离布里渊区边界的情况,Δk 较大,将方程(2.204)中的二次方根项关于$\dfrac{|V(\boldsymbol{G}_n)|^2}{4E_n\hbar\Delta k^2/2m}$做泰勒展开,保留至 Δk^2 项,则有

$$E(k)=\begin{cases}\dfrac{\hbar^2k^2}{2m}-\dfrac{ma|V(\boldsymbol{G}_n)|^2}{2\hbar^2n\pi\Delta k}\\[2ex] \dfrac{\hbar^2(k+G_n)^2}{2m}+\dfrac{ma|V(\boldsymbol{G}_n)|^2}{2\hbar^2n\pi\Delta k}\end{cases} \tag{2.206}$$

与自由电子气的结果相比可知,式(2.206)对于弱晶体场的效果是将高能级上移一个小量,而将低能级下移一个小量。这实际上代表了两个轨道的杂化。

为了获得更直观的图像,一维晶体场可以用 Mathieu 势表示:$V(r)=-V_0\cos(2\pi r/a)$,取 $V_0=0.1E_1$。显然,其傅里叶分量仅有一个,即$-V_0$。将其代入久期方程(2.197)中,可得一个三对角的 N 阶联立方程组:

$$\left[\frac{\hbar^2}{2m}|k+\boldsymbol{G}_n|^2-E(k)\right]u(G_n)-V_0u(G_{n-1})-V_0u(G_{n+1})=0 \tag{2.207}$$

由该方程组可以求得能量函数 $E(k)$的精确结果，如图 2.41 所示。由图可见，外周期场 $V(r)$将引发布里渊区边界处能带分裂，出现能隙 $E_g=2V_0$。更为详细的讨论请参看文献[30]。

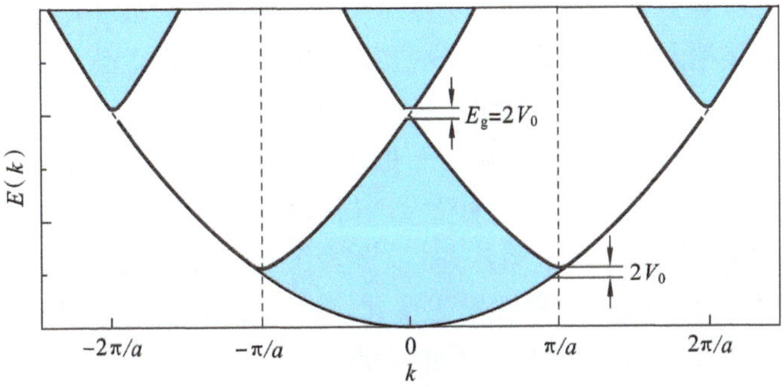

图 2.41 近自由电子气模型下一维格子的能带图

2.4.4 晶体能带结构

从 2.4.3 节的讨论中可以知道，即使是三维空晶格，相应的能带结构也十分复杂。而在实际三维晶体中，因为原子间相互作用往往非常复杂，无法用解析式表达，所以体系的能带结构只能通过数值计算得出。因为在三维倒空间内波矢 $\boldsymbol{k}$ 有三个分量，这使得能量 $E(\boldsymbol{k})$成为一个三元函数，其可视化就成为一个非常困难的问题。通常情况下需要做一条连接第一布里渊区中若干高对称点的回路，计算该回路上各 $\boldsymbol{k}$ 点的能量 $E_i(\boldsymbol{k})$，再将该回路展为与一维情况(见图 2.41)类似的能带图。作为例子，图 2.42 给出了 FCC 结构铜的能带结构。

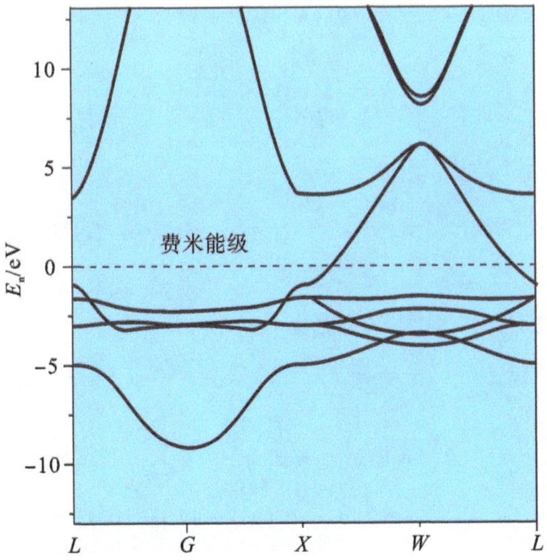

图 2.42 FCC 结构铜的能带图

2.4.5 介电函数

介电函数表明体系对于外场的响应，因此在相互作用电子气、外势场输运、光吸收等研究领域内有着重要的应用。其严格的、非局域情况的推导比较复杂，本节只考虑实验中可以直接测量的宏观介电函数 ε，并给出详细推导过程。为简单起见，首先考虑自由空间中的电子气，无微扰时哈密顿算符为 $H_0=-\nabla^2/2$，本征波函数为平面波函数，记为 $|\boldsymbol{k}\rangle=\Omega^{-1/2}\mathrm{e}^{\mathrm{i}\boldsymbol{k}\cdot\boldsymbol{r}}$，而相应的密度算符 ρ^0 满足

$$\rho^0|\boldsymbol{k}\rangle=2f(E_k)|\boldsymbol{k}\rangle \tag{2.208}$$

式中：$f(E_k)$是费米-狄拉克分布函数；系数 2 表示电子的自旋简并度。现在设加入微扰 $V_{\mathrm{i}}(r,t)$，由此导致电子气密度发生变化，有 $\rho=\rho^0+\rho^1$，而电子气的变化会产生屏蔽势 $V_{\mathrm{s}}(r,t)$，因此加入微扰后，体系的哈密顿算符为

$$H=H_0+V(r,t) \tag{2.209}$$

式中：$V(r,t)$称为自洽势，$V(r,t)=V_{\mathrm{i}}(r,t)+V_{\mathrm{s}}(r,t)$。该体系电子气变化遵循刘维尔方程

$$\mathrm{i}\hbar(\partial\rho/\partial t)=[H,\rho] \tag{2.210}$$

为了求解式(2.210)，首先将 H 与 ρ 的表达式代入其中，并做线性化处理，即略去 $V\rho^1$ 项，且引入物理量的傅里叶分析，即

$$\mathcal{O}(r,t)=\sum_q \boldsymbol{O}(\boldsymbol{q},t)\mathrm{e}^{\mathrm{i}\boldsymbol{q}\cdot\boldsymbol{r}} \tag{2.211}$$

此外，注意到 H_0 和 ρ^0 有相同的本征矢，因此$[H_0,\rho^0]=0,\rho^0=0$。

综上所述，在$\{|\boldsymbol{k}\rangle\}$下展开方程(2.210)，有

$$\begin{aligned}\mathrm{i}\hbar\frac{\partial}{\partial t}\langle\boldsymbol{k}'|\rho^1|\boldsymbol{k}\rangle&=\langle\boldsymbol{k}'|[H_0,\rho^1]|\boldsymbol{k}\rangle+\langle\boldsymbol{k}'|[V,\rho^0]|\boldsymbol{k}\rangle\\&=(E_{k'}-E_k)\langle\boldsymbol{k}'|\rho^1|\boldsymbol{k}\rangle+2[f(E_k)-f(E_{k'})]\langle\boldsymbol{k}'|V|\boldsymbol{k}\rangle\end{aligned} \tag{2.212}$$

由式(2.211)可知，$\langle\boldsymbol{k}+\boldsymbol{q}|V\ |\boldsymbol{k}\rangle=V(\boldsymbol{q},t)$。因此

$$\mathrm{i}\hbar\frac{\partial}{\partial t}\langle\boldsymbol{k}+\boldsymbol{q}|\rho^1|\boldsymbol{k}\rangle=(E_{k+q}-E_k)\langle\boldsymbol{k}+\boldsymbol{q}|\rho^1|\boldsymbol{k}\rangle+2[f(E_k)-f(E_{k+q})]V(\boldsymbol{q},t) \tag{2.213}$$

这里应用了无规相近似(random phase approximation，RPA)方法。在该近似下，ρ^1 的 $\boldsymbol{q}$ 分量只与 $V(\boldsymbol{q})$有关。

另一方面，V_{i} 引起的电子密度的变化 $\delta\rho$ 为

$$\begin{aligned}\delta\rho&=\mathrm{tr}\{\delta(\boldsymbol{r}-\boldsymbol{r}_0)\rho^1\}=\sum_{k,k'}\langle\boldsymbol{k}'\mid\delta(\boldsymbol{r}-\boldsymbol{r}_0)\mid\boldsymbol{k}\rangle\langle\boldsymbol{k}\mid\rho^1\mid\boldsymbol{k}\rangle\\&=\sum_q\frac{\mathrm{e}^{-\mathrm{i}\boldsymbol{q}\cdot\boldsymbol{r}}}{\Omega}\sum_k\langle\boldsymbol{k}\mid\rho^1\mid\boldsymbol{k}+\boldsymbol{q}\rangle=\sum_q\mathrm{e}^{-\mathrm{i}\boldsymbol{q}\cdot\boldsymbol{r}}\delta\rho(\boldsymbol{q},t)\end{aligned} \tag{2.214}$$

假设 $V_{\mathrm{i}}(\boldsymbol{q},t)$通过方式 $V_{\mathrm{i}}(\boldsymbol{q},0)\mathrm{e}^{-\mathrm{i}\omega t}\mathrm{e}^{\alpha t}$ 绝热地加入体系，即 $\alpha\to 0$，可以认为 $\langle\boldsymbol{k}+\boldsymbol{q}|\rho^1|\boldsymbol{k}\rangle$也遵循同样的含时变化，即

$$\langle\boldsymbol{k}+\boldsymbol{q}|\rho^1|\boldsymbol{k}\rangle=\langle\boldsymbol{k}+\boldsymbol{q}|\rho^1|\boldsymbol{k}\rangle|_{t=0}\mathrm{e}^{-\mathrm{i}\omega t}\mathrm{e}^{\alpha t} \tag{2.215}$$

将式(2.214)以及式(2.215)代入式(2.213)，可得

$$\langle \boldsymbol{k}+\boldsymbol{q}|\rho^1|\boldsymbol{k}\rangle=\frac{2[f(E_{k+q})-f(E_k)]}{E_{k+q}-E_k-\hbar\omega-\mathrm{i}\hbar\alpha}V(\boldsymbol{q},t) \tag{2.216}$$

根据定义，介电函数 $\varepsilon(\boldsymbol{q},\omega)$满足

$$P(\boldsymbol{q},t)=\frac{1}{4\pi}[\varepsilon(\boldsymbol{q},\omega)-1]\mathscr{E}(\boldsymbol{q},t) \tag{2.217}$$

式中：$P(\boldsymbol{q},t)$和 $\mathscr{E}(\boldsymbol{q},t)$分别为体系的极化场和电场强度函数。这两个量分别与 $\delta\rho$ 以及 V 有关，即

$$\begin{cases}\nabla\cdot P(\boldsymbol{q},t)=e\delta\rho\\ e\mathscr{E}=\nabla V\end{cases} \tag{2.218}$$

相应的傅里叶变换为

$$\begin{cases}-\mathrm{i}qP(\boldsymbol{q},t)=e\delta\rho(\boldsymbol{q},t)\\ e\mathscr{E}(\boldsymbol{q},t)=-\mathrm{i}qV(\boldsymbol{q},t)\end{cases} \tag{2.219}$$

将式(2.216)、式(2.219)代入式(2.217)，可得

$$\begin{aligned}\varepsilon(\boldsymbol{q},\omega)&=1+4\pi\frac{P(\boldsymbol{q},t)}{\mathscr{E}(\boldsymbol{q},t)}=1-4\pi\frac{e^2}{q^2}\frac{\delta\rho(\boldsymbol{q},t)}{V(\boldsymbol{q},t)}\\&=1-\lim_{\alpha\to0}\frac{8\pi e^2}{\Omega q^2}\sum_k\frac{f(E_{k+q})-f(E_k)}{E_{k+q}-E_k-\hbar\omega-\mathrm{i}\hbar\alpha}\end{aligned} \tag{2.220}$$

根据恒等式

$$\lim_{\eta\to0}\frac{1}{z\pm\mathrm{i}\eta}\equiv P\frac{1}{z}\mp\mathrm{i}\pi\delta(z) \tag{2.221}$$

可将介电函数表达式(2.220)的实部和虚部分别写出，即

$$\begin{cases}\varepsilon_1(\boldsymbol{q},\omega)=1-\dfrac{8\pi e^2}{\Omega q^2}\displaystyle\sum_k\frac{f(E_{k+q})-f(E_k)}{E_{k+q}-E_k-\hbar\omega}\\ \varepsilon_2(\boldsymbol{q},\omega)=\dfrac{8\pi e^2}{\Omega q^2}\displaystyle\sum_k[f(E_{k+q})-f(E_k)]\delta(E_{k+q}-E_k-\hbar\omega)\end{cases} \tag{2.222}$$

因为上述推导过程中假设外势场随时间变化，因此 $\varepsilon(\boldsymbol{q},\omega)$又称为动态宏观介电函数(简称动态介电函数)，而相应的静态宏观介电函数(简称静态介电函数)为

$$\varepsilon(\boldsymbol{q})=1-\frac{8\pi e^2}{\Omega q^2}\sum_k\frac{f(E_{k+q})-f(E_k)}{E_{k+q}-E_k} \tag{2.223}$$

直接给出自由电子气模型以及 RPA 近似下的静态介电函数的 Lindhard 公式[31]：

$$\varepsilon_1(q)=1+\frac{2me^2k_F}{\pi\hbar^2q^2}\left(1+\frac{4k_F^2-q^2}{4k_Fq}\ln\left|\frac{2k_F+q}{2k_F-q}\right|\right) \tag{2.224}$$

可以证明，当 $q\to0$ 时，式(2.224)给出了自由电子气中原点处带单位电荷的粒子引起的屏蔽库仑势 $V(r)\propto e^{-\lambda/r}/r$。

很多情况下，可以进行变量代换，即 $\boldsymbol{k}+\boldsymbol{q}\to-\boldsymbol{k}'$，并将 $\boldsymbol{k}'$重新命名为 $\boldsymbol{k}$，而将方程(2.220)重新写为[31]：

$$\varepsilon(\boldsymbol{q},\omega)=1+\lim_{\alpha\to 0}\frac{8\pi e^2}{\Omega q^2}\left(\frac{f(E_k)}{E_{k+q}-E_k+\hbar\omega+\mathrm{i}\hbar\alpha}+\frac{f(E_k)}{E_{k+q}-E_k-\hbar\omega-\mathrm{i}\hbar\alpha}\right) \tag{2.225}$$

括号中的两项分别表示吸收和发射准粒子的情况。

在固体中，体系的本征波函数为 Blöch 波，记为

$$|\boldsymbol{k}l\rangle=\Omega^{-1/2}u_{k,l}(\boldsymbol{r})\mathrm{e}^{\mathrm{i}\boldsymbol{k}\cdot\boldsymbol{r}} \tag{2.226}$$

介电函数有类似的推导。但是因为本征函数的变化，所以方程(2.212)、方程(2.214)等相应地也要发生变化。具体而言[32,33]，

$$\begin{aligned}\langle \boldsymbol{k}l\mid V(\boldsymbol{r},t)\mid \boldsymbol{k}+\boldsymbol{q}l'\rangle &= \Omega^{-1}\sum_{q'}\int \mathrm{e}^{-\mathrm{i}\boldsymbol{k}\cdot\boldsymbol{r}}V(\boldsymbol{q}',t)\mathrm{e}^{-\mathrm{i}\boldsymbol{q}'\cdot\boldsymbol{r}}\mathrm{e}^{\mathrm{i}\boldsymbol{k}+\boldsymbol{q}\cdot\boldsymbol{r}}u_{kl}^{*}(\boldsymbol{r})_{u_k+ql'}(\boldsymbol{r})\mathrm{d}\boldsymbol{r}\\ &=\frac{N}{\Omega}V(\boldsymbol{q},t)\int_{\Omega_0}u_{kl}^{*}(\boldsymbol{r})u_{k+ql'}(\boldsymbol{r})\mathrm{d}\boldsymbol{r}=\frac{V(\boldsymbol{q},t)}{\Omega_0}\int_{\Omega_0}u_{kl}^{*}(\boldsymbol{r})u_{k+ql'}(\boldsymbol{r})\mathrm{d}\boldsymbol{r}\\ &=(\boldsymbol{k}l\mid \boldsymbol{k}+\boldsymbol{q}l')V(\boldsymbol{q},t)\end{aligned} \tag{2.227}$$

其中，$(\boldsymbol{k}l\mid \boldsymbol{k}+\boldsymbol{q}l')$ 的积分仅在一个体积为 Ω_0 的单胞内进行。类似地，$\delta\rho$ 可写为

$$\begin{aligned}\delta\rho(\boldsymbol{r}) &= \mathrm{tr}\{\delta(\boldsymbol{r}-\boldsymbol{r}_0)\rho^1\}=\sum_{k,q',l,l'}\langle \boldsymbol{k}+\boldsymbol{q}'l'\mid\delta(\boldsymbol{r}-\boldsymbol{r}_0)\mid\boldsymbol{k}l\rangle\langle\boldsymbol{k}l\mid\rho^1\mid\boldsymbol{k}+\boldsymbol{q}'l'\rangle\\ &=\Omega^{-1}\sum_{q'}\mathrm{e}^{-\boldsymbol{q}'\cdot\boldsymbol{r}}\sum_{k,l,l'}u_{k+q'l'}^{*}(\boldsymbol{r})u_{kl}(\boldsymbol{r})\langle\boldsymbol{k}l\mid\rho^1\mid\boldsymbol{k}+\boldsymbol{q}'l'\rangle\end{aligned} \tag{2.228}$$

由此可得

$$\begin{aligned}\delta\rho(\boldsymbol{q}) &= \Omega^{-1}\int\delta\rho(\boldsymbol{r})\mathrm{e}^{\mathrm{i}\boldsymbol{q}\cdot\boldsymbol{r}}\mathrm{d}\boldsymbol{r}=\sum_{k,l,l'}\Omega^{-1}\int u_{k+ql'}^{*}(\boldsymbol{r})u_{kl}(\boldsymbol{r})\mathrm{d}\boldsymbol{r}\langle\boldsymbol{k}l\mid\rho^1\mid\boldsymbol{k}+\boldsymbol{q}l'\rangle\\ &=\Omega^{-1}\sum_{k,l,l'}(\boldsymbol{k}l\mid\boldsymbol{k}+\boldsymbol{q}l'\mid)\langle\boldsymbol{k}l\mid\rho^1\mid\boldsymbol{k}+\boldsymbol{q}l'\rangle\end{aligned} \tag{2.229}$$

将式(2.227)与式(2.229)代入方程(2.220)，可得介电函数为

$$\varepsilon(\boldsymbol{q},\omega)=1-\lim_{\alpha\to 0}\frac{8\pi e^2}{\Omega q^2}\sum_{k,l,l'}|(\boldsymbol{k}l\mid\boldsymbol{k}+\boldsymbol{q}l')|^2\frac{f(E_{k+q,l'})-f(E_{k,l})}{E_{k+q,l'}-E_{k,l}-\hbar\omega+\mathrm{i}\hbar\alpha} \tag{2.230}$$

方程(2.230)虽然很严格，但是很多情况下体系的本征波函数并不显式地表示为 Blöch 波函数的形式，因此，有必要写出 $\varepsilon(\boldsymbol{q},\omega)$ 更为普遍的形式[31,34]：

$$\varepsilon(\boldsymbol{q},\omega)=1-\lim_{\alpha\to 0}\frac{8\pi e^2}{\Omega q^2}\sum_{k,l,l'}|(\boldsymbol{k}+\boldsymbol{q},l'\mid\mathrm{e}^{\mathrm{i}\boldsymbol{q}\cdot\boldsymbol{r}}\mid\boldsymbol{k},l)|^2\frac{f(E_{k+q,l'})-f(E_{k,l})}{E_{k+q,l'}-E_{k,l}-\hbar\omega-\mathrm{i}\hbar\alpha} \tag{2.231}$$

长波极限，即 $\boldsymbol{q}\to\boldsymbol{0}$ 的情况具有特殊意义，体系对可见光的吸收特性与此相关。将方程(2.231)中的矩阵元 $\langle\boldsymbol{k}+\boldsymbol{q},l'\mid\mathrm{e}^{\mathrm{i}\boldsymbol{q}\cdot\boldsymbol{r}}\mid\boldsymbol{k},l\rangle$ 展开，有

$$\begin{aligned}\langle\boldsymbol{k}+\boldsymbol{q},l'\mid\mathrm{e}^{\mathrm{i}\boldsymbol{q}\cdot\boldsymbol{r}}\mid\boldsymbol{k},l\rangle &= \langle\boldsymbol{k}+\boldsymbol{q},l'\mid 1+\mathrm{i}\boldsymbol{q}\cdot\boldsymbol{r}+\mathcal{O}(\boldsymbol{q}^2)\mid\boldsymbol{k},l\rangle\\ &=\mathrm{i}\boldsymbol{q}\cdot\langle\boldsymbol{k}+\boldsymbol{q},l'\mid\boldsymbol{r}\mid\boldsymbol{k},l\rangle\end{aligned} \tag{2.232}$$

考虑对易关系，有

$$[H_0,\boldsymbol{r}]=\frac{\mathrm{i}\hbar}{m}\hat{\boldsymbol{p}} \tag{2.233}$$

式中：$\hat{\boldsymbol{p}}$ 为动量算符。将其代入式(2.232)，可得

$$\mathrm{i}\boldsymbol{q}\cdot\langle \boldsymbol{k}+\boldsymbol{q},l' \mid \boldsymbol{r} \mid \boldsymbol{k},l\rangle = \frac{\boldsymbol{q}\cdot\langle \boldsymbol{k}+\boldsymbol{q},l' \mid \hat{\boldsymbol{p}} \mid \boldsymbol{k},l\rangle}{m(E_{\boldsymbol{k}+\boldsymbol{q},l'}-E_{\boldsymbol{k},l})/\hbar} \tag{2.234}$$

如果将 $\boldsymbol{q}$ 表示为 $q\boldsymbol{e}$，$\boldsymbol{e}$ 为单位矢量，则长波极限下，介电函数可表示为

$$\varepsilon(\boldsymbol{q}\to 0,\omega) = 1-\lim_{\alpha\to 0}\frac{8\pi e^2}{\Omega m^2}\sum_{\boldsymbol{k},l,l'}\frac{\left|\langle \boldsymbol{k}+\boldsymbol{q},l' \mid \boldsymbol{e}\cdot\hat{\boldsymbol{p}} \mid \boldsymbol{k},l\rangle\right|^2}{[E_{\boldsymbol{k}+\boldsymbol{q},l'}-E_{\boldsymbol{k},l}/\hbar]^2} \times\frac{f(E_{\boldsymbol{k}+\boldsymbol{q},l'})-f(E_{\boldsymbol{k},l})}{E_{\boldsymbol{k}+\boldsymbol{q},l'}-E_{\boldsymbol{k},l}-\hbar\omega+\mathrm{i}\hbar\alpha} \tag{2.235}$$

其虚部可给出吸收峰的位置及吸收强度。

2.5　晶格振动与声子谱

有限温度下，晶体内的原子会在平衡位置附近振动，即晶格振动。这是固体元激发的一种重要的形式。将原子视为经典粒子，而将体系总能表示为各原子位置的函数，可以建立求解晶格振动的普适动力学方程。

设晶体有 N 个单胞，其中第 n 个单胞的平移矢量为 $\boldsymbol{t}_n$；每个单胞中有 K 个原子，其中第 ν 个原子距离单胞原点 $\boldsymbol{d}_\nu$，其质量为 M_ν。任取某个原子 n_ν，设其偏离平衡位置 $\boldsymbol{u}_{n\nu}$，则该原子位置为

$$\boldsymbol{R}_{n\nu} = \boldsymbol{t}_n+\boldsymbol{d}_\nu+\boldsymbol{u}_{n\nu} \tag{2.236}$$

将晶体的势能 $E(\{\boldsymbol{R}_{n\nu}\})$ 关于 $\boldsymbol{u}_{n\nu}$ 展开到二阶，有

$$E(\{\boldsymbol{R}_{n\nu}\}) = E_0+\frac{1}{2}\sum_{\substack{n\nu\alpha\\ n'\nu'\alpha'}}\frac{\partial^2 E}{\partial R^{\alpha}_{n\nu}\partial R^{\alpha'}_{n'\nu'}}\bigg|_{\{\boldsymbol{R}^0\}}u^{\alpha}_{n\nu}u^{\alpha'}_{n'\nu'} \tag{2.237}$$

式中上标 α 代表 x、y、z 分量。式(2.237) 右端第一项是常数项，代表所有原子处于平衡位置时的晶体势能，研究晶格振动时可以将其省略；因为我们是在平衡位置处展开的，所以 $\partial E/\partial\hat{u}^{\alpha}_{n\nu}=0$。该展开方式称为简谐近似。更高阶的展开项代表了晶格振动的非谐效应，这里不予讨论。记

$$D^{\alpha,\alpha'}_{n\nu,n'\nu'} = \frac{\partial^2 E}{\partial R^{\alpha}_{n\nu}\partial R^{\alpha'}_{n'\nu'}}\bigg|_{\{\boldsymbol{R}^0\}} \tag{2.238}$$

式中：$D^{\alpha,\alpha'}_{n\nu,n'\nu'}$ 称为原子力常数，则所有 $D^{\alpha,\alpha'}_{n\nu,n'\nu'}$ 组成一个 $3KN\times 3KN$ 矩阵，称为力常数矩阵 $\boldsymbol{D}$，即晶体势能 $E(\{\boldsymbol{R}_{n\nu}\})$ 的 Hessian 矩阵。因为原子被视为经典粒子，所以动能项非常简单。简谐近似下，体系的哈密顿量为

$$H = \sum_{n\nu\alpha}\frac{1}{2}M_\nu\dot{u}^{\alpha}_{n\nu}+E_0+\frac{1}{2}\sum_{\substack{n\nu\alpha\\ n'\nu'\alpha'}}D^{\alpha,\alpha'}_{n\nu,n'\nu'}u^{\alpha}_{n\nu}u^{\alpha'}_{n'\nu'} \tag{2.239}$$

由哈密顿运动方程可得原子的运动方程：

$$M_\nu\ddot{u}^{\alpha}_{n\nu} = -\sum_{n'\nu'\alpha'}D^{\alpha,\alpha'}_{n\nu,n'\nu'}u^{\alpha'}_{n'\nu'} \tag{2.240}$$

这是一个耦合的 $3KN$ 阶方程组。为了能够化简求解，必须利用力常数矩阵的特点。因为式(2.238) 中的求偏导可以交换次序，所以有

$$D_{m\nu,n'\nu'}^{\alpha,\alpha'}=D_{n'\nu',m\nu}^{\alpha',\alpha}\tag{2.241}$$

其次，若晶体刚性平移一个小量，则任取 n、ν 和 α，都有 $u_{m\nu}^{\alpha}=\delta u^{\alpha}$，则所有原子上的受力仍为 0。将上述条件代入方程(2.240)，可得

$$\sum_{m\nu}D_{m\nu,n'\nu'}^{\alpha,\alpha'}=0\tag{2.242}$$

晶体刚性转动一个小量也有类似的讨论。在这里只给出最后的结果：

$$\sum_{m\nu}D_{n'\nu',m\nu}^{\alpha',\alpha}R_{m\nu}^{\beta}=\sum_{m\nu}D_{n'\nu',m\nu}^{\alpha',\beta}R_{m\nu}^{\alpha}\tag{2.243}$$

详细的推导过程请参考文献[29]。最后考虑到晶格的平移不变性，力常数 $D_{m\nu,n'\nu'}^{\alpha,\alpha'}$ 只与正格矢 $\boldsymbol{t}_n-\boldsymbol{t}_{n'}$ 有关，即

$$D_{m\nu\alpha}^{n'\nu'\alpha'}=D_{\nu\alpha}^{\nu'\alpha'}(n-n')=D_{\nu'\alpha'}^{\nu\alpha}(n'-n)\tag{2.244}$$

由于力常数和晶格的平移不变性，方程组(2.240)的解有以下特点：① $u_{m\nu}^{\alpha}$ 随时间呈周期性变化；② 对于不同原胞内相应的原子，其位移与时间的关系完全相同，仅存在相差 $e^{i\boldsymbol{q}\cdot(\boldsymbol{t}_n-\boldsymbol{t}_{n'})}$，其中 $\boldsymbol{q}$ 为波矢，区别于电子波函数波矢 $\boldsymbol{k}$。因此，可以设

$$u_{m\nu}^{\alpha}(t)=c_{\nu}^{\alpha}(\boldsymbol{q},\omega)e^{i(\boldsymbol{q}\cdot\boldsymbol{t}_n-\omega t)}\tag{2.245}$$

将其代入方程(2.241)可得

$$-M_{\nu}\omega^{2}c_{\nu}^{\alpha}=-\sum_{n'\nu'\alpha'}D_{\nu\alpha}^{\nu'\alpha'}(n-n')e^{-i\boldsymbol{q}\cdot(\boldsymbol{t}_n-\boldsymbol{t}_{n'})}c_{\nu'}^{\alpha'}\tag{2.246}$$

这是一个关于 c_{ν}^{α} 的 $3K$ 阶线性方程组，该方程组有非平凡解的充要条件是系数矩阵行列式等于零，即久期方程为

$$\left\|D_{\nu\alpha}^{\nu'\alpha'}(\boldsymbol{q})-M_{\nu}\omega^{2}\delta_{\nu\nu'}\delta_{\alpha\alpha'}\right\|=0\tag{2.247}$$

式中

$$D_{\nu\alpha}^{\nu'\alpha'}(\boldsymbol{q})=\sum_{n'}D_{\nu\alpha}^{\nu'\alpha'}(n-n')e^{-i\boldsymbol{q}\cdot(\boldsymbol{t}_n-\boldsymbol{t}_{n'})}\tag{2.248}$$

由 $D_{\nu\alpha}^{\nu'\alpha'}(\boldsymbol{q})$ 组成的矩阵称为动力学矩阵 $\boldsymbol{D}(\boldsymbol{q})$。可见，利用晶体的平移不变性，可以极大地简化晶格振动的运动方程。对角化 $\boldsymbol{D}(\boldsymbol{q})$ 可获得 $3K$ 个振动频率的本征值 $\omega_j(j=1,2,\cdots,3K)$ 及相应的格波解 $\boldsymbol{u}_{m\nu}(t)$，$\boldsymbol{u}_{m\nu}$ 通常称为声子(phonon)的简正模(normal mode)。本征频率和声子模实际上都是波矢 $\boldsymbol{q}$ 的函数。因此，与 2.4.2 节和 2.4.3 节类似，将 $\boldsymbol{q}$ 限制在第一布里渊区中，通过求解方程(2.247)可以得出沿特定回路的一套频率 $\{\omega_j(\boldsymbol{q})\}$，称为声子谱。同时，因为简正模 $\boldsymbol{u}_{m\nu}$ 也是个矢量，所以它和波矢 $\boldsymbol{q}$ 取向的异同使得我们可以将其分为不同的种类：若二者平行，则称该简正模为纵波；若二者互相垂直，则称之为横波。

现举几个较为简单的例子来结束本节的讨论。首先考虑一个一维复格子，其单元长度为 a，其中包含两个原子，原子 1 质量为 M_1，位置为 $na+u_n^{(1)}$；原子 2 质量为 M_2，位置为 $(n+0.5)a+u_n^{(2)}$。原子间以刚度系数为 f 的弹簧连接。将上述条件代入运动方程(2.240)，有

$$\begin{cases}M_1\ddot{u}_n^{(1)}=-f(2u_n^{(1)}-u_n^{(2)}-u_{n-1}^{(2)})\\M_2\ddot{u}_n^{(2)}=-f(2u_n^{(2)}-u_n^{(1)}-u_{n+1}^{(2)})\end{cases}\tag{2.249}$$

按照式(2.245)取 $u_n^{(1)}$ 和 $u_n^{(2)}$ 的格波解为

$$\begin{cases} u_n^{(1)} = c_1 e^{i(qna-\omega t)} \\ u_n^{(2)} = c_2 e^{i(qna+qa/2-\omega t)} \end{cases} \tag{2.250}$$

将其代入方程(2.249)，可得

$$\begin{cases} -M_1\omega^2 = -f(2c_1 - c_2 e^{-iqa/2} - c_2 e^{iqa/2}) \\ -M_2\omega^2 = -f(2c_2 - c_1 e^{-iqa/2} - c_1 e^{-iqa/2}) \end{cases} \tag{2.251}$$

该体系的久期方程为

$$\begin{vmatrix} 2f-\omega^2 M_1 & -2f\cos(qa/2) \\ -2f\cos(qa/2) & 2f-\omega^2 M_2 \end{vmatrix} = 0 \tag{2.252}$$

很容易求出振动本征值为

$$\omega_{\pm}^2 = f\left(\frac{1}{M_1}+\frac{1}{M_2}\right) \pm f\sqrt{\left(\frac{1}{M_1}+\frac{1}{M_2}\right)^2 - \frac{4\sin^2(qa/2)}{M_1M_2}} \tag{2.253}$$

图 2.43 给出了第一布里渊区中一维双原子链的声子谱 $\omega_{\pm}(q)$，图中 $M_1/M_2 = 1/2$。声子谱中一支 ω_- 的振动频率在 Γ 点处为零，相应的振动模式为所有原子在任意时刻位移相同，即体系平移。ω_- 称为声学支。另一支 ω_+ 的振动频率在 Γ 点处达到最大值，代表一个单胞内的两个原子相对运动，称为光学支。普遍来说，如果一个单胞内有 r 个原子，则该体系有一个声学支及 $r-1$ 个光学支。

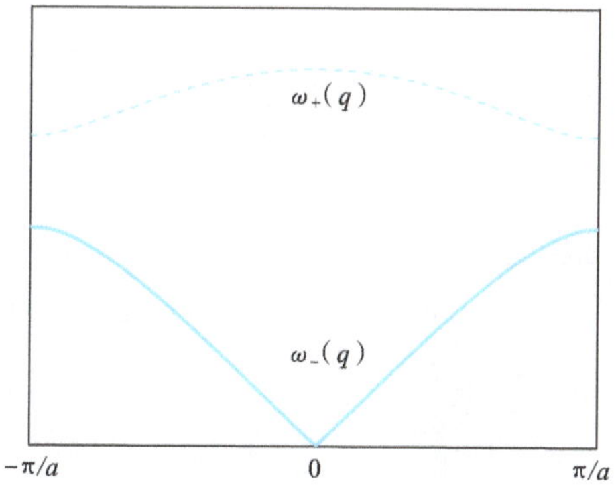

图 2.43　一维双原子链的声子谱 $\omega_{\pm}(q)$

第二个例子为二维正方简单格子。原子质量为 M，原子间相互作用的截断半径为 $(\sqrt{2}+\delta)a$（δ 为一微小正数），即只考虑到次近邻相互作用。原子间的相互作用同样由弹簧模型描述，连接最近邻原子对的弹簧刚度系数为 f_1，连接次近邻原子对的弹簧刚度系数为 f_2，如图 2.44 所示。可以只利用第 0 个单胞中的原子构建动力学矩阵。当第 n 个原子位移 $\boldsymbol{u}_n$ 时，原子 0 上的受力为

$$\boldsymbol{F}_{n\to 0} = f_l \boldsymbol{e}_n(\boldsymbol{e}_n \cdot \boldsymbol{u}_n) \quad (l=1,2) \tag{2.254}$$

式中：$\boldsymbol{e}_n$ 是位矢 $\boldsymbol{R}_n$ 的单位矢量。将式(2.254)与方程(2.240)相比较，可知该体系中，力常数矩阵元为

$$D_{0,n}^{\alpha,\alpha'} = -f_l e_n^{\alpha} e_n^{\alpha'} \quad (n \neq 0) \tag{2.255}$$

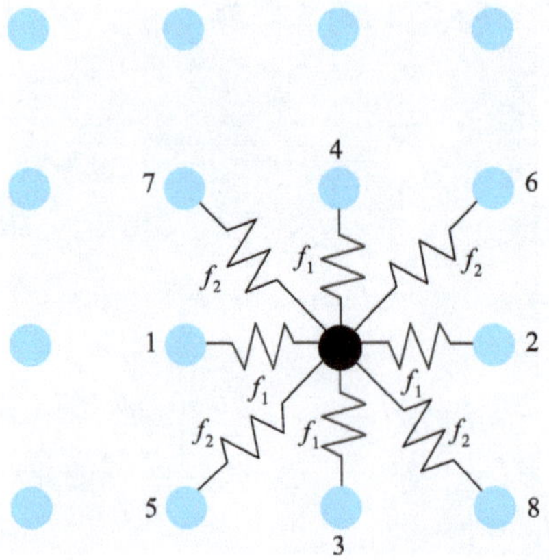

图 2.44　二维正方简单格子

注：原子 0 用黑色标出，并用数字标出了其八个近邻原子

式(2.255) 省略了描述复格子的下标 ν。进一步考虑描述原子 0 的位移在其自身上所引起的受力矩阵元 $D_{0;0}^{\alpha;\alpha'}$，由力常数矩阵性质式(2.242)，可得

$$D_{0;0}^{\alpha;\alpha'} = -\sum_{n\neq 0} D_{0;n}^{\alpha;\alpha'} = \sum_{n\neq 0} f_l e_n^{\alpha} e_n^{\alpha'} \tag{2.256}$$

由此可以得出二维正方简单格子的所有力常数矩阵元。所有非零的 $D_{0;n}^{\alpha;\alpha'}$ 分别为

$$\begin{cases} D_{00}^{11} = D_{00}^{22} = 2(f_1 + f_2) \\ D_{01}^{11} = D_{02}^{11} = D_{03}^{22} = D_{04}^{22} = -f_1 \\ D_{05}^{11} = D_{05}^{12} = D_{05}^{21} = D_{05}^{22} = -f_2/2 \\ D_{06}^{11} = D_{06}^{12} = D_{06}^{21} = D_{06}^{22} = -f_2/2 \\ D_{07}^{11} = -D_{07}^{12} = -D_{07}^{21} = D_{07}^{22} = -f_2/2 \\ D_{08}^{11} = -D_{08}^{12} = -D_{08}^{21} = D_{08}^{22} = -f_2/2 \end{cases} \tag{2.257}$$

将上述结果代入久期方程(2.247)，可得

$$\begin{vmatrix} \{f_1[1-\cos(q_1a)]+f_2[1-\cos(q_1a)\cos(q_2a)]\}-\dfrac{M}{2}\omega^2 & \sin(q_1a)\sin(q_2a) \\ \sin(q_1a)\sin(q_2a) & \{f_1[1-\cos(q_2a)]+f_2[1-\cos(q_1a)\cos(q_2a)]\}-\dfrac{M}{2}\omega^2 \end{vmatrix} = 0 \tag{2.258}$$

与能带结构相似，沿着某些高对称方向，对角化式(2.258) 可以给出声子谱的解析形式。例如：

(1) 沿 Γ 点到 X 点(Δ 轴)　此时 $q_2 \equiv 0$，可得

$$\begin{cases} \omega_1 = \left\{\dfrac{2}{M}(f_1+f_2)[1-\cos(q_1a)]\right\}^{1/2} \\ \omega_2 = \left\{\dfrac{2}{M}f_2[1-\cos(q_1a)]\right\}^{1/2} \end{cases} \tag{2.259}$$

(2) 沿 Γ 点到 M 点(Σ 轴)　此时 $q_1 \equiv q_2$，可得

$$\begin{cases} \omega_1 = \left(\dfrac{2}{M}\{f_1[1-\cos(q_1 a)]+f_2[1-\cos(2q_1 a)]\}\right)^{1/2} \\ \omega_2 = \left\{\dfrac{2}{M}f_1[1-\cos(q_1 a)]\right\}^{1/2} \end{cases} \tag{2.260}$$

图 2.45 给出了上述结果(图中取 $f_1/f_2=2$),横波和纵波分别用实线和虚线标出。与图 2.43 相比,可以发现,二维简单格子没有光学支。但是因为运动方向扩展为二维的,出现了新的复杂性。沿着 Δ 轴,将式(2.259)中的 $\omega_{1,2}$ 代入久期方程(2.258),可以得出两个频率相应的本征矢,也即原子简振模。结果表明,对于 ω_1,$c^x=1$,$c^y=0$,即原子简振模与声波波矢 $\boldsymbol{q}$ 平行,因此是纵波,而 ω_2 对应于 $c^x=0$,$c^y=1$,原子振动方向与波矢 $\boldsymbol{q}$ 垂直,因此是横波。而且纵波的频率要高于横波的频率。同样的讨论也适用于 Σ 轴。但是横波、纵波的区分仅适用于特定的波矢 $\boldsymbol{q}$。例如,波矢 $\boldsymbol{q}$ 沿 X 点到 M 点(z 轴)的本征矢,就无法做上述区分。利用第 3 章介绍的第一性原理计算方法,可以更准确地得出原子间的相互作用,从而得到精确的声子谱[35]。

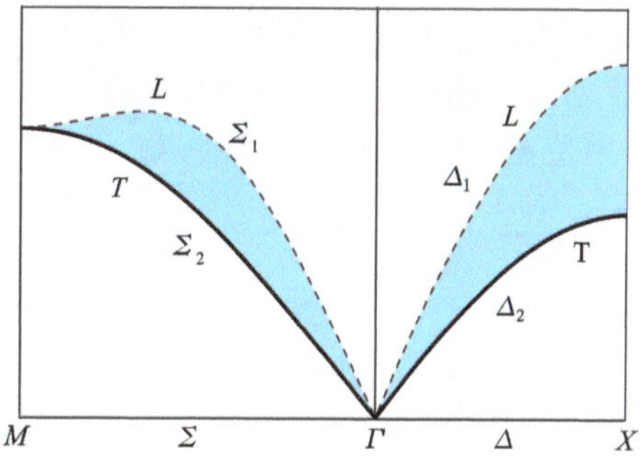

图 2.45　二维正方简单格子的声子谱 $\omega_{\pm}(\boldsymbol{q})$

2.6　习　　题

1. 根据对称操作给出四方系的独立弹性常数。

2. 画出正交晶系所有不等价的六种第一布里渊区。

3. 利用重位点阵模型构建 FCC 结构 Σ9[110] 对称晶界。

4. 利用群对称操作找出六方晶系独立的弹性常数。

5. 计算 NaCs 沿 Γ-X-M-Γ 回路的声子谱。NaCs 晶体结构为 BCC,Na 离子占据立方体顶点,Cs 离子占据体心。原子间相互作用考虑至第二近邻,即截断半径为 $(1+\delta)a$,其中 a 为 NaCs 的晶格常数,δ 为一微小正数。

6. 证明简单晶格(即单胞中只包含一个原子)的声子谱只有声学支,即 $\omega_i(\boldsymbol{q}=\boldsymbol{0})=0$。

7. 利用方程(2.258),求解 $\boldsymbol{q}$ 沿 z 轴上 X 点到 M 点($q_1\equiv\pi/a$)的本征频率 ω 和相应的本征矢(c^x,c^y),并说明本征矢无法区分横波和纵波的原因。

第3章　第一性原理的微观计算模拟

3.1　分子轨道理论

3.1.1　波恩-奥本海默近似

Hartree-Fock 方法，或者说大多数第一性原理计算方法的基础都是不含时薛定谔方程（见式(2.6)）。这些计算方法从本质上看，可以认为是对薛定谔方程所采取的不同的近似求解方法。设

$$\hat{\mathscr{H}}\Phi(\{\boldsymbol{r}\},\{\boldsymbol{R}_A\})=\mathscr{E}\Phi(\{\boldsymbol{r}_i\},\{\boldsymbol{R}_A\}) \tag{3.1}$$

考虑到体系中的核运动的动能，电子的动能，核与核、核与电子、电子与电子之间的库仑相互作用，在国际单位制下哈密顿量可以表示为

$$\mathscr{H}=-\sum_{A=1}^{M}\frac{\hbar^2}{2m_A}\nabla_A^2-\sum_{i=1}^{N}\frac{\hbar^2}{2m_e}\nabla_i^2+\sum_{A=1}^{M}\sum_{B>A}^{M}\frac{Z_AZ_Be^2}{4\pi\varepsilon_0R_{AB}}+\sum_{i=1}^{N}\sum_{j>i}^{N}\frac{e^2}{4\pi\varepsilon_0r_{ij}}-\sum_{i=1}^{N}\sum_{A=1}^{N}\frac{Z_Ae^2}{4\pi\varepsilon_0r_{iA}} \tag{3.2}$$

式中：A、B 分别为核的标号；i、j 为电子的标号；m_A、m_e 分别为核子和电子的质量；Z_A、Z_B 为各个核子所带的正电荷；R_{AB}、r_{ij}、r_{iA} 分别为核与核、电子与电子、核与电子之间的距离；ε_0 为真空介电常数，$\varepsilon_0=8.85419\times10^{-12}\ \mathrm{C^2\cdot J^{-1}\cdot m^{-1}}$；$e$ 为单位电荷，$e=1.6022\times10^{-19}$ C。该表达式的前两项分别是核子和电子的动能，后三项分别是核与核、电子与电子，以及核与电子之间的库仑相互作用，如图 3.1 所示。需要指出的是，求解多体薛定谔方程的最大困难在于，电子与电子的相互作用项的存在，使得薛定谔方程无法实现分离变量求解。因此，如何引入适当的近似（平均场），将一个多体问题有效地转化为单体问题，是解决问题的关键所在。Hartree-Fock 方法是实现此目的的有效近似方法之一。后面提到的密度泛函，则是基于另外一种思路引入的。

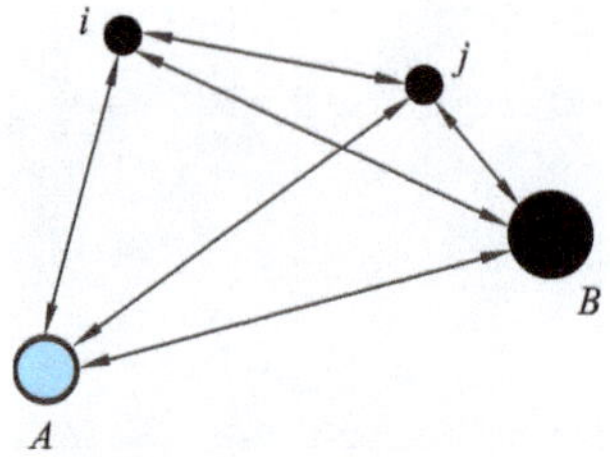

图 3.1　原子间相互作用力的示意图

哈密顿量前面的系数，如$\frac{\hbar^2}{2m_A}$、$\frac{Z_AZ_Be^2}{4\pi\varepsilon_0R_{AB}}$等，不仅使得方程比较烦琐，而且在具体的数值计算中涉及很大的常数。由于计算机的数值模拟只具有有限位的精度，乘以或者除以很大的常数将大大降低计算的精度，因此，为了讨论和计算方便，人们通常采

用原子单位制来重写方程，使之更易于处理。

表 3.1 给出了与改写薛定谔方程相关的几个量的国际单位制和原子单位制，关于原子单位制的更详细介绍可以参见 http://en.wikipedia.org/wiki/Atomic_units。改用原子单位制后，哈密顿量可简化为

$$\mathscr{H}=-\sum_{A=1}^{M}\frac{1}{2M_A}\nabla_A^2-\sum_{i=1}^{N}\frac{1}{2}\nabla_i^2+\sum_{A=1}^{M}\sum_{B>A}^{M}\frac{Z_AZ_B}{R_{AB}}+\sum_{i=1}^{N}\sum_{j>i}^{N}\frac{1}{r_{ij}}-\sum_{i=1}^{N}\sum_{A=1}^{M}\frac{Z_A}{r_{iA}} \tag{3.3}$$

式中：$M_A=m_A/m_e$。

表 3.1　国际单位制和原子单位制之间的对应关系

	国际单位制		原子单位制
质量	千克(kg)	↔	电子质量 $m_e=9.1094\times10^{-31}$ kg
电荷	库仑(C)	↔	单位电荷 $e=1.6022\times10^{-19}$ C
角动量	千克·米²/秒(kg·m·s⁻¹)	↔	$\hbar=1.0546\times10^{-43}$ J·s
介电常数	法拉第/米($C^2\cdot J^{-1}\cdot m^{-1}$)	↔	$4\pi\varepsilon_0=1.1127\times10^{-10}\ C^2\cdot J^{-1}\cdot m^{-1}$
长度	米(m)	↔	玻尔半径 $a_0=\dfrac{4\pi\varepsilon_0\hbar^2}{m_e e^2}=5.2918\times10^{-11}$ m
能量	焦耳(J)	↔	$\mathscr{E}_a=1$ Hartree$=\dfrac{m_e e^2}{16\pi^2\varepsilon^2\hbar}=4.3597\times10^{-18}$ J

由于$\frac{Z_A}{r_{iA}}$项的存在，无法简单地将电子和核运动分离变量。将此薛定谔方程进一步简化的一个重要近似是玻恩-奥本海默近似(Born-Oppenheimer approximation)。由于核的质量通常是电子质量的上万倍，因此缓慢的核运动方程和电子运动方程可以被有效地分开求解，而不会引入大的误差。从数学上，显式地将总波函数 $\Phi(\{\boldsymbol{r}_i\},\{\boldsymbol{R}_A\})$ 中核的运动部分分离出来，有

$$\Phi(\{\boldsymbol{r}_i\},\{\boldsymbol{R}_A\})=\phi(\{\boldsymbol{r}_i\};\{\boldsymbol{R}_A\})\chi(\{\boldsymbol{R}_A\}) \tag{3.4}$$

式中：$\phi(\{\boldsymbol{r}_i\};\{\boldsymbol{R}_A\})$代表在$\{\boldsymbol{R}_A\}$构型下的电子波函数，$\chi(\{\boldsymbol{R}_A\})$代表相应的核运动波函数。假设电子部分波函数 $\phi(\{\boldsymbol{r}_i\};\{\boldsymbol{R}_A\})$满足：

$$\underbrace{\left(-\sum_{i=1}^{N}\frac{1}{2}\nabla_i^2+\sum_{i=1}^{N}\sum_{j>i}^{N}\frac{1}{r_{ij}}-\sum_{i=1}^{N}\sum_{A=1}^{N}\frac{Z_A}{r_{iA}}\right)}_{\mathscr{H}_{\mathrm{elec}}}\phi(\{\boldsymbol{r}_i\};\{\boldsymbol{R}_A\})=\mathscr{E}_{\mathrm{elec}}(\{\boldsymbol{R}_A\})\phi(\{\boldsymbol{r}_i\};\{\boldsymbol{R}_A\}) \tag{3.5}$$

下面研究核波函数 $\chi(\{\boldsymbol{R}_A\})$ 需要满足什么样的条件，才能使得方程(3.1) 成立。

$$\begin{aligned}\mathscr{H}\Phi(\{\boldsymbol{r}_i\},\{\boldsymbol{R}_A\})&=-\left[-\sum_{A=1}^{M}\frac{1}{2M_A}\nabla_A^2+\sum_{A=1}^{M}\sum_{B>A}^{M}\frac{Z_AZ_B}{R_{AB}}+\mathscr{H}_{\mathrm{elec}}\right]\Phi(\{\boldsymbol{r}_i\},\{\boldsymbol{R}_A\})\\&=\left[-\sum_{A=1}^{M}\frac{1}{2M_A}\nabla_A^2+\sum_{A=1}^{M}\sum_{B>A}^{M}\frac{Z_AZ_B}{R_{AB}}+\mathscr{E}_{\mathrm{elec}}(\{\boldsymbol{R}_A\})\right]\Phi(\{\boldsymbol{r}_i\},\{\boldsymbol{R}_A\})\end{aligned}$$

$$= \phi(\{\boldsymbol{r}_i\};\{\boldsymbol{R}_A\})\Big[-\sum_{A=1}^{M}\frac{1}{2M_A}\nabla_A^2+\sum_{A=1}^{M}\sum_{B>A}^{M}\frac{Z_AZ_B}{R_{AB}}+\mathscr{E}_{\text{elec}}(\{\boldsymbol{R}_A\})\Big]$$

$$\cdot\chi(\{\boldsymbol{R}_A\})-\sum_{A=1}^{M}\frac{1}{2M_A}\big[2\nabla_A\phi(\{\boldsymbol{r}_i\};\{\boldsymbol{R}_A\})\cdot\nabla_A\chi(\{\boldsymbol{R}_A\})$$

$$+\chi(\{\boldsymbol{R}_A\})\nabla_A^2\phi(\{\boldsymbol{r}_i\};\{\boldsymbol{R}_A\})\big] \tag{3.6}$$

可以证明，方程(3.6)的最后两项可以忽略，其中前一项由于波函数模守恒等于零，后一项是电声作用项，其大小为电子动能项的 $10^{-4}\sim10^{-5}$。因此，只要核波函数满足

$$\Big[-\sum_{A=1}^{M}\frac{1}{2M_A}\nabla_A^2+\sum_{A=1}^{M}\sum_{B>A}^{M}\frac{Z_AZ_B}{R_{AB}}+\mathscr{E}_{\text{elec}}(\{\boldsymbol{R}_A\})\Big]\chi(\{\boldsymbol{R}_A\})=\mathscr{E}\chi(\{\boldsymbol{R}_A\}) \tag{3.7}$$

则在玻恩-奥本海默近似下，可以得到体系的总波函数为

$$\Phi(\{\boldsymbol{r}_i\},\{\boldsymbol{R}_A\})=\phi(\{\boldsymbol{r}_i\};\{\boldsymbol{R}_A\})\chi(\{\boldsymbol{R}_A\}) \tag{3.8}$$

由上面的推导可以看到，体系波函数中的电子自由度和核自由度可以有效分离。在求解过程中，首先求得某个固定核构型下的电子基态，然后将电子能量的本征值(是核构型的泛函)作为参数，来求解核运动的本征值。以下主要讨论电子自由度，也就是电子波函数 $\phi(\{\boldsymbol{r}_i\};\{\boldsymbol{R}_A\})$ 的求解问题。

3.1.2 平均场的概念

进行玻恩-奥本海默近似后，所需要求解的是固定核构型下，电子的基态波函数，它满足如下的薛定谔方程：

$$\underbrace{\Big(-\sum_{i=1}^{N}\frac{1}{2}\nabla_i^2+\sum_{i=1}^{N}\sum_{j>i}^{N}\frac{1}{r_{ij}}-\sum_{i=1}^{N}\sum_{A=1}^{M}\frac{Z_A}{r_{iA}}\Big)}_{\mathscr{H}_{\text{elec}}}\phi(\{\boldsymbol{r}_i\};\{\boldsymbol{R}_A\})=\mathscr{E}_{\text{elec}}(\{\boldsymbol{R}_A\})\phi(\{\boldsymbol{r}_i\};\{\boldsymbol{R}_A\}) \tag{3.9}$$

这仍然是一个相当难的问题，这是因为电子哈密顿量 $\mathscr{H}_{\text{elec}}$ 中的 $1/r_{ij}$ 项，会使得我们无法用分离变量的办法求解上述方程。当然在极端的情况下，也就是假设电子与电子相互作用 $\Big(\sum_{i=1}^{N}\sum_{j>i}^{N}\frac{1}{r_{ij}}\Big)$ 为零的时候，方程可以写成分离变量的形式进行求解(下面讨论原子核构型固定的情况，因此可省略波函数中的原子核坐标)。

$$\Big[\sum_{j=1}^{N}\Big(-\frac{1}{2}\nabla_i^2+V_{\text{ion}}\Big)\Big]\phi(\{\boldsymbol{r}_i\})=\mathscr{E}_{\text{elec}}\phi(\{\boldsymbol{r}_i\}) \tag{3.10}$$

式中

$$V_{\text{ion}}=\sum_{A=1}^{M}-\frac{Z_A}{r_{iA}} \tag{3.11}$$

但是在真实的物理体系中，电子与电子之间的相互作用是相当强的，至少和电子与核之间的作用在同一个数量级。事实上，为了达到分离变量的目的，也并不需要完全忽略电子间相互作用。这是因为我们可以用一个局域的势场来近似地描述其他电

子所产生的作用，这个势场和由核产生的势场叠加所形成的“有效势”，就是独立电子空间运动所处的“平均场(mean field)”。因此在平均场近似下，方程(3.10)应当改写成

$$\left[\sum_{i=1}^{N}\left(-\frac{1}{2}\nabla_i^2+V_{\mathrm{eff}}\right)\right]\phi(\{\boldsymbol{r}_i\})=\mathscr{E}_{\mathrm{elec}}\phi(\{\boldsymbol{r}_i\}) \tag{3.12}$$

特别需要指出的是，虽然我们假设电子之间的运动是独立的(独立电子近似)，但是这并不意味着求体系的总能等于各个电子能量的简单求和，也不意味着各电子空间分布概率完全不相干。这是因为和其他的微观粒子一样，电子也是不可区分的全同粒子，其波函数必须满足对称(玻色子)或者反对称(费米子)的量子力学要求。虽然没有经典的相互作用项，但是对波函数的交换对称性要求会对总能计算或者空间相对分布概率产生间接影响。总体上来说，玻色子波函数的量子力学要求导致玻色子之间相互吸引，而费米子波函数的量子力学要求导致费米子之间互相排斥。这可以从下面的例子看出。

假设有两个自由粒子，分别处在自旋向上的动量本征态 $|\boldsymbol{k}_1\rangle$ 和 $|\boldsymbol{k}_2\rangle$，有

$$\phi_1(x_1)=\frac{1}{(2\pi)^{3/2}}\mathrm{e}^{\mathrm{i}\boldsymbol{k}_1\boldsymbol{r}_1}\alpha(s_1)$$

$$\phi_2(x_2)=\frac{1}{(2\pi)^{3/2}}\mathrm{e}^{\mathrm{i}\boldsymbol{k}_2\boldsymbol{r}_2}\alpha(s_2)$$

如果这两个粒子为费米子，则体系符合反对称交换的总波函数可以写为

$$\begin{aligned}\phi(x_1,x_2)&=\frac{1}{\sqrt{2}}\frac{1}{(2\pi)^3}\begin{vmatrix}\mathrm{e}^{\mathrm{i}\boldsymbol{k}_1\boldsymbol{r}_1}\alpha(s_1) & \mathrm{e}^{\mathrm{i}\boldsymbol{k}_2\boldsymbol{r}_1}\alpha(s_1)\\ \mathrm{e}^{\mathrm{i}\boldsymbol{k}_1\boldsymbol{r}_2}\alpha(s_2) & \mathrm{e}^{\mathrm{i}\boldsymbol{k}_2\boldsymbol{r}_2}\alpha(s_2)\end{vmatrix}\\ &=\frac{1}{\sqrt{2}}\frac{1}{(2\pi)^3}\left[\mathrm{e}^{\mathrm{i}(\boldsymbol{KR}+\boldsymbol{kr})}-\mathrm{e}^{\mathrm{i}(\boldsymbol{KR}-\boldsymbol{kr})}\right]\alpha(s_1)\alpha(s_2)\\ &=\frac{\mathrm{i}\sqrt{2}}{(2\pi)^{3/2}}\sin(\boldsymbol{kr})\left[\frac{1}{(2\pi)^{3/2}}\mathrm{e}^{\mathrm{i}\boldsymbol{KR}}\right]\alpha(s_1)\alpha(s_2)\end{aligned} \tag{3.13}$$

式中：$\boldsymbol{K}=\boldsymbol{k}_1+\boldsymbol{k}_2$；$\boldsymbol{k}=\boldsymbol{k}_1-\boldsymbol{k}_2$；$\boldsymbol{R}=\dfrac{\boldsymbol{r}_1+\boldsymbol{r}_2}{2}$；$\boldsymbol{r}=\dfrac{\boldsymbol{r}_1-\boldsymbol{r}_2}{2}$；$\dfrac{1}{(2\pi)^{3/2}}\mathrm{e}^{\mathrm{i}\boldsymbol{KR}}$ 表示质心的运动，不影响两粒子的相对分布概率。而两个粒子之间距离在$(r,r+\mathrm{d}r)$区间内的概率可以通过积分得到：

$$P(r)=\frac{1}{4\pi}\iint\left|\frac{\mathrm{i}\sqrt{2}}{(2\pi)^{3/2}}\sin(kr\cos\theta)\right|^2\sin\theta\mathrm{d}\theta\mathrm{d}\phi=\frac{1}{(2\pi)^3}\left[1-\frac{\sin(2kr)}{2kr}\right] \tag{3.14}$$

可见，当 $r\to0$ 时，$P(r)\to0$，也就是说自旋相同的两个电子不能出现在空间中的同一点。利用同样的推导过程，并将第二个电子的自旋取向改为 $\beta(s)$，可以证明 $P(r)\equiv\dfrac{1}{(2\pi)^3}$，也就是说两个自旋相反的电子空间出现的概率相互独立。

3.1.3　电子的空间轨道与自旋轨道

在平均场近似下，每个独立电子满足

$$\left(-\frac{1}{2}\nabla_i^2+V_{\text{eff}}\right)\phi_{n\sigma}(\boldsymbol{r}_i)=\mathscr{E}_n\phi_{n\sigma}(\boldsymbol{r}_i) \tag{3.15}$$

式中：n 表示第 n 个激发态；σ 表示自旋态，其取值只能为自旋向上(α) 或者自旋向下(β)。而对单电子来说，其自旋轨道(spin orbital) 也可以分解为空间部分与自旋部分的直积，即

$$\phi_{n\sigma}(\boldsymbol{r}_i)=\xi_n(\boldsymbol{r}_i)\sigma(s_i) \tag{3.16}$$

3.1.4 Hartree-Fock 方法

引入 Hartree-Fock 近似后，可以有效地把方程(3.9) 等价地转化为 N 个互相独立的可分离变量的方程，从而使得数值求解电子基态波函数成为可能。值得一提的是，类似于量子蒙特卡罗的求解方法则不需引入独立电子的概念，但是其计算量是可分离变量的 Hartree-Fock 方法计算量的上千倍甚至上亿倍。

首先考虑 Hartree-Fock 近似背后所代表的物理意义。电子是费米子的一种，因此对波函数的要求首先是反对称性。如果体系中有 N 个电子，一共有 K 个可供占据的自旋轨道，则普遍来说，体系的基态(或者激发态) 的波函数可以用自旋轨道所组成的反对称的 Slater 行列式进行展开：

$$\phi\langle\boldsymbol{x}_1,\boldsymbol{x}_2,\cdots,\boldsymbol{x}_N\rangle=\frac{C_1}{\sqrt{N!}}\begin{vmatrix}\xi_i(\boldsymbol{x}_1) & \xi_j(\boldsymbol{x}_1) & \cdots & \xi_k(\boldsymbol{x}_1)\\ \xi_i(\boldsymbol{x}_2) & \xi_j(\boldsymbol{x}_2) & \cdots & \xi_k(\boldsymbol{x}_2)\\ \vdots & \vdots & & \vdots\\ \xi_i(\boldsymbol{x}_N) & \xi_j(\boldsymbol{x}_N) & \cdots & \xi_k(\boldsymbol{x}_N)\end{vmatrix}+\frac{C_2}{\sqrt{N!}}\begin{vmatrix}\xi_{i'}(\boldsymbol{x}_1) & \xi_j(\boldsymbol{x}_1) & \cdots & \xi_k(\boldsymbol{x}_1)\\ \xi_{i'}(\boldsymbol{x}_2) & \xi_j(\boldsymbol{x}_2) & \cdots & \xi_k(\boldsymbol{x}_2)\\ \vdots & \vdots & & \vdots\\ \xi_{i'}(\boldsymbol{x}_N) & \xi_j(\boldsymbol{x}_N) & \cdots & \xi_k(\boldsymbol{x}_N)\end{vmatrix}$$
$$+\cdots+\frac{C'}{\sqrt{N!}}\begin{vmatrix}\xi_{i'}(\boldsymbol{x}_1) & \xi_{j'}(\boldsymbol{x}_1) & \cdots & \xi_{k'}(\boldsymbol{x}_1)\\ \xi_{i'}(\boldsymbol{x}_2) & \xi_{j'}(\boldsymbol{x}_2) & \cdots & \xi_{k'}(\boldsymbol{x}_2)\\ \vdots & \vdots & & \vdots\\ \xi_{i'}(\boldsymbol{x}_N) & \xi_{j'}(\boldsymbol{x}_N) & \cdots & \xi_{k'}(\boldsymbol{x}_N)\end{vmatrix} \tag{3.17}$$

方程(3.17) 中的每一个行列式称为一个组态。要精确地展开体系的波函数，有可能需要用到上千个组态。当然所有这些组态中，和体系基态最接近的应该是从 K 个轨道中挑出 N 个能量最低的自旋轨道所组成的行列式。Hartree-Fock 近似从本质上来说就是用 N 个能量最低轨道所组成的单行列式来近似体系的真实波函数。我们用 $|\xi_i(1)\xi_j(2)\cdots\xi_k(N)\rangle_{\mathrm{S}}$ 来区别 Slater 形式波函数和普通的右矢 $|\xi_i(1)\xi_j(2)\cdots\xi_k(N)\rangle$，有

$$\phi(\boldsymbol{x}_1,\boldsymbol{x}_2,\cdots,\boldsymbol{x}_N)\simeq\phi^0(\boldsymbol{x}_1,\boldsymbol{x}_2,\cdots,\boldsymbol{x}_N)$$
$$=|\xi_i(1)\xi_j(2)\cdots\xi_k(N)|\rangle_{\mathrm{S}}$$
$$=(N!)^{-1/2}\sum_{n=1}^{N!}(-1)^{P_n}\mathscr{P}_n\{\xi_i(1)\xi_j(2)\cdots\xi_k(N)\}=(N!)^{-1/2}\begin{vmatrix}\xi_i(\boldsymbol{x}_1) & \xi_j(\boldsymbol{x}_1) & \cdots & \xi_k(\boldsymbol{x}_1)\\ \xi_i(\boldsymbol{x}_2) & \xi_j(\boldsymbol{x}_2) & \cdots & \xi_k(\boldsymbol{x}_2)\\ \vdots & \vdots & & \vdots\\ \xi_i(\boldsymbol{x}_N) & \xi_j(\boldsymbol{x}_N) & \cdots & \xi_k(\boldsymbol{x}_N)\end{vmatrix} \tag{3.18}$$

式中：$\mathscr{P}$表示下标的置换算符。下面首先来推导当基态波函数为单个行列式的时候，体系的总能和单电子各个能级之间的关系。在给出普适的表达式之前，先来看一下双电子体系的例子。

归一化、反对称的双电子波基态函数在 Hartree-Fock 近似下可以通过最低占据的单电子轨道反对称化得到：

$$\phi^0(\boldsymbol{x}_1,\boldsymbol{x}_2) = |\xi_i(1)\xi_j(2)\rangle_S = \frac{1}{\sqrt{2}}\begin{vmatrix}\xi_i(\boldsymbol{x}_1) & \xi_j(\boldsymbol{x}_1)\\ \xi_i(\boldsymbol{x}_2) & \xi_j(\boldsymbol{x}_2)\end{vmatrix} = \frac{1}{\sqrt{2}}[\xi_i(\boldsymbol{x}_1)\xi_j(\boldsymbol{x}_2) - \xi_i(\boldsymbol{x}_2)\xi_j(\boldsymbol{x}_1)] \tag{3.19}$$

同时，为了计算方便，将电子哈密顿量（原子单位制）分解成单电子部分和双电子部分，即

$$\begin{aligned}\mathscr{H}_{\text{elec}} &= -\sum_{i=1}^{N}\frac{1}{2}\nabla_i^2 + \sum_{i=1}^{N}\sum_{j>i}^{N}\frac{1}{r_{ij}} - \sum_{i=1}^{N}\sum_{A=1}^{M}\frac{Z_A}{r_{iA}} = \sum_{i=1}^{N}\left[-\frac{1}{2}\nabla_i^2 + \sum_{A=1}^{M}\frac{Z_A}{r_{iA}}\right] + \sum_{i=1}^{N}\sum_{j>i}^{N}\frac{1}{r_{ij}}\\ &= \sum_{i=1}^{N}h(i) + \sum_{i<j}v(i,j) = \mathscr{O}_1 + \mathscr{O}_2\end{aligned}$$

接下来根据定义计算体系的基态能量，有

$$\mathscr{E} = \langle\phi^0(\boldsymbol{x}_1,\boldsymbol{x}_2)\mid\mathscr{H}_{\text{elec}}\mid\phi^0(\boldsymbol{x}_1,\boldsymbol{x}_2)\rangle = \langle\phi^0(\boldsymbol{x}_1,\boldsymbol{x}_2)\mid\mathscr{O}_1+\mathscr{O}_2\mid\phi^0(\boldsymbol{x}_1,\boldsymbol{x}_2)\rangle \tag{3.20}$$

首先计算单电子部分 $\mathscr{O}_1$ 的贡献。由于自旋轨道之间的正交性，对于 $\mathscr{O}_1$，只有左矢和右矢完全等同时，积分才不等于零，于是有

$$\begin{aligned}&\langle\phi^0(\boldsymbol{x}_1,\boldsymbol{x}_2)\mid\mathscr{O}_1\mid\phi^0(\boldsymbol{x}_1,\boldsymbol{x}_2)\rangle\\ &= \sum_{i=1}^{2}\langle\phi^0(\boldsymbol{x}_1,\boldsymbol{x}_2)\mid h(i)\mid\phi^0(\boldsymbol{x}_1,\boldsymbol{x}_2)\rangle_S\\ &= 2\langle\phi^0(\boldsymbol{x}_1,\boldsymbol{x}_2)\mid h(1)\mid\phi^0(\boldsymbol{x}_1,\boldsymbol{x}_2)\rangle\\ &= \langle\xi_i(\boldsymbol{x}_1)\xi_j(\boldsymbol{x}_2)-\xi_i(\boldsymbol{x}_2)\xi_j(\boldsymbol{x}_1)\mid h(1)\mid\xi_i(\boldsymbol{x}_1)\xi_j(\boldsymbol{x}_2)-\xi_i(\boldsymbol{x}_2)\xi_j(\boldsymbol{x}_1)\rangle\\ &= \langle\xi_i(\boldsymbol{x}_1)\mid h(1)\mid\xi_i(\boldsymbol{x}_1)\rangle + \langle\xi_j(\boldsymbol{x}_1)\mid h(1)\mid\xi_j(\boldsymbol{x}_1)\rangle = \sum_{i=1}^{2}\langle i\mid h\mid i\rangle\end{aligned} \tag{3.21}$$

以上双电子的情况非常容易推广到多电子。对于一个多电子的体系，在 Hartree-Fock 近似下，基态的电子波函数用 N 个能量最低占据轨道的反对称波函数近似，而在此近似下，基态能量可以表示为单电子积分和双电子积分的形式，有

$$\begin{aligned}E_0 &= \langle\phi^0\mid\mathscr{H}_{\text{elec}}\mid\phi^0\rangle = \sum_{i=1}^{N}\langle i\mid h\mid i\rangle + \frac{1}{2}\sum_{i=1}^{N}\sum_{j=1}^{N}(\langle ij\mid ij\rangle - \langle ij\mid ji\rangle)\\ &= \sum_{i=1}^{N}\langle i\mid h\mid i\rangle + \frac{1}{2}\sum_{i=1}^{N}\sum_{j=1}^{N}\langle ij\mid ij\rangle\end{aligned} \tag{3.22}$$

式中

$$\begin{aligned}\langle ij\parallel ij\rangle &= \langle\xi_i\xi_j\mid\xi_i\xi_j\rangle - \langle\xi_i\xi_j\mid\xi_j\xi_i\rangle\\ &= \int d\boldsymbol{x}_1 d\boldsymbol{x}_2\,\xi_i^*(\boldsymbol{x}_1)\xi_j^*(\boldsymbol{x}_2)\frac{1}{r_{12}}[\xi_i(\boldsymbol{x}_1)\xi_j(\boldsymbol{x}_2) - \xi_j(\boldsymbol{x}_1)\xi_i(\boldsymbol{x}_2)]\end{aligned} \tag{3.23}$$

可以看到，在 Hartree-Fock 近似下，体系能量的表达式的物理意义非常明显。单电子项表达的是电子的动能项和电子与核之间的库仑吸引。双电子项中的 $\langle \xi_i\xi_j \mid \xi_i\xi_j \rangle$ 可以根据电子密度的定义改写为 $\frac{\rho_i(x_1)\rho_j(x_2)}{r_{12}}$，表达电子之间的静电库仑斥能。双电子中的第二项 $\langle \xi_i\xi_j \mid \xi_j\xi_i \rangle$ 表达的则是相同自旋电子之间的交换作用，其源头来自于 Slater 行列式的波函数中两个自旋相同的电子之间的交换关联作用。

需要注意的是，在部分化学书中，用到了另外一种不同但是等价的积分简写方式，即

$$\begin{aligned}\langle i\,j \mid kl \rangle &= \iint \mathrm{d}\boldsymbol{x}_1 \mathrm{d}\boldsymbol{x}_2 \xi_i^*(\boldsymbol{x}_1)\xi_j^*(\boldsymbol{x}_2)\frac{1}{r_{ij}}\xi_k(\boldsymbol{x}_1)\xi_l(\boldsymbol{x}_2) \\ &= \iint \mathrm{d}\boldsymbol{x}_1 \mathrm{d}\boldsymbol{x}_2 \xi_i^*(\boldsymbol{x}_1)\xi_k(\boldsymbol{x}_1)\frac{1}{r_{ij}}\xi_j^*(\boldsymbol{x}_2)\xi_l(\boldsymbol{x}_2) \\ &= [ik \mid jl]\end{aligned} \tag{3.24}$$

3.1.5 Hartree-Fock 近似下的单电子自洽场方程

在 3.1.4 节中讨论了在 Hartree-Fock 近似下构造基态波函数的方法，以及体系的总能量和各个单电子轨道的单电子积分和双电子积分之间的关系。但是，如何求解、构造从 1,2,…,N 个占据的单电子轨道方程呢？在这一节中，我们从 Hartree-Fock 的总能表达式出发，利用变分原理，推导 Hartree-Fock 近似下，单电子轨道所满足的方程。

根据变分原理可知，任意归一化的试探波函数都满足

$$\langle \hat{\Phi} \mid \mathscr{H} \mid \hat{\Phi} \rangle \geqslant \mathscr{E}_0 \tag{3.25}$$

我们可以有效地利用变分原理来求解薛定谔方程的最佳近似解。也就是构造一系列含参数的试探波函数，然后通过变化参数，使在这组参数下哈密顿量的期望值最小。这组参数所对应的波函数就是在相应子空间中，薛定谔方程的最佳近似解。

根据拉格朗日乘子法，需要在维持各个自旋轨道正交的情况下，变化各个轨道，使总能达到最小。也说是在 $\langle \xi_i \mid \xi_j \rangle = \delta_{ij}$ 的情况下，找到一组自旋轨道 ξ，使得

$$\delta E_0 = 0 \tag{3.26}$$

其中

$$E_0 = \sum_{i=1}^{N} \langle i \mid h \mid i \rangle + \frac{1}{2}\sum_{i,j=1}^{N}(\langle i\,j \mid i\,j \rangle - \langle i\,j \mid ji \rangle) \tag{3.27}$$

在给出具体推导过程前，我们先给出最终结果，并对其物理意义进行分析。最终得到 Hartree-Fock 的单电子轨道满足的自洽场(self-consistent field，SCF)方程为

$$h(x_1)\xi_i(x_1) + \sum_{j\neq i}\left[\int \frac{\mathrm{d}x_2 \mid \xi_j(x_2) \mid^2}{r_{12}}\right]\xi_i(x_1) - \sum_{j\neq i}\left[\int \frac{\mathrm{d}x_2 \xi_j^*(x_2)\xi_i(x_2)}{r_{12}}\right]\xi_j(x_2) = \varepsilon_a \xi_i(x_1) \tag{3.28}$$

式中：ε_a 为标号为 a 的电子的轨道能量。通常根据物理意义，引入库仑算符和交换算

符，则

$$\mathcal{J}_j(x_1)\xi_i(x_1) = \left(\int \mathrm{d}\boldsymbol{x}_2 \xi_j^*(x_2)\frac{1}{r_{12}}\xi_j(x_2)\right)\xi_i(x_1) \tag{3.29}$$

$$\mathcal{K}_j(x_1)\xi_i(x_1) = \left(\int \mathrm{d}\boldsymbol{x}_2 \xi_j^*(x_2)\frac{1}{r_{12}}\mathcal{P}_{12}\xi_j(x_2)\right)\xi_i(x_1) = \left(\int \mathrm{d}\boldsymbol{x}_2 \xi_j^*(x_2)\frac{1}{r_{12}}\xi_i(x_2)\right)\xi_j(x_1) \tag{3.30}$$

利用这两个算符，Hartree-Fock 的单电子自洽场方程可以简洁地表示为

$$\left(h(x_1) + \sum_{j\neq i}^{N}\mathcal{J}_j(x_1) - \sum_{j\neq i}^{N}\mathcal{K}_j(x_1)\right)\xi_j(x_1) = \varepsilon_a\xi_j(x_1) \tag{3.31}$$

上述方程中，对于不同的轨道，库仑算符和交换算符分别需要去掉 $j=i$ 的项，因此在形式表达上不方便。由于 $j=i$ 时库仑算符和交换算符相互抵消，还可以去除求和下标中 $j\neq i$ 的限制，即

$$\left(h(x_1) + \sum_{j=1}^{N}\mathcal{J}_j(x_1) - \sum_{j=1}^{N}\mathcal{K}_j(x_i)\right)\xi_i(x_1) = \varepsilon_a\xi_i(x_1) \tag{3.32}$$

如果定义 Fock 算符为

$$\mathcal{F}(x_1) = h(x_1) + \sum_{j=1}^{N}(\mathcal{J}_j(x_1) - \mathcal{K}_j(x_1)) \tag{3.33}$$

则正则 Hartree-Fock 方程有如下非常简洁的形式：

$$\mathcal{F}\mid \xi_i(x_1)\rangle = \varepsilon_i \mid \xi_i(x_1)\rangle \tag{3.34}$$

下面我们通过变分原理给出正则 Hartree-Fock 方程的推导过程。这里的变分函数是自旋轨道，也就是说，总能对正交的自旋轨道的变分为零：

$$\xi_i \rightarrow \xi_i + \delta\xi_i \quad (i = 1,2,\cdots,N)$$

$$\delta\mathcal{L} = \delta E_0 - \delta\left[\sum_{i,j=1}^{N}\varepsilon_{ji}(\langle i \mid j\rangle - \delta_{ij})\right] = \delta E_0 - \sum_{i,j=1}^{N}\varepsilon_{ji}\delta\langle i \mid j\rangle = 0 \tag{3.35}$$

根据 E_0 的表达式，有

$$E_0 = \sum_{i=1}^{N}\langle i \mid h \mid i\rangle + \frac{1}{2}\sum_{i=1}^{N}\sum_{j=1}^{N}(\langle ij \mid ij\rangle - \langle ij \mid ji\rangle) \tag{3.36}$$

容易得到

$$\begin{aligned}
\delta E_0 &= \sum_{i=1}^{N}\delta\langle i \mid h \mid i\rangle + \frac{1}{2}\sum_{i=1}^{N}\sum_{j=1}^{N}(\delta\langle ij \mid ij\rangle - \delta\langle ij \mid ji\rangle) \\
&= \sum_{i=1}^{N}\langle \delta\xi_i \mid h \mid \xi_i\rangle + \frac{1}{2}\sum_{i=1}^{N}\sum_{j=1}^{N}\langle \delta\xi_i\xi_j \mid \xi_i\xi_j\rangle + \langle \xi_i\delta\xi_j \mid \xi_i\xi_j\rangle \\
&\quad - \frac{1}{2}\sum_{i=1}^{N}\sum_{j=1}^{N}\langle \delta\xi_i\xi_j \mid \xi_j\xi_i\rangle + \langle \xi_i\delta\xi_j \mid \xi_j\xi_i\rangle + \mathrm{C.C.} \\
&= \sum_{i=1}^{N}\langle \delta\xi_i \mid h \mid \xi_j\rangle + \sum_{i=1}^{N}\sum_{j=1}^{N}\langle \delta\xi_i\xi_j \mid \xi_i\xi_j\rangle - \sum_{i=1}^{N}\sum_{j=1}^{N}\langle \delta\xi_i\xi_j \mid \xi_j\xi_i\rangle + \mathrm{C.C.}
\end{aligned} \tag{3.37}$$

其中 C. C. 代表共轭项。

式(3.35) 中第二项的变分为

$$\sum_{i,j=1}^{N}\varepsilon_{ji}\delta\langle\xi_a \mid \xi_b\rangle = \sum_{i,j=1}^{N}\varepsilon_{ji}\langle\delta\xi_i \mid \xi_j\rangle + \text{C. C.} \tag{3.38}$$

因此总能量对自旋轨道变分为零的条件等价转化为

$$\begin{aligned}\delta\mathscr{L} = &\sum_{i=1}^{N}\langle\delta\xi_i \mid h \mid \xi_i\rangle + \sum_{i=1}^{N}\sum_{j=1}^{N}\langle\delta\xi_i\xi_j \mid \xi_i\xi_j\rangle - \sum_{i=1}^{N}\sum_{j=1}^{N}\langle\delta\xi_i\xi_j \mid \xi_j\xi_i\rangle \\ &- \sum_{i,j=1}^{N}\varepsilon_{ji}\langle\delta\xi_i \mid \xi_j\rangle + \text{C. C.} = 0\end{aligned} \tag{3.39}$$

将方程(3.35) 改写后，因为取极值的条件必须对于任意的 $\delta\xi_i$ 均成立，因此括号里的项必须为零，即

$$\begin{aligned}\delta\mathscr{L} = &\int\sum_{i=1}^{N}\mathrm{d}\boldsymbol{x}_1\,\delta\xi_i^*(x_1)\Big\{h(x_1)\xi_i(x_1) + \sum_{j=1}^{N}[\mathscr{J}_j(x_1) - \mathscr{K}_j(x_1)]\xi_i(x_1) \\ &- \sum_{j=1}^{N}\varepsilon_{ji}\xi_j(x_1)\Big\} + \text{C. C.} = 0\end{aligned}$$

得
$$\Big\{h(x_1) + \sum_{j=1}^{N}[\mathscr{J}_j(x_1) - \mathscr{K}_j(x_1)]\Big\}\xi_i(x_1) = \sum_{j=1}^{N}\varepsilon_{ji}\xi_j(x_1)$$

因此有

$$\mathscr{F}(x_1) \mid \xi_i(x_1)\rangle = \sum_{j=1}^{N}\varepsilon_{ji} \mid \xi_j(x_1)\rangle \tag{3.40}$$

至此，我们得到了和 Hartree-Fock 方程等价的结果，但是与正则 Hartree-Fock 方程(式(3.34)) 相比较，还是略有不同。二者之间的差别可以通过幺正变换消除。首先考察当一组自旋轨道通过幺正变换成一组新的自旋轨道时，厄米特算符(物理上的可观测量) 所对应的期望值如何变化。有

$$| \xi'_i(x_1)\xi'_j(x_2)\cdots\xi'_k(x_N)\rangle_{\mathrm{S}} = | \xi_i(x_1)\xi_j(x_2)\cdots\xi_k(x_N)\rangle_{\mathrm{S}}\cdot U$$

$$\Downarrow$$

$$\begin{vmatrix}\xi_i(\boldsymbol{x}_1) & \xi_j(\boldsymbol{x}_1) & \cdots & \xi_k(\boldsymbol{x}_1) \\ \xi_i(\boldsymbol{x}_2) & \xi_j(\boldsymbol{x}_2) & \cdots & \xi_k(\boldsymbol{x}_2) \\ \vdots & \vdots & & \vdots \\ \xi_i(\boldsymbol{x}_N) & \xi_j(\boldsymbol{x}_N) & \cdots & \xi_k(\boldsymbol{x}_N)\end{vmatrix} = \begin{vmatrix}\xi_i(\boldsymbol{x}_1) & \xi_j(\boldsymbol{x}_1) & \cdots & \xi_k(\boldsymbol{x}_1) \\ \xi_i(\boldsymbol{x}_2) & \xi_j(\boldsymbol{x}_2) & \cdots & \xi_k(\boldsymbol{x}_2) \\ \vdots & \vdots & & \vdots \\ \xi_i(\boldsymbol{x}_N) & \xi_j(\boldsymbol{x}_N) & \cdots & \xi_k(\boldsymbol{x}_N)\end{vmatrix}\begin{vmatrix}U_{11} & U_{12} & \cdots & U_{1N} \\ U_{21} & U_{22} & \cdots & U_{2N} \\ \vdots & \vdots & & \vdots \\ U_{N1} & U_{N2} & \cdots & U_{NN}\end{vmatrix} \tag{3.41}$$

由于幺正变换满足 $U\cdot U = 1$，因此容易得出 $|\det(U)|^2 = 1$。也就是说 $\det(U) = \mathrm{e}^{\mathrm{i}\varphi}$。我们可以得到，任意的厄米特算符，包括总能量、动量等的期望值，在自旋轨道幺正变化下均保持不变。也就是说，自旋轨道的确定具有一定的任意性，给定的一组是 Hartree-Fock 方程解的自旋轨道，对其做幺正变换后得到的新的自旋轨道同样是方程的解。下面我们考察如何利用幺正变换，将方程(3.41) 等价地转变成正则 Hartree-Fock 方程。

方程左端包括库仑算符、交换算符。其中单电子算符并不依赖于自旋轨道。库仑算符和交换算符虽然依赖于自旋轨道，但是容易证明这两个算符在幺正变换下各自保持不变。下面给出库仑算符的证明(交换算符类似可证)：

$$\begin{aligned}\sum_i \mathscr{J}'_i(x_1) &= \sum_i \left[\int \mathrm{d}\boldsymbol{x}_2 \xi'^*_i(x_2)\frac{1}{r_{12}}\xi'_i(x_2)\right] = \sum_i \int \mathrm{d}\boldsymbol{x}_2 \sum_j U^*_{ji}\xi^*_j(x_2)\frac{1}{r_{12}}\sum_k \xi_k(x_2)U_{ik} \\ &= \sum_j\sum_k\left[\sum_i U^*_{ji}U_{ik}\right]\int \mathrm{d}\boldsymbol{x}_2\xi^*_j(x_2)\frac{1}{r_{12}}\xi_k(x_2) \\ &= \sum_j\sum_k \delta_{jk}\int \mathrm{d}\boldsymbol{x}_2\xi^*_j(x_2)\frac{1}{r_{12}}\xi_k(x_2) = \sum_j\int \mathrm{d}\boldsymbol{x}_2\xi^*_j(x_2)\frac{1}{r_{12}}\xi_j(x_2) \\ &= \sum_J \mathscr{J}_j(x_1)\end{aligned} \tag{3.42}$$

因此可知，Fock 算符在自旋轨道的幺正变换保持不变。进一步容易得到，拉格朗日乘子 ε_{ji} 满足下式：

$$\langle \xi_k(x_1) \mid \mathscr{F}(x_1) \mid \xi_i(x_1)\rangle = \sum_{j=1}^{N}\varepsilon_{ji}\langle \xi_k(x_1) \mid \xi_j(x_1)\rangle = \varepsilon_{ki} \tag{3.43}$$

因此在自旋轨道幺正变换下，有

$$\begin{aligned}\varepsilon'_{ij} &= \int \mathrm{d}\boldsymbol{x}_1\xi'^*_i(x_1)\mathscr{F}(x_1)\xi'_j(x_1) = \sum_{k,l}U^*_{ki}U_{lj}\int \mathrm{d}\boldsymbol{x}_1\xi^*_k(x_1)\mathscr{F}(x_1)\xi_l(x_1) \\ &= \sum_{k,l}U^*_{ki}\varepsilon_{kl}U_{lj} \Rightarrow \varepsilon' = U^*\varepsilon U\end{aligned} \tag{3.44}$$

由此，可以看到，总是可以通过幺正变换得到一组自旋轨道，在此组自旋轨道下，ε 成为一个对角矩阵。相应地，Hartree-Fock 方程退化为正则的 Hartree-Fock 方程。

由上述讨论可知，如果我们利用最低占据的轨道构成的 Slater 行列式近似作为基态波函数，可以运用变分的方法得到一组自洽的 Hartree-Fock 方程。其中单电子的哈密顿量主要由三项构成：第一项 h 是单电子算符，表达动能项和核的吸引作用项；第二项 $\mathscr{J}$ 是库仑斥能项，表示的是所有其他电子的密度分布对该电子的平均斥能，而并没有考虑电子与电子之间相斥对电子间关联函数的影响；第三项 $\mathscr{K}$ 是交换能项，在经典物理中没有对应，它所表现的是量子力学对费米子波函数反对称性要求而引起的一种关联作用。

3.1.6 Hartree-Fock 单电子波函数的讨论

本节中，我们将详细讨论用于构筑 Hartree-Fock 基态波函数的 Slater 行列式有哪些特点，以及处于此态的电子和独立电子之间的运动有什么差别，并且引入密度泛函中非常重要的费米空穴的概念。

在 3.1.5 节的讨论中，我们已经看到单电子的 Hartree-Fock 方程(式(3.31))中，Fock 算符有单电子项及双电子项。如果不考虑自旋，则可以相应地建立单电子密度分布函数 $\rho(\boldsymbol{r})$ 以及双电子密度分布函数 $\rho(\boldsymbol{r},\boldsymbol{r}')$：

$$1 = \int |\Psi^0(\boldsymbol{r},\boldsymbol{r}_2,\boldsymbol{r}_3,\cdots,\boldsymbol{r}_N)|^2 \mathrm{d}\boldsymbol{r}_1\mathrm{d}\boldsymbol{r}_2\cdots\mathrm{d}\boldsymbol{r}_N \tag{3.45}$$

$$\rho(\boldsymbol{r}) = N\int\cdots\int |\Psi^0(\boldsymbol{r},\boldsymbol{r}_2,\boldsymbol{r}_3,\cdots,\boldsymbol{r}_N)|^2 \mathrm{d}\boldsymbol{r}_2\mathrm{d}\boldsymbol{r}_3\cdots\mathrm{d}\boldsymbol{r}_N \tag{3.46}$$

$$\rho(\boldsymbol{r},\boldsymbol{r}') = N(N-1)\int\cdots\int |\Psi^0(\boldsymbol{r},\boldsymbol{r}',\boldsymbol{r}_3,\cdots,\boldsymbol{r}_N)|^2 \mathrm{d}\boldsymbol{r}_3\mathrm{d}\boldsymbol{r}_4\cdots\mathrm{d}\boldsymbol{r}_N \tag{3.47}$$

式中：Ψ^0 为体系的多体波函数；$\rho(\boldsymbol{r})$ 代表总数为 N 的电子气中，在 $\boldsymbol{r}$ 的终点发现电子的概率；系数 N 表示体系中有 N 个全同的粒子，而每个粒子在空间 $\mathrm{d}\boldsymbol{r}_1$ 出现的概率相同；$\rho(\boldsymbol{r},\boldsymbol{r}')$ 表示同时在 $\boldsymbol{r}$ 的终点发现一个电子，在 $\boldsymbol{r}'$ 的终点发现另一个电子的概率，因此前面的系数为 $N(N-1)$，和从 N 个全同的粒子中选取两个粒子放到空间两个位置的排列数相同。从上面的表达式还可以知道，电荷分布密度对全空间的积分等于电子总数，即

$$\int \rho(\boldsymbol{r})\mathrm{d}\boldsymbol{r} = N \tag{3.48}$$

对于经典粒子，$\rho^0(\boldsymbol{r},\boldsymbol{r}')$ 为两个 $\rho(\boldsymbol{r})$ 的积，即

$$\rho^0(\boldsymbol{r},\boldsymbol{r}') = \rho(\boldsymbol{r})\rho(\boldsymbol{r}')$$

而如果计入自能项（也就是电子不能和自己发生作用），则有

$$\rho(\boldsymbol{r},\boldsymbol{r}') = \frac{N-1}{N}\rho(\boldsymbol{r})\rho(\boldsymbol{r}')$$

该式明显有别于式(3.47)。虽然经典粒子和"独立电子"都在势场中独立运动，但仍存在以下不同之处：① 电子遵循费米统计，因为泡利不相容原理，自旋相同的电子在空间上彼此疏离，若已有一个电子在 $\boldsymbol{r}$ 的终点，那么显然在 $\boldsymbol{r}'$ 的终点发现另一个相同自旋态电子的概率比经典统计的要低；② 电子和电子之间由于带电，存在较强的库仑斥能，这种斥能同样会导致电子彼此疏离，因此，每个电子在它自身周围都引入一个低密度区，称为费米空穴或者交换关联空穴。其密度 $\rho_{\mathrm{xc}}(\boldsymbol{r},\boldsymbol{r}')$ 满足

$$\rho(\boldsymbol{r},\boldsymbol{r}') = \rho(\boldsymbol{r})\rho(\boldsymbol{r}') + \rho(\boldsymbol{r})\rho_{\mathrm{xc}}(\boldsymbol{r},\boldsymbol{r}') \tag{3.49}$$

在 Hartree-Fock 近似中，Ψ^0 近似为 ϕ^0，即在轨道 ξ_i 彼此正交的条件下，可以由方程(3.17)解析地给出 $\rho(\boldsymbol{r})$、$\rho(\boldsymbol{r},\boldsymbol{r}')$ 及 $\rho_{\mathrm{xc}}(\boldsymbol{r},\boldsymbol{r}')$。$\rho(\boldsymbol{r})$ 比较简单，有

$$\rho(\boldsymbol{r}) = \sum_i \xi_i^*(\boldsymbol{r})\xi_i(\boldsymbol{r}) \tag{3.50}$$

为求得 $\rho(\boldsymbol{r},\boldsymbol{r}')$，首先将 ϕ^0 按第 i 列展开：

$$\begin{aligned}\phi^0 &= \frac{1}{\sqrt{N!}}\begin{vmatrix}\xi_1(\boldsymbol{r}) & \xi_2(\boldsymbol{r}) & \cdots & \xi_N(\boldsymbol{r})\\ \xi_1(\boldsymbol{r}') & \xi_2(\boldsymbol{r}') & \cdots & \xi_N(\boldsymbol{r}')\\ \vdots & \vdots & & \vdots\\ \xi_1(\boldsymbol{r}_N) & \xi_2(\boldsymbol{r}_N) & \cdots & \xi_N(\boldsymbol{r}_N)\end{vmatrix}\\ &= \frac{1}{\sqrt{N!}}\sum_i \xi_i(\boldsymbol{r})(-1)^{i+1}\begin{vmatrix}\xi_1(\boldsymbol{r}') & \cdots & \xi_{i-1}(\boldsymbol{r}') & \xi_{i+1}(\boldsymbol{r}') & \cdots & \xi_N(\boldsymbol{r}')\\ \xi_1(\boldsymbol{r}_3) & \cdots & \xi_{i-1}(\boldsymbol{r}_3) & \xi_{i+1}(\boldsymbol{r}_3) & \cdots & \xi_N(\boldsymbol{r}_3)\\ \vdots & & \vdots & \vdots & & \vdots\\ \xi_1(\boldsymbol{r}_N) & \cdots & \xi_{i-1}(\boldsymbol{r}_N) & \xi_{i+1}(\boldsymbol{r}_N) & \cdots & \xi_N(\boldsymbol{r}_N)\end{vmatrix}\end{aligned} \tag{3.51}$$

进一步将式(3.51)按第 j 列展开:

$$\phi^0 = \frac{1}{\sqrt{N!}}\sum_{i,j\neq i}\xi_i(\boldsymbol{r})\xi_j(\boldsymbol{r}')(-1)^{C_{i,j}}$$
$$\times\begin{vmatrix} \xi_1(\boldsymbol{r}_3) & \cdots & \xi_{i-1}(\boldsymbol{r}_3) & \xi_{i+1}(\boldsymbol{r}_3) & \cdots & \xi_{j-1}(\boldsymbol{r}_3) & \xi_{j+1}(\boldsymbol{r}_3) & \cdots & \xi_N(\boldsymbol{r}_3) \\ \xi_1(\boldsymbol{r}_4) & \cdots & \xi_{i-1}(\boldsymbol{r}_4) & \xi_{i+1}(\boldsymbol{r}_4) & \cdots & \xi_{j-1}(\boldsymbol{r}_4) & \xi_{j+1}(\boldsymbol{r}_4) & \cdots & \xi_N(\boldsymbol{r}_4) \\ \vdots & & \vdots & \vdots & & \vdots & \vdots & & \vdots \\ \xi_1(\boldsymbol{r}_N) & \cdots & \xi_{i-1}(\boldsymbol{r}_N) & \xi_{i+1}(\boldsymbol{r}_N) & \cdots & \xi_{j-1}(\boldsymbol{r}_N) & \xi_{j+1}(\boldsymbol{r}_N) & \cdots & \xi_N(\boldsymbol{r}_N) \end{vmatrix} \tag{3.52}$$

式中

$$C_{i,j} = i+j-1+\frac{\mathrm{sgn}[i-j]+1}{2} \tag{3.53}$$

$\mathrm{sgn}[i,j]$ 为 $i-j$ 的符号。

将式(3.52)代入方程(3.47),由于 $\langle\xi_i \mid \xi_j\rangle = \delta_{ij}$,因此式(3.52)最后一行的 $N-2$ 阶行列式相乘,只有 $(N-2)!$ 个对角项(即包含相同 $\boldsymbol{r}_l$ 的 ξ 项下标也相同)等于1,而其他各项因为均包含至少一个形如 $\int\xi_k^*(\boldsymbol{r}_l)\xi_{m\neq k}^*(\boldsymbol{r}_l)\mathrm{d}\boldsymbol{r}_l$ 的项而等于零。因此有

$$\rho(\boldsymbol{r},\boldsymbol{r}') = \sum_{i,j\neq i}\xi_i^*(\boldsymbol{r})\xi_j(\boldsymbol{r}')\times[\xi_i(\boldsymbol{r})\xi_j(\boldsymbol{r}')-\xi_j(\boldsymbol{r})\xi_i(\boldsymbol{r}')] = \frac{1}{2!}\sum_{i,j}\begin{vmatrix}\xi_i(\boldsymbol{r}) & \xi_j(\boldsymbol{r}) \\ \xi_i(\boldsymbol{r}') & \xi_j(\boldsymbol{r}')\end{vmatrix}^2 \tag{3.54}$$

最后一步借用两行相同的行列式等于零这一性质而消除求和符号中 $i\neq j$ 的限制。由方程(3.54)也可得

$$\rho_{\mathrm{xc}}(\boldsymbol{r},\boldsymbol{r}') = \frac{\rho(\boldsymbol{r},\boldsymbol{r}')-\rho(\boldsymbol{r})\rho(\boldsymbol{r}')}{\rho(\boldsymbol{r})} = -\frac{\sum_{i,j}\xi_i^*(\boldsymbol{r}')\xi_i(\boldsymbol{r}')\xi_j^*(\boldsymbol{r}')\xi_j(\boldsymbol{r})}{\sum_i\xi_i^*(\boldsymbol{r})\xi_i(\boldsymbol{r})}$$
$$= -\frac{\left[\sum_i \mid \xi_i^*(\boldsymbol{r})\xi_i(\boldsymbol{r}') \mid\right]^2}{\sum_i\xi_i^*(\boldsymbol{r})\xi_i(\boldsymbol{r})} \tag{3.55}$$

式(3.55)表明,$\rho_{\mathrm{xc}}(\boldsymbol{r},\boldsymbol{r}')$ 恒为负值,且有一个重要的性质:

$$\int\rho_{\mathrm{xc}}(\boldsymbol{r},\boldsymbol{r}')\mathrm{d}\boldsymbol{r}' = -\frac{\sum_{i,j}\delta_{ij}\xi_j^*(\boldsymbol{r})\xi_i(\boldsymbol{r})}{\sum_i\xi_i^*(\boldsymbol{r})\xi_i(\boldsymbol{r})} = -1 \tag{3.56}$$

式(3.56)的物理意义非常明显:既然一个电子已经确定处于 $\boldsymbol{r}$ 的位置,那么在所有其他 $\boldsymbol{r}'$ 的位置所能找到的电子只有 $N-1$ 个,即一个电子不能同时存在于两处。在推导过程中,我们在 Hartree-Fock 近似下只考虑了自旋态相同的电子态,因此实际上只有交换效应而没有关联效应。所以式(3.56)中只有交换空穴 ρ_{x},而关联空穴 $\rho_{\mathrm{c}}\equiv 0$。引入交换关联空穴 ρ_{xc},可以很方便地写出交换关联能的表达式为

$$E_{xc}^{HF}=\frac{1}{2}\int\rho(\boldsymbol{r})\mathrm{d}\boldsymbol{r}\int\frac{\rho_{xc}(\boldsymbol{r},\boldsymbol{r}')}{|\boldsymbol{r}-\boldsymbol{r}'|}\mathrm{d}\boldsymbol{r}' \tag{3.57}$$

如果将自旋变量σ显式地表达出来，则方程(3.47)、方程(3.50)及方程(3.55)的形式略有变化：

$$\begin{aligned}\rho(\boldsymbol{r},\sigma;\boldsymbol{r}',\sigma')&=N(N-1)\\&\times\sum_{\sigma_3,\sigma_4\cdots\sigma_N}\int|\Psi^0(\boldsymbol{r},\sigma;\boldsymbol{r}',\sigma';\boldsymbol{r}_3,\sigma_3;\cdots,\boldsymbol{r}_N,\sigma_N)|^2\mathrm{d}\boldsymbol{r}_3\mathrm{d}\boldsymbol{r}_4\cdots\mathrm{d}\boldsymbol{r}_N\end{aligned} \tag{3.58}$$

$$\rho^{\sigma}(\boldsymbol{r})=\sum_i\xi_i^{\sigma *}(\boldsymbol{r})\xi_i^{\sigma}(\boldsymbol{r}) \tag{3.59}$$

$$\rho_{xc}(\boldsymbol{r},\sigma;\boldsymbol{r}',\sigma')=-\delta_{\sigma\sigma'}\frac{\left[\sum_i|\xi_i^{\sigma *}(\boldsymbol{r})\xi_i^{\alpha}(\boldsymbol{r}')|\right]^2}{\sum_i\xi_i^{\sigma *}(\boldsymbol{r})\xi_i^{\sigma}(\boldsymbol{r})} \tag{3.60}$$

上面不显含自旋情况的讨论在此仍然有效，这里不再详述。

根据上述讨论，可以引入双电子的对关联函数$g(\boldsymbol{r},\sigma;\boldsymbol{r}',\sigma')$，且

$$g(\boldsymbol{r},\sigma;\boldsymbol{r}',\sigma')=\frac{\rho(\boldsymbol{r},\sigma;\boldsymbol{r}',\sigma')}{\rho^{\sigma}(\boldsymbol{r})\rho^{\sigma'}(\boldsymbol{r}')}=1+\frac{\rho^{\sigma}(\boldsymbol{r})\rho_{xc}(\boldsymbol{r},\sigma;\boldsymbol{r}',\sigma')}{\rho^{\sigma}(\boldsymbol{r})\rho^{\sigma'}(\boldsymbol{r}')} \tag{3.61}$$

在 Hartree-Fock 近似下，方程(3.55)或者方程(3.60)的分子显然就是单体密度矩阵$n^{\sigma}(\boldsymbol{r},\boldsymbol{r}')$的二次方。因此式(3.61)可写为

$$g(\boldsymbol{r},\sigma;\boldsymbol{r}',\sigma')=1-\delta_{\sigma\sigma'}\frac{|n^{\sigma}(\boldsymbol{r},\boldsymbol{r}')|^2}{\rho^{\sigma}(\boldsymbol{r})\rho^{\sigma'}(\boldsymbol{r}')} \tag{3.62}$$

从式(3.60)、式(3.62)可知，Hartree-Fock 近似只考虑了交换作用，而对另外的多体效应(如自旋相反波函数间的相互作用)未加考虑，这种影响通称为关联作用。

最后，给出显含自旋变量，但自旋非极化的情况下，对关联函数$g_x(\boldsymbol{r},\boldsymbol{r}')$的定义：

$$g_x(\boldsymbol{r},\boldsymbol{r}')=1-\frac{\sum_{\sigma}|n^{\sigma}(\boldsymbol{r},\boldsymbol{r}')|^2}{\rho(\boldsymbol{r})\rho(\boldsymbol{r}')} \tag{3.63}$$

在后文中我们将讨论特殊情况下$g_x(\boldsymbol{r};\boldsymbol{r}')$的一个解析解。

电子对关联函数的引入，使得我们可以重新审视交换作用的物理意义。对于经典粒子，$g(\boldsymbol{r},\boldsymbol{r}')\equiv 1$。因此，对关联函数对 1 的偏离反映了量子效应，而这种量子效应最终会体现在体系的能量表达式中。根据上面的讨论，可以知道对关联函数的大致行为。当$\boldsymbol{r}'$趋于$\boldsymbol{r}$时，$g(\boldsymbol{r},\boldsymbol{r}')$远小于1(不考虑自旋时趋于0，自旋非极化时趋于1/2)；而当$\boldsymbol{r}'$远离$\boldsymbol{r}$时，$g(\boldsymbol{r},\boldsymbol{r}')$趋于 1。因此，若用经典电荷间的库仑相互作用描述电子与电子的相互作用，显然会严重高估排斥能。需要再引入一个吸引项作为校正 / 补偿。这就是交换能。所以，交换能并不是某种新形式的粒子相互作用，而仅是对被高估的库仑能的一种修正。它是要求电子波函数反对称的必然结果。

3.1.7 闭壳层体系中的 Hartree-Fock 方程

正则 Hartree-Fock 方程(式(3.34))中的轨道是自旋轨道，分为空间部分和自旋

部分。在实际求解体系中，由于自旋是非经典的量子数，因此数值求解最关心的是如何得到自旋轨道中的空间部分。我们先来介绍在闭壳层的情况下，如何将正则 Hartree-Fock 方程化简为空间轨道的一系列微分方程。闭壳层指的是强制每一个占据的空间轨道都有自旋向上和自旋向下的电子配对填充。

考虑一个含有偶数个电子的体系，用如下的方式对自旋轨道进行编号($i=1,2,\cdots,N/2$)

$$\xi_{2i-1}(x)=\chi_i(r)\alpha(s)=\phi_{i\alpha} \tag{3.64}$$

$$\xi_{2i}(x)=\chi_i(r)\beta(s)=\phi_{i\beta} \tag{3.65}$$

重新编号后，体系的基态波函数可以写为

$$\phi_{\mathrm{RHF}}^{0}(\boldsymbol{x}_1,\boldsymbol{x}_2,\cdots,\boldsymbol{x}_N)=|\xi_i(1)\xi_j(2)\cdots\xi_k(N)\rangle_{\mathrm{S}}=|\phi_{1\alpha}(1)\phi_{1\beta}(2)\cdots\phi_{\frac{N}{2}\alpha}(N-1)\phi_{\frac{N}{2}\beta}(N)\rangle_{\mathrm{S}} \tag{3.66}$$

而双重求和可以化简为

$$\sum_{i=1}^{N}\sum_{j=1}^{N}=\sum_{i\alpha}^{N/2}\sum_{j\alpha}^{N/2}+\sum_{i\alpha}^{N/2}\sum_{j\beta}^{N/2}+\sum_{i\beta}^{N/2}\sum_{j\alpha}^{N/2}+\sum_{i\beta}^{N/2}\sum_{j\beta}^{N/2} \tag{3.67}$$

另外，由于自旋态之间的正交性归一，可以得到

$$\langle\phi_{i\alpha}\phi_{j\alpha}\mid\phi_{i\alpha}\phi_{j\alpha}\rangle=\langle\phi_{i\alpha}\phi_{j\beta}\mid\phi_{i\alpha}\phi_{j\beta}\rangle=\langle\phi_{i\beta}\phi_{j\alpha}\mid\phi_{i\beta}\phi_{j\alpha}\rangle=\langle\phi_{i\beta}\phi_{j\beta}\mid\phi_{i\beta}\phi_{j\beta}\rangle=\langle\chi_i\chi_j\mid\chi_i\chi_j\rangle$$

$$\langle\phi_{i\alpha}\phi_{j\alpha}\mid\phi_{j\alpha}\phi_{i\alpha}\rangle=\langle\phi_{i\beta}\phi_{j\beta}\mid\phi_{j\beta}\phi_{i\beta}\rangle=\langle\chi_i\chi_j\mid\chi_j\chi_i\rangle$$

$$\langle\phi_{i\alpha}\phi_{j\beta}\mid\phi_{j\beta}\phi_{i\alpha}\rangle=\langle\phi_{i\beta}\phi_{j\alpha}\mid\phi_{j\alpha}\phi_{i\beta}\rangle=0$$

因此 Hartree-Fock 基态能量表达式(3.27)可以化简为

$$\begin{aligned}E_0&=\sum_{i=1}^{N}\langle\xi_i\mid h\mid\xi_i\rangle+\frac{1}{2}\sum_{i=1}^{N}\sum_{j=1}^{N}(\langle\xi_i\xi_j\mid\xi_i\xi_j\rangle-\langle\xi_i\xi_j\mid\xi_j\xi_i\rangle)\\&=2\sum_{i=1}^{N/2}\langle\chi_i\mid h\mid\chi_i\rangle+\sum_{i=1}^{N/}\sum_{j=1}^{N/2}[2\langle\chi_i\chi_j\mid\chi_i\chi_j\rangle-\langle\chi_i\chi_j\mid\chi_j\chi_i\rangle]\\&=2\sum_{i=1}^{N/2}h_{ii}+\sum_{i=1}^{N/2}\sum_{j=1}^{N/2}[2\mathscr{J}_{ij}-\mathscr{K}_{ij}]\end{aligned} \tag{3.68}$$

式中
$$h_{ii}=\langle\chi_i\mid h\mid\chi_i\rangle=\int\mathrm{d}r\chi_i^*(r)h\chi_i(r) \tag{3.69}$$

$$\mathscr{J}_{ij}=\langle\chi_i\chi_j\mid\chi_i\chi_j\rangle=\int\mathrm{d}r_1\mathrm{d}r_2\,\chi_i^*(r_1)\chi_j^*(r_2)\frac{1}{r_{12}}\chi_i(r_1)\chi_j(r_2) \tag{3.70}$$

$$\mathscr{K}_{ij}=\langle\chi_i\chi_j\mid\chi_j\chi_i\rangle=\int\mathrm{d}r_1\mathrm{d}r_2\,\chi_i^*(r_2)\chi_j^*(r_1)\frac{1}{r_{12}}\chi_j(r_1)\chi_i(r_2) \tag{3.71}$$

每一对自旋相反的电子贡献 $\mathscr{J}_{ij}$ 的库仑斥能，而每一对自旋相同的电子贡献 $\mathscr{J}_{ij}-\mathscr{K}_{ij}$ 的库仑能和交换能。

同样，在求解单电子方程的时候，也需要将对自旋轨道的方程转成对空间轨道的微分方程。考察自旋 α 的自旋轨道

$$\mathscr{F}(x_1)\xi_i(x_1)=\varepsilon_i\xi_i(x_1)$$

$$
\begin{aligned}
&\Rightarrow \mathscr{F}(x_1)\chi_i(r_1)\alpha(s)=\varepsilon_i\chi_i(r_1)\alpha(s)\\
&\Rightarrow \int \mathrm{d}s\alpha^*(s)\mathscr{F}(x_1)\chi_i(r_1)\alpha(s)=\int \mathrm{d}s\alpha^*(s)\varepsilon_i\chi_i(r_1)\alpha(s)\\
&\Rightarrow \left\{\int \mathrm{d}s\alpha^*(s)\mathscr{F}(x_1)\alpha(s)\right\}\chi_i(r_1)=\varepsilon_1\chi_i(r_1)\\
&\Rightarrow \mathscr{F}(r_1)\chi_i(r_1)=\varepsilon_i\chi_i(r_1)
\end{aligned}\tag{3.72}
$$

通过上面的推导可知，Fock 算符在闭壳层情况下可以写为

$$
\begin{aligned}
\mathscr{F}(r_1)&=\int \mathrm{d}s\alpha^*(s)\mathscr{F}(x_1)\alpha(s)=\int \mathrm{d}s\alpha^*(s)\left[h(x_1)+\sum_{i=1}^{N}(\mathscr{J}_i(x_1)-\mathscr{K}_i(x_1))\right]\alpha(s)\\
&=h(r_1)+\sum_{i}^{N/2}[2\mathscr{J}_i(r_1)-\mathscr{K}_i(r_1)]
\end{aligned}\tag{3.73}
$$

式中

$$
\mathscr{J}_i(r_1)=\int \mathrm{d}r_1\,\chi_i^*(r_2)\frac{1}{r_{12}}\chi_i(r_2)\tag{3.74}
$$

$$
\mathscr{K}_1(r_1)=\int \mathrm{d}r_1\,\chi_i^*(r_2)\frac{1}{r_{12}}\mathscr{P}_{12}\,\chi_i(r_2)\tag{3.75}
$$

因此在闭壳层下，Hartree-Fock 方程为

$$
\left[h(r_1)+\sum_{i=1}^{N/2}(2\mathscr{J}_i(r_1)-\mathscr{K}_i(r_1))\right]\chi_i(r_1)=\varepsilon_i\chi_i(r_1)\tag{3.76}
$$

3.1.8 开壳层体系中的 Hartree-Fock 方程

当体系中含有奇数个电子时，或者对于偏离平衡态较远的解离过程等，由开壳层方法通常能够得到比闭壳层方法更加准确的结果。其处理方法和闭壳层的 Hartree-Fock 方法类似，但是我们不强制不同自旋的电子配对占据相同的空间波函数，而是允许同一个能级的不同自旋的电子占据不同的空间轨道。其中相同自旋的空间轨道互相正交，而不同自旋的空间轨道的交叠由矩阵 $\boldsymbol{S}$ 描述。

$$
\begin{aligned}
\phi^0_{\mathrm{UHF}}(\boldsymbol{x}_1,\boldsymbol{x}_2,\cdots,\boldsymbol{x}_N)&=|\,\xi_i(1)\xi_j(2)\cdots\xi_k(N)\rangle_{\mathrm{S}}\\
&=|\,\phi_{1\alpha}(1)\overline{\phi}_{1\beta}(2)\cdots\phi_{\frac{N}{2}\alpha}(N-1)\overline{\phi}_{\frac{N}{2}\beta}(N)\rangle_{\mathrm{S}}
\end{aligned}\tag{3.77}
$$

其中 $S_{i\alpha,j\beta}=\langle\phi_{i\alpha}\,|\,\overline{\phi}_{j\beta}\rangle$。和闭壳层 Hartree-Fock 方程推导类似，可以通过对自旋积分将方程转化成只涉及空间轨道的微分方程。在开壳层 Hartree-Fock 方法中，将得到关于自旋 α 和 β 的电子分立的两组关于空间轨道的方程

$$
\mathscr{F}^{\alpha}(r_1)\phi_{i\alpha}(r_1)=\varepsilon_i\phi_{i\alpha}(r_1)\tag{3.78}
$$

$$
\mathscr{F}^{\beta}(r_1)\overline{\phi}_{i\beta}(r_1)=\varepsilon_i\overline{\phi}_{i\beta}(r_1)\tag{3.79}
$$

式中

$$
\mathscr{F}^{\alpha}(r_1)=h(r_1)+\sum_{i=1}^{N_\alpha}[\mathscr{J}_i^{\alpha}(r_1)-\mathscr{K}_i^{\alpha}(r_1)]+\sum_{i=1}^{N_\beta}\mathscr{J}_i^{\beta}(r_1)\tag{3.80}
$$

$$
\mathscr{F}^{\beta}(r_1)=h(r_1)+\sum_{i=1}^{N_\alpha}[\mathscr{J}_i^{\beta}(r_1)-\mathscr{K}_i^{\beta}(r_1)]+\sum_{i=1}^{N_\beta}\mathscr{J}_i^{\alpha}(r_1)\tag{3.81}
$$

3.1.9　Hartree-Fock 方程的矩阵表达

在实际求解 Hartree-Fock 自洽场方程的过程中，通常用已知的 K 个基组对第 i 个分子轨道的空间部分 $\chi_i(r)$ 进行展开：

$$\chi_i(\boldsymbol{r}) = \sum_{\mu=1}^{K} C_{\mu i}\zeta_\mu(\boldsymbol{r}) \tag{3.82}$$

式中：$\zeta_\mu(\boldsymbol{r})$ 中的下标 μ 用于同时标记不同原子中心和位于该中心的基组。

以闭壳层的 Hartree-Fock 为例，在上面的基组展开下，Hartree-Fock 方程可以写为

$$\sum_\nu F_{\mu\nu}C_{\nu i} = \varepsilon_i \sum_\nu S_{\mu\nu}C_{\nu i} \tag{3.83}$$

式中

$$S_{\mu\nu} = \int \mathrm{d}\boldsymbol{r}\zeta_\mu^*(\boldsymbol{r})\zeta_\nu(\boldsymbol{r}),\quad F_{\mu\nu} = \int \mathrm{d}\boldsymbol{r}\zeta_\mu^*(\boldsymbol{r})\mathscr{F}(\boldsymbol{r})\zeta_\nu(\boldsymbol{r})$$

如果写成矩阵的形式，式(3.83) 可以表示为

$$\boldsymbol{FC} = \boldsymbol{SCE} \tag{3.84}$$

此方程称为 Roothan 方程，其中

$$\boldsymbol{C} = \begin{bmatrix} C_{11} & C_{12} & \cdots & C_{1K} \\ C_{21} & C_{22} & \cdots & C_{2K} \\ \vdots & \vdots & & \vdots \\ C_{K1} & C_{22} & \cdots & C_{KK} \end{bmatrix} \tag{3.85}$$

$$\boldsymbol{E} = \begin{bmatrix} \varepsilon_1 & & & \\ & \varepsilon_2 & & \\ & & \ddots & 0 \\ & & & \varepsilon_K \end{bmatrix} \tag{3.86}$$

方程(3.84) 中，$\boldsymbol{S}$、$\boldsymbol{C}$、$\boldsymbol{E}$ 三个矩阵都比较简单。$\boldsymbol{F}$ 矩阵的计算由于涉及双电子积分而比较复杂，因此给出 $\boldsymbol{F}$ 矩阵元比较详细的推导过程。

$$\begin{aligned} F_{\mu\nu} &= \int \mathrm{d}\boldsymbol{r}\zeta_\mu^*(\boldsymbol{r})\mathscr{F}(\boldsymbol{r})\zeta_\nu(\boldsymbol{r}) = \int \mathrm{d}\boldsymbol{r}\zeta_\mu^*(\boldsymbol{r})\left[h(\boldsymbol{r}) + \sum_{i=1}^{N/2}(2\mathscr{J}_i(\boldsymbol{r}) - \mathscr{K}_i(\boldsymbol{r}))\right]\zeta_\nu(\boldsymbol{r}) \\ &= \int \mathrm{d}\boldsymbol{r}\zeta_\mu^*(\boldsymbol{r})h(\boldsymbol{r})\zeta_\nu(\boldsymbol{r}) + \sum_{i=1}^{N/2}\int \mathrm{d}\boldsymbol{r}\zeta_\mu^*(\boldsymbol{r})(2\mathscr{J}_i(\boldsymbol{r}) - \mathscr{K}_i(\boldsymbol{r}))\zeta_\nu(\boldsymbol{r}) = H_{\mu\nu} + G_{\mu\nu} \end{aligned} \tag{3.87}$$

式中：$H_{\mu\nu}$ 为单电子积分；$G_{\mu\nu}$ 可以化简为单电子密度矩阵和双电子积分的乘积，即

$$\begin{aligned} G_{\mu\nu} &= \sum_{i=1}^{N/2}\int \mathrm{d}\boldsymbol{r}_1\left[2\zeta_\mu^*(\boldsymbol{r}_1)\int \mathrm{d}\boldsymbol{r}_2\,\chi_i^*(\boldsymbol{r}_2)\frac{1}{r_{12}}\chi_i(\boldsymbol{r}_2)\zeta_\nu(\boldsymbol{r}_1) - \zeta_\mu^*(\boldsymbol{r}_1)\int \mathrm{d}\boldsymbol{r}_2\,\chi_i^*(\boldsymbol{r}_2)\frac{1}{r_{12}}\zeta_\nu(\boldsymbol{r}_2)\chi_i(\boldsymbol{r}_1)\right] \\ &= \sum_{i=1}^{N/2}\int \mathrm{d}\boldsymbol{r}_1\mathrm{d}\boldsymbol{r}_2\left[2\zeta_\mu^*(\boldsymbol{r}_1)\sum_{\lambda=1}^{K}C_{\lambda i}^*\zeta_\lambda^*(\boldsymbol{r}_2)\frac{1}{r_{12}}\sum_{\sigma=1}^{K}C_{\sigma i}\zeta_\sigma(\boldsymbol{r}_2)\zeta_\nu(\boldsymbol{r}_1)\right. \end{aligned}$$

$$
\begin{aligned}
&-\zeta_{\mu}^{*}(\boldsymbol{r}_1)\sum_{\lambda=1}^{K}C_{\lambda i}^{*}\zeta_{\lambda}^{*}(\boldsymbol{r}_2)\frac{1}{r_{12}}\zeta_{\mu}(\boldsymbol{r}_2)\sum_{\sigma=1}^{K}C_{\sigma i}\zeta_{\sigma}(\boldsymbol{r}_1)\Big]\\
&=\sum_{\lambda=1}^{K}\sum_{\sigma=1}^{K}\Big(2\sum_{i=1}^{N/2}C_{\lambda i}^{*}C_{\sigma i}\Big)\Big(\int \mathrm{d}\boldsymbol{r}_1\mathrm{d}\boldsymbol{r}_2\,\zeta_{\mu}^{*}(\boldsymbol{r}_1)\zeta_{\lambda}^{*}(\boldsymbol{r}_2)\frac{1}{r_{12}}\zeta_{\nu}(\boldsymbol{r}_1)\zeta_{\sigma}(\boldsymbol{r}_2)\\
&\quad-\frac{1}{2}\int \mathrm{d}\boldsymbol{r}_1\mathrm{d}\boldsymbol{r}_2\,\zeta_{\mu}^{*}(\boldsymbol{r}_1)\zeta_{\lambda}^{*}(\boldsymbol{r}_2)\frac{1}{r_{12}}\zeta_{\sigma}(\boldsymbol{r}_1)\zeta_{\nu}(\boldsymbol{r}_2)\Big)\\
&=\sum_{\lambda=1}^{K}\sum_{\sigma=1}^{K}P_{\lambda\sigma}\Big[\langle\mu\lambda\mid\nu\sigma\rangle-\frac{1}{2}\langle\mu\lambda\mid\sigma\nu\rangle\Big]
\end{aligned}
\tag{3.88}
$$

其中

$$
P_{\lambda\sigma}=2\sum_{i=1}^{N/2}C_{\lambda i}^{*}C_{\sigma i}
\tag{3.89}
$$

开壳层的 Hartree-Fock 方程在基组展开下可以类似地化为方程组进行求解，所对应的方程组称为 Pople-Nesbet 方程，在此不赘述，有兴趣的读者可以参考 Szabo 的《Modern Quantum Chemistry: Introduction to Advanced Electronic Structure Theory》一书。

3.1.10 Koopmans 定理

Koopmans 在 1933 年证明了下述定理[36]：

Koopmans 定理 Hartree-Fock 近似下，一个占据(非占据)轨道 ξ_k 的本征值 ε_k 等于将一个电子从(向)该轨道移走(填充)且其他各轨道保持不变的情况下，Hartree-Fock 总能(见式(3.27))的变化 $E_0(N)-E_0(N-1)$。

该定理的证明比较简单，以从 ξ_k 移走一个电子为例。将该电子从 ξ_k 移走前后的所有占据态代入方程(3.28)，可得

$$
E_0(N)-E_0(N-1)\mid_{\xi_k}=\langle\xi_k\mid h\mid\xi_k\rangle+\sum_{i=1}^{N}(\langle\xi_k\xi_i\mid\xi_k\xi_i\rangle-\langle\xi_k\xi_i\mid\xi_i\xi_k\rangle)
\tag{3.90}
$$

而将 $\langle\xi_k\mid$ 作用到 Hartree-Fock 自洽场方程(式(3.31))，可得

$$
\begin{aligned}
&\langle\xi_k\mid h(x_1)+\sum_{j\neq i}^{N}\mathcal{J}_j(x_1)-\sum_{j\neq i}^{N}\mathcal{K}_j(x_1)\mid\xi_k\rangle\\
&=\varepsilon_k=\langle\xi_k\mid h\mid\xi_k\rangle+\sum_{i=1}^{N}(\langle\xi_k\xi_i\mid\xi_k\xi_i\rangle-\langle\xi_k\xi_i\mid\xi_i\xi_k\rangle)
\end{aligned}
\tag{3.91}
$$

上面两个方程明显相等。至此，定理得证。

Koopmans 定理的重要意义在于它明确地给出了 Hartree-Fock 单电子自洽场方程本征能级的物理意义。但是需要强调，Hartree-Fock 方法本身是一种对多体体系并不十分准确的单电子近似。因此尽管 Koopmans 定理成立，但是 ε_k 不能理解为分子轨道的真实本征能级。最为明显的一个例子就是 Hartree-Fock 近似没有包含关联效应，对自能修正的描述也不完全，因此严重高估了最高占据态和最低非占据态的能量差，即能隙 E_g。

3.1.11 均匀电子气模型

本章开始讨论 Hartree-Fock 方法时已经提到，相互作用电子气由于多体效应而出现了一些非经典的能量项，比如交换能与关联能，与之相应的电子气分布也不同于独立电子气系统。对于绝大部分体系都无法求得这些能量项的解析表达式。但是对于极个别情况，如凝胶模型下的均匀电子气，体系的各项能量可以解析地或者比较精确地给出。这无疑有助于我们对交换关联项的理解，因此有必要对其进行详细介绍。在凝胶模型(jellium model)下，电子气在空间中均匀分布，且镶嵌于同样在空间中均匀分布的正电荷背景中。

引入电子的平均自由程 r_s^0，其物理意义为：按密度 ρ_0 均匀分布的电子，平均每个电子所占据的球体的半径。为了讨论方便，我们将 r_s^0 写为 $r_s a_0$，其中 r_s 的单位是 a_0，即玻尔半径。显而易见，有关系式

$$\frac{4\pi}{3}r_s^3 = \frac{1}{\rho_0 a_0^3} \tag{3.92}$$

可知在不考虑自旋的情况下，有

$$\rho_0 = \frac{2}{(2\pi)^3}\int f[E(\boldsymbol{k})]\mathrm{d}\boldsymbol{k} = \frac{1}{\pi^2}\int_0^{k_F} k^2\,\mathrm{d}k = \frac{k_F^3}{3\pi^2} \tag{3.93}$$

式中：k_F 是费米波矢大小。由式(3.92) 及式(3.93) 可得

$$k_F a_0 = (3\pi^2\rho_0)^{1/3}a_0 = \left(\frac{9\pi}{4}\right)^{1/3}\left(\frac{4\pi\rho_0 a_0^3}{3}\right)^{1/3} = \left(\frac{9\pi}{4}\right)^{1/3}\frac{1}{r_s} = \frac{1.9192}{r_s} \tag{3.94}$$

根据表 3.1，有

$$\frac{\hbar^2}{2m_e a_0^2} = \mathscr{E}_a \tag{3.95}$$

也就是说，在原子单位制下，取 $\hbar = m_e = 4\pi\varepsilon = 1$，坐标单位取 a_0，能量单位为 Hartree，1Hartree = 27.2 eV。

在下面的讨论中，我们将详细、定量地推导该模型下体系能量的各项贡献。

3.1.11.1 库仑能

体系总的库仑能分别由电子与电子间库仑作用、正电荷背景间库仑作用以及电子-正电荷背景间库仑作用贡献。因为电子与正电荷背景均在空间中均匀分布

$$\rho^-(\boldsymbol{r}) = \rho^+(\boldsymbol{r}) \equiv \rho_0 = \frac{N}{V} \tag{3.96}$$

所以体系的库仑能为

$$U_{\mathrm{Col}} = U_{\mathrm{ee}} + U_{\mathrm{II}} + U_{\mathrm{eI}} = e^2\left(\frac{N}{V}\right)^2\iint\left[\frac{1}{2}\,\frac{1}{|\boldsymbol{r}-\boldsymbol{r}'|} + \frac{1}{2}\,\frac{1}{|\boldsymbol{r}-\boldsymbol{r}'|} - \frac{1}{|\boldsymbol{r}-\boldsymbol{r}'|}\right]\mathrm{d}\boldsymbol{r}\mathrm{d}\boldsymbol{r}' = 0 \tag{3.97}$$

因此，这三项库仑作用相互抵消，体系的库仑能对总能没有贡献。

3.1.11.2 动能与交换能

因为电子-电子间库仑作用以及电子-正电荷背景间库仑作用相互抵消，所以均

匀电子气模型下，单电子的本征态可以用平面波 $|\boldsymbol{k}_i\rangle=\Omega^{-1/2}\mathrm{e}^{\mathrm{i}\boldsymbol{k}_i\cdot\boldsymbol{r}}$ 表示，而体系的基态波函数可表示为 Slater 行列式，其中 $\boldsymbol{k}$ 的取值充满半径为 k_F 的费米球。不考虑自旋极化，也即每个 $|\boldsymbol{k}\rangle$ 态上占据两个电子，可具体写出该多体基态波函数 ϕ^0：

$$\phi^0=(N!)^{-1/2}\begin{vmatrix}\langle\boldsymbol{r}_1\mid\boldsymbol{k}_1\rangle\uparrow & \langle\boldsymbol{r}_2\mid\boldsymbol{k}_1\rangle\uparrow & \cdots & \langle\boldsymbol{r}_N\mid\boldsymbol{k}_1\rangle\uparrow\\ \langle\boldsymbol{r}_1\mid\boldsymbol{k}_1\rangle\downarrow & \langle\boldsymbol{r}_2\mid\boldsymbol{k}_1\rangle\downarrow & \cdots & \langle\boldsymbol{r}_N\mid\boldsymbol{k}_1\rangle\downarrow\\ \langle\boldsymbol{r}_1\mid\boldsymbol{k}_2\rangle\uparrow & \langle\boldsymbol{r}_2\mid\boldsymbol{k}_2\rangle\uparrow & \cdots & \langle\boldsymbol{r}_N\mid\boldsymbol{k}_2\rangle\uparrow\\ \vdots & \vdots & & \vdots\\ \langle\boldsymbol{r}_1\mid\boldsymbol{k}_{N/2}\rangle\downarrow & \langle\boldsymbol{r}_2\mid\boldsymbol{k}_{N/2}\rangle\downarrow & \cdots & \langle\boldsymbol{r}_N\mid\boldsymbol{k}_{N//2}\rangle\downarrow\end{vmatrix}\tag{3.98}$$

因为库仑能为零，所以正则 Hartree-Fock 方程(见式(3.34))中的 Fock 算符仅有动能算符及交换算符。动能算符的形式比较简单，而交换算符的普遍形式已经由方程(3.30)给出。在平面波基下，方程(3.34)为(原子单位制)

$$\begin{aligned}\mathscr{F}\mathrm{e}^{\mathrm{i}\boldsymbol{k}\cdot\boldsymbol{r}}&=\left(-\frac{\boldsymbol{\nabla}^2}{2}-\sum_j\mathscr{K}_j\right)\mathrm{e}^{\mathrm{i}\boldsymbol{k}\cdot\boldsymbol{r}}=\frac{k^2}{2}\mathrm{e}^{\mathrm{i}\boldsymbol{k}\cdot\boldsymbol{r}}-\frac{1}{\Omega}\sum_{k'}^{(\mathrm{occ})}\mathrm{e}^{\mathrm{i}\boldsymbol{k}'\cdot\boldsymbol{r}}\int\mathrm{e}^{-\mathrm{i}\boldsymbol{k}\cdot\boldsymbol{r}'}\frac{1}{|\boldsymbol{r}-\boldsymbol{r}'|}\mathrm{e}^{\mathrm{i}\boldsymbol{k}\cdot\boldsymbol{r}'}\mathrm{d}\boldsymbol{r}'\\&=\frac{k^2}{2}\mathrm{e}^{\mathrm{i}\boldsymbol{k}\cdot\boldsymbol{r}}-\frac{1}{\Omega}\mathrm{e}^{\mathrm{i}\boldsymbol{k}\cdot\boldsymbol{r}}\sum_{k'}^{(\mathrm{occ})}\int\frac{\mathrm{e}^{-\mathrm{i}(\boldsymbol{k}'-\boldsymbol{k})\cdot(\boldsymbol{r}-\boldsymbol{r}')}}{|\boldsymbol{r}-\boldsymbol{r}'|}\mathrm{d}\boldsymbol{r}'=\left(\frac{k^2}{2}-\frac{1}{\Omega}\sum_{k'<k_\mathrm{F}}\frac{4\pi}{|\boldsymbol{k}-\boldsymbol{k}'|^2}\right)\mathrm{e}^{\mathrm{i}\boldsymbol{k}\cdot\boldsymbol{r}}\\&=\varepsilon_k\mathrm{e}^{\mathrm{i}\boldsymbol{k}\cdot\boldsymbol{r}}\end{aligned}\tag{3.99}$$

上述计算过程中最后一步采用了 $1/|\boldsymbol{r}-\boldsymbol{r}'|$ 的傅里叶变换。其中本征值的交换能部分可以转化为费米球内的积分：

$$\begin{aligned}\frac{1}{\Omega}\sum_{k'<k_\mathrm{F}}\frac{4\pi}{|\boldsymbol{k}-\boldsymbol{k}'|^2}&=\frac{4\pi}{(2\pi)^3}\int\frac{k'^2\sin\theta\mathrm{d}k'\mathrm{d}\theta\mathrm{d}\varphi}{k^2-2kk'\cos\theta+k'^2}=\frac{1}{\pi k}\int_0^{k_\mathrm{F}}k\ln\left|\frac{k+k'}{k-k'}\right|\mathrm{d}k'\\&=\frac{k_\mathrm{F}}{\pi}F\left(\frac{k}{k_\mathrm{F}}\right)\end{aligned}\tag{3.100}$$

式中

$$F(x)=1+\frac{1-x^2}{2x}\ln\left|\frac{1+x}{1-x}\right|\tag{3.101}$$

方程(3.99)至方程(3.101)表明，$|\boldsymbol{k}\rangle$ 确实是均匀电子气系统的 Fock 算符的本征函数，相应的本征值为

$$\varepsilon(k)=\frac{k^2}{2}-\frac{k_\mathrm{F}}{\pi}F\left(\frac{k}{k_\mathrm{F}}\right)\tag{3.102}$$

图 3.2 给出了均匀电子气考虑和未考虑交换作用的约化色散曲线。可以看到，计入交换能会高估导带的带宽。而且在费米动量为 k_F 处，$\mathrm{d}\varepsilon_{\mathrm{HF}}/\mathrm{d}k$ 发散，从而导致此处的态密度为零，显然与实际情况不符。这些都是利用 Hartree-Fock 方法处理均匀电子气的局限。

由方程(3.102)出发，为了得到基态下每个电子的平均 Hartree-Fock 能量，需要对费米球内所有的态求和，并乘以 2(因为自旋简并度)，而交换能部分还应再乘以 1/2(因为求和导致每个电子对交换能的贡献计入了两次)。因此

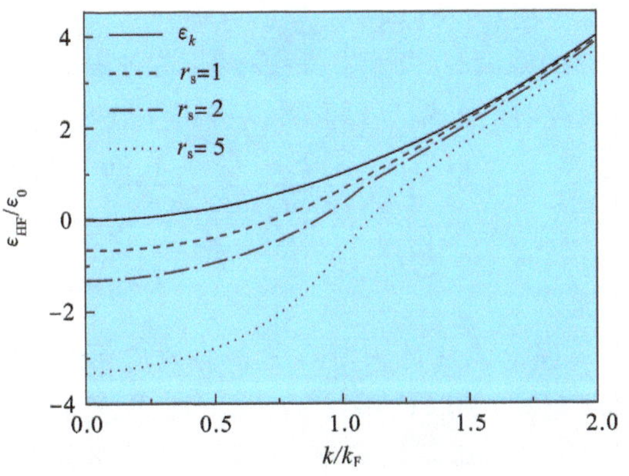

图 3.2 约化非相互作用均匀电子气及相互作用均匀电子气在不同电子密度下的 Hartree-Fock **能** $\varepsilon_{HF}/\varepsilon_0(\varepsilon_0=\hbar^2k_F^2/2m)$

$$E_0^{HF}=2\sum_{k<k_F}\frac{k^2}{2}-\sum_{k<k_F}\frac{k_F}{\pi}F\left(\frac{k}{k_F}\right)=\frac{8\pi\Omega}{8\pi^3}\int_0^{k_F}k^2\left[k^2-\frac{k_F}{\pi}F\left(\frac{k}{k_F}\right)\right]dk \tag{3.103}$$

容易求出，积分的第一项动能为$\frac{8\pi\Omega k_F^3}{3(2\pi)^3}\times\frac{3}{5}\frac{k_F^2}{2}$。

利用不定积分公式[31]，有

$$\int x(1-x^2)\ln\frac{1+x}{1-x}dx=\frac{x}{2}-\frac{x^3}{6}-\frac{1}{4}(1-x^2)^2\ln\frac{1+x}{1-x} \tag{3.104}$$

可以得到积分的第二项交换能为$\frac{8\pi\Omega k_F^3}{3(2\pi)^3}\times\frac{3}{4}\frac{k_F}{\pi}$。

又因为电子总数 N 为

$$N=\frac{8\pi\Omega k_F^3}{3(2\pi)^3} \tag{3.105}$$

则可得

$$\bar{E}_0=\frac{E_0^{HF}}{N}=\frac{3}{5}\frac{k_F^2}{2}-\frac{3}{4}\frac{k_F}{\pi} \tag{3.106}$$

方程(3.105)和(3.106)相比较，可以看到，在均匀电子气系统中，可以认为交换能密度正比于系统的电子密度 $\rho^{1/3}$。如果认为交换能密度只与局域的电子密度有关，则可以近似认为

$$V_x(\boldsymbol{r})\propto\rho(\boldsymbol{r})^{1/3} \tag{3.107}$$

特别需要说明的是，交换作用只涉及自旋相同的电子态，因此方程(3.106)的第二项——交换能密度实际上应显含自旋指标[37]：

$$\varepsilon_x^\sigma=-\frac{3}{4}\frac{k_F^\sigma}{\pi}=-\frac{3}{4}\left(\frac{6\rho^\sigma}{\pi}\right)^{1/3} \tag{3.108}$$

对于自旋非极化情况，显然有

$$\varepsilon_x^\uparrow=\varepsilon_x^\downarrow=-\frac{3}{4}\left(\frac{3\rho^{tot}}{\pi}\right)^{1/3} \tag{3.109}$$

从本节开始的讨论可知，费米波矢 $\boldsymbol{k}_F$ 可以表示为 r_s 的函数，因此平均动能与交换能也可以表示为 r_s 的函数。在 3.2 节中将会看到，这种表示方法与实际应用有着更为紧密的联系。利用式(3.94) 及式(3.95)，可以将式(3.106) 表示为

$$\bar{E}_0 = \frac{3}{10}(k_F a_0)^2 \frac{1}{a_0^2} - \frac{3}{4\pi}\frac{k_F a_0}{a_0} = \frac{1.1050}{r_s^2} - \frac{0.4581}{r_s} \tag{3.110}$$

$\bar{E}_0$ 的单位为 $\mathscr{E}_a$。

3.1.11.3 关联能

利用 Hartree-Fock 理论无法计入所有的多体效应，习惯上将除去交换作用以外，所有其他的多体效应称为关联作用(correlation)。即使对于均匀电子气模型，平均每个电子的关联能 E_c 也很难精确求得。这个问题的定量解决是由 Gellmann 与 Brueckner 在 1957 年完成的[38]。Gellmann 和 Brueckner 在高电子密度极限($r_s \to 0$)下利用微扰将 E_c 展开，找出各阶的发散项，将这些项转为子级数各项积分的求和，从而求得 E_c。定量的计算需要用到多体理论，已经大大超出本书的讨论范围，所以这里只给出最后的结果(到二阶微扰为止，能量单位为 $\mathscr{E}_a$)[38-42]：

$$E_c = A\ln r_s + C + \cdots = \frac{1}{\pi^2}(1-\ln 2)\left\{\ln\left[\frac{4}{\pi}\left(\frac{4}{9\pi}\right)^{1/3}\right] + \ln r_s - \frac{1}{2} + \beta\right\} + \delta + \Sigma^{2a} \tag{3.111}$$

其中 $\beta = -0.276$，$\delta = -0.0254$，$\Sigma^{2a} = 0.023$，将它们代入式(3.111)，可得

$$E_c = 0.0311\ln r_s - 0.048 \tag{3.112}$$

若电子密度不符合上述极限，一般采用 Wigner 公式[43]：

$$E_c = -\frac{0.44}{r_s + 7.8} \tag{3.113}$$

图 3.3 给出了 Gellmann-Brueckner 公式(3.112) 以及 Wigner 公式(3.113) 给出的均匀电子气关联能 $E_c(r_s)$，图中实线是更为精确的量子蒙特卡罗计算结果(见 3.2.5 节)，标识“Ceperley-Alder” 的结果取自 Perdew-Wang 对原始计算的拟合结果(见 3.2.5 节)。在高密度情况下($r_s \leqslant 1$)，Gellmann-Brueckner 公式非常精确。但是当 $r_s \geqslant 2$ 时，Wigner 公式更加准确。而当 $r_s > 5$ 时，根据 Gellmann-Brueckner 公式算出的关联能明显错误，这表明需要加入更高阶的项(如 r_s 以及 $r_s\ln r_s$ 等) 加以修正。

3.1.11.4 电子对关联函数

Hartree-Fock 近似下，电子对关联函数 $g(\boldsymbol{r},\sigma;\boldsymbol{r}',\sigma')$ 由方程(3.61) 或者(3.62) 给出。$\tilde{\rho}(r)$ 可计算如下：

$$\begin{aligned}\tilde{\rho}(r) &= \frac{2}{V}\sum_{\boldsymbol{k}} e^{i\boldsymbol{k}\cdot\boldsymbol{r}} = \frac{2}{8\pi^3}\int d\boldsymbol{k}\, e^{i\boldsymbol{k}\cdot\boldsymbol{r}} f[E(\boldsymbol{k})] \\ &= \frac{1}{4\pi^3}\sum_l \int_0^{k_F} k^2 dk (2l+1) i^l j_l(kr) \cdot \int_0^{\pi} P_0(\cos\theta) P_l(\cos\theta)\sin\theta d\theta \int_0^{2\pi} d\varphi \\ &= \frac{1}{\pi^2}\int_0^{k_F} k^2 j_0(kr) dk = \frac{1}{\pi^2 r^3}[\sin(rk_F) - (rk_F)\cos(rk_F)]\end{aligned} \tag{3.114}$$

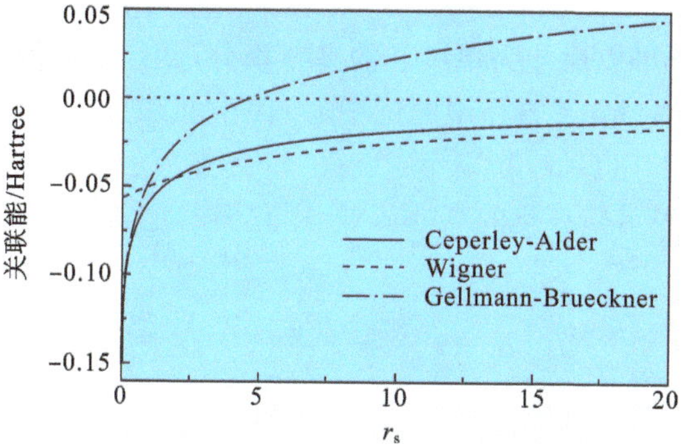

图 3.3　相互作用均匀电子气的关联能 $E_c(r_s)$

设体系自旋非极化，$\tilde{\rho}^{\uparrow}(r)=\tilde{\rho}^{\downarrow}(r)=\tilde{\rho}(r)/2$，而 ρ^0 由式(3.93)给出，将其代入式(3.62)，即得

$$g_x(r)=1-\frac{9}{2}\left[\frac{\sin(rk_F)-(rk_F)\cos(rk_F)}{(rk_F)^3}\right]^2 \tag{3.115}$$

图 3.4 给出了 $g_x(r)$ 的具体形状。

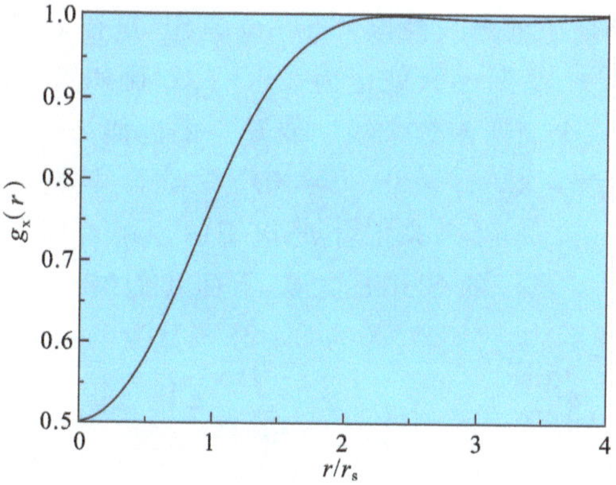

图 3.4　相互作用的均匀电子气在不同电子密度下的对关联函数 $g_x(r)$

3.1.12　Hartree-Fock 方程的数值求解和基组选取

对于一个实际分子体系的轨道，我们通常用类似于原子轨道的基组对波函数进行展开。Slater 形式的原子轨道是最自然的选择。普遍地中心在 $\boldsymbol{r}_A$ 终点处，衰减指数为 κ 的 Slater 函数可以表示为

$$S_n(\kappa,A)=(2\kappa)^{n+\frac{1}{2}}[(2n)!]^{-\frac{1}{2}}r^{n-1}\mathrm{e}^{-\kappa r} \tag{3.116}$$

式中：A 代表空间中的原子核的坐标(A_x,A_y,A_z)。

由于实际计算过程涉及多中心积分，而且涉及 Slater 原子轨道的多中心积分计算量庞大，人们发展了高斯函数作为波函数的展开基组以简化计算。目前许多常用的

计算软件包括 Gaussian08 等都支持高斯基组。高斯基组受欢迎的根本原因在于两中心的高斯函数的积分可以简化为单中心的高斯积分，此性质递推使用，可以极大简化多电子体系的 Hartree-Fock 方程中的三中心、四中心积分的计算。下面对高斯基组做一个简单介绍。我们用 $G(\alpha,A)$ 表示中心在 $\boldsymbol{r}_A$ 终点处、衰减指数为 α 的未归一化高斯函数，用 $\widetilde{G}(\alpha,A)$ 表示归一化的高斯函数，则它们的定义式分别为

$$G(\alpha,\boldsymbol{r}-\boldsymbol{r}_A)=\mathrm{e}^{-\alpha|\boldsymbol{r}-\boldsymbol{r}_A|^2} \tag{3.117}$$

$$\widetilde{G}(\alpha,\boldsymbol{r}-\boldsymbol{r}_A)=\left(\frac{2\alpha}{\pi}\right)^{3/4}\mathrm{e}^{-\alpha|\boldsymbol{r}-\boldsymbol{r}_A|^2} \tag{3.118}$$

而广义高斯函数可以写成如下形式：

$$G(\alpha,\boldsymbol{r}-\boldsymbol{r}_A,l,m,n)=(x-x_A)^l(y-y_A)^m(z-z_A)^n\mathrm{e}^{-\alpha|\boldsymbol{r}-\boldsymbol{r}_A|^2} \tag{3.119}$$

$$\widetilde{G}(\alpha,\boldsymbol{r}-\boldsymbol{r}_A,l,m,n)=N(x-x_A)^l(y-y_A)^m(z-z_A)^n\mathrm{e}^{-\alpha|\boldsymbol{r}-\boldsymbol{r}_A|^2} \tag{3.120}$$

式中：x_A、y_A、z_A 分别为空间动点到 A 的距离。归一化常数 N 由下式得到：

$$N=\left(\frac{2\alpha}{\pi}\right)^{3/4}\left[\frac{(4\alpha)^{l+m+n}}{(2l-1)!!(2m-1)!!(2n-1)!!}\right]^{1/2} \tag{3.121}$$

式中：!!代表双阶乘，$(2l-1)!!=(2l-1)(2l-3)\cdots(3)(1)$。

在实际分子轨道计算中，由于高斯函数与原子轨道（更接近 Slater 函数）相差较远，因此通常用一组高斯函数来线性拟合 Slater 基组，这样的高斯函数的集合称为编缩高斯基组。通常用 K 个高斯函数就记为 STO-KG，比如量化计算中最常用的最小基组 STO-3G 代表用三个高斯函数来线性展开一个近似为 Slater 形式的函数。人们通常用 $G(\alpha,\boldsymbol{r}-\boldsymbol{r}_A,l=0,m=0,n=0)$ 来拟合 s 电子的 Slater 轨道，用 $G(\alpha,\boldsymbol{r}-\boldsymbol{r}_A,l=1,m=0,n=0)$ 来拟合 p_x 电子的 Slater 轨道，用 $G(\alpha,\boldsymbol{r}-\boldsymbol{r}_A,l=1,m=1,n=0)$ 等展开 d 电子的 Slater 轨道。下面我们展示如何用最小二乘法确定 Slater 轨道的高斯展开系数。我们以 1s 的 Slater 函数为例：

$$S_{1s}(\kappa=1.0,\boldsymbol{r}-\boldsymbol{r}_A)=\left(\frac{1}{\pi}\right)^{1/2}\mathrm{e}^{-|\boldsymbol{r}-\boldsymbol{r}_A|} \tag{3.122}$$

其中取衰减系数 $\kappa=1.0$。

我们需要将式(3.122)展开为高斯函数的线性叠加，并且利用非线性的最小二乘法确定各个高斯函数的衰减系数 α_i 及高斯函数前的展开系数 c_i。

$$S_{1s}(\kappa,\boldsymbol{r}-\boldsymbol{r}_A)\approx\sum_{i=1}^{K}c_iG(\alpha_i,\boldsymbol{r}-\boldsymbol{r}_A) \tag{3.123}$$

优化系数后得到 STO-1G，STO-2G，STO-3G 的结果分别如下：

STO-1G：$S_{1s}(\kappa=1,\boldsymbol{r}-\boldsymbol{r}_A)=\widetilde{G}(0.270950,\boldsymbol{r}-\boldsymbol{r}_A)$

STO-2G：$S_{1s}(\kappa=1,\boldsymbol{r}-\boldsymbol{r}_A)=0.678914\times\widetilde{G}(0.151623,\boldsymbol{r}-\boldsymbol{r}_A)+0.430129\times\widetilde{G}(0.851819,\boldsymbol{r}-\boldsymbol{r}_A)$

STO-3G：$S_{1s}(\kappa=1,\boldsymbol{r}-\boldsymbol{r}_A)=0.444635\times\widetilde{G}(0.109818,\boldsymbol{r}-\boldsymbol{r}_A)+0.535328\times\widetilde{G}(0.405771,\boldsymbol{r}-\boldsymbol{r}_A)+0.154329\times\widetilde{G}(2.22766,\boldsymbol{r}-\boldsymbol{r}_A)$

图 3.5 给出了 Slater 函数分别用 1、2、3 个高斯函数拟合质量的对比。可以看到，随着用于拟合的高斯基组的不断增大，编缩的高斯基组也越来越接近 Slater 轨道。但是，同时也可以看到，Slater 函数在原子核所在的空间坐标处导数不连续（这是由于库仑势在距离等于零时的发散引起的），而高斯函数的线性组合则在原点处导数平滑连续。

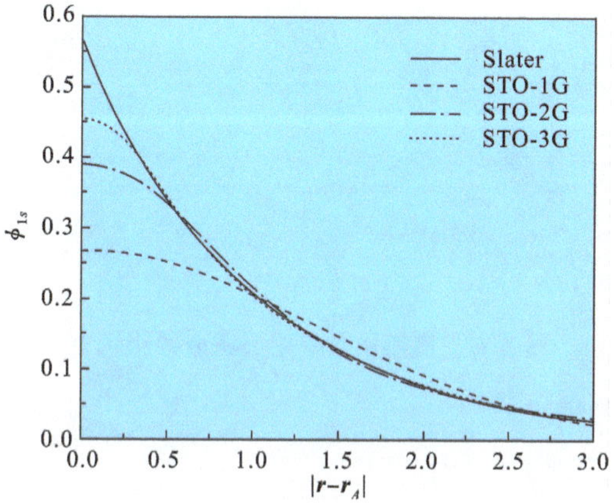

图 3.5　用 STO-1G、STO-2G、STO-3G 的高斯基组分别拟合 Slater 函数

将基组展开成高斯函数后，可以利用高斯函数的约化法则简化双中心的积分计算。只需对 $|\boldsymbol{r}-\boldsymbol{r}'|^2$ 用 $r^2+r'^2-2r\cdot r'$ 展开。易证明以下等式：

$$\exp(-\alpha|\boldsymbol{r}-\boldsymbol{r}_A|^2)\exp(-\beta|\boldsymbol{r}-\boldsymbol{r}_B|)$$
$$=\exp\left(-\frac{\alpha\beta}{\alpha+\beta}|\boldsymbol{r}_A-\boldsymbol{r}_B|\right)\exp\left[-(\alpha+\beta)\left|\boldsymbol{r}-\frac{\beta}{\alpha+\beta}\boldsymbol{r}_B-\frac{\alpha}{\alpha+\beta}\boldsymbol{r}_A\right|^2\right] \tag{3.124}$$

如图 3.6 所示，以 A 点和 B 点为中心的两个高斯函数的乘积可以约化成一个与 r_{AB} 相关的常数与一个以 AB 连线上的重心 C 为中心的高斯函数的乘积。

如果不考虑高斯函数的归一化，上述规律可以表示为

$$G(\alpha,\boldsymbol{r}-\boldsymbol{r}_A)G(\beta,\boldsymbol{r}-\boldsymbol{r}_B)=K\cdot G(\alpha+\beta,\boldsymbol{r}-\boldsymbol{r}_C) \tag{3.125}$$

如果进一步考虑归一化系数，则可以表示为

$$\widetilde{G}(\alpha,\boldsymbol{r}-\boldsymbol{r}_A)\widetilde{G}(\beta,\boldsymbol{r}-\boldsymbol{r}_B)=\widetilde{K}\cdot\widetilde{G}(\alpha+\beta,\boldsymbol{r}-\boldsymbol{r}_C) \tag{3.126}$$

其中

$$K=\exp\left(-\frac{\alpha\beta}{\alpha+\beta}r_{AB}^2\right) \tag{3.127}$$

$$\widetilde{K}=\left[\frac{2\alpha\beta}{\pi(\alpha+\beta)}\right]^{3/4}\exp\left(-\frac{\alpha\beta}{\alpha+\beta}r_{AB}^2\right) \tag{3.128}$$

$$\boldsymbol{r}_C=\frac{\alpha}{\alpha+\beta}\boldsymbol{r}_A+\frac{\beta}{\alpha+\beta}\boldsymbol{r}_B \tag{3.129}$$

上述的结果容易推广到广义高斯函数的双中心积分。如果忽略高斯函数前面的

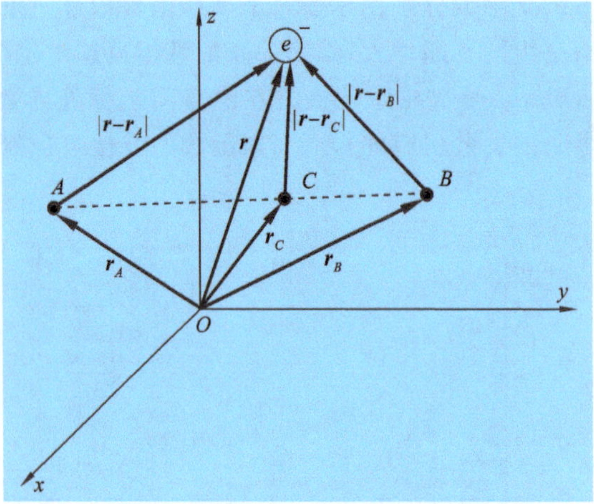

图 3.6　高斯函数双中心积分约化示意

归一化系数，其约化规律如下

$$
\begin{aligned}
&G(\alpha,\boldsymbol{r}-\boldsymbol{r}_A,l,m,n)G(\beta,\boldsymbol{r}-\boldsymbol{r}_B,l',m',n')\\
&=[(x-x_C)+R_x]^l[(x-x_C)+R'_x]^{l'}[(y-y_C)+R_y]^m[(y-y_C)+R'_y]^{m'}\\
&\quad\cdot[(z-z_C)+R_z]^n[(z-z_C)+R'_z]^{n'}\cdot K\cdot G(\alpha+\beta,\boldsymbol{r}-\boldsymbol{r}_C)
\end{aligned}
\tag{3.130}
$$

其中

$$R=\frac{\beta}{\alpha+\beta}(\boldsymbol{r}_B-\boldsymbol{r}_A) \tag{3.131}$$

$$R'=\frac{\alpha}{\alpha+\beta}(\boldsymbol{r}_A-\boldsymbol{r}_B) \tag{3.132}$$

通过递推运用高斯函数的约化规则，可以将多中心的积分转变成单中心的积分。Hartree-Fock 方程矩阵表达中的积分项可以有解析表达式。现以 1s 型的高斯函数为例说明计算简化步骤。

假设我们感兴趣的是分别位于 $\boldsymbol{r}_A$ 和 $\boldsymbol{r}_B$ 终点处的两个高斯基组 ζ_μ 和 ζ_ν 之间的矩阵元

$$\zeta_\mu=\tilde{G}^*(\alpha,\boldsymbol{r}-\boldsymbol{r}_A) \tag{3.133}$$

$$\zeta_\nu=\tilde{G}^*(\beta,\boldsymbol{r}-\boldsymbol{r}_B) \tag{3.134}$$

重叠积分 $S_{\mu\nu}$ 的计算如下：

$$
\begin{aligned}
S_{\mu\nu}&=\int\tilde{G}^*(\alpha,\boldsymbol{r}-\boldsymbol{r}_A)\tilde{G}(\beta,\boldsymbol{r}-\boldsymbol{r}_B)\mathrm{d}\boldsymbol{r}\\
&=\left(\frac{2\sqrt{\alpha\beta}}{\pi}\right)^{3/2}K\int_{-\infty}^{\infty}G(\alpha+\beta,\boldsymbol{r}-\boldsymbol{r}_C)\mathrm{d}\boldsymbol{r}\\
&=\left(\frac{2\sqrt{\alpha\beta}}{\alpha+\beta}\right)^{3/2}\exp\left(-\frac{\alpha\beta}{\alpha+\beta}r_{AB}^2\right)
\end{aligned}
\tag{3.135}
$$

式(3.135)的推导中用到了定积分

$$\int_{-\infty}^{\infty}\exp[-(\alpha+\beta)r^2]\mathrm{d}\boldsymbol{r}=\left(\frac{\pi}{\alpha+\beta}\right)^{3/2} \tag{3.136}$$

动能项矩阵元 $T_{\mu\nu}$ 可以写为

$$\begin{aligned}
T_{\mu\nu} &= \langle \zeta_\mu(\boldsymbol{r}) | -\frac{1}{2}\left(\frac{\partial^2}{\partial x^2}+\frac{\partial^2}{\partial x^2}+\frac{\partial^2}{\partial x^2}\right) | \zeta_\nu(\boldsymbol{r})\rangle \\
&= N_\alpha N_\beta\int_{-\infty}^{\infty} G^*(\alpha,\boldsymbol{r}-\boldsymbol{r}_A)[\beta-2\beta^2(x-x_B)^2]G(\beta,\boldsymbol{r}-\boldsymbol{r}_B)\mathrm{d}x+I_y+I_z \\
&= N_\alpha N_\beta\int_{-\infty}^{\infty}\left\{\beta-2\beta^2\left[x-x_C+\frac{\alpha}{\alpha+\beta}(x_A-x_B)\right]^2\right\}KG(\alpha+\beta,\boldsymbol{r}-\boldsymbol{r}_C)\mathrm{d}x+I_y+I_z \\
&= N_\alpha N_\beta\left(\beta-2\beta^2\left\{\frac{1}{2(\alpha+\beta)}+\left[\frac{\alpha}{\alpha+\beta}(x_A-x_B)\right]^2\right\}\right)K\int_{-\infty}^{\infty}G(\alpha+\beta,\boldsymbol{r}-\boldsymbol{r}_C)\mathrm{d}x+I_y+I_z \\
&= N_\alpha N_\beta\left[\frac{3\alpha\beta}{\alpha+\beta}-\frac{2\alpha^2\beta^2}{(\alpha+\beta)^2}r_{AB}^2\right]K\int_{-\infty}^{\infty}G(\alpha+\beta,\boldsymbol{r}-\boldsymbol{r}_C)\mathrm{d}x \\
&= N_\alpha N_\beta\left[\frac{3\alpha\beta}{\alpha+\beta}-\frac{2\alpha^2\beta^2}{(\alpha+\beta)^2}r_{AB}^2\right]K\left(\frac{\pi}{\alpha+\beta}\right)^{3/2} \\
&= -\left(\frac{2\sqrt{\alpha\beta}}{\alpha+\beta}\right)^{3/2}\left[\frac{3\alpha\beta}{\alpha+\beta}-\frac{2\alpha^2\beta^2}{(\alpha+\beta)^2}r_{AB}^2\right]\exp\left(-\frac{\alpha\beta}{\alpha+\beta}r_{AB}^2\right)
\end{aligned} \tag{3.137}$$

式(3.137)的推导中用到了定积分

$$\int_{-\infty}^{\infty}x^2\exp[-(\alpha+\beta)x^2]\mathrm{d}x=\frac{1}{2(\alpha+\beta)}\sqrt{\frac{\pi}{\alpha+\beta}}=\frac{1}{2(\alpha+\beta)}\int_{-\infty}^{\infty}\exp[-(\alpha+\beta)x^2]\mathrm{d}x$$

电子-核的库仑吸引矩阵元的简化需要用到$\frac{1}{r}$和高斯函数的傅里叶变换(见附录 A 中表 A.1):

$$\begin{aligned}
&\langle\widetilde{G}(\alpha,\boldsymbol{r}-\boldsymbol{r}_A)\left|\frac{-Z_M}{\boldsymbol{r}-\boldsymbol{r}_M}\right|\widetilde{G}(\alpha,\boldsymbol{r}-\boldsymbol{r}_B)\rangle \\
&= -Z_M\widetilde{K}\int\mathrm{d}\boldsymbol{r}\,\widetilde{G}(\alpha+\beta,\boldsymbol{r}-\boldsymbol{r}_C)\frac{1}{\boldsymbol{r}-\boldsymbol{r}_M} \\
&= -Z_M\widetilde{K}N_{\alpha+\beta}\int\mathrm{d}\boldsymbol{r}\left\{\frac{1}{(\sqrt{2\pi})^2}\int\mathrm{d}\boldsymbol{k}_1\frac{1}{(\sqrt{2(\alpha+\beta)})^3}\exp\left[-\frac{\boldsymbol{k}_1^2}{4(\alpha+\beta)}\right]\exp[\mathrm{i}\boldsymbol{k}_1(\boldsymbol{r}-\boldsymbol{r}_C)]\right\} \\
&\quad\times\left\{\frac{1}{(\sqrt{2\pi})^3}\int\mathrm{d}\boldsymbol{k}_2\frac{2}{\sqrt{2\pi}}\frac{1}{\boldsymbol{k}_2^2}\exp[\mathrm{i}\boldsymbol{k}_2(\boldsymbol{r}-\boldsymbol{r}_M)]\right\} \\
&= \widetilde{N}\,\|\,\mathrm{d}\boldsymbol{r}\mathrm{d}\boldsymbol{k}_1\mathrm{d}\boldsymbol{k}_2\frac{1}{\boldsymbol{k}_2^2}\exp\left[-\frac{\boldsymbol{k}_1^2}{4(\alpha+\beta)}\right]\exp[\mathrm{i}(\boldsymbol{k}_1+\boldsymbol{k}_2)\boldsymbol{r}]\exp[-\mathrm{i}\boldsymbol{k}_1\boldsymbol{r}_C-\mathrm{i}\boldsymbol{k}_2\boldsymbol{r}_M] \\
&= \widetilde{N}(2\pi)^3\int\mathrm{d}\boldsymbol{k}_1\mathrm{d}\boldsymbol{k}_2\frac{1}{\boldsymbol{k}_2^2}\exp\left[-\frac{\boldsymbol{k}_1^2}{4(\alpha+\beta)}\delta(\boldsymbol{k}_1+\boldsymbol{k}_2)\right]\exp[-\mathrm{i}\boldsymbol{k}_1\boldsymbol{r}_C-\mathrm{i}\boldsymbol{k}_2\boldsymbol{r}_M] \\
&= \widetilde{N}(2\pi)^3\int\mathrm{d}\boldsymbol{k}\frac{1}{\boldsymbol{k}^2}\exp\left[-\frac{\boldsymbol{k}^2}{4(\alpha+\beta)}\right]\exp[-\mathrm{i}\boldsymbol{k}(\boldsymbol{r}_C-\boldsymbol{r}_M)] \\
&= \widetilde{N}(2\pi)^3\int_0^{\infty}k^2\mathrm{d}k\int_0^{\pi}\sin\theta\mathrm{d}\theta\int_0^{2\pi}\mathrm{d}\phi\frac{1}{k^2}\exp\left[-\frac{k^2}{4(\alpha+\beta)}\right]\exp[-\mathrm{i}k\,|\boldsymbol{r}_C-\boldsymbol{r}_M|\cos\theta]
\end{aligned}$$

$$= \widetilde{N}(2\pi)^4 \frac{2}{|\boldsymbol{r}_C - \boldsymbol{r}_M|}\int_0^\infty \mathrm{d}k \frac{1}{k}\exp\left[-\frac{k^2}{4(\alpha+\beta)}\right]\sin(k|\boldsymbol{r}_C - \boldsymbol{r}_M|)$$

利用恒等式

$$\int_0^\infty \mathrm{d}k\exp\left(-\alpha k^2 \frac{1}{k}\right)\sin(kx) \equiv \frac{1}{2}\sqrt{\frac{\pi}{\alpha}}\int_0^x \mathrm{d}y\exp(-y^2/4\alpha) \tag{3.138}$$

并且定义 F_0 函数为

$$F_0(x) = \frac{1}{\sqrt{x}}\int_0^{\sqrt{x}} \mathrm{d}y\exp(-y^2) \tag{3.139}$$

则可将电子 - 核的库仑吸引矩阵元简化为

$$\begin{aligned}
&\langle \widetilde{G}(\alpha,\boldsymbol{r}-\boldsymbol{r}_A)\left|\frac{-Z_M}{\boldsymbol{r}-\boldsymbol{r}_M}\right|\widetilde{G}(\alpha,\boldsymbol{r}-\boldsymbol{r}_B)\rangle \\
&= \widetilde{N}(2\pi)^4 \frac{2\sqrt{\pi(\alpha+\beta)}}{|\boldsymbol{r}_C-\boldsymbol{r}_M|}\int_0^{|\boldsymbol{r}_C-\boldsymbol{r}_M|}\mathrm{d}y\exp[-(\alpha+\beta)y^2] \\
&= \widetilde{N}(2\pi)^4 \times 2\sqrt{\pi(\alpha+\beta)}F_0[(\alpha+\beta)|\boldsymbol{r}_C-\boldsymbol{r}_M|^2] \\
&= -\frac{\alpha^{3/4}\beta^{3/4}2^{5/2}\pi^{-1/2}}{\alpha+\beta}Z_M\exp[-\alpha\beta r_{AB}^2/(\alpha+\beta)]\cdot F_0((\alpha+\beta)|\boldsymbol{r}_C-\boldsymbol{r}_M|^2)
\end{aligned} \tag{3.140}$$

在实际计算过程中,F_0 可以很容易通过程序包自带的误差函数得到

$$F_0(x) = \frac{1}{2}\sqrt{\frac{\pi}{x}}\mathrm{erf}\sqrt{x} \tag{3.141}$$

方程(3.88)所描述的双电子积分的约化思路与电子-核的库仑吸引矩阵元的简化过程类似。如图 3.7 所示,我们首先可以将分别位于 $\boldsymbol{r}_A$ 和 $\boldsymbol{r}_C$ 终点处的高斯函数乘积约化成位于 A、C 连线中心的 $\boldsymbol{r}_M$ 终点处的高斯函数,将分别位于 $\boldsymbol{r}_B$ 和 $\boldsymbol{r}_D$ 终点处的高斯函数约化成位于 B、D 连线中心的 $\boldsymbol{r}_N$ 终点处的高斯函数。分别位于 $\boldsymbol{r}_M$ 和 $\boldsymbol{r}_N$ 终点处的高斯函数则可以类似地利用计算电子-核的库仑吸引矩阵元时的傅里叶变化技巧进行简化。由于和计算电子-核的库仑吸引矩阵元的相似度较高,我们省略了具体的推导过程,直接给出该积分最终的表达式:

$$\begin{aligned}
\langle AB|CD\rangle &= \iint \mathrm{d}\boldsymbol{r}_1\mathrm{d}\boldsymbol{r}_2\widetilde{G}(\alpha,\boldsymbol{r}-\boldsymbol{r}_A)\widetilde{G}(\beta,\boldsymbol{r}_2-\boldsymbol{r}_B)\frac{1}{|\boldsymbol{r}_1-\boldsymbol{r}_2|}\widetilde{G}(\gamma,\boldsymbol{r}_1-\boldsymbol{r}_2)\widetilde{G}(\delta,\boldsymbol{r}_2-\boldsymbol{r}_D) \\
&= \frac{16(\alpha\beta\gamma\delta)^{3/4}}{(\alpha+\gamma)(\beta+\delta)\sqrt{\pi(\alpha+\beta+\gamma+\delta)}}\exp\left(-\frac{\alpha\gamma}{\alpha+\gamma}|\boldsymbol{r}_A-\boldsymbol{r}_C|^2\right. \\
&\quad\left.-\frac{\beta\delta}{\beta+\delta}|\boldsymbol{r}_B-\boldsymbol{r}_D|^2\right)\cdot F_0\left[\frac{(\alpha+\gamma)(\beta+\delta)}{\alpha+\beta+\gamma+\delta}|\boldsymbol{r}_M-\boldsymbol{r}_N|^2\right]
\end{aligned} \tag{3.142}$$

可见高斯函数的引入大大简化了 Hartree-Fock 方程求解过程中的其他交换能、库仑斥能、交换能等积分项,用高斯积分的解析表达式结合约化法则替代耗时的数值积分过程,可以加速求解的过程。

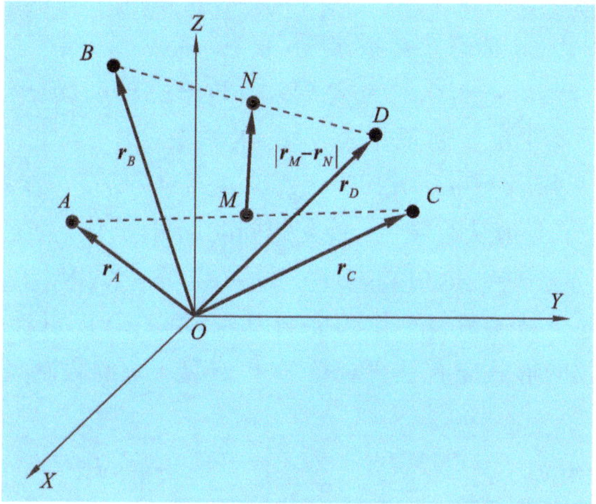

图 3.7　高斯函数双电子积分约化示意

3.1.13　X_α 方法和超越 Hartree-Fock 近似

现代的分子轨道计算理论很大程度上是以 Hartree-Fock 方法为基础的。在这里我们给出与 Hartree-Fock 方法联系非常紧密的两种方法。第一种是 X_α 方法，它从实用角度看可以认为是对 Hartree-Fock 方法的一种简化，从另外一个角度看，也可以认为是密度泛函理论的前身。在 3.1.12 节中可以看到，交换关联势 $\mu_{xc}(\boldsymbol{r})$ 的计算涉及多中心的积分，是最为耗时的一部分，因此人们借鉴均匀电子气的结果(见式(3.108)，将其近似表达为

$$\mu_{xc}(\boldsymbol{r}) = -\alpha\left(\frac{3\rho(\boldsymbol{r})}{8\pi}\right)^{1/3} \tag{3.143}$$

式中：α 是一个可调参数。实际计算中取 $\alpha = 0.7$ 可以得到较好的结果。

另外，现代量子化学计算中的许多高精度方法，也是在 Hartree-Fock 方法的基础上发展起来的，统称为超越 Hartree-Fock 近似的方法。其中最主要的一支为组态相互作用(configuration interaction，CI) 方法。这里我们给予简要的介绍。回到 Hartree-Fock 方法的基本假设，可以看到其核心是用单行列式的波函数近似体系的真实基态，其本征解给出基态能量的上限估计。显然，单行列式的波函数不足以构成能展开一个多电子体系的完备基组，更精确的近似是行列式波函数的线性组合。假设有 $2K$ 个单电子轨道，则从里面挑出 N 个轨道组成行列式的可能性为 $\binom{2K}{N}$。可见，即使是一个较小的体系，将其波函数用所有的行列式波函数展开，计算量也是相当庞大的。因此，在实际计算中，人们通常取几阶较低的近似。如果用于展开的行列式中，N 个轨道的组成和 Hartree-Fock 中的单行列式分别仅相差一个轨道，则称为单激发的组态相互作用；如果各个行列式与 Hartree-Fock 行列式相差两个轨道，则称该组态

相互作用为双激发的组态相互作用。

我们从 Hartree-Fock 基态波函数出发，有

$$|\phi\rangle=\phi(\boldsymbol{x}_1,\boldsymbol{x}_2,\cdots,\boldsymbol{x}_N)=|\xi_i(1)\xi_j(2)\cdots\xi_l(a)\xi_m(b)\cdots\xi_k(N)\rangle_S \tag{3.144}$$

用如下的符号代表第 a 个电子轨道从 ξ_l 到 ξ_p 的激发：

$$|\phi_l^p\rangle=|\xi_i(1)\xi_j(2)\cdots\xi_p(a)\xi_m(b)\cdots\xi_k(N)\rangle_S \tag{3.145}$$

$|\phi_{lm}^{pq}\rangle$ 代表第 a 个电子轨道从 ξ_l 到 ξ_p 激发的同时，b 电子从 ξ_m 激发到 ξ_q，即

$$|\phi_{lm}^{pq}\rangle=|\xi_i(1)\xi_j(2)\cdots\xi_p(a)\xi_q(b)\cdots\xi_k(N)\rangle_S \tag{3.146}$$

如果用一组单电子波函数 $\{\xi_i\}$ 作为完备基组，则符合反对称性质的体系真实波函数可以如下行列式的形式完备展开（其中 $l<m$，$p<q$ 的限制条件保证不重复计数各组态）：

$$\psi=c_0|\phi\rangle+\sum_{l,p}c_l^p|\phi_l^p\rangle+\sum_{l<m,p<q}c_{lm}^{pq}|\phi_{lm}^{pq}\rangle+\cdots \tag{3.147}$$

因此，只要有足够的计算能力，从理论上来讲可以穷举所有的组态，计算哈密顿量在各个组态下的矩阵元，则对角化哈密顿量得到的最低能级就是体系的基态能量。因为在变分过程中引入了更多的自由度，因此通过 CI 方法计算出来的基态能量要低于用 Hartree-Fock 方法得到的基态能量，两者之间的差值通常被定义为关联能。

现利用氢分子 H_2 的电子结构来阐述组态相互作用的基本计算过程及其与 Hartree-Fock 方法的不同。为简洁起见，仅考虑以氢原子的 $1s$ 轨道作为基组，并将 H_2 的分子波函数近似为原子轨道的线性组合。对角化单电子哈密顿量后，可以得到四个单电子自旋轨道：

$$\begin{aligned}\xi_1&=\phi_{1s}^{+}\alpha(s)\\ \xi_2&=\phi_{1s}^{+}\beta(s)\\ \xi_3&=\phi_{1s}^{-}\alpha(s)\\ \xi_4&=\phi_{1s}^{-}\beta(s)\end{aligned} \tag{3.148}$$

式中：ξ_1 和 ξ_2 为简并的成键轨道；ξ_3 和 ξ_4 为简并的反键轨道。Hartree-Fock 近似下的基态轨道为 $|\phi\rangle=|\xi_1\xi_2\rangle_S$。在组态相互作用计算中，我们需要从四个自旋轨道中挑出两个构成 Slater 行列式，作为电子的一个组态，则这样的取法共有 $\binom{4}{2}=6$ 种，如图 3.8 所示，它们分别是

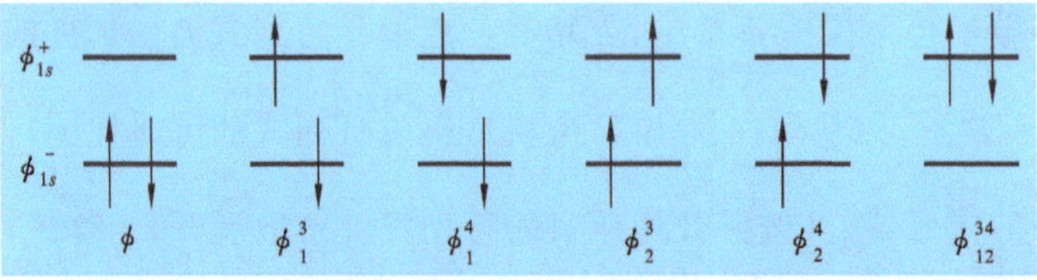

图 3.8　H_2 分子中考虑 $1s$ 轨道时所有可能的组态

基态组态：$|\xi_1\xi_2\rangle_S$。

单激发组态：$|\xi_3\xi_2\rangle_S$，$|\xi_4\xi_2\rangle_S$，$|\xi_1\xi_3\rangle_S$，$|\xi_1\xi_4\rangle_S$。

双激发组态：$|\xi_3\xi_4\rangle_S$。

和 Hartree-Fock 基态波函数类似，CI 基态波函数也具有偶宇称，即在空间反演操作下该基态波函数保持不变。因此，其基态波函数可以表达成基态组态和双激发组态的线性叠加：

$$|\phi_{CI}\rangle = c_0|\xi_1\xi_2\rangle_S + c_{12}^{34}|\xi_3\xi_4\rangle_S \tag{3.149}$$

不可约的 2×2 哈密顿矩阵可以写为

$$\begin{aligned}\boldsymbol{H} &= \begin{bmatrix} \langle\phi|\mathscr{H}|\phi\rangle & \langle\phi|\mathscr{H}|\phi_{12}^{34}\rangle \\ \langle\phi_{12}^{34}|\mathscr{H}|\phi\rangle & \langle\phi_{12}^{34}|\mathscr{H}|\phi_{12}^{34}\rangle \end{bmatrix} \\ &= \begin{bmatrix} \langle 1|h|1\rangle+\langle 2|h|2\rangle+\langle 12|12\rangle-\langle 12|21\rangle & \langle 12|34\rangle-\langle 12|43\rangle \\ \langle 34|12\rangle-\langle 34|21\rangle & \langle 3|h|3\rangle+\langle 4|h|4\rangle+\langle 34|34\rangle-\langle 34|43\rangle \end{bmatrix}\end{aligned}$$

将自旋部分积分后，哈密顿量可以进一步简化为

$$\boldsymbol{H}=\begin{bmatrix} 2\langle\phi_{1s}^{+}|h|\phi_{1s}^{+}\rangle+\langle\phi_{1s}^{+}\phi_{1s}^{+}|\phi_{1s}^{+}\phi_{1s}^{+}\rangle & \langle\phi_{1s}^{+}\phi_{1s}^{-}|\phi_{1s}^{+}\phi_{1s}^{-}\rangle \\ \langle\phi_{1s}^{-}\phi_{1s}^{+}|\phi_{1s}^{-}\phi_{1s}^{+}\rangle & 2\langle\phi_{1s}^{-}|h|\phi_{1s}^{-}\rangle+\langle\phi_{1s}^{-}\phi_{1s}^{-}|\phi_{1s}^{-}\phi_{1s}^{-}\rangle \end{bmatrix}$$

对角化此哈密顿矩阵，即可得到仅考虑 1s 轨道时的基态能量和基态波函数。值得指出的是，矩阵元 H_{11} 即为 Hartree-Fock 方法的基态能量。因此由 CI 方法得到的基态能量是考虑激发组态时，对系统总能的一个修正。

3.2　密度泛函理论

密度泛函理论（density functional theory，DFT）是一种研究将固体体系的多体问题严格转化为单体问题的理论方法。与 Hartree-Fock 方法不同，DFT 方法并不关心电子具体的组态，其中心目标是求出体系基态所对应的电荷空间分布 $\rho(\boldsymbol{r})$。DFT 方法在目前的量子物理计算乃至材料模拟中占据着主流的地位，具有精度高、速度快的优点。其分支理论的发展也非常迅速。本节中将详细讨论基本的 DFT 理论及具体实现。

3.2.1　托马斯-费米-狄拉克近似

1927 年，托马斯和费米各自独立地提出了将体系能量写为仅显含电子密度 $\rho(\boldsymbol{r})$ 的表达式的方法。这是密度泛函理论的第一次尝试，称为托马斯-费米理论。其主要的思想是利用均匀电子气的解析结果，将体系总能各项，如动能项、Hartree 项等表示成如下形式的方程：

$$E_i = \int \varepsilon_i[\rho(\boldsymbol{r})]\rho(\boldsymbol{r})\mathrm{d}\boldsymbol{r} \tag{3.150}$$

式中：$\varepsilon_i[\rho(\boldsymbol{r})]$是均匀电子气模型下各项的能量“密度”（相对于 $\boldsymbol{r}$ 终点的电子密度

$\rho(\boldsymbol{r})$而言）。此外，式(3.150)表示体系能量只与该点处的$\rho(\boldsymbol{r})$有关。为使计算简单起见，在下面的讨论中设体系的体积为1。

对于动能项，根据第2章中自由电子气模型，有

$$T=\frac{3}{5}\varepsilon_F\rho \tag{3.151}$$

其中$\varepsilon_F=\frac{\hbar^2k_F^2}{2m}$是费米动能。而

$$\rho=\frac{1}{3\pi^2}\left(\frac{2m}{\hbar^2}\right)^{3/2}\varepsilon_F^{3/2} \tag{3.152}$$

由式(3.151)和式(3.152)可得，动能密度为

$$t[\rho]=\frac{T}{\rho}=\frac{3}{5}\frac{\hbar^2}{2m}(3\pi^2)^{2/3}\rho^{2/3} \tag{3.153}$$

代入式(3.150)可得

$$T[\rho]=C_1\int\rho(\boldsymbol{r})^{5/3}\mathrm{d}\boldsymbol{r} \tag{3.154}$$

显然，令原子单位$\hbar=m=e=4\pi/\varepsilon_0=1$，可知

$$C_1=\frac{3(3\pi)^{2/3}}{10}\approx 2.871 \tag{3.155}$$

Hartree项及电子-核相互作用能的表达式分别为

$$E_H=-\frac{1}{2}\iint\frac{\rho(\boldsymbol{r})\rho(\boldsymbol{r}')}{|\boldsymbol{r}-\boldsymbol{r}'|}\mathrm{d}\boldsymbol{r}\mathrm{d}\boldsymbol{r}' \tag{3.156}$$

$$E_{\text{ext}}=\int V_{\text{ext}}(\boldsymbol{r})\rho(\boldsymbol{r})\mathrm{d}\boldsymbol{r} \tag{3.157}$$

托马斯和费米在工作中忽略了多体体系的交换关联作用。狄拉克对此予以发展，提出电子的交换能密度应满足$\varepsilon_x\propto\rho^{1/3}$。同样，根据均匀电子气模型，体系的交换能为

$$E_x=C_2\int\rho(\boldsymbol{r})^{4/3}\mathrm{d}\boldsymbol{r} \tag{3.158}$$

在原子单位制下

$$C_2=-\frac{3}{4}\left(\frac{3}{\pi}\right)^{1/3}\approx-0.739 \tag{3.159}$$

因此，体系的总能可以表示为

$$E_{\text{TFD}}=2.871\int\rho(\boldsymbol{r})^{5/3}\mathrm{d}\boldsymbol{r}+\frac{1}{2}\iint\frac{\rho(\boldsymbol{r})\rho(\boldsymbol{r}')}{|\boldsymbol{r}-\boldsymbol{r}'|}\mathrm{d}\boldsymbol{r}\mathrm{d}\boldsymbol{r}'+\int V_{\text{ext}}(\boldsymbol{r})\rho(\boldsymbol{r})\mathrm{d}\boldsymbol{r}-0.739\int\rho(\boldsymbol{r})^{4/3}\mathrm{d}\boldsymbol{r} \tag{3.160}$$

式(3.160)称为托马斯-费米-狄拉克(TFD)近似。可以看到，E_{TFD}仅与体系的电子密度分布$\rho(\boldsymbol{r})$有关，可表示为$\rho(\boldsymbol{r})$的泛函。

根据方程(3.160)及约束条件，有

$$\int \rho(\boldsymbol{r})\mathrm{d}\boldsymbol{r} = N \tag{3.161}$$

可通过拉格朗日乘子法求解体系的基态能量及相应的电子密度分布：

$$\frac{\delta\left[E_{\mathrm{TFD}}[\rho] - \mu\left(\int \rho(\boldsymbol{r})\mathrm{d}\boldsymbol{r} - N\right)\right]}{\delta\rho(\boldsymbol{r})} = 0 \tag{3.162}$$

即可得 TFD 方程

$$\mu - \frac{5}{3}C_1\rho(\boldsymbol{r})^{2/3} + V_{\mathrm{ext}}(\boldsymbol{r}) + \int \frac{\rho(\boldsymbol{r}')}{|\boldsymbol{r}-\boldsymbol{r}'|}\mathrm{d}\boldsymbol{r} + C_2\rho(\boldsymbol{r})^{1/3} = 0 \tag{3.163}$$

其中拉格朗日乘子 μ 是电子的化学势，即费米能。在已知 μ 和 $V_{\mathrm{ext}}(\boldsymbol{r})$ 的情况下，可以反解该方程，得到基态电子密度分布。可以看到，因为积分项及非线性项的存在，这个任务并不容易完成。

TFD 近似指出，体系的基态能量原则上可以通过对单一函数 $\rho(\boldsymbol{r})$ 的变分求得。相对 Hartree-Fock 方法需要求解 N 个联立的方程组而言，TFD 近似要简单得多，且在碱金属体系的计算上得到了理想的结果。但是因为方程(3.160) 的导出是依据均匀电子气模型，且没有考虑电子的关联作用，因此在处理成键方向性较强的体系(如离子键或共价键体系等) 时效果并不理想。严格的密度泛函理论及其实践算法是在 TFD 近似提出三十多年后由 Hohenberg、Kohn 及 Sham 给出的，我们将在下面几节中进行详细的讨论。

3.2.2　Hohenberg-Kohn 定理

Hohenberg-Kohn 定理给出了体系能量与电子密度分布之间的泛函关系，可将多体问题严格地转化为单体问题，因此是现代密度泛函理论的基础[44]。该定理主要由两部分组成。

定理 3.1　任意一个由相互作用粒子组成的体系所感受到的外势 $V_{\mathrm{ext}}(\boldsymbol{r})$，除了常数因子外，唯一地由该体系的基态电子密度分布 $\rho^0(\boldsymbol{r})$ 确定。

推论 3.1　既然 $V_{\mathrm{ext}}(\boldsymbol{r})$ 确定了体系的哈密顿量 $H(\boldsymbol{r})$，而 $V_{\mathrm{ext}}(\boldsymbol{r})$ 又由 $\rho_0(\boldsymbol{r})$ 确定，那么体系的多电子基态波函数 Ψ^0 完全由 $\rho_0(\boldsymbol{r})$ 确定，是 $\rho_0(\boldsymbol{r})$ 的泛函。

定理 3.2　对于任意一个电子密度分布 $\tilde{\rho}(\boldsymbol{r})$，均可定义体系能量为 $\tilde{\rho}(\boldsymbol{r})$ 的泛函，记为 $E[\tilde{\rho}(\boldsymbol{r})]$，该泛函对所有外势场均有效。若给定 $V_{\mathrm{ext}}(\boldsymbol{r})$，仅当电子密度分布 $\rho(\boldsymbol{r})$ 为该体系的基态电子密度分布 $\rho^0(\boldsymbol{r})$ 时，泛函 $E[\tilde{\rho}(\boldsymbol{r})]$ 最小化，且给出体系的基态能量。

首先证明定理 3.1。用反证法，设有外势差别不仅为一个常数的两个外势场(外势分别为 $V_{\mathrm{ext}}^0(\boldsymbol{r})$ 和 $V_{\mathrm{ext}}^1(\boldsymbol{r})$)，它们所对应的基态电子密度分布为 $\rho_0(\boldsymbol{r})$。这两个不同的外势场规定了体系的两个哈密顿量 H^0 和 H^1，相应地有两个不同的基态波函数 ψ^1 以及 ψ^2。当基态非简并时(简并情况可以通过引入一个微弱势场加以消除)，有

$$E^0 = \langle \psi^0 \mid H^0 \mid \psi^0 \rangle < \langle \psi^1 \mid H^0 \mid \psi^1 \rangle = \langle \psi^1 \mid H^1 \mid \psi^1 \rangle + \langle \psi^1 \mid H^0 - H^1 \mid \psi^1 \rangle$$

$$= E^1 + \int [V_{ext}^0(\boldsymbol{r}) - V_{ext}^1(\boldsymbol{r})]\rho^0(\boldsymbol{r})d\boldsymbol{r} \tag{3.164}$$

同理，有

$$E^1 = \langle \psi^1 \mid H^1 \mid \psi^1 \rangle < \langle \psi^0 \mid H^1 \mid \psi^0 \rangle = \langle \psi^0 \mid H^0 \mid \psi^0 \rangle + \langle \psi^0 \mid H^1 - H^0 \mid \psi^0 \rangle$$
$$= E^0 + \int [V_{ext}^1(\boldsymbol{r}) - V_{ext}^0(\boldsymbol{r})]\rho^0(\boldsymbol{r})d\boldsymbol{r} \tag{3.165}$$

将式(3.164)和式(3.165)相加，则有不等式 $E^0 + E^1 < E^0 + E^1$，这显然不成立。因此假设错误，故 $V_{ext}^0(\boldsymbol{r})$ 与 $V_{ext}^1(\boldsymbol{r})$ 只可能相差一个常数。定理 3.1 得证。

再证明定理 3.2。根据定理 3.1 及推论 3.1，多体波函数 ψ^0 是电子密度分布 $\rho^0(\boldsymbol{r})$ 的泛函。而波函数的确定意味着体系的所有性质，如动能、电子间相互作用等等均可确定。因此，可以认为体系动能和电子间相互作用也可以表示为 $\rho^0(\boldsymbol{r})$ 的泛函，分别记为 $T[\rho(\boldsymbol{r})]$ 和 $E_{ee}[\rho(\boldsymbol{r})]$。这里将表示基态的上标"0"去掉是因为根据定理 3.1，每个 $\rho(\boldsymbol{r})$ 都是一个特定的外势场($V_{ext}(\boldsymbol{r})$)的基态电子密度。由此，可以设泛函 $F[\rho(\boldsymbol{r})]$ 为

$$F[\rho(\boldsymbol{r})] = T[\rho(\boldsymbol{r})] + E_{ee}[\rho(\boldsymbol{r})] = \langle \psi \mid \hat{T} + \hat{V}_{ee} \mid \psi \rangle \tag{3.166}$$

这个泛函是普遍形式，且仅取决于 $\rho(\boldsymbol{r})$，而与外势 $V_{ext}(\boldsymbol{r})$ 无关。

对于任意 $V_{ext}(\boldsymbol{r})$，可以定义 Hohenberg-Kohn 能量泛函 $E^{HK}[\rho(\boldsymbol{r}), V_{ext}(\boldsymbol{r})]$，即

$$E^{HK}[\rho(\boldsymbol{r}), V_{ext}(\boldsymbol{r})] = T[\rho(\boldsymbol{r})] + E_{ee}[\rho(\boldsymbol{r})] + \int V_{ext}(\boldsymbol{r})\rho(\boldsymbol{r})d\boldsymbol{r} + E_{II}(\{\boldsymbol{R}_I\}) \tag{3.167}$$

若已给定 $V_{ext}^0(\boldsymbol{r})$，其相应的基态电子密度为 $\rho^0(\boldsymbol{r})$，则 Hohenberg-Kohn 能量泛函等于哈密顿量 H^0 对基态多体波函数 $\psi^0(\boldsymbol{r})$ 的期待值，即

$$E^{HK}[\rho^0, V_{ext}^0] = \langle \psi^0 \mid H^0 \mid \psi^0 \rangle \tag{3.168}$$

也即体系的基态能量。设对于另一个电子密度 $\rho'(\boldsymbol{r})$ 外势场(外势为 $V'(\boldsymbol{r})$)的基态电子密度)，相应的有基态多体波函数 $\psi'(\boldsymbol{r})$。类似于定理 3.1 的证明过程，有

$$E' = \langle \psi' \mid H^0 \mid \psi' \rangle > \langle \psi^0 \mid H^0 \mid \psi^0 \rangle \tag{3.169}$$

因此，$E^{HK}[\rho^0, V_{ext}^0]$ 的最小值仅在电子密度(相对于 $V^0(\boldsymbol{r})$)为基态密度 $\rho^0(\boldsymbol{r})$ 时才能取得。

Hohenberg-Kohn 定理除了证明多体问题可以严格地转化为单体问题外，还明确指出，若 $F[\boldsymbol{r}]$ 已知，那么求解体系的基态能量时，只需要找出 Hohenberg-Kohn 能量泛函对体系电子密度的变分极值。这明显比 Hartree-Fock 方法来得简单。但是到目前为止，对于相互作用电子气，人们还不知道 $F[\rho(\boldsymbol{r})]$ 的具体形式。

3.2.3 Kohn-Sham 方程

Hohenberg-Kohn 定理从理论上保证了体系基态能量泛函的存在性与唯一性，且指出该能量泛函对电荷密度 $\rho(\boldsymbol{r})$ 求变分达到的极值即为体系基态能量。但是如 3.2.2 节指出，与外势场无关的普适泛函 $F[\rho(\boldsymbol{r})]$ 的具体形式未知，因此

Hohenberg-Kohn 定理不能直接用于求解问题。实际运用密度泛函理论时，需要用到 Kohn-Sham(KS) 方程[45]。将电荷密度表示为

$$\rho(\boldsymbol{r}) = \sum_{j=1}^{N} \phi_j^*(\boldsymbol{r})\phi_j(\boldsymbol{r}) \tag{3.170}$$

其中$\{\phi_j\}$为互为正交的一组波函数(共 N 个)。这种划分总可以是正确的，因为总可以设想一个无相互作用电子气系统，其基态电荷密度 $\rho_0(\boldsymbol{r})$ 与 $\rho(\boldsymbol{r})$ 相等。根据 Hohenberg-Kohn 定理，$\rho_0(\boldsymbol{r})$ 可以唯一地确定一个外势场，从而可以求解该无相互作用电子气系统，得到最低的 N 个轨道$\{\phi_j(\boldsymbol{r})\}$，而

$$\rho_0(\boldsymbol{r}) = \sum_{j} \phi_j^*(\boldsymbol{r})\phi_j(\boldsymbol{r})$$

因为 $\rho(\boldsymbol{r})$ 与 $\rho_0(\boldsymbol{r})$ 相等，所以方程(3.170) 总是成立的。上述讨论也称为 Kohn-Sham 拟设。

具体写出外势的表达式，即

$$V_{\text{ext}}(\boldsymbol{r}) = \sum_{I} V(\boldsymbol{r} - \boldsymbol{R}_I) \tag{3.171}$$

并且引入两个已知的泛函：无相互作用电子气的动能泛函 $T_0[\rho]$ 和电子间库仑相互作用(又称 Hartree 项)$V_{\text{H}}[\rho]$，采用原子单位制 $\hbar = m = e = 4\pi/\varepsilon_0 = 1$，则有

$$T_0[\rho] = \sum_{j} \left\langle \phi_j \left| -\frac{\nabla^2}{2} \right| \phi_j \right\rangle$$

$$E_{\text{H}}[\rho] = \int \frac{\rho(\boldsymbol{r})\rho(\boldsymbol{r}')}{|\boldsymbol{r} - \boldsymbol{r}'|} \mathrm{d}\boldsymbol{r}\mathrm{d}\boldsymbol{r} = \frac{1}{2}\sum_{ij} \left\langle \phi_i\phi_j \left| \frac{1}{r} \right| \phi_i\phi_j \right\rangle \tag{3.172}$$

$T_0[\rho] + E_{\text{H}}[\rho]$ 与方程(3.166) 显然并不一致，两者之间的差别可以归结为描述多体相互作用的交换关联泛函 $E_{\text{xc}}[\rho]$，且

$$E_{\text{xc}}[\rho] = T[\rho] - T_0[\rho] + E_{\text{ee}}[\rho] - E_{\text{H}}[\rho] \tag{3.173}$$

因此，借助式(3.172) 及式(3.173)，方程(3.167) 可以重新写为

$$E^{\text{HK}}[\rho(\boldsymbol{r}), V_{\text{ext}}(\boldsymbol{r})] = \sum_{j} \left\langle \phi_j \left| -\frac{\nabla^2}{2} + V_{\text{ext}} \right| \phi_j \right\rangle + \frac{1}{2}\sum_{ij} \left\langle \phi_i\phi_j \left| \frac{1}{r} \right| \phi_i\phi_j \right\rangle + E_{\text{xc}}[\rho] + E_{\text{II}}(\{\boldsymbol{R}_{\text{I}}\}) \tag{3.174}$$

引入所谓的交换关联势 V_{xc}，即

$$V_{\text{xc}} = \frac{\delta E_{\text{xc}}}{\delta \rho} \tag{3.175}$$

可以将 $E_{\text{xc}}[\rho]$ 随 ρ 的小量变化写为

$$\delta E_{\text{xc}}[\rho] = \frac{\delta E_{\text{xc}}[\rho]}{\delta \rho}\delta\rho = V_{\text{xc}} \sum_{j} \langle \delta\phi_j \mid \phi_j \rangle \tag{3.176}$$

将式(3.176) 代入方程(3.174)，考虑到体系电子总数 N 恒定，即有限制条件

$$\sum_{j} \langle \phi_j \mid \phi_i \rangle = N \tag{3.177}$$

则利用 1.3.7 节中介绍的带限制条件的拉格朗日乘子法，对方程(3.174) 关于$\langle \phi_j |$求变分极值，可以得到

$$\frac{\delta E^{\mathrm{HK}}[\rho(\boldsymbol{r}),V_{\mathrm{ext}}(\boldsymbol{r})]}{\delta\langle\phi_j|}-\varepsilon_j\frac{\delta\sum_j\langle\phi_j|\phi_j\rangle}{\delta\langle\phi_j|}$$

$$=\frac{\delta\sum_j\langle\phi_i\left|-\frac{\nabla^2}{2}+V_{\mathrm{ext}}\right|\phi_i\rangle}{\delta\langle\phi_j|}+\frac{1}{2}\frac{\delta\sum_{ij}\langle\phi_i\phi_j\left|\frac{1}{r}\right|\phi_i\phi_j\rangle}{\delta\langle\phi_j|}+\frac{\delta E_{\mathrm{xc}}}{\delta\rho}\frac{\delta\rho}{\delta\langle\phi_j|}-\varepsilon_j\frac{\sum_j\langle\phi_j|\phi_j\rangle}{\delta\langle\phi_j|}$$

$$=\left(-\frac{\nabla^2}{2}+V_{\mathrm{ext}}+V_{\mathrm{H}}+V_{\mathrm{xc}}-\varepsilon_j\right)|\phi_j\rangle=0 \tag{3.178}$$

式中
$$V_{\mathrm{H}}=\sum_i\langle\phi_i|1/r|\phi_i\rangle$$

将式(3.178)重新进行整理，可得

$$\left(-\frac{\nabla^2}{2}+V_{\mathrm{KS}}(\boldsymbol{r})\right)\phi_j(\boldsymbol{r})=\varepsilon_j\phi_j(\boldsymbol{r}) \tag{3.179}$$

式中

$$V_{\mathrm{KS}}(\boldsymbol{r})=V_{\mathrm{ext}}(\boldsymbol{r})+V_{\mathrm{H}}(\boldsymbol{r})+V_{\mathrm{xc}}(\boldsymbol{r}) \tag{3.180}$$

方程(3.179)即为著名的Kohn-Sham方程。假设已经得到一组Kohn-Sham方程的本征值$\{\varepsilon_j\}$，则可以将体系基态总能表示为

$$E_0=\sum_j\varepsilon_j-\frac{1}{2}\int\frac{\rho(\boldsymbol{r}')\rho(\boldsymbol{r})}{|\boldsymbol{r}-\boldsymbol{r}'|}\mathrm{d}\boldsymbol{r}\mathrm{d}\boldsymbol{r}'+E_{\mathrm{xc}}[\rho(\boldsymbol{r})]-\int V_{\mathrm{xc}}(\boldsymbol{r})\rho(\boldsymbol{r})\mathrm{d}\boldsymbol{r} \tag{3.181}$$

方程(3.181)右端第一项$\sum_j\varepsilon_j$称为能带结构能(band structure energy)，而后三项称为冗余项(double counting，d. c.)。

3.2.4 交换关联能概述

Kohn-Sham方程最重要的一个特点就是将所有未知的、难以求得的多体项的贡献全部包含在交换关联能E_{xc}中了，所以这一项精确与否直接决定了Kohn-Sham方程的计算精度。由3.2.3节的讨论可知，在严格意义上，DFT理论中的交换关联能E_{xc}与Hartree-Fock近似下对应的项$E_{\mathrm{xc}}^{\mathrm{HF}}$并不相同，因为前者还包含了相互作用电子气的动能泛函的修正。结合Hartree-Fock近似的讨论，可知E_{xc}与$E_{\mathrm{xc}}^{\mathrm{HF}}$满足下列关系：

$$E_{\mathrm{xc}}=E_{\mathrm{xc}}^{\mathrm{HF}}+T[\rho]-T_0[\rho] \tag{3.182}$$

为了将动能泛函的修正包括进去，一般采用耦合常数积分法。设一个电子密度分布为$\rho(\boldsymbol{r})$的体系，电子间的相互作用E_{ee}正比于e^2。现在假设该体系的电子所带电荷可以在$[0,1]$之间变化，设为$\sqrt{\lambda}e$，则$E_{\mathrm{ee}}\propto\lambda e^2$，$\lambda$称为耦合常数。显然，若$\lambda=0$，则体系无相互作用电子气，若$\lambda=1$，则体系为真实的物理体系。类比于式(3.57)，可以将E_{xc}表示为

$$E_{\mathrm{xc}}=\frac{1}{2}\int\rho(\boldsymbol{r})\mathrm{d}\boldsymbol{r}\int\frac{\bar{\rho}_{\mathrm{xc}}(\boldsymbol{r},\boldsymbol{r}')}{|\boldsymbol{r}-\boldsymbol{r}'|}\mathrm{d}\boldsymbol{r}' \tag{3.183}$$

式中

$$\bar{\rho}_{xc}(\boldsymbol{r},\boldsymbol{r}') = \int_0^1 \rho_{xc}(\boldsymbol{r},\boldsymbol{r}',\lambda)\mathrm{d}\lambda = \rho(\boldsymbol{r}')\left[\int_0^1 g(\boldsymbol{r},\boldsymbol{r}',\lambda)\mathrm{d}\lambda - 1\right] = \rho(\boldsymbol{r}')[\bar{g}(\boldsymbol{r},\boldsymbol{r}') - 1] \tag{3.184}$$

在均匀电子气模型中，ρ_{xc} 仅是电子间距 $r=|\boldsymbol{r}-\boldsymbol{r}'|$ 的函数。到目前为止，虽然给出了 E_{xc} 的一个合理的近似，但是仍然需要知道 $\rho_{xc}(r,\lambda)$ 随耦合常数 λ 的变化关系才能进行定量计算。为了具体给出定量计算的方法，首先讨论均匀电子气模型下的方程(3.2)。首先利用波恩-奥本海默近似忽略原子核的动能项，然后设正电荷也以同样的密度 ρ_0 在空间均匀分布，则方程(3.2)中的哈密顿量为(原子单位制下)

$$\hat{H} = -\sum_i \frac{\boldsymbol{\nabla}_i^2}{2} + \frac{1}{2}\sum_{i\neq j}\frac{1}{|\boldsymbol{r}_i - \boldsymbol{r}_j|} - \frac{1}{2}\int \frac{\rho_0^2}{|\boldsymbol{r}-\boldsymbol{r}'|}\mathrm{d}\boldsymbol{r}\mathrm{d}\boldsymbol{r}' \tag{3.185}$$

现在将位置坐标 $\boldsymbol{r}$ 以电子平均自由程 $r_s a_0$(见式(3.92))为单位进行约化：$\hat{\boldsymbol{r}} = \boldsymbol{r}/(r_s a_0)$。则式(3.185)右端的三项分别为

$$\sum_i \frac{\boldsymbol{\nabla}_i^2}{2} = \left(\frac{1}{r_s a_0}\right)^2 \sum_i \frac{\tilde{\boldsymbol{\nabla}}_i^2}{2}$$

$$\frac{1}{2}\sum_{i\neq j}\frac{1}{|\boldsymbol{r}_i - \boldsymbol{r}_j|} = \frac{1}{2r_s a_0}\sum_{i\neq j}\frac{1}{\tilde{\boldsymbol{r}}_i - \tilde{\boldsymbol{r}}_j}$$

$$\frac{1}{2}\iint \frac{\rho_0^2}{|\boldsymbol{r}-\boldsymbol{r}'|}\mathrm{d}\boldsymbol{r}\mathrm{d}\boldsymbol{r}' = \frac{1}{2}\sum_i \frac{1}{\rho_0}\int \frac{\rho_0^2}{|\boldsymbol{r}-\boldsymbol{r}_i|}\mathrm{d}\boldsymbol{r} = \frac{1}{2r_s a_0}\frac{3}{4\pi}\sum_i \int \frac{1}{|\hat{\boldsymbol{r}}-\hat{\boldsymbol{r}}_i|}\mathrm{d}\hat{\boldsymbol{r}}$$

由此可得

$$\hat{H} = \left(\frac{1}{r_s a_0}\right)^2 \sum_i \left[-\tilde{\boldsymbol{\nabla}}_i^2 + \frac{1}{2}r_s a_0\left(\sum_{i\neq j}\frac{1}{|\hat{\boldsymbol{r}}_i - \hat{\boldsymbol{r}}_j|} - \frac{3}{4\pi}\int \frac{1}{|\hat{\boldsymbol{r}}-\hat{\boldsymbol{r}}_i|}\mathrm{d}\hat{\boldsymbol{r}}\right)\right] \tag{3.186}$$

式(3.186)表明，耦合常数可以用 $r_s a_0$ 来表示。因此原则上可以通过模拟不同密度下的均匀电子气[46]，得到相应的 $\rho_{xc}(\boldsymbol{r},\boldsymbol{r}',\lambda)$ 或者 $g_{xc}(\boldsymbol{r},\boldsymbol{r}',\lambda)$(二者通过式(3.61)相互联系)，从而求得 E_{xc}。对于电子非均匀分布的体系，如原子、分子、固体等，情况显然更为复杂。为了使问题可解，通常预定某种假设，使得可以尽量利用均匀电子气的解析或模拟结果。我们将在下几节中做具体介绍。联系 3.1.5 节以及3.1.6 节中的讨论可知，原则上体系的交换能是可以通过解析形式给出的，但是这样的做法计算量过大，且精度不会有显著提高(因为关联能并没有对应的精确解，所以如果其他各项均精确解出，那么关联能部分的误差无法被部分抵消)。

3.2.5　局域密度近似

与理想化的均匀电子气模型不同，实际体系中的电荷分布往往呈现出非常明显的起伏及各向异性。为了使用均匀电子气的结果，最简单的办法是将 $E_{xc}[\rho]$ 的求解视为各个离散的 $\boldsymbol{r}$ 终点处仅由局域电荷密度 $\rho(\boldsymbol{r})$ 决定的交换关联能密度 $\varepsilon_{xc}[\rho(\boldsymbol{r})]$ 的加权求和，而权重就是 $\rho(\boldsymbol{r})$，也即

$$E_{xc}[\rho] = \int \varepsilon_{xc}[\rho(\boldsymbol{r}),\boldsymbol{r}]\rho(\boldsymbol{r})\mathrm{d}\boldsymbol{r} \tag{3.187}$$

这种处理方法称为局域密度近似(local density approximation,LDA)。LDA 中 $\varepsilon_{xc}[\rho]$ 分为交换能密度 $\varepsilon_x[\rho]$ 和关联能密度 $\varepsilon_c[\rho]$ 两部分。前者一般采用均匀电子气结果(见式(3.109))给出。而 $\varepsilon_c[\rho]$ 则通常没有严格的解析解，其表达式主要基于 Ceperley 和 Alder 的对于均匀电子气的量子蒙特卡罗(QMC)模拟[47]。在实际运用中，为了避免大量的计算，通常用拟合的函数形式来近似 ε_c。其中最常见的几种形式(能量单位均为 Hartree)如下。

1. Perdew-Zunger(PZ) **函数**[48]

$$\varepsilon_c^{PZ}(r_s)=\begin{cases}A\ln r_s+B+Cr_s\ln r_s+Dr_s & (r_s\leqslant 1)\\ \gamma/(1+\beta_1\sqrt{r_s}+\beta_2 r_s) & (r_s>1)\end{cases}\tag{3.188}$$

式中：$A=0.0311, B=-0.048, C=0.002, D=-0.0116$，其中 A 与 B 正是方程(3.112)中的系数。$r_s\leqslant 1$ 是高密度极限，不考虑自旋极化的情况已经在 3.1.11 节中的关联能部分讨论过了；而电子气密度较低时，$r_s>1$，Perdew-Zunger 函数取如下参数：$\gamma=-0.1423, \beta_1=1.0529, \beta_2=0.3334$。

2. Vosko-Wilk-Nusair(VWN) **函数**[49,50]

$$\varepsilon_c^{VWN}(r_s)=\frac{A}{2}\left\{\ln\left(\frac{r_s}{F(\sqrt{r_s})}\right)+\frac{2b}{\sqrt{4c-b^2}}\tan^{-1}\left(\frac{\sqrt{4c-b^2}}{2\sqrt{r_s}+b}\right)-\frac{bx_0}{F(x_0)}\left[\ln\left(\frac{(\sqrt{r_s}-x_0)}{F(\sqrt{r_s})}\right)\right.\right.$$
$$\left.\left.+\frac{2(b+2x_0)}{\sqrt{4c-b^2}}\tan^{-1}\left(\frac{\sqrt{4c-b^2}}{\sqrt{r_s}+b}\right)\right]\right\}\tag{3.189}$$

对于自旋非极化的情况，有 $x_0=-0.10498, b=3.72744, c=12.9352$。

还有另外一些 LDA 下的函数形式，这里不多做介绍，具体函数形式请参考相关文献[51]。

3.2.5.1 自旋极化情况

首先定义自旋极化分布：

$$\zeta=\frac{\rho^{\uparrow}(\boldsymbol{r})-\rho^{\downarrow}(\boldsymbol{r})}{\rho^{\uparrow}(\boldsymbol{r})+\rho^{\downarrow}(\boldsymbol{r})}\tag{3.190}$$

对于自旋极化情况，一般将交换关联能密度表示为完全非极化情况($\zeta=0$)与完全极化情况($\zeta=1$)的插值。Barth 和 Hedin 指出，对于交换能密度，可以采取如下方式[52]：

$$\varepsilon_x(r_s,\zeta)=\varepsilon_x^U+[\varepsilon_x^P-\varepsilon_x^U]f(\zeta)\tag{3.191}$$

其中上标 U 和 P 分别代表 $\zeta=0$ 和 $\zeta=1$ 的情况，而 $f(\zeta)$ 为

$$f(\zeta)=\frac{(1+\zeta)^{4/3}+(1-\zeta)^{4/3}-2}{2^{4/3}-2}\tag{3.192}$$

Perdew 与 Wang 指出，对于关联能密度，同样可以采用方程(3.191)，只不过 $\zeta=1$ 时 ε_c 所取的参数值要不同于 $\zeta=0$ 的情况[51]。他们在同一篇文章中给出了 ε_c^P 的具体形式：

$$\varepsilon_c^{P}(r_s)=\begin{cases}0.01555\ln r_s-0.0269+0.0007r_s\ln r_s-0.0048r_s & (r_s\leqslant 1)\\ -0.0843/(1+1.3981\sqrt{r_s}+0.2611r_s) & (r_s>1)\end{cases} \tag{3.193}$$

Vosko 等人对于 ε_c 提出了更为复杂一个自旋极化的表达式[49,50,53]：

$$\varepsilon_c(r_s,\zeta)=\varepsilon_x^{U}+\left[\frac{f(\zeta)}{f''(0)}\right](1-\zeta^4)\alpha_c(r_s)+f(\zeta)\zeta^4[\varepsilon_c^{P}-\varepsilon_c^{U}] \tag{3.194}$$

其中 ε_c^{P} 中的参数分别为

$$A^{P}=0.0310907,\quad x_0^{P}=-0.325,\quad b^{P}=7.06042,\quad c^{P}=18.0578$$

而 $\alpha(r_s)$ 也取方程(3.189)的形式，四个参数分别为

$$A^{\alpha}=-1/(3\pi^2),\quad x_0^{\alpha}=-0.0047584,\quad b^{\alpha}=1.13107,\quad c^{\alpha}=13.0045$$

最后给出局域自旋密度近似(local spin density approximation，LSDA)下的交换关联能 E_{xc}^{LSDA} 表达式

$$E_{xc}^{LSDA}[\rho^{\uparrow},\rho^{\downarrow}]=\int\rho(\boldsymbol{r})[\varepsilon_x(r_s,\zeta)+\varepsilon_c(r_s,\zeta)]d\boldsymbol{r} \tag{3.195}$$

3.2.5.2　LDA 下的交换关联势

LDA 下的交换关联势有非常简单的形式。由 V_{xc} 的定义式(3.175)及 LDA 下 E_{xc} 的表达式(式(3.187))，可得

$$V_{xc}(\boldsymbol{r})=\frac{\delta E_{xc}[\rho(\boldsymbol{r})]}{\delta\rho(\boldsymbol{r})}=\varepsilon_{xc}[\rho,\boldsymbol{r}]+\rho(\boldsymbol{r})\frac{\delta\varepsilon_{xc}[\rho,\boldsymbol{r}]}{\delta\rho(\boldsymbol{r})} \tag{3.196}$$

与关于 ε_{xc} 的讨论类似，一般也将 $V_{xc}(\boldsymbol{r})$ 分为 $V_x(\boldsymbol{r})$ 和 $V_c(\boldsymbol{r})$ 两部分。从前面几节的讨论可知，实际计算中需要将 V_{xc} 表示成 r_s 的函数。其中交换能部分 $V_x(r_s)$ 比较简单，根据方程(3.109)，有

$$V_x=\frac{4}{3}\varepsilon_x(r_s)\propto\rho^{1/3} \tag{3.197}$$

与 X_α 方法的表达式(3.143)等价。

而由式(3.92)及式(3.109)可以直接得到 $V_c(r_s)$ 的表达式：

$$V_c(r_s)=\varepsilon_c-\frac{r_s}{3}\frac{d\varepsilon_c}{dr_s} \tag{3.198}$$

由此不难得到 PZ 及 VWN 形式的交换关联势。

考虑自旋自变量 σ 的情况，直接给出 V_{xc} 的表达式：

$$V_{xc}^{\sigma}(\boldsymbol{r})=\varepsilon_{xc}[\rho^{\sigma},\boldsymbol{r}]+\rho(\boldsymbol{r})\frac{\partial\varepsilon_{xc}[\rho^{\sigma},\boldsymbol{r}]}{\partial\rho^{\sigma}} \tag{3.199}$$

3.2.5.3　LDA 的特性概述

应该指出的是，交换能本质上是一个非局域的函数。也就是说其泛函值取决于全空间的电子密度，而非取决于空间某点的局域电子密度。这一点通过比较方程(3.183)和方程(3.187)就可看出：

$$\varepsilon_{xc}[\rho]=\frac{1}{2}\int\frac{\bar{\rho}_{xc}(\boldsymbol{r},\boldsymbol{r}')}{|\boldsymbol{r}-\boldsymbol{r}'|}d\boldsymbol{r}' \tag{3.200}$$

均匀电子气只是一个可以解析求解的特例。对于电子气分布较均匀的体系，如简单金属等，LDA 显然是非常合理的。但是对于以共价键为主的晶体或分子体系，LDA 的效果往往要差一些。除了前面已经讨论过的假设之外，LDA 方法还定义交换关联空穴 $\bar{\rho}_{xc}^{LDA}$ 为

$$\bar{\rho}_{xc}^{LDA}(\boldsymbol{r},\boldsymbol{r}') = \rho(\boldsymbol{r})[\bar{g}^{hom}(|\boldsymbol{r}-\boldsymbol{r}'|_{\rho(\boldsymbol{r})}) - 1] \tag{3.201}$$

与严格的定义方程(3.184)相比，LDA 采用 $\boldsymbol{r}$ 终点处而非 $\boldsymbol{r}'$ 终点处的电子密度，而且电子对关联函数 $g(\boldsymbol{r},\boldsymbol{r}')$ 采用了密度为 $\rho(\boldsymbol{r})$ 的均匀电子气的结果。这表明在 LDA 下，交换关联能是 $\boldsymbol{r}$ 终点处的电子密度与 $\boldsymbol{r}$ 终点处的交换关联空穴之间的“局域”相互作用，而且由式(3.201)可得

$$\int\bar{\rho}_{xc}^{LDA}(\boldsymbol{r},\boldsymbol{r}')\mathrm{d}\boldsymbol{r}' = \int\rho(\boldsymbol{r})[\bar{g}^{hom}(|\boldsymbol{r}-\boldsymbol{r}'|_{\rho(\boldsymbol{r})}) - 1]\mathrm{d}\boldsymbol{r}' = -1 \tag{3.202}$$

因为在每一个 $\boldsymbol{r}$ 终点处，对关联函数 g^{hom} 都对应着一个密度为 $\rho(\boldsymbol{r})$ 的均匀电子气系统。这样，式(3.202)实际上就是对均匀电子气的交换关联空穴的积分，因此 LDA 满足交换关联空穴的求和要求。因为只考虑局域的电荷密度信息，所以 LDA 是一个比较粗略的近似，但是其在实际使用中却取得了非常好的效果，式(3.202)能够成立是其中一个很重要的原因。

但是，在实际使用 LDA 中会出现以下问题：

(1) LDA 在计算中会高估结合能、低估晶格常数，因此用 LDA 计算的弹性常数往往比实验值高大约 10%。

(2) 因为无法正确处理电子跃迁时产生的交换关联势的突变，所以 LDA 会低估半导体或绝缘体的带隙及介电常数。

(3) 因为没有考虑 $E_{xc}[\rho]$ 的非局域效应，所以无法有效处理范德瓦尔斯力。

(4) 强关联体系，如过渡金属氧化物等，无法通过 LDA 得到满意的结果。

3.2.6 广义梯度近似

既然在实际的固体体系中，电子云在晶体中的分布并不均匀，那么对 LDA 的一个很自然的改进就是在交换关联项中引入电子密度的梯度以及更高阶的导数项。但是因为实际体系中 $|\nabla\rho|$ 往往很大，而且提出的泛函形式不满足 ε_{xc} 准则，所以最初的尝试并不成功。经过不断尝试与改进，人们提出了若干方案，可以很好地处理梯度项并尽量多地满足上述准则。这些方案统称为广义梯度近似(generalized gradient approximation，GGA)。

考虑电子密度梯度的修正，可以将 E_{xc} 表示为

$$E_{xc}[\rho] = \int\mathrm{d}\boldsymbol{r}\rho(\boldsymbol{r})\varepsilon_{xc}^{hom}F_{xc}[\rho^{\uparrow}(\boldsymbol{r}),\rho^{\downarrow}(\boldsymbol{r}),|\nabla\rho^{\uparrow}(\boldsymbol{r})|,|\nabla\rho^{\downarrow}(\boldsymbol{r})|,\cdots] \tag{3.203}$$

式中：F_{xc}称为增效函数，包含了非局域、非均匀项对均匀电子气结果的修正。

对于交换能，因为其只存在于相同自旋态中，所以可以分解成两项，即

$$E_x[\rho^{\uparrow},\rho^{\downarrow}]=\frac{1}{2}[E_x[2\rho^{\uparrow}]+E_x[2\rho^{\downarrow}]] \tag{3.204}$$

式(3.204)称为"自旋标度关系"，由 Oliver 和 Perdew 提出[54]。方程右端的两项均为非自旋极化的结果，因此可以将 F_x 表示为总电子密度和总电子密度各阶导数的函数。为方便起见，引入无量纲变量 s_m，有

$$s_m=\frac{|\nabla^m\rho|}{(2k_F)^m\rho} \tag{3.205}$$

GGA 的理论推导均涉及多体理论以及复杂的公式推导，在这里不拟详细讨论，具体可参考相关文献[55]～[57]等。$F_x(s)$做泰勒展开精确到 $\mathcal{O}(\nabla^6\rho)$ 的普遍表达式为[53,58]

$$F_x(s)=1+\frac{10}{81}s_1^2+\frac{146}{2025}s_2^2-\frac{73}{405}s_1^2s_2+Ds_1^4+\mathcal{O}(\nabla^6\rho) \tag{3.206}$$

一般认为 $D=0$。

关联能的计算更加困难。到目前为止还没有人提出比较普遍的表达式。因此一般的做法是尽量使得 ε_c 满足交换关联能的准则，且在 $s\to0$ 的情况下回归到 LDA 的形式。目前 DFT 计算中最为常见的 GGA 泛函包括 Becke-Lee-Yang-Parr(BLYP)、Perdew-Wang (PW91) 和 Perdew -Burke -Ernzerhof (PBE) 泛函(能量单位均为 Hartree)：

1. BLYP[59,60] 泛函

$$\varepsilon_x^{\mathrm{BLYP}}=\varepsilon_x^{\mathrm{LDA}}\left(1-\frac{\beta}{2^{1/3}A_x}\frac{x^2}{1+6\beta x\sinh^{-1}(x)}\right) \tag{3.207}$$

式中 $\beta=0.0042$，$A_x=(3/4)(3/\pi)^{1/3}$，$x=2(6\pi^2)^{1/3}s_1=2^{1/3}|\nabla\rho(\boldsymbol{r})|/\rho(\boldsymbol{r})^{4/3}$。

$$\varepsilon_c^{\mathrm{BLYP}}=-\frac{a}{1+d\rho^{-1/3}}\left\{\rho+b\rho^{-2/3}\left[C_F\rho^{5/3}-2t_W+\frac{1}{9}\left(t_W+\frac{1}{2}\nabla^2\rho\right)\right]e^{-c\rho^{-1/3}}\right\} \tag{3.208}$$

式中 $C_F=3/10(3\pi^2)^{2/3}$，$a=0.04918$，$b=0.132$，$c=0.2533$，$d=0.349$。

2. PW91[61] 泛函

在 PW91 泛函中将 ε_x 表示为

$$\begin{aligned}\varepsilon_x^{\mathrm{PW91}}(r_s,\zeta)&=\varepsilon_x^{\mathrm{hom}}(r_s)F_x(s_1)\\&=\varepsilon_x^{\mathrm{hom}}(r_s)\frac{1+0.19645s_1\sinh^{-1}(7.7956s_1)+(0.2743-0.1508e^{-100s_1^2})}{1+0.19645s_1\sinh^{-1}(7.7956s_1)+0.004s_1^4}\end{aligned} \tag{3.209}$$

可以看出，在 s_1 较小时，有

$$F_x\simeq1+0.1234s_1^2+\mathcal{O}(|\nabla\rho|^4)$$

即方程(3.206)。

而关联能表示为

$$E_c^{PW91}[\rho^{\uparrow},\rho^{\downarrow}]=\int\rho(\boldsymbol{r})[\varepsilon_c^{hom}(r_s,\zeta)+H(r_s,t,\zeta)]d\boldsymbol{r} \tag{3.210}$$

式中：$t=|\nabla\rho|/(2\phi(\zeta)\boldsymbol{k}_s\rho)$，其中 $\boldsymbol{k}_s$ 是 Thomas-Fermi 屏蔽波矢，$|\boldsymbol{k}_s|=\sqrt{4k_F/\pi}$，而 $\phi(\zeta)=[(1+\zeta)^{2/3}+(1-\zeta)^{2/3}]/2$。

方程(3.210)中的第二项 $H=H_0+H_1$，其中

$$H_0=\phi^3(\zeta)\frac{\beta}{2\alpha}\times\ln\left\{1\frac{2\alpha}{\beta}\frac{t^2+At^4}{1+At^2+A^2t^4}\right\} \tag{3.211}$$

式中

$$A=\frac{2\alpha}{\beta}\frac{1}{\exp[-2\alpha\varepsilon_c^{hom}(r_s,\zeta)/(\phi^3(\xi)\beta^2)]-1} \tag{3.212}$$

其中 $\alpha=0.09$，$\beta=\nu C_c(0)=(16/\pi)(3\pi^2)^{1/3}\times0.004235$。而

$$H_1=\nu[C_c(r_s)-C_c(0)-3C_x/7]\phi^3(\zeta)t^2\times\exp[-100\phi^4(\zeta)(k_s^2/k_F^2)t^2] \tag{3.213}$$

式中：$C_x=-0.001667$；$C_c(r_s)$ 由文献[63]给出，

$$C_s(r_s)=10^{-3}\frac{2.568+ar_s+br_s^2}{1+cr_s+dr_s^2+10br_s^3} \tag{3.214}$$

其中 $a=23.266$，$b=7.389\times10^{-3}$，$c=8.723$，$d=0.472$。

3. PBE[63] 泛函

PBE 泛函的形式与 PW91 泛函类似，但是更简单，而且在实际应用中取得了比较好的效果，因此是目前材料计算里被广泛采用的一种 GGA 形式。PBE 泛函理论规定

$$\varepsilon_x^{PBE}=\varepsilon_x^{hom}(r_s)F_x(r_s,\zeta,s_1)=\varepsilon_x^{hom}\left(1+\kappa-\frac{\kappa}{1+\mu s_1^2/\kappa}\right) \tag{3.215}$$

其中 $\mu\simeq0.21915$，$\kappa=0.804$。F_x 的这个形式保证了方程(3.215)在 $s_1\rightarrow0$ 的情况下回到 LDA，而且满足式(3.204)。

与 PW91 类似，PBE 泛函理论也将 E_c 表示为两项之和，即

$$E_c^{PBE}[\rho^{\uparrow},\rho^{\downarrow}]=\int\rho(\boldsymbol{r})[\varepsilon_c^{hom}(r_s,\zeta)+H(r_s,t,\zeta)]d\boldsymbol{r} \tag{3.216}$$

式中

$$H(r_s,t,\zeta)=\frac{e^2}{a_0}\gamma\phi^3(\zeta)\times\ln\left\{1+\frac{\beta}{\gamma}t^2\left[\frac{1+At^2}{1+At^2+A^2t^4}\right]\right\} \tag{3.217}$$

而

$$A=\frac{\beta}{\gamma}\frac{1}{\exp[-\varepsilon_c^{hom}(r_s,\zeta)/(\gamma\phi^3(\zeta)e^2/a_0)]-1} \tag{3.218}$$

方程(3.217)及(3.218)中 $\beta\simeq0.066725$，$\gamma=(1-\ln2)/\pi^2\simeq0.031091$。$t$、$\phi(\zeta)$、$\boldsymbol{k}_s$ 均与 PW91 泛函中的定义相同。注意 PBE 泛函中，e 和 a_0 均取原子单位。

通常情况下，由于考虑了对电子密度梯度的修正，GGA 的计算结果要比 LDA 的精确，使原子能量、晶体结合能、体系键长、键角等的值在 GGA 中可以更接近实验

结果。但是也有例外的时候。比如对金属和氧化物的表面能的描述，GGA 方法反而没有 LDA 方法合理。PW91 泛函和 PBE 泛函被广泛运用在各种晶体性质计算中。在计算各种分子在贵金属表面的吸附能时，这两种形式的 GGA 都有高估吸附能的趋势。为了解决这个问题，Hammer 提出了 Revised-Perdew-Burke-Ernzerhof (RPBE)泛函[64]。但是最近的研究表明，精确地计算分子在贵金属表面的吸附能，需要引入自能修正或者 Van Der Waals 修正，这里不展开讨论。

3.2.6.1　GGA 下的交换关联势

因为 GGA 包含了密度梯度，所以其交换关联势的计算也相对复杂。设当电子密度改变 $\delta\rho$、密度梯度改变 $\delta\nabla\rho=\nabla\delta\rho$ 时，交换关联能改变 $\delta E_{xc}[\rho,\nabla\rho]$，则

$$\delta E_{xc}[\rho]=\int\left[\varepsilon_{xc}+\rho(\boldsymbol{r})\frac{\partial\varepsilon_{xc}}{\partial\rho}+\rho(\boldsymbol{r})\frac{\partial\varepsilon_{xc}}{\partial\nabla\rho}\nabla\right]\delta\rho(\boldsymbol{r})\mathrm{d}\boldsymbol{r} \tag{3.219}$$

式(3.219)右端方括号中的前两项即为 LDA 中的交换关联势；对最后一项做分部积分，可得[37]

$$V_{xc}(\boldsymbol{r})=\varepsilon_{xc}[\rho,\boldsymbol{r}]+\rho(\boldsymbol{r})\frac{\partial\varepsilon_{xc}}{\partial\rho}-\nabla\left[\rho(\boldsymbol{r})\frac{\partial\varepsilon_{xc}}{\partial\rho}\right] \tag{3.220}$$

通常交换能部分与关联能部分遵循各自独立的方程，因此(3.220)也相应地分为 V_x 和 V_c 两部分。对于考虑自旋自变量 σ 的情况，直接给出 V_{xc}^{σ} 的表达式：

$$V_{xc}^{\sigma}=\varepsilon_{xc}[\rho^{\sigma},\boldsymbol{r}]+\rho(\boldsymbol{r})\frac{\partial\varepsilon_{xc}[\rho^{\sigma},\boldsymbol{r}]}{\partial\rho^{\sigma}}-\nabla\left[\rho(\boldsymbol{r})\frac{\partial\varepsilon_{xc}}{\partial\rho^{\sigma}}\right] \tag{3.221}$$

3.2.7　混合泛函

在电子结构的计算中，自关联项和交换项没有办法抵消，因此引起了较大的误差。在混合泛函方法中，交换关联势的表达式掺入了部分的 Hartree-Fock 的精确交换。这类的泛函包括 B3LYP、HSE03[65]、HSE06[66] 等。此类泛函在基于局域基组的量子化学计算中得到了广泛的应用，但是在基于平面波的程序中，由于非局域的交换项计算比较困难，因此运用受到一定的限制。最新发展的 HSE06 等平面波基的混合泛函，通过将交换项分解成长程和短程，并只对短程部分掺入精确交换势减少了计算量，为混合泛函在平面波基的密度泛函程序中的应用铺平了道路。

混合泛函中，体系的交换关联能往往表示为

$$E_{xc}^{HF}=\alpha E_{x}^{HF}+(1-\alpha)E_{x}^{DFT}+E_{c}^{DFT} \tag{3.222}$$

式中：α 是一个可调参数。在 HSE03 和 HSE06 中，一般取 $\alpha=0.25$。

3.2.8　强关联与 LDA + *U* 方法

对于强关联体系，如过渡金属氧化物或者稀土元素化合物等，LDA 或者 GGA 会遇到比较严重的问题。这些体系一般拥有不满的 d 轨道或者 f 轨道。由于电子云扩展方向的复杂性以及巡游性，这类轨道的多体效应难以被 LDA 泛函或者 GGA 泛函准

确描述。对于这类体系的计算，LDA 或者 GGA 往往给出金属的能带结构，而且跨过费米能级的能带往往属于 d 轨道或者 f 轨道。而事实上，这类体系的能带结构具有半导体特征，在成键态和反键态之间有一个比较明显的能隙，而且 d 轨道或者 f 轨道紧紧地局限在原子核周围，并不展现出离域性。为了更好地描述这类强关联体系，必须超越传统的 LDA 或者 GGA 近似。在这方面，比较成功的改进方法包括 LDA＋U（LSDA＋U）、GW 近似等。其中 LDA＋U 方法比较粗糙，但是与传统的 DFT 计算相比较计算量不会显著增加，而且在参数选择合理的情况下确实可以显著改进计算结果。我们在本节中进行简要的介绍。

LDA＋U 的理论推导需要用到二次量子化的知识，这超出了本书的范围。因此，这里只给出重要的结果并做相关讨论。以 d 轨道为例，在不考虑自旋极化的情况下，可以将体系中的电子分为两个亚系统，分别是局域性较强的 d 电子与离域性较强的 s 电子和 p 电子。后者的相互作用可以用 LDA 描述，而 d-d 相互间的库仑作用则写为

$$E_{d\text{-}d}=\frac{U}{2}\sum_{i\neq j}n_i n_j \tag{3.223}$$

式中：n_i 和 n_j 分别为第 i 和第 j 个 d 轨道上的电子占据数；U 为库仑参数，取正值。此时体系的总能可以表示为

$$E_{\text{tot}}=E_{\text{LDA}}+E_{d\text{-}d}+E_{\text{d.c.}} \tag{3.224}$$

式中：右端第一项就是普通的 LDA 近似下体系总能，参见方程(3.181)；第二项由式(3.223)给出；第三项是冗余项，这是因为 E_{LDA} 中已经包含了 d-d 相互作用，因此需要将这部分重复计入的能量作为冗余项排除。Anisimov 等人假设 LDA 中，d-d 库仑作用只与总的 d 轨道占据数 $N=\sum_i n_i$ 相关，因此可以将 $E_{\text{d.c.}}$ 写为[67]：

$$E_{\text{d.c.}}=UN(N-1)/2 \tag{3.225}$$

式中 $N=\sum_i n_i$。由此可以得到 LDA＋U 方法下第 i 个 d 轨道的本征值 ε_i 为

$$\varepsilon_i=\frac{\partial E_{\text{tot}}}{\partial n_i}=\varepsilon_{i,\text{LDA}}+U\left(\frac{1}{2}-n_i\right) \tag{3.226}$$

式(3.226)表明，与 LDA 的结果相比，被占据的 d 轨道能量下移 $U/2$，未被占据的 d 轨道能量上移 $U/2$。因此引入 U 有助于改进被低估的能隙。但是因为能量表达式改变，所以相应的 Kohn-Sham 方程中的 V_{eff} 和哈密顿矩阵都要做相应的修改。一般而言，将 d 轨道或者 f 轨道用一组正交的局域轨道基 $|i,nlm,\sigma\rangle$ 展开，其中 i 表示格点，nlm 为轨道基的量子数，而 σ 代表自旋。为了简化推导，在这里认为只有特定的 nl 轨道需要利用 U 来准确描述，因此，只有磁量子数 m 可以变化。由此可定义格点 i 上的密度矩阵元 $n^{\sigma}_{i,mm'}$：

$$n^{\sigma}_{i,mm'}=\sum_{m''}f_{m''}\langle m\mid m''\rangle\langle m''\mid m'\rangle \tag{3.227}$$

这里用 $|m\rangle$ 代表给定了其他四个状态指标的轨道基，$f_{m''}$ 为占据数。写出普遍的 LSDA＋U 的总能[67,68]：

$$E^{\mathrm{LSDA+U}}[\rho^{\sigma}(\boldsymbol{r})\{n_i^{\sigma}\}]=E^{\mathrm{LSDA}}+E^{U}[\{n_i^{\sigma}\}]+E_{\mathrm{d.c.}}[\{n_i^{\sigma}\}] \tag{3.228}$$

式中：$\rho^{\sigma}(\boldsymbol{r})$ 是自旋态为 σ 的电子密度分布。右端第一项 E^{LSDA} 由式(3.181)、式(3.195)及式(3.199)给出。第二项为

$$E^{U}[\{n_i^{\sigma}\}]=\frac{1}{2}\sum_{i}\sum_{\{m\},\sigma}[\langle m,m''\mid V_{\mathrm{ee}}\mid m',m'''\rangle n_{i,mm'}^{\sigma}n_{i,m''m'''}^{-\sigma}$$
$$-(\langle mm''\mid V_{\mathrm{ee}}\mid m'm'''\rangle-\langle mm''\mid V_{\mathrm{ee}}\mid m'''m'\rangle)n_{i,mm'}^{\sigma}n_{i,m''m'''}^{\sigma}] \tag{3.229}$$

V_{ee} 为处于 $\boldsymbol{r}(r,\theta,\phi)$ 和 $\boldsymbol{r}'(r',\theta',\phi')$ 的两个点电荷之间的库仑作用，用球谐函数展开为

$$V_{\mathrm{ee}}(\boldsymbol{r},\boldsymbol{r}')=\frac{1}{|\boldsymbol{r}-\boldsymbol{r}'|}=\sum_{l}\frac{4\pi}{2l+1}\frac{r_{<}^{l}}{r_{>}^{l+1}}\sum_{m=-l}^{l}Y_l^{m}(\theta,\phi)Y_l^{m*}(\theta',\phi') \tag{3.230}$$

式中 $r_{<}^{l}$ 和 $r_{>}^{l+1}$ 分别代表 $\min(r,r')$ 和 $\max(r,r')$。式(3.229)中的第一项积分可以写为

$$\langle m,m''\mid V_{\mathrm{ee}}\mid m',m'''\rangle$$
$$=\iint \mathrm{d}\boldsymbol{r}\mathrm{d}\boldsymbol{r}'R_{lm}^{*}(r)Y_l^{m*}(\theta,\phi)R_{lm'}(r)Y_l^{m'}(\theta,\phi)V_{\mathrm{ee}}R_{lm''}^{*}(r')Y_l^{m''*}(\theta',\phi')R_{lm'''}(r')Y_l^{m'''}(\theta',\phi')$$
$$=\sum_{k=0}^{2l}a_k(m,m',m'',m''')F^{k} \tag{3.231}$$

式中：F^{k} 包括了径向函数积分，称为屏蔽 Slater 积分[69]；a_k 称为 Gaunt 系数，

$$a_k(m,m',m'',m''')=\sum_{q=-k}^{k}\frac{4\pi}{2k+1}\langle lm\mid Y_k^{q}\mid lm'\rangle\langle lm''\mid Y_k^{q*}\mid lm'''\rangle \tag{3.232}$$

式(3.229)中其余两项积分也可以类似地写成上述形式。描述 d 电子，需要 F^{0}、F^{2} 及 F^{4}，描述 f 电子，则还需要 F^{6}。稍后讨论哈密顿矩阵元时，我们还要再讨论 F^{k}。

LSDA＋U 总能表达式中的冗余项 $E_{\mathrm{d.c.}}$ 为

$$E_{\mathrm{d.c.}}[\{n_i^{\sigma}\}]=\frac{U}{2}N(N-1)-\frac{J}{2}[N^{\uparrow}(N^{\uparrow}-1)+N^{\downarrow}(N^{\downarrow}-1)] \tag{3.233}$$

式中

$$N^{\sigma}=\sum_{i}\mathrm{Tr}(n_{i,mm'}^{\sigma}),N=N^{\uparrow}+N^{\downarrow}$$

式(3.233)中出现了两个参数 U 和 J，它们分别是库仑参数和 Stoner 参数，用于描述 d 电子或者 f 电子的库仑作用和交换作用。可以看到，J 的存在部分抵消了 U 所描述的排斥作用，这一点我们在讨论 Hartree-Fock 方程的时候已经发现了。

将式(3.229)至式(3.233)代入 LSDA＋U 的总能表达式，并对 $n_{i,mm'}^{\sigma}$ 求变分，可以得到作用在格点 i(或称第 i 个 d 轨道或 f 轨道)的 Kohn-Sham 有效势 $V_{i,\mathrm{eff}}^{\sigma}$，即

$$V_{i,\mathrm{eff}}^{\sigma}=V_{\mathrm{KS}}^{\mathrm{LSDA}}+\sum_{mm'}\mid i,nlm,\sigma\rangle V_{i,mm'}^{\sigma}\langle i,nlm',\sigma\mid \tag{3.234}$$

$V_{\mathrm{KS}}^{\mathrm{LSDA}}$ 即为通常 LSDA 近似下的 Kohn-Sham 有效势(见方程(3.180)、方程(3.199))，而附加的一项则代表了 d 电子或 f 电子相互作用的影响，其中 $V_{i,mm'}^{\sigma}$ 可写为

$$V_{i,mm'}^{\sigma}=\sum_{m''m'''}\Big\{\Big(\sum_{k=0}^{2l}a_k(m,m',m'',m''')F^{k}\Big)n_{i,m''m'''}^{-\sigma}$$
$$-\Big[\sum_{k=0}^{2l}(a_k(m,m',m'',m''')-a_k(m,m''',m'',m'))F^{k}\Big]n_{i,m'',m'''}^{\sigma}\Big\}$$

$$-U\left(N-\frac{1}{2}\right)+J\left(N^{\sigma}-\frac{1}{2}\right) \tag{3.235}$$

至此，我们构建了包含自旋极化的LDA+U理论框架。但是屏蔽Slater积分并未给出，而且在实际工作中需要设定的是U和J，所以必须给出F^k和U、J之间的关系。对于d电子，有[70]

$$U=F^0,\quad J=\frac{F^2+F^4}{14},\quad \frac{F^4}{F^2}=0.625$$

对于f电子，计算程序VASP采用

$$U=F^0,\quad J=\frac{286F^2+195F^4+250F^6}{6435},\quad \frac{F^4}{F^2}=0.668,\quad \frac{F^6}{F^2}=0.494$$

3.3 赝 势

3.3.1 正交化平面波

利用平面波作为基函数有很多优点。但是其中有一个很大的缺陷，即原子的内层电子波函数在靠近原子核的区域内有很大的振荡，因此需要用数目很大的平面波展开这些波函数才能获得比较精确的结果。这种处理方法无疑极大地增加了计算量。考虑到原子的内层电子并不参与成键，在固体或分子体系中芯区轨道与自由原子状态相比几乎不变，而外层电子，或者更精确地说，处于价带或者导带中的电子才是我们感兴趣的重点，因此可以将这两种轨道分开处理。

首先介绍正交平面波基法(orthogonalized plane wave，OPW)[71]。

价带或者导带的Blöch波函数应与芯区轨道的波函数正交。如果已知各芯区轨道的波函数φ_j(满足薛定谔方程$H\varphi_j=\varepsilon_j\varphi_j$)，则可以构建满足上述正交条件的波函数的普遍表达式：

$$\psi_n(\boldsymbol{k},\boldsymbol{r})=\chi_n(\boldsymbol{k},\boldsymbol{r})-\sum_j\langle\varphi_j\mid\chi_n\rangle\varphi_j \tag{3.236}$$

不难验证，$\langle\psi_n\mid\varphi_j\rangle=0$。式(3.236)中并没有对$\chi_n$予以明确定义，如果取其为平面波，则式(3.236)所表示的波称为正交平面波(OPW)。考虑一个孤立原子，将式(3.236)代入该原子的薛定谔方程，有

$$\hat{H}\chi_n+\sum_j(\varepsilon_n-\varepsilon_j)\mid\varphi_j\rangle\langle\varphi_j\mid\chi_n=\varepsilon_n\chi_n \tag{3.237}$$

与原方程比较，式(3.237)中的哈密顿量多了一项$\sum_j(\varepsilon_n-\varepsilon_j)\mid\varphi_j\rangle\langle\varphi_j\mid$。原子的哈密顿量表示为动能算符与库仑势之和，即$\hat{H}=\hat{T}+\hat{V}$，其中$\hat{V}=-Z/(r\boldsymbol{I})$，也即裸核的库仑势，$\boldsymbol{I}$是单位矩阵。因此式(3.237)表示$\chi_n$满足下列方程

$$(\hat{T}+\hat{V}_{\mathrm{PK}})\chi_n=\varepsilon_n\chi_n \tag{3.238}$$

式中

$$\hat{V}_{\mathrm{PK}} = -\frac{Z}{r}\boldsymbol{I} + \sum_{j}(\varepsilon_n - \varepsilon_j) \mid \varphi_j\rangle\langle\varphi_j \mid \tag{3.239}$$

这意味着可以将内层电子视为一个等效屏蔽势函数，而不对其进行精确的求解。这也是赝势(pseudopotential)理论最早的由来[71]。因为 $\varepsilon_n - \varepsilon_j$ 恒大于零，因此 $\hat{V}_{\mathrm{PK}}$ 比 $\hat{V}$ 弱，其所对应的波函数χ_n在原子核附近更为平滑，因此随着 $\boldsymbol{G}$ 的增大，其傅里叶变换相应的分量也减小得更快。

由 OPW 的思想出发，我们可以构建每种原子的等效势算符 $\hat{V}_{\mathrm{ps}}(r)$，称为赝势。相应的薛定谔方程的解 ψ_{ps} 称为赝波函数。由式(3.239)可知，$\hat{V}_{\mathrm{ps}}$ 应与轨道的角动量量子数 $L = \{l,m\}$ 相关。为使计算简便，我们可以进一步设定对于每个角动量量子数为 L 的轨道，$\hat{V}_{\mathrm{ps}}(r)$ 是一个球对称的函数。综合以上讨论，比照式(3.239)，可将赝势写为

$$\hat{V}_{\mathrm{ps}}(r) = \sum_{l=0}^{\infty}\sum_{m=-l}^{l} V_{\mathrm{ps}}^{l}(r) \mid lm\rangle\langle lm \mid = \sum_{l=0}^{\infty} V_{\mathrm{ps}}^{l}(r)\hat{P}_l \tag{3.240}$$

坐标表象下 $\mid lm\rangle$ 为球谐函数 $\mathrm{Y}_l^m(\theta,\phi)$，而投影算符 $\hat{P}_l$ 为

$$\hat{P}_l = \sum_{m=-l}^{l} \mid lm\rangle\langle lm \mid \tag{3.241}$$

因此，将 $\hat{V}_{\mathrm{ps}}(r)$ 作用于波函数时，首先将其投影到不同的 l 分量上，并对该分量作用相应的 V_{ps}^{l}，最后再对各分量的结果求和。方程(3.241)也表明，赝势算符同时包含$\mid lm\rangle$ 的变量(θ,ϕ) 及$\langle lm \mid$ 的变量(θ',ϕ')，但是径向部分仅与 r 一个变量有关。因此，$\hat{V}_{\mathrm{ps}}$ 是一个非局域(non-local)算符，更准确地说，是一个半局域(semi-local)算符(角向部分非局域，径向部分局域)，这一点可以表示如下：将 $\hat{V}_{\mathrm{ps}}(r)$ 作用于某函数$f(r,\theta',\phi')$，可得

$$\hat{V}_{\mathrm{ps}}(r)f(r,\theta',\phi') = \sum_{l=0}^{\infty}\sum_{m=-l}^{l}\mathrm{Y}_l^m(\theta,\phi)V_{\mathrm{ps}}^{l}(r)\int \sin\theta'\,\mathrm{d}\theta\mathrm{d}\phi'\,\mathrm{Y}_l^{m*}(\theta',\phi')f(r,\theta',\phi') \tag{3.242}$$

3.3.2 模守恒赝势

3.3.1 节中我们推导出了赝势的普遍表达式，但是并没有给出如何得到 $V_{\mathrm{ps}}^{l}(r)$ 以及构建赝势时应该满足的条件或者性质。本节以及后续几节将详细讨论这个问题。实际上，从 3.3.1 节的讨论中已经可以得出某些结论，例如：赝波函数和与全电子波函数 Ψ_{ae}(或称真实波函数)拥有相同的本征能级ε_l；赝势的建立需要给定的参考态，对同种原子如果选取其不同的电子组态，因为 ε_j 不同，构造出来的赝势也彼此不同。Hamann、Schlüter 和 Chiang 最早提出模守恒赝势(norm-conserving pseudopotential, NCPP)的概念以及“好”的赝势应该满足的条件[72]：

(1) 赝波函数与作为其参考态的全电子波函数拥有相同的本征能级，即

$$\tilde{\varepsilon}_l = \varepsilon_l \tag{3.243}$$

(2) 在芯区截断半径 $\boldsymbol{r}_{\mathrm{c}}$ 之外，赝波函数与全电子波函数完全重合，即

$$\Psi_{\rm ps}^{l}(r)=\Psi_{\rm ae}^{l}(r),\quad r>r_{\rm c} \tag{3.244}$$

(3) 在 $\boldsymbol{r}_{\rm c}$ 终点处，赝波函数与全电子波函数的对数导数相等，即

$$\frac{\rm d}{{\rm d}r}\ln\Psi_{\rm ps}^{l}(r)\mid_{r=r_{\rm c}}=\frac{\rm d}{{\rm d}r}\ln\Psi_{\rm ae}^{l}(r)\mid_{r=r_{\rm c}} \tag{3.245}$$

波函数的对数导数记为 $D_{\rm ps}^{l}$ 及 $D_{\rm ae}^{l}$。

(4) 在 $\boldsymbol{r}_{\rm c}$ 之内，赝波函数与全电子波函数对体积的积分相等，即

$$\int r^2\mid\Psi_{\rm ps}\mid^2{\rm d}r=\int r^2\mid\Psi_{\rm ae}\mid^2{\rm d}r \tag{3.246}$$

(5) 在 $\boldsymbol{r}_{\rm c}$ 终点处，赝波函数与全电子波函数的对数导数相对于能量的一阶导数相等，即

$$\frac{\partial D_{\rm ps}^{l}}{\partial\varepsilon}=\frac{\partial D_{\rm ac}^{l}}{\partial\varepsilon}$$

条件(1)、(2) 表明赝势的引入不应对元素在芯区之外的电子结构有所干扰。条件(3) 要求赝波函数与全电子波函数在截断半径处光滑连续。条件(4) 即为“模守恒条件”，它表明赝波函数在芯区内的电荷量正确。由于芯区外的势函数取决于芯区内的电荷总量，因此符合“模守恒条件”的赝势保证了在多原子体系内对原子间相互作用的描述是正确的。条件(5) 与赝势的移植性有关。一般说来，赝势都是根据原子在孤立环境下的电子结构构建的，将其运用到相互作用的多原子体系中时，本征波函数及本征能级都会有所变化。如果一种赝势满足条件(5)，则它同样可以反映这种变化，且一直到线性项都是正确的。上述讨论也可以根据散射理论进行：环境变化会导致全电子波函数的相移(phase shift)$\delta\eta_{\rm ac}^{l}$，而用赝势生成的赝波函数经历同样的环境变化也会产生相移 $\delta\eta_{\rm ps}^{l}$。$\delta\eta$ 是本征能级 ε^{l} 的函数，将 $\delta\eta$ 关于 ε^{l} 展开，则 $\delta\eta_{\rm ae}^{l}$ 与 $\delta\eta_{\rm ps}^{l}$ 的线性项相同。从上面的讨论中也可以看出，最后两点的联系非常紧密(均与本征能级 ε^{l} 的变化有关)。更严格的数学推导指出，一种赝势若满足条件(4)，则必然满足条件(5)。详细过程请参看文献[37]、[72]、[73]。

3.3.2.1 构建赝势的普遍过程

对于一个体系，如果确定了体系的势函数，可以唯一地求解对应的波函数。而如果预知了体系的本征波函数，则可以反推相应的势函数。因此，构建赝势实际上是求解薛定谔方程的反问题。首先预设一个合适的赝波函数，注意满足前述的几个条件，然后通过反解薛定谔方程得到体系的赝势。一般设赝势具有球对称性，因此，薛定谔方程可以分离变量，角向和径向函数可以分别求解，即 $\Psi_{\rm ps}^{l}(\boldsymbol{r})=R_{\rm ps}^{l}(r){\rm Y}_{lm}(\theta,\phi)$，而 $R_{\rm ps}^{l}(r)$ 满足径向薛定谔方程(在原子单位下，参见 2.1.9 节)

$$\left[-\frac{1}{2}\frac{{\rm d}^2}{{\rm d}r^2}+\frac{l(l+1)}{2r^2}+V_{\rm ps,scr}^{l}(r)\right]rR_{\rm ps}^{l}(r)=\varepsilon_l rR_{\rm ps}^{l}(r) \tag{3.247}$$

由方程(3.247) 立即可以解得屏蔽有效势 $V_{\rm ps,scr}^{l}(r)$，即

$$V_{\rm ps,scr}^{l}(r)=\varepsilon_l-\frac{l(l+1)}{2r^2}+\frac{1}{2rR_{\rm ps}^{l}(r)}\frac{{\rm d}^2}{{\rm d}r^2}(rR_{\rm ps}^{l}(r)) \tag{3.248}$$

需要注意的是,屏蔽有效势 $V^l_{\mathrm{ps,scr}}(r)$ 并不是所求的原子赝势,因为其中包含多体效应。因此需要再进行如下“去屏蔽”的操作:

$$V^l_{\mathrm{ps}}(r) = V^l_{\mathrm{ps,scr}}(r) - \int \frac{\rho_{\mathrm{v}}(r')}{|\boldsymbol{r}-\boldsymbol{r}'|}\mathrm{d}r' - \mu_{\mathrm{xc}}[\rho_{\mathrm{v}}(r)] \tag{3.249}$$

式中:价电荷密度 $\rho_{\mathrm{v}}(r)$ 表示为 $rR^l_{\mathrm{ps}}(r)$ 的二次方求和,即

$$\rho_{\mathrm{v}}(r) = \sum_{l=0}^{l_{\max}}\sum_{m=-l}^{l} |rR^l_{\mathrm{ps}}(r)|^2 \tag{3.250}$$

式中:r^2 来源于球坐标系下单位体积的表达式 $r^2\sin\theta\mathrm{d}r\mathrm{d}\theta\mathrm{d}\phi$。方程(3.249)右端的第二项与第三项分别为 Hartree 势以及交换关联势,对此我们将在第 4 章详细讨论。

3.3.2.2 Troullier-Martins 赝势

Troullier 与 Martins 于 1991 年提出了一种模守恒赝势——TM 赝势[74],它也是其后提出的很多模守恒赝势的模板。TM 赝势是对 Kerker 早期工作[75]的扩展。TM 赝势将赝波函数表示为

$$R^l_{\mathrm{ps}}(r) = \begin{cases} R^l_{\mathrm{ae}}(r), & r > r_{\mathrm{c}} \\ r^l\exp[p(r)], & r \leqslant r_{\mathrm{c}} \end{cases} \tag{3.251}$$

式中:$p(r)$ 是一个多项式,

$$p(r) = c_0 + c_2r^2 + c_4r^4 + c_6r^6 + c_8r^8 + c_{10}r^{10} + c_{12}r^{12} \tag{3.252}$$

其中 $c_0, c_2, \cdots, c_{12}$ 是七个待定系数。根据方程(3.248),可得 $V^l_{\mathrm{ps,scr}}(r)$ 满足

$$V^l_{\mathrm{ps,scr}}(r) = \begin{cases} V^l_{\mathrm{ae}}(r), & r > r_{\mathrm{c}} \\ \varepsilon_l + \dfrac{l+1}{r}p'(r) + \dfrac{1}{2}p''(r) + \dfrac{1}{2}[p'(r)]^2, & r \leqslant r_{\mathrm{c}} \end{cases} \tag{3.253}$$

可以看到,式(3.252)中所有奇数项的系数均为零,因为 Troullier 与 Martins 发现这种设定可以使所生成的赝势随倒格矢 $\boldsymbol{G}$ 增加而更快地趋于零,即改善赝势的光滑性。此外,引入限制条件

$$[V^l_{\mathrm{ps}}(r=0)]'' = 0 \tag{3.254}$$

也可以有效地改进赝势的光滑性,$[V]^{(m)}$ 代表 V 关于 r 的 m 阶导数。因此,$p(r)$ 中的七个待定系数可以由如下几个条件确定[74,76]。

(1) 由模守恒条件,有

$$2c_0 + \ln\left[\int_0^{r_{\mathrm{c}}} r^{2(l+1)}\exp(2p(r)-2c_0)\mathrm{d}r\right] = \ln\left(\int_0^{r_{\mathrm{c}}} r^2|R^l_{\mathrm{ae}}(r)|^2\mathrm{d}r\right) \tag{3.255}$$

(2) 在 $\boldsymbol{r}_{\mathrm{c}}$ 终点处 $rR^l_{\mathrm{ps}}(r)$ 与 $rR^l_{\mathrm{ae}}(r)$ 连续,即

$$p(r_{\mathrm{c}}) = \ln\left(\frac{P(r_{\mathrm{c}})}{r_{\mathrm{c}}^{l+1}}\right) \tag{3.256}$$

式中 $P(r) = rR^l_{\mathrm{ae}}(r)$,下同。

(3) 在 $\boldsymbol{r}_{\mathrm{c}}$ 终点处 $rR^l_{\mathrm{ps}}(r)$ 与 $rR^l_{\mathrm{ae}}(r)$ 相对于 r 的一阶导数连续,即

$$\left.\frac{\mathrm{d}(rR^l_{\mathrm{ps}})}{\mathrm{d}r}\right|_{r=r_{\mathrm{c}}} = \left.\frac{\mathrm{d}(rR^l_{\mathrm{ae}})}{\mathrm{d}r}\right|_{r=r_{\mathrm{c}}} \tag{3.257}$$

由此并利用条件(2)中的连续性条件，推出

$$p'(r_c)=\frac{P'(r_c)}{P(r_c)}-\frac{l+1}{r} \tag{3.258}$$

(4) 在 r_c 终点处 $rR^l_{ps}(r)$ 与 $rR^l_{ae}(r)$ 相对于 r 的二阶导数连续，并利用方程(3.248)，有

$$p''(r_c)=2V_{ae}-2\varepsilon_l-\frac{2(l+1)}{r_c}p'(r_c)-[p'(r_c)]^2 \tag{3.259}$$

(5) 在 r_c 终点处 $rR^l_{ps}(r)$ 与 $rR^l_{ae}(r)$ 相对于 r 的三阶导数连续，直接对式(3.259)求导，得

$$p^{(3)}(r_c)=2V'_{ae}(r_c)+\frac{2(l+1)}{r_c^2}p'(r_c)-\frac{2(l+1)}{r_c}p''(r_c)-2p'(r_c)p''(r_c) \tag{3.260}$$

(6) 在 r_c 终点处 $rR^l_{ps}(r)$ 与 $rR^l_{ae}(r)$ 相对于 r 的四阶导数连续，直接对式(3.260)求导，得

$$p^{(4)}(r_c)=2V''_{ae}(r_c)-\frac{4(l+1)}{r_c^3}p'(r_c)+\frac{4(l+1)}{r_c^2}p''(r_c)-\frac{2(l+1)}{r_c}p^{(3)}(r_c)-2[p''(r_c)]^2-2p'(r_c)p^{(3)}(r_c) \tag{3.261}$$

(7) 根据方程(3.253)以及方程(3.254)，可得

$$c_2^2+c_4(2l+5)=0 \tag{3.262}$$

全电子波函数以及全电子势相对于 r 的导数可利用有限差分得到。由此，可以确定赝波函数，再根据方程(3.253)求得 $V^l_{ps,scr}(r)$。如果已知交换关联势 $\mu_{xc}[\rho_v(r)]$，则根据式(3.249)确定赝势 $V^l_{ps}(r)$。

3.3.2.3 自旋-轨道耦合的处理

如果考虑自旋-轨道耦合，那么好量子数将是 $j=l\pm1$。首先生成 $j=l+1/2$ 的赝势 $V_{ps}^{l+1/2}$ 以及 $j=1-1/2$ 的赝势 $V_{ps}^{l-1/2}$。由此得

$$V^l_{ps}=\frac{l}{2l+1}[(l+1)V_{ps}^{l+1/2}+lV_{ps}^{l-1/2}] \tag{3.263}$$

$$\delta V^l_{so}=\frac{2}{2l+1}(V_{ps}^{l+1/2}-V_{ps}^{l-1/2}) \tag{3.264}$$

这样，赝势(3.242)可以表示为

$$V^l_{ps}=\sum_{lm}[|Y_{lm}\rangle V^l_{ps}\langle Y_{lm}|+|Y_{lm}\rangle\delta V^l_{so}\boldsymbol{L}\cdot\boldsymbol{S}\langle Y_{lm}|] \tag{3.265}$$

式中：$\boldsymbol{L}$ 为轨道角动量；$\boldsymbol{S}$ 为自旋角动量。更具体的讨论请参看文献[77]。

3.3.3 赝势的分部形式

3.3.3.1 局域赝势形式

原则上讲，对所有的 l 轨道都应该单独建立赝势 $V^l_{ps}(r)$。但是在实际应用中，仅对少数几个 l 低于 l_{max} 的轨道分别建立赝势，而对 l 大于 l_{max} 的轨道则认为感受到的赝

势相同，也即与 l 无关。这种赝势称为局域赝势 V_{ps}^{loc}。因此，可以重新将方程(3.242)写为

$$\hat{V}_{ps}(r)=\sum_{l=0}^{\infty}V_{ps}^{loc}(r)\hat{P}_l+\sum_{l=0}^{l_{max}}(V_{ps}^{l}(r)-V_{ps}^{loc})\hat{P}_l=V_{ps}^{loc}(r)\boldsymbol{I}+\sum_{l=0}^{l_{max}}\delta V_{ps}^{l}(r)\hat{P}_l \quad (3.266)$$

式中：$\delta V_{ps}^{l}(r)$ 为短程函数，仅局限于芯区范围内，而其局域部分 $V_{ps}^{loc}(r)=V_{ps}^{l_{max}+1}(r)$，其中 l_{max} 一般选取芯区电子占据态的角动量量子数最大值，或者单质状态下最高占据轨道的角动量量子数。但是 $V_{ps}^{loc}(r)$ 本质上是一个可以任意选取的平滑函数，只需要保证其在 $\boldsymbol{r}_c$ 之外与真实离子势一致即可。如果给定一组标准正交基 $\{\varphi_i\}$，则由方程(3.266)可计算矩阵元：

$$\begin{aligned}V_{ps,i,j}&=\langle\varphi_i\mid\hat{V}_{ps}(\boldsymbol{r})\mid\varphi_j\rangle=\langle\varphi_i\mid V_{ps}^{loc}(r)\boldsymbol{I}+\sum_{l=0}^{l_{max}}\delta V_{ps}^{l}(r)\hat{P}_l\mid\varphi_j\rangle\\&=V_{ps}^{loc}(i)\delta_{ij}+\sum_{l=0}^{l_{max}}\delta V_{ps}^{l}(i,j)\end{aligned} \quad (3.267)$$

其中局域部分为对角元，而在坐标表象下，非局域部分为

$$\begin{aligned}\delta V_{ps}^{l}(i,j)&=\langle\varphi_i\mid\delta V_{ps}^{l}(r)\sum_{m=-l}^{l}\mid lm\rangle\langle lm\mid\varphi_j\rangle\\&=\sum_{m=-l}^{l}\int r^2\mathrm{d}r\int\mathrm{d}\Omega\varphi_i^{*}(r,\theta,\phi)\delta V^{ps}(r)\mathrm{Y}_{lm}(\theta,\phi)\int\mathrm{d}\Omega'\mathrm{Y}_{lm}^{*}(\theta',\phi')\varphi_j(r',\theta',\phi')\\&=\sum_{m=-l}^{l}\int\sin\theta\mathrm{d}\theta\mathrm{d}\phi\int\sin\theta'\mathrm{d}\theta'\mathrm{d}\phi'\\&\quad\times\int\mathrm{d}rr^2\varphi(r,\theta,\phi)\mathrm{Y}_{lm}^{*}(\theta,\phi)\delta V_{ps}^{l}(r)\mathrm{Y}_{lm}(\theta',\phi')\varphi(r',\theta',\phi')\end{aligned} \quad (3.268)$$

式(3.268)的第二行用到了方程(3.242)(将其中的 $V_{ps}^{l}(r)$ 替换为 $\delta V_{ps}^{l}(r)$，即径向的积分仅对 r 进行。

两种常用的基函数——平面波函数和原子轨道波函数，均可表示为 $R(r)\mathrm{Y}_{lm}(\theta,\phi)$，所以相应地式(3.268)的积分可以表示成角向积分以及径向积分的乘积。其中角向部分由球谐函数的卷积决定，而径向部分则为 $\int R_i^{*}(r)\delta V_{ps}^{l}(r)R_j(r)r^2\mathrm{d}r$。

对于平面波，$R_j(r)$ 为 j 阶的球贝塞尔函数，而对于原子轨道波函数，$R_j(r)$ 可取类氢原子的径向波函数。

方程(3.268)的计算量是很大的，因为需要对每一对 φ_i 和 φ_j 求积分。以平面波为例，如果有 N 个基函数，在第一布里渊区内有 M 个 k 采样点，则对于每一个 l，需要进行 $MN^2/2$ 次计算。为了克服这个困难，Kleinman 和 Bylander 提出可以将半局域的 $\delta V_{ps}^{l}(r)$ 表示成非局域的投影算符，从而达到减小计算量的目的。这就是著名的 Kleinman-Bylander(KB)非局域赝势形式。

3.3.3.2 KB 非局域赝势形式

1982 年，Kleinman 和 Bylander 提出了一种普适的方法[78]——将半局域的赝势

变换为非局域的形式，也即式(3.268)可以写为如下形式

$$\delta V_{\mathrm{NL}}^{l}(i,j)=\sum_{i}F_{i}(\boldsymbol{r})G_{i}(\boldsymbol{r}') \tag{3.269}$$

其中 F_i 与 G_i 分别依赖于 $\boldsymbol{r}$ 和 $\boldsymbol{r}'$，同时需要满足一个条件，即当作用在赝波函数 Ψ_{ps}^{lm} 上时，$\delta V_{\mathrm{NL}}(\boldsymbol{r},\boldsymbol{r}')$ 与 $\delta V_{\mathrm{ps}}^{l}(r)$ 的结果相同(其中 $\delta V_{\mathrm{ps}}^{l}(r)$ 由 Ψ_{ps}^{lm} 生成)。为此 Kleinman 和 Bylander 构建了非局域算符

$$\delta V_{\mathrm{NL}}=\sum_{l=0}^{l_{\max}}\sum_{m=-l}^{l}\frac{|\,\delta V_{\mathrm{ps}}^{l}\Psi_{\mathrm{ps}}^{lm}\rangle\langle\delta V_{\mathrm{ps}}^{l}\Psi_{\mathrm{ps}}^{lm}\,|}{\langle\Psi_{\mathrm{ps}}^{lm}\,|\,\delta V_{\mathrm{ps}}^{l}\,|\,\Psi_{\mathrm{ps}}^{lm}\rangle} \tag{3.270}$$

不难证明，利用式(3.270)构建的非局域赝势算符满足条件

$$\delta V_{\mathrm{NL}}\,|\,\Psi_{\mathrm{ps}}^{l'm'}\rangle=\delta V_{\mathrm{ps}}^{l}\,|\,\Psi_{\mathrm{ps}}^{l'm'}\rangle \tag{3.271}$$

KB 非局域赝势形式的优势在于将其作用在两个基函数上时，可写为

$$\langle\varphi_i\,|\,\delta V_{\mathrm{NL}}\,|\,\varphi_j\rangle=\sum_{l=0}^{l_{\max}}\sum_{m=-l}^{l}\langle\varphi_i\,|\,\Psi_{\mathrm{ps}}^{lm}\delta V_{\mathrm{ps}}^{l}\rangle\frac{1}{\langle\Psi_{\mathrm{ps}}^{lm}\,|\,\delta V_{\mathrm{ps}}^{l}\,|\,\Psi_{\mathrm{ps}}^{lm}\rangle}\langle\delta V_{\mathrm{ps}}^{l}\Psi_{\mathrm{ps}}^{lm}\,|\,\varphi_j\rangle \tag{3.272}$$

显然，这正是方程(3.269)的形式。这两个基函数的积分是分开进行的，因此对于给定的 l，计算次数下降为 NM，对实际工作而言，这是一个极大的改进。

引入 χ_{ps}^{lm}

$$|\,\chi_{\mathrm{ps}}^{lm}\rangle=|\,\delta V_{\mathrm{ps}}^{l}\Psi_{\mathrm{ps}}^{lm}\rangle \tag{3.273}$$

则可将 KB 非局域赝势形式改写为更简洁的形式：

$$\delta V_{\mathrm{NL}}=\sum_{l=0}^{l_{\max}}\sum_{m=-1}^{l}\frac{|\,\chi_{\mathrm{ps}}^{lm}\rangle\langle\chi_{\mathrm{ps}}^{lm}\,|}{\langle\chi_{\mathrm{ps}}^{lm}\,|\,\Psi_{\mathrm{ps}}^{lm}\rangle} \tag{3.274}$$

式(3.274)表明，可以在构建模守恒赝势 V_{ps}^{l} 的同时得到 KB 非局域赝势形式(因为可以同时得到 $|\,\Psi_{\mathrm{ps}}^{lm}\rangle$ 与 $\Delta V_{\mathrm{ps}}^{l}$)。不难看到，新引入的 χ_{ps}^{lm} 满足

$$\chi_{\mathrm{ps}}^{lm}(\boldsymbol{r})=\left[\varepsilon_l-\left(-\frac{1}{2}\nabla^2+V_{\mathrm{ps}}^{\mathrm{loc}}(r)\right)\right]\Psi_{\mathrm{ps}}^{lm}(\boldsymbol{r}) \tag{3.275}$$

显然，χ_{ps}^{lm} 只在 $\boldsymbol{r}_{\mathrm{c}}$ 内不为零，因此是一个局域函数。而赝势波函数满足：

$$\left(-\frac{1}{2}\nabla^2+V_{\mathrm{ps}}^{\mathrm{loc}}(r)+\delta V_{\mathrm{ps}}^{l}\right)\Psi_{\mathrm{ps}}^{lm}(\boldsymbol{r})=\varepsilon_l\Psi_{\mathrm{ps}}^{lm}(\boldsymbol{r}) \tag{3.276}$$

KB 非局域赝势形式的重要性还在于它开启了赝势构建新方法的通道。如式(3.274)所示，δV_{NL} 的形式与 OPW 方法中的 $\hat{V}_{\mathrm{PK}}$(见式(3.239))非常相似。这表明赝势可以表示为投影算符，而不是必须采用 3.3.3 节一开始介绍的半局域形式。在 KB 方法中，对于给定的 l，$\delta V_{\mathrm{NL}}^{l}$ 只展为一项投影算符。如果将其扩展为多项投影算符的线性组合又会有哪些效果呢?Blöch 和 Vanderbilt 各自独立地研究了这个问题[79,80]，并由此为赝势家族增添了超软赝势和投影缀加平面波两大类成员。这两类赝势也被广泛地应用于当前流行的电子结构计算软件中。

3.3.4　超软赝势

3.3.2 节中引入了模守恒条件，用以保证所生成的赝势可以适用于不同环境。但是这个限制条件在特定情况下会影响计算效率。考虑第二行元素的 $2p$ 轨道（如 O_{2p}）或者第三行过渡金属元素的 $3d$ 轨道（如 Cu_{3d}）等。因为原子径向波函数的节点数为 $n-l-1$，所以这两类价电子轨道没有节点。如果保持模守恒条件，可以预见赝波函数 Ψ_{ps}^{l} 与全电子波函数 Ψ_{ae}^{l} 形状相似。因此在平面波计算方法中，仍然需要数目较大的平面波展开这类赝波函数，从而降低计算效率。为了解决这个问题，Vanderbilt 提出，可以取消模守恒条件，从而生成对应于更平滑的赝波函数 Ψ_{ps}^{l} 的赝势，称为超软赝势(ultrasoft pseudopotential，USPP)[80]。为了再次满足 3.3.2 节中提出的条件(5)，USPP 需要计入额外的补偿项。这些补偿项的引入会进一步引起体系总能以及原子受力的表达式的变化。初看上去这样会增加而非减小计算量。但是实际上补偿项只需要在构建赝势时计算一次即可，而在后续计算中固定不变，且能量和力的附加项可以与正常项同时求解，因此利用 USPP 可以有效降低哈密顿矩阵的维数，从而提高计算效率。下面给出具体介绍。

对于给定的 l 和 m，选定 s 个（通常为 1 ～ 3 个）参考能量 ε_i^{lm}，对于每一个 ε_i^{lm}，求解薛定谔方程[81]

$$\left[-\frac{1}{2}\nabla^2+V_{ae}\right]=\varepsilon_i^{lm}\Psi_{ae,i}^{lm} \tag{3.277}$$

然后按照 3.3.2 节中介绍的普遍过程构造 $\Psi_{ps,i}^{lm}$，并通过方程(3.275)计算 χ_i^{lm}：

$$|\chi_i^{lm}\rangle=\left\{\varepsilon_l-\left[-\frac{1}{2}\nabla^2+V_{ps}^{loc}(r)\right]\right\}|\Psi_{ps}^{lm}\rangle \tag{3.278}$$

至此，对于给定的(l,m)，我们得到了两类赝波函数：$\{\Psi_{ps,i}^{lm}\}$ 和 $\{\chi_i^{lm}\}$。由此可以构建矩阵 $\boldsymbol{B}_{ij}^{lm}$：

$$\boldsymbol{B}_{ij}^{lm}=\langle\Psi_{ps,i}^{lm}|\chi_j^{lm}\rangle \tag{3.279}$$

这是一个 $s\times s$ 矩阵。因为 $|\Psi_{ps,i}^{lm}\rangle$ 和 $|\chi_{ps,i}^{lm}\rangle$ 总是选取同样的 m，所以 $\boldsymbol{B}_{ij}^{lm}$ 上标中的 m 可以省略[53]。但是为了简化公式，在此仍然将其保留。通过 $\boldsymbol{B}_{ij}^{lm}$，可以定义新的局域波函数

$$|\beta_i^{lm}\rangle=\sum_j(\boldsymbol{B}^{lm})_{ji}^{-1}|\chi_j^{lm}\rangle \tag{3.280}$$

此外，还可以定义一个补偿量 Q_{ij}^{lm}：

$$Q_{ij}^{lm}=\langle\Psi_{ae,i}^{lm}|\Psi_{ae,i}^{lm}\rangle_{R_C}-\langle\Psi_{ps,i}^{lm}|\Psi_{ps,i}^{lm}\rangle_{R_C} \tag{3.281}$$

式中：$\langle\cdots\rangle_{R_C}$ 代表积分在半径为 R_C 的球体内进行。Vanderbilt 在文献[80]中证明，若 $Q_{ij}^{lm}=0$，则矩阵 $\boldsymbol{B}^{lm}$ 是厄米特矩阵，可将赝势的非局域形式写为

$$\delta V_{NL}^{l}=\sum_{m=-l}^{l}\sum_{ij}\boldsymbol{B}_{ij}^{lm}|\beta_i^{lm}\rangle\langle\beta_j^{lm}| \tag{3.282}$$

对比式(3.282)与KB非局域赝势形式的方程式(3.274)，可以看到这正是KB形式的推广，因为式(3.282)同样将赝势的非局域部分 δV_{NL} 写为投影算符。与KB非局域赝势不同的是，δV_{NL} 在这里被表示为 s 个投影算符的线性组合。

但是 Q_{ij}^{lm} 并非必须为零不可。若 $Q_{ij}^{lm} \neq 0$，则对薛定谔方程的求解由本征值问题转化为广义本征值问题。由此，需要定义交叠算符

$$\hat{S} = \boldsymbol{I} + \sum_{lm}\sum_{ij} Q_{ij}^{lm} \mid \beta_i^{lm} \rangle \langle \beta_j^{lm} \mid \tag{3.283}$$

不难证明，交叠算符 $\hat{S}$ 具有以下性质：

$$\langle \Psi_{\mathrm{ps},i}^{lm} \mid \hat{S} \mid \Psi_{\mathrm{ps},i}^{lm} \rangle_{R_C} = \langle \Psi_{\mathrm{ac},i}^{lm} \mid \Psi_{\mathrm{ac},i}^{lm} \rangle_{R_C} \tag{3.284}$$

此外，定义算符 D_{ij}^{lm} 为

$$D_{ij}^{lm} = B_{ij}^{lm} + \varepsilon_j Q_{ij}^{lm} \tag{3.285}$$

并借此定义超软赝势的非局域形式为

$$\delta V_{\mathrm{NL}}^{\mathrm{US}} = \sum_{lm}\sum_{ij} D_{ij}^{lm} \mid \beta_i^{lm} \rangle \langle \beta_j^{lm} \mid \tag{3.286}$$

由式(3.278)至式(3.286)可得，赝波函数 $\Psi_{\mathrm{ps},i}^{lm}$ 满足

$$\left(-\frac{1}{2}\boldsymbol{\nabla}^2 + V_{\mathrm{ps}}^{\mathrm{loc}} + \delta V_{\mathrm{NL}}^{\mathrm{US}} - \varepsilon_i \hat{S}\right) \mid \Psi_{\mathrm{ps},i}^{lm} \rangle = 0 \tag{3.287}$$

将模守恒条件 $Q_{ij}^{lm} = 0$ 取消，意味着赝波函数的限制条件只有“在芯区半径 $\boldsymbol{r}_c$ 终点处及以外与全电子波函数一致”。这种宽松的条件使得超软赝势可以选取非常大的 r_c，从而有效改善芯区内的波函数的平滑度，这无疑会提高对元素周期表中第二行元素及第三行过渡金属元素的计算效率。

另一方面，在具体的计算中，因为模守恒条件被取消，所以价电子密度“缺失”的部分需要用 Q_{ij}^{lm} 来补偿，即

$$\rho_{\mathrm{v}}(\boldsymbol{r}) = \sum_{n}^{\mathrm{occ}} \varphi_n^*(\boldsymbol{r})\varphi_n(\boldsymbol{r}) + \sum_{lm}\sum_{ij} \rho_{ij}^{lm} Q_{ij}^{lm}(\boldsymbol{r}) \tag{3.288}$$

式中

$$\rho_{ij}^{lm} = \sum_{n}^{\mathrm{occ}} \langle \varphi_n \mid \beta_j^{lm} \rangle \langle \beta_i^{lm} \mid \varphi_n \rangle \tag{3.289}$$

$$Q_{ij}^{lm}(\boldsymbol{r}) = \Psi_{\mathrm{ae},i}^{lm*}(\boldsymbol{r})\Psi_{\mathrm{ae},j}^{lm}(\boldsymbol{r}) - \Psi_{\mathrm{ps},i}^{lm*}(\boldsymbol{r})\Psi_{\mathrm{ps},j}^{lm}(\boldsymbol{r}) \tag{3.290}$$

方程(3.288)中的 φ_n 满足广义正交性条件

$$\langle \varphi_m \mid \hat{S} \mid \varphi_n \rangle = \delta_{mn} \tag{3.291}$$

而体系的总能为

$$\begin{aligned} E_{\mathrm{tot}} = & \sum_{n=1}^{\mathrm{occ}} \langle \varphi_n \mid \left(-\frac{1}{2}\boldsymbol{\nabla}^2 + V_{\mathrm{ps}}^{\mathrm{loc}} + \sum_{lm}\sum_{ij} D_{ij}^{lm} \mid \beta_i^{lm} \rangle \langle \beta_i^{lm} \mid \right) \mid \varphi_n \rangle \\ & + E_{\mathrm{H}} \mid \rho_{\mathrm{v}} \mid + E_{\mathrm{xc}} \mid \rho_{\mathrm{v}} \mid + E_{\mathrm{II}} \end{aligned} \tag{3.292}$$

在广义正交性条件(3.291)下求 E_{tot} 的变分极值，所得的结果即为式(3.288)至式(3.292)中出现的本征波函数 φ_n。

为了简化最后的久期方程，引入所谓“未屏蔽”的离子势 $\widetilde{V}_{\mathrm{ps}}^{\mathrm{loc}}$ 和 $\widetilde{D}_{ij}^{lm}$，即

$$\widetilde{V}_{\mathrm{ps}}^{\mathrm{loc}}(\boldsymbol{r}) = V_{\mathrm{ps}}^{\mathrm{loc}} + V_{\mathrm{H}}(\boldsymbol{r}) + V_{\mathrm{xc}}(\boldsymbol{r}) \tag{3.293}$$

$$\widetilde{D}_{ij}^{lm} = D_{ij}^{lm} + \int \mathrm{d}\boldsymbol{r}[V_{\mathrm{H}}(\boldsymbol{r}) + V_{\mathrm{xc}}(\boldsymbol{r})]Q_{ij}^{lm}(\boldsymbol{r}) \tag{3.294}$$

由此，可以将利用超软赝势的久期方程写为

$$\left\{-\frac{1}{2}\nabla^2 + \sum_{l}\left[\widetilde{V}_{\mathrm{ps}}^{\mathrm{loc}}(\boldsymbol{r}-\boldsymbol{R}_{\mathrm{I}}) + \delta\widetilde{V}_{\mathrm{NL}}^{\mathrm{US}}(\boldsymbol{r}-\boldsymbol{R}_{\mathrm{I}})\right]\right\} \mid \varphi_n\rangle = 0 \tag{3.295}$$

式中：$\delta\widetilde{V}_{\mathrm{NL}}^{\mathrm{US}}$ 由方程(3.286)给出，只是需要将式中的 D_{ij}^{lm} 替换为 $\widetilde{D}_{ij}^{lm}$。

近年来，Blöch 提出的投影缀加平面波(projector augmented-wave，PAW)方法[82]引起了越来越多的关注。与传统的赝势方法相比，PAW 方法最大的优点是可以重新构建出因为赝势化而丢失的芯区电子的信息，而其构建过程并不比 USPP 的构建过程复杂。事实上，USPP 方程与 PAW 方程有着类似的推导过程。Kresse 与 Joubert 给出了二者之间联系的详细证明[83]。因为篇幅所限，我们在这里不展开讨论。

3.4　平面波-赝势方法

在 3.3 节中我们详细介绍了 Kohn-Sham 方程，但是距离 Kohn-Sham 方程的具体求解还较远。一般说来，可以选择三类基函数来展开波函数。第一类是平面波，在空间中没有固定的参考点。第二类是局域波函数，例如原子轨道或者高斯基等。第三类则是混合基组，即将平面波“缀加”于局域波函数作为基函数。选取不同的基函数，则相应的 Kohn-Sham 方程形式、哈密顿矩阵元表达式及总能的表达式会有非常大的区别。本节中我们选取平面波-赝势框架下 Kohn-Sham 方程具体求解过程为例，对第一性原理计算程序的若干要点进行详细介绍。

3.4.1　布里渊区积分——特殊 $\boldsymbol{k}$ 点

在各种周期性边界条件的第一性原理计算方法中，需要涉及在布里渊区的积分问题，例如总能、电荷密度分布，以及金属体系中费米面的确定等等。为了提高计算效率，需要寻找一种高效的积分方法，可以通过较少的 $\boldsymbol{k}$ 点运算取得较高的精度。这些 $\boldsymbol{k}$ 点称为平均值点或者特殊点，而这种方法就称为特殊 $\boldsymbol{k}$ 点法。

3.4.1.1　特殊 $\boldsymbol{k}$ 点法基本思想

Chadi 和 Cohen 最早提出了这种特殊 $\boldsymbol{k}$ 点法的数学基础[84]。考虑一个光滑周期性函数 $g(\boldsymbol{k})$，周期为 $\boldsymbol{G}$，可以将其展开为如下傅里叶级数：

$$g(\boldsymbol{k}) = g_0 + \sum_{m=1} g_m \mathrm{e}^{\mathrm{i}\boldsymbol{k}\cdot\boldsymbol{R}_m} \tag{3.296}$$

式中：$\boldsymbol{R}_m$ 是与倒格矢 $\boldsymbol{G}$ 相应的晶体格子，其对称性用对称点群 G 来描述。假设另有一个拥有体系全部对称性的函数 $f(\boldsymbol{k})$ 满足条件

$$f(T\boldsymbol{k})=f(\boldsymbol{k}),\quad \forall T\in G$$

则可以将 $f(\boldsymbol{k})$ 用 $g(\boldsymbol{k})$ 展开为

$$f(\boldsymbol{k})=\frac{1}{n_G}\sum_i g(T_i\boldsymbol{k})=g_0+\sum_{m=1}^{\infty}\sum_i \frac{1}{n_G}g_m \mathrm{e}^{\mathrm{i}T_i\boldsymbol{k}\cdot\boldsymbol{R}_m} \tag{3.297}$$

式中：n_G 是点群 G 的阶数。设 $g_0=f_0$，将式(3.297)的求和顺序重新调整可以得到

$$f(\boldsymbol{k})=f_0+\sum_{m=1}\frac{g_m}{n_G}\sum_{T_i\in G}\mathrm{e}^{\mathrm{i}\boldsymbol{k}T_i^{-1}\cdot\boldsymbol{R}_m}=f_0+\sum_{m-1}f_m\sum_{|\boldsymbol{R}|=C_m}\mathrm{e}^{\mathrm{i}\boldsymbol{k}\cdot\boldsymbol{R}}=f_0+\sum_{m=1}f_m A_m(\boldsymbol{k}) \tag{3.298}$$

式中：C_m 是距离原点第 m 近邻的球半径，按升序排列，$C_m\leqslant C_{m+1}$。注意限制条件 $C_m\leqslant|R|\leqslant C_{m+1}$ 具有球对称性，也即高于 G 的对称性，所以满足限制条件的格点集合 $\{\boldsymbol{R}\}$ 并不一定可以通过 G 中的操作联系起来。方程(3.298)中的函数 A_m 满足下列条件：

$$\begin{cases}\dfrac{\Omega}{(2\pi)^3}\displaystyle\int_{\mathrm{BZ}}A_m(\boldsymbol{k})\mathrm{d}\boldsymbol{k}=0, & \forall(m>0,m\in\mathbf{Z})\\ \dfrac{\Omega}{(2\pi)^3}\displaystyle\int_{\mathrm{BZ}}A_m(\boldsymbol{k})A_n(\boldsymbol{k})\mathrm{d}\boldsymbol{k}=N_n\delta_{nm} & \\ A_m(\boldsymbol{k}+\boldsymbol{G})=A_m(\boldsymbol{k}) & \\ A_m(T_i\boldsymbol{k})=A_m(\boldsymbol{k}) & \\ A_m(\boldsymbol{k})A_n(\boldsymbol{k})=\displaystyle\sum_j a(j,m,n)A_j(\boldsymbol{k}) & \end{cases} \tag{3.299}$$

式中：$\boldsymbol{G}$ 是倒格矢；N_n 是满足条件 $|\boldsymbol{R}|=C_n$ 的格点数。后四个方程分别表明函数 $A_m(\boldsymbol{k})$ 在第一布里渊区内的正交性、周期性、体系对称性和完备性，第一个方程则给出了 $A_m(\boldsymbol{k})$ 的要求。对特殊 $\boldsymbol{k}$ 点法而言，前两个方程更为重要。

注意到上面公式中的求和 m 从 1 开始，因此需要对 $m=0$ 的情况进行单独定义。定义 $A_0(\boldsymbol{k})=1$，则函数 $f(\boldsymbol{k})$ 的平均值为

$$\bar{f}=\frac{\Omega}{(2\pi)^3}\int_{\mathrm{BZ}}f(\boldsymbol{k})\mathrm{d}\boldsymbol{k}=f_0 \tag{3.300}$$

由方程(3.298)可知，如果存在 $\boldsymbol{k}_0$，满足

$$A_m(\boldsymbol{k}_0)=0,\quad \forall(m>0,m\in\mathbf{Z}) \tag{3.301}$$

那么立刻可以得到 $\bar{f}=f_0=f(\boldsymbol{k}_0)$，这样的 $\boldsymbol{k}_0$ 点即为平均值点。但是满足上述条件的 $\boldsymbol{k}$ 点并不是普遍存在的，所以需要构建满足一定条件的集合 $\{\boldsymbol{k}\}$，利用这些点上函数值的加权平均计算 f_0。也即

$$\begin{cases}\displaystyle\sum_{i=1}^{n}\alpha_i A_m(\boldsymbol{k}_i)=0, & m=1,2,\cdots,N\\ \displaystyle\sum_i\alpha_i=1 & \end{cases} \tag{3.302}$$

式中 N 可以取有限值。

利用方程(3.298)，可以得到

$$\sum_{i=1}^{n}\alpha_i f(\boldsymbol{k}_i) = f_0\sum_{i=1}^{n}\alpha_i + \sum_{m=1}^{N} f_m \sum_{i=1}^{n}\alpha_i A_m(\boldsymbol{k}_i) + \sum_{m=N+1}^{\infty}\alpha_i A_m(\boldsymbol{k}_i) f_m \tag{3.303}$$

根据方程(3.303)，有

$$f_0 = \sum_{i=1}^{n} f(\boldsymbol{k}_i) - \sum_{m=N+1}^{\infty}\sum_{i=1}^{n}\alpha_i A_m(\boldsymbol{k}_i) f_m \tag{3.304}$$

考虑到 f_m 随 m 的增大迅速减小的性质，可以近似地得到 $f(\boldsymbol{k})$ 的平均值，即

$$f(\boldsymbol{k}) \approx f_0 = \sum_{i=1}^{n}\alpha_i f(\boldsymbol{k}_i) \tag{3.305}$$

而将方程(3.304)的第二项作为可控误差。因此，如果可以找到一组 $\boldsymbol{k}$ 点，使得集合中的 $\boldsymbol{k}$ 点尽量少，而且这些 $\boldsymbol{k}$ 点在 N 尽量大的情况下满足方程(3.303)，则我们进行布里渊区积分的时候可以尽可能快地得到精度较高的结果。这正是特殊 $\boldsymbol{k}$ 点法的要点所在。反过来讲，这也表明进行具体计算的时候我们需要对计算精度进行测试，也即保证所取 $\boldsymbol{k}$ 点使得式(3.304)右端第二项足够小。

3.4.1.2　Chadi-Cohen 方法

在 3.4.1.1 节我们讨论了 $\boldsymbol{k}$ 点的可行性。Chadi 和 Cohen 提出了一套可以得出这些特殊 $\boldsymbol{k}$ 点的方法[84]。首先找出两个特殊 $\boldsymbol{k}$ 点——$\boldsymbol{k}_1$、$\boldsymbol{k}_2$，二者分别在$\{N_1\}$和$\{N_2\}$的情况下满足

$$A_m(\boldsymbol{k}) = 0$$

然后通过这两个 $\boldsymbol{k}$ 点构造新的 $\boldsymbol{k}$ 点集合：

$$\boldsymbol{k}_i = \boldsymbol{k}_1 + T_i\boldsymbol{k}_2$$

且权重为 $\alpha_i = \dfrac{1}{n_G}$。下面证明 $\boldsymbol{k}_i$ 在$\{N_1\}\cup\{N_2\}$的情况下仍然满足方程(3.303)。

根据 $\boldsymbol{k}_1$ 和 $\boldsymbol{k}_2$ 的定义可知，对于 $m\in\{N_1\}$ 和 $m\in\{N_2\}$，有

$$A_m(\boldsymbol{k}_1)A_m(\boldsymbol{k}_2) = 0$$

即

$$\Big(\sum_{|\boldsymbol{R}|=C_m}\mathrm{e}^{\mathrm{i}\boldsymbol{k}_1\cdot\boldsymbol{R}}\Big)\Big(\sum_{|\boldsymbol{R}|=C_m}\mathrm{e}^{\mathrm{i}\boldsymbol{k}_2\cdot\boldsymbol{R}}\Big) = 0 \tag{3.306}$$

由式(3.306)可进行如下推导：

$$\Big(\sum_{|\boldsymbol{R}|=C_m}\mathrm{e}^{\mathrm{i}\boldsymbol{k}_1\cdot\boldsymbol{R}}\Big)\Big(\sum_{i}\mathrm{e}^{\mathrm{i}\boldsymbol{k}_2\cdot T_i\boldsymbol{R}}\Big) = \Big(\sum_{|\boldsymbol{R}|=C_m}\mathrm{e}^{\mathrm{i}\boldsymbol{k}_1\cdot\boldsymbol{R}}\Big)\Big(\sum_{l}\mathrm{e}^{\mathrm{i}T_l\boldsymbol{k}_2\cdot\boldsymbol{R}}\Big) = \sum_{l}\sum_{|\boldsymbol{R}|=C_m}\mathrm{e}^{\mathrm{i}(\boldsymbol{k}_1+T_l\boldsymbol{k}_2)\cdot\boldsymbol{R}} = 0$$

$$\Rightarrow \sum_{l}A_m(\boldsymbol{k}_1 + T_l\boldsymbol{k}_2) = 0$$

$$\Rightarrow \sum_{l}A_m(\boldsymbol{k}_l) = 0$$

因此可以用这种方法产生一系列 $\boldsymbol{k}$ 点，用于计算布里渊区内的积分。如果此时的精度不够，则利用同样的方法继续生成新的 $\boldsymbol{k}$ 点集合，从而改进精度，即

$$\boldsymbol{k}_{ii} = \boldsymbol{k}_i + T_i\boldsymbol{k}_3$$

式中：$\boldsymbol{k}_3$ 为在 $m\in\{N_3\}$ 情况下满足 $A_m(\boldsymbol{k}) = 0$ 的特殊 $\boldsymbol{k}$ 点。

事实上，如果考虑体系的对称性，则$\{\boldsymbol{k}\}$中的$\boldsymbol{k}$点数目可以极大地减少。即对于给定的点$\boldsymbol{k}_i$，可以找出其波矢群$\{\boldsymbol{k}_i^*\}$，阶数为n_i，那么实际上按上述方法构造出来的$\boldsymbol{k}_i$只有n_G/n_i个，此时各点上的权重为$\alpha_i = 1/n_i$。这意味着通过点群G的全部对称操作(含倒格矢平移)将全部的$\boldsymbol{k}_i$点转入第一布里渊区的不可约部分。$\boldsymbol{k}_i$点的波矢群阶数n_G/n_i即为全部对称操作后在第一布里渊区不可约部分中占有同样位置的$\boldsymbol{k}_i$点的个数。考虑权重的归一化，$\boldsymbol{k}_i$的权重为

$$\omega_{\boldsymbol{k}_i} = \frac{n_i}{\sum_j n_j} \tag{3.307}$$

或者

$$\omega_{\boldsymbol{k}_i} = \frac{\alpha_i}{\sum_j \alpha_j} \tag{3.308}$$

3.4.1.3 Monkhorst-Pack 方法

上述Chadi-Cohen方法非常巧妙，但是在具体应用时必须首先确定2～3个性能比较好的$\boldsymbol{k}$点，由此构建出的$\boldsymbol{k}$点集合才拥有比较高的效率和精度。因此，对于每一个具体问题，在计算之前都必须经过相当的对称性上的分析。对编写程序而言，这是一件很麻烦的事情。Monkhorst 和 Pack 提出了一种简单的产生$\boldsymbol{k}$点网格的方法，同时又满足方程(3.303)，这就是通常所说的 Monkhorst-Pack 方法[85]。

晶体中的格点$\boldsymbol{R}$总可以表示为$\boldsymbol{R} = R_1\boldsymbol{a}_1 + R_2\boldsymbol{a}_2 + R_3\boldsymbol{a}_3$，其中$\boldsymbol{a}_i$是实空间三个方向上的基矢。Monkhorst 和 Pack 建议按如下方法划分布里渊区：

$$u_r = (2r - q + 1)/2q, \quad 1 \leqslant r \leqslant q \tag{3.309}$$

将$\boldsymbol{k}$点写为分量形式，则可得到如下表达式

$$\boldsymbol{k}_{prs} = u_p\boldsymbol{b}_1 + u_r\boldsymbol{b}_2 + u_s\boldsymbol{b}_3 \tag{3.310}$$

式中：$\boldsymbol{b}_i$是倒空间的基矢。与Chadi-Cohen方法相似，Monkhorst-Pack方法定义函数A_m为

$$\begin{cases} A_m(\boldsymbol{k}) = \dfrac{1}{\sqrt{N_m}} \sum\limits_{|\boldsymbol{R}|=C_m} \mathrm{e}^{\mathrm{i}\boldsymbol{k}\cdot\boldsymbol{R}}, & m > 1 \\ A_1(\boldsymbol{k}) = 1 \end{cases} \tag{3.311}$$

则相应于Chadi-Cohen方法中的$\dfrac{\Omega}{(2\pi)^3}\int_{\mathrm{BZ}} A_m(\boldsymbol{k})A_n(\boldsymbol{k})\mathrm{d}\boldsymbol{k}$，可以计算方程(3.309)所生成的离散化网格点上相同的量：

$$S_{mn}(q) = \frac{1}{q^3}\sum_{p,r,s=1}^{q} A_m(\boldsymbol{k}_{prs})A_n(\boldsymbol{k}_{prs}) = \frac{1}{\sqrt{N_m N_n}}\sum_{a=1}^{N_m}\sum_{b=1}^{N_n}\prod_{j=1}^{3} W_j^{ab}(q) \tag{3.312}$$

式中

$$W_j^{ab}(q) = \frac{1}{q}\sum_{r=1}^{q} \mathrm{e}^{\mathrm{i}\pi(2r-q+1)/q(\boldsymbol{R}_j^b - \boldsymbol{R}_j^a)} \tag{3.313}$$

注意到 $\boldsymbol{R}_j^a$ 和 $\boldsymbol{R}_j^b(j=1,2,3)$ 都是整数，因此可以算出

$$W_j^{ab}(q)=\begin{cases}1, & |\boldsymbol{R}_j^b-\boldsymbol{R}_j^a|=0,2q,4q,\cdots \\ (-1)^{q+1}, & |\boldsymbol{R}_j^b-\boldsymbol{R}_j^a|=q,3q,5q,\cdots \\ 0, & \text{其他}\end{cases} \tag{3.314}$$

其中第三种情况是因为 $W_j^{ab}(q)$ 是奇函数。引入限制条件

$$\begin{cases}|\boldsymbol{R}_j^a|<q/2 \\ |\boldsymbol{R}_j^b|<q/2\end{cases} \tag{3.315}$$

则可得

$$S_{mn}(q)=\delta_{mn}$$

也即在满足方程上述限制条件的前提下，A_m 在 $\boldsymbol{k}$ 点网格上是正交的。与 Chadi-Cohen 方法类似，将函数 $f(\boldsymbol{k})$ 用 A_m 展开，有

$$f(\boldsymbol{k})=\sum_{m=1}f_m A_m(\boldsymbol{k}) \tag{3.316}$$

同时左乘 $A_m^*(\boldsymbol{k})$ 并在布里渊区内积分，可得

$$f_m=\frac{\Omega}{(2\pi)^3}\int_{\mathrm{BZ}}A_m^*(\boldsymbol{k})f(\boldsymbol{k})\mathrm{d}\boldsymbol{k} \tag{3.317}$$

因为 $A_1(\boldsymbol{k})=1$，所以由方程(3.317)可得

$$f=\int_{\mathrm{BZ}}f(\boldsymbol{k})\mathrm{d}\boldsymbol{k}=\frac{8\pi^3}{\Omega}f_1 \tag{3.318}$$

忽略前面的常数因子，可以看到 Monkhorst-Pack 方法中的表达式与 Chadi-Cohen 方法中的完全一样。

方程(3.317)虽然表明函数 $f(k)$ 的积分值可以用 f_1 准确地给出，但是我们无法得到 f_1 的精确值。因此仍然需要用上述 $\boldsymbol{k}$ 点网格得到 f_1，以及更普遍的 f_m 的近似值 $\tilde{f}_m$：

$$\tilde{f}_m=\frac{1}{q^3}\sum_{j=1}^{q^3}\omega_j f(\boldsymbol{k}_j)A_m^*(\boldsymbol{k}_j) \tag{3.319}$$

相应地，函数 $f(\boldsymbol{k})$ 的近似值 $\tilde{f}(\boldsymbol{k})$ 可表示为

$$\tilde{f}(\boldsymbol{k})=\sum_{m=1}\tilde{f}_m A_m(\boldsymbol{k}) \tag{3.320}$$

将恒等式[86]

$$\frac{1}{(2\pi)^3}\int_{\mathrm{BZ}}f(\boldsymbol{k})=\lim_{V\to\infty}\frac{1}{V}\sum_j f(\boldsymbol{k}_j)$$

与方程(3.319)比较可得 $\omega_j\equiv1(V=q^3\Omega)$。需要指出的是，由方程(3.299)可知，$A_m(\boldsymbol{k})$ 并不是归一化的基函数。这一点也可以通过检验 $\int_{\mathrm{BZ}}A_1^*A_1\mathrm{d}\boldsymbol{k}$ 看到。写出普遍公式为

$$\int_{\mathrm{BZ}}A_m^*A_n\mathrm{d}\boldsymbol{k}=\frac{8\pi^3}{\Omega}\delta_{mn} \tag{3.321}$$

利用这种 $\boldsymbol{k}$ 点网格近似布里渊区积分所产生的误差可计算如下：

$$
\begin{aligned}
\varepsilon_{BZ} &= \int_{BZ} \mathrm{d}\boldsymbol{k}[f(\boldsymbol{k}) - \widetilde{f}(\boldsymbol{k})] \\
&= \int_{BZ} \mathrm{d}\boldsymbol{k}\left[\sum_{m=1} f_m A_m(\boldsymbol{k}) - \sum_{m=1} \frac{1}{q^3}\sum_{j=1}^{q^3} f(\boldsymbol{k}_j)A_m^*(\boldsymbol{k}_j)A_m(\boldsymbol{k}_j)\right]A_1^* \\
&= \frac{8\pi^3}{\Omega}f_1 - \frac{8\pi^3}{\Omega}\delta_{m1}\sum_{m=1}\frac{1}{q^3}\sum_{j=1}^{q^3}\sum_{m'=1} f_{m'}A_{m'}(\boldsymbol{k}_j)A_m^*(\boldsymbol{k}_j) \\
&= \frac{8\pi^3}{\Omega}f_1 - \frac{8\pi^3}{\Omega}\sum_{j=1}\frac{1}{q^3}f_1A_1(\boldsymbol{k}_j)A_1^*(\boldsymbol{k}_j) - \frac{8\pi^3}{\Omega}\sum_{j=1}^{q^3}\frac{1}{q^3}\sum_{m>1} f_m A_m(\boldsymbol{k}_j)A_1^*(\boldsymbol{k}_j) \\
&= \frac{8\pi^3}{\Omega}f_1 - \frac{8\pi^3}{\Omega}f_1 - \frac{8\pi^3}{\Omega}\sum_{m>1} f_m S_{m1}(q) = -\frac{8\pi^2}{\Omega}\sum_{m>1} f_m\sqrt{N_m}S_{m1}(q)
\end{aligned}
\tag{3.322}
$$

式中

$$
S_{m1}(q) = \begin{cases} (-1)^{(q+1)(R_1+R_2+R_3)/q}, & R_j = nq, j = 1,2,3, n \in \mathbf{Z} \\ 0, & \text{其他} \end{cases} \tag{3.323}
$$

注意，这个定义与方程(3.312)有所不同。因为 $n=1$，在同一个壳层 m 中，所有不为零的 W 相等，所以求和号等价于因子 N_m，与方程(3.312)中的系数 $N_m^{-1/2}$ 相消，则可以给出误差 ε_{BZ} 中的最后结果。与在 Chadi-Cohen 方法中一样，$f(\boldsymbol{k})$ 在第一布里渊区的平均值可以用 f_1 近似(在 Chadi-Cohen 方法中是 f_0)。而且误差可控，即可以通过增加 $\boldsymbol{k}$ 点密度 q 的方法提高精度。这是因为 q 增大，根据上面所述 $S_{m1}(q)$ 的取值可知，在 R_j 更大的时候仍能保证方程(3.303)成立。

但是根据方程(3.319)可知，$\widetilde{f}_1$ 的计算量与 q^3 成正比。如果 q 值取得比较大，那么所需计算的 $\boldsymbol{k}$ 点数目就会非常大，如何提高 Monkhorst-Pack 方法的效率呢？考虑到体系的对称性，则 $\boldsymbol{k}$ 点的数目会大大减少。重新写出 f_1 如下：

$$
f_1 = \frac{1}{q^3}\sum_{j=1}^{P(q)} \omega_j f(\boldsymbol{k}_j) \tag{3.324}
$$

式中：ω_j 为体系所属点群阶数与 $\boldsymbol{k}_j$ 点的波矢群阶数的比值，$\omega_j = n_G/n_j$；$P(q)$ 是对所有 $\boldsymbol{k}$ 点进行对称及平移操作后第一布里渊区中所有不重合的 $\boldsymbol{k}$ 点数目。因为处于高对称位置上的 $\boldsymbol{k}$ 点的波矢群阶数也比较高，因此相应地这些高对称 $\boldsymbol{k}$ 点的权重就比较小。这也是运用特殊 $\boldsymbol{k}$ 点法时应尽量避开高对称点的原因所在。与 Chadi-Cohen 方法一样，$P(q)$ 的大小是 Monkhorst-Pack 方法效率高低的重要标志。文献[85]中给出了 BCC 和 FCC 两种格子中的 $P(q)$：

对于 BCC 格子，

$$
P(q) = \begin{cases} q(q+4)(q+8)/192, & \mathrm{mod}(q/2) = 0 \\ (q+2)(q+4)(q+6)/192, & \mathrm{mod}(q/2) \neq 0 \end{cases} \tag{3.325}
$$

对于 FCC 格子，

$$
P(q) = \begin{cases} q(q+2)(q+4)/96, & \mathrm{mod}(q/2) = 0 \\ (q+2)(q^2+4q+2), & \mathrm{mod}(q/2) \neq 0 \end{cases} \tag{3.326}
$$

可以看出，即使对于较大的 q 值，$P(q)$ 也是比较小的，因此 Monkhorst-Pack 方法效率是比较高的。

需要注意，运用 Monkhorst-Pack 方法的关键是将三维空间的问题转化为三个独立的一维问题。因此，对于六角格子或者单斜格子，基矢之间不正交，上述 Monkhorst-Pack 方法并不适用，而必须加以修改[87]。以六角格子为例，Pack 指出 $\boldsymbol{k}$ 点网格应按下述方法生成[88]：

$$u_p = u_r = (p-1)/q_a, \quad p, r \in [1, q_a] \tag{3.327}$$

$$u_s = (2s - q_c - 1)/2q_c, \quad s \in [1, q_c] \tag{3.328}$$

即 a 轴和 c 轴分别设置。相应地，$P(q)$ 的大小可计算如下：

$$P_a(q_a) = (\alpha+1)(3\alpha+\beta) + \delta_{\beta 0}, \quad \beta = \mathrm{mod}\,(q_a/6), \quad \alpha = (q_a - \beta)/6$$

$$P_c(q_c) = \begin{cases} q_c/2, & q_c/2 = 0 \\ (q_c+1)/2, & q_c/2 \neq 0 \end{cases}$$

因此，对于六方系，生成 $\boldsymbol{k}$ 点时偏移量应设为零，即总有一个 $\boldsymbol{k}$ 点占据 Γ 点的位置。

需要指出，以上讨论中所有对称性均指纯旋转操作对称性，即点群对称性。因此，对于属于同一种晶系而所属的空间群不同的两种体系，其操作可能并不一致。

3.4.1.4 Chadi-Cohen 方法的实例

1. $\boldsymbol{k}$ 点集合的生成

Cunningham[89] 对于二维情况依照 Chadi-Cohen 方法分别生成了 $\boldsymbol{k}$ 点集合。我们选择长方格子和正方格子分两种情况进行具体的分析。

1）长方格子

实空间和倒空间的基矢及格点坐标分别为

$$\boldsymbol{a}_1 = a(1,0), \quad \boldsymbol{a}_2 = a(0,\beta)\beta < 1, \quad \boldsymbol{R} = a(l, n\beta)$$

$$\boldsymbol{b}_1 = (2\pi/a)(1,0), \quad \boldsymbol{b}_2 = (2\pi/a)(0,1/\beta), \quad \boldsymbol{K} = (2\pi/a)(k, n/\beta)$$

选择

$$\boldsymbol{k}_1^0 = (\pi/a)[1/2, 1/(2\beta)], \quad \boldsymbol{k}_2^0 = (\pi/a)[1/4, 1/(4\beta)]$$

前者保证 l 或 n 为奇数时 $A_m(\boldsymbol{k}) = 0$，而后者保证 $l/2$ 或 $n/2$ 为奇数时 $A_m(\boldsymbol{k}) = 0$。这个格子的对称操作为 $\{E, c_2, \sigma_v^1, \sigma_v^2\}$。按照 Chadi-Cohen 方法，可以构建 $\boldsymbol{k}_i$ 点如下：

$$\begin{cases} \boldsymbol{k}_1 = \boldsymbol{k}_1^0 + E\boldsymbol{k}_2^0 = [1/2, 1/(2\beta)] + [1/4, 1/(4\beta)] = [3/4, 3/(4\beta)] \\ \boldsymbol{k}_2 = \boldsymbol{k}_1^0 + c_2\boldsymbol{k}_2^0 = [1/2, 1/(2\beta)] + [-1/4, -1/(4\beta)] = [1/4, 1/(4\beta)] \\ \boldsymbol{k}_3 = \boldsymbol{k}_1^0 + \sigma_v^1\boldsymbol{k}_2^0 = [1/2, 1/(2\beta)] + [-1/4, 1/(4\beta)] = [1/4, 3/(4\beta)] \\ \boldsymbol{k}_4 = \boldsymbol{k}_1^0 + \sigma_v^2\boldsymbol{k}_2^0 = [1/2, 1/(2\beta)] + [1/4, -1/(4\beta)] = [3/4, 1/(4\beta)] \end{cases} \tag{3.329}$$

每个 $\boldsymbol{k}$ 点的权重 $\alpha_i = 1/4$。

2）正方格子

在上例中令 $\beta = 1$，则长方格子转变为正方格子。两种情况最主要的不同是布里渊区不可约部分有了变化。从式(3.329) 可以看出，在正方格子中 $\beta = 1$，$\boldsymbol{k}_3$ 和 $\boldsymbol{k}_4$ 重合。因此只有三个不同的 $\boldsymbol{k}$ 点，每个 $\boldsymbol{k}$ 点的权重分别为 $\alpha_1 = \alpha_2 = 1/4$，$\alpha_3 = 1/2$，而且

$\sum_{i=1}^{3}\alpha_i = 1$。

2. 利用特殊 k 点计算电荷密度

将 Blöch 函数用 Wannier 函数展开，有[90]

$$\Psi_k(\boldsymbol{r}) = \frac{1}{\sqrt{N}}\sum_m e^{i\boldsymbol{k}\cdot\boldsymbol{R}_m} a(\boldsymbol{r}-\boldsymbol{R}_m) \tag{3.330}$$

则在给定 $\boldsymbol{k}$ 点的电荷密度为

$$\rho_k(\boldsymbol{r}) = \Psi_k^*(\boldsymbol{r})\Psi_k(\boldsymbol{r}) = \frac{1}{N}\sum_{mn} e^{i\boldsymbol{k}\cdot(\boldsymbol{R}_m-\boldsymbol{R}_n)} a(\boldsymbol{r}-\boldsymbol{R}_m)a^*(\boldsymbol{r}-\boldsymbol{R}_n) \tag{3.331}$$

而

$$\rho(\boldsymbol{r}) = \int_{BZ}\rho_k(\boldsymbol{r})\mathrm{d}\boldsymbol{k} \tag{3.332}$$

重新将 $\rho_k(\boldsymbol{r})$ 写为

$$\rho_k(\boldsymbol{r}) = \frac{1}{N}\sum_m |a(\boldsymbol{r}-\boldsymbol{R}_m)^2| + \frac{1}{N}\sum_j{}'\sum_m e^{i\boldsymbol{k}\cdot\boldsymbol{R}_j} a(\boldsymbol{r}-\boldsymbol{R}_m)a^*(\boldsymbol{r}+\boldsymbol{R}_j-\boldsymbol{R}_m) \tag{3.333}$$

式中：求和号中的撇号(′)表明 $\boldsymbol{R}_j \neq \boldsymbol{0}$ 而且 $\boldsymbol{R}_j = \boldsymbol{R}_m - \boldsymbol{R}_n$。因此，考虑到对称性，$\rho_k(\boldsymbol{r})$ 又可写为

$$\begin{aligned}\rho_k(\boldsymbol{r}) &= \frac{1}{n_G}\sum_{T_i}\rho_{T_i k}(\boldsymbol{r}) \\ &= \frac{1}{Nn_G}\sum_{T_i}\sum_m |a(\boldsymbol{r}-\boldsymbol{R}_m)|^2 + \frac{1}{Nn_G}\sum_j{}'\sum_m\sum_{T_i} e^{i\boldsymbol{k}\cdot\boldsymbol{R}_j} a(\boldsymbol{r}-\boldsymbol{R}_m)a^*(\boldsymbol{r}+\boldsymbol{R}_j-\boldsymbol{R}_m)\end{aligned} \tag{3.334}$$

式(3.334)右端第一项与 T_i 和 $\boldsymbol{k}$ 无关，相当于 Chadi-Cohen 方法中的 f_0，而第二项因为是对所有的 j 求和，因此可以写成如下形式：

$$\begin{aligned}F(\boldsymbol{r}) &= \frac{1}{Nn_G}\sum_j{}' e^{i\boldsymbol{k}\cdot\boldsymbol{R}_j}\sum_m\sum_{T_l} a(\boldsymbol{r}-\boldsymbol{R}_m)a^*(\boldsymbol{r}-T_l\boldsymbol{R}_j-\boldsymbol{R}_m) \\ &= \frac{1}{Nn_G}\sum_j{}' e^{i\boldsymbol{k}\cdot\boldsymbol{R}_j}\sum_m S_m(\boldsymbol{r})\end{aligned} \tag{3.335}$$

式中：$S_m(\boldsymbol{r})$ 与 $\boldsymbol{R}_j$ 无关，且随 $|T_l\boldsymbol{R}_j-\boldsymbol{R}_m|$ 的增大而递减，相当于 f_m。因此 $\rho_k(\boldsymbol{r})$ 可写为

$$\rho_k(\boldsymbol{r}) = f_0 + \sum_m\sum_{|\boldsymbol{R}_j|=C_m} e^{i\boldsymbol{k}\cdot\boldsymbol{R}_j} f_m = f_0 + \sum_m A_m(\boldsymbol{k})f_m \tag{3.336}$$

如果存在 $\boldsymbol{k}_0$，满足 $A_m(\boldsymbol{k}_0) = 0, m = 1,2,\cdots$，则可得

$$\rho(\boldsymbol{r}) = f_0 = \frac{1}{N}\sum_m |a(\boldsymbol{r}-\boldsymbol{R}_m)^2| = \rho_{k_0}(\boldsymbol{r}) \tag{3.337}$$

但是普遍来讲，这样的 $\boldsymbol{k}_0$ 并不存在。例如，在 FCC 格子中考虑第一、二、三近邻，写出 $A_m(\boldsymbol{k})$：

$$\begin{cases}\cos k_x \cos k_y + \cos k_x \cos k_z + \cos k_y \cos k_z = 0 \\ \cos 2k_x + \cos 2k_y + \cos 2k_z = 0 \\ \cos 2k_x \cos k_y \cos k_z + \cos k_x \cos 2k_y \cos k_z + \cos k_x \cos k_y \cos 2k_z = 0\end{cases} \tag{3.338}$$

不存在单独的 $\boldsymbol{k}_0$ 点同时满足上述三个方程。因此，需要寻找一系列特殊的 $\boldsymbol{k}$ 点，满足

$$\sum_{i=1}^{n} \sum_{|\boldsymbol{R}_j|=C_m} \alpha_i \mathrm{e}^{\mathrm{i}\boldsymbol{k}\cdot\boldsymbol{R}_j} = \sum_{i=1}^{n} \alpha_i A_m(\boldsymbol{k}_i) = 0, \quad \sum_i \alpha_i = 1 \tag{3.339}$$

则 $\rho(\boldsymbol{r}) = \sum_i \alpha_i \rho_{\boldsymbol{k}_i}(\boldsymbol{r})$。

Chadi 和 Cohen[84] 采用 $\boldsymbol{k}_1 = (0.5, 0, 0)$、$\boldsymbol{k}_2 = (1.0, 0.5, 0)$ 和 $\boldsymbol{k}_3 = (0.5, 0.5, 0)$ 三个 $\boldsymbol{k}$ 点计算 $\rho(\boldsymbol{r})$ 的值：

$$\rho(\boldsymbol{r}) = \frac{1}{4}\rho_{\boldsymbol{k}_1}(\boldsymbol{r}) + \frac{1}{2}\rho_{\boldsymbol{k}_2}(\boldsymbol{r}) + \frac{1}{4}\rho_{\boldsymbol{k}_3}(\boldsymbol{r})$$

取得了较好的结果。而如果采用 $\boldsymbol{k}_1 = (0.75, 0.25, 0.25)$ 和 $\boldsymbol{k}_2 = (0.25, 0.25, 0.25)$，则可以改进计算结果：

$$\rho(\boldsymbol{r}) = \frac{3}{4}\rho_{\boldsymbol{k}_1}(\boldsymbol{r}) + \frac{1}{4}\rho_{\boldsymbol{k}_2}(\boldsymbol{r})$$

3.4.2　布里渊区积分——四面体法

除特殊 $\boldsymbol{k}$ 点法之外，四面体法也被广泛地运用在平面波-赝势软件包中，主要用于计算总能量、态密度及各能带电子占据数等。下面进行详细讨论。

3.4.2.1　总能量

四面体法涉及各 $\boldsymbol{k}$ 点上的能级值，通常用 E 表示。因此，为了避免符号混淆，此处的总能量暂用 F 代替。则其期待值 $\langle F\rangle$ 在倒空间中计算如下：

$$\langle F\rangle = \frac{1}{V_G}\sum_n \int_{V_G} \mathrm{d}^3 k F_n(\boldsymbol{k}) f[E_n(\boldsymbol{k})] \tag{3.340}$$

式中：V_G 为第一布里渊区的体积；$f(\varepsilon)$ 是费米-狄拉克分布函数；$F_n(\boldsymbol{k})$ 为哈密顿算符 $\hat{H}$ 在第 n 条能带中指定 $\boldsymbol{k}$ 点上的值。为了计算这个积分，四面体方法将第一布里渊区分解成若干个小的四面体，然后在各个四面体中分别计算积分，再对所有四面体求和，即

$$\frac{1}{V_G}\int_{V_G} F(\boldsymbol{k})\mathrm{d}^3 k = \frac{1}{V_G}\sum_{j=1}^{N}\int_{V_T} F(\boldsymbol{k})\mathrm{d}^3 k \tag{3.341}$$

而在每个四面体内 $F_n(\boldsymbol{k})$ 采用线性函数 $f(\boldsymbol{k}) = a_0 + a_1 k_x + a_2 k_y + a_3 k_z$ 近似。$f(\boldsymbol{k})$ 的线性系数由边界条件 $f(\boldsymbol{k}_i) = F_{n,i}(i = 1, 2, 3, 4)$ 决定，i 是四面体的四个顶点。这样，$F_n(\boldsymbol{k})$ 在每个四面体中的积分为

$$\frac{1}{V_G}\int_{V_T} F(\boldsymbol{k})\mathrm{d}^3 k = \frac{V_T}{V_G}\sum_{j=1}^{4}\frac{F_{n,j}}{4} \tag{3.342}$$

式中：$F_{n,j}$ 为四面体顶点的函数值。可以证明，式(3.342) 中 1/4 这个权重来源于积分[91]

$$\omega_j = \int_{T_0} k_x \mathrm{d}^3 k, \quad j = 1,2,3 \tag{3.343}$$

将顶点分别为(0,0,0)，(1,0,0)，(0,1,0)，(0,0,1) 的参考四面体称为 T_0。$\omega_4 = 1 - \sum_{j=1}^{3}\omega_j$。更严格地说，式(3.342) 中的系数分子应为 V_T^{occ}，也就是这个四面体小于费米能级 E_{F} 的部分的体积。式(3.342) 也是现有算法中最基本的表达式。在不产生误解的前提下，此后的讨论中如无必要，能带指数 n 将不再出现。

更加精确的计算表明[91,92]，利用线性函数近似 $F(\boldsymbol{k})$ 有些情况下并不是最理想的选择，这时对其更好的近似应该取为两个线性函数的商：

$$f(\boldsymbol{k}) = \frac{f(\boldsymbol{k})}{g(\boldsymbol{k})} = \frac{a_0 + a_1 k_x + a_2 k_y + a_3 k_z}{b_0 + b_1 k_x + b_2 k_y + b_3 k_z}$$

与前面叙述相似，$g(\boldsymbol{k})$ 的系数由边界条件 $g(\boldsymbol{k}_i) = E_i (i = 1,2,3,4)$ 决定，其中 E_i 是第 i 个顶点上的能量本征值。相应地，$f(\boldsymbol{k})$ 在顶点处等于 $F_i \cdot E_i$。经推导可得，这时四面体的积分可表示为

$$\int_{V_T} F(\boldsymbol{k}) \mathrm{d}^3 k = \frac{V_T}{V_G}\sum_{i=1}^{4} F_i \omega_i \tag{3.344}$$

式中

$$\omega_i = \frac{1}{\prod_{k\neq i}\left(1 - \dfrac{E_k}{E_i}\right)} + \sum_{k\neq i}\frac{1}{\prod_{l\neq k}\left(1 - \dfrac{E_l}{E_k}\right)}\frac{\ln\dfrac{E_k}{E_i}}{\dfrac{E_k}{E_i} - 1} \tag{3.345}$$

考虑到简并情况，Zaharioudakis 给出了比较完整的权重表示[92]：

(1) 当 $E_1 < E_2 < E_3 < E_4$ 时，同方程(3.345)；

(2) 当 $E_1 = E_2 < E_3 < E_4$ 时，

$$\begin{aligned}\omega_1 = \omega_2 = {} & \frac{5}{2\left(1 - \dfrac{E_3}{E_1}\right)\left(1 - \dfrac{E_4}{E_1}\right)} - \frac{1}{\left(1 - \dfrac{E_3}{E_1}\right)^2\left(1 - \dfrac{E_4}{E_1}\right)} - \frac{1}{\left(1 - \dfrac{E_3}{E_1}\right)\left(1 - \dfrac{E_4}{E_1}\right)^2} \\ & + \frac{1}{\left(1 - \dfrac{E_1}{E_3}\right)^3\left(1 - \dfrac{E_4}{E_3}\right)}\frac{\ln\dfrac{E_3}{E_1}}{\dfrac{E_3}{E_1}} + \frac{1}{\left(1 - \dfrac{E_1}{E_4}\right)^3\left(1 - \dfrac{E_3}{E_4}\right)}\frac{\ln\dfrac{E_4}{E_1}}{\dfrac{E_4}{E_1}}\end{aligned} \tag{3.346}$$

$$\begin{aligned}\omega_3 = {} & \frac{1}{\left(1 - \dfrac{E_1}{E_3}\right)^2\left(1 - \dfrac{E_4}{E_3}\right)} + \frac{\dfrac{E_3}{E_1}}{\left(1 - \dfrac{E_3}{E_1}\right)^2\left(1 - \dfrac{E_4}{E_1}\right)} + \frac{1}{\left(1 - \dfrac{E_1}{E_4}\right)^2\left(1 - \dfrac{E_3}{E_4}\right)^2}\frac{\ln\dfrac{E_4}{E_3}}{\dfrac{E_4}{E_3}} \\ & + \left[\frac{3}{\left(1 - \dfrac{E_3}{E_1}\right)^2\left(1 - \dfrac{E_4}{E_1}\right)} - \frac{1}{\left(1 - \dfrac{E_3}{E_1}\right)^2\left(1 - \dfrac{E_4}{E_1}\right)^2} - \frac{2}{\left(1 - \dfrac{E_3}{E_1}\right)^3\left(1 - \dfrac{E_4}{E_1}\right)}\right]\frac{\ln\dfrac{E_1}{E_3}}{\dfrac{E_1}{E_3}}\end{aligned} \tag{3.347}$$

ω_4 与 ω_3 形式相同，只需要将式(3.347) 中的 E_3 和 E_4 互换即可。

(3) 当 $E_1 < E_2 = E_3 < E_4$ 时，

$$\omega_1 = \frac{1}{\left(1-\frac{E_2}{E_1}\right)^2\left(1-\frac{E_4}{E_1}\right)} + \frac{\frac{E_1}{E_2}}{\left(1-\frac{E_1}{E_2}\right)^2\left(1-\frac{E_4}{E_2}\right)} + \frac{1}{\left(1-\frac{E_1}{E_4}\right)^2\left(1-\frac{E_2}{E_4}\right)^2}\frac{\ln\frac{E_4}{E_1}}{\frac{E_4}{E_1}}$$
$$+\left[\frac{3}{\left(1-\frac{E_1}{E_2}\right)^2\left(1-\frac{E_4}{E_2}\right)} - \frac{1}{\left(1-\frac{E_1}{E_2}\right)^2\left(1-\frac{E_4}{E_2}\right)^2} - \frac{2}{\left(1-\frac{E_1}{E_2}\right)^3\left(1-\frac{E_4}{E_2}\right)}\right]\frac{\ln\frac{E_2}{E_1}}{\frac{E_2}{E_1}} \tag{3.348}$$

$$\omega_2 = \omega_3 = \frac{5}{2\left(1-\frac{E_1}{E_2}\right)\left(1-\frac{E_4}{E_2}\right)} - \frac{1}{\left(1-\frac{E_1}{E_2}\right)^2\left(1-\frac{E_4}{E_2}\right)} - \frac{1}{\left(1-\frac{E_1}{E_2}\right)\left(1-\frac{E_4}{E_2}\right)^2}$$
$$+\frac{1}{\left(1-\frac{E_2}{E_1}\right)^3\left(1-\frac{E_4}{E_1}\right)}\frac{\ln\frac{E_1}{E_2}}{\frac{E_1}{E_2}} + \frac{1}{\left(1-\frac{E_1}{E_4}\right)\left(1-\frac{E_2}{E_4}\right)^3}\frac{\ln\frac{E_4}{E_2}}{\frac{E_4}{E_2}} \tag{3.349}$$

ω_4 与 ω_1 形式相同，只需要将式(3.349)中的 E_1 和 E_4 互换即可。

(4) 当 $E_1 < E_2 < E_3 = E_4$ 时，

$$\omega_1 = \frac{1}{\left(1-\frac{E_3}{E_1}\right)^2\left(1-\frac{E_2}{E_1}\right)} + \frac{\frac{E_1}{E_3}}{\left(1-\frac{E_1}{E_3}\right)^2\left(1-\frac{E_2}{E_3}\right)} + \frac{1}{\left(1-\frac{E_1}{E_2}\right)^2\left(1-\frac{E_3}{E_2}\right)^2}\frac{\ln\frac{E_2}{E_1}}{\frac{E_2}{E_1}}$$
$$+\left[\frac{3}{\left(1-\frac{E_1}{E_3}\right)^2\left(1-\frac{E_2}{E_3}\right)} - \frac{1}{\left(1-\frac{E_1}{E_3}\right)^2\left(1-\frac{E_2}{E_3}\right)^2} - \frac{2}{\left(1-\frac{E_1}{E_3}\right)^3\left(1-\frac{E_2}{E_3}\right)}\right]\frac{\ln\frac{E_3}{E_1}}{\frac{E_3}{E_1}} \tag{3.350}$$

$$\omega_3 = \omega_4 = \frac{5}{2\left(1-\frac{E_1}{E_3}\right)\left(1-\frac{E_2}{E_3}\right)} - \frac{1}{\left(1-\frac{E_1}{E_3}\right)^2\left(1-\frac{E_2}{E_3}\right)} - \frac{1}{\left(1-\frac{E_1}{E_3}\right)\left(1-\frac{E_2}{E_3}\right)^2}$$
$$+\frac{1}{\left(1-\frac{E_2}{E_1}\right)\left(1-\frac{E_3}{E_1}\right)^3}\frac{\ln\frac{E_1}{E_3}}{\frac{E_1}{E_3}} + \frac{1}{\left(1-\frac{E_1}{E_2}\right)\left(1-\frac{E_3}{E_2}\right)^3}\frac{\ln\frac{E_2}{E_3}}{\frac{E_2}{E_3}} \tag{3.351}$$

ω_2 与 ω_1 形式相同，只需要将式(3.350)中的 E_1 和 E_2 互换即可。

(5) 当 $E_1 = E_2 = E_3 < E_4$ 时，

$$\omega_1 = \omega_2 = \omega_3 = \frac{11}{6\left(1-\frac{E_4}{E_1}\right)} - \frac{5}{2\left(1-\frac{E_4}{E_1}\right)^2} + \frac{1}{\left(1-\frac{E_4}{E_1}\right)^3} + \frac{1}{\left(1-\frac{E_1}{E_4}\right)^4}\frac{\ln\frac{E_4}{E_1}}{\frac{E_4}{E_1}} \tag{3.352}$$

$$\omega_4 = \left[\frac{3}{\left(1-\frac{E_4}{E_1}\right)^2} - \frac{6}{\left(1-\frac{E_4}{E_1}\right)^3} + \frac{3}{\left(1-\frac{E_4}{E_1}\right)^4}\right]\frac{\ln\frac{E_1}{E_4}}{\frac{E_1}{E_4}} + \frac{1}{\left(1-\frac{E_1}{E_4}\right)^3}$$
$$+ \frac{5}{2}\frac{\frac{E_4}{E_1}}{\left(1-\frac{E_4}{E_1}\right)^2} - 2\frac{\frac{E_4}{E_1}}{\left(1-\frac{E_4}{E_1}\right)^3} \tag{3.353}$$

(6) 当 $E_1 < E_2 = E_3 = E_4$ 时，

$$\omega_1 = \left[\frac{3}{\left(1-\frac{E_1}{E_2}\right)^2} - \frac{6}{\left(1-\frac{E_1}{E_2}\right)^3} + \frac{3}{\left(1-\frac{E_1}{E_2}\right)^4}\right]\frac{\ln\frac{E_2}{E_1}}{\frac{E_2}{E_1}} + \frac{1}{\left(1-\frac{E_2}{E_1}\right)^3}$$
$$+ \frac{5}{2}\frac{\frac{E_1}{E_2}}{\left(1-\frac{E_1}{E_2}\right)^2} - 2\frac{\frac{E_1}{E_2}}{\left(1-\frac{E_1}{E_2}\right)^3} \tag{3.354}$$

$$\omega_2 = \omega_3 = \omega_4 = \frac{11}{6\left(1-\frac{E_1}{E_2}\right)} - \frac{5}{2\left(1-\frac{E_1}{E_2}\right)^2} + \frac{1}{\left(1-\frac{E_1}{E_2}\right)^3} + \frac{1}{\left(1-\frac{E_2}{E_1}\right)^4}\frac{\ln\frac{E_1}{E_2}}{\frac{E_1}{E_2}} \tag{3.355}$$

(7) 当 $E_1 = E_2 < E_3 = E_4$ 时，

$$\omega_1 = \omega_2 = \frac{5}{2\left(1-\frac{E_3}{E_1}\right)^2} - \frac{2}{\left(1-\frac{E_3}{E_1}\right)^3} + \frac{\frac{E_1}{E_3}}{\left(1-\frac{E_1}{E_3}\right)^3} + \left[\frac{3}{\left(1-\frac{E_1}{E_3}\right)^3} - \frac{3}{\left(1-\frac{E_1}{E_3}\right)^4}\right]\frac{\ln\frac{E_3}{E_1}}{\frac{E_3}{E_1}} \tag{3.356}$$

$$\omega_3 = \omega_4 = \frac{5}{2\left(1-\frac{E_1}{E_3}\right)^2} - \frac{2}{\left(1-\frac{E_1}{E_3}\right)^3} + \frac{\frac{E_3}{E_1}}{\left(1-\frac{E_3}{E_1}\right)^3} + \left[\frac{3}{\left(1-\frac{E_3}{E_1}\right)^3} - \frac{3}{\left(1-\frac{E_3}{E_1}\right)^4}\right]\frac{\ln\frac{E_1}{E_3}}{\frac{E_1}{E_3}} \tag{3.357}$$

(8) 当 $E_1 = E_2 = E_3 = E_4$ 时，

$$\omega_1 = \omega_2 = \omega_3 = \omega_4 = \frac{1}{4} \tag{3.358}$$

3.4.2.2 态密度

四面体法的提出，最早就是为了解决形如

$$I(E) = \int_{E(\boldsymbol{k})=E} F(\boldsymbol{k}) \mid \nabla E(\boldsymbol{k}) \mid^{-1} \mathrm{d}S \tag{3.359}$$

的积分问题。当 $F(\boldsymbol{k}) \equiv 1$ 时，积分式前乘以因子 $1/V_G$，式(3.359)就成为态密度的定义式。除了在物理上的重要性以外，讨论态密度有助于直观地理解四面体法的几何意义。

Lehmann 和 Taut[93] 指出，设四个顶点的能量本征值满足条件 $E_1 < E_2 < E_3 < E_4$，在四面体内能量按照线性函数展开，与 3.4.2.1 节的 $g(\boldsymbol{k})$ 相同：

$$E(\boldsymbol{k}) = E_1 + \boldsymbol{b} \cdot (\boldsymbol{k} - \boldsymbol{k}_1) \tag{3.360}$$

式中：$\boldsymbol{b} = \sum_{i=1}^{3} [E_{i+1} - E_1] \boldsymbol{r}_i$；$\boldsymbol{r}_i \cdot \boldsymbol{k}_j = \delta_{ij}$，其中 $\boldsymbol{k}_j = \boldsymbol{k}_{j+1} - \boldsymbol{k}_1$，因此可以按照倒格矢与正格矢的关系式写出 $\boldsymbol{r}_i$，有

$$\boldsymbol{r}_1 = \frac{\boldsymbol{k}_2 \times \boldsymbol{k}_3}{\boldsymbol{k}_1 \cdot (\boldsymbol{k}_2 \times \boldsymbol{k}_3)}, \quad \boldsymbol{r}_2 = \frac{\boldsymbol{k}_3 \times \boldsymbol{k}_1}{\boldsymbol{k}_1 \cdot (\boldsymbol{k}_2 \times \boldsymbol{k}_3)}, \quad \boldsymbol{r}_3 = \frac{\boldsymbol{k}_1 \times \boldsymbol{k}_2}{\boldsymbol{k}_1 \cdot (\boldsymbol{k}_2 \times \boldsymbol{k}_3)}$$

以上各式中，分母是以 $\boldsymbol{k}_i$ 为顶点的四面体体积的六倍，即 $6V_T$。因此该四面体对态密度 $D_T(E)$ 的贡献为

$$D_T(E) = 1/V_G \frac{\mathrm{d}S(E)}{|\boldsymbol{b}|} = \begin{cases} 0, & E \leqslant E_1 \\ \dfrac{1}{V_G} \dfrac{f_1}{|\boldsymbol{b}|}, & E_1 \leqslant E \leqslant E_2 \\ \dfrac{1}{V_G} \dfrac{f_1 - f_2}{|\boldsymbol{b}|}, & E_2 \leqslant E \leqslant E_3 \\ \dfrac{1}{V_G} \dfrac{f_4}{|\boldsymbol{b}|}, & E_3 \leqslant E \leqslant E_4 \\ 0, & E \geqslant E_4 \end{cases} \tag{3.361}$$

其中函数 f 是等能面 $S(E)$ 在四面体内的截面面积，如图 3.9 所示。因此容易得出 $f/|\boldsymbol{b}|$ 的表达式为

$$\begin{cases} \dfrac{f_1}{|\boldsymbol{b}|} = 3V_T \dfrac{(E - E_1)^2}{(E_2 - E_1)(E_3 - E_1)(E_4 - E_1)} \\ \dfrac{f_2}{|\boldsymbol{b}|} = 3V_T \dfrac{(E - E_2)^2}{(E_2 - E_1)(E_3 - E_2)(E_4 - E_2)} \\ \dfrac{f_4}{|\boldsymbol{b}|} = 3V_T \dfrac{(E - E_4)^2}{(E_4 - E_1)(E_4 - E_2)(E_4 - E_3)} \end{cases} \tag{3.362}$$

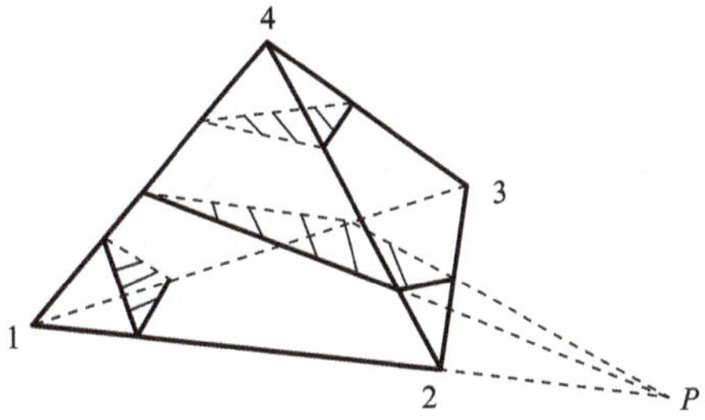

图 3.9　等能面 $S(E)$ 在四面体中的截面

对于态密度，Jepsen 和 Andersen[94] 还提出了更直观简单的计算方法，之后由 Blöch 进行了改进[95]。可以将每个四面体看作容器，给定等能面 $S(E)$ 之后，该四面体对于电子态数目 $n(E)$ 的贡献等于 $\varepsilon \leqslant E$ 填充的体积对第一布里渊区体积的比值。而态密度 $D_T(E)$ 可以定义为 $\mathrm{d}n/\mathrm{d}E$。通过简单的三角锥体积计算，可得

$$
n(E)=\begin{cases}0, & E\leqslant E_1\\ \dfrac{V_T}{V_G}\dfrac{(E-E_1)^3}{(E_2-E_1)(E_3-E_1)(E_4-E_1)}, & E_1\leqslant E\leqslant E_2\\ \dfrac{V_T}{V_G}\left[\dfrac{(E-E_1)^3}{(E_2-E_1)(E_3-E_1)(E_4-E_1)}\right.\\ \qquad\left.-\dfrac{(E-E_1)^3}{(E_2-E_1)(E_3-E_2)(E_4-E_2)}\right], & E_2\leqslant E\leqslant E_3\\ \dfrac{V_T}{V_G}\left[1-\dfrac{(E_4-E)^3}{(E_4-E_1)(E_4-E_2)(E_4-E_3)}\right], & E_3\leqslant E\leqslant E_4\\ \dfrac{V_T}{V_G}, & E>E_4\end{cases} \tag{3.363}
$$

将式(3.363)对 E 求导，即得方程(3.361)。对于简并情况，式(3.361)至式(3.363)并不适用。因此对于式(3.363)中的第三种情况，电子态数目方程可等效地写为[95]

$$
\begin{aligned}n(E)=&\frac{V_T}{V_G}\frac{1}{(E_3-E_1)(E_4-E_1)}\Big[(E_2-E_1)^2+3(E_2-E_1)(E-E_2)+3(E-E_2)^2\\&-\frac{E_3-E_1+E_4-E_2}{(E_3-E_2)(E_4-E_2)}(E-E_2)^3\Big],\quad E_2\leqslant E\leqslant E_3\end{aligned} \tag{3.364}
$$

而相应地，该情况下的态密度 $D_T(E)$ 也可写为

$$
\begin{aligned}D_T(E)=&\frac{V_T}{V_G}\frac{1}{(E_3-E_1)(E_4-E_1)}\Big[3(E_2-E_1)+6(E-E_2)\\&-3\frac{(E_3-E_1+E_4-E_2)(E-E_2)^2}{(E_3-E_2)(E_4-E_2)}\Big],\quad E_2\leqslant E\leqslant E_3\end{aligned}
$$

传统的四面体法中，首先通过对称群的操作找出第一布里渊区的不可约部分，然后在等间距的 $\boldsymbol{k}$ 点网格上将其手动划分为若干四面体。这种划分有一定的随意性，因为给定一组 $\boldsymbol{k}$ 点网格，可以有很多种不同的方法将其围成若干互不重叠的四面体，进而进行计算。这种随意性是否会造成计算上的误差甚至错误？Kleinman 对此做了讨论[96]。利用一个简单的例子，他证明在 $\boldsymbol{k}$ 点比较稀疏的情况下，不同的划分会造成高达 14% 的误差，而划分正确时会得出与特殊 $\boldsymbol{k}$ 点法相同的结果。在 $\boldsymbol{k}$ 点足够稠密时，这种划分上的随意性对计算结果的影响可以忽略不计。其原因在于四面体法中，除个别 $\boldsymbol{k}$ 点以外，绝大多数 $\boldsymbol{k}$ 点由多个四面体共享，因此在积分中实际上参与超过一次的计算，边界及靠近边界的 $\boldsymbol{k}$ 点在不同的划分中所归属的四面体个数不尽相同，从而使得其对积分值的贡献有所差别，而网格中间区域的 $\boldsymbol{k}$ 点不存在这个问题。因此 $\boldsymbol{k}$ 点稠密时，边界处 $\boldsymbol{k}$ 点的贡献可以忽略，但是 $\boldsymbol{k}$ 点较少时则会影响最终结果。Kleinman 的工作使得 Jepsen 和 Andersen 对四面体法重新思考，从而提出了通用的、适用于编程的四面体划分法[97]，为后来 Blöch 的工作奠定了基础。

Kleinman 的工作的另一个重要性在于第一次明确指出了利用四面体法，同样可

以将积分$\langle F\rangle=\frac{1}{V_G}\sum_n\int_{V_G}\mathrm{d}^3kF_n(\boldsymbol{k})f[E_n(\boldsymbol{k})]$转化为各个 $\boldsymbol{k}$ 点上的被积函数值的加权求和：

$$\langle F\rangle=\frac{1}{4V_G}\sum_n\sum_iF_n(\boldsymbol{k}_i)\Big(\sum_{T\in\boldsymbol{k}_i}V_T^{\mathrm{occ}}\Big)\tag{3.365}$$

其中圆括号中的求和遍历所有以 $\boldsymbol{k}_i$ 为一个顶点的四面体，而 V_T^{occ} 则是这个四面体中满足 $E_n(\boldsymbol{k})\leqslant E_{\mathrm{F}}$ 的体积，具体公式参见方程(3.363)。在前面工作的基础上，Blöch 给出了包含较大改进的四面体法的普适算法[95]，其主要特点体现在以下三个方面：四面体的自动划分；各 $\boldsymbol{k}$ 点的权重；对金属体系的 Blöch 修正。

1. 四面体的自动划分

前面已经指出，为了减少需要计算的四面体数目，首先需要找出第一布里渊区的不可约部分。这样的策略有一个副作用，即对不可约部分的四面体划分几乎不可避免地要进行人工干预，不利于编程求解。因此 Blöch 提出，利用 Monkhorst-Pack(MP)方法[85]首先在第一布里渊区内生成等距的 $\boldsymbol{k}$ 点网格，然后给每个 $\boldsymbol{k}$ 点编号：

$$N=1+\frac{l-l_0}{2}+(n_1+1)\left[\frac{m-m_0}{2}+(n_2+1)\frac{n-n_0}{2}\right]\tag{3.366}$$

式中：(l,m,n) 是该 $\boldsymbol{k}$ 点沿倒格矢 $\boldsymbol{b}_1$、$\boldsymbol{b}_2$、$\boldsymbol{b}_3$ 的序数的 2 倍；n_i 是在三个方向上的 $\boldsymbol{k}$ 点数；(l_0,m_0,n_0) 是 MP 方法中 Γ 点的偏移量，有偏移则为 1，否则为 0。编号之后建立标识数组，其位置与该位置储存的元素值相同，例如，在第一个位置存储 1，在第二个位置存储 2，依此类推。然后从第一个位置开始，利用对称群的操作矩阵对每个 $\boldsymbol{k}$ 点坐标进行操作，再与数组中其他 $\boldsymbol{k}$ 点的坐标进行比较，如果彼此相同且后者的编号大于前者，即将后者的元素值改为前者。这样对全部数组操作完毕之后，立即可以挑出所有不可约 $\boldsymbol{k}$ 点 —— 只有当 $\boldsymbol{k}_i$ 点为不可约 $\boldsymbol{k}$ 点时，其编号才与其存储位置相同。之后，为了计算方便，可以对所有这些不可约 $\boldsymbol{k}$ 点按存储位置的顺序重新编号，即从 1 到 $\boldsymbol{k}_{\mathrm{irr}}(\max)$。数组中的各个元素也相应地改为新的编号(或名称)。这样整个第一布里渊区中的 $\boldsymbol{k}$ 点都可用不可约 $\boldsymbol{k}$ 点标记。

下一步讨论四面体的自动划分过程。以下八组坐标代表的 $\boldsymbol{k}$ 点构成平行六面体：

$(l,m,n)-1$，　$(l+2,m,n)-2$，　$(l,m+2,n)-3$，　$(l,m,n+2)-4$，
$(l+2,m+2,n)-5$，$(l+2,m,n+2)-6$，$(l,m+2,n+2)-7$，$(l+2,m+2,n+2)-8$

为了尽量减小插值引起的误差，可以取此平行六面体中最短的体对角线作为等体积的六个四面体的公共对角线，设为 1 ~ 8，则可以采用下面六组途径确定这六个四面体的各个顶点：

$$1\to2\to4\to8,\quad 1\to2\to6\to8,\quad 1\to3\to4\to8$$
$$1\to3\to7\to8,\quad 1\to5\to6\to8,\quad 1\to5\to7\to8$$

整个分解过程如图 3.10 所示。为简单起见，图中以立方体为例。对每个平行六面体重复上述过程，可以将整个第一布里渊区划分为体积相等的若干个四面体，每个四

面体的顶点可用标识数组中的不可约 $\boldsymbol{k}$ 点标记。将这四个顶点的标号按升序排列，则每个四面体的简并度可以轻易得出。因此，这个过程保证了可以只用不可约 $\boldsymbol{k}$ 点上的信息进行整个第一布里渊区的积分，而无须考虑如何划定其不可约部分。上述过程可以避免 Kleinman 所说的计算误差，而且整个过程可以通过程序自动实现而无须人工干预。

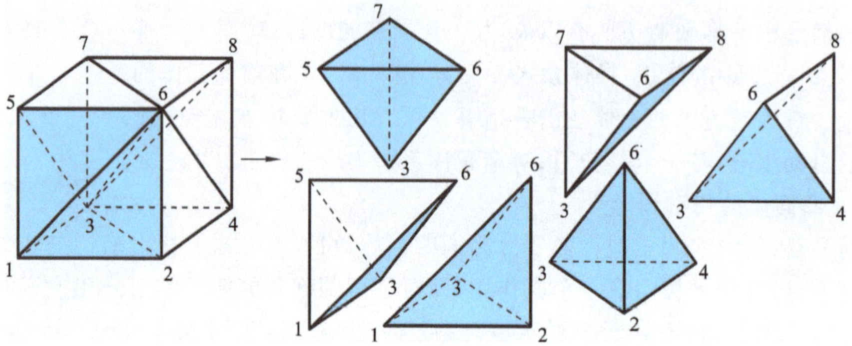

图 3.10　$\boldsymbol{k}$ 点网格中的四面体划分

2. 各个 $\boldsymbol{k}$ 点的权重计算

四面体法的基本过程是，先算出每个四面体对积分值的贡献，再对所有四面体求和，因此如前文所述，绝大多数 $\boldsymbol{k}$ 点参与了多次计算。同时采用这种算法时也需要知道每个不可约 $\boldsymbol{k}$ 点上的被积函数值，对大规模计算而言难免会有存储方面的困难。如同 Kleinman 所指出的，积分 $\langle F\rangle$ 可以表示为 $\boldsymbol{k}$ 点的加权求和，即

$$\langle F\rangle = \sum_{i,n} F_n(\boldsymbol{k}_i)\omega_{ni} \tag{3.367}$$

与标准的四面体法相同，在每个四面体内，$F_n(\boldsymbol{k})$ 用线性函数 $f_n(\boldsymbol{k})$ 近似。$f_n(\boldsymbol{k})$ 也可写为

$$f_n(\boldsymbol{k}) = \sum_i F_n(\boldsymbol{k}_i)\omega_i(\boldsymbol{k}_i) \tag{3.368}$$

将其代入方程(3.367)，可得每个不可约 $\boldsymbol{k}$ 点的积分权重 ω_{ni}：

$$\omega_{ni} = \frac{1}{V_G}\int_{V_G} \omega_i(\boldsymbol{k}) f[E_n(\boldsymbol{k})]\mathrm{d}\boldsymbol{k} \tag{3.369}$$

若取 $\omega_i(\boldsymbol{k})$ 为常数 1/4，则根据方程(3.369) 很容易得到方程(3.365)。事实上方程(3.365) 非常简单实用。但是考虑到问题的完整性以及与修正项的自洽问题，在这里还是重复一下 Blöch 的计算。将 $\omega_i(\boldsymbol{k})$ 作为线性函数，其在 $\boldsymbol{k}_i$ 点及等价点 $\{\boldsymbol{k}_i^*\}$ 上为 1，而在其他 $\boldsymbol{k}$ 点上均为 0（当然在两 $\boldsymbol{k}$ 点间 $\omega_i(\boldsymbol{k})$ 呈线性变化）。为计算这种情况下的积分权重 ω_{ni}，首先必须计算出体系的费米能级 E_F：利用方程(3.363) 计算能量小于给定 E 的状态数 $n(E)$，直到 $\sum_n g_n n(E_n)$ 等于体系的总电子数（g_n 为该能级的简并度）为止，此时的 E 即为所求的 E_F。据此可以得出 ω_{ni}（省略能带指数 n）：

当 $E_F < E_1$ 时，有

$$\omega_1 = \omega_2 = \omega_3 = \omega_4 = 0 \tag{3.370}$$

当 $E_1 < E_F < E_2$ 时

$$\begin{cases} \omega_1 = C_0\left[4 - (E_F - F_1)\left(\dfrac{1}{E_2 - E_1} + \dfrac{1}{E_3 - E_1} + \dfrac{1}{E_4 - E_1}\right)\right] \\ \omega_2 = C_0 \dfrac{E_F - E_1}{E_2 - E_1} \\ \omega_3 = C_0 \dfrac{E_F - E_1}{E_3 - E_1} \\ \omega_4 = C_0 \dfrac{E_F - E_1}{E_4 - E_1} \end{cases} \tag{3.371}$$

式中

$$C_0 = \frac{V_T}{4V_G}\frac{(E_F - E_1)^3}{(E_2 - E_1)(E_3 - E_1)(E_4 - E_1)}$$

当 $E_2 < E_F < E_3$ 时

$$\begin{cases} \omega_1 = C_1 + (C_1 + C_2)\dfrac{E_3 - E_F}{E_3 - E_1} + (C_1 + C_2 + C_3)\dfrac{E_4 - E_F}{E_4 - E_1} \\ \omega_2 = C_1 + C_2 + C_3 + (C_2 + C_3)\dfrac{E_3 - E_F}{E_3 - E_2} + C_3\dfrac{E_4 - E_F}{E_4 - E_2} \\ \omega_3 = (C_1 + C_2)\dfrac{E_F - E_1}{E_3 - E_1} + (C_2 + C_3)\dfrac{E_F - E_2}{E_3 - E_2} \\ \omega_4 = (C_1 + C_2 + C_3)\dfrac{E_F - E_1}{E_4 - E_1} + C_3\dfrac{E_F - E_2}{E_4 - E_2} \end{cases} \tag{3.372}$$

式中

$$\begin{cases} C_1 = \dfrac{V_T}{4V_G}\dfrac{(E_F - E_1)^2}{(E_4 - E_1)(E_3 - E_1)} \\ C_2 = \dfrac{V_T}{4V_G}\dfrac{(E_F - E_1)(E_F - E_2)(E_3 - E_F)}{(E_4 - E_1)(E_3 - E_2)(E_3 - E_1)} \\ C_3 = \dfrac{V_T}{4V_G}\dfrac{(E_F - E_2)^2(E_4 - E_F)}{(E_4 - E_2)(E_3 - E_2)(E_4 - E_1)} \end{cases}$$

当 $E_3 < E_F < E_4$ 时，有

$$\begin{cases} \omega_1 = \dfrac{V_T}{4V_G} - C_4\dfrac{E_4 - E_F}{E_4 - E_1} \\ \omega_2 = \dfrac{V_T}{4V_G} - C_4\dfrac{E_4 - E_F}{E_4 - E_2} \\ \omega_3 = \dfrac{V_T}{4V_G} - C_4\dfrac{E_4 - E_F}{E_4 - E_3} \\ \omega_4 = \dfrac{V_T}{4V_G} - C_4\left[4 - \left(\dfrac{1}{E_4 - E_1} + \dfrac{1}{E_4 - E_2} + \dfrac{1}{E_4 - E_3}\right)(E_4 - E_F)\right] \end{cases} \tag{3.373}$$

式中

$$C_4 = \frac{V_T}{4V_G}\frac{(E_4 - E_F)^3}{(E_4 - E_1)(E_4 - E_2)(E_4 - E_3)}$$

$$\omega_1=\omega_2=\omega_3=\omega_4=\frac{V_T}{4V_G},\quad E_F>E_4 \tag{3.374}$$

因此，对于给定的 $\boldsymbol{k}_i$，可以找出其自身和等价点所属的四面体，通过分析各四面体内的能级分布情况，由式(3.370) 至式(3.374) 计算出积分权重 ω_{ni}。

3. Blöch 修正

在四面体中，由被积函数的线性插值可以近似获得简单的计算公式，同时不会过多地牺牲精度。但是对费米面形状复杂且部分填充的过渡金属体系而言，还是要考虑线性近似带来的误差及其相关的修正问题。

首先讨论误差。真实的被积函数 $F(\boldsymbol{k})$ 在四面体中总有曲率为正及曲率为负的部分，而线性函数 $f(\boldsymbol{k})$ 会高估正曲率区间的函数值，低估负曲率区间的函数值。对绝缘体和半导体而言，因为积分区域覆盖整个四面体，所以这两部分在极大程度上可以抵消。但是对于金属体系，因为导带部分填充，也即积分区域只覆盖四面体的一部分而非全部，所以高估部分和低估部分只有一项占主要地位，这将使误差大大地增加，具体体现为总能随 $\boldsymbol{k}$ 点数目收敛缓慢。

再考虑对上述误差的修正。设一个普遍的二次函数 $X(\boldsymbol{k})$ 在以四面体三条边为坐标轴的坐标系内可以表示为

$$X(\boldsymbol{k})=\tilde{a}+\sum_i\tilde{b}_ik_i+\frac{1}{2}\sum_{i,j}k_i\tilde{c}_{ij}k_j,\quad i,j=1,2,3$$

相应的线性差值函数 $x(\boldsymbol{k})$ 则为

$$x(\boldsymbol{k})=\tilde{a}+\sum_i\left(\tilde{b}_i+\frac{1}{2}\tilde{c}_{ii}\right)k_i$$

则四面体中的误差为

$$\delta\langle X\rangle_T=\int_{V_T}\mathrm{d}^3k\,\frac{1}{2}\Big(\sum_{ij}k_i\tilde{c}_{ij}k_j-\sum_i\tilde{c}_{ii}k_i\Big)=V_T\,\frac{1}{40}\Big(\sum_{i\neq j}\tilde{c}_{ij}-3\sum_i\tilde{c}_{ii}\Big) \tag{3.375}$$

其中最后一步利用了公式[98]

$$\frac{1}{V_T}\int_{V_T}X(\boldsymbol{k})\mathrm{d}\boldsymbol{k}=\frac{1}{40}\sum F_{\mathrm{v}}+\frac{9}{40}\sum F_{\mathrm{f}}+\mathcal{O}(4)$$

式中：F_{v} 和 F_{f} 分别指四面体顶点处及面心处的函数值。利用方程(3.375) 可以计算整个第一布里渊区(必须是全部区域，仅包含不可约部分的求和无效) 中的误差总值 $\delta\langle X\rangle$。具体的计算过程可以在文献[95] 中找到，这里不赘述，仅给出结果。利用高斯定理以及有限差分近似，最终可得

$$\delta\langle X\rangle=\sum_T D_T(E_F)\,\frac{1}{40}\sum_{i=1}^{4}X_i\sum_{j=1}^{4}(E_j-E_i) \tag{3.376}$$

则相应的修正权重 $\mathrm{d}\omega_i$ 为

$$\mathrm{d}\omega_i=\frac{\mathrm{d}\delta\langle X\rangle}{\mathrm{d}X_i}=\sum_T\frac{1}{40}D_T(E_F)\sum_{j=1}^{4}(E_j-E_i) \tag{3.377}$$

在利用方程(3.367)计算形如式(3.359)的积分时，对于金属体系，计入上述修正项会有效地改善被积函数的收敛行为。

3.4.3 平面波-赝势框架下体系的总能

通过3.3节中的讨论可知，利用赝势可以极大地减小描述本征轨道所需的平面波的数目，从而有效地提高计算效率。而且利用平面波，可以很简单地计算动能项。这一点相对于局域轨道基(如GTO、STO等)或者混合基(如LAPW等)是非常大的一个优势。在可以获得高质量赝势的前提下，利用平面波-赝势框架进行DFT的计算的相关研究已经构成了材料计算、模拟的一大分支。目前应用非常广泛的计算软件，如VASP、CASTEP、PWSCF等均属于这一大类。在本节中我们将详细推导该类方法的总能表达式。

3.4.3.1 总能表达式的推导

Ihm、Zunger和Cohen在1979年提出了倒空间下利用赝势计算体系总能的公式，奠定了目前计算物理中应用广泛的平面波-赝势方法的理论基础[99]。为简单起见，设体系为单质，由N_{cell}个单胞组成，每个单胞中有一个原子。该体系在DFT的框架下体系总能可以表示为

$$E_{\text{tot}}=T[\rho]+E_{\text{ee}}[\rho]+E_{\text{xc}}[\rho]+E_{\text{Ie}}[\rho]+E_{\text{II}} \tag{3.378}$$

式中$E_{\text{xc}}=\int\varepsilon_{\text{xc}}(\boldsymbol{r})\mathrm{d}\boldsymbol{r}$。如果采用赝势$V_{\text{ps}}(\boldsymbol{r}-\boldsymbol{R}_{k,l})$代表位于$\boldsymbol{R}_{k,l}$终点处的原子核($k$代表单胞序号)对角动量为$l$的电子波函数的作用，则$E_{\text{Ie}}[\rho]$(I代表该单胞中的原子，e表示电子)可以表示为

$$E_{\text{Ie}}[\rho]=\sum_{i,l,k,I}\int\psi_i^*(\boldsymbol{r})V_{\text{ps},l}(\boldsymbol{r}-\boldsymbol{R}_{k,I})\hat{P}_l\psi_i(\boldsymbol{r})\mathrm{d}\boldsymbol{r} \tag{3.379}$$

式中：$\hat{P}_l$表示将波函数投影到角动量为l上的投影算符。根据式(3.378)导出的单电子薛定谔方程为

$$\left[-\frac{1}{2}\nabla^2+\frac{1}{2}\int\frac{\rho(\boldsymbol{r}')}{|\boldsymbol{r}-\boldsymbol{r}'|}\mathrm{d}\boldsymbol{r}'+\mu_{\text{xc}}(\boldsymbol{r})+\sum_{k,I,l}V_{\text{ps},l}(\boldsymbol{r}-\boldsymbol{R}_{k,l})\right]\psi_n(\boldsymbol{r})=\varepsilon_n\psi_n(\boldsymbol{r}) \tag{3.380}$$

式中：$\mu_{\text{xc}}(\boldsymbol{r})$为交换关联势，$\mu_{\text{xc}}(\boldsymbol{r})=\partial E_{\text{xc}}[\rho(\boldsymbol{r})]/\partial\rho(\boldsymbol{r})$。具体的函数形式有很多种，Ihm等人采用了$X_\alpha$方法中的结果，即方程(3.143)，则

$$E_{\text{xc}}(\boldsymbol{r})=\int\mu_{\text{xc}}(\boldsymbol{r})\mathrm{d}\rho(\boldsymbol{r})=\frac{3}{4}\mu_{\text{xc}}(\boldsymbol{r})\rho(\boldsymbol{r}) \tag{3.381}$$

当然也可以采取其他形式，如3.2节中介绍的各种交换关联势。

采用平面波$\mathrm{e}^{\mathrm{i}\boldsymbol{k}\cdot\boldsymbol{r}}$作为基函数，对于给定的$\boldsymbol{k}_i$，$\psi_n(\boldsymbol{r})$可以展开为

$$\psi_n(\boldsymbol{r})=\sum_{\boldsymbol{G}}c_{n,\boldsymbol{k}_i}(\boldsymbol{G})\mathrm{e}^{\mathrm{i}(\boldsymbol{k}_i+\boldsymbol{G})\cdot\boldsymbol{r}} \tag{3.382}$$

则式(3.378)和式(3.380)中的各项均需在倒空间内展开，也即需进行傅里叶变换。

首先考虑 Hartree 势(有时也称为库仑势)

$$V_{\mathrm{H}}(\boldsymbol{r}) = \int \frac{\rho(\boldsymbol{r}')}{|\boldsymbol{r}-\boldsymbol{r}'|}\mathrm{d}\boldsymbol{r}' \tag{3.383}$$

其傅里叶变换为

$$\begin{aligned} V_{\mathrm{H}}(\boldsymbol{G}) &= \int V_{\mathrm{H}}(\boldsymbol{r})\mathrm{e}^{-\mathrm{i}\boldsymbol{G}\cdot\boldsymbol{r}}\mathrm{d}\boldsymbol{r} = \int \frac{\rho(\boldsymbol{r}')}{|\boldsymbol{r}-\boldsymbol{r}'|}\mathrm{e}^{-\mathrm{i}\boldsymbol{G}\cdot\boldsymbol{r}}\mathrm{d}\boldsymbol{r}' = \iint \frac{\sum_{G'}\rho(\boldsymbol{G}')}{|\boldsymbol{r}-\boldsymbol{r}'|}\mathrm{e}^{-\mathrm{i}\boldsymbol{G}\cdot\boldsymbol{r}}\mathrm{e}^{\mathrm{i}\boldsymbol{G}'\cdot\boldsymbol{r}'}\mathrm{d}\boldsymbol{r}\mathrm{d}\boldsymbol{r}' \\ &= \iint \frac{\sum_{G'}\rho(\boldsymbol{G}')}{|\boldsymbol{r}''|}\mathrm{e}^{\mathrm{i}\boldsymbol{G}'\cdot\boldsymbol{r}'}\mathrm{e}^{-\mathrm{i}\boldsymbol{G}\cdot\boldsymbol{r}'}\mathrm{e}^{-\mathrm{i}\boldsymbol{G}\cdot\boldsymbol{r}''}\mathrm{d}\boldsymbol{r}'\mathrm{d}\boldsymbol{r}'' = \int \frac{\sum_{G'}\rho(\boldsymbol{G}')}{|\boldsymbol{r}''|}\mathrm{e}^{-\mathrm{i}\boldsymbol{G}\cdot\boldsymbol{r}''}\mathrm{d}\boldsymbol{r}''\int \mathrm{e}^{\mathrm{i}(\boldsymbol{G}'-\boldsymbol{G})\cdot\boldsymbol{r}'}\mathrm{d}\boldsymbol{r}' \\ &= \sum_{G'}\int \frac{\rho(\boldsymbol{G}')}{|\boldsymbol{r}''|}\mathrm{e}^{-\mathrm{i}\boldsymbol{G}\cdot\boldsymbol{r}''}\mathrm{d}\boldsymbol{r}''\delta_{GG'} = \rho(\boldsymbol{G})\int \frac{\mathrm{e}^{-\mathrm{i}\boldsymbol{G}\cdot\boldsymbol{r}''}}{|\boldsymbol{r}''|}\mathrm{d}\boldsymbol{r}'' = \frac{4\pi\rho(\boldsymbol{G})}{|\boldsymbol{G}|^2} \end{aligned} \tag{3.384}$$

上述方程也可以通过泊松方程或者函数卷积的傅里叶变换得到。相应的 Hartree 能为

$$E_{\mathrm{H}} = \frac{1}{2}\iint \frac{\rho(\boldsymbol{r})\rho(\boldsymbol{r}')}{|\boldsymbol{r}-\boldsymbol{r}'|}\mathrm{d}\boldsymbol{r}\mathrm{d}\boldsymbol{r}' = \frac{\Omega}{2}\sum_{G} V_{\mathrm{H}}(\boldsymbol{G})\rho(\boldsymbol{G}) \tag{3.385}$$

式中:Ω 是体系的总体积。与其相似,交换关联能 E_{xc} 在倒空间的表达式为

$$E_{\mathrm{xc}} = \Omega\sum_{G}\varepsilon_{\mathrm{xc}}(\boldsymbol{G})\rho(\boldsymbol{G}) \tag{3.386}$$

式中:$\varepsilon_{\mathrm{xc}}(\boldsymbol{G})$ 是交换关联能密度 $\varepsilon_{\mathrm{xc}}(\boldsymbol{r})$ 的傅里叶变换 $\boldsymbol{G}$ 分量。

动能项比较简单,计算如下

$$\begin{aligned} T &= \frac{1}{N_k}\sum_{n,i}\int \psi_n^*(\boldsymbol{r})\frac{-\nabla^2}{2}\psi_n(\boldsymbol{r})\mathrm{d}\boldsymbol{r} \\ &= \sum_{n,i,\boldsymbol{G},\boldsymbol{G}'}\int c_{n,\boldsymbol{k}_i}^*(\boldsymbol{G}')\mathrm{e}^{-\mathrm{i}(\boldsymbol{k}_i+\boldsymbol{G}')\cdot\boldsymbol{r}}\frac{-\nabla^2}{2}c_{n,\boldsymbol{k}_i}(\boldsymbol{G})\mathrm{e}^{\mathrm{i}(\boldsymbol{k}_i+\boldsymbol{G})\cdot\boldsymbol{r}}\mathrm{d}\boldsymbol{r} \\ &= \sum_{n,i,\boldsymbol{G},\boldsymbol{G}'}\frac{|\boldsymbol{k}_i+\boldsymbol{G}|^2}{2}\int c_{n,\boldsymbol{k}_i}^*(\boldsymbol{G}')c_{n,\boldsymbol{k}_i}(\boldsymbol{G})\mathrm{e}^{\mathrm{i}(\boldsymbol{G}-\boldsymbol{G}')\cdot\boldsymbol{r}}\mathrm{d}\boldsymbol{r} \\ &= \frac{\Omega}{2}\sum_{n,i,\boldsymbol{G},\boldsymbol{G}'}|\boldsymbol{k}_i+\boldsymbol{G}|^2\delta_{GG'}|c_{n,\boldsymbol{k}_i}(\boldsymbol{G})|^2 \\ &= \frac{\Omega}{2}\sum_{n,i,\boldsymbol{G}}|\boldsymbol{k}_i+\boldsymbol{G}|^2|c_{n,\boldsymbol{k}_i}(\boldsymbol{G})|^2 \end{aligned} \tag{3.387}$$

式中:N_k 是第一布里渊区中 $\boldsymbol{k}$ 点个数。

比较困难的是原子核-电子相互作用能 E_{Ie}。如前所述,原子核的势场由赝势 $V_{\mathrm{ps},l}(\boldsymbol{r}-\boldsymbol{R}_{k,I})$表示,则

$$E_{\mathrm{Ie}} = \sum_{i,k,l}\int \psi_i^*(\boldsymbol{r})V_{\mathrm{ps},l}(\boldsymbol{r}-\boldsymbol{R}_{k,I})\hat{P}_l\psi_i(\boldsymbol{r})\mathrm{d}\boldsymbol{r} \tag{3.388}$$

积分是在全空间中进行的。但是考虑到原子赝势 $V_{\mathrm{ps},l}$ 拥有平移对称性,因此对于每个 $\boldsymbol{R}_k$ 都可以做变量代换:$\boldsymbol{r}'_k = \boldsymbol{r}-\boldsymbol{R}_k$。因此,全空间积分可以表示为单胞 k 的积分且对 k 求和。在各个原胞中,$\boldsymbol{r}'$ 的下标可以忽略。因此,式(3.388) 可写为

$$
\begin{aligned}
E_{\mathrm{le}} &= \sum_{n,k,l}\int \psi_n^*(\boldsymbol{r})V_{\mathrm{ps},l}(\boldsymbol{r}-\boldsymbol{R}_k)\hat{P}_l\psi_n(\boldsymbol{r})\mathrm{d}\boldsymbol{r} \\
&= \frac{\Omega}{N_k}\sum_{n,i,\boldsymbol{G},\boldsymbol{G}',l} c_{n,\boldsymbol{k}_i}^*(\boldsymbol{G})c_{n,\boldsymbol{k}_i}(\boldsymbol{G}')\times\frac{1}{N_{\mathrm{cell}}\Omega_{\mathrm{cell}}}\sum_{k,I}\int \mathrm{e}^{-\mathrm{i}(\boldsymbol{k}_i+\boldsymbol{G})(\boldsymbol{r}'+\boldsymbol{R}_{k,I})} \\
&\quad\times V_{\mathrm{ps},l}(\boldsymbol{r}')\hat{P}_l\mathrm{e}^{\mathrm{i}(\boldsymbol{k}_i+\boldsymbol{G}')(\boldsymbol{r}'+\boldsymbol{R}_{k,I})}\mathrm{d}\boldsymbol{r}' \\
&= \frac{\Omega}{N_k}\sum_{n,i,\boldsymbol{G},\boldsymbol{G}',l} c_{n,\boldsymbol{k}_i}^*(\boldsymbol{G})c_{n,\boldsymbol{k}_i}(\boldsymbol{G}')\sum_I \mathrm{e}^{(\boldsymbol{G}'-\boldsymbol{G})\cdot\boldsymbol{R}_I}\cdot\frac{1}{\Omega_{\mathrm{cell}}}\int \mathrm{e}^{-\mathrm{i}(\boldsymbol{k}_i+\boldsymbol{G})\boldsymbol{r}}V_{\mathrm{ps},l}(\boldsymbol{r})\hat{P}_l\mathrm{e}^{\mathrm{i}(\boldsymbol{k}_i+\boldsymbol{G}')\cdot\boldsymbol{r}}\mathrm{d}\boldsymbol{r} \\
&= \frac{\Omega}{N_k}\sum_{n,i,\boldsymbol{G},\boldsymbol{G}',l} c_{n,\boldsymbol{k}_i}^*(\boldsymbol{G})c_{n,\boldsymbol{k}_i}(\boldsymbol{G}')S(\boldsymbol{G}'-\boldsymbol{G})V_{\mathrm{ps},l,\boldsymbol{k}_i+\boldsymbol{G},\boldsymbol{k}_i+\boldsymbol{G}'}
\end{aligned}
\tag{3.389}
$$

式中：$S(\boldsymbol{G}'-\boldsymbol{G})$ 称为结构因子（注意对原子 I 的求和只限制在一个单胞中）；$V_{\mathrm{ps},l,\boldsymbol{k}_i+\boldsymbol{G},\boldsymbol{k}_i+\boldsymbol{G}'}$ 称为位势因子。此外，在不引起混淆的前提下，可将上面最后一步中的 $\boldsymbol{r}'$ 替换为 $\boldsymbol{r}$。位势因子的数学推导比较烦琐，需要将平面波用球谐函数和球贝塞尔函数展开。下面给出具体推导。

考虑恒等式

$$
\mathrm{e}^{\mathrm{i}\boldsymbol{k}\cdot\boldsymbol{r}} = 4\pi\sum_L i^l \mathrm{j}_l(kr)\mathrm{Y}_L^*(\hat{\boldsymbol{k}})\mathrm{Y}_L(\hat{\boldsymbol{r}}) \tag{3.390}
$$

式中：$\mathrm{j}_l(kr)$ 是球贝塞尔函数；$\mathrm{Y}_L(\hat{\boldsymbol{r}})$ 是球谐函数（见附录 A.3 节）；$L=(l,m)$，l 是角动量量子数，m 是角动量 z 分量量子数；$\hat{\boldsymbol{r}}$ 代表单位矢量。此外，因为式(3.390) 左端项与球谐函数中的变量 ϕ 无关，所以又有以下恒等式

$$
\mathrm{e}^{\mathrm{i}\boldsymbol{k}\cdot\boldsymbol{r}} = \sum_l (2l+1)i^l \mathrm{j}_l(kr)\mathrm{P}_l[\cos(\theta)] \tag{3.391}
$$

由方程(3.389) 可知，$V_{\mathrm{ps},l,\boldsymbol{k}_j+\boldsymbol{G},\boldsymbol{k}_i+\boldsymbol{G}'}$ 涉及三个矢量，分别为 $\boldsymbol{r}$、$\boldsymbol{k}_i+\boldsymbol{G}$ 和 $\boldsymbol{k}_i+\boldsymbol{G}'$。设 $\boldsymbol{k}_i+\boldsymbol{G}'$ 为 z 轴，$\boldsymbol{k}_i+\boldsymbol{G}$ 与其夹角为 γ，$\boldsymbol{r}$ 与其夹角为 θ，则利用式(3.391) 展开 $\mathrm{e}^{\mathrm{i}(\boldsymbol{k}_i+\boldsymbol{G}')\cdot\boldsymbol{r}}$，而用式(3.391) 展开 $\mathrm{e}^{\mathrm{i}(\boldsymbol{k}_i+\boldsymbol{G})\cdot\boldsymbol{r}}$，可得

$$
\begin{aligned}
V_{\mathrm{ps},l,\boldsymbol{k}_i+\boldsymbol{G},\boldsymbol{k}_i+\boldsymbol{G}'} &= \int \mathrm{e}^{-\mathrm{i}(\boldsymbol{k}_i+\boldsymbol{G}\cdot\boldsymbol{r})}V_{\mathrm{ps},l}\hat{P}_l\sum_{l'}(2l'+1)i^{l'}\mathrm{j}_{l'}(|\boldsymbol{k}_i+\boldsymbol{G}'|r)\mathrm{P}_{l'}(\cos\theta)\mathrm{d}\boldsymbol{r} \\
&= 4\pi(2l+1)\mathrm{i}^l\sum_{L'}(-\mathrm{i})^{l'}\mathrm{j}_{l'}(|\boldsymbol{k}_i+\boldsymbol{G}|r)\mathrm{Y}_{l'}^{-m'}(\gamma,\phi)\mathrm{Y}_{l'}^{-m'}(\theta,\phi)V_{\mathrm{ps},l}(\boldsymbol{r}) \\
&\quad\times \mathrm{j}_l(|\boldsymbol{k}_i+\boldsymbol{G}'|r)\mathrm{d}\boldsymbol{r} \\
&= 4\pi(2l+1)\mathrm{i}^l\sum_{L'}\int(-\mathrm{i})^{l'}\mathrm{j}_{l'}(|\boldsymbol{k}_i+\boldsymbol{G}|r)\mathrm{j}_l(|\boldsymbol{k}_i+\boldsymbol{G}'|r)V_{\mathrm{ps},l}(r) \\
&\quad \mathrm{Y}_{l'}^{m'}(\gamma,\phi)r^2\mathrm{d}r\cdot\left(\frac{4\pi}{2l+1}\right)^{1/2}\int \mathrm{Y}_{l'}^{-m'}(\theta,\phi)\mathrm{Y}_l^0(\theta,\phi)\sin\theta\mathrm{d}\theta\mathrm{d}\phi \\
&= 4\pi(2l+1)\mathrm{i}^l\sum_{L'}\int(-\mathrm{i})^{l'}\mathrm{j}_{l'}(|\boldsymbol{k}_i+\boldsymbol{G}|r)\mathrm{j}_l(|\boldsymbol{k}_i+\boldsymbol{G}'|r)V_{\mathrm{ps},l}(r) \\
&\quad\times\sqrt{\frac{2l'+1(l'+m')!}{2l+1(l'-m')!}}\mathrm{P}_{l'}^{-m'}(\cos\gamma)\times\mathrm{e}^{-\mathrm{i}m'\phi}r^2\mathrm{d}r\delta_{ll',m'0} \\
&= 4\pi(2l+1)\int \mathrm{j}_l(|\boldsymbol{k}_i+\boldsymbol{G}|r)\mathrm{j}_l(|\boldsymbol{k}_i+\boldsymbol{G}'|r)V_{\mathrm{ps},l}(r)\mathrm{P}_l(\cos\gamma)r^2\mathrm{d}r
\end{aligned}
\tag{3.392}
$$

对于原子赝势，我们采取第 2 章中介绍过的半局域分部形式。其中球对称的局域部分为 $V_{\mathrm{ps}}^{\mathrm{loc}}(\boldsymbol{r}-\boldsymbol{R}_{k,I})$，则其对总能的贡献有很简单的形式：

$$\sum_{i,k,I}\int\psi_i^*(\boldsymbol{r})V_{\mathrm{ps}}^{\mathrm{loc}}(\boldsymbol{r}-\boldsymbol{R}_k)\psi_i(\boldsymbol{r})\mathrm{d}\boldsymbol{r}=\Omega\sum_{\boldsymbol{G}}S(\boldsymbol{G})V_{\mathrm{ps}}^{\mathrm{loc}}(\boldsymbol{G})\rho(\boldsymbol{G}) \tag{3.393}$$

而非局域部分 $\delta V_{\mathrm{ps},l}^{\mathrm{nl}}$ 则利用方程(3.392) 计算，仅需要将该方程中的 $V_{\mathrm{ps},l}$ 替换为 $\delta V_{\mathrm{ps},l}^{\mathrm{nl}}$ 即可。

因此，若取基函数为平面波，则在倒空间中体系的总能可以表示为

$$E_{\mathrm{tot}}=\Omega\left\{\frac{1}{2N_k}\sum_{n,i,\boldsymbol{G}}|c_{n,\boldsymbol{k}_i}(\boldsymbol{G})|^2|\boldsymbol{k}_i+\boldsymbol{G}|^2+\sum_{\boldsymbol{G}}\left[\frac{1}{2}V_{\mathrm{H}}(\boldsymbol{G})+\varepsilon_{\mathrm{xc}}(\boldsymbol{G})+V_{\mathrm{ps}}^{\mathrm{loc}}(\boldsymbol{G})S(\boldsymbol{G})\right]\rho(\boldsymbol{G})\right.$$
$$\left.+\frac{1}{N_k}\sum_{n,i,l,\boldsymbol{G},\boldsymbol{G}'}c_{n,\boldsymbol{k}_i}^*(\boldsymbol{G})c_{n,\boldsymbol{k}_i}(\boldsymbol{G}')S(\boldsymbol{G}'-\boldsymbol{G})\delta V_{\mathrm{ps},l,\boldsymbol{k}_i+\boldsymbol{G},\boldsymbol{k}_i+\boldsymbol{G}'}^{\mathrm{nl}}\right\}+\frac{1}{2}\sum_{k,I,m,J}\frac{Z^2}{|\boldsymbol{R}_{k,I}-\boldsymbol{R}_{m,J}|} \tag{3.394}$$

将式(3.394)推广到普遍情况(即每个单胞中有 P_s 种原子，每种原子有 N_s 个)非常简单，只需要额外对结构因子 S 及赝势 $V_{\mathrm{ps},l}$ 加上上标 s 并对其求和即可：

$$E_{\mathrm{tot}}=\Omega\left\{\frac{1}{2N_k}\sum_{n,i,\boldsymbol{G}}|c_{n,\boldsymbol{k}_i}(\boldsymbol{G})|^2|\boldsymbol{k}_i+\boldsymbol{G}|^2+\sum_{\boldsymbol{G}}\left[\frac{1}{2}V_{\mathrm{H}}(\boldsymbol{G})+\varepsilon_{\mathrm{xc}}(\boldsymbol{G})\right.\right.$$
$$\left.\left.+\sum_{s=1}^{P_s}V_{\mathrm{ps}}^{\mathrm{loc},s}(\boldsymbol{G})S^s(\boldsymbol{G})\right]\rho(\boldsymbol{G})+\frac{1}{N_k}\sum_{n,i,l,\boldsymbol{G},\boldsymbol{G}'}c_{n,\boldsymbol{k}_i}^*(\boldsymbol{G})c_{n,\boldsymbol{k}_i}(\boldsymbol{G}')\sum_{s=1}^{P_s}S^s(\boldsymbol{G}'-\boldsymbol{G})\delta V_{\mathrm{ps},l,\boldsymbol{k}_i+\boldsymbol{G},\boldsymbol{k}_i+\boldsymbol{G}'}^{\mathrm{nl},s}\right\}$$
$$+\frac{1}{2}\sum_{k,I,m,J}\frac{Z_IZ_J}{|\boldsymbol{R}_{k,I}-\boldsymbol{R}_{m,J}|} \tag{3.395}$$

其中结构因子为

$$S^s(\boldsymbol{G}'-\boldsymbol{G})=\sum_{I=1}^{N_s}\mathrm{e}^{\mathrm{i}(\boldsymbol{G}'-\boldsymbol{G})\cdot\boldsymbol{R}_{I,s}} \tag{3.396}$$

式中求和遍历第 s 种元素的所有原子，$\boldsymbol{R}_{I,s}$ 为每个该种原子在单胞中的位置。注意：与方程(3.389) 中定义的 $S(\boldsymbol{G})$ 不同，式(3.396) 中对原子位置的求和限制在一个单胞内，而取消了分母上的单胞数 N_{cell}。这显然是合理的，因为对于任意 n，$\mathrm{e}^{\mathrm{i}n\boldsymbol{G}\cdot\boldsymbol{L}}\equiv1$。

在上面的所有计算中，非局域赝势 $\delta V_{\mathrm{ps},l}^{s}$ 需要计算 $N(N+1)/2$ 个积分，所以计算量比较大。为了解决这个问题，可以利用 3.3.3 节中介绍的 KB 方法将其改写为局域赝势。我们在这里给出最终结果(更详细的讨论可参阅文献[53])：

$$\delta V_{\mathrm{ps},l,\boldsymbol{k}_i+\boldsymbol{G},\boldsymbol{k}_i+\boldsymbol{G}'}^{\mathrm{nl},s}=\sum_{m=-l}^{l}\sum_{I=1}^{N_s}\beta_{lm}^s\mathrm{e}^{-\mathrm{i}\boldsymbol{G}\cdot\boldsymbol{R}_{I,s}}f_{lm}^{s*}(\boldsymbol{k}_i+\boldsymbol{G})f_{lm}^s(\boldsymbol{k}_i+\boldsymbol{G}')\mathrm{e}^{\mathrm{i}\boldsymbol{G}'\cdot\boldsymbol{R}_{I,s}} \tag{3.397}$$

式中

$$\beta_{lm}^s=\left(\int r^2\mathrm{d}r\,|\Phi_{\mathrm{ps}}^{lm,s}(r)|^2\delta V_{\mathrm{ps},l}^{\mathrm{nl},s}(r)\right)^{-1} \tag{3.398}$$

$$f_{lm}^s(\boldsymbol{k}_i+\boldsymbol{G}')=\int r^2\mathrm{d}r\Phi_{\mathrm{ps}}^{lm,s}(r)\delta V_{\mathrm{ps},l}^{\mathrm{nl},s}(r)\mathrm{j}_l(|\boldsymbol{k}_i+\boldsymbol{G}|r) \tag{3.399}$$

按照式(3.397)，计算量减小为 N 个积分。比较式(3.392)和式(3.397)，可以看到，后者包含了结构因子。

综合上述讨论，我们得到平面波-赝势框架下的 Kohn-Sham 方程为

$$\sum_{G'}\left[\frac{1}{2}\mid \boldsymbol{k}_i+\boldsymbol{G}'\mid^2\delta_{GG'}+V^i_{G,G'}\right]c_{n,\boldsymbol{k}_i}(\boldsymbol{G}')=\varepsilon_n c_{n,\boldsymbol{k}_i}(\boldsymbol{G}) \tag{3.400}$$

式中

$$V^i_{G,G'}=V_{\mathrm{H}}(\boldsymbol{G}'-\boldsymbol{G})+\mu_{\mathrm{xc}}(\boldsymbol{G}'-\boldsymbol{G})+\sum_{s=1}^{P_s}S^s(\boldsymbol{G}'-\boldsymbol{G})V^{\mathrm{loc},s}_{\mathrm{ps}}(\boldsymbol{G}'-\boldsymbol{G})$$
$$+\sum_{s=1}^{P_s}S^s(\boldsymbol{G}'-\boldsymbol{G})\sum_l \delta V^{\mathrm{nl},s}_{\mathrm{ps},l,\boldsymbol{k}_i+\boldsymbol{G},\boldsymbol{k}_i+\boldsymbol{G}'} \tag{3.401}$$

需要指出的是，式(3.384)中的 $V_{\mathrm{H}}(\boldsymbol{G})$、式(3.393)中的 $V^{\mathrm{loc}}_{\mathrm{ps}}(\boldsymbol{G})$ 均正比于 $1/\mid\boldsymbol{G}\mid^2$，因此 $V_{\mathrm{H}}(0)$ 和 $V^{\mathrm{loc}}_{\mathrm{ps}}(0)$ 分别发散。而式(3.378)中 E_{II} 同样包含这样的发散项。可以严格证明，虽然各自发散，但是因为整个体系呈电中性，因此对这三项求和之后发散项彼此抵消，总能仍然是收敛的。具体的做法是在体系中加上遵循某种分布的负电荷 $\rho_{\mathrm{aux}}(\boldsymbol{r})$，其总量 $\int\rho_{\mathrm{aux}}(\boldsymbol{r})\mathrm{d}\boldsymbol{r}$ 等于全体离子所带电荷。然后相应地对体系的总能进行修正，加上并减去 $\rho_{\mathrm{aux}}(\boldsymbol{r})$ 的自相互作用 E_{aux}[53,100]。附加电荷的分布是任意的，但是为了计算方便，一般取为以各离子为中心呈高斯分布的电荷的叠加。对这个问题的处理需要用到 Ewald 求和。因此首先对其加以介绍。

3.4.3.2 Ewald 求和

Ewald求和方法最早是由Ewald提出的计算周期性排列的点电荷势能——或者更准确地说——静电能的方法[101]。其核心是将库仑势分为长程势与短程势两部分的叠加，二者分别在倒空间与实空间内计算各自对静电能的贡献，再对结果求和。作为一项成熟的、被广泛应用的技术，Ewald 求和公式的数学推导有若干不同的方法[102,103]。本节中我们选择 Stanford 大学 Lee 和 Cai 的推导方法[103]，因为该方法涉及的物理图像比较清晰，过程也比较直观。

设一个单胞周期为 $\boldsymbol{L}$ 的体系，单胞中有 N_{ion} 个离子，携带电荷数为 $\{Z_I\}$，所处位置为 $\{\boldsymbol{r}_I\}$，则体系的静电能为(原子单位制下)

$$E_{\mathrm{es}}=\frac{1}{2}\sum_n\sum_I{\sum_J}'\frac{Z_IZ_J}{\mid\boldsymbol{r}_I-\boldsymbol{r}_J+n\boldsymbol{L}\mid} \tag{3.402}$$

式中“′”表示不包括 $n=0, I=J$ 的一项。同时定义下面两个势函数：

$$\varphi_I(\boldsymbol{r})=\frac{Z_I}{\mid\boldsymbol{r}-\boldsymbol{r}_I\mid} \tag{3.403}$$

$$\varphi(\boldsymbol{r})=\sum_n\sum_J\frac{Z_J}{\mid\boldsymbol{r}-\boldsymbol{r}_J+n\boldsymbol{L}\mid} \tag{3.404}$$

式中：$\varphi_I(\boldsymbol{r})$ 为离子 I 在空间中产生的静电势；$\varphi(\boldsymbol{r})$ 为所有离子及其全部映像在空间中产生的静电势。由此可以定义嵌入势

$$\varphi_{[I]}(\boldsymbol{r})=\varphi(\boldsymbol{r})-\varphi_I(\boldsymbol{r})=\sum_n{\sum_J}'\frac{Z_J}{\mid\boldsymbol{r}-\boldsymbol{r}_J+n\boldsymbol{L}\mid} \tag{3.405}$$

式中：$\varphi_{[I]}(\boldsymbol{r})$ 表示当 $n=0$ 的单胞内 $\boldsymbol{r}_I$ 终点处没有离子 I 时空间中所有其他离子所产

生的静电势。该势函数的重要性在于可以借助它将 E_{es} 表示为如下非常简单的形式：

$$E_{es}=\frac{1}{2}\sum_{I}Z_{I}\varphi_{[I]}(\boldsymbol{r}_{I}) \tag{3.406}$$

上述讨论均基于点电荷模型。借助于电荷密度分布函数 $\rho_I(\boldsymbol{r})$，可以将上述讨论扩展到一般情况。容易写出，由 $\rho_I(\boldsymbol{r})$ 产生的静电势为

$$\varphi_I(\boldsymbol{r})=\int\frac{\rho_I(\boldsymbol{r}')}{|\boldsymbol{r}'-\boldsymbol{r}_I|}\mathrm{d}\boldsymbol{r}' \tag{3.407}$$

由此，遵循与此前一样的步骤，写出一般情况下的静电势能

$$E_{es}=\frac{1}{2}\sum_{n}\sum_{I}\sum_{J}{}'\int\frac{\rho_I(\boldsymbol{r})\rho_J(\boldsymbol{r}')}{|\boldsymbol{r}-\boldsymbol{r}'+n\boldsymbol{L}|}\mathrm{d}\boldsymbol{r}\mathrm{d}\boldsymbol{r}' \tag{3.408}$$

而相应地，有

$$\varphi_{[I]}(\boldsymbol{r})=\sum_{n}\sum_{J}{}'\int\frac{\rho_J(\boldsymbol{r}')}{|\boldsymbol{r}-\boldsymbol{r}'+n\boldsymbol{L}|}\mathrm{d}\boldsymbol{r}' \tag{3.409}$$

为了计算静电能，在每个点电荷 $Z_I\delta(\boldsymbol{r}-\boldsymbol{r}_I)$ 上先叠加再减去一个相同的呈高斯分布的电荷 $\rho_\sigma^{G}(\boldsymbol{r})$，从而将其分解为短程电荷 $\rho^{S}(\boldsymbol{r})$ 和长程电荷 $\rho^{L}(\boldsymbol{r})$：

$$\rho_I^{S}=Z_I\delta(\boldsymbol{r}-\boldsymbol{r}_I)-Z_I\rho_\sigma^{G}(\boldsymbol{r}-\boldsymbol{r}_I) \tag{3.410}$$

$$\rho_I^{L}=Z_I\rho_\sigma^{G}(\boldsymbol{r}-\boldsymbol{r}_I) \tag{3.411}$$

式中：$\rho_\sigma^{G}(\boldsymbol{r}-\boldsymbol{r}_I)$ 代表中心在 $\boldsymbol{r}_I$、展宽为 σ 的高斯电荷分布，

$$\rho_\sigma^{G}(\boldsymbol{r}-\boldsymbol{r}_I)=\frac{1}{(2\pi\sigma^2)^{3/2}}\mathrm{e}^{-|\boldsymbol{r}-\boldsymbol{r}_I|^2/2\sigma^2} \tag{3.412}$$

相应地有短程势 $\varphi^{S}(\boldsymbol{r})$ 和长程势 $\varphi^{L}(\boldsymbol{r})$：

$$\varphi_I^{S}(\boldsymbol{r})=Z_I\int\frac{\delta(\boldsymbol{r}'-\boldsymbol{r}_I)-\rho_\sigma^{G}(\boldsymbol{r}-\boldsymbol{r}')}{|\boldsymbol{r}-\boldsymbol{r}'|}\mathrm{d}\boldsymbol{r}' \tag{3.413}$$

$$\varphi_I^{L}(\boldsymbol{r})=Z_I\int\frac{\rho_\sigma^{G}(\boldsymbol{r}'-\boldsymbol{r}_I)}{|\boldsymbol{r}-\boldsymbol{r}'|}\mathrm{d}\boldsymbol{r}' \tag{3.414}$$

而

$$\varphi_I(\boldsymbol{r})=\varphi_I^{S}(\boldsymbol{r})+\varphi_I^{L}(\boldsymbol{r}) \tag{3.415}$$

显然，静电能可以写为

$$E_{es}=\frac{1}{2}\sum_{I}Z_I\varphi_{[I]}^{S}(\boldsymbol{r}_I)+\frac{1}{2}\sum_{I}Z_I\varphi_{[I]}^{L}(\boldsymbol{r}_I) \tag{3.416}$$

式中：$\phi_{[I]}^{S}(\boldsymbol{r}_I)$、$\varphi_{[I]}^{L}(\boldsymbol{r}_I)$ 由方程(3.409)给出，仅需将其中的 ρ_J 相应替换为 ρ_J^{S} 和 ρ_J^{L} 即可。在实际计算中，常常将 E_{es} 写成如下形式：

$$E_{es}=\frac{1}{2}\sum_{I}Z_I\varphi_{[I]}^{S}(\boldsymbol{r}_I)+\frac{1}{2}\sum_{I}Z_I\varphi^{L}(\boldsymbol{r}_I)-\frac{1}{2}\sum_{I}Z_I\varphi_I^{L}(\boldsymbol{r}_I) \tag{3.417}$$

式(3.417)中右端第一项称为短程静电能，用 E_{es}^{S} 表示，第二项称为长程静电能，用 E_{es}^{L} 表示，第三项称为自能项，用 E^{self} 表示，其中 E_{es}^{S} 与 E^{self} 需要在实空间内求解，而 E_{es}^{L} 需要在倒空间内求解。

静电势 φ 与电荷 ρ 之间的关系由泊松方程决定。原子单位制下，有

$$\nabla^2 \varphi_\sigma^{\mathrm{G}}(\boldsymbol{r}) = -4\pi\rho_\sigma^{\mathrm{G}}(\boldsymbol{r}) \tag{3.418}$$

附录 A.2 节中给出了球坐标系下∇^2的具体形式。考虑到静电势的球对称性，$\varphi_\sigma^{\mathrm{G}}(\boldsymbol{r})$ 仅由 $r=|\boldsymbol{r}|$ 决定。因此，$\varphi_\sigma^{\mathrm{G}}(\boldsymbol{r})$ 对 θ 和 ϕ 的导数均为零。因此方程(3.418) 可写为

$$\frac{1}{r}\frac{\partial^2}{\partial r^2}[r\varphi_\sigma^{\mathrm{G}}(\boldsymbol{r})] = -4\pi\rho_\sigma^{\mathrm{G}}(\boldsymbol{r}) \tag{3.419}$$

由此解得

$$\varphi_\sigma^{\mathrm{G}}(\boldsymbol{r}) = \frac{1}{|\boldsymbol{r}|}\mathrm{erf}\left(\frac{|\boldsymbol{r}|}{\sqrt{2}\sigma}\right) \tag{3.420}$$

其中 erf(z) 为误差函数，

$$\mathrm{erf}(z) = \frac{2}{\sqrt{\pi}}\int_0^z \mathrm{e}^{-t^2}\,\mathrm{d}t \tag{3.421}$$

将式(3.421) 代入式(3.413) 和式(3.414)，可得

$$\varphi_I^{\mathrm{S}}(\boldsymbol{r}) = \frac{Z_I}{|\boldsymbol{r}-\boldsymbol{r}_I|}\mathrm{erfc}\left(\frac{|\boldsymbol{r}-\boldsymbol{r}_I|}{\sqrt{2}\sigma}\right) \tag{3.422}$$

$$\varphi_I^{\mathrm{L}}(\boldsymbol{r}) = \frac{Z_I}{|\boldsymbol{r}-\boldsymbol{r}_I|}\mathrm{erf}\left(\frac{|\boldsymbol{r}-\boldsymbol{r}_I|}{\sqrt{2}\sigma}\right) \tag{3.423}$$

其中 $\mathrm{erfc}(z) = 1-\mathrm{erf}(z)$。将式(3.423) 和式(3.409) 代入式(3.417)，可得

$$E_{\mathrm{es}}^{\mathrm{S}} = \frac{1}{2}\sum_n\sum_I\sum_J{}' \frac{Z_I Z_J}{|\boldsymbol{r}_I-\boldsymbol{r}_J+n\boldsymbol{L}|}\mathrm{erfc}\left(\frac{|\boldsymbol{r}_I-\boldsymbol{r}_J+n\boldsymbol{L}|}{\sqrt{2}\sigma}\right) \tag{3.424}$$

因为 E^{self} 中 $|\boldsymbol{r}_I-\boldsymbol{r}_J|=0$，所以利用 $z\to 0$ 时 erf(z) 的极限

$$\lim_{z\to 0}\mathrm{erf}(z) = \frac{2}{\sqrt{\pi}}z$$

可得

$$\varphi_I^{\mathrm{L}}(\boldsymbol{r}_I) = \frac{Z_I}{\sigma}\sqrt{\frac{2}{\pi}} \tag{3.425}$$

因此，将其代入式(3.417) 中可求得

$$E^{\mathrm{self}} = \frac{1}{\sqrt{2\pi}\sigma}\sum_I Z_I^2 \tag{3.426}$$

接下来讨论 $E_{\mathrm{es}}^{\mathrm{L}}$ 的计算过程。由式(3.414) 可以看出，$\varphi_I^{\mathrm{L}}(\boldsymbol{r})$ 是一个长程且无奇点的势函数。因此 $E_{\mathrm{es}}^{\mathrm{L}}$ 无法直接在实空间内求解。Ewald 借助傅里叶变换及其逆变换，首先将 $\rho^{\mathrm{L}}(\boldsymbol{r})$ 变换为倒空间中的 $\rho^{\mathrm{L}}(\boldsymbol{G})$，然后通过倒空间下的泊松方程求解 $\varphi^{\mathrm{L}}(\boldsymbol{G})$，再变换到实空间中，得到了最后结果。

式(3.417) 右端第二项的求和中没有扣除任何离子的贡献，因此 $\varphi^{\mathrm{L}}(\boldsymbol{r})$ 是由在空间中呈周期分布的所有 $\rho_I^{\mathrm{L}}(\boldsymbol{r})$ 叠加而生成的长程势。可以写出长程电荷总和：

$$\rho^{\mathrm{L}}(\boldsymbol{r}) = \sum_n\sum_I \rho_I^{\mathrm{L}}(\boldsymbol{r}+n\boldsymbol{L}) \tag{3.427}$$

显然，$\rho^{\mathrm{L}}(\boldsymbol{r})$ 与 $\varphi^{\mathrm{L}}(\boldsymbol{r})$ 均为周期性函数。因此，可以定义二者各自的傅里叶变换：

$$\tilde{\rho}^{\mathrm{L}}(\boldsymbol{G}) = \frac{1}{\Omega_{\mathrm{cell}}}\int_{\Omega_{\mathrm{cell}}} \rho^{\mathrm{L}}(\boldsymbol{r})\mathrm{e}^{-\mathrm{i}\boldsymbol{G}\cdot\boldsymbol{r}}\mathrm{d}\boldsymbol{r} \tag{3.428}$$

$$\tilde{\varphi}^{\mathrm{L}}(\boldsymbol{G}) = \frac{1}{\Omega_{\mathrm{cell}}}\int_{\Omega_{\mathrm{cell}}} \varphi^{\mathrm{L}}(\boldsymbol{r})\mathrm{e}^{-\mathrm{i}\boldsymbol{G}\cdot\boldsymbol{r}}\mathrm{d}\boldsymbol{r} \tag{3.429}$$

其中积分在单胞 Ω_{cell} 中进行。相应的傅里叶逆变换为

$$\rho^{\mathrm{L}}(\boldsymbol{r}) = \sum_{\boldsymbol{G}}\tilde{\rho}^{\mathrm{L}}(\boldsymbol{G})\mathrm{e}^{\mathrm{i}\boldsymbol{G}\cdot\boldsymbol{r}} \tag{3.430}$$

$$\varphi^{\mathrm{L}}(\boldsymbol{G}) = \sum_{\boldsymbol{G}}\tilde{\varphi}^{\mathrm{L}}(\boldsymbol{G})\mathrm{e}^{\mathrm{i}\boldsymbol{G}\cdot\boldsymbol{r}} \tag{3.431}$$

将 $\rho^{\mathrm{L}}(\boldsymbol{r})$ 的表达式(3.427)、式(3.412) 代入式(3.428)，可得

$$\begin{aligned}\tilde{\rho}^{\mathrm{L}}(\boldsymbol{G}) &= \frac{1}{\Omega_{\mathrm{cell}}}\int_{\Omega_{\mathrm{cell}}}\sum_{n}\sum_{J}Z_J\rho_\sigma^{\mathrm{G}}(\boldsymbol{r}-\boldsymbol{r}_J+n\boldsymbol{L})\mathrm{e}^{-\mathrm{i}\boldsymbol{G}\cdot\boldsymbol{r}}\mathrm{d}\boldsymbol{r}\\ &= \frac{1}{\Omega_{\mathrm{cell}}}\sum_{J}Z_J\int_{\mathrm{allspace}}\rho_\sigma^{\mathrm{G}}(\boldsymbol{r}-\boldsymbol{r}_J)\mathrm{e}^{\mathrm{i}\boldsymbol{G}\cdot\boldsymbol{r}}\mathrm{d}\boldsymbol{r}\\ &= \frac{1}{\Omega_{\mathrm{cell}}}\sum_{J}Z_J\mathrm{e}^{-\mathrm{i}\boldsymbol{G}\cdot\boldsymbol{r}_J}\mathrm{e}^{-\sigma^2|\boldsymbol{G}|^2/2}\end{aligned} \tag{3.432}$$

倒空间中泊松方程为

$$|\boldsymbol{G}|^2\tilde{\varphi}^{\mathrm{L}}(\boldsymbol{G}) = 4\pi\tilde{\rho}^{\mathrm{L}}(\boldsymbol{G}) \tag{3.433}$$

将式(3.432) 代入式(3.433)，有

$$\tilde{\varphi}^{\mathrm{L}}(\boldsymbol{G}) = \frac{4\pi}{|\boldsymbol{G}|^2}\sum_{J}Z_J\mathrm{e}^{-\mathrm{i}\boldsymbol{G}\cdot\boldsymbol{r}_j}\mathrm{e}^{-\sigma^2|\boldsymbol{G}|^2/2} \tag{3.434}$$

然后利用傅里叶逆变换得

$$\begin{aligned}\varphi^{\mathrm{L}}(\boldsymbol{r}) &= \frac{1}{\Omega_{\mathrm{cell}}}\sum_{\boldsymbol{G}}\tilde{\varphi}^{\mathrm{L}}(\boldsymbol{G})\mathrm{e}^{\mathrm{i}\boldsymbol{G}\cdot\boldsymbol{r}}\\ &= \frac{4\pi}{\Omega_{\mathrm{cell}}}\lim_{\boldsymbol{G}_0\to\boldsymbol{0}}\frac{\sum_J Z_J}{|\boldsymbol{G}_0|^2} + \frac{4\pi}{\Omega_{\mathrm{cell}}}\sum_{\boldsymbol{G}\neq\boldsymbol{0}}\frac{1}{|\boldsymbol{G}|^2}\sum_J Z_J\mathrm{e}^{-\sigma|\boldsymbol{G}|^2/2}\mathrm{e}^{\mathrm{i}\boldsymbol{G}\cdot(\boldsymbol{r}-\boldsymbol{r}_J)}\end{aligned} \tag{3.435}$$

式(3.435) 中右端的第一项因为单胞呈电中性，即 $\sum_J Z_J = 0$，所以为 0。$\varphi^{L}(\boldsymbol{r})$ 仅为第二项 $\boldsymbol{G}\neq\boldsymbol{0}$ 的求和。将式(3.435) 代入式(3.417)，可得长程静电能为

$$E_{\mathrm{es}}^{\mathrm{L}} = \frac{1}{2}\sum_I Z_I\varphi^{\mathrm{L}}(\boldsymbol{r}_I) = \frac{2\pi}{\Omega_{\mathrm{cell}}}\sum_{\boldsymbol{G}\neq\boldsymbol{0}}\sum_I\sum_J\frac{Z_IZ_J}{|\boldsymbol{G}|^2}\mathrm{e}^{\mathrm{i}\boldsymbol{G}\cdot(\boldsymbol{r}_I-\boldsymbol{r}_J)}\mathrm{e}^{-\sigma^2|\boldsymbol{G}|^2/2} \tag{3.436}$$

将式(3.424)、式(3.426)、式(3.436) 代入 E_{es} 的表达式(3.417)，得到最后结果：

$$\begin{aligned}E_{\mathrm{es}} &= \frac{1}{2}\sum_n\sum_I\sum_J{}' \frac{Z_IZ_J}{|\boldsymbol{r}_I-\boldsymbol{r}_J+n\boldsymbol{L}|}\mathrm{erfc}\left(\frac{\boldsymbol{r}_I-\boldsymbol{r}_J+n\boldsymbol{L}}{\sqrt{2}\sigma}\right)\\ &\quad+\frac{2\pi}{\Omega_{\mathrm{cell}}}\sum_{\boldsymbol{G}\neq\boldsymbol{0}}\sum_I\sum_J\frac{Z_IZ_J}{|\boldsymbol{G}|^2}\mathrm{e}^{\mathrm{i}\boldsymbol{G}\cdot(\boldsymbol{r}_I-\boldsymbol{r}_J)}\mathrm{e}^{-\sigma^2|\boldsymbol{G}|^2/2} - \frac{1}{\sqrt{2\pi}\sigma}\sum_I Z_I^2\end{aligned} \tag{3.437}$$

3.4.3.3　实际应用中的总能表达式

由 3.4.3.2 节的结果，可以推导在实际应用中的总能 E_{tot} 的表达式。为了后面的

计算方便，取附加正电荷分布 $\rho_{\text{aux}}(\boldsymbol{r})$ 为

$$\rho_{\text{aux}}(\boldsymbol{r}) = -\sum_i \frac{Z_i}{(2\pi\sigma^2)^{3/2}} \mathrm{e}^{-|\boldsymbol{r}-\boldsymbol{R}_i|^2/\sigma^2} \tag{3.438}$$

其中 $\boldsymbol{r}$ 遍历全空间。最前面的负号是因为我们取原子单位制 $e=1$。相应的傅里叶变换为

$$\rho_{\text{aux}}(\boldsymbol{G}) = -\frac{1}{\Omega}\mathrm{e}^{-|\boldsymbol{G}|^2\sigma^2/4}\left[\sum_{s=1}^{P_s} Z_s S^s(\boldsymbol{G})\right] \tag{3.439}$$

而自相互作用能 E_{aux} 为

$$E_{\text{aux}} = \frac{1}{2}\iint \frac{\rho_{\text{aux}}(\boldsymbol{r})\rho_{\text{aux}}(\boldsymbol{r}')}{|\boldsymbol{r}-\boldsymbol{r}'|}\mathrm{d}\boldsymbol{r}\mathrm{d}\boldsymbol{r}' \tag{3.440}$$

将式(3.440)加入总能表达式(3.378)，再将其从中减去，则根据式(3.385)、式(3.393)、式(3.402)等，可以将方程(3.378)中的静电能部分表示为

$$\begin{aligned} E_{\text{es}} &= E_{\text{ee}} + E_{\text{Ie}}^{\text{loc}} + E_{\text{II}} \\ &= \frac{1}{2}\iint \frac{\rho(\boldsymbol{r})\rho(\boldsymbol{r}')}{|\boldsymbol{r}-\boldsymbol{r}|}\mathrm{d}\boldsymbol{r}\mathrm{d}\boldsymbol{r}' + \int \rho(\boldsymbol{r})\left[\sum_n \sum_{s=1}^{P_s}\sum_{I=1}^{N_s} V_{\text{ps}}^{\text{loc},s}(|\boldsymbol{r}-\boldsymbol{R}_I+n\boldsymbol{L}|)\right]\mathrm{d}\boldsymbol{r} \\ &\quad + \frac{1}{2}\sum_n\sum_I\sum_J{}' \frac{Z_I Z_J}{|\boldsymbol{r}_I-\boldsymbol{r}_J+n\boldsymbol{L}|} + \frac{1}{2}\iint \frac{\rho_{\text{aux}}(\boldsymbol{r})\rho_{\text{aux}}(\boldsymbol{r}')}{|\boldsymbol{r}-\boldsymbol{r}'|}\mathrm{d}\boldsymbol{r}\mathrm{d}\boldsymbol{r}' \\ &\quad - \frac{1}{2}\iint \frac{\rho_{\text{aux}}(\boldsymbol{r})\rho_{\text{aux}}(\boldsymbol{r}')}{|\boldsymbol{r}-\boldsymbol{r}'|}\mathrm{d}\boldsymbol{r}\mathrm{d}\boldsymbol{r}' \end{aligned} \tag{3.441}$$

将赝势的非局域部分单独处理。引入“总电荷”$\rho_{\text{T}}(\boldsymbol{r}) = \rho(\boldsymbol{r}) + \rho_{\text{aux}}(\boldsymbol{r})$。显然，如果体系呈电中性，则有

$$Q_{\text{T}} = \int \rho_{\text{T}}(\boldsymbol{r})\mathrm{d}\boldsymbol{r} = 0 \tag{3.442}$$

经过简单的计算，可将 E_{es} 重新表示为

$$\begin{aligned} E_{\text{es}} &= \frac{1}{2}\iint \frac{\rho_{\text{T}}(\boldsymbol{r})\rho_{\text{T}}(\boldsymbol{r}')}{|\boldsymbol{r}-\boldsymbol{r}'|}\mathrm{d}\boldsymbol{r}\mathrm{d}\boldsymbol{r}' + \int \rho(\boldsymbol{r})\left[\sum_n\sum_{s=1}^{P_s}\sum_{I=1}^{N_s} V_{\text{ps}}^{\text{loc},s}(|\boldsymbol{r}-\boldsymbol{R}_{I,s}+n\boldsymbol{L}|) - \frac{\rho_{\text{aux}}(\boldsymbol{r}')}{|\boldsymbol{r}-\boldsymbol{r}'|}\right]\mathrm{d}\boldsymbol{r} \\ &\quad + \frac{1}{2}\left[\sum_n\sum_I\sum_J{}' \frac{Z_I Z_J}{|\boldsymbol{r}_I-\boldsymbol{r}_J+n\boldsymbol{L}|} - \iint \frac{\rho_{\text{aux}}(\boldsymbol{r})\rho_{\text{aux}}(\boldsymbol{r}')}{|\boldsymbol{r}-\boldsymbol{r}'|}\mathrm{d}\boldsymbol{r}\mathrm{d}\boldsymbol{r}'\right] \end{aligned} \tag{3.443}$$

根据 3.4.3.1 节中的讨论，在平面波基组的表象下，式(3.443)中，

$$\frac{1}{2}\iint \frac{\rho_{\text{T}}(\boldsymbol{r})\rho_{\text{T}}(\boldsymbol{r}')}{|\boldsymbol{r}-\boldsymbol{r}'|}\mathrm{d}\boldsymbol{r}\mathrm{d}\boldsymbol{r}' = \frac{4\pi\Omega}{2}\sum_{\boldsymbol{G}\neq\boldsymbol{0}} \frac{\rho_{\text{T}}^2(\boldsymbol{G})}{|\boldsymbol{G}|^2} \tag{3.444}$$

其中 $\boldsymbol{G}=\boldsymbol{0}$ 的一项为发散项，但是 $\rho_{\text{T}}(0)$ 等于 Q_{T}/Ω，由式(3.442)可知该项为零，因此发散项消失。同理，有

$$\int \frac{\rho(\boldsymbol{r})\rho_{\text{aux}}(\boldsymbol{r}')}{|\boldsymbol{r}-\boldsymbol{r}'|}\mathrm{d}\boldsymbol{r} = 4\pi\Omega\sum_{\boldsymbol{G}\neq\boldsymbol{0}} \frac{\rho_{\text{T}}(\boldsymbol{G})\rho_{\text{aux}}(\boldsymbol{G})}{|\boldsymbol{G}|^2} \tag{3.445}$$

式(3.443)中 $\boldsymbol{G}=\boldsymbol{0}$ 的一项在后面单独处理，而 $V_{\text{ps}}^{\text{loc},s}$ 项由方程(3.393)给出，有

$$\int \rho(\boldsymbol{r})\left[\sum_{n}\sum_{s=1}^{P_s}\sum_{I=1}^{N_s}V_{\text{ps}}^{\text{loc},s}(|\boldsymbol{r}-\boldsymbol{R}_I+n\boldsymbol{R}_{I,s}|)\right]\mathrm{d}\boldsymbol{r}=\Omega\sum_{|\boldsymbol{G}|}\sum_{s=1}^{N_s}S^s(\boldsymbol{G})V_{\text{ps}}^{\text{loc},s}(\boldsymbol{G})\rho(\boldsymbol{G}) \tag{3.446}$$

注意，与式(3.396)相同，此时第二次求和只在一个单胞内进行。因此，方程(3.443)中的 $E_{\text{Ie}}^{\text{loc}}$ 项为

$$E_{\text{Ie}}^{\text{loc}}=\Omega\sum_{\boldsymbol{G}}\left[\sum_{s=1}^{N_s}S^s(\boldsymbol{G})V_{\text{ps}}^{\text{loc},s}(\boldsymbol{G})-\frac{4\pi}{|\boldsymbol{G}|^2}\rho_{\text{aux}}(\boldsymbol{G})\right]\rho(\boldsymbol{G}) \tag{3.447}$$

其中 $\boldsymbol{G}=\boldsymbol{0}$ 的一项要进行特殊的处理。

首先考虑方括号中的第一项 $\sum_{s=1}^{N_s}S^s(\boldsymbol{G})V_{\text{ps}}^{\text{loc},s}(\boldsymbol{G})$。当 $\boldsymbol{G}=\boldsymbol{0}$ 时，由式(3.396)可知 $S^s(\boldsymbol{G})=N_s$。而 $V_{\text{ps}}^{\text{loc},s}(\boldsymbol{G})$ 可计算如下：

$$\begin{aligned}V_{\text{ps}}^{\text{loc},s}(\boldsymbol{G})&=\frac{1}{\Omega_{\text{cell}}}\int_{\Omega_{\text{cell}}}V_{\text{ps}}^{\text{loc},s}\mathrm{e}^{-\mathrm{i}\boldsymbol{G}\cdot\boldsymbol{r}}\mathrm{d}\boldsymbol{r}\\&=\frac{1}{\Omega_{\text{cell}}}\int_{|\boldsymbol{r}|<r_{\text{c}}}\left(V_{\text{ps}}^{\text{loc},s}+\frac{Z_s}{r}\right)\mathrm{e}^{-\mathrm{i}\boldsymbol{G}\cdot\boldsymbol{r}}\mathrm{d}\boldsymbol{r}+\frac{1}{\Omega_{\text{cell}}}\int_{\Omega_{\text{cell}}}\left(-\frac{Z_s}{r}\right)\mathrm{e}^{-\mathrm{i}\boldsymbol{G}\cdot\boldsymbol{r}}\mathrm{d}\boldsymbol{r}\\&=\frac{1}{\Omega_{\text{cell}}}\int_{|\boldsymbol{r}|<r_{\text{c}}}\left(V_{\text{ps}}^{\text{loc},s}+\frac{Z_s}{r}\right)\mathrm{e}^{-\mathrm{i}\boldsymbol{G}\cdot\boldsymbol{r}}\mathrm{d}\boldsymbol{r}-\frac{4\pi Z_s}{\Omega_{\text{cell}}|\boldsymbol{G}|^2}\end{aligned} \tag{3.448}$$

式(3.448)中利用了前面得出的结果，即在 $\boldsymbol{r}_{\text{c}}$ 终点之外，$V_{\text{ps}}^{\text{loc},s}=Z_s/r$。考虑 $\boldsymbol{G}=\boldsymbol{0}$ 的项，式(3.448)中最后一行第一项记为 α^s，即

$$\alpha^s=\frac{1}{\Omega_{\text{cell}}}\int_{|\boldsymbol{r}|<r_{\text{c}}}\left(V_{\text{ps}}^{\text{loc},s}+\frac{Z_s}{r}\right)\mathrm{d}\boldsymbol{r} \tag{3.449}$$

它是个非零的有限值，第二项为发散项，暂且记为 $V_{\text{c}}^{\text{loc},s}(0)$。

其次考虑式(3.447)方括号中的第二项。因为 $\rho_{\text{aux}}(\boldsymbol{G})$ 前面有因子 $4\pi/|\boldsymbol{G}|^2$，所以应该将 $\rho_{\text{aux}}(\boldsymbol{G})$ 按照 $|\boldsymbol{G}|$ 展开到 $|\boldsymbol{G}|^2$ 项，再取 $|\boldsymbol{G}|\to 0$ 的极限。由式(3.428)、式(3.438)可得

$$\lim_{|\boldsymbol{G}|\to 0}\rho_{\text{aux}}(\boldsymbol{G})=-\frac{Q}{\Omega_{\text{cell}}}-\frac{\sigma^2}{4\Omega_{\text{cell}}}|\boldsymbol{G}|^2 \tag{3.450}$$

由式(3.449)、式(3.450)及 $V_{\text{c}}^{\text{loc},s}(0)$ 可得，$E_{\text{Ie}}^{\text{loc}}$ 中 $|\boldsymbol{G}|=0$ 的一项(记为 $\bar{E}_{\text{Ie}}^{\text{loc}}$)为

$$\frac{\bar{E}_{\text{Ie}}^{\text{loc}}}{N_{\text{cell}}}=\sum_{s=1}^{P_s}N_s\alpha^s\rho(0)+\lim_{|\boldsymbol{G}|\to 0}\left(-\sum_{s=1}^{P_s}N_sZ_s+Q\right)\frac{4\pi}{|\boldsymbol{G}|^2}\rho(0)-\pi Q\sigma^2\rho(0) \tag{3.451}$$

因为 $Q=\sum N_sZ_s$，所以式(3.451)右端第二项相互抵消，发散项消失。而根据式(3.439)、式(3.447)、式(3.451)和 $\rho(0)=Q/\Omega_{\text{cell}}$ 可得

$$E_{\text{es}}^{\text{loc}}=\Omega\sum_{|\boldsymbol{G}|\neq 0}\left[\sum_{s=1}^{N_s}S^s(\boldsymbol{G})V_{\text{ps}}^{\text{loc},s}(\boldsymbol{G})-\frac{4\pi}{|\boldsymbol{G}|^2}\sum_{I}\frac{Z_I}{\Omega_{\text{cell}}}\left(\sum_{s=1}^{P_s}Z_sS^s(\boldsymbol{G})\right)\right]\rho(\boldsymbol{G})$$

$$+ N_{\text{cell}} \frac{Q}{\Omega_{\text{cell}}} \sum_{s=1}^{P_s} N_s \alpha^s - N_{\text{cell}} \pi \frac{\sigma^2 Q^2}{\Omega_{\text{cell}}} \tag{3.452}$$

方程(3.443)中的第二行记为 $E_{\mathrm{II}}^{\text{mix}}$，其中括号内第二项记为 E_{aux}，在倒空间中可以写为与式(3.444)、式(3.445)形式类似的结果：

$$E_{\text{aux}} = \frac{\Omega}{2} \sum_{|\boldsymbol{G}|} \frac{4\pi}{|\boldsymbol{G}|^2} \rho_{\text{aux}}(\boldsymbol{G}) \rho_{\text{aux}}(\boldsymbol{G}) \tag{3.453}$$

根据式(3.453)、式(3.437)，可得

$$\begin{aligned} E_{\mathrm{II}}^{\text{mix}} = & \frac{N_{\text{cell}}}{2} \sum_n \sum_I \sum_J{}' \frac{Z_I Z_J}{|\boldsymbol{r}_I - \boldsymbol{r}_J + n\boldsymbol{L}|} \operatorname{erfc}\left(\frac{|\boldsymbol{r}_I - \boldsymbol{r}_J + n\boldsymbol{L}|}{\sqrt{2}\sigma} \right) - \frac{N_{\text{cell}}}{\sqrt{2\pi}\sigma} \sum_I Z_I^2 \\ & + \frac{N_{\text{cell}}}{2\Omega_{\text{cell}}} \sum_{\boldsymbol{G} \neq \boldsymbol{0}} \frac{4\pi}{|\boldsymbol{G}|^2} \left[\left| \sum_{s=1}^{N_s} Z_s S^s(\boldsymbol{G}) \right|^2 \mathrm{e}^{-\sigma^2 |\boldsymbol{G}|^2/2} - \Omega_{\text{cell}}^2 |\rho_{\text{aux}}(\boldsymbol{G})|^2 \right] \\ & + \frac{1}{2\Omega_{\text{cell}}} \frac{4\pi Q^2}{0^2} - \frac{\pi\sigma^2 Q^2}{\Omega_{\text{cell}}} - \frac{1}{2\Omega_{\text{cell}}} \frac{4\pi}{0^2} \Omega_{\text{cell}}^2 |\rho_{\text{aux}}(0)|^2 - 2\pi\Omega_{\text{cell}} \rho_{\text{aux}}(0) \rho''_{\text{aux}}(0) \end{aligned} \tag{3.454}$$

其中右端倒数第三、四项与最后两项分别为第二行方括号中第一项和第二项在 $\boldsymbol{G} \to \boldsymbol{0}$ 时展开到 $|\boldsymbol{G}|^2$ 项的极限(见式(3.450))。$\rho_{\text{aux}}(0)$ 由式(3.438)给出，容易求得

$$\rho_{\text{aux}}(0) = -Q/\Omega_{\text{cell}}, \quad \rho''_{\text{aux}}(0) = Q\sigma^2/(2\Omega_{\text{cell}})$$

因此式(3.454)的第三行的各项彼此相消。而由 $\rho_{\text{aux}}(\boldsymbol{G})$ 的表达式(3.439)可知，$E_{\mathrm{II}}^{\text{mix}}$ 中第二行的各项在倒空间中的求和也互相抵消，因此只剩下实空间中的求和项。

至此，得到没有发散项的每个单胞中的静电能 E_{es} 的表达式：

$$\begin{aligned} \frac{E_{\text{es}}[\rho]}{N_{\text{cell}}} = & \frac{\Omega_{\text{cell}}}{2} \sum_{\boldsymbol{G} \neq \boldsymbol{0}} \frac{4\pi}{|\boldsymbol{G}|^2} \rho_{\mathrm{T}}(\boldsymbol{G}) \rho_{\mathrm{T}}(-\boldsymbol{G}) + \Omega_{\text{cell}} \sum_{\boldsymbol{G} \neq \boldsymbol{0}} \sum_{s=1}^{P_s} V_{\text{ps}}^{\text{loc},s}(\boldsymbol{G}) S^s(\boldsymbol{G}) \rho(\boldsymbol{G}) \\ & + \sum_{\boldsymbol{G} \neq \boldsymbol{0}} \sum_{s=1}^{P_s} \frac{4\pi Z_s}{|\boldsymbol{G}|^2} S^s(\boldsymbol{G}) \mathrm{e}^{-|\boldsymbol{G}|^2 \sigma^2/4} \rho(-\boldsymbol{G}) - \frac{1}{\sqrt{2\pi}\sigma} \sum_I Z_I^2 - \frac{\pi\sigma^2}{\Omega_{\text{cell}}} \left(\sum_{s=1}^{P_s} N_s Z_s \right)^2 \\ & + \frac{1}{2} \sum_n \sum_I \sum_J{}' \frac{Z_I Z_J}{|\boldsymbol{r}_I - \boldsymbol{r}_J + n\boldsymbol{L}|} \operatorname{erfc}\left(\frac{|\boldsymbol{R}_I - \boldsymbol{R}_J + n\boldsymbol{L}|}{\sqrt{2}\sigma} \right) + \frac{1}{\Omega_{\text{cell}}} \sum_{s=1}^{P_s} (N_s \alpha^s Z_s) \end{aligned} \tag{3.455}$$

从上面的推导也可看到，取 $\rho_{\text{aux}}(\boldsymbol{r})$ 为式(3.438)所示的形式确实简化了 E_{es} 的表达式。

总能的其他部分，如动能、交换关联能、非局域赝势项等已经在 3.4.3.1 节中给出。从原则上讲，体系的总能可以在求解本征值的同时得到。但是此时的本征函数及电荷分布均未更新，所以与通常所说的 Kohn-Sham 总能有所不同。这说明，仍然需要首先得到体系的本征值和相应的本征方程，之后才能计算更新后体系的 Kohn-Sham 总能。

倒空间中总能表达式(3.394)、式(3.395)与式(3.455)看起来并不是很协调，最

明显的区别在于式(3.394)和式(3.395)中电子相互作用用$\sum V_{\mathrm{H}}(\boldsymbol{G})\rho(\boldsymbol{G})$项来表示,而式(3.455)则借助人为构建的$\rho_{\mathrm{T}}(\boldsymbol{G})$、$\rho_{\mathrm{aux}}(\boldsymbol{G})$进行描述。为使其达成一致,将$\rho_{\mathrm{T}}(\boldsymbol{r})=\rho(\boldsymbol{r})+\rho_{\mathrm{aux}}(\boldsymbol{r})$代入式(3.455),同时定义$\gamma_{\mathrm{Ewald}}$为

$$
\begin{aligned}
\gamma_{\mathrm{Ewald}}=&\frac{1}{2}\sum_{n}\sum_{I}\sum_{J}{}^{\prime}\frac{Z_I Z_J}{|\boldsymbol{R}_I-\boldsymbol{R}_J+n\boldsymbol{L}|}\operatorname{erfc}\left(\frac{|\boldsymbol{R}_I-\boldsymbol{R}_J+n\boldsymbol{L}|}{\sqrt{2}\sigma}\right)\\
&+\frac{4\pi}{\Omega_{\mathrm{cell}}}\sum_{\boldsymbol{G}\neq\boldsymbol{0}}\frac{1}{|\boldsymbol{G}|^2}\Big(\sum_{I}\mathrm{e}^{-\boldsymbol{G}\cdot\boldsymbol{R}_I}\mathrm{e}^{-|\boldsymbol{G}|^2\sigma^2/4}\Big)^2-\frac{1}{\sqrt{2\pi}\sigma}\sum_{I}Z_I^2-\frac{\pi\sigma^2}{\Omega_{\mathrm{cell}}}\Big(\sum_{s=1}^{P_s}N_s Z_s\Big)^2
\end{aligned}
\tag{3.456}
$$

经过简单的计算,就可以得到比较常见的平面波-赝势框架下的单胞总能表达式:

$$
\begin{aligned}
E_{\mathrm{tot}}=\Omega_{\mathrm{cell}}\Bigg\{&\frac{1}{2N_k}\sum_{n,i,\boldsymbol{G}}|c_{n,\boldsymbol{k}_i}(\boldsymbol{G})|^2|\boldsymbol{k}_i+\boldsymbol{G}|^2+\sum_{\boldsymbol{G}\neq\boldsymbol{0}}\Big[\frac{1}{2}V_{\mathrm{H}}(\boldsymbol{G})+\sum_{s=1}^{P_s}V_{\mathrm{ps}}^{\mathrm{loc},s}(\boldsymbol{G})S^s(\boldsymbol{G})\Big]\rho(\boldsymbol{G})\\
&+\sum_{\boldsymbol{G}}\varepsilon_{\mathrm{xc}}(\boldsymbol{G})\rho(\boldsymbol{G})+\frac{1}{N_k}\sum_{n,i,l,\boldsymbol{G},\boldsymbol{G}'}c_{n,\boldsymbol{k}_i}^{*}(\boldsymbol{G})c_{n,\boldsymbol{k}_i}(\boldsymbol{G}')\sum_{s=1}^{P_s}S^s(\boldsymbol{G}'-\boldsymbol{G})\delta V_{\mathrm{ps},l,\boldsymbol{k}_i+\boldsymbol{G},\boldsymbol{k}_i+\boldsymbol{G}'}^{s}\\
&+\gamma_{\mathrm{Ewald}}+\frac{1}{\Omega_{\mathrm{cell}}}\sum_{s=1}^{P_s}(N_s\alpha^s Z_s)\Bigg\}
\end{aligned}
\tag{3.457}
$$

利用3.4.1节中介绍的特殊$\boldsymbol{k}$点法,将$\boldsymbol{k}$的取值限制在第一布里渊区的不可约区域内,则可得

$$
\begin{aligned}
E_{\mathrm{tot}}=&\frac{\Omega_{\mathrm{cell}}}{N_k}\sum_{i}\omega_{\boldsymbol{k}_i}\Bigg\{\sum_{n,\boldsymbol{G},\boldsymbol{G}'}c_{n,\boldsymbol{k}_i}^{*}(\boldsymbol{G})\Big[\frac{1}{2}|\boldsymbol{k}_i+\boldsymbol{G}|^2\delta_{\boldsymbol{G},\boldsymbol{G}'}\\
&+\sum_{l}\sum_{s=1}^{P_s}S^s(\boldsymbol{G}'-\boldsymbol{G})\delta V_{\mathrm{ps},l,\boldsymbol{k}_i+\boldsymbol{G},\boldsymbol{k}_i+\boldsymbol{G}'}^{s}\Big]c_{n,\boldsymbol{k}_i}(\boldsymbol{G}')\Bigg\}+\Omega_{\mathrm{cell}}\sum_{\boldsymbol{G}}\varepsilon_{\mathrm{xc}}(\boldsymbol{G})\rho(\boldsymbol{G})\\
&+\Omega_{\mathrm{cell}}\sum_{\boldsymbol{G}\neq 0}\Big[\frac{1}{2}V_{\mathrm{H}}(\boldsymbol{G})+\sum_{s=1}^{P_s}V_{\mathrm{ps}}^{\mathrm{loc},s}(\boldsymbol{G})S^s(\boldsymbol{G})\Big]\rho(\boldsymbol{G})+\gamma_{\mathrm{Ewald}}+\frac{1}{\Omega_{\mathrm{cell}}}\sum_{s=1}^{P_s}(N_s\alpha^s Z_s)
\end{aligned}
\tag{3.458}
$$

式中:N_k是第一布里渊区内$\boldsymbol{k}$点的数目。

为了计算体系本征值,需要对平面波-赝势框架下的Kohn-Sham方程(式(3.400))中的势能项$V_{\boldsymbol{G},\boldsymbol{G}'}^{i}$加以限制。令$V_{\mathrm{H}}(0)$及$V_{\mathrm{ps}}^{\mathrm{loc}}(0)$等于0,因此,当$\boldsymbol{G}=\boldsymbol{G}'$时,

$$
V_{\boldsymbol{G},\boldsymbol{G}}^{i}=\mu_{\mathrm{xc}}(0)+\sum_{s=1}^{P_s}N_s\sum_{l}\delta V_{\mathrm{ps},l,\boldsymbol{k}_i+\boldsymbol{G},\boldsymbol{k}_i+\boldsymbol{G}}^{\mathrm{nl},s}
\tag{3.459}
$$

这种直接忽略发散项的做法相当于平移了势能零点,因此需要对最后的总能表达式做出修正[99]。而由式(3.458)可知,修正由最后的αZ项给出。

有必要指出,实际计算中,即使在平面波基组下,也并不是所有能量项都适合在动量空间中求解。式(3.457)和式(3.458)中的交换关联项,在考虑更复杂的$\varepsilon_{\mathrm{xc}}$函数形式时(例如在GGA中),可能无法表示成如此简单的形式。更适合的方法是在实空

间中计算：

$$E_{xc} = \frac{\Omega}{N_R}\sum_{i}^{N_R}\varepsilon_{xc}[\rho(\boldsymbol{r}_i)]\rho(\boldsymbol{r}_i) \tag{3.460}$$

此外，赝势非局域部分对总能的贡献 E_{ps}^{nl} 也可以通过 KB 分部形式重新写出：

$$E_{ps}^{nl} = \frac{\Omega_{cell}}{N_k}\sum_{i}\omega_{\boldsymbol{k}_i}\sum_{l=0}^{l_{max}}\sum_{m=-l}^{l}\sum_{s=1}^{P_s}\sum_{I=1}^{N_s}\sum_{n}^{N_{stat}}\beta_{lm}^{s}\mid F_{I,n}^{lm,s}(\boldsymbol{k}_i+\boldsymbol{G})\mid^2 \tag{3.461}$$

其中 β_{lm}^{s} 由式(3.398) 给出，而 $F_{I,n}^{lm,s}$ 表示为

$$F_{I,n}^{lm,s}(\boldsymbol{k}_i+\boldsymbol{G}) = \sum_{\boldsymbol{G}} e^{i\boldsymbol{G}\cdot\boldsymbol{R}_{I,s}} f_{lm}^{s}(\boldsymbol{k}_i+\boldsymbol{G})c_{n,\boldsymbol{k}_i}(\boldsymbol{G}) \tag{3.462}$$

3.4.4　自洽场计算的实现

3.4.3 节中已经给出了平面波 - 赝势框架下体系的总能表达式。从方程(3.458)不难看出，哈密顿矩阵元中的 Hartree 势 $V_H(\boldsymbol{G})$ 必须通过 $\rho(\boldsymbol{G})$ 构建，但是 $\rho(\boldsymbol{G})$ 正是我们需要求解的物理量。这意味着必须已知 $\rho(\boldsymbol{G})$ 才能求解 $\rho(\boldsymbol{G})$。解决这个矛盾的一般方法是首先给定一个初始猜测，然后通过自洽场计算逐步逼近精确解。本节具体讨论自洽场计算的方法与过程。

3.4.4.1　自洽过程

图 3.11 为自洽场计算的流程图。

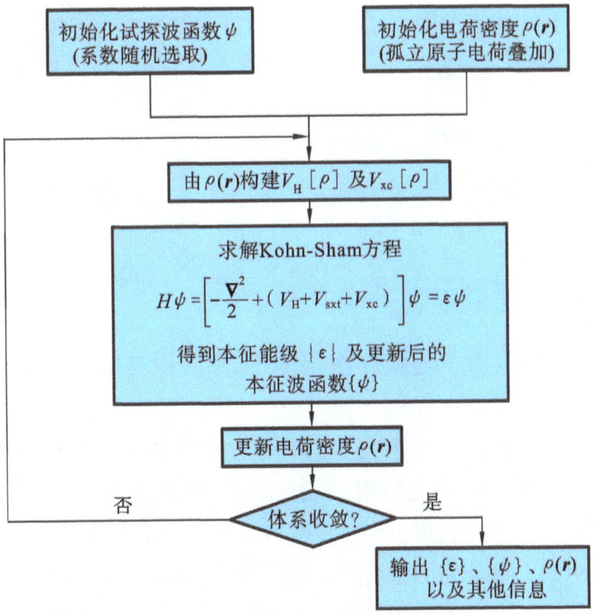

图 3.11　第一性原理计算中自洽场计算的流程图

最直接和传统的算法是明确计算哈密顿矩阵的每一个矩阵元，然后利用 LAPACK 库中的标准库函数直接对角化哈密顿矩阵，从而得到体系的本征值和本征

波函数。但是这种直接对角化方法要求在计算过程中存储整个 $N\times N$ 哈密顿矩阵，因此对内存的需求量很大。此外，直接对角化方法的计算量正比于哈密顿矩阵阶数的三次方 N^3。因为这两点，直接对角化方法并不适用于处理大型体系（原胞内原子数大于20）。目前以平面波为基组且采用赝势的软件包均使用所谓迭代对角化方法，这种方法可以有效改进直接对角化方法的两个缺点。

3.4.4.2 电荷密度更新

由3.4.4.1节可知，自洽场计算的每一步都需要迭代更新电荷密度。最直接的方案是用当前步得到的输出电荷密度 $\rho_i(\boldsymbol{r})$ 作为下一步的输入电荷密度。但是采取这种更新方式会导致自洽不收敛。实际应用中常用的更新方法是将下一步的输入电荷表示为当前步的输入电荷以及输出电荷的线性叠加：

$$\rho_{i+1}^{\text{in}} = \beta\rho_i^{\text{out}} + (1-\beta)\rho_i^{\text{in}} \tag{3.463}$$

式中：β是一个经验参数。对于一般的体系，取$\beta=0.3$可以保证自洽场计算收敛。但是对于自旋极化的体系，β有可能需要取得很小，如0.05左右。因为新一轮计算所得的电荷强度仅有一小部分用于更新电荷，所以体系只能非常缓慢地向精确解逼近。在这种情况下，更好的选择是采用此前若干步的输入、输出电荷密度构建最佳的近似解，作为最新一步的输入电荷密度。这种方法称为Pulay电荷更新。详细介绍请参看附录A.8节。

虽然平面波基组下电荷密度在动量空间中计算看起来更为直接，但效率更高的做法是通过快速傅里叶逆变换将本征矢$\{c_{n,ki}(\boldsymbol{G})\}$变换为实空间网格点上的本征函数值$\{\psi_{n,\boldsymbol{k}_i}(\boldsymbol{r})\}$，然后利用公式

$$\rho(\boldsymbol{r}) = \sum_{\boldsymbol{k}_i}\omega_{\boldsymbol{k}_i}\sum_{n=1}^{N_{\text{occ}}}|\psi_{n,\boldsymbol{k}_i}(\boldsymbol{r})|^2 \tag{3.464}$$

计算实空间各网格点上的电荷密度值。如在接下来的计算过程中需要，再通过快速傅里叶变换计算 $\rho(\boldsymbol{G})$。

3.4.5 利用共轭梯度法求解广义本征值

在DFT理论框架下，对于弱相互作用体系，求解体系基态等价为优化下述泛函：

$$E = \langle\phi|\hat{H}|\phi\rangle - \varepsilon_n\langle\phi|\hat{S}|\phi\rangle \tag{3.465}$$

式中右端第二项来自于本征函数正交性的约束。在特定的函数基下看待此问题，则本征函数$|\phi\rangle$相当于矢量$\boldsymbol{x}$，哈密顿算符$\hat{H}$表征为一个矩阵$\boldsymbol{A}$，E等于目标函数F，则上述问题等价为优化一个二次函数。即使考虑Kohn-Sham方程$\hat{H}|\phi\rangle=\varepsilon\hat{S}|\phi\rangle$，其广义本征值问题仍然可以等同于函数优化，因此可以利用共轭梯度法求出最接近实际本征值的近似本征值及其相应的本征矢。这种迭代求解Kohn-Sham方程的做法有别于直接对角化矩阵以及Car-Parrinello动力学方法（统称为直接法）。

由1.3.2节的讨论可知，利用共轭梯度法优化目标函数时需要确定最速下降方向及共轭方向。因为Kohn-Sham方程本身的特点，还需要考虑正交化处理以及利用

预处理技术提升收敛速度。对此分别加以介绍。

1. 最速下降方向

选定某条能带 m，根据方程(3.465)，优化泛函 $E=\langle\phi_m\mid\hat{H}-\varepsilon_m\hat{S}\mid\phi_m\rangle$。由此定义知，第 i 次迭代时相应的残余矢量为

$$|R(\phi_m^i)\rangle=-(\hat{H}-\varepsilon_m\hat{S})\mid\phi_m^i\rangle \tag{3.466}$$

即此处的最速下降方向与 $|\phi_m^i\rangle$ 正交。因此，此时的拉格朗日乘子可计算如下：

$$\varepsilon_m^i=\frac{\langle\phi_m^i\mid\hat{H}\mid\phi_m^i\rangle}{\langle\phi_m^i\mid\hat{S}\mid\phi_m^i\rangle} \tag{3.467}$$

这个值也是第 m 个本征值的当前最佳估计值。

2. 正交化

正交化的要求源自以下矛盾：共轭梯度法是一种无约束的优化方法，但是如果要进行一系列能量本征值的求解，那么要求分属不同本征值的本征矢彼此正交。可以通过对最速下降方向进行正交化处理而将约束优化问题转化为无约束优化问题。因为每条能带的本征矢都与其他的本征矢正交，所以假设已经将指标小于 m 的所有能带优化完毕，那么第 m 条能带应该是满足与 $m-1$ 个本征矢正交的最小的本征值。因此，第 i 次迭代的最速下降方向应该与 $m-1$ 个本征矢正交。利用格拉姆-施密特正交化方案实现，即

$$|\zeta_m^i\rangle=|R(\phi_m^i)\rangle-\sum_{n<m}\langle\phi_n\mid R(\phi_m^i)\rangle S\mid\phi_n\rangle \tag{3.468}$$

3. 预处理

从理论上讲，在 N 步之内对能带 m 的优化可以结束，但是可以进行一系列操作来提高优化效率。从数学上讲，预处理等于对矩阵 $\mathbf{A}$ 进行相似变换，改善其条件数，使得尽量多的本征值简并。这种操作之所以可以提高效率，是因为如果最速下降方向是当前误差(即当前解与精确解之差)乘以一个常数的话，那么沿着最速下降方向移动适当的距离就可以非常精确地到达精确解。

设当前步骤下最优解与精确解之间的差别为 $|\delta\phi_m^i\rangle$，这个量可以用体系的本征值展开为

$$|\delta\phi_m^i\rangle=\sum_n c_{n,m}\mid\phi_n\rangle \tag{3.469}$$

因此第 m 条能带的精确解可以写为 $|\phi_m\rangle=|\phi_m^i\rangle+|\delta\phi_m^i\rangle$，将其代入方程(3.466)，可得

$$|R(\phi_m^i)\rangle=-(\hat{H}-\varepsilon_m\hat{S})\mid\phi_m\rangle+(\hat{H}-\varepsilon_m\hat{S})\mid\delta\phi_m\rangle \tag{3.470}$$

在比较接近精确解的时候，式(3.470)右端的第一项可以忽略，仅考虑第二项即可，将式(3.469)代入式(3.470)，则可得

$$|R(\phi_m^i)\rangle=(\hat{H}-\varepsilon_m\hat{S})\mid\delta\phi_m\rangle=\sum n(\varepsilon_n-\varepsilon_m^i)c_{n,m}\mid\phi_n\rangle$$

可以看出，如果 n 个能级彼此简并的话，则最速下降方向是 $|\delta\phi_m^i\rangle$ 的常数倍。因此，如前所述，沿着最速下降方向移动适当的距离就可以非常精确地到达精确解。这

可以大大提升共轭梯度法的收敛速度。而预处理可以通过乘以一个预处理矩阵 **K** 得以实现，**K** 取决于在计算中所采用的基函数。

以平面波基为例，对于 G 较高的平面波，动能项为主要项，因此，如果要构造一个简并度比较高的变换，那么令计算最简便的矩阵 **K** 是一个对角矩阵，对角元是动能的倒数。但是对于 G 较低的平面波，动能项不占优势，因此 **K** 应该趋近于 1。一般取下面的表达式：

$$K_{m,n} = \frac{27 + 18x + 12x^2 + 8x^3}{27 + 18x + 12x^2 + 8x^3 + 16x^4}\delta_{mn} \tag{3.471}$$

式中：x 为平面波动能与 $|\phi_m^i\rangle$ 动能的比值。

同时考虑最速下降方向的正交性与预处理，可以构造最速下降方向为

$$|\eta_m^i\rangle = \boldsymbol{K}|\zeta_m^i\rangle$$

但是乘以矩阵 **K** 会破坏正交性，因此需要特别对 $|\eta_m^i\rangle$ 再进行一次格拉姆-施密特正交化：

$$|\eta'^i_m\rangle = |\eta_m^i\rangle - \langle\phi_m^i|\eta_m^i\rangle - \sum_{n<m}\langle\phi_n|\eta_m^i\rangle|\phi_n\rangle \tag{3.472}$$

将 $|\eta'^i_m\rangle$ 作为最速下降方向。注意式(3.472)右端第三项中的 $|\phi_n\rangle$ 没有上标，表明 n 以下的能带均已优化到精确解。

4. 共轭方向

确定最速下降方向之后，可以依照经典的共轭梯度方法构造共轭方向：

$$|\varphi_m^i\rangle = |\eta'^i_m\rangle + \gamma_m^i|\varphi_m^{(i-1)}\rangle, \quad \gamma_m^i = \frac{\langle\eta'^i_m|\zeta_m^i\rangle}{\langle\eta'^{i-1}_m|\zeta_m^{i-1}\rangle}$$

应当注意，共轭方向中的 γ_m^i 不仅仅是一种表达式。比如 Dyutiman Das 采用了 γ_m^i 的另外一种形式：

$$\gamma_m^i = \frac{(\langle\eta'^i_m| - \langle\eta'^{i-1}_m|)|\eta'^i_m\rangle}{(\langle\eta'^i_m| - \langle\eta'^{i-1}_m|)|\varphi_m^i\rangle} \tag{3.473}$$

这些表达式在没有外约束的条件下是彼此等价的，但是因为本征矢正交性的限制，由不同的 γ_m^i 构造出来的 $|\varphi_m^i\rangle$ 并不相同，很难说哪一种效率更高，需要在具体的问题中通过测试决定。

当前的共轭方向 $|\varphi_m^i\rangle$ 还需要与当前第 m 个能带的本征矢正交，并归一化。因此，最后的共轭方向的表达式为

$$\begin{cases} |\varphi''^i_m\rangle = |\varphi_m^i\rangle - \langle\phi_m^i|\varphi_m^i\rangle|\phi_m^i\rangle \\ |\varphi'^i_m\rangle = \dfrac{|\varphi''^i_m\rangle}{\langle\varphi''^i_m|\varphi''^i_m\rangle} \end{cases} \tag{3.474}$$

而以 $|\varphi'^i_m\rangle$ 最终的共轭梯度方向作为优化方向。

5. 一维搜索

确定了优化方向后，需要沿优化方向求出目标函数的最优解，而相应的本征矢 $|\phi_m^{i+1}\rangle$ 相当于当前本征矢 $|\phi_m^i\rangle$ 和优化方向 $|\phi'^i_m\rangle$ 的一个线性叠加。考虑到 $|\phi_m^{i+1}\rangle$ 和

$|\phi_m^i\rangle$ 的模方应该相等，因此可写为 $|\phi_m^{i+1}\rangle = \cos\theta|\phi_m^{i+1}\rangle + \sin\theta|\varphi'^i_m\rangle$，优化参数 θ 即可。前面说过，对于二次正定的函数，优化步长有解析的形式。假设采用经验赝势方法，则可写出 $\theta_{\min}$ 的解析式为

$$\tan(2\theta) = \frac{2\langle\varphi'^i_m|\hat{H}|\phi_m^i\rangle}{\langle\phi_m^i|\hat{H}|\phi_m^i\rangle - \langle\varphi'^i_m|\hat{H}|\varphi'^i_m\rangle} \tag{3.475}$$

如果采用严格的第一性原理计算，那么 $\theta_{\min}$ 虽然仍然有解析形式，但是需要考虑实空间内交换关联能及 Hartree 项的积分。另外一种方法则需要算出 $\theta = 0$ 时的函数值及一阶导数值，以及取另一个 θ 值（通常取 $\pi/300$）时的函数值，具体的步骤如下。

首先将能量 E 写为关于 θ 的三角级数：

$$E(\theta) = E_0 + \sum_n [A_n\cos(2n\theta) + B_n\sin(2n\theta)] \tag{3.476}$$

Payne 和 Joannopoulods 指出，这个级数中 $n > 1$ 的项均可以省略。因此式(3.476) 简化为 $E(\theta) = E_0 + A_1\cos2\theta + B_1\sin2\theta$。因此，如果要确定 $\theta_{\min}$，我们需要首先求出 E_0、A_1 及 B_1 三个参数的值。可以通过下述三个方程求解：

$$E_0 = E\left(\frac{\pi}{300}\right) - \frac{1}{2}\frac{\partial E}{\partial\theta}\bigg|_{\theta=0} - \frac{E(0)\cos\dfrac{2\pi}{300}}{1-\cos\dfrac{2\pi}{300}}$$

$$A_1 = \frac{E(0) - E\left(\dfrac{\pi}{300}\right) + \dfrac{1}{2}\dfrac{\partial E}{\partial\theta}\bigg|_{\theta=0}}{1-\cos\dfrac{2\pi}{300}}$$

$$B_1 = \frac{1}{2}\frac{\partial E}{\partial\theta}\bigg|_{\theta=0}$$

其中

$$\frac{\partial E}{\partial\theta}\bigg|_{\theta=0} = \langle\varphi'^i_m|\hat{H}|\phi_m^i\rangle + \langle\phi_m^i|\hat{H}|\varphi'^i_m\rangle \tag{3.477}$$

则极值点 $\theta_s = \dfrac{1}{2}\arctan\left(\dfrac{B_1}{A_1}\right)$，在区间 $\left[0, \dfrac{\pi}{2}\right]$ 中的 θ_s 即为所求的 θ_0。

以上所介绍的这两种方法的计算量相差无几。

综上所述，利用共轭梯度法求解 Kohn-Sham 方程的本征值具体步骤如下：

(1) 预设收敛判据 τ 及 λ，初始化 N 个本征矢 $|\phi\rangle$（如利用随机数作为系数），设 $j = 0$，$|\phi^j\rangle = |\phi\rangle$，以原子电荷分布的叠加作为初始电荷密度 ρ_j^{in}；

(2) 选择最低的能带 m，设 $i = 0$，根据式(3.467) 求出在上述 ρ_j^{in} 下的期待值 ε_m^i，并由式(3.466) 计算残余矢量 $|R(\phi_m^i)\rangle$；

(3) 依次按照式(3.468)、式(3.472) 对 $|R(\phi_m^i)\rangle$ 进行操作，并通过式(3.473) 和式(3.474) 构造归一化的共轭梯度方向 $|\varphi'^i_m\rangle$；

(4) 进行一维搜索，利用方程(3.475) 或者上述的两种方法计算优化的本征矢 $|\phi_m^{i+1}\rangle$，计算出 ε_m^{i+1} 和 $\||R(\phi_m^{i+1})\rangle\|$，若 $\||R(\phi_m^{i+1})\rangle\| \leqslant \tau$，优化结束，设 $m = m + 1$，移到下一条能带，否则设 $i = i + 1$，回到步骤(2)；

(5) 重复上述过程，直至收敛或者 $m \geqslant N$，计算总能 E 和能量变化值 ΔE^j，若 $\Delta E^j \leqslant \lambda$，全部计算结束，转到步骤(6)，否则设 $j=j+1$，利用 ϕ^j 更新哈密顿矩阵以及电荷密度 ρ_j^{in}，回到步骤(1)；

(6) 计算并保存电荷密度、本征矢、总能等各种信息。

对最速下降方向以及共轭方向进行约束的方法不只上面一种。如果正交化不仅仅对这些能带进行，而是将 n 的取值遍历所有能带指标，则利用类似的算法可以得到同样的本征能级，但是不能保证所得的本征矢正确。实际上，这些本征矢是 Kohn-Sham 本征矢的线性叠加。因此，对金属而言，需要在共轭梯度法求解过程结束之后再进行一步“子空间转动”(subspace rotation) 的步骤，即以占据数不为零的所有能带对应的本征矢张开子空间，计算哈密顿矩阵 $\boldsymbol{H}$ 以及交叠矩阵 $\boldsymbol{S}$，再进行矩阵的直接对角化。所得的本征矢 $\{|B\rangle\}$ 乘以此前得到的本征矢 $\{|\phi^j\rangle\}$，即得最后的结果。

可以看到，在优化全部 N 个本征矢的过程中，电荷密度分布 ρ_j^{in} 是固定的，直到所有 N 个本征矢优化结束之后才更新 ρ_j^{in}。因此，上面介绍的方法是迭代算法。也可以利用共轭梯度法对体系进行直接求解，过程和上述算法大体一致。主要的区别在于对第 m 条能带优化结束之后，首先要更新 ρ_j^{in}，然后再移到下一条能带。在实际的计算中，特别是平面波基方法中，最开始的几轮优化对 ρ_j^{in} 的更新会导致系统严重偏离基态（因为本征矢的初始化采用随机数），因此这种做法存在可行性方面的困难。一种解决办法是，保持初始 ρ_j^{in} 不变，对所有能带做优化，从第二步开始随时更新 ρ_j^{in}。为提高效率，共轭梯度法的收敛判据 τ 以及 λ 随着优化不断进行而逐渐减小，而不采用固定值。

3.4.6 迭代对角化方法

哈密顿矩阵 $\boldsymbol{H}$（或者重叠矩阵 $\boldsymbol{S}$）的维数一般都比较大，直接对角化之后一共有 N 个本征值和本征矢，而被电子占据的能带只是其中很小一部分。因此，为了避免对高维矩阵的直接对角化，我们可以只关心最低的 n 个能带的精确度。比较合理的做法是对于一条给定的能带，首先给出一个近似的本征值和本征矢，将其代回本征值方程（或者广义本征值方程），得到改进的结果。将上述过程迭代进行，直至求得精度达到要求的结果。这就是迭代对角化方法的基本思想。比较常见的迭代对角化方法有 Lanczos 方法、Davidson 方法和残余矢量最小化(RMM-DIIS) 方法等。本节中，我们首先介绍迭代对角化方法的基本理论，然后详细讨论 RMM-DIIS 方法，最后讨论实际应用中可以提高计算效率的方面。

3.4.6.1 基本理论

绝大多数的迭代对角化方法都会定义或者构建三组 N 维矢量。第一组 $\{|\varphi_i\rangle\}$ 有 N 个，是希尔伯特空间的基函数（或称坐标轴），如平面波基等，哈密顿矩阵 $\boldsymbol{H}$ 和重叠矩阵 $\boldsymbol{S}$ 都可以由此得出；第二组 $\{|x_i\rangle\}$ 也有 N 个，是一组完备基，可以展开整个希尔伯特空间中的任意矢量；第三组 $\{|b_i\rangle\}$ 只有 N_0 个（N_0 远小于 N），是 N_0 维子空间基函数，因为只要求 $\{|b_i\rangle\}$ 张开可以包含 n 条最低能带的 N_0 维子空间，所以每个 $|b_i\rangle$

中只需要前 N_0 个元素准确。启动迭代对角化方法时，首先选定一个 $N_0\times N_0$ 哈密顿矩阵 $\boldsymbol{H}_0$（$\boldsymbol{H}$ 的一部分），然后利用直接对角化方法如 Cholesky 分解法等求解 $\boldsymbol{H}_0$ 的本征值和本征矢，若精度不够，则利用所得结果更新$\{|b_i\rangle\}$，并在$\{|b_i\rangle\}$ 张开的子空间中重新求解下列方程：

$$\Xi|c\rangle=\varepsilon\Omega|c\rangle \tag{3.478}$$

其中

$$\begin{cases}\Xi_{ij}=\langle b_i|\hat{H}|b_i\rangle\\ \Omega_{ij}=\langle b_i|\hat{S}|b_j\rangle\end{cases} \tag{3.479}$$

ε_k 为当前哈密顿矩阵 $\boldsymbol{H}$ 的第 k 个本征值的近似值，相应的本征矢 $|a_k\rangle$ 为

$$|a_k\rangle=\sum_i\langle b_i|c_k\rangle|b_i\rangle \tag{3.480}$$

由计算结果构建 $|x_i\rangle$ 以及 $|b_i\rangle$ 的方法不同，导致了迭代对角化方法的不同。但是这些方法均遵循一个原则，即更新后的本征矢应当尽量靠近体系的精确解。为了完成这个任务，首先定义残余矢量为

$$|R(A^c,E^c)\rangle=(\hat{H}-\hat{S}A^c)|A^c\rangle \tag{3.481}$$

式中：A^c 和 E^c 分别为当前本征矢和本征值的近似估算值。$|R\rangle$ 的模（$\langle R|R\rangle/\langle A^c|\hat{S}|A^c\rangle)^{1/2}$ 反映了当前结果至精确值的“距离”。而 E^c 的计算非常直接：

$$E^c=\frac{\langle A^c|\hat{H}|A^c\rangle}{\langle A^c|\hat{S}|A^c\rangle} \tag{3.482}$$

下一轮迭代，相当于在当前的本征矢近似值 $|A^c\rangle$ 上叠加一个 $|\delta A\rangle$。最理想的结果是更新后的矢量 $|A^c\rangle+|\delta A\rangle$ 就是精确的本征矢，此时残余矢量为零，且

$$|R(|A^c+\delta A\rangle,E^c)\rangle=|R(|A^c\rangle,E^c)\rangle+(\hat{H}-E^c\hat{S}|\delta A\rangle)=0 \tag{3.483}$$

由此可得，最理想的 $|\delta A\rangle$ 应为

$$|\delta A\rangle=-(\hat{H}-E^c\hat{S})^{-1}|R(|A^c\rangle,E^c)\rangle \tag{3.484}$$

但是因为需要对一个 $N\times N$ 矩阵求逆，所以通过式(3.484)计算 $|\delta A\rangle$ 并不现实。若利用完备基组 $|x_j\rangle$ 将 $|\delta A\rangle$ 展开，代入式(3.483)，并与$\langle x_i|$ 做内积，则有

$$\langle x_i|R\rangle+\sum_j\langle x_i|(\hat{H}-E^c\hat{S})|x_j\rangle\langle x_j|\delta A\rangle=0 \tag{3.485}$$

对于式(3.485)，并无法减小直接计算 $|\delta A\rangle$ 所需的计算量。为了解决这个问题，一般采用所谓“对角近似”，即只保留式(3.485)中 $i=j$ 的项。因此有

$$|\delta A\rangle=-\sum_i{}'\frac{\langle x_i|R\rangle|x_i\rangle}{\langle x_i|\hat{H}-E^c\hat{S}|x_i\rangle} \tag{3.486}$$

其中求和号上的“′”表示抛除任何分母小于某个阈值 δ 的项。这个定义确保了当第 k 个本征矢的残余矢量 $|R_k\rangle$ 为 **0** 时，相应的 $|\delta A_k\rangle$ 也为 **0**。

利用式(3.486)更新本征矢的近似值 $|A\rangle$ 后，再将其代入式(3.482)求得更新后的本征值近似值 E^{new}。若相应的 R^{new} 仍然比较大，则重复上述过程。这就构成了大多数迭代对角化方法的基本算法。此外，应当注意，到目前为止，算法对本征值的优化是

串行的，即每次只优化一个本征值，结束之后再优化下一个。

3.4.6.2 RMM-DIIS 方法

Wood 和 Zunger 在 1984 年正式提出了 RMM-DIIS 方法[104]。但是在此之前，Pulay 为了改进自洽场计算中电荷更新的精度，提出过一个与 RMM-DIIS 方法非常类似的算法，这类算法称为迭代子空间直接求逆法(direct inversion in the iterative subspace,DIIS)，或者 Pulay 电荷更新[105]，在 7.8 节中将简要介绍该方法。而在本节中，我们主要介绍 RMM-DIIS 方法。

对于第 j 个本征矢和本征值，选取$\{|x_i\rangle\}$和$\{|b_i\rangle\}$分别为

$$\{|x_i\rangle\} = \{|a_j^0\rangle, j=1,2,\cdots,N_0\} + \{|e_j\rangle, j=N_0+1,\cdots,N\} \tag{3.487}$$

$$\{|b_i\rangle\}[p=0/1/2/\cdots] = [|\delta A_j^{(0)}\rangle / |\delta A_j^{(1)}\rangle / |\delta A_j^{(2)}\rangle / \cdots \tag{3.488}$$

式中：$|a_j^0\rangle$表示哈密顿矩阵 $\boldsymbol{H}_0$ 的一套本征矢；$|\delta A_j^{(0)}\rangle$是一个 N 维矢量，前 N_0 个元素由$|a_j^0\rangle$给出，之后的 $N-N_0$ 个元素为 0；p 代表迭代的次数，“/”表示每一轮会增加的子空间基函数$|b_i\rangle$。例如，首次迭代，$|b_i\rangle = |\delta A_j^{(0)}\rangle$，而下一次迭代，$\{|b_i\rangle\}$有两个矢量——$|\delta A_j^{(0)}\rangle$和$|\delta A_j^{(1)}\rangle$，依此类推。可见，RMM-DIIS 方法包含了全部迭代史的信息。其中用来优化本征值和本征矢的子空间由迭代产生的$|\delta A_j^{(p)}\rangle$张开，又称为迭代子空间。将式(3.487)代入式(3.486)，可得 δA 的各个分量

$$\langle e_k | \delta A\rangle = -\sum_{i\in(1,N_0)}' \frac{\langle a_j^0 | R(E^{\text{old}})\rangle\langle e_k | a_i^0\rangle}{(\lambda_i^0 - E^{\text{old}})\langle a_i^0 | \hat{S} | a_i^0\rangle} - \sum_{i\in(N_0+1,N)}' \frac{\langle e_k | R(E^{\text{old}})\rangle\delta_{ik}}{(H_{ii} - E^{\text{old}} S_{ii})} \tag{3.489}$$

式中：λ_i^0 是矩阵 $\boldsymbol{H}_0$ 的第 i 个本征值。设现在开始进行第 m 次迭代，已经有了 m 个迭代子空间的基函数$\{\delta A^{(0)}, \delta A^{(1)}, \cdots, \delta A^{(m-1)}\}$，同时有 $E^{\text{old}} = E^{(m-1)}$，则根据式(3.489)得到$|\delta A^{(m)}\rangle$。根据这些信息构建第 m 轮中本征矢$|A^{\text{new}}\rangle$的最佳估计值，将其在迭代子空间中展开，有

$$|A^{\text{new}}\rangle = \sum_{i=0}^{m} \alpha_i |\delta A^{(i)}\rangle \tag{3.490}$$

$|A^{\text{new}}\rangle$最佳意味着相应的残余矢量$|R(A^{\text{new}}, E^{\text{old}})\rangle$的模方 ρ^2 最小。因此 ρ^2 对于任意系数 α_i 的偏导都应为 **0**，即

$$\frac{\partial \rho^2}{\partial \alpha_k^*} = \frac{\partial}{\partial \alpha_k^*} \frac{\sum_{r,s=0}^{m} \alpha_r^* \alpha_s \langle \delta A^{(r)} | \hat{H} - E^{\text{old}}\hat{S} | (\hat{H} - E^{\text{old}}\hat{S})\delta A^{(s)}\rangle}{\sum_{r,s=0}^{m} \alpha_r^* \alpha_s \langle \delta A^{(r)} | \hat{S} | \delta A^{(s)}\rangle} = 0 \tag{3.491}$$

k 遍历 0 到 m，则形如式(3.491)的 $m+1$ 个方程联立，求解 ρ^2 的极小值等价于求解下列广义本征值方程：

$$\boldsymbol{P}|\alpha\rangle = \rho^2 \boldsymbol{Q}|\alpha\rangle \tag{3.492}$$

矩阵 $\boldsymbol{P}$ 和 $\boldsymbol{Q}$ 的矩阵元如下：

$$\begin{cases} P_{rs} = \langle \delta A^{(r)}(\hat{H} - E^{\text{old}}\hat{S}) | (\hat{H} - E^{\text{old}}\hat{S})\delta A^{(s)}\rangle \\ Q_{rs} = \langle \delta A^{(r)} | \hat{S} | \delta A^{(s)}\rangle \end{cases} \tag{3.493}$$

因为 $\boldsymbol{P}$ 与 $\boldsymbol{Q}$ 均为 $(m+1)\times(m+1)$ 矩阵，所以可以利用直接对角化求得最小的本征值，将相应的本征矢 $|\alpha\rangle$ 代入式(3.490)，就得到最优的 $|A^{\text{new}}\rangle$。

得到 $|A^{\text{new}}\rangle$ 之后可以更新对本征值的近似

$$E^{\text{new}}=\frac{\langle A^{\text{new}}|\hat{H}|A^{\text{new}}\rangle}{\langle A^{\text{new}}|\hat{S}|A^{\text{new}}\rangle} \tag{3.494}$$

以及残余矢量

$$|R^{\text{new}}\rangle=\frac{(\hat{H}-E^{\text{new}}\hat{S})|A^{\text{new}}\rangle}{\langle A^{\text{new}}|\hat{S}|A^{\text{new}}\rangle} \tag{3.495}$$

若 $\||R^{\text{new}}\|^2$ 大于收敛判据，则再重复上述过程，直至收敛为止。

Wood-Zunger 提出的上述算法在处理大型矩阵时会遇到收敛困难的问题，而且对于自洽场计算效率也比较低，所以当前流行的 RMM-DIIS 方法更接近于 Pulay 的方法[106,107]。二者的主要区别在于在首次迭代中，子空间基函数 $|b_j\rangle=|\delta A_j^{(0)}\rangle$ 不再要求预先求解 $\boldsymbol{H}_0$ 以得到一个初始的本征矢，而是利用共轭梯度或者最速下降法非自洽地求解整个哈密顿矩阵 $\boldsymbol{H}$，以得到的第 j 个本征矢 $|A_j^0\rangle$ 作为 $|b_j\rangle$，相应的本征值记为 E^{old}。而在第一次迭代中，不再用方程(3.489) 构建当前步的叠加矢量 $|\delta A\rangle$，而是利用 $|A_j^0\rangle$ 对应的残余矢量 $|R(|A_j^0\rangle,E^{\text{old}})\rangle$ 构建新的基函数，记为 $|A_j^1\rangle$，即

$$|A_j^1\rangle=|A_j^0\rangle+\lambda\boldsymbol{K}|R(|A_j^0\rangle,E^{\text{old}})\rangle \tag{3.496}$$

式中：$\boldsymbol{K}$ 是预处理矩阵，矩阵元由方程(3.471) 给出；λ 是步长，通常取值范围为[0.3,1]。由式(3.481) 得到 $|A_j^1\rangle$ 相应的残余矢量 $|R_j^1\rangle=|R_j^1(|A_j^1,E^{\text{old}})\rangle$。再根据式(3.490) 写出本次迭代中本征矢的最佳估计值：

$$|A_j^{M,\text{new}}\rangle=\sum_{i=0}^{M}\alpha_i|A_j^i\rangle,\quad M=1 \tag{3.497}$$

设残余矢量是一个线性算符，则有

$$|R_j^{M,\text{new}}\rangle=\sum_{i=0}^{M}\alpha_i|R_j^i\rangle \tag{3.498}$$

对式(3.498) 求 $\||R_j^{\text{new}}\rangle\|^2$ 的极小值，同样可以得到关于 $\{\alpha_i\}$ 的广义本征值方程(3.492)，其中

$$\begin{cases}P_{rs}=\langle R_j^r|R_j^s\rangle\\ Q_{rs}=\langle A_j^r|\hat{S}|A_j^s\rangle\end{cases} \tag{3.499}$$

将求得的 $\{\alpha_i\}$ 代入式(3.497) 得到本次迭代下本征矢最优近似解 $|A_j^{M,\text{new}}\rangle$，再由式(3.494) 和式(3.495) 得到 E_j^{new} 和 $|R_j^{M,\text{new}}\rangle$，如果未收敛，则设 $E_j^{\text{old}}=E_j^{\text{new}}$，$M=M+1$，并且增加一个新的迭代子空间基函数

$$|A_j^{M+1}\rangle=|A_j^{M,\text{new}}\rangle+\lambda\boldsymbol{K}|R_j^{M,\text{new}}\rangle \tag{3.500}$$

再重复上述过程，直至收敛为止。

3.4.6.3　提高计算效率

从前面的讨论可以看到，迭代对角化方法需要计算 $(N\times 1$ 列向量$)\boldsymbol{H}\psi$。因此，采

用迭代对角化方法可以大大地减小计算时对内存空间的要求。而且，快速傅里叶变换允许在实空间和倒空间之间相互切换，对于 $\boldsymbol{H}\psi$ 每一项都选取最高效的方法进行计算。哈密顿算符 $\hat{H}$ 已经在 3.4.3.1 节中由式(3.380) 给出。为讨论方便，这里将赝势分解为局域与 KB 非局域两部分，然后重新写出 $\hat{H}$：

$$\hat{H}=-\frac{\nabla^2}{2}+\hat{V}_{\mathrm{H}}+\hat{V}_{\mathrm{ps}}^{\mathrm{loc}}+\hat{\mu}_{\mathrm{xc}}+\hat{V}_{\mathrm{ps}}^{\mathrm{nl}} \tag{3.501}$$

利用平面波将 $\hat{H}$ 和 ψ 展开为矩阵 $\boldsymbol{H}$ 和矢量 $\boldsymbol{c}_{n,\boldsymbol{k}_i,\boldsymbol{G}}$ 之后，可以看到哈密顿矩阵的各个组成部分可以分别和矢量相乘。动能项 $\hat{T}_{\mathrm{e}}$ 非常简单，因为在倒空间中只有对角项。而势能算符中，$\hat{V}_{\mathrm{H}}$、$\hat{V}_{\mathrm{ps}}^{\mathrm{loc}}$ 和 $\hat{V}_{\mathrm{ps},l}^{\mathrm{nl}}$ 分别由式(3.384)、式(3.393) 和式(3.397) 直接在倒空间里给出。而 $\hat{\mu}_{\mathrm{xc}}$ 可以在实空间的格点上进行计算，再经由快速傅里叶变换得到在倒空间中的表达式。具体写出各项 $\boldsymbol{G}$ 分量的矩阵表达式如下：

$$\boldsymbol{T}_{\mathrm{e}}\boldsymbol{c}_{n,\boldsymbol{k}_i}(\boldsymbol{G})=\frac{1}{2}\mid\boldsymbol{k}_i+\boldsymbol{G}\mid^2 \tag{3.502}$$

$$\boldsymbol{V}_{\mathrm{H}}\boldsymbol{c}_{n,\boldsymbol{k}_i}(\boldsymbol{G})=\sum_{\boldsymbol{G}'}V_{\mathrm{H}}(\boldsymbol{G}-\boldsymbol{G}')\boldsymbol{c}_{n,\boldsymbol{k}_i+\boldsymbol{G}'} \tag{3.503}$$

$$\boldsymbol{V}_{\mathrm{ps}}^{\mathrm{loc}}\boldsymbol{c}_{n,\boldsymbol{k}_i}(\boldsymbol{G})=\sum_{\boldsymbol{G}'}V_{\mathrm{ps}}^{\mathrm{loc}}(\boldsymbol{G}-\boldsymbol{G}')\boldsymbol{c}_{n,\boldsymbol{k}_i+\boldsymbol{G}'} \tag{3.504}$$

$$\hat{\mu}_{\mathrm{xc}}\boldsymbol{c}_{n,\boldsymbol{k}_i}(\boldsymbol{G})=\sum_{\boldsymbol{G}'}\mu_{\mathrm{xc}}(\boldsymbol{G}-\boldsymbol{G}')\boldsymbol{c}_{n,\boldsymbol{k}_i+\boldsymbol{G}'} \tag{3.505}$$

$$\boldsymbol{V}_{\mathrm{ps}}^{\mathrm{nl}}\boldsymbol{c}_{n,\boldsymbol{k}_i}(\boldsymbol{G})=\sum_{l=0}^{l_{\max}}\sum_{m=-l}^{l}\sum_{s=1}^{P_s}\sum_{I=1}^{N_s}\beta_{lm}^{s}\mathrm{e}^{-\mathrm{i}\boldsymbol{G}\cdot\boldsymbol{R}_{I,s}}f_{lm}^{s,*}(\boldsymbol{k}_i+\boldsymbol{G})F_{I,n}^{lm,s}(\boldsymbol{k}_i+\boldsymbol{G}) \tag{3.506}$$

其中式(3.505) 用到了式(3.397) 至式(3.399) 及(3.462)。至此，我们已经得到了 $\boldsymbol{H}\psi$ 各元素的计算公式。仔细考察(3.503) 至式(3.505)，可知当 $\boldsymbol{G}=\boldsymbol{G}'$ 时需要考虑限制条件 $V_{\mathrm{H}}(0)=V_{\mathrm{ps}}^{\mathrm{loc}}(0)=0$。这在一定程度上增加了计算的复杂性，而且对 $\boldsymbol{G}'$ 的求和也显得比较繁杂。有一些软件包，如 CPMD 等，就采用了另一种办法计算这三个方程，即首先在实空间内计算 $\hat{V}\psi_{n,\boldsymbol{k}_i}$，然后利用快速傅里叶变换直接得到相应的 $\boldsymbol{G}$ 分量[53,108]。为了避免 $V_{\mathrm{H}}(0)$ 与 $V_{\mathrm{ps}}^{\mathrm{loc}}(0)$ 的发散，该方法利用了 3.4.3.3 节中引入的附加电荷分布 $\rho_{\mathrm{aux}}(\boldsymbol{r})$，并定义 $V_{\mathrm{es}}^{\mathrm{loc}}$：

$$V_{\mathrm{es}}^{\mathrm{loc}}(\boldsymbol{G})=\frac{4\pi}{\mid\boldsymbol{G}\mid^2}[\rho(\boldsymbol{G})+\rho_{\mathrm{aux}}(\boldsymbol{G})]+\sum_{s}^{P_s}S^s(\boldsymbol{G})\left[V_{\mathrm{ps}}^{\mathrm{loc},s}(\boldsymbol{G})+\frac{4\pi Z^s}{\mid\boldsymbol{G}\mid^2\Omega_{\mathrm{cell}}}\mathrm{e}^{-|\boldsymbol{G}|^2\sigma^2/4}\right] \tag{3.507}$$

不难证明，$V_{\mathrm{es}}^{\mathrm{loc}}(0)=0$，所以不需考虑发散。利用快速傅里叶逆变换将其变为实空间格点上的势函数值 $V_{\mathrm{es}}^{\mathrm{loc}}(\boldsymbol{r})$，则有

$$\hat{V}^{\mathrm{loc}}\boldsymbol{c}_{n,\boldsymbol{k}_i}(\boldsymbol{G})=\frac{1}{\Omega_{\mathrm{cell}}}\int_{\Omega_{\mathrm{cell}}}[V_{\mathrm{es}}^{\mathrm{loc}}(\boldsymbol{r})+\mu_{\mathrm{xc}}(\boldsymbol{r})]\psi_{n,\boldsymbol{k}_i}(\boldsymbol{r})\mathrm{e}^{-\mathrm{i}\boldsymbol{G}\cdot\boldsymbol{r}}\,\mathrm{d}\boldsymbol{r} \tag{3.508}$$

图 3.12 展示了迭代对角化方法中 $\boldsymbol{H}\psi$ 的构建过程。可以看到，计算过程同时用到了实空间和倒空间中的积分。两个空间之间通过快速傅里叶变换及其逆变换联系了起来。

实际上，通过对 $H\psi$ 的不同解读可以给出另一种对求解 Kohn-Sham 方程方法的不同理解。例如，将其视为波函数在由基函数张开的希尔伯特空间中受到的广义力，则可以利用 Car-Parrinello 动力学方法（CPMD）求解本征态；将其视为线性空间内对矢量的形变操作，则可利用 RMM-DIIS 方法求解；而将其视为二次函数的梯度，则可利用最优化方法（如共轭梯度法等）进行求解。

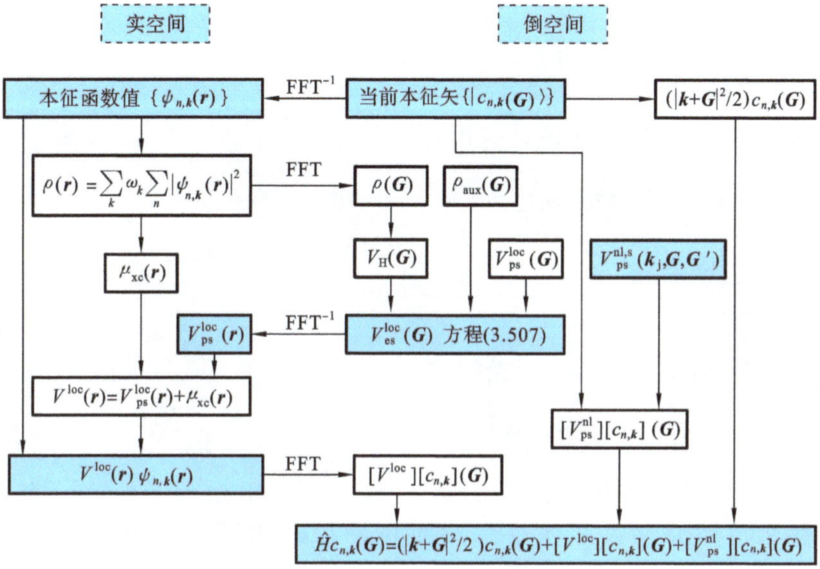

图 3.12　迭代对角化方法中 $H\psi$ 的构建过程

3.4.7　Hellmann-Feynman 力

第 i 个原子受力 $\boldsymbol{F}_i$ 的普遍表达式是

$$\boldsymbol{F}_\alpha = -\frac{\partial E_{\text{tot}}}{\partial \boldsymbol{R}_\alpha} \tag{3.509}$$

式中：$\boldsymbol{R}_i$ 为该原子的坐标。从原则上讲，可以用有限差分的方法近似求解式(3.509)。但是这种方法的效率和精度都比较差，因此在实际工作中都是采用解析表达式求解 $\boldsymbol{F}_i$，而其理论基础最早由 Hellmann 与 Feynman 提出[108,109]。他们指出，在基组完备以及本征波函数严格正确的条件下，$\boldsymbol{F}_\alpha^{\text{HF}}$ 即为该原子在体系中受到的静电力。证明过程如下：

$$\boldsymbol{F}_\alpha^{\text{HF}} = -\frac{\partial E_{\text{tot}}}{\partial \boldsymbol{R}_\alpha} = -\frac{\sum_i n_i \langle \psi_i \mid \hat{H} \mid \psi_i \rangle}{\partial \boldsymbol{R}_\alpha} + \frac{\partial E_{\text{II}}}{\partial \boldsymbol{R}_\alpha} = \boldsymbol{F}_\alpha^{\text{el}} + \boldsymbol{F}_\alpha^{\text{ion}} \tag{3.510}$$

式中：$\{\mid \psi_i \rangle\}$ 是体系的精确本征波函数组成的完备集；n_i 是各态的占据数。因此原子受力可分为两部分，第一部分来源于周围电子密度分布所形成的势场，第二部分是原子核间相互作用，也可称之为马德隆项。考虑第一项，根据求导法则可以写出

$$\begin{aligned}
\boldsymbol{F}_\alpha^{\text{el}} &= -\sum_i n_i \left[\langle \frac{\partial \psi_i}{\partial \boldsymbol{R}_\alpha} \mid \hat{H} \mid \psi_i \rangle + \langle \psi_i \mid \frac{\partial \hat{H}}{\partial \boldsymbol{R}_\alpha} \mid \psi_i \rangle + \langle \psi_i \mid \hat{H} \mid \frac{\partial \psi_i}{\partial \boldsymbol{R}_\alpha} \rangle \right] \\
&= -\sum_i n_i \langle \psi_i \mid \frac{\partial H}{\partial \boldsymbol{R}_\alpha} \mid \psi_i \rangle + \sum_i n_i \varepsilon_i \left[\langle \frac{\partial \psi_i}{\partial \boldsymbol{R}_\alpha} \mid \psi_i \rangle + \langle \psi_i \mid \frac{\partial \psi_i}{\partial \boldsymbol{R}_\alpha} \rangle \right] \\
&= -\sum_i n_i \langle \psi_i \mid \frac{\partial H}{\partial \boldsymbol{R}_\alpha} \mid \psi_i \rangle + \frac{\partial \bar{E}_{\text{bs}}}{\partial \boldsymbol{R}_\alpha} = \sum_i n_i \langle \psi_i \mid \frac{\partial H}{\partial \boldsymbol{R}_\alpha} \mid \psi_i \rangle
\end{aligned} \tag{3.511}$$

式中：$\bar{E}_{\text{bs}} = \sum_i n_i \varepsilon_i$ 是常数，因此对 $\boldsymbol{R}_i$ 的偏导为零。根据上面的讨论，单电子近似下哈密顿算符为

$$\hat{H} = -\frac{1}{2} \nabla^2 + V_{\text{ee}} + V_{\text{ext}} + V_{\text{xc}}$$

其中只有 V_{ext} 显含原子坐标。所以方程(3.511)变为

$$\boldsymbol{F}_\alpha^{\text{el}} = -\sum_i n_i \langle \psi_i \mid \frac{\partial V_{\text{ext}}}{\partial \boldsymbol{R}_\alpha} \mid \psi_i \rangle = \int \rho(\boldsymbol{r}) \left[\sum_\beta \frac{\mathrm{d} v_\beta(\boldsymbol{r} - \boldsymbol{R}_\beta)}{\mathrm{d} \boldsymbol{R}_\alpha} \right] \mathrm{d}\boldsymbol{r} = \int \rho(\boldsymbol{r}) \frac{\mathrm{d} v_\alpha}{\mathrm{d} \boldsymbol{r}} \bigg|_{r' = r - \boldsymbol{R}_\alpha} \mathrm{d}\boldsymbol{r} \tag{3.512}$$

而 $\boldsymbol{F}_\alpha^{\text{ion}}$ 的计算比较简单，下面直接给出 $\boldsymbol{F}_\alpha$ 的公式：

$$\boldsymbol{F}_\alpha^{\text{HF}} = \int \rho(\boldsymbol{r}) \frac{\mathrm{d} v_\alpha}{\mathrm{d} \boldsymbol{r}'} \bigg|_{r' = r - \boldsymbol{R}_\alpha} \mathrm{d}\boldsymbol{r} + \sum_{\beta, \beta \neq \alpha} \frac{Z_\alpha Z_\beta (\boldsymbol{R}_\alpha - \boldsymbol{R}_\beta)}{\mid \boldsymbol{R}_\alpha - \boldsymbol{R}_\beta \mid^3} \tag{3.513}$$

因此，原子 α 所受的力即为静电力。方程(3.513)称为 Hellmann-Feynman 表达式，它是第一性原理动力学以及体系弛豫的理论基础。但是在实际应用中，上述 Hellmann-Feynman 表达式只有概念上的意义，而无法直接得到准确值。主要原因在于不可能采用严格意义上的完备基组来构建哈密顿矩阵，因为完备基是无穷多个基函数组成的函数集合，而在计算中需要采用截断方法来选取有限个基函数。此外，也无法得到“完全自洽”这个条件，即对角哈密顿矩阵之后得到完全精确的本征波函数。这两方面的误差均会影响原子受力的结果。因此需要分别对它们进行修正。

再次写出体系的总能表达式

$$E_{\text{tot}} = T_0[\rho] + E_{\text{ee}}[\rho] + E_{\text{xc}}[\rho] + E_{\text{Ie}}[\rho] + E_{\text{II}} \tag{3.514}$$

其中对动能泛函 T_0 需要特别考虑。根据 Kohn-Sham 方程，有 $\left(-\frac{1}{2}\nabla^2 + V_{\text{eff}}(\boldsymbol{r})\right)\psi_i = \varepsilon_i \psi_i$，而 $T = \sum_i \langle \psi_i \mid -\frac{1}{2}\nabla^2 \mid \psi_i \rangle$。因此由这两个方程可得

$$T_0[\rho] = \sum_i n_i \varepsilon_i - \sum_i \langle \psi_i \mid V_{\text{eff}}(\boldsymbol{r}) \mid \psi_i \rangle \tag{3.515}$$

不难看出，原子坐标 $\boldsymbol{R}_\alpha$ 对 E_{tot} 的影响并不仅限于 E_{II} 和 E_{Ie}，它的变化也会影响本征函数 ψ_i，从而导致电子密度 $\rho(\boldsymbol{r})$ 乃至本征能级 ε_i 的变化。因此，为求得原子受力的普遍表达式，对方程(3.514)求关于 $\boldsymbol{R}_\alpha$ 的全微分[110,111]：

$$\boldsymbol{F}_\alpha = \frac{\mathrm{d}E_{\text{tot}}}{\mathrm{d}\boldsymbol{R}_\alpha} = -\left[\frac{\mathrm{d}T_0[\rho]}{\mathrm{d}\boldsymbol{R}_\alpha} + \frac{\mathrm{d}E_{\text{ee}}[\rho]}{\mathrm{d}\boldsymbol{R}_\alpha} + \frac{\mathrm{d}E_{\text{xc}}[\rho]}{\mathrm{d}\boldsymbol{R}_\alpha} + \frac{\mathrm{d}E_{\text{Ie}}[\rho]}{\mathrm{d}\boldsymbol{R}_\alpha} + \frac{\mathrm{d}E_{\text{II}}}{\mathrm{d}\boldsymbol{R}_\alpha} \right]$$

$$=-\left[\sum_i n_i \frac{d\varepsilon_i}{d\boldsymbol{R}_\alpha} - \sum_i n_i \frac{d\langle\psi_i \mid V_{\text{eff}} \mid \psi_i\rangle}{d\boldsymbol{R}_\alpha} + \frac{d\int(V_{\text{ee}}+V_{\text{xc}}+V_{\text{ext}})\rho(\boldsymbol{r})d(\boldsymbol{r})}{d\boldsymbol{R}_\alpha} + \frac{dE_{\text{II}}}{d\boldsymbol{R}_\alpha}\right] \tag{3.516}$$

式(3.516)右端的最后一项$\frac{dE_{\text{II}}}{d\boldsymbol{R}_\alpha}$即为$\boldsymbol{F}_\alpha^{\text{ion}}$。下面对前三项分别加以讨论。

设$\hat{H}^0=-\frac{1}{2}\nabla^2+V_{\text{eff}}(\boldsymbol{r})$，且$\psi_i$是严格满足$\hat{H}^0\psi_i=\varepsilon_i\psi_i$的本征函数，而$\hat{H}^0$中仅$V_{\text{eff}}$与$\boldsymbol{R}_\alpha$有关。由本征方程可得

$$\sum_i n_i \frac{d\varepsilon_i}{d\boldsymbol{R}_\alpha} = \sum_i n_i\langle\psi_i \mid \frac{d\hat{H}^0}{d\boldsymbol{R}_\alpha} \mid \psi_i\rangle + \sum_i n_i\langle\frac{d\psi_i}{d\boldsymbol{R}_\alpha} \mid \hat{H}^0-\varepsilon_i \mid \psi_i\rangle + \sum_i n_i\langle\psi_i \mid \hat{H}^0-\varepsilon_i \mid \frac{d\psi_i}{d\boldsymbol{R}_\alpha}\rangle$$

$$= \sum_i n_i\langle\psi_i \mid \frac{dV_{\text{eff}}}{d\boldsymbol{R}_\alpha} \mid \psi_i\rangle + 2\sum_i n_i \text{Re}\langle\frac{d\psi_i}{d\boldsymbol{R}_\alpha} \mid \hat{H}^0-\varepsilon_i \mid \psi_i\rangle \tag{3.517}$$

第二项的计算比较直接：

$$\sum_i \frac{d\langle\psi_i \mid V_{\text{eff}} \mid \psi_i\rangle}{d\boldsymbol{R}_\alpha} = \sum_i\langle\psi_i \mid \frac{dV_{\text{eff}}}{d\boldsymbol{R}_\alpha} \mid \psi_i\rangle + \int V_{\text{eff}}\frac{d\rho}{d\boldsymbol{R}_\alpha}d\boldsymbol{r} \tag{3.518}$$

第三项括号中的V_{ee}及V_{xc}均与$\boldsymbol{R}_\alpha$无关，因此可得

$$\frac{d\int(V_{\text{ee}}+V_{\text{xc}}+V_{\text{ext}})\rho(\boldsymbol{r})d\boldsymbol{r}}{d\boldsymbol{R}_\alpha} = \int\frac{V_{\text{ext}}}{d\boldsymbol{R}_\alpha}\rho(\boldsymbol{r})d(\boldsymbol{r}) + \int(V_{\text{ee}}+V_{\text{xc}}+V_{\text{ext}})\frac{d\rho(\boldsymbol{r})}{d\boldsymbol{R}_\alpha}d\boldsymbol{r}$$

$$= F_\alpha^{\text{el}} + \int V_{\text{KS}}\frac{d\rho(\boldsymbol{r})}{d\boldsymbol{R}_\alpha}d\boldsymbol{r} \tag{3.519}$$

式中
$$V_{\text{KS}} = V_{\text{ee}}+V_{\text{xc}}+V_{\text{ext}}$$

将式(3.517)至式(3.519)代入式(3.516)，并设ψ_i由基函数$\{\chi_j\}$展开$(\psi_i=\sum_j a_{ij}\chi_j)$，则有

$$\boldsymbol{F}_\alpha = -2\sum_i n_i\text{Re}\sum_j a_{ij}\langle\frac{d\chi_j}{d\boldsymbol{R}_\alpha} \mid \hat{H}^0-\varepsilon_i \mid \psi_i\rangle - \int(V_{\text{KS}}-V_{\text{eff}})\frac{d\rho(\boldsymbol{r})}{d\boldsymbol{R}_\alpha}d\boldsymbol{r} + \boldsymbol{F}_\alpha^{\text{el}} + \boldsymbol{F}_\alpha^{\text{ion}}$$

$$= \boldsymbol{F}_\alpha^{\text{IBS}} + \boldsymbol{F}_\alpha^{\text{NSF}} + \boldsymbol{F}_\alpha^{\text{HF}} \tag{3.520}$$

式(3.520)右端第一项是对非完备基的修正，也被称为 Pulay 力[112]，而第二项是对非自洽计算的修正。可以看到：若迭代精度无限高，即V_{eff}严格等于V_{KS}，则第二项$\boldsymbol{F}_\alpha^{\text{NSF}}$为零；若本征函数严格满足 Hellmann-Feynman 条件，则第一项$\boldsymbol{F}_\alpha^{\text{IBS}}$为零。此外，若基函数$\chi_j$是平面波，$\boldsymbol{F}_\alpha^{\text{IBS}}$也为零，因为$\chi_j$不依赖于原子坐标，所以$d\chi_j/d\boldsymbol{R}_\alpha=0$。方程(3.520)只是普遍表达式，对于具体的计算方法，需要依照具体情况提出最适合的表达式，例如文献[114]给出了 LMTO 方法中原子受力的表达式，在这里给出平面波-赝势框架下的 Hellmann-Feynman 力表达式[99]：

$$\boldsymbol{F}_k = \sum_{j,j\neq k}\frac{Z_jZ_k(\boldsymbol{R}_k-\boldsymbol{R}_j)}{\mid\boldsymbol{R}_k-\boldsymbol{R}_j\mid^3}$$

$$-\mathrm{i}\Omega_{\text{cell}}\sum_{i,l,\boldsymbol{G},\boldsymbol{G}'}(\boldsymbol{G}'-\boldsymbol{G})\mathrm{e}^{\mathrm{i}(\boldsymbol{G}'-\boldsymbol{G})\cdot\boldsymbol{R}_k}\times\psi^*(\boldsymbol{k}_i+\boldsymbol{G})\psi(\boldsymbol{k}_i+\boldsymbol{G}')V_{\text{ps},l,\boldsymbol{k}_i+\boldsymbol{G},\boldsymbol{k}_i+\boldsymbol{G}'} \quad (3.521)$$

3.5 缀加平面波方法及其线性化

Slater 于 1937 年提出，可以将体系分成两部分，即以原子核为球心的球形邻域（Ⅰ 区）和各个球形领域之间的空隙区（Ⅱ 区）[114]。其中 Ⅰ 区内离子势影响强烈，因此电子波函数变化比较剧烈，近似于原子轨道，而在 Ⅱ 区中离子势影响较小，电子波函数相应变化比较平缓。基于这种考虑，Slater 提出，可以将体系的本征波函数在 Ⅰ 区中用局域化轨道波函数展开，在 Ⅱ 区中则用平面波展开，然后在边界处通过“函数值连续”这个条件将二者结合起来。这种用混合基函数展开本征波函数的方法称为缀加平面波法（augmented plane wave，APW）。

3.5.1 APW 方法的理论基础及公式推导

本节讨论 APW 方法的矩阵元构成，其数学推导比较繁难。在下面的讨论中，我们采取了 Hartree 原子单位制，以避免 $\hbar$、m_e 等常数的频繁出现。为了进一步简化模型，Ⅰ 区中的势函数取球对称形式，Ⅱ 区中的势场取常函数，即

$$V(u)=\begin{cases}V(u)=-Z/u, & u\leqslant r_s\\ V_0, & u>r_s\end{cases} \quad (3.522)$$

式中：r_s 为单胞内位于 τ_s 处的第 s 个原子的 Ⅰ 区半径。方程(3.522)所描述的势函数被称为松糕势（muffin-tin potential，MT）。图 3.13 给出了由两种原子组成的二维带心正方格子的 MT 势示意图。其中 $Z_1=7.0q$，$Z_2=5.6q$，q 为单位正电荷。Ⅰ 区半径分别为 r_1、r_2。两种原子相对于晶胞原点的坐标分别为 $\tau_1=0$ 和 τ_2。相应地，在 Ⅰ 区内的基函数 χ_{I} 表示为类氢波函数的线性组合：

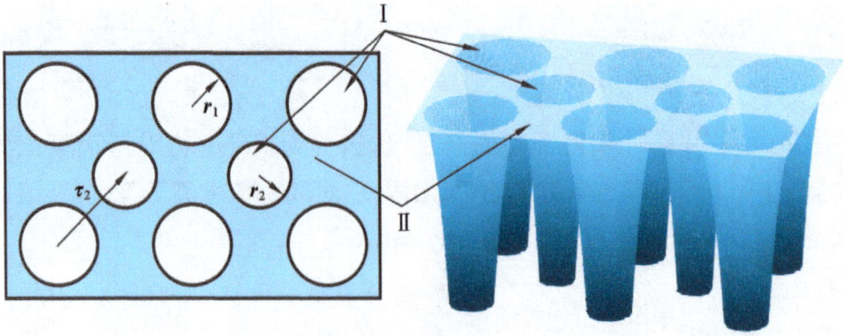

图 3.13　由两种原子组成的二维带心正方格子的 MT 势

$$\chi_{\mathrm{I}}(\boldsymbol{r})=\sum_s\sum_{l=0}\sum_{m=-l}^{l}A_{lm}^sR_l(u)\mathrm{Y}_l^m(\theta,\phi) \quad (3.523)$$

角向部分为球谐函数，而径向部分满足

$$\left\{-\frac{1}{2}\frac{\mathrm{d}^2}{\mathrm{d}u^2}+\frac{l(l+1)}{2u^2}+V(u)\right\}uR_l(u)=E'R_l(u) \tag{3.524}$$

式中：E' 为任意参数。我们选择用 $\boldsymbol{u}$ 来描述径向，因为对于给定的原点，空间中 $\boldsymbol{r}$ 终点处的点相对于不同的原子核有不同的距离和方位。显然 $\boldsymbol{r}$ 和 $\boldsymbol{u}$ 之间有如下关系：

$$\boldsymbol{r}=\boldsymbol{u}+\boldsymbol{\tau}_s \tag{3.525}$$

Ⅱ 区中因为势函数恒等于 V_0，所以基函数χ_{II} 可用平面波展开：

$$\chi_{\mathrm{II}}=\frac{1}{\sqrt{\Omega}}\mathrm{e}^{\mathrm{i}\boldsymbol{k}\cdot\boldsymbol{r}}=\frac{1}{\sqrt{\Omega}}\mathrm{e}^{\mathrm{i}\boldsymbol{k}\cdot\boldsymbol{\tau}_s}\mathrm{e}^{\mathrm{i}\boldsymbol{k}\cdot\boldsymbol{u}}=\frac{4\pi}{\sqrt{\Omega}}\mathrm{e}^{\mathrm{i}\boldsymbol{k}\cdot\boldsymbol{\tau}_s}\sum_{l=0}\sum_{m=-l}^{l}i^l\mathrm{j}_l(ku)\mathrm{Y}_l^{m*}(\hat{\boldsymbol{k}})\mathrm{Y}_l^m(\hat{\boldsymbol{u}}) \tag{3.526}$$

在周期性体系之内，体系的本征波函数 $\psi_k(\boldsymbol{r})$ 为 Blöch 波函数，也即 $\psi_k(\boldsymbol{r})$ 可展开为

$$\psi_k(\boldsymbol{r})=\sum_{i=1}^{M}c_{i,\boldsymbol{k}}\chi(\boldsymbol{r},\boldsymbol{k}+\mathrm{i}\boldsymbol{G}) \tag{3.527}$$

式中：$\boldsymbol{G}$ 是倒格矢。在球面处要求χ_{I}与χ_{II} 函数值连续。因此由式(3.523) 和式(3.526) 可知，系数 A_{lm} 满足

$$A_{lm}^{s,\boldsymbol{K}_j}=\frac{4\pi}{\sqrt{\Omega}}\mathrm{e}^{\mathrm{i}\boldsymbol{K}_i\cdot\boldsymbol{\tau}_s}i^l\mathrm{Y}_l^{m*}(\hat{\boldsymbol{K}}_i)\frac{\mathrm{j}_l(K_ir_s)}{R_l(r_s)} \tag{3.528}$$

为了简化公式，设 $\boldsymbol{K}_i=\boldsymbol{k}+\mathrm{i}\boldsymbol{G}$。至此，可以写出 APW 方法中的基函数$\chi(\boldsymbol{K}_i,\boldsymbol{r})$：

$$\chi(\boldsymbol{K}_i,\boldsymbol{r})=\begin{cases}\displaystyle\sum_s\frac{4\pi}{\sqrt{\Omega}}\mathrm{e}^{\mathrm{i}\boldsymbol{K}_i\cdot\boldsymbol{\tau}_s}\sum^{l=0}\sum_{m=-l}^{l}i^l\mathrm{Y}_l^{m*}(\hat{\boldsymbol{K}}_i)\mathrm{Y}_l^m(\hat{\boldsymbol{u}})\mathrm{j}_l(K_ir_s)\frac{R_l(u)}{R_l(r_s)}, & u\leqslant r_s\\ \displaystyle\frac{1}{\sqrt{\Omega}}\mathrm{e}^{\mathrm{i}\boldsymbol{K}_i\cdot\boldsymbol{r}}, & u>r_s\end{cases} \tag{3.529}$$

图 3.14 给出了$\chi(\boldsymbol{r})$ 的一个例子。图中竖直虚线表示 Ⅰ 区与 Ⅱ 区的边界，大、小实心原点分别表示两种原子，电荷电量分别为 $7.0q$ 和 $5.6q$。可以看到，在 Ⅰ 区与 Ⅱ 区边界处，$V(\boldsymbol{r})$ 和$\chi(\boldsymbol{r})$ 虽然连续，但是并不平滑。

方程(3.529) 保证了基函数在全空间内的连续性，但是并不能保证在边界处的平滑性，即在各个 Ⅰ 区与 Ⅱ 区的边界处，$\chi(\boldsymbol{K}_i,\boldsymbol{u})$ 的左导数不等于右导数。这种导函数的不连续性使得动量算符在每一个边界处均对于体系总能 E 产生一项额外的贡献 T_S，第 s 个边界处的 T_S^s 在哈密顿矩阵中的矩阵元为

$$T_{S,ij}^s=\mathrm{e}^{\mathrm{i}\boldsymbol{G}_{ij}\cdot\tau_s}\int_{\Omega_\varepsilon}\chi(\boldsymbol{K}_i,\boldsymbol{u})\left(-\frac{\boldsymbol{\nabla}^2}{2}\right)\chi(\boldsymbol{K}_j,\boldsymbol{u})\mathrm{d}\boldsymbol{u} \tag{3.530}$$

式中：$\boldsymbol{G}_{ij}=\boldsymbol{K}_j-\boldsymbol{K}_i$，而积分域 Ω_ε 是指与球形边界 s 同心，且内、外径分别为 $r_s-\varepsilon$ 和 $r_s+\varepsilon$ 的球壳，$\varepsilon\to 0$。式(3.530) 可以计算如下：

$$T_{S,ij}^s=-\frac{\mathrm{e}^{\mathrm{i}\boldsymbol{G}_{ij}\cdot\tau_s}}{2}\int_{\Omega_\varepsilon}\boldsymbol{\nabla}\cdot[\chi^*(\boldsymbol{K}_i,\boldsymbol{u})\times\boldsymbol{\nabla}\chi(\boldsymbol{K}_j,\boldsymbol{u})]\mathrm{d}\boldsymbol{u}$$

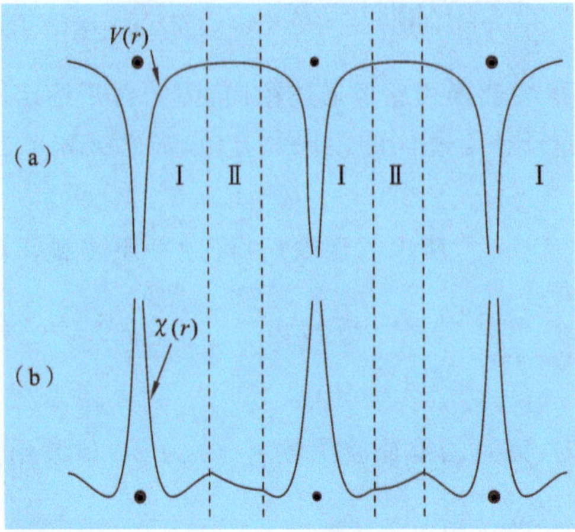

图 3.14　沿图 3.13 中[110]方向(沿图中 τ_2 方向)的 MT 势函数 $V(r)$ 及基函数 $\chi(r)$

(a) MT 势函数 $V(r)$；(b) 基函数 $\chi(r)$

$$
\begin{aligned}
&-\frac{e^{i\boldsymbol{G}_{ij}\cdot\boldsymbol{\tau}_s}}{2}\int_{\Omega_\varepsilon}\nabla\chi^*(\boldsymbol{K}_i,\boldsymbol{u})\times\nabla\chi(\boldsymbol{K}_j,\boldsymbol{u})\,d\boldsymbol{u}\\
&=-\frac{e^{i\boldsymbol{G}_{ij}\cdot\boldsymbol{\tau}_s}}{2}\int_s\chi^*(\boldsymbol{K}_i,\boldsymbol{u})\left[\frac{\partial}{\partial u}\chi_{\mathrm{II}}(\boldsymbol{K}_j,\boldsymbol{u})-\frac{\partial}{\partial u}\chi_{\mathrm{I}}(\boldsymbol{K}_j,\boldsymbol{u})\right]dS
\end{aligned}
\tag{3.531}
$$

在式(3.531)里，第一项利用格林公式变成了沿边界的面积分，并且考虑到 Ω_ε 内、外表面的法线方向彼此相反，而第二项在 $\varepsilon\rightarrow 0$ 的情况下可忽略不计。

计入 T_S 之后，可以写出体系的总能 E 的表达式：

$$
E=\frac{1}{\int_\Omega\psi^*(\boldsymbol{r})\psi(\boldsymbol{r})\,d\boldsymbol{r}}\left[\int_\Omega\psi^*(\boldsymbol{r})\hat{H}\psi(\boldsymbol{r})\,d\boldsymbol{r}+\sum_s T_{S,ij}^s\right]\tag{3.532}
$$

式中：$\hat{H}=-\nabla^2/2+V(\boldsymbol{r})$。将式(3.527)及式(3.531)代入式(3.532)，并适当移项，得

$$
\begin{aligned}
&E\sum_{i,j}^{M}c_i^*c_j\int_\Omega\chi^*(\boldsymbol{K}_i,\boldsymbol{r})\,\chi(\boldsymbol{K}_j,\boldsymbol{r})\,d\boldsymbol{r}\\
&=\sum_{i,j}^{M}c_i^*c_j\int_\Omega\chi^*(\boldsymbol{K}_i,\boldsymbol{r})\hat{H}\,\chi(\boldsymbol{K}_j,\boldsymbol{r})\,d\boldsymbol{r}\\
&\quad-\frac{1}{2}\sum_s e^{i\boldsymbol{G}_{ij}\cdot\boldsymbol{\tau}_s}\sum_{i,j}^{M}c_i^*c_j\int_s\chi^*(\boldsymbol{K}_i,\boldsymbol{u})\left[\frac{\partial}{\partial u}\chi_{\mathrm{II}}(\boldsymbol{K}_j,\boldsymbol{u})-\frac{\partial}{\partial u}\chi_{\mathrm{I}}(\boldsymbol{K}_j,\boldsymbol{u})\right]dS
\end{aligned}
\tag{3.533}
$$

可以证明，式(3.533)确实是总能的变分表达式，即 E 的极值可在式(3.533)对 ψ 求变分极值时得到。证明的过程比较烦琐，具体请参看文献[115]、[116]。因此，为了求得本征函数，需要满足

$$
\frac{\partial E}{\partial c_i^*}=0,\quad i=1,2,\cdots,M\tag{3.534}
$$

将式(3.533)代入式(3.534)，得线性方程组

$$\sum_{j}^{M}(H_{ij}-E\Delta_{ij}+\sum_{s}T_{S,ij}^{s})c_{j}=0,\quad i=1,2,\cdots,M \tag{3.535}$$

式中：$T_{S,ij}^{s}$ 由式(3.531)给出，

$$H_{ij}=\int_{\Omega}\chi^{*}(\boldsymbol{K}_{i},\boldsymbol{r})\hat{H}\chi(\boldsymbol{K}_{j},\boldsymbol{r})\mathrm{d}\boldsymbol{r} \tag{3.536}$$

$$\Delta_{ij}=\int_{\Omega}\chi^{*}(\boldsymbol{K}_{i},\boldsymbol{r})\chi(\boldsymbol{K}_{j},\boldsymbol{r})\mathrm{d}\boldsymbol{r} \tag{3.537}$$

因此，APW 方法归结为求解久期方程

$$\det\left|H_{ij}-E\Delta_{ij}+\sum^{s}T_{S,ij}^{s}\right|=0 \tag{3.538}$$

因为体系分为 Ⅰ 区和 Ⅱ 区，χ 在两个区域中各不相同。所以 $H_{ij}-E\Delta_{ij}$ 也可写为两区域分别的贡献：$H_{ij}^{\mathrm{I}}-E\Delta_{ij}^{\mathrm{I}}$ 和 $H_{ij}^{\mathrm{II}}-E\Delta_{ij}^{\mathrm{II}}$。从原则上讲，至此可以计算哈密顿矩阵的矩阵元。但是考虑以下两个因素可以极大地简化计算过程：

首先，根据式(3.524)，可得

$$H_{ij}^{\mathrm{I}}-E\Delta_{ij}^{\mathrm{I}}=(E'-E)\Delta_{ij}^{\mathrm{I}} \tag{3.539}$$

因此，若取 $E'=E$，则 $H_{ij}-E\Delta_{ij}$ 在 Ⅰ 区内的贡献为零，这无疑可以极大地简化矩阵元的计算，但是会导致χ 成为体系能量 E 的隐函数，因此无法用常规的矩阵对角化求解本征值和本征函数。另一方面，这种 $E'=E$ 的强制选择将使得 APW 方法在求解过程中内秉地调节试探波函数，直至对于给定的势函数找到最优解为止，一般认为，这一特点正是 APW 方法取得普遍成功的原因。

其次，Ⅱ 区内的 $H_{ij}-E\Delta_{ij}$ 计算比较困难，但是因为χ_{II} 是平面波，所以在全空间内的积分满足正交条件。因此，将 $H_{ij}^{\mathrm{II}}-E\Delta_{ij}^{\mathrm{II}}$ 写为如下形式：

$$H_{ij}^{\mathrm{II}}-E\Delta_{ij}^{\mathrm{II}}=(H_{ij}^{\mathrm{II}}-E\Delta_{ij}^{\mathrm{II}})_{\Omega}-\sum(H_{ij}^{\mathrm{II}}-E\Delta_{ij}^{\mathrm{II}})_{\text{sphere-}s} \tag{3.540}$$

也即首先计算平面波在全空间的积分(意味着 Ⅰ 区为空区，即势函数 $V\equiv 0$)，然后减去 Ⅰ 区中的贡献。式(3.540)右端第一项很容易求出：

$$\frac{1}{\Omega}\int_{\Omega}\mathrm{e}^{-\mathrm{i}\boldsymbol{K}_{i}\cdot\boldsymbol{r}}\left(-\frac{\boldsymbol{\nabla}^{2}}{2}-E\right)\mathrm{e}^{\mathrm{i}\boldsymbol{K}_{j}\cdot\boldsymbol{r}}\mathrm{d}\boldsymbol{r}=\left(\frac{|\boldsymbol{K}_{j}|^{2}}{2}-E\right)\delta_{ij} \tag{3.541}$$

而第 s 个球内的贡献可计算如下

$$\begin{aligned}
&(H_{ij}^{\mathrm{II}}-E\Delta_{ij}^{\mathrm{II}})_{\text{sphere-}s}\\
&=\left(\frac{|\boldsymbol{K}_{j}|^{2}}{2}-E\right)\frac{1}{\Omega}\int_{\text{sphere-}s}\mathrm{e}^{\mathrm{i}\boldsymbol{G}_{ij}\cdot\boldsymbol{r}}\mathrm{d}\boldsymbol{r}\\
&=\left(\frac{|\boldsymbol{K}_{j}|^{2}}{2}-E\right)\frac{\mathrm{e}^{\mathrm{i}\boldsymbol{G}_{ij}\cdot\boldsymbol{\tau}_{s}}}{\Omega}\int_{\text{sphere-}s}\mathrm{d}\boldsymbol{u}\,\mathrm{e}^{\mathrm{i}\boldsymbol{G}_{ij}\cdot\boldsymbol{u}}\\
&=\left(\frac{|\boldsymbol{K}_{j}|^{2}}{2}-E\right)\frac{\mathrm{e}^{\mathrm{i}\boldsymbol{G}_{ij}\cdot\boldsymbol{\tau}_{s}}}{\Omega}\sum_{l}\int_{0}^{r_{s}}u^{2}\mathrm{d}u(2l+1)i^{l}\mathrm{j}_{l}(kr)\times\int_{0}^{\pi}\mathrm{P}_{0}(\cos\theta)\mathrm{P}_{l}(\cos\theta)\sin\theta\mathrm{d}\theta\int_{0}^{2\pi}\mathrm{d}\varphi\\
&=\left(\frac{|\boldsymbol{K}_{j}|^{2}}{2}-E\right)\frac{4\pi\mathrm{e}^{\mathrm{i}\boldsymbol{G}_{ij}\cdot\boldsymbol{\tau}_{s}}}{\Omega}\int_{0}^{r_{s}}u^{2}j_{0}(|\boldsymbol{G}_{ij}|u)\mathrm{d}u
\end{aligned}$$

$$= \left(\frac{|\boldsymbol{K}_j|^2}{2} - E\right)\frac{4\pi r_s^2 \mathrm{e}^{\mathrm{i}\boldsymbol{G}_{ij}\cdot\tau_s}}{\Omega r_s^2 |\boldsymbol{G}_{ij}|^3} \times [\sin(r_s|\boldsymbol{G}_{ij}|) - (r_s|\boldsymbol{G}_{ij}|)\cos(r_s|\boldsymbol{G}_{ij}|)]$$

$$= \left(\frac{|\boldsymbol{K}_j|^2}{2} - E\right)\frac{4\pi r_s^2 \mathrm{e}^{\mathrm{i}\boldsymbol{G}_{ij}\cdot\tau_s}}{\Omega |\boldsymbol{G}_{ij}|} \mathrm{j}_1(r_s|\boldsymbol{G}_{ij}|) \tag{3.542}$$

因此，由式(3.538)、式(3.540)至式(3.542)可得

$$H_{ij} - E\Delta_{ij} = \left(\frac{|\boldsymbol{K}_j|^2}{2} - E\right)\left[\delta_{ij} - \frac{4\pi}{\Omega}\sum_s r_s^2 \mathrm{e}^{\mathrm{i}\boldsymbol{G}_{ij}\cdot\tau_s}\frac{\mathrm{j}_l(r_s|\boldsymbol{G}_{ij}|)}{|\boldsymbol{G}_{ij}|}\right] \tag{3.543}$$

矩阵元中面积分的贡献 $T^s_{S,ij}$ 分为内表面积分和外表面积分两项，这两项也是体系总能 E 的隐函数。两项积分的求解过程类似，所以这里将它们放在一起讨论。因为表面处 χ 连续，所以方程(3.531)中的 $\chi^*(\boldsymbol{K}_i, \boldsymbol{u})$ 为

$$\chi^*(\boldsymbol{K}_i, \boldsymbol{u})|_{\text{sphere-}s} = \frac{4\pi \mathrm{e}^{-\mathrm{i}\boldsymbol{K}_i\cdot\tau_s}}{\sqrt{\Omega}}\sum_l\sum_{m=-l}^{l}(-i)^l \mathrm{j}_l(r_s|\boldsymbol{K}_i|)\mathrm{Y}_l^m(\hat{\boldsymbol{K}}_i)\mathrm{Y}_l^{m*}(\hat{\boldsymbol{u}}) \tag{3.544}$$

而

$$\frac{\partial}{\partial u}[\chi_{\mathrm{II}}(\boldsymbol{K}_j, \boldsymbol{u}) - \chi_{\mathrm{I}}(\boldsymbol{K}_j, \boldsymbol{u})] = \frac{4\pi \mathrm{e}^{\mathrm{i}\boldsymbol{K}_j\cdot\tau_s}}{\sqrt{\Omega}}\sum_l\sum_{m=-1}^{l} i^l \mathrm{j}_l(r_s|\boldsymbol{K}_j|)\mathrm{Y}_l^{m*}(\hat{\boldsymbol{K}}_j)\mathrm{Y}_l^m(\hat{\boldsymbol{u}})$$
$$\times\left[\frac{|\boldsymbol{K}_j| j'_l(|\boldsymbol{K}_j|u)}{j_l(|\boldsymbol{K}_j|r_s)} - \frac{R'_l(u)}{R_l(r_s)}\right] \tag{3.545}$$

其中 $\mathrm{j}'_l(x) = \mathrm{dj}_l(x)/\mathrm{d}x$，而 $x = |\boldsymbol{K}_j|u$。面积分的积分元

$$\mathrm{d}S = r_s^2\sin\theta\mathrm{d}\theta\mathrm{d}\phi = r_s^2\mathrm{d}\hat{\boldsymbol{u}} \tag{3.546}$$

此外还有球谐函数的正交关系

$$\int \mathrm{Y}_l^{m*}(\hat{\boldsymbol{u}})\mathrm{Y}_{l'}^{m'}(\hat{\boldsymbol{u}})\mathrm{d}\hat{\boldsymbol{u}} = \delta_{ll'}\delta_{mm'} \tag{3.547}$$

$$\sum_{m=-1}^{l}\mathrm{Y}_l^{m*}(\hat{\boldsymbol{K}}_i)\mathrm{Y}_l^m(\hat{\boldsymbol{K}}_j) = \frac{2l+1}{4\pi}\mathrm{P}_l(\theta_{\boldsymbol{K}_i\boldsymbol{K}_j}) \tag{3.548}$$

式中：$\theta_{\boldsymbol{K}_i\boldsymbol{K}_j}$ 表示 $\boldsymbol{K}_i$ 和 $\boldsymbol{K}_j$ 的夹角。

将式(3.544)至式(3.547)代入 $T^s_{S,ij}$ 的表达式(3.531)，可得

$$T^s_{S,ij} = -\frac{1}{2}\frac{4\pi r_s^2}{\Omega}\mathrm{e}^{\mathrm{i}\boldsymbol{K}_j\cdot\tau_s}\sum_{l=0}(2l+1)\mathrm{P}_l(\theta_{\boldsymbol{K}_i\boldsymbol{K}_j})\mathrm{j}_l(|\boldsymbol{K}_i|r_s)\mathrm{j}_l(|\boldsymbol{K}_j|r_s)$$
$$\times\left[\frac{|\boldsymbol{K}_j|\mathrm{j}'_l(|\boldsymbol{K}_j|r_s)}{\mathrm{j}_l(|\boldsymbol{K}_j|r_s)} - \frac{R'_l(r_s)}{R_l(r_s)}\right] \tag{3.549}$$

至此，我们得出了 APW 方法久期方程的矩阵元 M_{ij}：

$$M_{ij} = H_{ij} - E\Delta_{ij} + \sum_s T^s_{S,ij}$$
$$= \left(\frac{|\boldsymbol{K}_j|^2}{2} - E\right)\left[\delta_{ij} - \frac{4\pi}{\Omega}\sum_s r_s^2\mathrm{e}^{\mathrm{i}\boldsymbol{G}_{ij}\cdot\tau_s}\frac{\mathrm{j}_l(r_s|\boldsymbol{G}_{ij}|)}{|\boldsymbol{G}_{ij}|}\right]$$
$$-\frac{1}{2}\frac{4\pi}{\Omega}\sum_s r_s^2\mathrm{e}^{\mathrm{i}\boldsymbol{K}_j\cdot\tau_s}\sum_{l=0}(2l+1)\mathrm{P}_l(\theta_{\boldsymbol{K}_i\boldsymbol{K}_j})\mathrm{j}_l(|\boldsymbol{K}_i|r_s)\mathrm{j}_l(|\boldsymbol{K}_j|r_s)$$

$$\times\left[\frac{|\boldsymbol{K}_j|\,\mathrm{j}'_l(|\boldsymbol{K}_j|\,r_s)}{\mathrm{j}_l(|\boldsymbol{K}_j|\,r_s)}-\frac{R'_l(r_s)}{R_l(r_s)}\right] \tag{3.550}$$

式(3.550)有一个缺点，即无法直观地表达出对称关系 $M_{ij}=M_{ji}$。因此，常常利用恒等式[31]

$$(\boldsymbol{K}_j-\boldsymbol{K}_i\cdot\boldsymbol{K}_j)\frac{\mathrm{j}_l(|\boldsymbol{G}_{ij}|\,r_s)}{|\boldsymbol{G}_{ij}|\,|\boldsymbol{K}_j|}\equiv\sum_{l=0}(2l+1)\mathrm{P}_l(\theta_{\boldsymbol{K}_i\boldsymbol{K}_j})\mathrm{j}_l(|\boldsymbol{K}_i|\,r_s)\mathrm{j}'_l(|\boldsymbol{K}_i|\,r_s) \tag{3.551}$$

将 M_{ij} 表示为更适于计算的厄米特形式[114,115]，即

$$M_{ij}=\left(\frac{|\boldsymbol{K}_j|^2}{2}-E\right)\delta_{ij}-\frac{4\pi}{\Omega}\sum_s r_s^2\mathrm{e}^{\mathrm{i}\boldsymbol{G}_{ij}\cdot\tau_s}\cdot\left[\left(\frac{\boldsymbol{K}_i\cdot\boldsymbol{K}_j}{2}-E\right)\frac{\mathrm{j}_l(r_s|\boldsymbol{G}_{ij}|)}{|\boldsymbol{G}_{ij}|}\right.$$
$$\left.-\frac{1}{2}\sum_{l=0}(2l+1)\mathrm{P}_l(\theta_{\boldsymbol{K}_i\boldsymbol{K}_j})\mathrm{j}_l(|\boldsymbol{K}_i|\,r_s)\mathrm{j}_l(|\boldsymbol{K}_j|\,r_s)\frac{R'_l(r_s)}{R_l(r_s)}\right] \tag{3.552}$$

前面的讨论已经指出，因为 M_{ij} 是待求的 E 的隐函数，所以求解方程(3.538)的通常做法是给定倒空间中的一点 $\boldsymbol{k}$，然后改变 E，对于每一个 E 的取值，通过式(3.524)、式(3.550)求得每一个 M_{ij}，直到找到 $\det|M_{ij}|=0$ 的 E_n，此即为体系第 n 条能带的本征值，继而可得相应的本征波函数 $\psi_{n,\boldsymbol{k}}(\boldsymbol{r})$。按上述方法找到的 N 个解即构成 $\boldsymbol{k}$ 处的一套本征能级。当 $\boldsymbol{k}$ 遍历第一布里渊区时，也可由 APW 方法得出体系完整的能带结构，图 3.15 为用 APW 方法求解本征值示意图。可见，APW 方法每次只能更新一条能带，且对于倒空间内的所有 $\boldsymbol{k}$ 点都需重复进行上述步骤，因此其效率是很低的。在对其进行线性化处理之后，APW 方法的计算效率有很大提升。

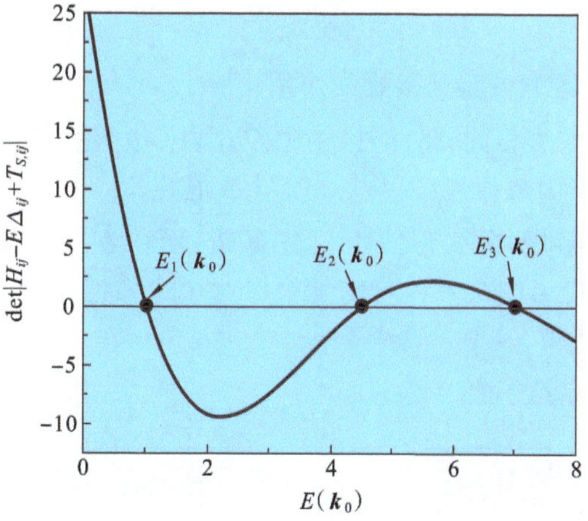

图 3.15 用 APW 方法求解本征值示意图

3.5.2 APW 方法的线性化处理

APW 方法在计算上的主要困难是面积分 T_S 中的 $R'_l(r_s)/R(r_s)$，这一项一般写为对数导数 $\partial\ln R_l(u)/\partial u|_{u=r_s}$。对数项的存在使得 APW 方法的基函数成为关于能量

的非线性函数,这意味着基函数依赖于待求能量 E,从而导致了求解上的困难以及大计算量。为了解决这个困难,Anderson 在 1975 年提出对 APW 方法中 Ⅰ 区基函数的线性化处理方法——LAPW(linearized APW) 方法[117]。

LAPW 方法中,径向函数改由下式确定:

$$R_l(u,E) = R_l(u,E_\nu) + (E - E_\nu)\dot{R}_l(u,E_\nu) + \cdots \tag{3.553}$$

式中:$\dot{R}_l(u) = \partial R_l(u,E_\nu)/\partial E$。将 $\dot{R}_l(u)$ 的归一化条件表示为

$$\int u^2 R_l^2(u)\mathrm{d}u = 1 \tag{3.554}$$

因此对式(3.554) 关于 E 求导,即

$$\int u^2 R_l(u)\dot{R}_l(u)\mathrm{d}u = 0 \tag{3.555}$$

即 $R_l(u)$ 和 $\dot{R}_l(u)$ 彼此正交。这个性质表明,可以将相对于给定 E_ν 所求得的 $R_l(u,E_\nu)$ 以及 $\dot{R}_l(u,E_\nu)$ 同时作为一组基函数用来展开波函数。这样,LAPW 方法的基函数表示为[108]

$$\chi(\boldsymbol{K}_i,\boldsymbol{r}) = \begin{cases} \displaystyle\sum_{l=0}\sum_{m=-l}^{l}[A_{lm}^{s,\boldsymbol{K}_i}R_l^s(u) + B_{lm}^{s,\boldsymbol{K}_i}\dot{R}_l^s(u)]\mathrm{Y}_l^m(\hat{\boldsymbol{u}}), & u \leqslant r_s \\ \dfrac{1}{\Omega}\mathrm{e}^{\mathrm{i}\boldsymbol{K}_i\cdot\boldsymbol{r}}, & u > r_s \end{cases} \tag{3.556}$$

至此,基函数不再依赖于 E。这里需要强调,虽然 LAPW 方法多用了一组 $\dot{R}_l(u)$,但是这并不意味着基组的数目增大了一倍,因为函数空间由 χ 张开,所以哈密顿矩阵的维数由 χ 的数目决定。容易证明,$\dot{R}_l(u,E_\nu)$ 和 $R_l(u,E_\nu)$ 满足如下关系:

$$(\hat{H} - E)\dot{R}_l(u) = R_l(u) \tag{3.557}$$

这个关系在后面的计算中将起到重要的作用。

与原始的 APW 方法相同,将 Ⅱ 区中的 $\chi(\boldsymbol{K}_i,\boldsymbol{r})$ 按照式(3.526) 展开,同时在 Ⅰ 区与 Ⅱ 区边界处要求函数值连续以及一阶导数值连续,以此来确定 Ⅰ 区中的基函数 χ_{I}。Anderson 所得到的公式形式上比较复杂,所以在这里我们介绍 Koelling 和 Arbman 在同年独立得出的结果[119]。求解根据两个边界连续性条件得到的关于 A、B 的二元一次方程组,可得

$$\begin{aligned} A_{lm}^{s,\boldsymbol{K}_i} &= \frac{4\pi i^l \mathrm{e}^{\mathrm{i}\boldsymbol{K}_i\cdot\tau_s}}{\sqrt{\Omega}} \frac{\left.\dfrac{\partial \mathrm{j}_l(K_i u)}{\partial u}\right|_{u=r_s}\dot{R}_l(r_s;E_\nu) - \mathrm{j}_l(K_i r_s)\left.\dfrac{\partial \dot{R}_l(u;E_\nu)}{\partial u}\right|_{u=r_s}}{\left.\dfrac{\partial R_l(u;E_\nu)}{\partial u}\right|_{u=r_s}\dot{R}_l(r_s;E_\nu) - R_l(r_s;E_\nu)\left.\dfrac{\partial \dot{R}_l(u;E_\nu)}{\partial u}\right|_{u=r_s}}\mathrm{Y}_l^{m*}(\hat{\boldsymbol{K}}_i) \\ &= \frac{4\pi i^l \mathrm{e}^{\mathrm{i}\boldsymbol{K}_i\cdot\tau_s}}{\sqrt{\Omega}} \frac{\mathrm{j}'_l(K_i r_s)\dot{R}_l(r_s;E_\nu) - \mathrm{j}_l(K_l r_s)\dot{R}'_l(r_s;E_\nu)}{R'_l(r_s)\dot{R}_l(r_s) - R_l(r_s)\dot{R}'_l(r_s)}\mathrm{Y}_l^{m*}(\hat{\boldsymbol{K}}_i) \end{aligned} \tag{3.558}$$

$$B_{lm}^{s,\boldsymbol{K}_i} = \frac{4\pi i^l \mathrm{e}^{\mathrm{i}\boldsymbol{K}_i\cdot\tau_s}}{\sqrt{\Omega}} \frac{\mathrm{j}_l(K_i r_s)\left.\dfrac{\partial R_l(u;E_\nu)}{\partial u}\right|_{u=r_s} - \left.\dfrac{\partial \mathrm{j}_l(K_i u)}{\partial u}\right|_{u=r_s} R_l(r_s;E_\nu)}{\left.\dfrac{\partial R_l(u;E_v)}{\partial u}\right|_{u=r_s}\dot{R}_l(r_s;E_\nu) - R_l(r_s;E_\nu)\left.\dfrac{\partial \dot{R}_l(u;E_\nu)}{\partial u}\right|_{u=r_s}}\mathrm{Y}_l^{m*}(\hat{\boldsymbol{K}}_i)$$

$$= \frac{4\pi i^l e^{i\mathbf{K}_i \cdot \tau_s}}{\sqrt{\Omega}} \frac{j_l(K_i r_s) R'_l(r_s;E_\nu) - j'_l(K_i r_s) R_l(r_s;E_\nu)}{R'_l(r_s)\dot{R}_l(r_s) - R_l(r_s)\dot{R}'_l(r_s)} Y_l^{m*}(\hat{\mathbf{K}}_i) \tag{3.559}$$

利用关系式

$$r_s^2[R'_l(r_s)\dot{R}_l(r_s) - R_l(r_s)\dot{R}'_l(r_s)] = 1 \tag{3.560}$$

可以进一步简化 $A_{lm}^{s,\mathbf{K}_i}$ 和 $B_{lm}^{s,\mathbf{K}_i}$。这样，最后得到 LAPW 的基函数

$$\chi(\mathbf{K}_i,\boldsymbol{r}) = \begin{cases} \sum_s \frac{4\pi r_s^2}{\sqrt{\Omega}} e^{i\mathbf{K}_i \cdot \tau_s} \sum_{l=0} \sum_{m=-l}^{l} i^l Y_l^{m*}(\hat{\mathbf{K}}_i) Y_l^m(\hat{\boldsymbol{u}}) [a_l^{s,\mathbf{K}_i} R_l^s(u) + b_l^{s,\mathbf{K}_i} \dot{R}_l^s(u)], & u \leqslant r_s \\ \frac{1}{\sqrt{\Omega}} e^{i\mathbf{K}_i \cdot \boldsymbol{r}}, & u > r_s \end{cases} \tag{3.561}$$

式中

$$a_l^{s,\mathbf{K}_i} = j'_l(K_i r_s)\dot{R}_l(r_s,E_\nu) - j_l(K_i r_s)\dot{R}'_l(r_s,E_\nu) \tag{3.562}$$

$$b_l^{s,\mathbf{K}_i} = j_l(K_i r_s)R'_l(r_s,E_\nu) - j'_l(K_i r_s)R_l(r_s,E_\nu) \tag{3.563}$$

与原始的 APW 方法计算过程相似，分别计算 Ⅰ 区和 Ⅱ 区的贡献，则得 LAPW 方法的哈密顿矩阵元 H_{ij} 为

$$\begin{aligned} H_{ij} &= \langle \chi(\mathbf{K}_i,\boldsymbol{r}) \mid \hat{H} \mid \chi(\mathbf{K}_j,\boldsymbol{r}) \rangle \\ &= \frac{|\mathbf{K}|_j^2}{2}\delta_{ij} - \frac{|\mathbf{K}|_j^2}{2} \sum_s \frac{4\pi e^{i\mathbf{G}_{ij} \cdot \tau_s}}{\Omega} \frac{j_1(|\mathbf{G}_{ij}| r_s)}{|\mathbf{G}_{ij}|} + \frac{4\pi}{\Omega} \sum_s r_s^4 e^{i\mathbf{G}_{ij} \cdot \tau_s} \\ &\quad \cdot \sum_l (2l+1) P_l(\theta_{\mathbf{K}_i\mathbf{K}_j}) \{E_\nu [a_l^{s,\mathbf{K}_i} a_l^{s,\mathbf{K}_j} + b_l^{s,\mathbf{K}_i} b_l^{s,\mathbf{K}_j} \langle \dot{R}_l \mid \dot{R}_l \rangle] + a_l^{s,\mathbf{K}_i} b^{s,\mathbf{K}_j}\} \end{aligned} \tag{3.564}$$

重叠矩阵元 Δ_{ij} 为

$$\begin{aligned} \Delta_{ij} &= \langle \chi(\mathbf{K}_i,\boldsymbol{r}) \mid (\mathbf{K}_j,\boldsymbol{r}) \rangle \\ &= \delta_{ij} - \sum_s \frac{4\pi e^{i\mathbf{G}_{ij} \cdot \tau_s}}{\Omega} \frac{j_1(|\mathbf{G}_{ij}| r_s)}{|\mathbf{G}_{ij}|} + \frac{4\pi}{\Omega} \sum_s r_s^4 e^{i\mathbf{G}_{ij} \cdot \tau_s} \\ &\quad \cdot \sum_l (2l+1) P_l(\theta_{\mathbf{K}_i\mathbf{K}_j}) [a_l^{s,\mathbf{K}_i} a_l^{s,\mathbf{K}_j} + b_l^{s,\mathbf{K}_i} b_l^{s,\mathbf{K}_j} \langle \dot{R}_l \mid \dot{R}_l \rangle] \end{aligned} \tag{3.565}$$

式中的 $\dot{R}_l(u)$ 并不满足归一化条件。实际上，

$$\langle \dot{R}_l \mid \dot{R}_l \rangle = -\frac{1}{3} \frac{\dot{R}_l(r_s)}{R_l(r_s)} \tag{3.566}$$

为了计算方便，通常将方程(3.564) 改写成厄米特形式的方程，即

$$\begin{aligned} H_{ij} &= \frac{\mathbf{K}_i \cdot \mathbf{K}_j}{2} \left[\delta_{ij} - \sum_s \frac{4\pi r_s^2 e^{i\mathbf{G}_{ij} \cdot \tau_s}}{\Omega} \frac{j_1(|\mathbf{G}_{ij}| r_s)}{|\mathbf{G}_{ij}|} \right] + \frac{4\pi}{\Omega} \sum_s r_s^2 e^{i\mathbf{G}_{ij} \cdot \tau_s} \sum_l (2l+1) P_l(\theta_{\mathbf{K}_i\mathbf{K}_j}) \\ &\quad \cdot \{E_\nu [a_l^{s,\mathbf{K}_i} a_l^{s,\mathbf{K}_j} + b_l^{s,\mathbf{K}_i} b_l^{s,\mathbf{K}_j} \langle \dot{R}_l \mid \dot{R}_l \rangle] + \gamma_l^s\} \end{aligned} \tag{3.567}$$

式中

$$\begin{aligned} \gamma_l^s &= \dot{R}_l(r_s) R'_l(r_s) [j'_l(K_i r_s) j_l(K_j r_s) + j_l(K_i r_s) j'_l(K_j r_s)] \\ &\quad - [\dot{R}'_l(r_s) R'_l(r_s) j_l(K_i r_s) j_l(K_j r_s) + \dot{R}_l(r_s) R_l(r_s) j'_l(K_i r_s) j'_l(K_j r_s)] \end{aligned} \tag{3.568}$$

这样，LAPW 方法的久期方程即为标准的广义本征值问题

$$\det | H_{ij} - E\Delta_{ij} | = 0 \tag{3.569}$$

与原始 APW 方法久期方程（式(3.538)）相比，LAPW 方法中表面积分不见了，而在 H_{ij} 中多了 $\dot{R}_l(u;E_\nu)$ 的贡献。

此外，我们在这里不加证明地给出 Anderson 得到的 Ⅰ 区中的基函数：

$$\chi_{\mathrm{I}}(\boldsymbol{K}_i,\boldsymbol{r}) = \sum_s \frac{4\pi r_s^2}{\sqrt{\Omega}} \mathrm{e}^{\mathrm{i}\boldsymbol{K}_i\cdot\boldsymbol{\tau}_s} \sum_{l=0}\sum_{m=-l}^{l} i^l \mathrm{j}_l(K_i r_s) \mathrm{Y}_l^{m*}(\hat{\boldsymbol{K}}_i)\mathrm{Y}_l^m(\hat{\boldsymbol{u}}) \frac{\Phi_l^\nu(\widetilde{D}_{\boldsymbol{K}_i},u)}{\Phi_l^\nu(\widetilde{D}_{l,\boldsymbol{K}_i},r_s)} \tag{3.570}$$

式中

$$\Phi_l^\nu(\widetilde{D}_{\boldsymbol{K}_i},u) = R_l(u;E_\nu) + \omega(\widetilde{D}_{L,\boldsymbol{K}_i})\dot{R}_l(u;E_\nu) \tag{3.571}$$

而 $D = \dfrac{x\partial \ln\varphi(x)}{\partial(x)}$。式(3.571)中出现的变量具体如下：

$$\widetilde{D}_{l,\boldsymbol{K}_i} = \frac{K_i r_s}{\mathrm{j}_l(K_i r_s)} \frac{\partial \mathrm{j}_l(x)}{\partial x}\bigg|_{x=K_i r_s} \tag{3.572}$$

$$\omega(\widetilde{D}_{l,\boldsymbol{K}_i}) = -\frac{R_l(r_s;E_\nu)}{\dot{R}_l(r_s;E_\nu)} \frac{\widetilde{D}_{\boldsymbol{K}_i} - D_l^\nu}{\widetilde{D}_{l,\boldsymbol{K}_i} - D_l^{\dot{\nu}}}$$

$$D_l^\nu = r_s R'_l(r_s)/R_l(r_s), \quad D_l^{\dot{\nu}} = r_s \dot{R}'_l(r_s;E_\nu)/\dot{R}_l(r_s;E_\nu)$$

不难证明，Koelling 和 Arbman 得到的Ⅰ区基函数与 Anderson 的结果等价。

3.5.3 关于势函数的讨论

从 3.5.1 节的讨论可知，MT 势的合适选取（或称构建）决定了 APW 方法的计算结果。需要指出，Ⅰ区中的 MT 势不能简单理解为离子势，它是包含了离子-电子相互作用、电子-电子库仑作用以及电子-电子多体作用的等效势函数。因此，由正确的 $V(\boldsymbol{r})$ 得到的结果与由第 3 章中介绍的 Hartree-Fock 方法及密度泛函理论得到的结果相同，或至少非常接近。早期的工作中通常先利用 Hartree-Fock 方法对各原子特定的电子组态进行自洽场计算，得到孤立的原子轨道以及原子电荷分布。例如第 s 个原子的电荷为

$$\rho_0^s(r) = \sum_{\mathrm{occ}} | \phi_{lm}^s(\boldsymbol{r}) |^2 \tag{3.573}$$

其中求和遍历该原子所有占据轨道，且 $\rho(r)$ 满足球对称条件。然后利用泊松方程

$$\boldsymbol{\nabla}^2 V_{\mathrm{H}}^s(r) = -4\pi\rho_0^s(r) \tag{3.574}$$

求出电子-电子库仑势，从而得到第 s 个原子的库仑势

$$V_{\mathrm{Coul}}^s = -\frac{Z_s}{r} + V_{\mathrm{H}}^s(r) \tag{3.575}$$

孤立原子组成体系时，需要额外考虑能级的对齐，这反映在邻近原子对 V_{Coul}^s 的修正上。Ern 与 Switendick、Scop 均指出，该修正可以由 Madelung 常数 α 确

定[120,121]，即

$$V_{\mathrm{M}}=-4\alpha/a_0 \tag{3.576}$$

然后从阳离子的 V_{Coul} 中扣除 V_{M}，而在阴离子的 V_{Coul} 中加入 V_{M}。

此外，还应该考虑电子-电子的交换势：

$$V_{\mathrm{x}}^{s}(r)=-6[3\rho^{s}(r)/(8\pi)]^{1/3} \tag{3.577}$$

式中：$\rho^{s}(r)=\rho_0^{s}(r)+\sum\limits_{j}\rho_0^{j}(r_{sj})$，即计入了邻近原子电荷密度的贡献。

因此，实际计算中，MT 势应为

$$V(\boldsymbol{u})=\begin{cases}V_{\mathrm{Coul}}^{s}(u)\pm V_{\mathrm{M}}(u)+V_{\mathrm{x}}^{s}(u)-V_0, & u\leqslant r_s\\ 0, & u>r_s\end{cases} \tag{3.578}$$

式中：V_0 是一个可调参数，目的是将 Ⅱ 区变为 $V(r)\equiv 0$ 的自由空间，可以根据实验值确定，也可通过对 Ⅱ 区的 $V(r)$ 求平均值 $\bar{V}_{\mathrm{II}}$ 求得。关于 MT 势的确定还有其他一些处理办法，这里不再详述，请参看文献[115]。

密度泛函理论提出之后，可以严格地通过电荷的空间分布确定体系的多体作用势，这使得我们可以通过自洽场计算，不断地更新电荷密度而对体系进行求解。更为精确的计算可以通过取消对 MT 势的形状假设，即通过 Ⅰ 区内球对称势以及 Ⅱ 区内严格的常数势来完全真实地构建体系的相互作用。这种计算方法称为全势线性缀加平面波(full-potential LAPW，FLAPW) 方法，是到目前为止密度泛函理论框架下精度最高的方法。

3.6　过　渡　态

3.6.1　拖曳法与 NEB 方法

体系由一个状态跃迁至另一个状态的过程中，需要克服一定的能量势垒。设一个体系的自由度为 N，则体系的位型由一个 N 维向量描述，也即体系处在一个 N 维空间中。相邻的两个稳态的坐标分别为 $\boldsymbol{R}_1^N$ 与 $\boldsymbol{R}_2^N$，连接这两个稳态的路径有无限多条。因此，跃迁路径特指最小能量路径(minimum energy path，MEP)。沿着这条路径前进，体系只需要越过最低的势垒就可以完成跃迁。而 MEP 的最大值是体系的一个一阶鞍点。该点处的能量沿着 MEP 方向是极大值，而沿其他任何方向均是极小值。这意味着此处的声子谱含有且仅含有一个虚频的振动模式。该模式中原子沿着 MEP 振动。相应地，过渡态(transition state，TS) 特指 MEP 上的这个一阶鞍点。图 3.16 为典型的一阶鞍点与 MEP 示意图。

过渡态是材料老化、演变以及化学反应过程中非常重要的一个概念，它直接反映了原子尺度上微观过程发生的路径与难易程度。第 6 章中将要介绍的动态蒙特卡罗等方法也需要以 TS 相应于初态或者末态的能量变化作为参数进行大尺度的模拟。

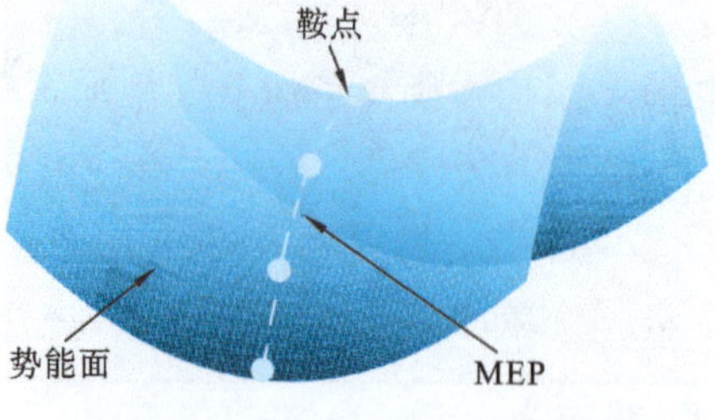

图 3.16　一阶鞍点与 MEP 示意图

在前面的讨论中我们已经给出了原子受力的表达式,这使得直接对跃迁/反应路径进行原子模拟成为可能。但是因为跃迁/反应的初态及末态均处于稳态,也即在能量极小值处,即使将体系人为进行偏移,经过弛豫后体系也必然会自动回复到稳态。因此,必须加入额外的限制条件才能完成对跃迁/反应路径的模拟。

最为简单和直观的做法是拖曳法(drag method)。顾名思义,就是将体系由初态拖曳 m 步至末态,产生 m 个复制体系。之后,对每一个复制体系,冻结沿着拖曳路径的自由度,而弛豫其他 $N-1$ 个自由度,寻找最小值。最后,取其中能量最高的一个复制体系所处的位置作为过渡态,将其能量作为势垒。拖曳法中每个复制体系均是独立弛豫,因此对于某些原子数目较多的体系所需要的计算资源并不是太高。对特定的反应路径,例如间隙原子在表面或块体内的迁移,拖曳法也往往能给出比较合理的结果。但是,这种方法最大的缺点就是可信度较低,而且失败率比较高,对很多路径都无法给出正确的反应路径。设体系初态为 $\boldsymbol{R}_{\text{Ini}}^N$,末态为 $\boldsymbol{R}_{\text{Fin}}^N$,则一般情况下拖曳法给出的初始路径是连接两者的直线 $\boldsymbol{V}^N=\boldsymbol{R}_{\text{Ini}}^N-\boldsymbol{R}_{\text{Fin}}^N$。因为 m 个复制体系彼此独立,所以拖曳法实质上找到的是 m 个彼此平行且垂直于 $\boldsymbol{V}^N$ 的超平面中的能量最小值。这无法保证找到的极大值在真正的一阶鞍点附近。实际上,如果鞍点处虚频对应的振动方向与拖曳路径夹角较大,拖曳法将无法给出正确的 MEP[122]。下面介绍的 NEB 方法可以很好地弥补拖曳法的这些缺陷。

Mills、Jónsson 等人提出的 NEB 方法,可以给出含有多个鞍点的 MEP[123,124,125]。设体系在始态(IS)和末态(FS)之间移动,每个位置称为一个映像,现在假设这些映像同时出现在反应路径上,彼此之间由刚度系数为 k 的弹簧连接。处于两个端点的始态和末态固定不动,其他位于中间的映像可以放开所有的自由度进行弛豫。与拖曳法不同,NEB 方法中的映像彼此之间通过弹簧耦合,而且参与弛豫的映像由于受到弹簧的阻力而不会滑落回端点。在这种情况下,映像 i 的受力相当于是

$$\boldsymbol{F}_i=-\nabla E(\boldsymbol{R}_i^N)+k(\boldsymbol{R}_{i+1}^N-\boldsymbol{R}_i^N)-k(\boldsymbol{R}_i^N-\boldsymbol{R}_{i-1}^N) \tag{3.579}$$

但是实践表明,应用上述方程时经常会出现两个问题。首先,充分弛豫后,能量较高的鞍点附近映像分布非常稀疏,而靠近端点附近能量较低处映像分布比较集中,从而导致更有物理意义的鞍点附近的 MEP 分辨度比较低。这种现象称为映像滑落

(down-sliding),原因是各个映像上的真实受力(例如 Hellmann-Feynman 力)沿弹簧方向的分量倾向于将各映像推向能量极小的端点处。其次,当 MEP 曲率较大时,因为弹簧将在垂直于相邻映像连线的方向上提供额外的力,所以该区域的映像会偏离实际的 MEP,而按照较为平直的路径分布。这种现象称为截弯(corner-cutting)。

为了解决上述两个问题,需要对映像上的受力进行投影。每个映像的受力按照径向和法向分为两部分。在每个映像上都可以定义一个单位超正切(hyper-tangent)矢量 $\hat{\boldsymbol{\tau}}_i$ 作为径向,这个方向上的受力由连接两者的弹簧决定;垂直于该连线的方向为法向,沿法向的受力由该映像所处的势能面在该方向上的梯度决定。因此,在 NEB 方法中,映像 i 的受力为

$$\boldsymbol{F}_i = \boldsymbol{F}_i^{\perp} + \boldsymbol{F}_i^{s,\parallel} \tag{3.580}$$

其中

$$\boldsymbol{F}_i^{\perp} = -\nabla E(\boldsymbol{R}_i^N) + \nabla E(\boldsymbol{R}_i^N)\cdot\hat{\boldsymbol{\tau}}_i\hat{\boldsymbol{\tau}}_i \tag{3.581}$$

$$\boldsymbol{F}_i^{s,\parallel} = k(|\boldsymbol{R}_{i+1}^N - \boldsymbol{R}_i^N| - |\boldsymbol{R}_i^N - \boldsymbol{R}_{i-1}^N|)\hat{\boldsymbol{\tau}}_i \tag{3.582}$$

显然,定义映像上的径向矢量 $\hat{\boldsymbol{\tau}}_i$ 对最后的结果会有很大的影响。通常情况下可以通过与第 i 个映像相连的 $i-1$ 和 $i+1$ 两个映像确定 $\hat{\boldsymbol{\tau}}_i$:

$$\hat{\boldsymbol{\tau}}_i = \frac{\boldsymbol{R}_i^N - \boldsymbol{R}_{i-1}^N}{|\boldsymbol{R}_i^N - \boldsymbol{R}_{i-1}^N|} + \frac{\boldsymbol{R}_{i+1}^N - \boldsymbol{R}_i^N}{|\boldsymbol{R}_{i+1}^N - \boldsymbol{R}_i^N|},\quad \hat{\boldsymbol{\tau}}_i = \frac{\hat{\boldsymbol{\tau}}_i}{|\hat{\boldsymbol{\tau}}_i|}$$

但是对于部分原子成键方向性较强的体系(如 Si 晶体或者 Ir(111)-CH_4 体系等),这样给出的 $\hat{\boldsymbol{\tau}}_i$ 往往会导致 NEB 模拟不收敛[126]。Henkelman 和 Jonsson 为解决这个困难提出了改进的径向矢量[126]:

$$\boldsymbol{\tau}_i = \begin{cases} \boldsymbol{R}_{i+1}^N - \boldsymbol{R}_i^N, & E_{i+1} > E+i > E_{i-1} \\ \boldsymbol{R}_i^N - \boldsymbol{R}_{i+1}^N, & E_{i+1} \leqslant E+i \leqslant E_{i-1} \end{cases} \tag{3.583}$$

如果映像 i 处于能量极值处,则

$$\boldsymbol{\tau}_i = \begin{cases} (\boldsymbol{R}_{i+1}^N - \boldsymbol{R}_i^N)\Delta E_i^{\max} + (\boldsymbol{R}_i^N - \boldsymbol{R}_{i+1}^N)\Delta E_i^{\min}, & E_{i+1} > E_{i-1} \\ (\boldsymbol{R}_{i+1}^N - \boldsymbol{R}_i^N)\Delta E_i^{\min} + (\boldsymbol{R}_i^N - \boldsymbol{R}_{i+1}^N)\Delta E_i^{\max}, & E_{i+1} \leqslant E_{i-1} \end{cases} \tag{3.584}$$

式中

$$\Delta E_i^{\max} = \max(|E_{i+1} - E_i|, |E_{i-1} - E_i|) \tag{3.585}$$

$$\Delta E_i^{\min} = \min(|E_{i+1} - E_i|, |E_{i-1} - E_i|) \tag{3.586}$$

最后再将 $\boldsymbol{\tau}_i$ 归一化:$\hat{\boldsymbol{\tau}}_i = \boldsymbol{\tau}_i / |\boldsymbol{\tau}_i|$。利用这种改进的径向矢量定义,在包含足够映像数目的条件下,NEB 方法可以在大多数情况下收敛。

式(3.580)表明,在 NEB 方法中,体系受力并不等于能量对于位置导数的负值。这一事实使得 NEB 方法中所采用的优化算法不同于 1.3 节中所介绍的方法。在 A.7 节中,我们将简要介绍两种 NEB 常用的优化方法。除此之外,也可以采用最速下降法、共轭梯度法或者拟牛顿法。与 1.3 节中给出的算法不同,在进行一维搜索时,NEB 中采用的优化方法不寻找能量最低值,而是利用牛顿方向找到受力为零的点:沿优化方向取两点 1 和 2,各自计算映像 i 的受力 $\boldsymbol{F}_{i,1}^N$ 和 $\boldsymbol{F}_{i,2}^N$,然后利用有限差分计算 $\boldsymbol{F}_i^N$ 的导

数。更详细的讨论可参阅文献[127]。

基于NEB的其他寻找过渡态的方法，比如CI-NEB方法、DNEB方法等最近有了新的发展。我们在这里不详细介绍，有兴趣的读者可参阅文献[128]、[129]。

3.6.2 Dimer 方法

拖曳法和 NEB 方法要求预先知道始态和终态。如果采用通常的线性插值作为寻找过渡态的初始路径，在一定意义上相当于预设一种跃迁机制，然后利用 NEB 方法确定这种跃迁机制的势垒。但是这种寻找方法并不能保证找到的势垒是最低的。例如，W 原子在 W(001) 表面上跃迁，势垒最低的路径是吸附的 W 原子陷入表面，形成表面间隙原子，然后沿[100]或者[010]方向移动，若干步之后再转变为吸附 W 原子。而此前认为的跳跃机制——吸附 W 原子“跃过”表面原子到达下一个吸附位——所对应的势垒要高 0.7 eV[130]，如图 3.17 所示。在 Al(001) 表面上的自扩散也有类似的发现[131]。更为严谨的方法是只从已知的始态出发，通过一定的算法自动地寻找所有可能的跃迁路径。这种方法就是 Henkelman 等人提出的 Dimer 方法[132]。

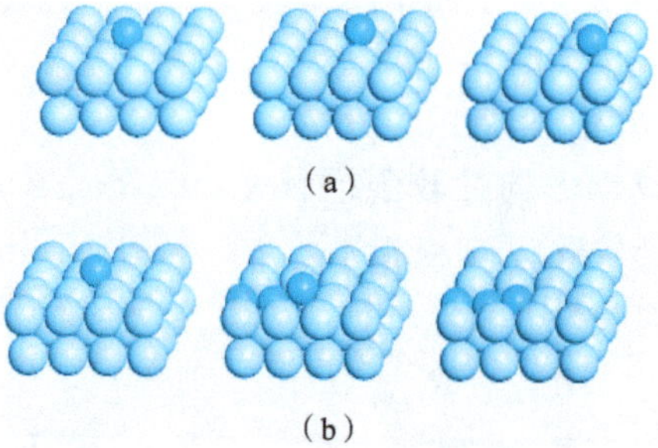

图 3.17 W 原子在 W(001) 表面跃迁的两条典型路径

(a) 跳跃(hopping) 机制；(b) 表面挤列(crowdion) 机制

在 Dimer 方法中仍然需要两个映像，但是只有其中一个要求是稳态，作为始态，而另一个可以通过给始态的原子坐标加上一个方向随机的微扰而生成，或者由始态出发，在有限温度下按照分子动力学原理(将在第 5 章中详细讨论) 生成一条轨迹，由其中某一时刻的即时构型给出。这两个映像组成一个偶极矩(dimer)，这个偶极矩在高维势能面中通过转动以及平动等运动方式经过鞍点，到达另一个势阱处(终态)。因为所加的微扰不同，偶极矩也会通过不同的途径到达多个终态。在尝试次数足够多的情况下，Dimer 方法可以找到连接于给定始态的所有跃迁途径(更准确地说是最低的跃迁路径向上几个 $k_B T$ 范围内的鞍点)。这无疑是 Dimer 方法非常有吸引力的一个优点。

图 3.18(a) 为偶极矩示意。两个映像的位置、能量和受力分别为 $\boldsymbol{R}_1$、E_1、$\boldsymbol{F}_1$ 和 $\boldsymbol{R}_2$、E_2、$\boldsymbol{F}_2$。单位矢量 $\hat{\boldsymbol{N}}$ 由 $\boldsymbol{R}_2$ 指向 $\boldsymbol{R}_1$。该偶极矩的中点为 $\boldsymbol{R}$。因此有

$$\boldsymbol{R}_1 = \boldsymbol{R} + \Delta R\hat{\boldsymbol{N}}, \quad \boldsymbol{R}_2 = \boldsymbol{R} - \Delta R\hat{\boldsymbol{N}}, \quad \Delta R = \frac{1}{2}(\boldsymbol{R}_1 - \boldsymbol{R}_2)\cdot\hat{\boldsymbol{N}}$$

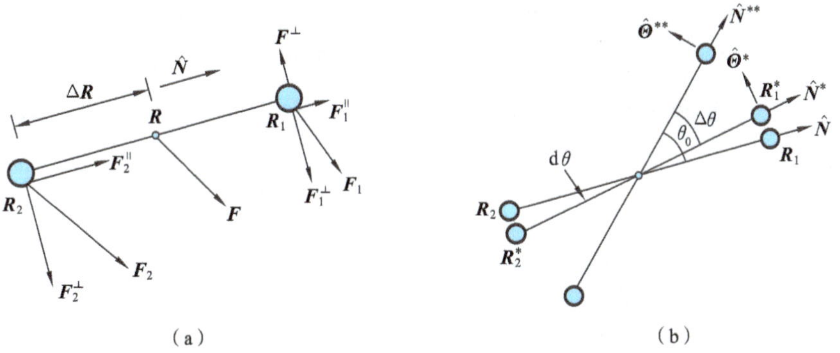

图 3.18　Dimer 方法的应用

(a) 偶极矩示意图以及受力的投影；(b) 偶极矩的转动步骤

注意：实际上偶极矩是在一个 $3N$ 维的空间里定义的，而非图 3.18 所示的仅是三维空间中的两个点。体系总能量 $E=E_1+E_2$。偶极矩中心的能量为 E_0，受力为 $\boldsymbol{F}_R$，定义 $\boldsymbol{F}_R=(\boldsymbol{F}_1+\boldsymbol{F}_2)/2$。由此可以通过有限差分以及定义计算此处势能面的曲率为

$$C=\frac{(\boldsymbol{F}_2-\boldsymbol{F}_1)\cdot\hat{\boldsymbol{N}}}{2\Delta R}=\frac{E-2E_0}{(\Delta R)^2} \tag{3.587}$$

在 Dimer 方法中，每一步分为两个部分，即先转动偶极矩，使得其平行于势垒最低的跃迁路径，之后平移偶极矩，使其沿跃迁路径到达鞍点。这两部分中均需采用优化算法。下面分别进行讨论。

1. 转动

由式(3.587) 可知，偶极矩的总能量 E 和势能面曲率 C 呈线性关系。因此在限定偶极矩仅做转动的条件下，E 有最小值意味着偶极矩平行于势能增加最缓慢的方向，即势垒最低的跃迁路径。首先定义垂直于偶极矩方向的受力(转动力)$\boldsymbol{F}^{\perp}$：

$$\boldsymbol{F}^{\perp}=\boldsymbol{F}_1^{\perp}-\boldsymbol{F}_2^{\perp} \tag{3.588}$$

式中
$$\boldsymbol{F}_i^{\perp}=\boldsymbol{F}_i-(\boldsymbol{F}_i\cdot\hat{\boldsymbol{N}})\hat{\boldsymbol{N}},\quad i=1,2$$

设 $\boldsymbol{F}^{\perp}$ 作用在 $\boldsymbol{R}_1$ 上，且定义一个与 $\boldsymbol{F}^{\perp}$ 平行的单位矢量 $\hat{\boldsymbol{\Theta}}$。$\hat{\boldsymbol{\Theta}}$ 和 $\hat{\boldsymbol{N}}$ 组成了展开偶极矩转动平面 S 上的一组正交基矢。如图 3.18(b) 所示，将偶极矩转一个小角度 $\mathrm{d}\theta$，则

$$\begin{cases}\boldsymbol{R}_1^*=\boldsymbol{R}+(\hat{\boldsymbol{N}}\cos(\mathrm{d}\theta)+\hat{\boldsymbol{\Theta}}\sin(\mathrm{d}\theta))\Delta R\\ \boldsymbol{R}_2^*=\boldsymbol{R}-(\hat{\boldsymbol{N}}\cos(\mathrm{d}\theta)+\hat{\boldsymbol{\Theta}}\sin(\mathrm{d}\theta))\Delta R\end{cases} \tag{3.589}$$

重新计算偶极矩中两个映像的受力 $\boldsymbol{F}_1^*$ 和 $\boldsymbol{F}_2^*$。偶极矩中心受力为 $\boldsymbol{F}^*=\boldsymbol{F}_1^*-\boldsymbol{F}_2^*$。此时，转动步骤的任务是利用上面已得到的信息，在 $\hat{\boldsymbol{\Theta}}$ 和 $\hat{\boldsymbol{N}}$ 展开的平面 S 内寻找转角 $\Delta\theta$，使得 $|\boldsymbol{F}^{\perp}|=0$。将势能面在平面 S 内展开为二次函数 U，有

$$U=E_0-(F_x x+F_y y)+\frac{1}{2}(c_x x^2+c_y y^2) \tag{3.590}$$

式中：F_x 和 F_y 分别为 $-\partial U/\partial x$ 和 $-\partial U/\partial y$；c_x 和 c_y 为沿两个方向的曲率。由此可将偶极矩的能量 E 表示为转角 θ 的函数：

$$E(\theta)=2E_0+\Delta R^2[c_x\cos^2(\theta-\theta_0)+c_y\sin^2(\theta-\theta_0)]$$
$$=2E_0+\frac{\Delta R^2}{2}\{(c_x-c_y)\cos[2(\theta-\theta_0)]+(c_x+c_y)\} \tag{3.591}$$

式中一次项因为映像1、2关于中点 $\boldsymbol{R}$ 呈 $180°$ 而相互抵消，θ_0 是一个常数。引入标量转动力 F：

$$F=\frac{\boldsymbol{F}^{\perp}\cdot\hat{\boldsymbol{\Theta}}}{\Delta R} \tag{3.592}$$

可以证明下述关系式[132,133]：

$$F=-\frac{1}{\Delta R^2}\frac{\partial E}{\partial\theta}=A\sin[2(\theta-\theta_0)] \tag{3.593}$$

式中：A 为未知常数，但是实际应用中并不需要知道 A 的具体值。式(3.593)表明，θ_0 正是在平面 S 内使得 $F=0$ 所需转动的角度。为了得出 θ_0 的具体计算公式，进一步计算

$$F'=\frac{\mathrm{d}F}{\mathrm{d}\theta}=2A\cos[2(\theta-\theta_0)] \tag{3.594}$$

由此可得，如果在 $\theta=0$ 处的 F 和 F' 均已知（分别标注为 F_0 和 F'_0），则使得偶极矩在平面 S 内平行于曲率最小的方向所需的角度 $\Delta\theta$ 为

$$\Delta\theta=\theta_0=-\frac{1}{2}\arctan\left(\frac{2F_0}{F'_0}\right) \tag{3.595}$$

如前所述，我们已经有了 $\theta=0$ 处的 $\boldsymbol{F}_i$、$\hat{\boldsymbol{\Theta}}$ 和 $\theta=\mathrm{d}\theta$ 处的 $\boldsymbol{F}_i^*$、$\hat{\boldsymbol{\Theta}}^*$，因此可以求得 $\theta=\mathrm{d}\theta/2$ 处的 F 和 F'[133]：

$$F\left(\frac{\mathrm{d}\theta}{2}\right)=\frac{\boldsymbol{F}^*\cdot\hat{\boldsymbol{\Theta}}^*+\boldsymbol{F}\cdot\hat{\boldsymbol{\Theta}}}{2} \tag{3.596}$$

$$F'\left(\frac{\mathrm{d}\theta}{2}\right)=\frac{\boldsymbol{F}^*\cdot\hat{\boldsymbol{\Theta}}^*-\boldsymbol{F}\cdot\hat{\boldsymbol{\Theta}}}{\mathrm{d}\theta} \tag{3.597}$$

因此从偶极矩 $\boldsymbol{R}^*$ 出发，所需转动的角度为

$$\Delta\theta=-\frac{1}{2}\arctan\left(\frac{2F_0}{F'_0}\right)-\frac{\mathrm{d}\theta}{2} \tag{3.598}$$

与式(3.595)略有不同。最后的结果如图3.18(b)所示。

对上述转动步骤还可以做进一步的改进。当Dimer方法完成一次迭代后，下一次的转动平面由新得到的 $\hat{\mathbf{N}}^{**}$ 及 $\hat{\boldsymbol{\Theta}}^{**}$ 展开，如图3.18(b)所示。因为每一步的 $\hat{\boldsymbol{\Theta}}$ 均与当前偶极矩受力在法向上的投影 $\boldsymbol{F}^{\perp}$ 平行，所以相当于按照最速下降法来更新转动平面，并以此来寻找势能面上曲率最小的方向。按照1.3.2节中的讨论，利用共轭梯度法构建新的搜索方向会得到更高的效率。在Dimer方法中，也可以按照共轭梯度法来构建新的转动平面。但是因为转动步骤中采用的是偶极矩受力在法向上的投影，因此不能简单地采用式(1.86)构造共轭方向。Henkelman等人指出，可以按下式构造新的共轭方向[132]：

$$\boldsymbol{d}_i^{\perp}=\boldsymbol{F}_i^{\perp}+\beta\,|\boldsymbol{d}_{i-1}^{\perp}|\,\hat{\boldsymbol{\Theta}}_{i-1}^{**} \tag{3.599}$$

式中

$$\beta=\frac{\boldsymbol{F}_i^{\perp}\cdot\boldsymbol{F}_i^{\perp}}{\boldsymbol{F}_{i-1}^{\perp}\cdot\boldsymbol{F}_{i-1}^{\perp}}$$

2. 平动

转动步骤完毕，需要进行一次平动，将偶极矩按照当前的取向平移，直至其到达鞍点处。与转动时步骤相同，在平动中也需要对偶极矩受力进行投影等操作，以阻止其沿势能面滑落至极小值处。因此，在平动步骤中，使用如下力来平移偶极矩：

$$\boldsymbol{F}^{\dagger}=\begin{cases}-(\boldsymbol{F}_R\cdot\hat{\boldsymbol{N}})\hat{\boldsymbol{N}}, & C>0\\ \boldsymbol{F}_R-2(\boldsymbol{F}_R\cdot\hat{\boldsymbol{N}})\hat{\boldsymbol{N}}, & C\leqslant 0\end{cases}\tag{3.600}$$

式中：C 是势能面在当前处的曲率。如果 $C>0$，则偶极矩仍处于势阱(稳态)附近，将偶极矩沿连线的受力反向，使得偶极矩加速从势阱中逸出；如果 $C\leqslant 0$，则偶极矩在鞍点附近，$\boldsymbol{F}^{\dagger}$ 指向鞍点，将驱使偶极矩平移至所求的鞍点处。偶极矩所移动的距离 Δx 由式(1.88)给出。因此，平动步骤要求进行两次力的计算，分别在 $\Delta x=0$ 以及 $\Delta x=\delta x$ 处。利用有限差分，可以计算 $\delta x/2\hat{\boldsymbol{F}}^{\dagger}$ 处的力以及曲率，因此，平动步骤中偶极矩沿 $\boldsymbol{F}^{\dagger}$ 方向移动的距离 Δx 为

$$\Delta x=-\frac{F^{\dagger}}{C^{\dagger}}=-\frac{(\boldsymbol{F}^{\dagger}\mid_{\Delta x=\delta x}+\boldsymbol{F}^{\dagger}\mid_{\Delta x=0})/2}{(\boldsymbol{F}^{\dagger}\mid_{\Delta x=\delta x}-\boldsymbol{F}^{\dagger}\mid_{\Delta x=0})/\delta x}+\frac{\delta x}{2}\tag{3.601}$$

为了控制算法的稳定性，平动时一般会设定一个上限 $\Delta x_{\max}$，若由方程(3.601)计算出的 $\Delta x>\Delta x_{\max}$，则强迫偶极矩沿 $\boldsymbol{F}^{\dagger}$ 方向仅移动 $\Delta x_{\max}$。

为了改进 Dimer 方法的收敛性，近年来对转动和平动的步骤和计算式有一些改进。具体请参考文献[133]、[134]。

3.7　电子激发谱与准粒子近似

3.7.1　基本图像

基于 Kohn-Sham 方程的局域密度近似和广义梯度近似的交换关联泛函在材料模拟领域内获得了巨大的成功。但是与此同时，它们也有着很多缺陷，最为人所诟病的就是无法给出准确的电子激发能，即严重低估了半导体和绝缘体材料的能隙。如果考虑一个单电子激发的过程，例如能带 i 中的一个电子受光子 $\hbar\omega$ 激发成为自由电子，或一个入射的自由电子被能带 j 捕获，同时释放能量为 $\hbar\omega$ 的光子。由于体系受到扰动(电子数发生变化)，所以体系必然会做出响应：当受激电子在体系中运动时，周围电荷密度会因为响应而发生变化。此时的受激电子相当于携带着一部分正电荷在体系中运动，因此电子-电子相互作用是动态变化的，与时间相关。这种动态效果无法被 LDA 和 GGA 泛函正确地描述。为了获得一个简明的物理图像，一般视这个携带着响应的受激电子为一个准粒子，而利用多体理论进行求解。

3.7.2　格林函数理论与 Dyson 方程

格林函数在凝聚态理论领域内有着非常重要的位置。原则上，知道一个体系的

格林函数,就可以得到大多数我们感兴趣的性质,如态密度、电荷密度分布、本征能级等。零温下单粒子格林函数定义为

$$G(\boldsymbol{r}t,\boldsymbol{r}'t')=-\mathrm{i}'\langle N|T[\psi(\boldsymbol{r}t)\psi^{\dagger}(\boldsymbol{r}'t')]|N\rangle$$
$$=\begin{cases}-\mathrm{i}\langle N|\psi(\boldsymbol{r}t)\psi^{\dagger}(\boldsymbol{r}'t')|N\rangle, & t>t'\\ \mathrm{i}\langle N|\psi(\boldsymbol{r}'t')\psi^{\dagger}(\boldsymbol{r}t)|N\rangle, & t'\geqslant t\end{cases} \tag{3.602}$$

式中:$|N\rangle$是 N 电子体系的基态;变量 $\boldsymbol{r}$ 同时指代电子的位置 $\boldsymbol{r}$ 和自旋态 σ;$\psi(\boldsymbol{r}t)$是海森堡绘景下的场算符,例如,$\psi^{\dagger}(\boldsymbol{r}t)|N\rangle$表示在时刻 t 将一个自旋为 σ 的电子加在 $\boldsymbol{r}$ 的终点处,使得体系含有 $N+1$ 个电子;T 是时序算符,它保证更新的时刻总在左侧。若 $t\geqslant t'$,式(3.602)给出的是在 t'时刻将一个电子加入体系 r'之后,t 时刻在 $\boldsymbol{r}$ 的终点处观测到的一个电子的概率振幅;若 $t'>t$,则式(3.602)给出的是在 t 时刻将一个电子于 $\boldsymbol{r}$ 的终点处取走后,t'时刻在 $\boldsymbol{r}'$的终点处观测到的一个空位的概率振幅。显然,准粒子格林函数描述的正是我们在 3.7.1 节中介绍的单电子激发过程。

由式(3.602),我们还可以得到格林函数 G 的谱表示。在海森堡绘景下场算符 $\psi(\boldsymbol{r}t)$可表示为

$$\psi(\boldsymbol{r}t) = \mathrm{e}^{\mathrm{i}\hat{H}t}\psi(\boldsymbol{r})\mathrm{e}^{-\mathrm{i}\hat{H}t} \tag{3.603}$$

式中:$\hat{H}$ 为多体哈密顿算符。可以将一组 $N+1$ 或 $N-1$ 电子体系完备基 $|N\pm1\rangle$ 根据 t 与 t' 的时序关系插入式(3.602)。举例来说,当 $t>t'$ 时,有

$$\begin{aligned}G(\boldsymbol{r}t,\boldsymbol{r}'t') &=-\mathrm{i}\langle N\mid\psi(\boldsymbol{r}t)\psi^{\dagger}(\boldsymbol{r}'t')\mid N\rangle=-\mathrm{i}\langle N\mid \mathrm{e}^{\mathrm{i}\hat{H}t}\psi(\boldsymbol{r})\mathrm{e}^{-\mathrm{i}\hat{H}t}\mathrm{e}^{\mathrm{i}\hat{H}t}\psi(\boldsymbol{r}')\mathrm{e}^{-\mathrm{i}\hat{H}t}\mid N\rangle\\ &=-\mathrm{i}\langle N\mid\psi(\boldsymbol{r})\mathrm{e}^{\mathrm{i}(\hat{H}-E_n)(t-t')}\psi^{\dagger}(\boldsymbol{r}')\mid N\rangle\\ &=-\mathrm{i}\sum_s\langle N\mid\psi(\boldsymbol{r})\mid N+1,s\rangle\langle N+1,s\mid \mathrm{e}^{-\mathrm{i}(\hat{H}-E_N)(t-t')}\psi^{\dagger}(\boldsymbol{r}')\mid N\rangle\\ &=-\mathrm{i}\sum_s\langle N\mid\psi(\boldsymbol{r})\mid N+1,s\rangle\mathrm{e}^{-\mathrm{i}(E_{N+1,s}-E_N)(t-t')}\langle N+1,s\mid\psi^{\dagger}(\boldsymbol{r}')\mid N\rangle\end{aligned} \tag{3.604}$$

对于 $t'>t$ 时的空穴运动,可类似地得到

$$G(\boldsymbol{r}t,\boldsymbol{r}'t')=-\mathrm{i}\sum_s\langle N\mid\psi^{\dagger}(\boldsymbol{r})\mid N-1,s\rangle\mathrm{e}^{-\mathrm{i}(E_N-E_{N-1,s})(t-t')}\langle N-1,s\mid\psi(\boldsymbol{r}')\mid N\rangle \tag{3.605}$$

再对其做傅里叶变换,得[135]

$$G(\boldsymbol{r},\boldsymbol{r}',\omega)=\sum_s\frac{f_s(\boldsymbol{r})f_s^*(\boldsymbol{r}')}{\omega-\varepsilon_s+\mathrm{i}\eta\mathrm{sgn}(\varepsilon_s-\mu)} \tag{3.606}$$

式中:η 为无限小的整数;μ 为化学势;$\mathrm{sgn}(\varepsilon_s-\mu)$ 代表 $\varepsilon_s-\mu$ 的符号,当 $\varepsilon_s>\mu$ 时,$\varepsilon_s=E_{N+1,s}-E_N$,当 $\varepsilon_s<\mu$ 时,$\varepsilon_s=E_N-E_{N-1,s}$;$\omega$ 具有能量的量纲,

$$f_s(\boldsymbol{r})=\begin{cases}\langle N\mid\psi(\boldsymbol{r})\mid N+1,s\rangle, & \varepsilon_s>\mu\\ \langle N-1,s\mid\psi(\boldsymbol{r})\mid N\rangle, & \varepsilon_s\leqslant\mu\end{cases} \tag{3.607}$$

式(3.606)和式(3.607)就是所求的谱表示。还可以据此得到谱函数 $A(\boldsymbol{r},\boldsymbol{r}',\omega)$,即

$$A(\boldsymbol{r},\boldsymbol{r}',\omega)=\frac{1}{\pi}\mid \mathrm{Im}G(\boldsymbol{r},\boldsymbol{r}',\omega)\mid=\sum_s f_s(\boldsymbol{r})f_s^*(\boldsymbol{r}')\delta(\omega-\varepsilon_s) \tag{3.608}$$

现在需要进一步推导 G 所遵循的运动方程。体系的多体哈密顿量在粒子数空间中表示为

$$\hat{H}=\int \mathrm{d}\boldsymbol{r}\psi^{\dagger}(\boldsymbol{r}t)\hat{H}_0(\boldsymbol{r}t)\psi(\boldsymbol{r}t)+\frac{1}{2}\int \mathrm{d}\boldsymbol{r}\mathrm{d}\boldsymbol{r}'\psi^{\dagger}(\boldsymbol{r}t)\psi^{\dagger}(\boldsymbol{r}'t')V(\boldsymbol{r},\boldsymbol{r}')\psi(\boldsymbol{r}'t')\psi(\boldsymbol{r}t) \tag{3.609}$$

式中：$\hat{H}_0$ 为单体算符，$\hat{H}_0=\nabla^2/2+V_{\mathrm{ext}}$。场算符依据海森堡方程进行演化，即

$$\mathrm{i}\frac{\partial\psi(\boldsymbol{r},t)}{\partial t}=[\psi(\boldsymbol{r},t),\hat{H}] \tag{3.610}$$

将式(3.609)代入式(3.610)，可得

$$\left[\mathrm{i}\frac{\partial}{\partial t}-\hat{H}_0(r)\right]G(\boldsymbol{r}t,\boldsymbol{r}'t')+\mathrm{i}\int \mathrm{d}\boldsymbol{r}''V(\boldsymbol{r}',\boldsymbol{r}'')\langle N\mid T[\psi^{\dagger}(\boldsymbol{r}''t)\psi(\boldsymbol{r}''t)\psi(\boldsymbol{r}t)\psi^{\dagger}(\boldsymbol{r}'t')]\mid N\rangle$$
$$=\delta(\boldsymbol{r}-\boldsymbol{r}')\delta(t-t') \tag{3.611}$$

$\mathrm{i}^2\langle N\mid T[\psi^{\dagger}(\boldsymbol{r}''t)\psi(\boldsymbol{r}''t)\psi(\boldsymbol{r}t)\psi^{\dagger}(\boldsymbol{r}'t')]\mid N\rangle$ 正是二体格林函数 $G_2(1,3,2,3^{\dagger})$ 的定义。由方程(3.611)可以看到，想求得 G，需要先知道 G_2，而求解 G_2 又必须知道 G_3，依此类推。这就是所谓的 BBGKY 级列(BBGKY Hierarchy)。为了避免这个困难，用自能算符 Σ 代替二体格林函数，则有[136]

$$\left[\mathrm{i}\frac{\partial}{\partial t}-\hat{H}_0(\boldsymbol{r})-V_{\mathrm{H}}(\boldsymbol{r})\right]G(\boldsymbol{r},\boldsymbol{r}',t,t')-\iint \mathrm{d}t''\mathrm{d}\boldsymbol{r}''\Sigma(\boldsymbol{r}t,\boldsymbol{r}''t'')G(\boldsymbol{r}'t')=\delta(\boldsymbol{r}-r')\delta(t-t') \tag{3.612}$$

这就是所求的 Dyson 方程。需要注意，与式(3.611)左端第二项相比，方程(3.612)中的自能项已经抛除了 Hartree 项的贡献。对式(3.612)做傅里叶变换，即可得到 Dyson 方程在频率空间下的形式

$$[\omega-\hat{H}_0-V_{\mathrm{H}}]G(\boldsymbol{r},\boldsymbol{r}',\omega)-\int \mathrm{d}\boldsymbol{r}''V\mid(\boldsymbol{r},\boldsymbol{r}'')\Sigma(\boldsymbol{r},\boldsymbol{r}'',\omega)G(\boldsymbol{r}'',\boldsymbol{r}',\omega)=\delta(\boldsymbol{r}'-\boldsymbol{r}') \tag{3.613}$$

如果设 G_0 为 $\Sigma=0$ 时对应的格林函数，则可以将式(3.613)重新写为

$$G(12)=G_0(12)+\int G_0(13)\Sigma(34)G(42)\mathrm{d}(34) \tag{3.614}$$

其中数字“1”代表位置、时间和自旋态$\{\boldsymbol{r}_1,t_1,\sigma_1\}$。显然，$G_0(12)$ 取决于不同的参考体系。在实践中参考体系往往选取利用标准 Kohn-Sham 方程求得的基态，因此一般取

$$\hat{H}_0=\nabla^2/2+V_{\mathrm{ext}}+V_{\mathrm{xc}} \tag{3.615}$$

此时 $G_0(12)$ 相对应的自能算符为$\nabla\Sigma=\Sigma-V_{\mathrm{xc}}$。

3.7.3 GW 方法

3.7.3.1 Hedin 方程

目前自能项的计算都基于 Hedin 于 1965 年提出的方程组[137]：

$$
\begin{cases}
\Sigma(12)=\mathrm{i}\int G(1,3)\Gamma(234)W(41)\mathrm{d}(34)\\
G(12)=G_0(12)+\int G_0(13)\Sigma(34)G(42)\mathrm{d}(34)\\
P(12)=-\mathrm{i}\int G(13)G(41)\Gamma(342)\mathrm{d}(34)\\
W(12)=v(12)-\int v(13)P(34)W(42)\mathrm{d}(34)\\
\Gamma(123)=\delta(12)\delta(13)+\int\dfrac{\partial\Sigma(12)}{\partial G(45)}G(46)G(75)\Gamma(673)\mathrm{d}(3456)
\end{cases}
\tag{3.616}
$$

这就是常常遇到的所谓 Hedin 五边形(见图 3.19)问题,其中 Γ 称为顶点函数(vertex function)。方程组(3.616)中的五个方程原则上可以迭代求解,但是实际操作中无法求得 G 的精确值,而且计算量很大,步骤也比较繁难,所以目前的实现都是基于无规相近似(RPA)所得到的简化模型。

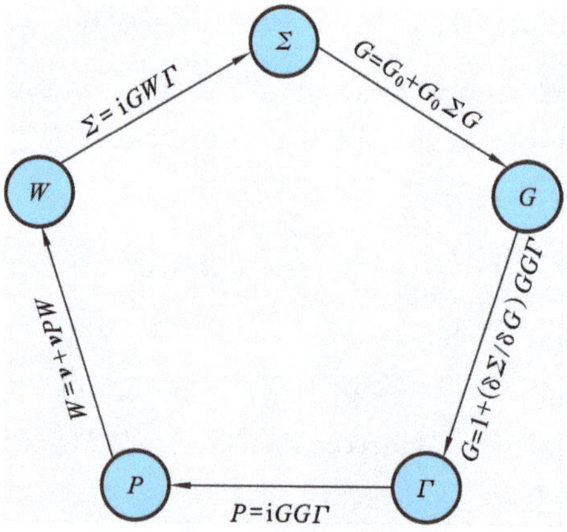

图 3.19 Hedin 五边形

3.7.3.2 *GW* 近似

利用 RPA 方法可以极大地简化 Hedin 五边形。RPA 相当于忽略顶点修正,即

$$
\Gamma(123)\approx\delta(12)\delta(13)
\tag{3.617}
$$

于是有

$$
\begin{cases}
\Sigma(12)=\mathrm{i}G(1,2)W(1,2)\\
G(12)=G_0(12)+\int G_0(13)\Sigma(34)G(42)\mathrm{d}(34)\\
P(12)=-\mathrm{i}G(1,2)G(2,1^+)\\
W(12)=v(12)-\int v(13)P(34)W(42)\mathrm{d}(34)
\end{cases}
\tag{3.618}
$$

即在 RPA 下,可以将自能项近似地表示为准粒子格林函数 G 及屏蔽库仑势 W 的卷积。而且忽略顶点修正之后,剩下的四个方程组成了一个封闭的方程组,可大大简化

G 的求解过程。方程组(3.618)最后一个关于 W 的计算式比较复杂，这里给出另一种表示方法

$$\begin{cases} W(12) = \int d(3)\varepsilon^{-1}(13)v(32) \\ \varepsilon(13) = \delta(13) - \int d(4)v(1,4)P(4,2) \end{cases} \tag{3.619}$$

设自能算符 Σ 已知，则将格林函数的谱表示代入方程(3.613)，可得

$$[H_0 + V_{\mathrm{H}}]\psi_s(\boldsymbol{r}) + \int \Sigma(\boldsymbol{r},\boldsymbol{r}',\omega)\psi_s(\boldsymbol{r})d\boldsymbol{r}' = \varepsilon_s\psi_s \tag{3.620}$$

可以看到，上述方程与常用的 Kohn-Sham 方程极为类似，唯一的区别在于这里用自能算符 Σ 代替了 Kohn-Sham 方程中的交换关联势 V_{xc}。因为 V_{xc} 并没有包含动态介电函数 ε，所以是一个静态的作用，意味着第 i 个态上电子的激发不会引起其他电子状态的改变，即没有计入体系对外势场的响应。而 GW 近似中的自能项 Σ 则通过 ε 考虑了这种响应。因此，准粒子近似(QPA)可以改进 LDA 或 GGA 泛函的事实也可以理解为 QPA 的自洽场方程中所用的自能项 Σ 可以比 V_{xc} 更好地描述单粒子激发的能量变化。虽然已经做了上述简化，但是到目前为止仍然不知道初始的格林函数 G 应该如何选取。事实上，上述方程的解对初始值比较敏感，所以必须选取一套比较合理的迭代初始值。Hybertsen 和 Louie 开创性地提出，将用标准 Kohn-Sham 方法得到的一套本征波函数 $\{\psi_s^{\mathrm{KS}}\}$ 作为 G 谱表示方程(3.606)中的 $f_s(\boldsymbol{r})$[138]。

将方程组(3.618)中表示的第一个方程做傅里叶变换，可得

$$\Sigma(\boldsymbol{r},\boldsymbol{r}',\omega) = \frac{i}{2\pi}\int_{-\infty}^{\infty} d\omega e^{i\omega'\delta} G(\boldsymbol{r},\boldsymbol{r}',\omega+\omega')W(\boldsymbol{r},\boldsymbol{r}',\omega') \tag{3.621}$$

式中

$$G(\boldsymbol{r},\boldsymbol{r}',\omega+\omega') = \sum_s \frac{\psi_s^{\mathrm{KS}}(\boldsymbol{r})\psi_s^{*\mathrm{KS}}(\boldsymbol{r}')}{\omega+\omega'-\varepsilon_s+i\eta\mathrm{sgn}(\varepsilon_s-\mu)} \tag{3.622}$$

$$W(\boldsymbol{r},\boldsymbol{r}',\omega') = \int d\boldsymbol{r}''v(\boldsymbol{r},\boldsymbol{r}'')\varepsilon^{-1}(\boldsymbol{r}'',\boldsymbol{r}',\omega) \tag{3.623}$$

需要注意的是，严格来说，由于参考态中已经包含了多体项 V_{xc} 的贡献，所以此时的自能项应为 3.7.2 节最后给出的 $\Delta\Sigma$。在不引起误解的前提下，为了使形式简洁，在此后的讨论中，我们仍然用 Σ 表示自能项。式(3.622)给出的仅仅是 $G(\boldsymbol{r},\boldsymbol{r}',\omega)$ 的一个初始猜测。严格的 GW 近似要求从式(3.622)出发迭代地求解 G 和 W。为了简化计算，节约计算时间，也可以在整个计算过程中不更新这两个量，这样的简化称为 G_0W_0 近似。将式(3.615)和式(3.622)代入方程(3.620)，可得 G_0W_0 近似下的准粒子能量 $\varepsilon_s^{\mathrm{QP}}$，且

$$\varepsilon_s^{\mathrm{QP}} = \varepsilon_s^{\mathrm{KS}} + \langle \psi_s^{\mathrm{KS}} \mid \Sigma(\varepsilon_s^{\mathrm{QP}}) - V_{\mathrm{xc}} \mid \psi_s^{\mathrm{KS}} \rangle \tag{3.624}$$

因为 Σ 是待求本征能量 $\varepsilon_s^{\mathrm{QP}}$ 的函数，所以必须用迭代办法求解上述方程。一般情况下采取线性化手段避免迭代过程。这里给出最后的结果，即

$$\varepsilon_s^{\mathrm{QP}} = \varepsilon_s^{\mathrm{KS}} + Z_s\langle \psi_s^{\mathrm{KS}} \mid \Sigma(\psi_s^{\mathrm{KS}}) - V_{\mathrm{xc}} \mid \psi_s^{\mathrm{KS}} \rangle \tag{3.625}$$

式中

$$Z_s = \left[1 - \mathrm{Re}\langle \psi_s^{\mathrm{KS}} \mid \frac{\partial \Sigma(\omega)}{\partial \omega} \mid \varepsilon_s^{\mathrm{KS}} \mid \psi_s^{\mathrm{KS}} \rangle\right]^{-1} \tag{3.626}$$

3.7.3.3 平面波基框架下的实现

在前面的讨论中已经知道了 GW 近似（或至少是 G_0W_0 近似）的基本公式。因为一般选择 Kohn-Sham 方程所得到的本征谱作为参考态，所以在 GW 近似具体的算法实现中，仍然需要选择最方便的基函数。使用平面波基可以得到比较简单、直接的计算公式，同时辅以成熟的快速傅里叶变换技术，在程序实现上有着极大的便利。首先给出几个关键物理量的表达式[139]：

$$W_q(\boldsymbol{G},\boldsymbol{G}',\omega) = 4\pi e^2 \frac{1}{|\boldsymbol{q}+\boldsymbol{G}|}\varepsilon_q^{-1}(\boldsymbol{G},\boldsymbol{G}',\omega)\frac{1}{|\boldsymbol{q}+\boldsymbol{G}'|} \tag{3.627}$$

$$\varepsilon_q(\boldsymbol{G},\boldsymbol{G}',\omega) = \delta_{GG'} - \frac{4\pi e^2}{|\boldsymbol{q}+\boldsymbol{G}||\boldsymbol{q}+\boldsymbol{G}'|}\chi_q^0(\boldsymbol{G},\boldsymbol{G}',\omega) \tag{3.628}$$

$$\chi_q^0(\boldsymbol{G},\boldsymbol{G}',\omega) = \frac{1}{\Omega_{\mathrm{cell}}}\sum_{nn'k} 2w_k(f_{n'k-q} - f_{nk}) \times \frac{\langle \psi_{n'k-q} \mid \mathrm{e}^{-\mathrm{i}(q+G)r} \mid \psi_{nk}\rangle\langle \psi_{nk} \mid \mathrm{e}^{\mathrm{i}(q+G')r'} \mid \psi_{n'k-q}\rangle}{\omega + \varepsilon_{n'k-q} - \varepsilon_{nk} + \mathrm{i}\eta\mathrm{sgn}[\varepsilon_{n'k-q} - \varepsilon_{nk}]} \tag{3.629}$$

式中：w_k 是第一布里渊区内 $\boldsymbol{k}$ 点的权重；$\langle \psi_{n'k-q} \mid \mathrm{e}^{-\mathrm{i}(q+G)r} \mid \psi_{nk}\rangle$ 称为交换电荷密度。

在具体实现中，为了使函数有良好的行为，一般对式(3.627)扣除库仑势 V_q，有

$$\overline{W}_q(\boldsymbol{G},\boldsymbol{G}',\omega) = 4\pi e^2 \frac{1}{|\boldsymbol{q}+\boldsymbol{G}|}[\varepsilon_q^{-1}(\boldsymbol{G},\boldsymbol{G}',\omega) - \delta_{GG'}]\frac{1}{|\boldsymbol{q}+\boldsymbol{G}'|} \tag{3.630}$$

而相应的自能项 $\overline{\Sigma}$ 为[139]

$$\overline{\Sigma}(\omega)_{nk,nk} = \frac{1}{\Omega_{\mathrm{cell}}}\sum_{qG,G'}\sum_{n'}\frac{\mathrm{i}}{2\pi}\int_0^{\infty}\mathrm{d}\omega'\overline{W}_q(\boldsymbol{G},\boldsymbol{G}',\omega) \times \langle \psi_{n'k-q} \mid \mathrm{e}^{\mathrm{i}(q+G)r} \mid \psi_{nk}\rangle\langle \psi_{nk} \mid \mathrm{e}^{-\mathrm{i}(q+G')r'} \mid \psi_{n'k-q}\rangle$$
$$\times\left[\frac{1}{\omega + \omega' - \varepsilon_{n'k-q} + \mathrm{i}\eta\mathrm{sgn}(\varepsilon_{n'k-q} - \mu)} + \frac{1}{\omega - \omega' - \varepsilon_{n'k-q} + \mathrm{i}\eta\mathrm{sgn}(\varepsilon_{n'k-q} - \mu)}\right] \tag{3.631}$$

最后，在计算能量的时候需要加入交换项的贡献，即

$$\varepsilon_s^{\mathrm{QP}} = \varepsilon_s^{\mathrm{KS}} + Z_s\langle \psi_s^{\mathrm{KS}} \mid \overline{\Sigma}(\varepsilon_s^{\mathrm{KS}}) - V_{\mathrm{xc}} + V_x \mid \psi_s^{\mathrm{KS}}\rangle \tag{3.632}$$

从原则上讲，通过式(3.628)至式(3.632)，已经可以实现平面波框架下的 GW 计算。但是在具体实现中仍然需要注意下面两个问题。

1. 交换电荷

交换电荷密度矩阵并不是在所有的 GW 实现中都需要特别注意。但是平面波基组总是与赝势方法联系在一起，所以实际上参与构建格林函数 G 以及自能项 Σ 的均为相应的赝波函数，而且没有芯区的电子轨道信息。但是方程(3.631)要求参与计算的是精确的波函数，因此只有采用 PAW 方法才可以满足这个条件。对 PAW 方法的详细分析已经超出了本书的范围。这里我们只给出几个重要的公式，更详细的讨论可参阅文献[139]、[140]。PAW 方法将准确的单电子波函数表示为

$$|\psi_{nk}\rangle = |\tilde{\psi}_{nk}\rangle + \sum_i (|\phi_i\rangle - |\tilde{\phi}_i\rangle)\langle\tilde{p}_i|\tilde{\psi}_{nk}\rangle \tag{3.633}$$

式中：$|\tilde{\psi}_{nk}\rangle$ 为赝波函数；$|\phi_i\rangle$ 为给定原点 $\boldsymbol{R}_i$、角动量 l_i 以及非自旋极化参考能 ε_i 的径向薛定谔方程的全电子径向解；$|\tilde{\phi}_i\rangle$ 为相应的赝径向解；$|\tilde{p}_i\rangle$ 为投影算符，且满足

$$\langle\tilde{p}_i|\tilde{\phi}_j\rangle = \delta_{ij} \tag{3.634}$$

赝波函数 $|\tilde{\psi}_{nk}\rangle$ 和投影算符 $|\tilde{p}_i\rangle$ 可以表示成 Blöch 波的形式，即

$$|\tilde{\psi}_{nk}\rangle = \mathrm{e}^{\mathrm{i}\boldsymbol{k}\cdot\boldsymbol{r}}|\tilde{u}_{nk}\rangle,\qquad |\tilde{p}_{nk}\rangle = \mathrm{e}^{-\mathrm{i}\boldsymbol{k}(\boldsymbol{r}-\boldsymbol{R}_i)}|\tilde{p}_i\rangle$$

因为有 $|\phi_{nk}\rangle$、$|\tilde{p}_i\rangle$ 等项的存在，PAW 方法中电荷密度矩阵元 $\rho_{nn'}$ 有比较复杂的形式。为简单起见，暂不考虑对 $\boldsymbol{k}$ 的求和，即第一布里渊区内只有 Γ 点，则 $\rho_{nn'}$ 可表示为[141]：

$$\begin{aligned}\rho_{nn'}(\boldsymbol{r}) &= \tilde{\rho}_{nn'}(\boldsymbol{r}) - \tilde{\rho}^1_{nn'}(\boldsymbol{r}) + \rho^1_{nn'}(\boldsymbol{r})\\ &= \langle\tilde{\psi}_n|\boldsymbol{r}\rangle\langle\boldsymbol{r}|\tilde{\psi}_{n'}\rangle - \sum_{ij}\langle\tilde{\phi}_i|\boldsymbol{r}\rangle\langle\boldsymbol{r}|\tilde{\phi}_j\rangle\langle\tilde{\psi}_n|\tilde{p}_i\rangle\langle\tilde{p}_j|\tilde{\psi}_{n'}\rangle\\ &\quad + \sum_{ij}\langle\phi_i|\boldsymbol{r}\rangle\langle\boldsymbol{r}|\phi_j\rangle\langle\tilde{\psi}_n|\tilde{p}_i\rangle\langle\tilde{p}_j|\tilde{\psi}_{n'}\rangle\end{aligned} \tag{3.635}$$

式中：$\tilde{\rho}_{nn'}(\boldsymbol{r})$ 为赝波函数的贡献；$\tilde{\rho}^1_{nn'}(\boldsymbol{r})$ 和 $\rho^1_{nn'}(\boldsymbol{r})$ 分别为芯区全电子补偿项以及赝势补偿项（上标“1”代表单中心局域量），类似于超软赝势（USPP）中为修正芯区电子总数不足而做的补偿。显然，由于补偿项的存在，方程(3.629) 和(3.631) 中的交换电荷密度矩阵也有比较复杂的形式[139]：

$$\begin{aligned}\langle\psi_{n'k-q}|\mathrm{e}^{-\mathrm{i}(q+G)r}|\psi_{nk}\rangle &\approx \langle\tilde{u}_{n'k-q}|\mathrm{e}^{-\mathrm{i}Gr}|\tilde{u}_{nk}\rangle + \sum_{ij,\mathrm{LM}}\langle\tilde{u}_{n'k-q}|\tilde{p}_{ik-q}\rangle\langle\tilde{p}_{jk}|\tilde{u}_{nk}\rangle\\ &\quad\times\int\mathrm{e}^{-\mathrm{i}q(\boldsymbol{r}-\boldsymbol{R}_i)}\hat{Q}^{\mathrm{LM}}_{ij}(\boldsymbol{r}-\boldsymbol{R}_i)\mathrm{e}^{-\mathrm{i}G\boldsymbol{r}}\,\mathrm{d}\boldsymbol{r}\end{aligned} \tag{3.636}$$

式中：$\hat{Q}^{\mathrm{LM}}_{ij}$ 为单中心补偿电荷的多级展开。实际上，不仅是交换电荷密度矩阵，为了通过方程(3.632) 计算 GW 近似下的本征能级，还需要计算全电子波函数的交换能 E_{xx}。在 PAW 框架下 E_{xx} 的计算式也比较复杂。关于 $\hat{Q}^{\mathrm{LM}}_{ij}$ 和 E_{xx} 的具体讨论已超出本书的范围，请参考文献[83]、[140]、[141]。

2. 等离激元-极点近似

求解自能项 Σ 最困难之处在于确定屏蔽库仑势 W。这是因为 W 的计算要求我们知道微观介电函数矩阵的所有元素。当然，可以用方程(3.628)和(3.629)在每个 ω 下逐个求解矩阵元 $\varepsilon_q^{-1}(\boldsymbol{G},\boldsymbol{G}',\omega)$，但是更为常用的方法是利用所谓等离激元-极点近似(plasmon-pole approximation)，将 $\varepsilon_q^{-1}(\boldsymbol{G},\boldsymbol{G}',\omega)$写为含参的解析表达式，再通过若干已知条件求解参数，从而得到整个微观介电函数的逆矩阵。该方法最初由 Hybertsen 和 Louie 实现[138]。他们通过静态介电函数以及 f 求和法则来确定参数。将 $\varepsilon_q^{-1}(\boldsymbol{G},\boldsymbol{G}',\omega)$的实部和虚部分别写为

$$\mathrm{Re}\,\varepsilon_q^{-1}(\boldsymbol{G},\boldsymbol{G}',\omega) = \delta_{GG'} + \frac{\Omega_q^2(\boldsymbol{G},\boldsymbol{G}')}{\omega^2 - \tilde{\omega}_q^2(\boldsymbol{G},\boldsymbol{G}')} \tag{3.637}$$

$$\mathrm{Im}\,\varepsilon_q^{-1}(\boldsymbol{G},\boldsymbol{G}',\omega) = A_q(\boldsymbol{G},\boldsymbol{G}')\{\delta[\omega - \tilde{\omega}_q(\boldsymbol{G},\boldsymbol{G}')] - \delta[\omega + \tilde{\omega}_q(\boldsymbol{G},\boldsymbol{G}')]\} \tag{3.638}$$

式中：$\Omega_q(\boldsymbol{G},\boldsymbol{G}')$ 称为等效裸等离激元频率(effective bare plasmon frequency)，有

$$\Omega_q^2(\boldsymbol{G},\boldsymbol{G}') = \omega_p^2 \frac{(\boldsymbol{q}+\boldsymbol{G})\cdot(\boldsymbol{q}+\boldsymbol{G}')}{|\boldsymbol{q}+\boldsymbol{G}'|^2}\frac{\rho(\boldsymbol{G}-\boldsymbol{G}')}{\rho(0)} \tag{3.639}$$

式中

$$\omega_p = 4\pi\rho(0)$$

由 $\Omega_q(\boldsymbol{G},\boldsymbol{G}')$ 以及静态($\omega=0$)介电函数矩阵，对于每一组$\{\boldsymbol{q},\boldsymbol{G},\boldsymbol{G}'\}$，可得待定参数 $\tilde{\omega}$ 及 A：

$$\tilde{\omega}_q^2(\boldsymbol{G},\boldsymbol{G}') = \frac{\Omega_q^2(\boldsymbol{G},\boldsymbol{G}')}{\delta_{GG'} - \varepsilon_q^{-1}(\boldsymbol{G},\boldsymbol{G},\omega=0)} \tag{3.640}$$

$$A_q(\boldsymbol{G},\boldsymbol{G}') = -\frac{\pi}{2}\frac{\Omega_q(\boldsymbol{G},\boldsymbol{G}')}{\tilde{\omega}_q(\boldsymbol{G},\boldsymbol{G}')} \tag{3.641}$$

当前比较流行的软件包，如 ABinit 以及 GPAW 等则用了两个频率下 ε^{-1} 的结果求解 $\tilde{\omega}$ 和 A。这里给出最后结果

$$\tilde{\omega}_q^2(\boldsymbol{G},\boldsymbol{G}') = \frac{E_0\varepsilon_q^{-1}(\boldsymbol{G},\boldsymbol{G}',\omega=\mathrm{i}E_0)}{\varepsilon_q^{-1}(\boldsymbol{G},\boldsymbol{G}',\omega=0)-\varepsilon_q^{-1}(\boldsymbol{G},\boldsymbol{G}',\omega=\mathrm{i}E_0)} \tag{3.642}$$

$$A_q(\boldsymbol{G},\boldsymbol{G}') = -\frac{\tilde{\omega}_q(\boldsymbol{G},\boldsymbol{G}')}{2}\varepsilon_q^{-1}(\boldsymbol{G},\boldsymbol{G}',\omega=0) \tag{3.643}$$

其中所选频率分别为 0 和 $\mathrm{i}E_0$。E_0 的取值需要仔细选择，一般取 1 Hartree。

3.7.4 Bethe-Salpeter 方程

上面介绍的 *GW* 方法极好地改进了 DFT 方法对于体系能隙的计算结果。但是在模拟半导体光吸收谱时，*GW* 方法的准确度并不高，原因在于 *GW* 方法所求的是准粒子的单体格林函数，它只能处理单粒子激发问题。换句话说，虽然 *GW* 方法引入了准粒子，但是它没有涉及准粒子间的相互作用。光吸收谱相应的激发过程是外势场(光子)产生一个电子-空穴激子对，各自在导带和价带中运动。这实际上是一个相互作用的双粒子激发，因此需要引入较 *GW* 近似更为高阶的修正才能准确地描述激发过程。因此，四点 Bethe-Salpeter 方程(Bethe-Salpeter equation，BSE)在最近十年得到了计算物理学家的高度重视。本节中，我们对 BSE 方法进行简要的介绍。

写出 BSE 的具体形式：

$$L(1234) = G(13)G(24) + \int \mathrm{d}\,(5678)G(15)G(25)K(5678)L(7834) \tag{3.644}$$

其中核 K 包含了准粒子相互作用，分为电子-空穴交换作用 v 与电子-空穴吸引作用 W，具体可表示为

$$K(5678) = v(57)\delta(56)\delta(78) - W(56)\delta(57)\delta(68) \tag{3.645}$$

图 3.20 为 BSE 相应的费曼图。将 $L(1234)$变换到频率空间，则有

$$L(1234,\omega) = \frac{1}{H^{2p}-\omega} \tag{3.646}$$

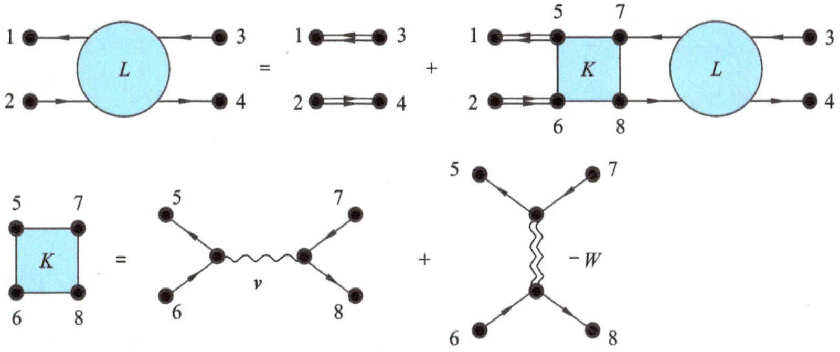

图 3.20　BSE 相应的费曼图

式中：H^{2p}是有效两体哈密顿量，

$$H_{n_1n_2}^{n_3n_4,2p} = (\varepsilon_{n_2}-\varepsilon_{n_1})\delta_{n_1n_3}\delta_{n_2n_4} + (f_{n_1}-f_{n_2})[V_{n_1n_2}^{n_3n_4} - W_{n_1n_2}^{n_3n_4}(\omega)] \tag{3.647}$$

其中

$$V_{n_1n_2}^{n_3n_4} = \iint \mathrm{d}\boldsymbol{r}\mathrm{d}\boldsymbol{r}'\psi_{n_1}(\boldsymbol{r})\psi_{n_2}^{*}(\boldsymbol{r})\frac{1}{|\boldsymbol{r}-\boldsymbol{r}'|}\psi_{n_3}^{*}(\boldsymbol{r}')\psi_{n_4}(\boldsymbol{r}') \tag{3.648}$$

$$W_{n_1n_2}^{n_3n_4}(\omega) = \iint \mathrm{d}\boldsymbol{r}\mathrm{d}\boldsymbol{r}'\psi_{n_1}(\boldsymbol{r})\psi_{n_2}^{*}(\boldsymbol{r})\frac{\varepsilon^{-1}(\boldsymbol{r},\boldsymbol{r}',\omega)}{|\boldsymbol{r}-\boldsymbol{r}'|}\psi_{n_3}^{*}(\boldsymbol{r}')\psi_{n_4}(\boldsymbol{r}') \tag{3.649}$$

做简化时，一般将方程(3.649)中的介电函数用静态介电函数 $\varepsilon^{-1}(\boldsymbol{r},\boldsymbol{r}',\omega=0)$ 近似。在平面波基组中，可以将 H^{2p} 的各个 $\boldsymbol{q}$ 分量表示如下(忽略上标 $2p$)[135,142,143]：

$$H_{n_1n_2\boldsymbol{k}_1}^{n_3n_4\boldsymbol{k}_3}(\boldsymbol{q}) = (\varepsilon_{n_2\boldsymbol{k}_1+\boldsymbol{q}}-\varepsilon_{n_1\boldsymbol{k}_1})\delta_{n_1n_3}\delta_{n_2n_4}\delta_{\boldsymbol{k}_1\boldsymbol{k}_3} + (f_{n_1\boldsymbol{k}_1+\boldsymbol{q}}-f_{n_2\boldsymbol{k}_1})[V_{n_1n_2\boldsymbol{k}_1}^{n_3n_4\boldsymbol{k}_3}(\boldsymbol{q}) - W_{n_1n_2\boldsymbol{k}_1}^{n_3n_4\boldsymbol{k}_3}(\boldsymbol{q})] \tag{3.650}$$

$$V_{n_1n_2\boldsymbol{k}_1}^{n_3n_4\boldsymbol{k}_3}(\boldsymbol{q}) = \frac{4\pi}{\Omega_{\text{cell}}}\sum_{\boldsymbol{G}}\langle n_2\boldsymbol{k}_1+\boldsymbol{q}\mid \mathrm{e}^{\mathrm{i}(\boldsymbol{q}+\boldsymbol{G})\boldsymbol{r}}\mid n_1\boldsymbol{k}_1\rangle \times \frac{1}{|\boldsymbol{q}+\boldsymbol{G}|^2}\langle n_3\boldsymbol{k}_3\mid \mathrm{e}^{-\mathrm{i}(\boldsymbol{q}+\boldsymbol{G})\boldsymbol{r}}\mid n_4\boldsymbol{k}_3+\boldsymbol{q}\rangle \tag{3.651}$$

$$\begin{aligned} W_{n_1n_2\boldsymbol{k}_1}^{n_3n_4\boldsymbol{k}_3}(\boldsymbol{q}) = & \frac{4\pi}{\Omega_{\text{cell}}}\sum_{\boldsymbol{G}\boldsymbol{G}'}\langle n_3\boldsymbol{k}_3\mid \mathrm{e}^{\mathrm{i}(\boldsymbol{q}+\boldsymbol{G})\boldsymbol{r}}\mid n_1\boldsymbol{k}_1\rangle \\ & \times\frac{\varepsilon_{\boldsymbol{q}}^{-1}(\boldsymbol{G},\boldsymbol{G}',\omega=0)}{|\boldsymbol{q}+\boldsymbol{G}|^2}\langle n_1\boldsymbol{k}_1+\boldsymbol{q}\mid \mathrm{e}^{-\mathrm{i}(\boldsymbol{q}+\boldsymbol{G}')\boldsymbol{r}}\mid n_3\boldsymbol{k}_3+\boldsymbol{q}\rangle \end{aligned} \tag{3.652}$$

为了得到 BSE，必须利用 GW 近似所得到的本征能级以及由 Kohn-Sham 方程所得到的本征波函数。因此，Rubio 等人将 Kohn-Sham 方法、GW 方法及 BSE 方法三种方法形象地称为计算体系激发谱的三级助推火箭。与 3.7.3 节的讨论类似，可以通过谱表示构造 $L(1234,\omega)$，其中谱函数 A 由下面的本征值方程给出：

$$H_{n_1n_2}^{n_3n_4,2p}A_{\lambda}^{n_3n_4} = E_{\lambda}A_{\lambda}^{n_1n_2} \tag{3.653}$$

需要注意，由式(3.650)给出的二体哈密顿矩阵不具备厄米特特性，因此严格来说 E_{λ} 是一个复数，虚部表示了电子-空穴对的寿命。为了简化计算，只考虑 H^{2p}的共振部分，即由被占据的价带 v 向非占据的导带 c 的跃迁。由此可以得到 BSE 近似下的宏观介电函数：

$$\varepsilon_M(\omega) = 1 - \lim_{q \to 0} \frac{4\pi}{|\boldsymbol{q}|^2} \sum_{\lambda} \frac{\left| \sum_{vc} \langle v \mid e^{-iqr} \mid c \rangle A_\lambda^{vc} \right|^2}{\omega - E_\lambda + i\eta} \tag{3.654}$$

$\varepsilon_M(\omega)$ 的虚部给出了体系的光吸收谱。更为详细的讨论可参阅文献[135]、[140]。

3.8　应用实例

与其他方法相比，第一性原理计算方法最大的优势在于：① 可以给出准确的电子结构；② 对于成分复杂的体系，不需要拟合多参数的原子间相互作用势就可以得到可靠的能量，随着第一性原理计算在应用学科以及工程技术学科的广泛应用，这点在实践中显得尤为重要。但是，一般而言，第一性原理计算方法在体系的空间尺度上有着很大限制，所以在能量计算上经常需要通过特殊的处理来阐述体系的稳定性以及其他性质。本节主要介绍四种常见的能量讨论或者处理方法。

3.8.1　缺陷形成能

在超单胞体系中，考虑带电量为 q 的结构缺陷 D，其形成能 $\Delta H_{D,q}^{\mathrm{f}}(E_{\mathrm{F}},\mu)$ 定义为[144]

$$\Delta H_{D,q}^{\mathrm{f}}(E_{\mathrm{F}},\mu) = E_{D,q} - E_{\mathrm{ref}} + q(E_{\mathrm{V}} + E_{\mathrm{F}}) + \sum_i n_i \mu_i \tag{3.655}$$

式中：$E_{D,q}$ 与 E_{ref} 分别为包含缺陷 D 且带电量为 q 的体系与完美体系的总能；E_{V} 为含缺陷体系价带顶能量。式(3.655) 清楚地表明 $\Delta H_{D,q}^{\mathrm{f}}(E_{\mathrm{F}},\mu)$ 取决于缺陷的价态(q)、载流子类型及密度(费米能级 E_{F} 的位置)、材料合成环境(化学势 μ_i) 这三个条件。据此可以画出 ΔH^{f} 随各条件变化的关系曲线图，进而可以展开非常细致和详尽的讨论[144,145]。

因为计算量的限制，一般而言超单胞不可能取得太大。目前比较常见的超单胞包含约 150 个原子。在这种尺寸下的单胞内即使只引入一个缺陷，其浓度也将达到或接近 1%，这个值比实际浓度高好几个数量级。因此，为了使计算结果符合实验观测，必须计入某些修正项。

第一个修正与 E_{V} 有关。缺陷的存在可以严重地改变其附近的能带结构，而我们希望使用的则是远离该缺陷处的 E_{V}[3]。一种可行的解决方法是用参考体系的价带顶 $E_{\mathrm{V}}^{\mathrm{ref}}$ 代替 E_{V}。这种方法需要额外考虑如何使二者对齐。周期性边界条件(PBC) 使得带电缺陷与其映像产生静电相互作用。这个额外的能量项使得整个实空间中的位势产生变化，从而导致缺陷体系的能级相对于参考体系有一个平移。这个平移量无法直接得出。因此 Van de Walle 和 Laks 等人提出了对齐二者能级的方法[145,146]：设超单胞沿 x 方向边长最大，则分别计算带缺陷超单胞和完美超单胞的静电势分布，然后对 Oyz 平面进行平均，得到 $V(x)$。取所有平面中距离缺陷最远的那个平面 $\boldsymbol{x}_0$，定义"位势矫正"ΔV 如下：

$$\Delta V = V_D(\boldsymbol{x}_0) - V_{\text{ref}}(\boldsymbol{x}_0) \tag{3.656}$$

因此，ΔH^{f} 可重新写为

$$\Delta H^{\text{f}}_{D,q} = E_{D,q} - E_{\text{ref}} - \sum_i n_i \mu_i + q(E_{\text{V}} + E_{\text{F}} + \Delta V) \tag{3.657}$$

第二个修正也与周期性边界条件的使用有关。带电缺陷及其映像的相互作用会产生专属于缺陷轨道/悬挂键交叠的能带 E_D。这与孤立带电缺陷的情况有偏差。因为在孤立带电缺陷的情况下，缺陷产生的应该是位于 Γ 点处的平坦的孤立能级。因此 Wei 建议加入色散修正[147]：

$$E_{\text{dis}} = q(E_D(\Gamma) - E_D(\boldsymbol{k})) \tag{3.658}$$

其中前者是单 Γ 点的计算结果，后者是标准的 Monkhorst-Pack 多 $\boldsymbol{k}$ 点计算结果。最后将 E_{dis} 加入式(3.657)中。

第三个常用的修正就是 Makov-Payne 修正，即电偶极矩修正[148]：

$$E_{\text{MP}} = q^2 \times \alpha \times (1/\varepsilon L) \tag{3.659}$$

式中：α 为 Madelung 常数；ε 为介电常数；L 为超单胞的边长。Makov 和 Payne 指出，这个修正可以有效地提高能量计算相对于超单胞大小的收敛速度。这一个修正项隐性地包含在方程(3.657)的 $E_{D,q}$ 中。

上述的三个修正都与有限大小的超单胞以及周期性边界条件有关。也就是说，如果体系足够大，这几个修正都可以不要。Castleton、Höglund 和 Mirbt 针对这种论点做了非常细致的研究[149]。现行计算能力下不可能采用“足够大”的体系，因此他们利用多项式拟合计算无限大体系下的缺陷形成能 ΔH^{f}_0：

$$\Delta H^{\text{f}}(L) = \Delta H^{\text{f}}_0 + \frac{q}{L} + \frac{b}{L^3} \tag{3.660}$$

$\Delta H^{\text{f}}(L)$ 是采用不同大小的超单胞得出的形成能。而所有这些超单胞必须保证形状完全相同(也即三个方向重复次数相同)。通过对 InP 中十一种不同缺陷不同价态的研究，他们的结论是：① 用多项式拟合式(3.660)是最为可靠和准确的方法，当然计算量也极大；② 对于单个超单胞计算，位势矫正(见式(3.656))在大多数情况下可以给出合理的答案；③ 色散修正作用在受主态上的效果要优于其在施主态上的效果，但是总的来说，E_{dis} 并不可靠，有时候甚至会修正到相反的方向；④ Makov-Payne 修正很多情况下无法给出比未修正的结果更好的答案，最能发挥效用的情况是原子弛豫较小的体系。

最后来讨论一下原子的化学势问题。对化合物而言，化学势是一个重要的环境变量，描述了体系所处的外部环境，例如各组分的贫富程度。因此 μ_i 可以在一个范围内变化。上限一般取为该元素单质稳定状态下单个原子的能量，超出这个限值，该元素的原子将会形成单质沉积下来，而不会形成化合物。以 Fe_2O_3 为例，$\mu^{\max}_{\text{Fe}} = \mu_{\text{Fe[bulk]}}$，即单质晶体中每个 Fe 原子的平均能量，表示极端富铁环境。而 $\mu^{\max}_{\text{O}} = E_{\text{O}_2}/2$，即氧气分子中每个 O 原子的平均能量，表示极端富氧环境。特别需要注意的是，这里讨论的化学势，包括极值，本质上都是自由能，因此取决于环境的温度及压强，很多情况下不可

以将 $\mu_i^{\max}$ 简化为 0 K 下单质体系的内能，虽然很多情况下这种简化是合理的。为了将各组分的化学势联系在一起，还需要假设各组分永远与它们的化合物处于相平衡状态。同样以 Fe_2O_3 为例，则有

$$2\mu_{Fe} + 3\mu_O = E_{Fe_2O_3[bulk]}$$

由此可以确定各元素化学势的下限：

$$\mu_{Fe}^{\min} = \frac{1}{2}\left(E_{Fe_2O_3[bulk]} - \frac{3}{2}E_{O_2}\right) \tag{3.661}$$

$$\mu_O^{\min} = \frac{1}{3}(E_{Fe_2O_3[bulk]} - 2\mu_{Fe[bulk]}) \tag{3.662}$$

化学势还可以用来确定杂质在材料中的溶解度。对于杂质 C，化学势 μ_C 的下限为负无穷大，此时杂质在环境中的浓度为 0。上限则取为该元素单质的平均原子能量。但是通常情况下还必须考虑更严格的限制条件。这是因为杂质可能与材料中的某种元素结合成稳定的化合物而作为沉积物析出。Van de Walle 等人举了 Mg 掺杂于 GaN 中的例子[145]：Mg 可以占据 Ga 位而与 N 形成 Mg_3N_2。因此有条件

$$3\mu_{Mg} + 2\mu_N = E_{Mg_3N_2} \tag{3.663}$$

这相当于规定了 μ_{Mg} 的新上限，且将其与 μ_N 联系了起来。同时考虑电中性 Mg 在 Ga 位的形成能 $\Delta H^f_{MgGa,0}$，且

$$\Delta H^f_{MgGa,0} = E_{MgGa,0} - E_{ref} - \mu_{Mg} + \mu_{Ga} \tag{3.664}$$

将方程(3.663)和方程(3.664)联立起来，可以求得不同条件下 Mg 在 Ga 位上的最大溶解度，即最低形成能。Van de Walle 等人发现，在极端富氮条件下，Mg 在 Ga 位上的溶解度将达到最大[145]。

3.8.2 表面能

对于单质，表面能的计算公式比较简单：

$$E_{surf} = \frac{1}{2S}(E_{slab}(N) - N \cdot E_{coh}) \tag{3.665}$$

式中：S 为表面积；N 为拥有两个表面的体系(slab)所包含的原子数；E_{coh} 为该物质的聚合能。

化合物的情况要更复杂一些，因为其表面能与晶体在选定方向上的原子层堆垛情况有关。在绝大部分情况下，从任意位置分离晶体时，分离面两侧的两个表面不一致。以钙钛矿结构的 $LaCoO_3$ 为例，沿[001]方向，其堆垛顺序为 LaO-CoO_2-LaO。因此，每一个(001)截面(不考虑重构)必然由一个 LaO 面和一个 CoO_2 面组成。这种情况下表面能实际上应为这两种面所共有。普遍来讲，对于沿某方向呈 $ABAB$ 形式堆垛的情况，需要考虑两个体系，其中体系 1 的两端面均为 A，而体系 2 的两端面均为 B。将这两个体系彼此首尾相接，可以构成一个符合化学式的周期性单胞，记为体系 3。因此，体系 1 与体系 2 的总能之和与体系 3 的能量差来源于这四个表面。由此可以定义平均表面能为[150]

$$\bar{E}_{surf}=\frac{1}{4S}(E_{sys1}+E_{sys2}-E_{sys3}) \tag{3.666}$$

式中：E_{sys1} 和 E_{sys2} 均为弛豫后的体系能量。

Eglitis 与 Vanderbilt 改写了方程(3.666)，将每个表面的表面能分为刚性解理项与弛豫项[151,152]，有

$$E_{surf}(A)=E^{unr}+E^{ref}(A)=\frac{1}{4S}(E_{sys1}^{unr}+E_{sys2}^{unr}-E_{sys3})+\frac{1}{2S}(E_{sys1}-E_{sys1}^{unr}) \tag{3.667}$$

式中：E^{unr} 代表不经弛豫、原子均处于完美晶体的格点位置时的体系能量。这个公式强调了两种端面弛豫的差异。

3.8.3　表面巨势

表面巨势 Ω(有时也称表面自由能) 经常与表面能同时使用，有时甚至比表面能更为重要。因为它可以描述不同生长条件下体系不同晶面的热力学稳定性，从而确定晶体生长的形状。不考虑熵的贡献，单位面积的 Ω 定义为[153,154]

$$\Omega=\frac{1}{2S}\Big(E_{tot}-\sum_i N_i\mu_i\Big) \tag{3.668}$$

式中：S 为所模拟体系的表面积，有系数 2 是因为厚板模型(slab model) 在周期性边界条件下有两个相同的表面；E_{tot} 是体系的总能；N_i 和 μ_i 分别代表第 i 种原子的个数和化学势，一般而言，化学势 μ_i 是温度和压强的函数。体系处于稳态时 Ω 最小，因此由 Ω 可以预测给定条件下体系的表面组分、形态、吸附构型，以及颗粒形状等。详细的讨论可参阅文献[154] ～ [156]。本节中，我们按照文献[155] 中的思路，讨论钙钛矿结构的 $LaCoO_3$ 的最稳定表面。钙钛矿结构的低指数面比较复杂。为简单起见，这里仅考虑非重构的六个低指数表面：LaO-(001)、CoO_2-(001)、O_2-(110)、LaCoO-(110)、Co-(111) 及 LaO_3-(111)。设体系恒与体相 $LaCoO_3$ 热平衡，则有

$$\mu_{La}+\mu_{Co}+3\mu_{O}=E_{LaCoO_3} \tag{3.669}$$

式中：E_{LaCoO_3} 为每个 $LaCoO_3$ 立方单胞的能量。为了保证 La、Co 不在表面上以单质形式析出且 O 元素不以分子态 O_2 逃逸，要求

$$\begin{cases}\mu_{La}\leqslant\mu_{La}^0\\ \mu_{Co}\leqslant\mu_{Co}^0\\ \mu_{O}\leqslant\mu_{O}^0\end{cases} \tag{3.670}$$

如果进一步要求表面上不允许存在二元的金属氧化物，如 La_2O_3 及 CoO 等，则应引入不等式

$$\begin{cases}2\mu_{La}+3\mu_{O}\leqslant\mu_{La_2O_3}=E_{La_2O_3}\\ \mu_{Co}+\mu_{O}\leqslant\mu_{CoO}=E_{CoO}\end{cases} \tag{3.671}$$

平衡条件式(3.669) 可以用来消除变量 μ_{Co}。所以不等式组(3.670) 和不等式组

(3.671) 可以约化为

$$\begin{cases}\mu_{\mathrm{La}} \leqslant \mu_{\mathrm{La}}^{0} \\ \mu_{\mathrm{La}}+3\mu_{\mathrm{O}} \geqslant E_{\mathrm{LaCoO_3}}-\mu_{\mathrm{Co}}^{0} \\ \mu_{\mathrm{O}} \leqslant \mu_{\mathrm{O}}^{0} \\ \mu_{\mathrm{La}}+\mu_{\mathrm{O}} \leqslant E_{\mathrm{La_2O_3}}+E_{\mathrm{CoO}}-E_{\mathrm{LaCoO_3}}\end{cases} \tag{3.672}$$

μ_{La} 和 μ_{O} 分别定义两个参考点 μ_{La}^{0} 和 μ_{O}^{0},其中 μ_{La}^{0} 为单质 La 理想晶体的聚合能,而 $\mu_{\mathrm{O}}^{0}=E_{\mathrm{O_2}}/2$,即分子 O_2 的能量的均分值。这样,可以定义

$$\begin{cases}\Delta\mu_{\mathrm{La}}=\mu_{\mathrm{La}}-\mu_{\mathrm{La}}^{0} \\ \Delta\mu_{\mathrm{O}}=\mu_{\mathrm{O}}-\mu_{\mathrm{O}}^{0}\end{cases} \tag{3.673}$$

类似地,可以定义 μ_{Co}^{0} 为单质 Co 理想晶体的聚合能。将式(3.668)、式(3.669)和式(3.673)联立,可得

$$\begin{aligned}\Omega=&\frac{1}{2S}[E_{\mathrm{slab}}-N_{\mathrm{Co}}E_{\mathrm{LaCoO_3}}-\mu_{\mathrm{O}}^{0}(N_{\mathrm{O}}-3N_{\mathrm{Co}})-\mu_{\mathrm{La}}^{0}(N_{\mathrm{La}}-N_{\mathrm{Co}})] \\ &-\frac{1}{2S}[\Delta\mu_{\mathrm{O}}(N_{\mathrm{O}}-3N_{\mathrm{Co}})+\Delta\mu_{\mathrm{La}}(N_{\mathrm{La}}-N_{\mathrm{Co}})]\end{aligned} \tag{3.674}$$

限制条件式(3.674) 可写成

$$\begin{aligned}\Omega(A)=&\frac{1}{2S}[E_{\mathrm{slab}}^{A}-N_{\mathrm{Co}}E_{\mathrm{LaCoO_3}}-\mu_{\mathrm{O}}^{0}(N_{\mathrm{O}}-3N_{\mathrm{Co}})-\mu_{\mathrm{La}}^{0}(N_{\mathrm{La}}-N_{\mathrm{Co}})] \\ &-\frac{1}{2S}[\Delta\mu_{\mathrm{O}}(N_{\mathrm{O}}-3N_{\mathrm{Co}})+\Delta\mu_{\mathrm{La}}(N_{\mathrm{La}}-N_{\mathrm{Co}})]\end{aligned} \tag{3.675}$$

基于上述讨论,可以将方程(3.674) 作为二元一次函数,在 $\Delta\mu_{\mathrm{La}}$ 和 $\Delta\mu_{\mathrm{O}}$ 所展开的平面上计算各个面的表面巨势,在取值许可的范围内最低的 Ω 即为该条件下 $LaCoO_3$ 最稳定的表面。将式(3.668) 至式(3.675) 中出现的所有参量都利用 DFT 方法(如采用 VASP) 求出,可知 Ω 的取值范围由下列三个边界条件确定:

$$\Delta\mu_{\mathrm{La}} \leqslant 0, \quad \Delta\mu_{\mathrm{O}} \leqslant 0$$

$$\Delta\mu_{\mathrm{La}}+3\Delta\mu_{\mathrm{O}} \geqslant -11.23\ \mathrm{eV}$$

图 3.21 给出了 $LaCoO_3$ 最稳定的表面的相图。可见,在大多数情况下,LaO-(001) 都是最稳定的面。但是在富氧、贫镧条件下,LaO-(111) 面将转变为基态表面。

我们可以进一步研究不同环境下 $LaCoO_3$ 小颗粒的构型。对于三维体系,最稳定的构型由表面自由能 F 极小确定。F 可以表示为表面巨势 Ω 对体系表面的面积分,即

$$F=\oiint_{A(V)}\Omega(\hat{\boldsymbol{n}})\mathrm{d}A \tag{3.676}$$

式中:$\hat{\boldsymbol{n}}$ 代表表面 A 的法向。对晶体的微观模型而言,$\hat{\boldsymbol{n}}$ 基本不可能连续变化,因此小颗粒的构型一般为由若干个低指数面包围的多面体。具体确定这个多面体的形状则要用到 Wulff 构建法。这里不做理论上的讨论,仅仅给出实际操作步骤:设第 i 个表面

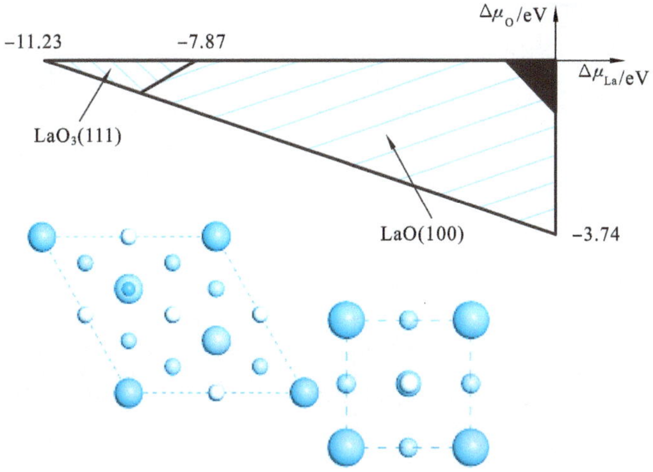

图 3.21 $LaCoO_3$ 表面稳定度相图

注：左上角代表富氧 - 贫镧环境，右下角代表富镧 - 贫氧环境。黑色区域中，二元金属氧化物将在表面析出

的法向为 $\hat{\boldsymbol{n}}_i$，计算表面巨势 Ω_i，则该表面过点 $\Omega_i\hat{\boldsymbol{n}}_i$。所有这些面所包围的最小的闭合多面体即为给定条件下 $LaCoO_3$ 小颗粒最稳定的构型。图 3.22 给出了富氧、富镧条件下的结果。当 $\Delta\mu_O=0$，且 $\Delta\mu_{La}=-7.6$ eV 时，$\Omega_{(001)}$(LaO) 和 $\Omega_{(111)}$(LaO_3) 比较接近，所以此时 $LaCoO_3$ 小颗粒是由六个{001}面和八个{111}面组成的十四面体。而当 $\Delta\mu_{La}=0$，且 $\Delta\mu_O=-8.0$ eV 时，$\Omega_{(001)}$(LaO) 明显小于其他各面的巨势，这时 $LaCoO_3$ 小颗粒是由六个{001}面组成的正六面体。

Ω 还可以用于研究暴露于气体氛围中的金属/化合物表面形貌。Reuter 和 Scheffler 发展了一套普遍的方法来讨论这个问题。该方法称为受限热力学平衡方法(constrained ther-modynamic equilibrium)，可参阅文献[157]～[159]。

3.8.4 集团展开与二元合金相图

集团展开是统计力学中重整化的一种方法。在近期的发展中，这种方法成为描述二元体系相互作用及吸附分子相互作用的一种非常有效的工具[160]。

体系的总能 E 可以表示为组成该体系的原子组态 $\boldsymbol{\sigma}$ 的函数：

$$E(\boldsymbol{\sigma})=E_0+\sum_i V_i\sigma_i+\frac{1}{2!}\sum_{i,j,i\neq j}V_{ij}\sigma_i\sigma_j+\frac{1}{3!}\sum_{i,j,k,i\neq j\neq k}V_{ijk}\sigma_i\sigma_j\sigma_k+\cdots \quad (3.677)$$

其中格点的组态 $\boldsymbol{\sigma}$ 可以利用 Ising 模型或 Lattice Gas 模型(见第 6 章)表示，而 E_0、V_i、V_{ij} 分别为空项、格点项、二体项。更高阶的 V_{ij} 称为 N 体项。这些项均为待定系数，统称为等效集团相互作用(effective cluster interaction，ECI)。因此，设有一个由两种元素共 N 个原子组成的体系，总可以给定一个包含 m 项的划分(例如包含格点项、第一近邻二体项、第二近邻二体项、共线的三体项、非共线且所围面积最小的三体项、非共

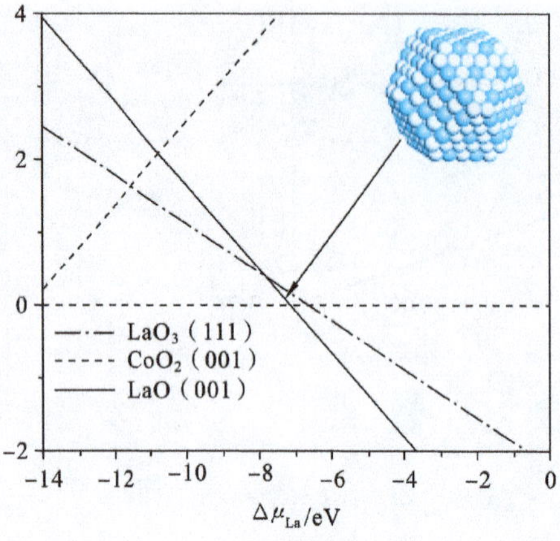

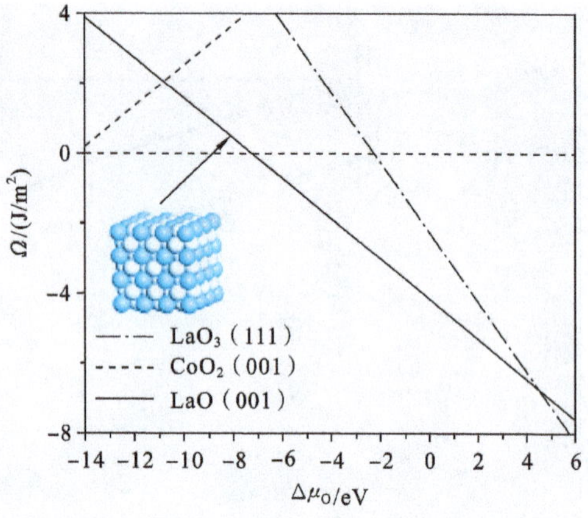

图 3.22 $LaCoO_3$ **表面稳定性相图及小颗粒的构型**

(a) 富氧($\Delta\mu_O = 0$) 环境下 $LaCoO_3$ 表面稳定性相图及小颗粒的构型；

(b) 富镧($\Delta\mu_{La} = 0$) 环境下 $LaCoO_3$ 表面稳定性相图及小颗粒的构型

线且所围面积最小的四体项等等)，并用方程(3.677) 表达其总能。因为是二元体系，容易看到可能的组态总数是 2^N。每一种组态对应一个能量。假设已有随机选取的 l 个组态的能量，则可以由此构建一个 $l \times m$ 的系数矩阵 $\boldsymbol{C}$，并满足线性方程组

$$\boldsymbol{CV} = \boldsymbol{E} \tag{3.678}$$

式中：$\boldsymbol{V}$ 是所有的ECI组成的 $m \times 1$ 矢量；$\boldsymbol{E} = [E_1, E_2, \cdots, E_l]^{\mathrm{T}}$。用最小二乘法拟合式(3.678)，即可得到方程(3.677) 所需的所有 ECI，进而用这些参量遍历所有 2^N 个组态，找出二元体系在给定成分下的能量最低态，由此即可确定二元合金的相图[163,164]。

3.9 习　　题

1. 由方程(3.390) 推导 Perdew-Wang 以及 Vosko-Wilk-Nusair 形式的关联势 $V_c(r_s)$。

2. 推导式(3.564)。

3. 证明式(3.561) 与式(3.570) 等价。

4. 由赝波函数的正交性及 $\Psi_{ps}^{lm}(\boldsymbol{r})$ 是哈密顿量 $-\nabla^2/2 + V_{ps}^{loc} + \delta V_l$ 的本征函数证明方程(3.271)。

5. 证明式(3.284)。

第 4 章　紧束缚方法

紧束缚方法(tight binding method,TB)是一种比较常用的半经验方法。这种方法利用原子轨道建立体系的哈密顿矩阵,因此其结果包含电子结构的信息。但是与第一性原理计算方法不同,哈密顿矩阵元并不是直接计算,而是通过经验参数给出的,从而避免了耗时较多的自洽场计算。所以,若有一套质量较高的参数,TB方法可以精确处理较大的体系(约 10^3 个原子)。此外,TB 方法功能扩展比较容易,了解基本原理之后可以相对简单地编写相应的模块。当然,TB 方法过于依赖参数的优劣,而且参数的可传递性也是限制其广泛应用的一个因素。TB 方法的另一个优点是模型化,因此对于结果的解读具有非常鲜明的物理意义。这一特点使得 TB 方法往往作为辅助手段用在研究中,以讨论问题的物理图像。本章将详细介绍 TB 方法的原理、哈密顿矩阵元的构造方法,以及关于该方法的若干进展。

4.1　建立哈密顿矩阵

4.1.1　双原子分子

考虑一个最简单的模型,即一个仅含一个电子的同性双原子分子(例如 H_2^+ 分子),每个原子仅有一个轨道 $\phi_i(\boldsymbol{r}-\boldsymbol{R}_i)$,其体系的哈密顿算符为

$$\hat{H}=\frac{p^2}{2m}-\frac{Ze^2}{|\boldsymbol{r}-\boldsymbol{R}_1|}-\frac{Ze^2}{|\boldsymbol{r}-\boldsymbol{R}_2|}+\frac{Z^2e^2}{|\boldsymbol{R}_1-\boldsymbol{R}_2|} \tag{4.1}$$

由于最后一项仅取决于原子核的构型,因此在研究静态构型的时候忽略式(4.1)右端的最后一项,并利用上述两个原子轨道做基函数,将体系的哈密顿量展开为一个 2×2 矩阵,形如

$$\begin{bmatrix}\langle\phi_1|\hat{H}|\phi_1\rangle & \langle\phi_1|\hat{H}|\phi_2\rangle\\ \langle\phi_2|\hat{H}|\phi_1\rangle & \langle\phi_2|\hat{H}|\phi_2\rangle\end{bmatrix}=\begin{bmatrix}\varepsilon & t\\ t & \varepsilon\end{bmatrix} \tag{4.2}$$

式中:ε 为格位积分(on-site term);t 为跃迁积分(hopping term)。将式(4.1)代入式(4.2),可得

$$\varepsilon=\left\langle\phi_1\left|\frac{p^2}{2m}-\frac{Ze^2}{|\boldsymbol{r}-\boldsymbol{R}_1|}-\frac{Ze^2}{|\boldsymbol{r}-\boldsymbol{R}_2|}\right|\phi_1\right\rangle=\varepsilon^0-\left\langle\phi_1\left|\frac{Ze^2}{|\boldsymbol{r}-\boldsymbol{R}_2|}\right|\phi_1\right\rangle \tag{4.3}$$

$$t=\left\langle\phi_1\left|\frac{p^2}{2m}-\frac{Ze^2}{|\boldsymbol{r}-\boldsymbol{R}_1|}-\frac{Ze^2}{|\boldsymbol{r}-\boldsymbol{R}_2|}\right|\phi_2\right\rangle=\varepsilon^0S_{12}-\left\langle\phi_1\left|\frac{Ze^2}{|\boldsymbol{r}-\boldsymbol{R}_1|}\right|\phi_2\right\rangle \tag{4.4}$$

式(4.3)与式(4.4)中的 ε^0 代表孤立原子中 ϕ_1 和 ϕ_2 的本征能量。式(4.4)中的 $S_{12}=\langle\phi_1\phi_2\rangle$，称为交叠矩阵元。一级近似下，可以认为交叠矩阵元 S_{12} 恒为零，也即不同原子上的电子轨道彼此正交，因此可以很容易将式(4.2)对角化，求得本征值和本征波函数：

$$\begin{cases} E_+=\varepsilon-t, \quad \psi_+=\dfrac{1}{\sqrt{2}}(|\phi_1\rangle+|\phi_2\rangle) \\ E_-=\varepsilon+t, \quad \psi_-=\dfrac{1}{\sqrt{2}}(|\phi_1\rangle-|\phi_2\rangle) \end{cases} \tag{4.5}$$

可见，相对于孤立原子能级，两个原子互相靠近时因为跃迁积分的影响，简并的两条原子轨道形成一条成键轨道和一条反键轨道，轨道能量相差 $2t$。

对于异性双原子分子，仍然可以用两个原子轨道展开哈密顿矩阵，但是因为每个原子的核势不同，所以哈密顿矩阵的对角元素需要分别表示为 ε_1 和 ε_2，即

$$\begin{bmatrix} \varepsilon_1 & t \\ t & \varepsilon_2 \end{bmatrix}$$

由此得到体系的本征能级为

$$E_\pm=\bar{E}\pm\sqrt{\Delta E+|t|^2} \tag{4.6}$$

式中 $\bar{E}=(\varepsilon_1^0+\varepsilon_2^0)/2$，$\Delta E=(\varepsilon_1^0-\varepsilon_2^0)/2$。相应的本征波函数同式(4.5)。

4.1.2 原子轨道线性组合方法

4.1.1 节中的两个例子指出，多体体系的本征波函数(亦称分子轨道)可以表示为原子轨道的线性组合，即

$$\psi(\boldsymbol{r})=\sum_{i\alpha}c_{i,\alpha}\phi_\alpha(\boldsymbol{r}-\boldsymbol{R}_i) \tag{4.7}$$

则体系能量可表示为

$$E=\frac{\langle\psi|\hat{H}|\psi\rangle}{\langle\psi|\psi\rangle}=\frac{\sum\limits_{i\alpha,j\beta}c_{j\beta}^*c_{i\alpha}\langle\phi_{j\beta}|\hat{H}|\phi_{i\alpha}\rangle}{\sum\limits_{i\alpha,j\beta}c_{j\beta}^*c_{i\alpha}\langle\phi_{j\beta}|\phi_{i\alpha}\rangle} \tag{4.8}$$

将式(4.7)代入，并对 $c_{j\beta}^*$ 求变分，可得

$$\begin{aligned}\frac{\delta E}{\delta c_{j,\beta}^*}&=\frac{\sum\limits_{i,\alpha}c_{i,\alpha}\langle\phi_{j,\beta}|\hat{H}|\phi_{i\alpha}\rangle}{\sum\limits_{i\alpha,j\beta}c_{j\beta}^*c_{i\alpha}\langle\phi_{j\beta}|\phi_{i\alpha}\rangle}-\frac{\left(\sum\limits_{i\alpha,j\beta}c_{j\beta}^*c_{i\alpha}\langle\phi_{j\beta}|\hat{H}|\phi_{i\alpha}\rangle\right)\left(\sum\limits_{i\alpha}c_{i\alpha}\langle\phi_{j\beta}|\phi_{i\alpha}\rangle\right)}{\left(\sum\limits_{i\alpha,j\beta}c_{j\beta}^*c_{i\alpha}\langle\phi_{j\beta}|\phi_{i\alpha}\rangle\right)^2}\\&=\frac{1}{\sum\limits_{i\alpha,j\beta}c_{j\beta}^*c_{i\alpha}\langle\phi_{j\beta}|\phi_{i\alpha}\rangle}\left[\sum_{i\alpha}c_{i\alpha}\langle\phi_{j\beta}|\hat{H}|\phi_{i\alpha}\rangle-\hat{E}\sum_{i\alpha}c_{i\alpha}\langle\phi_{j\beta}|\phi_{i\alpha}\rangle\right]\end{aligned} \tag{4.9}$$

对应于体系能量最低的情况，任取 j 及 β，式(4.9)均应等于零，因此得出分子轨道中各项系数所需满足的方程：

$$\det(H_{i\alpha,j\beta}-ES_{i\alpha,j\beta})=0 \tag{4.10}$$

式中：$H_{i\alpha,j\beta}$ 和 $S_{i\alpha,j\beta}$ 分别是以 $\{\phi_{i\alpha}\}$ 为基函数展开的哈密顿矩阵元与交叠矩阵元。如果忽略交叠矩阵或者通过正交化方法消除交叠矩阵，则式(4.10)简化为

$$\det(H_{i\alpha,j\beta}-E\delta_{i\alpha,j\beta})=0 \tag{4.11}$$

这种在局域轨道基所张开的函数空间内利用变分原理求解体系本征波函数的方法称为原子轨道线性组合方法(linear combination of atomic orbitals, LCAO)。

根据线性空间变换理论可知，基函数不一定必须采用原子局域轨道，也可以是它们的线性组合。如果依据体系的对称性选择相应的对称轨道，则哈密顿矩阵成为分块对角矩阵，这样可以有效地降低矩阵维数以及提高计算速度。例如金刚石结构中碳原子的 sp^3 杂化或者石墨结构中常见的 sp^2 杂化等等。

4.1.3 Slater-Koster 双中心近似

如果考虑真实的固体体系，其单电子的哈密顿量可以表示为动量算符和有效势能算符之和，即

$$\hat{H}=\hat{T}+\hat{V}^{\text{eff}} \tag{4.12}$$

如果用原子基组展开，则动能项和势能项的矩阵元分别有如下表达式：

$$T_{i\alpha,j\beta}=\int\phi_{\alpha}^{*}(\boldsymbol{r}-\boldsymbol{R}_i)\hat{T}\phi_{\beta}(\boldsymbol{r}-\boldsymbol{R}_j)\mathrm{d}\boldsymbol{r}=\int\phi_{\alpha}^{*}(\boldsymbol{r}-\boldsymbol{R}_i)\left(-\frac{\hbar^2}{2m}\nabla^2\right)\phi_{\beta}(\boldsymbol{r}-\boldsymbol{R}_j)\mathrm{d}\boldsymbol{r} \tag{4.13}$$

$$V_{i\alpha,j\beta}^{\text{eff}}=\int\phi_{\alpha}^{*}(\boldsymbol{r}-\boldsymbol{R}_i)\hat{V}^{\text{eff}}\phi_{\beta}(\boldsymbol{r}-\boldsymbol{R}_j)\mathrm{d}\boldsymbol{r} \tag{4.14}$$

单电子哈密顿算符 $\hat{H}$ 是一个关于电子坐标 $\boldsymbol{r}$ 以及所有离子坐标 $\boldsymbol{R}_1,\boldsymbol{R}_2,\cdots$ 的函数 $H(\boldsymbol{r},\{\boldsymbol{R}_i^n\})$(例如式(4.1))。其中动能项的积分比较简单，积分值仅仅取决于原子间距 $\boldsymbol{R}_{ij}$ 和原子轨道种类 α、β，而与原子所处的环境(周围其他原子的影响)无关。这样的积分通常称为双中心积分。当 $i=j$ 时，这种特殊的双中心积分又称为单中心积分或者格位积分。

有效势能项的积分则更为复杂。在一般的情况下，由于有效势中还包含了复杂的交换相关作用，无法分解成为简单的积分项。为了进一步简化计算，需要引入进一步的近似，即将有效势近似地表达为以各个原子坐标为中心的球对称势场的叠加，也就是

$$V^{\text{eff}}=\sum_{k}V_i^{(k)}(\boldsymbol{r}-\boldsymbol{R}_k) \tag{4.15}$$

引入该近似后，可以将方程(4.14)分解成为单中心积分、双中心积分以及三中心积分等贡献。所谓多中心积分，就是按照局域的波函数坐标中心的不同，将积分分类，由于在同一中心的波函数有较多的重叠，因此大部分情况下，积分值的大小为单中心大于双中心、三中心及更多中心积分。在实际计算过程中，三中心及多中心积分有时候被省略。下面是几个不同种积分的例子。

(1) 单中心积分

$$T_{i\alpha,i\beta}=\int\phi_{\alpha}^{*}(\boldsymbol{r}-\boldsymbol{R}_i)\left(-\frac{\hbar^2}{2m}\nabla^2\right)\phi_{\beta}(\boldsymbol{r}-\boldsymbol{R}_i)\mathrm{d}\boldsymbol{r} \tag{4.16}$$

$$V_{i\alpha,i\beta}=\int\phi_{\alpha}^{*}(\boldsymbol{r}-\boldsymbol{R}_{i})\frac{Z_{i}}{|\boldsymbol{r}-\boldsymbol{R}_{i}|}\phi_{\beta}(\boldsymbol{r}-\boldsymbol{R}_{i})\mathrm{d}\boldsymbol{r} \tag{4.17}$$

(2) 双中心积分

$$V_{i\alpha,j\beta}^{(i)}=\int\phi_{\alpha}^{*}(\boldsymbol{r}-\boldsymbol{R}_{i})\frac{Z_{i}}{|\boldsymbol{r}-\boldsymbol{R}_{i}|}\phi_{\beta}(\boldsymbol{r}-\boldsymbol{R}_{j})\mathrm{d}\boldsymbol{r} \tag{4.18}$$

(3) 三中心积分

$$V_{i\alpha,j\beta}^{(k)}=\int\phi_{\alpha}^{*}(\boldsymbol{r}-\boldsymbol{R}_{i})\frac{Z_{k}}{|\boldsymbol{r}-\boldsymbol{R}_{k}|}\phi_{\beta}(\boldsymbol{r}-\boldsymbol{R}_{j})\mathrm{d}\boldsymbol{r} \tag{4.19}$$

1954 年，Slater 和 Koster 利用双中心近似给出了 s、p、d 轨道所能展开的所有哈密顿矩阵元[165]，从而奠定了 TB 方法的应用基础。对具有周期性边界条件的固体体系而言，利用 Blöch 定理以及 LCAO 方法，我们可以只关注第一个单胞，也即用第一个单胞中的原子波函数及倒空间的矢量 $\boldsymbol{k}$ 来构建哈密顿量的基函数。不同于 4.1.2 节中的原子轨道 $\phi_{\alpha}(\boldsymbol{r}-\boldsymbol{R}_{i})$，这里的基函数是 $\phi_{\alpha}(\boldsymbol{r}-\boldsymbol{R}_{i})$ 的 Blöch 波函数和 φ_{α} 函数，有

$$\varphi_{\alpha}(\boldsymbol{k},\boldsymbol{r}-\boldsymbol{R}_{i})=\frac{1}{\sqrt{N}}\sum_{n=1}^{N}\exp(\mathrm{i}\boldsymbol{k}\cdot\boldsymbol{R}_{i}^{n})\phi_{n}(\boldsymbol{r}-\boldsymbol{R}_{i}^{n}) \tag{4.20}$$

式中：N 代表单胞的重复次数。则哈密顿矩阵元 $H_{i\alpha,j\beta}(\boldsymbol{k})$ 可写为

$$H_{i\alpha,j\beta}(\boldsymbol{k})=\langle\varphi_{\alpha}|\hat{H}|\varphi_{\beta}\rangle=N^{-1}\sum_{n,m=1}^{N}\exp[\mathrm{i}\boldsymbol{k}\cdot(\boldsymbol{R}_{i}^{n}-\boldsymbol{R}_{j}^{m})]\times\int\mathrm{d}\boldsymbol{r}\,\phi_{\alpha}^{*}(\boldsymbol{r}-\boldsymbol{R}_{i}^{n})\hat{H}\phi_{\beta}(\boldsymbol{r}-\boldsymbol{R}_{j}^{m}) \tag{4.21}$$

为了简化计算，Slater 和 Koster 指出，可以忽略三中心积分，从而大大地减少 $H_{i\alpha,j\beta}(\boldsymbol{k})$ 中所包含的项数，余下的仅有 $\hat{H}$ 中位于 $\boldsymbol{R}_{i}^{n}$ 或者 $\boldsymbol{R}_{j}^{m}$ 上的势能项。这个近似就是 TB 方法中著名的双中心近似[165]，其意义在于将包含 N 个原子的体系归约为若干个双原子分子的子体系，而最后的哈密顿矩阵即为这些子体系对应的哈密顿矩阵的和。值得一提的是，φ_{α} 与 φ_{β} 处于 $\boldsymbol{R}_{i}$ 而 H 处于 $\boldsymbol{R}_{j}$ 上的一类积分是一类特殊的双中心积分，其物理意义是多原子系统中，原子间相互作用使得给定原子能级相对于其在孤立原子情况下的偏离。

考虑到球谐函数的扩展方向，可以很方便地通过几何投影计算 s、p 轨道间的相互作用。这里以 $\langle s|\hat{H}|s\rangle$、$\langle p_y|\hat{H}|p_y\rangle$ 和 $\langle p_x|\hat{H}|p_z\rangle$ 相互作用为例说明具体的计算过程。设两原子间的连线 $\boldsymbol{R}_{ij}$ 在坐标系 $Oxyz$ 中的方向余弦为 l、m、n。

(1) $|s\rangle$ 轨道呈球形，因此各个方向上情况相同，与两原子间连线的取向无关，所以 $\langle s|\hat{H}|s\rangle\equiv(ss\sigma)$，如图 4.1(a) 所示。

(2) $|p_y\rangle$ 轨道沿 y 方向扩展，如图 4.1(b) 所示。可以将 p_y-p_y 相互作用分解为两项：沿 $\boldsymbol{R}_{ij}$ 的分量，称为 $(pp\sigma)$；垂直于 $\boldsymbol{R}_{ij}$ 的分量，称为 $(pp\pi)$。两个 $|p_y\rangle$ 沿 $\boldsymbol{R}_{ij}$ 的分量均为 $m|p_y\rangle$ 且方向一致，所以对哈密顿矩阵元的贡献为 $m^2(pp\sigma)$。因为两个 p_y 轨道平行且共面，所以其垂直于 $\boldsymbol{R}_{ij}$ 的分量 $(1-m^2)^{1/2}|p_x\rangle$ 也相互平行，且方向一致，对哈密顿矩阵元的贡献为 $(1-m^2)(pp\pi)$。因此 $\langle p_y|\hat{H}|p_y\rangle=m^2(pp\sigma)+(1-m^2)(pp\pi)$。

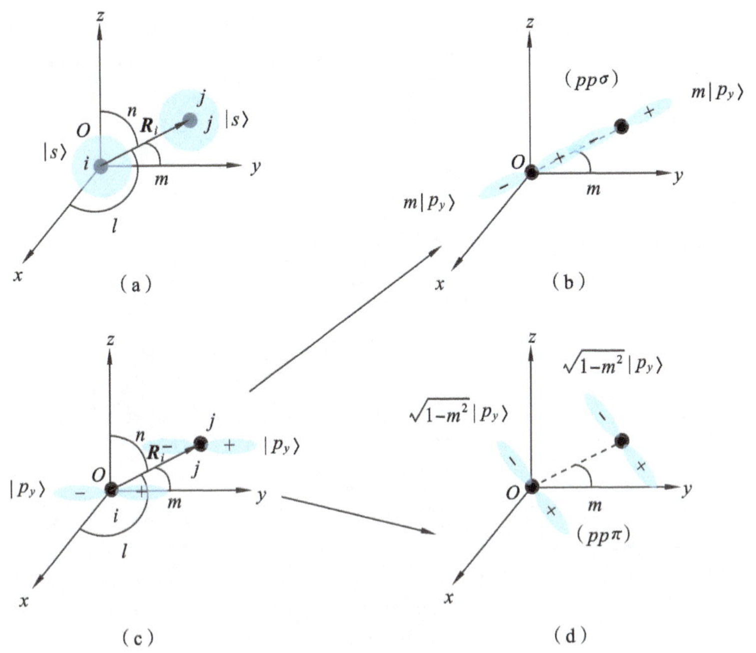

图 4.1　紧束缚法双中心近似的矩阵元表示

(a) $\langle s|\hat{H}|s\rangle$ 的双中心近似；(b)、(c)、(d) $\langle p_i|\hat{H}|p_j\rangle$ 的双中心近似（$|p_i\rangle$ 与 $|p_j\rangle$ 平行）

(3) $|p_x\rangle$ 及 $|p_z\rangle$ 轨道分别沿 x 和 z 方向扩展，如图 4.2(a) 所示。首先将 $\boldsymbol{R}_{ij}$ 连同格点 j 上的 $|p_x\rangle$ 及格点 i 上的 $|p_z\rangle$ 分别投影到 Oxz 和 Oyz 平面上。其中二者在 Oyz 平面上的分量彼此正交，所以贡献为零，如图 4.2(c) 所示。而在 Oxz 平面上的分量分别为 $\cos\theta_1|p_x\rangle$ 以及 $\sin\theta_1|p_z\rangle$（见图 4.2(b)），将其分解为沿 $\boldsymbol{r}$ 以及垂直于 $\boldsymbol{r}$ 的分量，分别如图 4.2(d) 与图 4.2(e) 所示，可得

$$\langle p_x|\hat{H}|p_z\rangle = \cos\theta_1\sin\theta_2\cos\theta_1\cos\theta_2(pp\sigma) - \cos\theta_1\cos\theta_2\cos\theta_1\sin\theta_2(pp\pi)$$

因为 $\cos\theta_1\cos\theta_2 = l$ 且 $\cos\theta_1\sin\theta_2 = n$，可得

$$\langle p_x|\hat{H}|p_z\rangle = nl(pp\sigma) - nl(pp\pi)$$

该式右端第二项前为负号是由于 $|p_z\rangle$ 与 $\cos\theta_1|p_x\rangle$ 垂直于 $\boldsymbol{r}$ 的分量方向相反。

(4) $|s\rangle$ 轨道呈球形，而 $|p_x\rangle$ 轨道沿 x 方向扩展，如图 4.3 所示。$|p_x\rangle$ 平行于 $\boldsymbol{R}_{ij}$ 的分量 $l|p_x\rangle$ 与原点处的 $|s\rangle$ 轨道贡献 $l(sp\sigma)$，而垂直于 $\boldsymbol{R}_{ij}$ 的分量 $\sqrt{1-l^2}|p_x\rangle$ 与 $|s\rangle$ 轨道正交，贡献为零。由此可得 $\langle s|\hat{H}|p_x\rangle = l(sp\sigma)$。

Slater 和 Koster 在文献中给出了 s、p、d 轨道所有可能的相互作用的表达式，列于表 4.1。可以看出，交换 E 的下标，能量积分需要乘以 $(-1)^{l_1+l_2}$。因此，若两个轨道的总宇称为奇宇称，则能量积分变号，若为偶宇称，则保持不变。大多数元素的 SK 双中心参数均可在文献[166]中找到。此外，对于涉及 d 轨道的能量积分，无法用上述三个例子中介绍的几何投影的方法进行计算，而必须采用角动量理论加以处理。

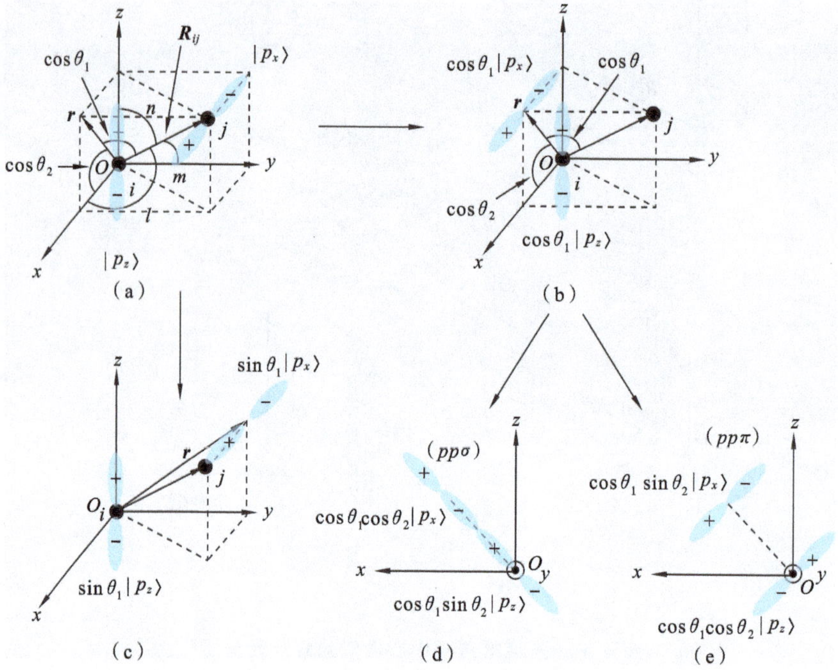

图 4.2 $\langle p_i \mid \hat{H} \mid p_j\rangle$ **的双中心近似(** $|p_i\rangle$ **与** $|p_j\rangle$ **垂直)**

(a) $\langle p_x \mid \hat{H} \mid p_z\rangle$；(b) $|p_x\rangle$ 和 $|p_z\rangle$ 在 Oxz 平面上的投影 $\langle \cos\theta_1 p_x \mid \hat{H} \mid \cos\theta_1 p_z\rangle$；(c) $|p_x\rangle$ 和 $|p_z\rangle$ 在 Oyz 平面上的投影彼此正交；(d) $\langle \cos\theta_1 p_x \mid \hat{H} \mid \cos\theta_1 p_z\rangle$ 沿 $\boldsymbol{r}$ 的投影；(e) $\langle \cos\theta_1 p_x \mid \hat{H} \mid \cos\theta_1 p_z\rangle$ 垂直于 $\boldsymbol{r}$ 的投影

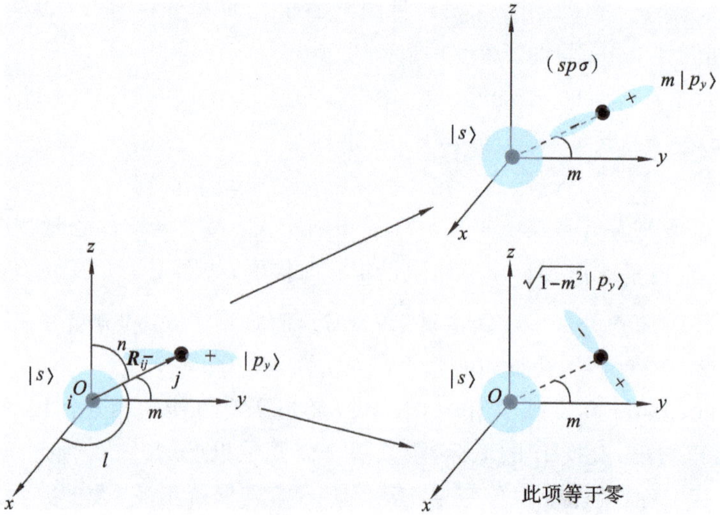

图 4.3 $\langle s \mid \hat{H} \mid p_i\rangle$ **的双中心近似(以** $\langle s \mid \hat{H} \mid p_y\rangle$ **为例)**

表 4.1 s、p、d 轨道相互作用的能量积分 E_{φ_1,φ_2}[165]

能量积分项	数学表达式
$E_{s,s}$	$(ss\sigma)$
$E_{s,x}=-E_{x,s}$	$l(sp\sigma)$
$E_{x,x}$	$l^2(pp\sigma)+(1-l^2)(pp\pi)$
$E_{x,y}$	$lm(pp\sigma)-lm(pp\pi)$
$E_{x,z}$	$ln(pp\sigma)-ln(pp\pi)$
$E_{y,z}$	$mn(pp\sigma)-mn(pp\pi)$
$E_{s,xy}$	$\sqrt{3}lm(sd\sigma)$
$E_{s,xz}$	$\sqrt{3}ln(sd\sigma)$
$E_{s,yz}$	$\sqrt{3}mn(sd\sigma)$
E_{s,x^2-y^2}	$\sqrt{3}/2(l^2-m^2)(sd\sigma)$
$E_{s,3z^2-r^2}$	$[n^2-(l^2+m^2)/2](sd\sigma)$
$E_{x,xy}=-E_{xy,x}$	$\sqrt{3}l^2m(pd\sigma)+m(1-2l^2)(pd\pi)$
$E_{x,xz}=-E_{xz,x}$	$\sqrt{3}l^2n(pd\sigma)+n(1-2l^2)(pd\pi)$
$E_{x,yz}=-E_{yz,x}$	$\sqrt{3}lmn(pd\sigma)-2lmn(pd\pi)$
$E_{x,x^2-y^2}=-E_{x^2-y^2,x}$	$\sqrt{3}/2l(l^2-m^2)(pd\sigma)+l(1-l^2+m^2)(pd\pi)$
$E_{y,x^2-y^2}=-E_{x^2-y^2,y}$	$\sqrt{3}/2m(l^2-m^2)(pd\sigma)-m(1+l^2-m^2)(pd\pi)$
$E_{z,x^2-y^2}=-E_{x^2-y^2,z}$	$\sqrt{3}/2n(l^2-m^2)(pd\sigma)-n(l^2-m^2)(pd\pi)$
$E_{x,3z^2-r^2}=-E_{3z^2-r^2,x}$	$l[n^2-(l^2+m^2)/2](pd\sigma)-\sqrt{3}ln^2(pd\pi)$
$E_{y,3z^2-r^2}=-E_{3z^2-r^2,y}$	$m[n^2-(l^2+m^2)/2](pd\sigma)-\sqrt{3}mn^2(pd\pi)$
$E_{z,3z^2-r^2}=-E_{3z^2-r^2,z}$	$n[n^2-(l^2+m^2)/2](pd\sigma)+\sqrt{3}n(l^2+m^2)(pd\pi)$
$E_{xy,xy}$	$3l^2m^2(dd\sigma)+(l^2+m^2-4l^2m^2)(dd\pi)+(n^2+l^2m^2)(dd\delta)$
$E_{xy,xz}$	$3l^2mn(dd\sigma)+mn(1-4l^2)(dd\pi)+mn(l^2-1)(dd\delta)$
$E_{xy,yz}$	$3lm^2n(dd\sigma)+ln(1-4m^2)(dd\pi)+ln(m^2-1)(dd\delta)$
E_{xy,x^2-y^2}	$3/2lm(l^2-m^2)(dd\sigma)+2lm(m^2-l^2)(dd\pi)+lm(l^2-m^2)/2(dd\delta)$
E_{xz,x^2-y^2}	$3/2ln(l^2-m^2)(dd\sigma)+nl[1-2(l^2-m^2)](dd\pi)-ln[1-(l^2-m^2)/2](dd\delta)$
E_{yz,x^2-y^2}	$3/2mn(l^2-m^2)(dd\sigma)-mn[1+2(l^2-m^2)](dd\pi)+mn[1+(l^2-m^2)/2](dd\delta)$
$E_{xy,3z^2-r^2}$	$\sqrt{3}lm[n^2-(l^2+m^2)/2](dd\sigma)-2\sqrt{3}lmn^2(dd\pi)+\sqrt{3}/2lm(1+n^2)(dd\delta)$
$E_{xz,3z^2-r^2}$	$\sqrt{3}ln[n^2-(l^2+m^2)/2](dd\sigma)+\sqrt{3}ln(l^2+m^2-n^2)(dd\pi)-\sqrt{3}/2ln(l^2+m^2)(dd\delta)$
$E_{yz,3z^2-r^2}$	$\sqrt{3}mn[n^2-(l^2+m^2)/2](dd\sigma)-\sqrt{3}mn(l^2+m^2-n^2)(dd\pi)+\sqrt{3}/2mn(l^2+m^2)(dd\delta)$

续表

能量积分项	数学表达式
$E_{x^2-y^2,x^2-y^2}$	$3/4(l^2-m^2)^2(dd\sigma)+[l^2+m^2-(l^2-m^2)^2](dd\pi)+[n^2+1/4(l^2-m^2)^2](dd\delta)$
$E_{x^2-y^2,3z^2-r^2}$	$\sqrt{3}/2(l^2-m^2)[n^2-(l^2+m^2)/2](dd\sigma)+\sqrt{3}n^2(m^2-l^2)(dd\pi)+\sqrt{3}/4(1+n^2)(l^2-m^2)(dd\delta)$
$E_{3z^2-r^2,3z^2-r^2}$	$[n^2-(l^2+m^2)/2]^2(dd\sigma)+3n^2(l^2+m^2)(dd\pi)+3/4(l^2+m^2)^2(dd\delta)$

4.1.4 哈密顿矩阵元的普遍表达式

如 4.1.3 节所述,对于 d 轨道及更高阶的 f、g 等轨道,简单的几何投影已不能满足计算要求,而应该依据更普适和严格的理论来计算哈密顿矩阵元。但是 Slater 和 Koster 并没有给出具体的计算过程,这对于实际工作显然是一个很大的限制。Sharma 从严格的角动量理论以及转动算符的群表示出发,经过严格的推导,得出了 LCAO 基函数下体系哈密顿矩阵元的普遍表达式[167]。下面对其进行详细的介绍。

考虑矩阵元 $H_{i\alpha,j\beta}=\langle\phi_{i\alpha}\mid\hat{H}\mid\phi_{j\beta}\rangle$。为了计算方便,定义

$$\phi_{i\alpha}=|j_1m_1\rangle=u(\boldsymbol{r}-\boldsymbol{R}_i)Y_{j_1}^{m_1}(\theta_1,\varphi_1)$$

$$\phi_{j\beta}=|j_2m_2\rangle=v(\boldsymbol{r}-\boldsymbol{R}_j)Y_{j_2}^{m_2}(\theta_2,\varphi_2)$$

式中:$Y_j^m(\theta,\varphi)$ 是球谐函数;$u(\boldsymbol{r})$ 是径向函数;$|j_1m_1\rangle$ 与 $|j_2m_2\rangle$ 分别定义在原点为 $\boldsymbol{R}_i$ 和 $\boldsymbol{R}_j$ 终点的相互平行的两个 $Oxyz$ 坐标系内。这时哈密顿矩阵元可表示为 $\langle j_1m_1\mid\hat{H}\mid j_2m_2\rangle$。现在定义一个以原子 i、j 的连线 $\boldsymbol{R}_j-\boldsymbol{R}_i$ 为 z' 轴的新坐标系 $O'x'y'z'$,则根据转动的群表示理论,$|j_1m_1\rangle$ 和 $|j_2m_2\rangle$ 可以分别用新坐标系内的球谐函数 $|j_1m'_1\rangle'$ 和 $|j_2m'_2\rangle'$ 表示为

$$|j_1m_1\rangle=\sum_{m'_1}D^{j_1}_{m'_1,m_1}(\alpha,\beta,\gamma)\,|j_1m'_1\rangle' \tag{4.22}$$

$$|j_2m_2\rangle=\sum_{m'_2}D^{j_2}_{m'_2,m_2}(\alpha,\beta,\gamma)\,|j_2m'_2\rangle' \tag{4.23}$$

式中:α、β、γ 是将旧坐标系 $Oxyz$ 变换为新坐标系 $O'x'y'z'$ 的欧拉角。将式(4.22)、式(4.23)代入矩阵元 $\langle j_1m_1\mid\hat{H}\mid j_2m_2\rangle$,可得

$$\begin{aligned}W_{j_1m_1,j_2m_2}(\boldsymbol{R}_i,\boldsymbol{R}_j)&=\langle j_1m_1\mid\hat{H}\mid j_2m_2\rangle\\&=\sum_{m'_1,m'_2}D^{j_1*}_{m'_1,m_1}(\alpha,\beta,\gamma)\times D^{j_2}_{m'_2,m_2}(\alpha,\beta,\gamma)'\langle j_1m'_1\mid\hat{H}\mid j_2m'_2\rangle'\end{aligned} \tag{4.24}$$

对应于双中心积分,方程(4.24)中的 $'\langle j_1m'_1\mid\hat{H}\mid j_2m'_2\rangle'$ 可简化为

$$'\langle j_1m'_1\mid\hat{H}\mid j_2m'_2\rangle'='\langle j_1m'_1\mid\hat{H}\mid j_2m'_1\rangle'\delta_{m'_1m'_2} \tag{4.25}$$

由此,式(4.24)可重新写为

$$W_{j_1m_1,j_2m_2}(\boldsymbol{R}_i,\boldsymbol{R}_j)=\langle j_1m_1\mid\hat{H}\mid j_2m_2\rangle=\sum_{m'_1}D^{j_1*}_{m'_1,m_1}(\alpha,\beta,\gamma)D^{j_2}_{m'_1,m_2}(\alpha,\beta,\gamma)'\langle j_1m'_1\mid\hat{H}\mid j_2m'_1\rangle'$$

$$= \sum_{m'} J(j_1, m_1, j_2, m_2, m'_1)' \langle j_1 m'_1 \mid \hat{H} \mid j_2 m'_1 \rangle' \tag{4.26}$$

式中 $'\langle j_1 m'_1 \mid H \mid j_2 m'_1 \rangle'$ 包含了径向部分的积分，对应于双中心积分项($ss\sigma$)、($pp\pi$)等等，后文中用($j_1 j_2 m'_1$) 表示。此外，有关系式(见附录 A.3)

$$D^{j_1 *}_{m', m}(\alpha\beta\gamma) = (-1)^{m'-m} D^{j}_{-m', -m}(\alpha\beta\gamma) \tag{4.27}$$

$$D^{j_1}_{m'_1, m_1}(\alpha\beta\gamma) D^{j_2}_{m'_2, m_2}(\alpha\beta\gamma) = \sum_{j, m', m} (2j+1) \begin{bmatrix} j_1 & j_2 & j \\ m'_1 & m'_2 & m' \end{bmatrix} D^{j *}_{m', m}(\alpha\beta\gamma) \begin{bmatrix} j_1 & j_2 & j \\ m_1 & m_2 & m \end{bmatrix} \tag{4.28}$$

式中：$\begin{bmatrix} j_1 & j_2 & j \\ m_1 & m_2 & m \end{bmatrix}$为 $3j$ 系数，因此只有当 $m_1 + m_2 + m = 0$ 时才不为零。将上述关系式代入式(4.26) 中，其中的 $J(j_1, m_1, j_2, m_2, m'_1)$ 可写为

$$J(j_1, m_1, j_2, m_2, m') = (-1)^{m'_1 - m_1} \sum_j (2j+1) \begin{pmatrix} j_1 & j_2 & j \\ -m_1 & m_2 & m_1 - m_2 \end{pmatrix} D^{j *}_{0, m_1 - m_2}(\alpha\beta\gamma) \times \begin{bmatrix} j_1 & j_2 & j \\ -m'_1 & m'_1 & 0 \end{bmatrix} \tag{4.29}$$

另外，根据恒等式

$$D^{j}_{0, m_1 - m_2}(\alpha\beta\gamma) = [4\pi/(2j+1)]^{1/2} Y_j^{m_1 - m_2}(\beta, \alpha) \tag{4.30}$$

方程(4.29) 可简化为

$$J(j_1, m_1, j_2, m_2, m'_1) = (-1)^{m'_1 - m_2} \sum_j (4\pi)^{1/2} (2j+1)^{1/2} \times \begin{bmatrix} j_1 & j_2 & j \\ -m'_1 & m'_1 & 0 \end{bmatrix} \begin{bmatrix} j_1 & j_2 & j \\ -m_1 & m_2 & m_1 - m_2 \end{bmatrix} \times Y_j^{m_2 - m_1}(\beta, \alpha) \tag{4.31}$$

进一步，由附录 A 可知，球谐函数 Y_j^m 可写为

$$Y_j^m(\beta, \alpha) = (-1)^m \left[\frac{(2j+1)(j - |m|!)}{4\pi(j - |m|)!} \right]^{1/2} \times P_j^m(\cos\beta) e^{im\alpha} \tag{4.32}$$

式中：$P_j^m(\cos\beta) e^{im\alpha}$ 是缔合勒让德多项式，有

$$\begin{aligned} P_j^m(Z) &= (-1)^{(|m|-m)/2} \frac{(j - Z^2)^{|m|/2}}{2^j j!} \frac{d^{j+|m|}}{dZ^{j+|m|}} (Z^2 - 1)^j \\ &= (-1)^{(|m|-m)/2} \frac{(j - Z^2)^{|m|/2}}{2^j j!} \times \sum_{k=[(l+|m|)/2]} \binom{j}{k} (-1)^{j-k} \frac{(2k)! Z^{2k-j-|m|}}{(2k - j - |m|)!} \end{aligned} \tag{4.33}$$

此外，$\boldsymbol{R}_{ij} = \boldsymbol{R}_j - \boldsymbol{R}_i$ 的方向余弦可表示为

$$\begin{cases} l = \sin\beta\cos\alpha \\ m = \sin\beta\sin\alpha \\ n = \cos\beta \end{cases} \tag{4.34}$$

则方程(4.31) 可表示为

$$J(j_1,m_1,j_2,m_2,m'_1)=(-1)^{m_1-m'_1+[|m_2-m_1|-(m_2-m_1)]/2}\sum_j(2j+1)\begin{bmatrix}j_1 & j_2 & j\\ -m'_1 & m'_1 & 0\end{bmatrix}$$
$$\times\begin{bmatrix}j_1 & j_2 & j\\ -m_1 & m_2 & m_1-m_2\end{bmatrix}\left[\frac{(j-|m_1-m_2|)!}{(j+|m_1-m_2|)!}\right]^{1/2}$$
$$\times\frac{(l+\mathrm{i}m)^{m_2-m_1}}{2^j j!}\sum_k\binom{j}{k}(-1)^{j-k}\frac{(2k)!n^{2k-j-|m_1-m_2|}}{(2k-j-|m_1-m_2|)!}\tag{4.35}$$

需要注意的是，式(4.35)中的因子$(l+\mathrm{i}m)^{m_2-m_1}$在$m_2\geqslant m_1$时才成立，如果$m_2<m_1$，则改用$(l-\mathrm{i}m)^{m_1-m_2}$。

利用恒等式

$$\begin{bmatrix}j_1 & j_2 & j\\ -m'_1 & m'_1 & 0\end{bmatrix}\equiv(-1)^{j_1+j_2+j}\begin{bmatrix}j_1 & j_2 & j\\ m'_1 & -m'_1 & 0\end{bmatrix}\tag{4.36}$$

可以进一步简化方程(4.26)。在式(4.35)中对于j的求和，仅取使得j_1+j_2+j为偶数的项，则方程(4.26)可简化为

$$W_{j_1m_1,j_2m_2}(\boldsymbol{R}_i,\boldsymbol{R}_j)=\sum_{m'_1\geqslant 0}^{\min(j_1,j_2)}(2-\delta_{m'_10})J(j_1m_1j_2m_2m'_1)(j_1j_2m'_1)\tag{4.37}$$

式(4.35)和式(4.37)构成了哈密顿矩阵元的普遍表达式。

在实际工作中，很多情况下球谐函数的复数形式并不方便，因此可以采用其实数形式：

$$\mathrm{Y}_j^0\quad (z\quad \text{type})$$
$$(-1)^m(\mathrm{Y}_j^m+\mathrm{Y}_j^{m*})/\sqrt{2}\quad (x\quad \text{type})$$
$$(-1)^m(\mathrm{Y}_j^m-\mathrm{Y}_j^{m*})/\sqrt{2}i\quad (y\quad \text{type})$$

其中m恒取正值。相应地，需要调整普遍公式(4.37)的形式。以$E^{x,x}_{j_1m_1j_2m_2}$为例，

$$E^{x,x}_{j_1m_1j_2m_2}(\boldsymbol{R}_i,\boldsymbol{R}_j)=(-1)^{m_1}\langle u(\boldsymbol{r}_1)(\mathrm{Y}_{j_1}^{m_1}+(-1)^{m_1}\mathrm{Y}_{j_1}^{-m_1})\mid H\mid v(\boldsymbol{r}_2)$$
$$\times(\mathrm{Y}_{j_2}^{m_2}+(-1)^{m_2}\mathrm{Y}_{j_2}^{-m_2})\rangle(-1)^{m_2}\times\frac{1}{2}$$
$$=\frac{1}{2}(-1)^{m_1+m_2}[W_{j_1m_1,j_2m_2}+(-1)^{m_1+m_2}W_{j_1(-m_1),j_2(-m_2)}]$$
$$+\frac{1}{2}(-1)^{m_2}[W_{j_1(-m_1),j_2m_2}+(-1)^{m_1+m_2}W_{j_1m_1,j_2(-m_2)}]\tag{4.38}$$

由式(4.26)，因为W对m'_1求和且m'_1取值范围关于0对称，所以可将$W_{j_1(-m_1),j_2(-m_2)}$写为

$$W_{j_1(-m_1),j_2(-m_2)}=\sum_{-m'_1}J(j_1(-m_1)j_2(-m_2)(-m'_1))(j_1j_2m'_1)\tag{4.39}$$

将式(4.35)代入式(4.39)，并利用式(4.36)可得

$$(-1)^{m_1+m_2}W_{j_1(-m_1),j_2(-m_2)}=W^*_{j_1(-m_1),j_2(-m_2)}$$

同理，有

$$(-1)^{m_1+m_2}W_{j_1m_1,j_2(-m_2)}=W^*_{j_1(-m_1),j_2m_2}$$

因此可得

$$E^{x,x}_{j_1m_1j_2m_2}(\boldsymbol{R}_i,\boldsymbol{R}_j)=(-1)^{m_1+m_2}\mathrm{Re}W_{j_1m_1j_2m_2}+(-1)^{m_2}\mathrm{Re}W_{j_1(-m_1)j_2m_2} \tag{4.40}$$

将式(4.40)代入式(4.35)，将$(l+\mathrm{i}m)^{m_2-m_1}$做二项式展开，并做变量代换(令$k'=2k-j-|m_1-m_2|$)，则可得最终结果为

$$\begin{aligned}E^{x,x}_{j_1m_1j_2m_2}&=(-1)^{m_1+m_2}\sum_{m'_1=0}^{\min(j_1,j_2)}(2-\delta_{m'_10})(j_1j_2m'_1)\sum_{k'=0}^{k'_{\max}}n^{k'}\\&\times\sum_{t=0,2,4}^{t_{\max}}{}''m^t(-1)^{t/2}[l^{|m_1-m_2|-t}\mathrm{h}(j_1m_1j_2m_2m'_1k't)\\&+(-1)^{m_1}l^{|m_1+m_2|-t}\mathrm{h}(j_1(-m_1)j_2m_2m'_1k't)]\end{aligned} \tag{4.41}$$

式中

$$k'_{\max}=\max(j_1+j_2-|m_1-m_2|,j_1+j_2-|m_1+m_2|) \tag{4.42}$$

$$t_{\max}=\max|m_1-m_2|,|m_1+m_2| \tag{4.43}$$

h 函数为

$$\begin{aligned}\mathrm{h}(j_1m_1j_2m_2m'_1k't)&=(-1)^{m'_1-m_1+[|m_2-m_1|-(m_2-m_1)]/2}\begin{bmatrix}|m_1-m_2|\\|m_1-m_2|-t\end{bmatrix}\\&\times[\mathrm{sgn}(m_2-m_1)]^t\sum_{j=|j_1-j_2|}^{j_1+j_2}{}''\frac{(2j+1)}{2^jj!}\left[\frac{(j-|m_1-m_2|)!}{(j+|m_1-m_2|)!}\right]^{1/2}\\&\times\begin{bmatrix}j_1&j_2&j\\-m_1&m_2&m_1-m_2\end{bmatrix}\begin{bmatrix}j_1&j_2&j\\-m'_1&m'_1&0\end{bmatrix}C_{j,|m_1-m_2|,k'}\end{aligned} \tag{4.44}$$

式中

$$C_{j,m,k}=\begin{cases}(-1)^{j-m-k}\begin{bmatrix}j\\\dfrac{k+j+m}{2}\end{bmatrix}\dfrac{(k+j+m)!}{k!}, & (j+m)-\left[\dfrac{j+m}{2}\right]\leqslant k\leqslant(j-m)\\0, & \text{其他，或 } k+j+m \text{ 为奇数}\end{cases} \tag{4.45}$$

其余的八种情况与$E^{x,x}_{j_1m_1j_2m_2}$类似，具体过程从略，这里仅给出结果：

$$\begin{aligned}E^{y,y}_{j_1m_1j_2m_2}&=(-1)^{m_1+m_2}\sum_{m'_1=0}^{\min(j_1,j_2)}(2-\delta_{m'_10})(j_1j_2m'_1)\sum_{k'=0}^{k'_{\max}}n^{k'}\\&\times\sum_{t=0,2,4}^{t_{\max}}{}''m^t(-1)^{t/2}[l^{|m_1-m_2|-t}\mathrm{h}(j_1m_1j_2m_2m'_1k't)\\&-(-1)^{m_1}l^{|m_1+m_2|-t}\mathrm{h}(j_1(-m_1)j_2m_2m'_1k't)]\end{aligned} \tag{4.46}$$

$$E^{x,y}_{j_1m_1j_2m_2}=(-1)^{m_1+m_2}\sum_{m'_1=0}^{\min(j_1,j_2)}(2-\delta_{m'_10})(j_1j_2m'_1)\sum_{k'=0}^{k'_{\max}}n^{k'}$$

$$\times \sum_{t=1,3,5}^{t_{\max}}{}'' m^t (-1)^{(t-1)/2} [l^{|m_1-m_2|-t} \mathrm{h}(j_1 m_1 j_2 m_2 m'_1 k' t) + (-1)^{m_1} l^{|m_1+m_2|-t} \mathrm{h}(j_1 (-m_1) j_2 m_2 m'_1 k' t)] \tag{4.47}$$

$$E^{y,x}_{j_1 m_1 j_2 m_2} = (-1)^{m_1+m_2} \sum_{m'_1=0}^{\min(j_1,j_2)} (2-\delta_{m'_1 0})(j_1 j_2 m'_1) \sum_{k'=0}^{k'_{\max}} n^{k'} \times \sum_{t=1,3,5}^{t_{\max}}{}'' m^t (-1)^{(t-1)/2} [-l^{|m_1-m_2|-t} \mathrm{h}(j_1 m_1 j_2 m_2 m'_1 k' t) + (-1)^{m_1} l^{|m_1+m_2|-t} \mathrm{h}(j_1 (-m_1) j_2 m_2 m'_1 k' t)] \tag{4.48}$$

$$E^{x,z}_{j_1 m_1 j_2 0} = \sqrt{2}(-1)^{m_1} \sum_{m'_1=0}^{\min(j_1,j_2)} (2-\delta_{m'_1 0})(j_1 j_2 m'_1) \sum_{k'=0}^{j_1+j_2-|m_1|} n^{k'} \times \sum_{t=0,2,4}^{|m_1|}{}'' m^t l^{|m_1|-t} (-1)^{t/2} \mathrm{h}(j_1 m_1 j_2 0 m'_1 k' t) \tag{4.49}$$

$$E^{y,z}_{j_1 m_1 j_2 0} = -\sqrt{2}(-1)^{m_1} \sum_{m'_1=0}^{\min(j_1,j_2)} (2-\delta_{m'_1 0})(j_1 j_2 m'_1) \sum_{k'=0}^{j_1+j_2-|m_1|} n^{k'} \times \sum_{t=1,3,5}^{|m_1|}{}'' m^t l^{|m_1|-t} (-1)^{(t-1)/2} \mathrm{h}(j_1 m_1 j_2 0 m'_1 k' t) \tag{4.50}$$

$$E^{z,x}_{j_1 0 j_2 m_2} = \sqrt{2}(-1)^{m_2} \sum_{m'_1=0}^{\min(j_1,j_2)} (2-\delta_{m'_1 0})(j_1 j_2 m'_1) \sum_{k'=0}^{j_1+j_2-|m_2|} n^{k'} \times \sum_{t=0,2,4}^{|m_2|}{}'' m^t l^{|m_2|-t} (-1)^{t/2} \mathrm{h}(j_1 0 j_2 m_2 m'_1 k' t) \tag{4.51}$$

$$E^{z,y}_{j_1 0 j_2 m_2} = \sqrt{2}(-1)^{m_2} \sum_{m'_1=0}^{\min(j_1,j_2)} (2-\delta_{m'_1 0})(j_1 j_2 m'_1) \sum_{k'=0}^{j_1+j_2-|m_2|} n^{k'} \times \sum_{t=1,3,5}^{|m_2|}{}'' m^t l^{|m_2|-t} (-1)^{(t-1)/2} \mathrm{h}(j_1 0 j_2 m_2 m'_1 k' t) \tag{4.52}$$

$$E^{z,z}_{j_1 0 j_2 0} = \sum_{m'_1}^{\min(j_1,j_2)} (2-\delta_{m'_1 0})(j_1 j_2 m'_1) \sum_{k'=0}^{j_1+j_2} n^{k'} \mathrm{h}(j_1 0 j_2 0 m'_1 k' 0) \tag{4.53}$$

Sharma 在其后的工作中利用球谐函数新的表达式提出了一个类似于上述九个方程,但稍微简便、计算量较小的新的普适公式。具体可参阅文献[168]。

2004 年,Podolskiy 和 Vogl 提出了一种更新的,也更为简单的 TB 能量积分的普适表达式[169]。在这里忽略具体推导过程,而只给出最后结果。注意 Podolskiy 和 Vogl 给出的是实球谐函数形式下的能量积分。与 Sharma 的标识有所不同,他们设定量子数 $m_i > 0$ 对应于 x 类波函数,$m_i < 0$ 对应于 y 类波函数,而 $m_i = 0$ 对应于 z 类波函数。设位于原点的波函数为 $|j_1, m_1, \mathbf{0}\rangle$,位于 $\boldsymbol{R}_j$ 的波函数为 $|j_2, m_2, \boldsymbol{R}_j\rangle$,$\boldsymbol{R}_j$ 的方向余弦为 l、m、n,如果 $n^2 \neq 1$,则

$\langle j_1, m_1, \mathbf{0} \mid \hat{H} \mid j_2, m_2, \boldsymbol{R}_j \rangle$

$$= (-1)^{(j_1-j_2+|j_1-j_2|)/2}\left\{\sum_{m'=1}^{\min(j_1,j_2)}\left[S^{j_1}_{m_1,|m'|}S^{j_2}_{m_2,|m'|}+T^{j_1}_{m_1,|m'|}T^{j_2}_{m_2,|m'|}\right](j_1j_2\mid m'\mid)\right.$$

$$\left.+2A_{m_1}A_{m_2}d^{j_1}_{|m_1|,0}d^{j_2}_{|m_2|,0}(j_1j_20)\right\} \tag{4.54}$$

式中：$(j_1j_2\mid m'\mid)$、(j_1j_20) 对应于 $(ss\sigma)$、$(pp\pi)$ 等双中心积分；函数 d 为

$$d^j_{m_i,m'} = \left(\frac{1+n}{2}\right)^j\left(\frac{1-n}{1+n}\right)^{m_i/2-m'/2}\left[(j+m')!(j-m')!(j+m_i)!(j-m_i)!\right]^{1/2}$$

$$\times\sum_{t=0}^{2j+1}{}'\frac{(-1)^t}{(j+m'-t)!(j-m_i-t)!t!(t+m_i-m')!}\cdot\left(\frac{1-n}{1+n}\right)^t \tag{4.55}$$

其中 $\sum'$ 代表 t 仅取使得方程中只出现非负数阶乘的值。函数 S、T 分别为

$$S^j_{m_i,|m'|} = A_{m_i}\left[(-1)^{|m'|}d^j_{|m_i|,|m'|}+d^j_{|m_i|,-|m'|}\right] \tag{4.56}$$

$$T^j_{m_i,|m'|} = (1-\delta_{m_i0})B_{m_i}\left[(-1)^{|m'|}d^j_{|m_i|,|m'|}-d^j_{|m_i|,-|m'|}\right] \tag{4.57}$$

其中系数 A_{m_i}、B_{m_i} 和 A_0 分别为

$$A_{m_i} = (-1)^{|m_i|}\left[\tau(m_i)\cos(|m_i|\theta)-\tau(-m_i)\sin(|m_i|\theta)\right] \tag{4.58}$$

$$B_{m_i} = (-1)^{|m_i|}\left[\tau(m_i)\sin(|m_i|\theta)+\tau(-m_i)\cos(|m_i|\theta)\right] \tag{4.59}$$

$$A_0 = 1/\sqrt{2}$$

而 $\tau(m_i)$、$\cos\theta$ 和 $\sin\theta$ 分别为

$$\tau(m_i) = \begin{cases}1, & m_i \geqslant 0\\ 0, & m_i < 0\end{cases} \tag{4.60}$$

$$\sin\theta = \frac{m}{\sqrt{1-n^2}},\quad \cos\theta = -\frac{l}{\sqrt{1-n^2}}$$

如果 $n^2 = 1$，则

$$\langle j_1,m_1,\mathbf{0}\mid \hat{H}\mid j_2,m_2,\boldsymbol{R}_j\rangle = (-1)^{(j_1-j_2+|l_1-l_2|)/2}(j_1j_2\mid m_1\mid)\delta_{m_1m_2} \tag{4.61}$$

至此，我们给出了双中心近似下的哈密顿矩阵元的普遍表达式，在编写程序的时候可以按照各自的喜好进行选择。但是由于各方程的复杂性，在没有特别必要的情况下，如考虑 f、g 等轨道，采用表 4.1 是最方便的。此外，可以利用表 4.1 中的任意一项，采用不同的普遍公式互相进行验证。有兴趣的读者可以自行完成。

4.1.5　对自旋极化的处理

对于磁性体系，利用 TB 方法进行计算往往有很大的困难。Shi 和 Papaconstantopoulos 指出，可以将磁性体系的总能表示成自旋向上与自旋向下两套子体系的和，对于这两个子体系，通过拟合各自的能带结构给出两套 TB 参数[170]。因为对自旋向上和自旋向下的能级需分别求解，所以这种处理方法相当于忽略了电子的关联作用，有一定的局限性。此外，Podolskiy 和 Vogl 提出可以通过在格位项（即哈密顿矩阵的对角项）上加入自旋-轨道耦合修正[169]。

设自旋-轨道耦合哈密顿算符为 $\hat{H}_{SO}=S(r)\boldsymbol{L}\cdot\boldsymbol{S}$，其中 $S(r)$ 表示该轨道的径向

部分，而 $\boldsymbol{L}$ 与 $\boldsymbol{S}$ 分别代表轨道角动量与自旋角动量。据此写出自旋-轨道耦合的哈密顿矩阵元为

$$\langle l,m_1,\mathbf{0} \mid \hat{H}_{SO} \mid l,m_2,\mathbf{0}\rangle = \langle \mathbf{0} \mid \hbar^2 S(r) \mid \mathbf{0}\rangle\langle l,m_1,\sigma_1 \mid h_{SO} \mid l,m_2,\sigma_2\rangle \tag{4.62}$$

式中：$h_{SO} = \hbar^{-2}\boldsymbol{L}\cdot\boldsymbol{S}$；$\sigma = \pm(\cdot)$，括号内为波函数的自旋部分。$\langle \mathbf{0} \mid \hbar^2 S(r) \mid \mathbf{0}\rangle$ 利用参数给出，类似于双中心积分。文献[169] 给出

$$\langle l,m_1,\pm \mid h_{SO} \mid l,m_2,\pm\rangle = \pm\frac{\mathrm{i}}{2}\delta_{m_1(-m_2)} \tag{4.63}$$

$$\begin{aligned}\langle l,m_1,\pm \mid h_{SO} \mid l,m_2,\mp\rangle = {} & \mu\left[\delta_{|m_1|,|m_2|\pm1} - (-1)^{\tau(m_1)+\tau(m_2)}\delta_{|m_1|(|m_2|\mp1)}\right] \\ & \times\frac{1}{2}\left[(l+m_1^2-|m_1m_2|)(l+m_2^2-|m_1m_2|)\right]^{1/2}\end{aligned} \tag{4.64}$$

其中函数 μ 的表达式为：

$$\mu = \Theta^*(m_1)\Theta(m_2)[1+\tau(-|m_1m_2|)] \tag{4.65}$$

$\tau(m)$ 的表达式见式(4.60)，而 $\Theta(m)$ 为

$$\Theta(m) = (1-\delta_{m0})\frac{1}{\sqrt{2}}[\tau(m)+\mathrm{i}\tau(-m)] + \frac{1}{2}\delta_{m0} \tag{4.66}$$

虽然有若干种尝试，但是目前为止，TB 框架下还没有可以比较精确地处理自旋极化体系的方法。

4.1.6 光吸收谱

2.4.5 节给出了长波近似下($\boldsymbol{q}\to\mathbf{0}$) 计算体系光吸收谱的普遍公式(2.235)。根据该公式，求解体系的动量算符矩阵元需要求解基函数的梯度，或者至少需要知道波函数的形式。在 TB 模型中，基函数并不显式地给出，因此直接利用方程(2.234) 有较大的难度。为了解决这个问题，Lew Yan Voon 与 Rom-Mohan 采用了一套做法，使得整个计算只需要利用 TB 方法中的矩阵元参数，而不需要知道基函数的信息[171]。

由 LCAO 方法可知，可将体系的本征波函数 $\mid n\boldsymbol{k}\rangle$ 表示为原子轨道的线性组合

$$\mid n\boldsymbol{k}\rangle = \sum_{\alpha,i} c_{n,\alpha,i}(\boldsymbol{k}) \mid \varphi_\alpha(\boldsymbol{k})\rangle \tag{4.67}$$

式中：$\mid \varphi_\alpha\rangle$ 由方程(4.20) 给出。根据关系式(2.234) 可得动量矩阵元 $\boldsymbol{p}$ 为

$$\begin{aligned}\boldsymbol{p}_{nm}(\boldsymbol{k}) &= \frac{m}{\mathrm{i}\hbar}\langle n\boldsymbol{k} \mid [\boldsymbol{r},H] \mid m\boldsymbol{k}\rangle = \frac{m}{\hbar}\langle n\boldsymbol{k} \mid [\nabla_{\boldsymbol{k}}H(\boldsymbol{k}) \mid m\boldsymbol{k}\rangle \\ &= \frac{m}{\hbar}\sum_{\alpha,\beta,i,j} c^*_{n,\alpha,i}(\boldsymbol{k})c_{m,\beta,j}(\boldsymbol{k})\nabla_{\boldsymbol{k}}H_{i\alpha,i\beta}(\boldsymbol{k})\end{aligned} \tag{4.68}$$

根据方程(4.21)，不难得出

$$\nabla_{\boldsymbol{k}}H_{i\alpha,i\beta}(\boldsymbol{k}) = \sum_{l=1}^{N}[\mathrm{i}(\tau_i-\tau_j-\boldsymbol{R})]\mathrm{e}^{\mathrm{i}\boldsymbol{k}\cdot(\tau_i-\tau_j-l\boldsymbol{R})}E_{i\alpha,i\beta}(\tau_i-\tau_j-l\boldsymbol{R})) \tag{4.69}$$

则由式(4.68) 和式(4.69)，可得 TB 方法中动量矩阵元的表达式

$$p_{mn}(\boldsymbol{k})=\frac{\mathrm{i}m}{\hbar}\sum_{\alpha,\beta,i,j}c_{n,\alpha,i}^{*}(\boldsymbol{k})c_{m,\beta,j}(\boldsymbol{k})\sum_{l=1}^{N}[\mathrm{i}(\tau_i-\tau_j-\boldsymbol{R})]\mathrm{e}^{\mathrm{i}\boldsymbol{k}\cdot(\tau_i-\tau_j-l\boldsymbol{R})}E_{i\alpha,j\beta}(\tau_i-\tau_j-l\boldsymbol{R})$$

(4.70)

式中：$E_{i\alpha,j\beta}$ 即为 Slater-Koster 双中心积分，其普遍表达式在 4.1.4 节中已经给出。Lew Yan Voon 与 Rom-Mohan 同时指出，如果考虑了自旋 - 轨道耦合，则方程(4.70)并不是严格成立，需要附加一项修正值。具体请参考文献[171]。

4.2 体系总能与原子受力计算

首先给出 DFT 方法下体系的总能

$$E_{\mathrm{tot}}=2\sum_{\lambda}\varepsilon_{\lambda}f(\varepsilon_{\lambda})-\frac{1}{2}\iint\mathrm{d}\boldsymbol{r}\mathrm{d}\boldsymbol{r}'\frac{\rho(\boldsymbol{r})\rho(\boldsymbol{r}')}{|\boldsymbol{r}-\boldsymbol{r}'|}+E_{\mathrm{xc}}[\rho]-\int\mathrm{d}\boldsymbol{r}V_{\mathrm{xc}}(\boldsymbol{r})\rho(\boldsymbol{r})+\sum_{i,j}\frac{Z_iZ_je^2}{|\boldsymbol{R}_i-\boldsymbol{R}_j|}$$

(4.71)

可以看到，将 4.1.4 节中构建起来的哈密顿矩阵对角化得到本征能级，再乘以能级占据数 2(非自旋极化) 并求和，只是方程(4.71) 右端第一项 $2\sum_{\lambda}\varepsilon_{\lambda}f(\varepsilon_{\lambda})$，因为未考虑到离子间相互作用及与电荷密度 $\rho(r)$ 有关的贡献，所以该项严重低估了总能。一般而言需要加上一项经验性的排斥项。因此 TB 方法中的总能 E_{tot} 表示为

$$E_{\mathrm{tot}}=\sum_{\lambda}n_{\lambda}\varepsilon_{\lambda}=2\sum_{\lambda}\varepsilon_{\lambda}f(\varepsilon_{\lambda})+E_{\mathrm{repul}}(\{\boldsymbol{R}_i\})\tag{4.72}$$

式中：2 为自旋简并度；$f(\varepsilon_{\lambda})$ 为费米分布函数。式(4.72) 右端第一项称为带结构能 E_{band}，而第二项称为排斥项 E_{repul}，一般表示成对势求和

$$E_{\mathrm{repul}}=\frac{1}{2}\sum_{i,j}\phi(R_{ij})\tag{4.73}$$

式中：$\phi(R_{ij})$ 可以写为

$$\phi(R_{ij})=A\exp(-R_{ij}/R_0)\tag{4.74}$$

式中：A 与 R_0 为待定参数。

Papaconstantopoulos 和 Mehl 发展的 NRL-TB 方法与上述方法稍有不同。按照普遍的方案，利用第一性原理计算的能带结构拟合 TB 参数，可以根据 $E_{\mathrm{repul}}=E_{\mathrm{tot}}^{\mathrm{FP}}-E_{\mathrm{band}}$ 得到斥能。前面说过，E_{repul} 代表的是与 $\rho(\boldsymbol{r})$ 有关的部分，因此可以定义能级刚性平移量 V_0：

$$V_0=\frac{E_{\mathrm{repul}}}{N_{\mathrm{e}}}\tag{4.75}$$

式中：N_{e} 为体系的价电子数。然后平移第一性原理的本征能级$\{\varepsilon_{\lambda}(\boldsymbol{k})\}$：

$$\varepsilon'_{\lambda}(\boldsymbol{k})=\varepsilon_{\lambda}(\boldsymbol{k})+V_0,\quad \lambda=1,2,\cdots,N_{\mathrm{band}}\tag{4.76}$$

这样总能 E_{tot} 可以表示为

$$E_{\mathrm{tot}}=\sum_{\lambda}n_{\lambda}\varepsilon'_{\lambda}\tag{4.77}$$

即排斥项可以被完全吸收在 TB 拟合参数里。

与第 3 章相同，根据 Hellmann-Feynman 定理，可以计算 TB 框架下原子的受力。在非正交基组下，体系的本征能级与本征波函数由广义本征方程(4.10) 给出。这里重新写出：

$$\sum_j H_{ij}c_j^\lambda = \varepsilon_\lambda \sum_j S_{ij}c_j^\lambda \tag{4.78}$$

如果$\{c_i^\lambda\}$ 确实是体系的本征系数，则根据本征波函数的正交性 $\sum_{ij} c_i^{\lambda *} S_{ij} c_j^{\lambda'} = \delta_{\lambda,\lambda'}$ 可得

$$\varepsilon_\lambda = \sum_{ij} c_i^{\lambda *} H_{ij} c_j^{\lambda'} \tag{4.79}$$

则其对 R 的导数为

$$\frac{\mathrm{d}\varepsilon_\lambda}{\mathrm{d}R} = \sum_{ij} c_i^{\lambda *}\left(\frac{\mathrm{d}H_{ij}}{\mathrm{d}R} - \varepsilon_\lambda \frac{\mathrm{d}S_{ij}}{\mathrm{d}R}\right)c_j^\lambda \tag{4.80}$$

由式(4.80) 可以计算作用在第 i 个原子上的力 $\boldsymbol{F}_i$ 的 l 分量为[172,173]

$$F_i^l = -\frac{\partial E_{\mathrm{TB}}}{\partial R_i^l} = -2\sum_{\lambda,i,j} f(\varepsilon_\lambda) c_{i\alpha}^{\lambda *}\left(\frac{\mathrm{d}H_{i\alpha,j\beta}}{\mathrm{d}R_i^l} - \varepsilon_\lambda \frac{\mathrm{d}S_{i\alpha,j\beta}}{\mathrm{d}R_i^l}\right)c_{j\beta}^\lambda + \sum_{j,j\neq i}\frac{A}{R_0}\exp\left(-\frac{R_{ij}}{R_0}\right)\frac{R_{ij}^l}{R_{ij}} \tag{4.81}$$

式中：$\mathrm{d}H_{i\alpha,j\beta}/\mathrm{d}R_i^l$ 及 $\mathrm{d}S_{i\alpha,j\beta}/\mathrm{d}R_i^l$ 可由式(4.40) 至式(4.53) 或者式(4.54) 至式(4.60) 给出。可以看到，因为计算方程极为复杂，因此对于一般情况，可以直接利用表 4.1 的结果进行计算。

4.3 自洽紧束缚方法

对于带电体系或者离子键比较强的体系(如氧化物等)，电荷转移或者重新分布现象比较严重。这种效应在普通的 TB 方法中无从体现，因此需要做特别处理。若干尝试表明，自洽紧束缚方法是一个可靠的发展方向。

4.3.1 Harris-Foulkes 非自洽泛函

Harris 与 Foulkes 各自独立地提出了著名的 Harris-Foulkes(HF) 非自洽泛函[174,175]，其形式为

$$\begin{aligned} E_{\mathrm{HF}}[\rho_{\mathrm{in}}] = &\sum_\lambda^{\mathrm{occ}} \langle \Psi_\lambda \mid -\frac{\nabla^2}{2} + V_{\mathrm{ext}} + \int \frac{\rho_{\mathrm{in}}(\boldsymbol{r}')}{|\boldsymbol{r}-\boldsymbol{r}'|}\mathrm{d}\boldsymbol{r}' + V_{\mathrm{xc}}[\rho_{\mathrm{in}}(\boldsymbol{r})] \mid \Psi_\lambda \rangle \\ &- \frac{1}{2}\iint \frac{\rho_{\mathrm{in}}(\boldsymbol{r}')\rho_{\mathrm{in}}(\boldsymbol{r})}{|\boldsymbol{r}-\boldsymbol{r}'|}\mathrm{d}\boldsymbol{r}\mathrm{d}\boldsymbol{r}' - \int V_{\mathrm{xc}}[\rho_{\mathrm{in}}(\boldsymbol{r})]\rho_{\mathrm{in}}(\boldsymbol{r})\mathrm{d}\boldsymbol{r} + E_{\mathrm{xc}}[\rho_{\mathrm{in}}] + E_{\mathrm{II}} \end{aligned} \tag{4.82}$$

式(4.82) 中，能量泛函仅与初始(或称输入) 电荷有关，不涉及电荷以及哈密顿量的更新(因此也不存在波函数的更新)，所以是非自洽的。这显然与第 3 章中自洽的

Kohn-Sham 能量泛函 E_{KS} 不一致。因为后者虽然利用初始电荷构造了哈密顿算符，但是波函数与泛函中的电荷分布却是通过求解 Kohn-Sham 方程而求得的更新值 ρ_{out}。为了表述得更清楚，重新写出 E_{KS}：

$$E_{KS}[\rho_{out}] = \sum_{\lambda}^{occ}\langle \Psi_\lambda \left| -\frac{\nabla^2}{2} + V_{ext} + \int \frac{\rho_{out}(\boldsymbol{r}')}{|\boldsymbol{r}-\boldsymbol{r}'|}d\boldsymbol{r}' + V_{xc}[\rho_{in}(\boldsymbol{r})] \right| \Psi_\lambda \rangle$$
$$- \frac{1}{2}\iint \frac{\rho_{out}(\boldsymbol{r}')\rho_{out}(\boldsymbol{r})}{|\boldsymbol{r}-\boldsymbol{r}'|}d\boldsymbol{r}d\boldsymbol{r}' - \int V_{xc}[\rho_{in}(\boldsymbol{r})]\rho_{out}(\boldsymbol{r})d\boldsymbol{r} + E_{xc}[\rho_{out}] + E_{II} \tag{4.83}$$

可以记 $\delta\rho = \rho_{out} - \rho_{in}$。当 $\delta\rho$ 不大时，可以将 $E_{xc}[\rho_{out}]$ 关于 $\delta\rho$ 展开至二阶，即

$$E_{xc}[\rho_{out}] = E_{xc}[\rho_{in}] + \int V_{xc}[\rho_{in}(\boldsymbol{r})]\delta\rho(\boldsymbol{r})d\boldsymbol{r} + \frac{1}{2}\iint \left.\frac{\delta^2 E_{xc}[\rho]}{\delta\rho(\boldsymbol{r})\delta\rho(\boldsymbol{r}')}\right|_{\rho_{in}} \delta\rho(\boldsymbol{r})\delta\rho(\boldsymbol{r}')d\boldsymbol{r}d\boldsymbol{r}' \tag{4.84}$$

并将 $\rho_{out} = \rho_{in} + \delta\rho$ 代入式(4.83)，有

$$E_{KS}[\rho_{out}] = \sum_{i}^{occ}\langle \Psi_i \left| -\frac{\nabla^2}{2} + V_{ext} + \int \frac{\rho_{in}(\boldsymbol{r}')}{|\boldsymbol{r}-\boldsymbol{r}'|}d\boldsymbol{r}' + V_{xc}[\rho_{in}(\boldsymbol{r})] \right| \Psi_i \rangle$$
$$- \frac{1}{2}\iint \frac{\rho_{in}(\boldsymbol{r}')\rho_{in}(\boldsymbol{r})}{|\boldsymbol{r}-\boldsymbol{r}'|}d\boldsymbol{r}d\boldsymbol{r}' - \int V_{xc}[\rho_{in}(\boldsymbol{r})]\rho_{in}(\boldsymbol{r})d\boldsymbol{r} + E_{xc}[\rho_{in}] + E_{II}$$
$$+ \frac{1}{2}\iint \frac{\delta\rho(\boldsymbol{r}')\delta\rho(\boldsymbol{r})}{|\boldsymbol{r}-\boldsymbol{r}'|}d\boldsymbol{r}d\boldsymbol{r}' + \frac{1}{2}\iint \left.\frac{\delta^2 E_{xc}[\rho]}{\delta\rho(\boldsymbol{r})\delta\rho(\boldsymbol{r}')}\right|_{\rho_{in}} \delta\rho(\boldsymbol{r})\delta\rho(\boldsymbol{r}')d\boldsymbol{r}d\boldsymbol{r}'$$
$$+ \left[\iint \frac{\rho(\boldsymbol{r}')\delta\rho(\boldsymbol{r})}{|\boldsymbol{r}-\boldsymbol{r}'|}d\boldsymbol{r}d\boldsymbol{r}' - \iint \frac{\delta\rho(\boldsymbol{r}')\rho(\boldsymbol{r})}{|\boldsymbol{r}-\boldsymbol{r}'|}d\boldsymbol{r}d\boldsymbol{r}'\right] - \int V_{xc}[\rho_{in}(\boldsymbol{r})]\delta\rho(\boldsymbol{r})d\boldsymbol{r}$$
$$+ \int V_{xc}[\rho_{in}(\boldsymbol{r})]\delta\rho(\boldsymbol{r})d\boldsymbol{r}] \tag{4.85}$$

故有

$$E_{SCF}[\rho_{out}] = E_{HF}[\rho_{in}] + \frac{1}{2}\iint \left[\frac{1}{|\boldsymbol{r}-\boldsymbol{r}'|} + \left.\frac{\delta^2 E_{xc}[\rho]}{\delta\rho(\boldsymbol{r})\delta\rho(\boldsymbol{r}')}\right|_{\rho_{in}}\right]\delta\rho(\boldsymbol{r})\delta\rho(\boldsymbol{r}')d\boldsymbol{r}d\boldsymbol{r}' \tag{4.86}$$

式(4.86)表明电荷更新对于体系能量泛函存在二阶修正。Harris-Foulkes 泛函拥有若干重要的性质。最重要的一点是当体系的电荷分布精确地等于体系真正的基态电荷分布 ρ_0 时，$E_{HF} = E_{KS}$，且为体系的真正基态能量 E_0。这表明，基态能量同时是 Harris-Foulkes 泛函以及 Kohn-Sham 泛函的不动点。必须指出，Harris-Foulkes 泛函并不具备变分性质，因为仅从方程(4.86)出发无法保证基态能量 E_0 是 E_{HF} 的极小值。实际上，Harris、Foulkes 与 Haydock 均在各自的讨论中指出，当电荷通过自洽场计算逐渐逼近 ρ_0 时，E_{HF} 往往从下方逼近 E_0[174,176]。但是当 ρ_{in} 比较接近 ρ_0 时，利用 E_{HF} 估算基态能量往往比利用 E_{KS} 估算更为准确。

4.3.2　电荷自洽紧束缚方法

以方程(4.86)为基础，Elsnter、Frauenheim 和 Seifert 等人提出了电荷自洽紧束

缚方法 SCC-DFTB[177,178]。下面对此进行简要的介绍。

如果忽略方程(4.86)中的二级修正，只考虑非自洽部分 E_{HF}，将式(4.82)中的冗余项以及 E_{ii} 用4.2节中介绍过的参数化排斥项 E_{repul} 代替，则按照4.1.2节中介绍的LCAO方法很容易得到广义本征值方程(4.10)。其中哈密顿矩阵元 $H_{i\alpha,j\beta}$ 及重叠矩阵元 $S_{i\alpha,j\beta}$ 均与4.1.2节中给出的相同。显然，普通的非自洽TB参数是Kohn-Sham泛函的零阶近似。如果将任意一个原子的电荷分布视为以其原子核为中心的高斯分布，而将体系的电荷分布 ρ_{in} 视为各原子电荷分布的简单叠加，再利用 ρ_{in} 将 E_{repul} 具体构建出来，这种处理方法称为非自洽从头计算紧束缚方法[53]。

考虑到二阶修正，将方程(4.86)中的 $\delta\rho(\boldsymbol{r})$ 分解为各个原子的贡献，从而可将二阶修正项 $E^{(2)}$ 重新写为

$$E^{(2)}=\frac{1}{2}\sum_{ij}\iint\left[\frac{1}{|\boldsymbol{r}-\boldsymbol{r}'|}+\left.\frac{\delta^2E_{xc}[\rho]}{\delta\rho(\boldsymbol{r})\delta\rho(\boldsymbol{r}')}\right|_{\rho_{in}}\right]\delta\rho_i(\boldsymbol{r})\delta\rho_j(\boldsymbol{r}')\mathrm{d}\boldsymbol{r}\mathrm{d}\boldsymbol{r}' \tag{4.87}$$

Elstner 等将 $\delta\rho(\boldsymbol{r})$ 表示为类氢轨道的线性组合

$$\delta\rho_i(\boldsymbol{r})=\sum_{lm}K^i_{lm}R^i_{lm}(|\boldsymbol{r}-\boldsymbol{R}_i|)\mathrm{Y}_{lm}(\theta,\phi)\approx\Delta q_iR^i_{00}(|\boldsymbol{r}-\boldsymbol{R}_i|)Y_{00} \tag{4.88}$$

式中：$R^i_{lm}(|\boldsymbol{r}-\boldsymbol{R}_i|)$ 是以原子 i 为中心的隶属于 $\{l,m\}$ 分波轨道的归一化电荷径向分布函数；K^i_{lm} 为展开系数。为了不致引入过于烦琐的计算，式(4.88)中仅保留了球对称的类 s 轨道一项，且取 $K^i_{00}=\Delta q_j$。将式(4.88)代入方程(4.87)，可得

$$E^{(2)}=\frac{1}{2}\sum_{ij}\gamma_{ij}\Delta q_i\Delta q_j \tag{4.89}$$

式中

$$\gamma_{ij}=\iint\Gamma(\boldsymbol{r},\boldsymbol{r}',\rho)\frac{R^i_{00}(\boldsymbol{r}-\boldsymbol{R}_i)R^j_{00}(\boldsymbol{r}'-\boldsymbol{R}_j)}{4\pi}\mathrm{d}\boldsymbol{r}\mathrm{d}\boldsymbol{r}' \tag{4.90}$$

式中：$\Gamma(\boldsymbol{r},\boldsymbol{r}',\rho)$ 代表方程(4.87)中方括号内的函数。考虑两种极端的情况：① i 与 j 间距极大，在LDA的图像下此时 E_{xc} 的二阶变分为零，因此 $E^{(2)}$ 可以看作 Δq_i 和 Δq_j 之间的纯库仑相互作用；② $i=j$，此时 $\rho(\boldsymbol{r})$ 和 $\rho(\boldsymbol{r}')$ 在同一个原子上，这相当于自能修正。精确地计算此时的 γ_{ii} 虽然原则上可行，但是具体实现比较困难[172]，为此，SCC-DFTB 将 γ_{ii} 近似为该原子的 Hubbard 参量 U_i：

$$\gamma_{ii}\approx U_i=\frac{\partial^2E}{\partial q_i^2}=\frac{\partial\varepsilon_{\mathrm{HOMO}}}{\partial n_{\mathrm{HOMO}}} \tag{4.91}$$

式(4.91)表明，U_i 即为原子 i 的能量关于原子电荷数的二阶偏导，也即最高占据能级 $\varepsilon_{\mathrm{HOMO}}$ 关于该能级占据数的偏导。由式(4.91)可得，$E^{(2)}$ 中必包含典型的 Hubbard 罚函数，形如 $\sum_i U_i\Delta q_i^2$。

实际上，U_i 也与原子的化学刚度矩阵 $\boldsymbol{\eta}$ 有关。我们在这里不做讨论，有兴趣的读者可参阅文献[172]、[179]、[180]。

对于有限距离的情况，Elstner 等首先假定各原子的电荷分布

$$q_i = \frac{\tau_i}{8\pi} e^{-\tau_i (\boldsymbol{r} - \boldsymbol{R}_i)} \tag{4.92}$$

然后暂时忽略与 E_{xc} 有关的部分，直接积分求解 γ_{ij} 得

$$\gamma_{ij} = \frac{1}{R} + S(\tau_i, \tau_j, R) \tag{4.93}$$

式中：$R = |\boldsymbol{R}_\alpha - \boldsymbol{R}_\beta|$；$S$ 是一个短程函数，有

$$S(\tau_i, \tau_j, R) = e^{-\tau_i R}\left[\frac{\tau_j^4 \tau_i}{2(\tau_i^2 - \tau_j^2)^2} - \frac{\tau_j^6 - 3\tau_j^4 \tau_i^2}{(\tau_i^2 - \tau_j^2)^3 R}\right] + e^{-\tau_j R}\left[\frac{\tau_i^4 \tau_j}{2(\tau_j^2 - \tau_i^2)^2} - \frac{\tau_i^6 - 3\tau_i^4 \tau_j^2}{(\tau_j^2 - \tau_i^2)^3 R}\right] \tag{4.94}$$

式(4.94)在 $R \to 0$ 的情况下应该返回式(4.91)。因此，将 S 按 R 展开，可得

$$S(\tau_i, \tau_i, R) \xrightarrow{R \to 0} \frac{1}{R} + \frac{5}{16}\tau_i \tag{4.95}$$

将式(4.95)代入式(4.93)并与式(4.91)相比较，可得

$$\tau_i = \frac{16}{5} U_i \tag{4.96}$$

因此，τ_i 并不是一个独立的参数，而是由 U_i 确定的。

依据上述讨论，γ_{ij} 仅与原子间距及 U_i、U_j 有关。为了确定 U_i 的数值，我们可以逐渐改变原子 i 的电荷，利用 DFT 方法计算此时原子 i 的总能，再利用展开式求出 U_i。这样 U_i 已经包含了与 E_{xc} 有关的信息，所以式(4.93)是一个准确的表达式。这样，在 SCC-DFTB 框架中，体系的总能量为

$$E = 2\sum_{\lambda}^{occ} f(\varepsilon_\lambda)\langle \Psi_i \mid H^0 \mid \Psi_i \rangle + \frac{1}{2}\sum_{ij}^{N} \gamma_{ij} \Delta q_i \Delta q_j + E_{repul} \tag{4.97}$$

设 $\Delta q_i = q_i - q_i^0$，其中 q_i^0 为该原子的价电荷数，而对 q_i 则采用 LCAO 方法，将其表示为

$$q_i = \frac{1}{2}\sum_{\lambda}^{occ} 2f(\varepsilon_\lambda) \sum_{\alpha \in i} \sum_{j}^{N} \sum_{\beta \in j} (c_{i\alpha}^{\lambda *} c_{j\beta}^{\lambda} S_{i\alpha, j\beta} + c_{i\alpha}^{\lambda} c_{j\beta}^{\lambda *} S_{j\beta, i\alpha}) \tag{4.98}$$

将式(4.98)代入式(4.97)，对 $c_{i\alpha}^{\lambda *}$ 求变分，与 4.1.2 节中的过程相似，最后也可得到久期方程(式(4.10))。但是这时哈密顿矩阵元为

$$H_{i\alpha, j\beta} = \langle \phi_{i\alpha} \mid \hat{H} \mid \phi_{j\beta} \rangle + \frac{1}{2} S_{i\alpha, j\beta} \sum_{k}^{N} (\gamma_{ik} + \gamma_{jk}) \Delta q_k = H_{i\alpha, j\beta}^0 + H_{i\alpha, j\beta}^1 \tag{4.99}$$

如果只考虑 H^0，即 U_i 极大时，久期方程即退化为非自洽的 TB 方程。但是因为 H^1 的存在，久期方程(式(4.10))必须自洽地求解。每一次得到本征波函数以后，需要将其代入式(4.99)中重新构建哈密顿矩阵，再进行新一轮的对角化。而所需要添加的参数仅有原子的 Hubbard 参量 U。

与 4.2 节中的推导类似，我们可以给出 SCC-DFTB 中原子受力的计算公式：

$$F_i^l = -\frac{\partial E_{TB}}{\partial R_i^l}$$

$$= -2\sum_{\lambda,i,j} f(\varepsilon_\lambda) c_{i\alpha}^{\lambda *}\left[\frac{\mathrm{d}H_{i\alpha,j\beta}}{\mathrm{d}R_i^l} - \left(\varepsilon_\lambda - \frac{H'_{i\alpha,j\beta}}{S_{i\alpha,j\beta}}\right)\frac{\mathrm{d}S_{i\alpha,j\beta}}{\mathrm{d}R_i^l}\right]c_{j\beta}^{\lambda} - \Delta q_i \sum_k^N \frac{\mathrm{d}\gamma_{ij}}{\mathrm{d}R_i^l}\Delta q_k$$
$$+ \sum_{j,j\neq i}\frac{A}{R_0}\exp\left(-\frac{R_{ij}}{R_0}\right)\frac{R_{ij}^l}{R_{ij}} \tag{4.100}$$

如果进一步考虑电荷转移引发的电子云形变及相应的多极矩，可以写出更为复杂的表达式。Finnis 等人对其进行了尝试，并成功地运用在氧化锆体系上[181,182]。在这里不详细讨论，读者可参阅相关文献。关于 TB 自洽化的不同尝试也表明，TB 方法具有很强的适用性，可以承担一些传统意义上较为复杂的体系的模拟任务。

4.4 应用实例

TB 方法是进行微观乃至介观模拟的重要方法之一。一方面，在可以获得可靠参数的前提下，TB 方法可模拟包含 $10^3 \sim 10^4$ 个原子的体系。这意味着所处理的体系可以包含较为复杂的构型、所含原子数较多的功能性基团，以及导致体系对称性被严重破坏的结构缺陷等等。另一方面，与第 3 章中介绍的第一性原理方法相同，TB 的结果包含体系的电子结构信息，也即绝大多数常用的电子结构表征量，如能带结构、态密度、电荷密度分布等等均可用 TB 的标准输出数据进行构建。因此，TB 方法非常适用于研究特定的纳米功能材料。这类对象往往有人为引入的结构复杂性，而其电子结构信息又为研究人员所关注。

4.4.1 闪锌矿的能带结构

闪锌矿的原子结构已在第 2 章中给出。选取该结构作为 TB 方法的例子是因为它有足够复杂的晶体结构，包含了异种元素，同时又拥有足够高的对称性，这使得哈密顿矩阵的构造比较简单。

闪锌矿结构每个原胞中包含两个相异的原子，即

A：
$$\boldsymbol{d}_A = 0\hat{\boldsymbol{x}} + 0\hat{\boldsymbol{y}} + 0\hat{\boldsymbol{z}}$$

B：
$$\boldsymbol{d}_B = \frac{a}{4}\hat{\boldsymbol{x}} + \frac{a}{4}\hat{\boldsymbol{y}} + \frac{a}{4}\hat{\boldsymbol{z}}$$

每个原子均包含四个原子轨道：s、p_x、p_y、p_z。因此相应的哈密顿矩阵为一个 8×8 矩阵。考虑到哈密顿矩阵的厄米特性及同一原子的轨道相互正交，实际需要计算的矩阵元仅有二十四个。处于原点处的原子有四个最近邻的原子：

$$\boldsymbol{d}_1 = \frac{a}{4}[1 \quad 1 \quad 1], \quad \boldsymbol{d}_2 = \frac{a}{4}[1 \quad -1 \quad -1]$$

$$\boldsymbol{d}_3 = \frac{a}{4}[-1 \quad 1 \quad -1], \quad \boldsymbol{d}_4 = \frac{a}{4}[-1 \quad -1 \quad 1]$$

将它们代入方程(4.21)，并利用表 4.1，很容易写出这个 8×8 矩阵[183]：

$$\begin{bmatrix} \varepsilon_s^A & 0 & 0 & 0 & E_{ss}\boldsymbol{g}_1(\boldsymbol{k}) & E_{sp}\boldsymbol{g}_2(\boldsymbol{k}) & E_{sp}\boldsymbol{g}_3(\boldsymbol{k}) & E_{sp}\boldsymbol{g}_4(\boldsymbol{k}) \\ 0 & \varepsilon_p^A & 0 & 0 & -\hat{E}_{sp}\boldsymbol{g}_2(\boldsymbol{k}) & E_{xx}\boldsymbol{g}_1(\boldsymbol{k}) & E_{xy}\boldsymbol{g}_4(\boldsymbol{k}) & E_{xy}\boldsymbol{g}_3(\boldsymbol{k}) \\ 0 & 0 & \varepsilon_p^A & 0 & -\hat{E}_{sp}\boldsymbol{g}_3(\boldsymbol{k}) & E_{xy}\boldsymbol{g}_4(\boldsymbol{k}) & E_{xx}\boldsymbol{g}_1(\boldsymbol{k}) & E_{xy}\boldsymbol{g}_2(\boldsymbol{k}) \\ 0 & 0 & 0 & \varepsilon_p^A & -\hat{E}_{sp}\boldsymbol{g}_4(\boldsymbol{k}) & E_{xy}\boldsymbol{g}_3(\boldsymbol{k}) & E_{xy}\boldsymbol{g}_2(\boldsymbol{k}) & E_{xx}\boldsymbol{g}_1(\boldsymbol{k}) \\ E_{ss}\boldsymbol{g}_1^*(\boldsymbol{k}) & -\hat{E}_{sp}\boldsymbol{g}_2^*(\boldsymbol{k}) & -\hat{E}_{sp}\boldsymbol{g}_3^*(\boldsymbol{k}) & -\hat{E}_{sp}\boldsymbol{g}_4^*(\boldsymbol{k}) & \varepsilon_s^B & 0 & 0 & 0 \\ E_{sp}\boldsymbol{g}_2^*(\boldsymbol{k}) & E_{xx}\boldsymbol{g}_1^*(\boldsymbol{k}) & E_{xy}\boldsymbol{g}_4^*(\boldsymbol{k}) & E_{xy}\boldsymbol{g}_3^*(\boldsymbol{k}) & 0 & \varepsilon_p^B & 0 & 0 \\ E_{sp}\boldsymbol{g}_3^*(\boldsymbol{k}) & E_{xy}\boldsymbol{g}_4^*(\boldsymbol{k}) & E_{xx}\boldsymbol{g}_1^*(\boldsymbol{k}) & E_{xy}\boldsymbol{g}_2^*(\boldsymbol{k}) & 0 & 0 & \varepsilon_p^B & 0 \\ E_{sp}\boldsymbol{g}_4^*(\boldsymbol{k}) & E_{xy}\boldsymbol{g}_3^*(\boldsymbol{k}) & E_{xy}\boldsymbol{g}_2^*(\boldsymbol{k}) & E_{xx}\boldsymbol{g}_1^*(\boldsymbol{k}) & 0 & 0 & 0 & \varepsilon_p^B \end{bmatrix}$$

其中 $\boldsymbol{g}_i(\boldsymbol{k})$ 是归一化的相位因子，有

$$\boldsymbol{g}_1(\boldsymbol{k}) = \frac{1}{4}[e^{i\boldsymbol{k}\cdot\boldsymbol{d}_1} + e^{i\boldsymbol{k}\cdot\boldsymbol{d}_2} + e^{i\boldsymbol{k}\cdot\boldsymbol{d}_3} + e^{i\boldsymbol{k}\cdot\boldsymbol{d}_4}] \tag{4.101}$$

$$\boldsymbol{g}_2(\boldsymbol{k}) = \frac{1}{4}[e^{i\boldsymbol{k}\cdot\boldsymbol{d}_1} + e^{i\boldsymbol{k}\cdot\boldsymbol{d}_2} - e^{i\boldsymbol{k}\cdot\boldsymbol{d}_3} - e^{i\boldsymbol{k}\cdot\boldsymbol{d}_4}] \tag{4.102}$$

$$\boldsymbol{g}_3(\boldsymbol{k}) = \frac{1}{4}[e^{i\boldsymbol{k}\cdot\boldsymbol{d}_1} - e^{i\boldsymbol{k}\cdot\boldsymbol{d}_2} + e^{i\boldsymbol{k}\cdot\boldsymbol{d}_3} - e^{i\boldsymbol{k}\cdot\boldsymbol{d}_4}] \tag{4.103}$$

$$\boldsymbol{g}_4(\boldsymbol{k}) = \frac{1}{4}[e^{i\boldsymbol{k}\cdot\boldsymbol{d}_1} - e^{i\boldsymbol{k}\cdot\boldsymbol{d}_2} - e^{i\boldsymbol{k}\cdot\boldsymbol{d}_3} + e^{i\boldsymbol{k}\cdot\boldsymbol{d}_4}] \tag{4.104}$$

而哈密顿矩阵中的各项 E_{ss}、E_{sp}、E_{xx}、E_{xy} 等等也均由 SK 双中心积分项表示为

$$E_{ss} = 4V_{ss} \tag{4.105}$$

$$E_{sp} = 4V_{sp}/\sqrt{3} \tag{4.106}$$

$$\hat{E}_{sp} = -4\hat{V}_{sp}/\sqrt{3} \tag{4.107}$$

$$E_{xx} = 4(V_{pp\sigma} + 2V_{pp\pi})/3 \tag{4.108}$$

$$E_{xy} = 4(V_{pp\sigma} - V_{pp\pi})/3 \tag{4.109}$$

式中：V_{sp} 为 A 元素 s 轨道与 B 元素 p 轨道的 SK 参数；$\hat{V}_{sp}$ 为 B 元素 s 轨道与 A 元素 p 轨道的 SK 参数。而上述五个方程中方向余弦的符号归结到相位因子 $\boldsymbol{g}_i$ 中。对于给定方向的 $\boldsymbol{k}$，按照上述的 8×8 矩阵构造哈密顿矩阵，并将其对角化，就可以得到闪锌矿结构的能带结构。

4.4.2　石墨烯和碳纳米管的能带结构

近年来，石墨烯由于其高电导率等，在电子器件、能源、生物等领域受到了极大的关注。作为紧束缚方法的第二个应用实例，我们利用最简单的 π 轨道的紧束缚模型来研究石墨烯和单壁碳纳米管的能带结构[184]，以便理解石墨烯的零带隙半导体的奇异性质。

图 4.4(a) 所示为石墨烯的蜂窝状结构。石墨烯的原胞基矢分别为 $\boldsymbol{a}_1$ 和 $\boldsymbol{a}_2$，有

$$\boldsymbol{a}_1 = \frac{\sqrt{3}}{2}a\hat{\boldsymbol{x}} + \frac{1}{2}a\hat{\boldsymbol{y}} \tag{4.110}$$

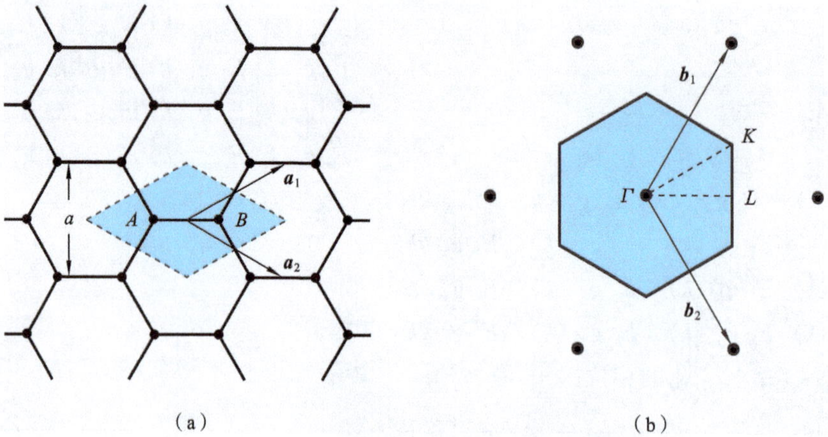

图 4.4　石墨烯的结构和倒空间格矢

(a) 石墨烯结构；(b) 石墨烯的倒空间格矢

$$\boldsymbol{a}_2 = \frac{\sqrt{3}}{2}a\hat{\boldsymbol{x}} - \frac{1}{2}a\hat{\boldsymbol{y}} \tag{4.111}$$

而相应的倒空间格矢(见图 4.4(b)，图中阴影表示第一布里渊区)为

$$\boldsymbol{b}_1 = \frac{4\pi}{\sqrt{3}a}\left(\frac{1}{2}a\hat{\boldsymbol{x}} + \frac{\sqrt{3}}{2}a\hat{\boldsymbol{y}}\right) \tag{4.112}$$

$$\boldsymbol{b}_2 = \frac{4\pi}{\sqrt{3}a}\left(\frac{1}{2}a\hat{\boldsymbol{x}} - \frac{\sqrt{3}}{2}a\hat{\boldsymbol{y}}\right) \tag{4.113}$$

如果仅考虑碳原子的 p_z 轨道，由于每个原胞里有两个不等价原子 A 和 B，因此需要构筑一个 2×2 哈密顿矩阵。利用式(4.20)构筑分别位于 A 位和 B 位的 Blöch 波函数：

$$\phi_A(\boldsymbol{r}) = \frac{1}{\sqrt{N}}\sum_{\boldsymbol{R}} \mathrm{e}^{\mathrm{i}\boldsymbol{kR}}\chi_{p_z}\left(\boldsymbol{r}-\boldsymbol{R}+\frac{a}{2\sqrt{3}}\hat{\boldsymbol{x}}\right)$$

$$\phi_B(\boldsymbol{r}) = \frac{1}{\sqrt{N}}\sum_{\boldsymbol{R}} \mathrm{e}^{\mathrm{i}\boldsymbol{kR}}\chi_{p_z}\left(\boldsymbol{r}-\boldsymbol{R}-\frac{a}{2\sqrt{3}}\hat{\boldsymbol{x}}\right)$$

可以得到以 $\phi_A(\boldsymbol{r})$ 和 $\phi_B(\boldsymbol{r})$ 为基组的哈密顿量的对角元和非对角元：

$$\begin{aligned}\langle\phi_A(\boldsymbol{r}) \mid \hat{H} \mid \phi_A(\boldsymbol{r}) \mid\rangle &= \sum_{\boldsymbol{R}} \mathrm{e}^{\mathrm{i}\boldsymbol{kR}}\langle\chi_{p_z}\left(\boldsymbol{r}+\frac{a}{2\sqrt{3}}\hat{\boldsymbol{x}}\right) \mid \hat{H} \mid \chi_{p_z}\left(\boldsymbol{r}+\boldsymbol{R}+\frac{a}{2\sqrt{3}}\hat{\boldsymbol{x}}\right)\rangle \\ &= \langle\chi_{p_z}\left(\boldsymbol{r}+\frac{a}{2\sqrt{3}}\hat{\boldsymbol{x}}\right) \mid \hat{H} \mid \chi_{p_z}\left(\boldsymbol{r}+\frac{a}{2\sqrt{3}}\hat{\boldsymbol{x}}\right)\rangle = \varepsilon_{p_z}\end{aligned} \tag{4.114}$$

$$\begin{aligned}\langle\phi_A(\boldsymbol{r}) \mid \hat{H} \mid \phi_B(\boldsymbol{r})\rangle &= \sum_{\boldsymbol{R}} \mathrm{e}^{\mathrm{i}\boldsymbol{kR}}\langle\chi_{p_z}\left(\boldsymbol{r}+\frac{a}{2\sqrt{3}}\hat{\boldsymbol{x}}\right) \mid \hat{H} \mid \chi_{p_z}\left(\boldsymbol{r}+\boldsymbol{R}-\frac{a}{2\sqrt{3}}\hat{\boldsymbol{x}}\right)\rangle \\ &= (1+\mathrm{e}^{\mathrm{i}\boldsymbol{ka}_1}+\mathrm{e}^{\mathrm{i}\boldsymbol{ka}_2})\langle\chi_{p_z}\left(\boldsymbol{r}+\frac{a}{2\sqrt{3}}\hat{\boldsymbol{x}}\right) \mid \hat{H} \mid \chi_{p_z}\left(\boldsymbol{r}-\frac{a}{2\sqrt{3}}\hat{\boldsymbol{x}}\right)\rangle \\ &= (1+\mathrm{e}^{\mathrm{i}\boldsymbol{ka}_1}+\mathrm{e}^{\mathrm{i}\boldsymbol{ka}_2})t\end{aligned} \tag{4.115}$$

因此，在第一布里渊区内的能带结构（格矢 $\boldsymbol{k}$ 所对应的本征能级）应该满足如下方程

$$\begin{bmatrix} \varepsilon_{p_z} - E_k & (1 + e^{ika_1} + e^{ika_2})t \\ (1 + e^{-ika_1} + e^{-ika_2})t & \varepsilon_{p_z} - E_k \end{bmatrix} = \mathbf{0}$$

求解方程后，得到如图 4.5 所示的石墨烯的能带结构。值得注意的是，在费米面附近，价带和导带在狄拉克点处线性交汇。如果利用有效质量的定义，则在费米面附近的载流子的有效质量为零。

在获得石墨烯的能带结构以后，非常容易推导出不同旋度的碳管的带隙。如果不考虑碳管卷曲的表面引起的轨道杂化，而认为碳-碳之间的作用仍然可以近似地用 p_z 的轨道来描述（对于大直径的碳管显然成立），则本质上碳管的形成相当于在沿横截面方向上要求格矢满足周期性边界条件。

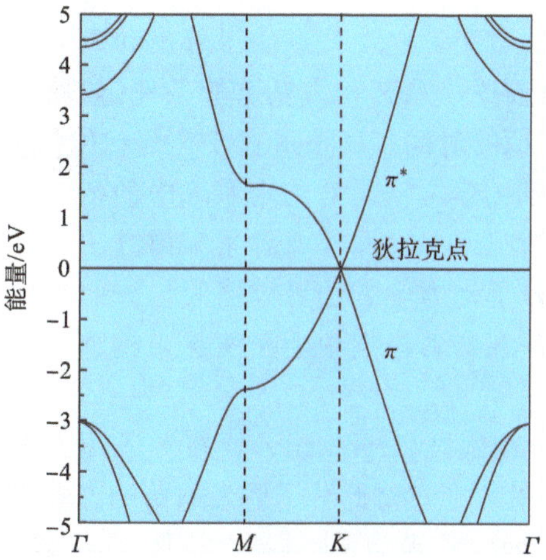

图 4.5　石墨烯费米面附近的能带结构图

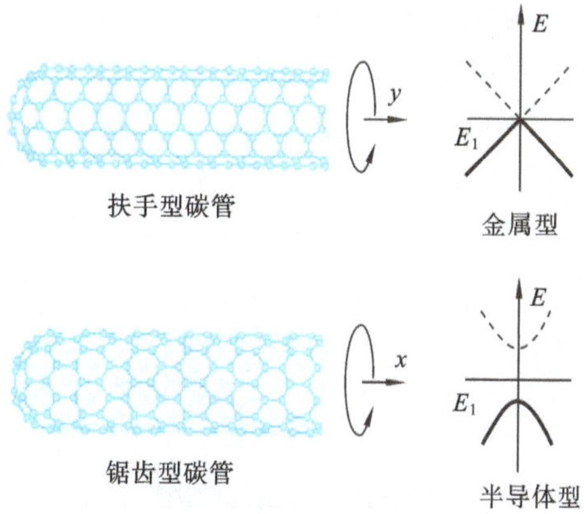

图 4.6　碳管的能带结构示意图

因此，可以在碳管中存在的电子态对应石墨烯能带布里渊区中分立的直线。如图 4.6 所示，如果直线正好经过狄拉克点，则碳管为金属型，反之碳管则为半导体型。而容易推出，让直线经过狄拉克点的条件是碳管的旋度指数 (m,n) 之间的差值正好是 3 的倍数。因此，旋度指数为 (m,m) 的扶手型碳管恒为金属型，而旋度指数为 $(m,0)$ 的锯齿型碳管则有 1/3 为金属型，另外 2/3 为半导体型。需要指出的是，上述结论是在碳管费米面附近的能带结构可以用石墨烯的 p_z 轨道近似的前提下得到的，而在碳管的直径非常小，从而碳管壁的曲率效应显著时，由于 σ 轨道和 π 轨道之间的杂化，小管径的碳管大多都为金属型[185]。

4.5　习　　题

利用文献[170]中给出的参数，构建 BCC 结构钼的哈密顿矩阵，并计算 $\Gamma \to X$ 方向的能带结构。

第 5 章　分子动力学方法

5.1　分子动力学

与前面介绍的第一性原理计算方法以及紧束缚方法不同，分子动力学（molecular dynamics，MD）方法将原子视为经典粒子，其运动遵循牛顿运动方程。而体系的多体相互作用由包含经验参数的解析函数直接给出。因此分子动力学方法不需要进行自洽场计算或者对角化哈密顿矩阵，计算量非常小。这个特点使得分子动力学方法可以模拟较大的体系（原子数～10^6），且可以描述体系在较为复杂的条件（如加载应力、温度变化、外加势场等）下的响应过程，模拟的时间尺度一般在 10^{-12}～10^{-9} s，利用特殊的算法可以达到 10^{-6} s。因此，分子动力学方法是对给定系综中的某一个系统进行时间平均。近年来，将分子动力学方法与第一性原理或者紧束缚方法进行结合的理论和算法取得了长足的进步，这使得分子动力学方法可以摆脱传统的经验势场准确性的限制。可以预见，分子动力学方法在材料模拟中会扮演越来越重要的角色。

分子动力学的一个最基本假设就是各态历经假设（ergodicity）。在分子动力学模拟中，通常追踪一个分子体系随时间的演化，然后通过对此分子体系遍历的态求时间平均来得到我们希望研究的物理量。而实际的实验观测，通常是多个体系的系综平均。各态历经假设认为时间平均等于系综平均

$$\langle \text{Average} \rangle_{\text{time}} = \langle \text{Average} \rangle_{\text{ensemble}} \tag{5.1}$$

因此经过足够长的时间后，我们所追踪的分子体系将遍历相空间中的每一点。在这种情况下，时间平均和系综平均相等。但是，这仅仅是一种假设，而从来没有严格的证明。我们对各态历经假设的信心，主要基于分子动力学模拟所取得的和实验相吻合的结果。需要指出的是，即使各态历经假设严格成立，实际计算过程中由于计算资源的限制，通常体系也只能遍历相空间中有限的一部分，因此在分析分子动力学模拟结果的时候要尤其小心，要确保体系的轨迹包括了相空间中满足约束条件的大部分空间。

分子动力学的求解过程通常分为以下四个步骤。

1. 模型的选取

分子动力学模型的选取主要包括势场的确定。比如：对于惰性气体分子，可以选取 Lennard-Jones 势来描述分子间的相互作用；对于离子晶体，可以采取壳核模型等基于库仑作用的有效势；对于共价体系和金属体系，则有包括 EAM、MEAM、

Tersoff等多种多体势可供选择。另外,还需要根据待求解问题的实际物理情况确定系综,比较常用的有 NVE、NVT、NPT 系综等。最后,还要根据模拟体系的特性,选择采用孤立边界条件还是周期边界条件等。

2. 初始条件的设定

分子动力学的求解过程在数学上等价于求解微分方程,因此我们必须设定初始条件,才能够将体系按照分子动力学要求的规律演化,求解粒子的运动轨迹。在实际情况中,初始条件的选取并不唯一,而且具有一定的随机性,因为人们不可能精确知道微观体系中每个粒子的初始位置和速度。但是由于分子动力学的统计学特性,体系经历足够长时间的动力学演化后,所需要求解的物理量并不依赖于初始条件。因此,人们也经常用玻尔兹曼分布、高斯分布等随机数来设定初始速度的分布。

3. 动力学演化

通过求解分子动力学方程,在相空间中演化体系的状态。由于初始设定的体系一般情况下并不满足系统所要求的能量、温度等宏观量的要求,因此在分子动力学模拟的过程中有一个平衡步的过程。在这个过程中,我们对系统中粒子的能量、动量等进行调整,使得整个体系最终趋于平衡态。这个过程也通常被称为弛豫过程。这个过程是一个人为平衡的过程,在最后的统计计算中应该摒除这些平衡步,而仅仅统计系统达到平衡后的状态量。

4. 物理量的统计计算

在分子动力学计算中,通常我们关心的是整个体系的物理性质,而并不关注单一粒子的真正运动轨迹。从数以百万的原子运动轨迹的集合中,提取出我们所感兴趣的物理量,是运用统计力学中的方法来实现的。例如:通过对原子平均动能的统计,可以得到体系的宏观温度;通过对速度关联函数的统计,可以得到原子的扩散系数;等等。

写出任意粒子 i 所遵循的牛顿运动方程

$$m\ddot{\boldsymbol{r}}_i=\boldsymbol{F}=-\frac{\partial E_{\mathrm{pot}}}{\partial \boldsymbol{r}_i} \tag{5.2}$$

因为总能中的动能项对位置的偏导为零,所以粒子受力仅与由粒子位型决定的势能项相关。由于分子动力学的粒子间相互作用由经验参数决定,所以原子(或分子)势场的质量对于分子动力学的模拟结果至关重要。

5.2 势场选取

经验势场(empirical potential)对于分子动力学方法,相当于交换关联泛函之于 DFT 方法或者双中心积分参数之于 TB 方法。它包含了体系的所有相互作用的信息。一般而言,经验势场通过拟合体系的物理性质,比如晶格常数、空位形成能、弹性常数、状态方程乃至原子受力等等，从而得到势函数中预设的参数或者离散点处的数值。为了提高势函数的准确性和通用性，势函数的提出往往包含了电子轨道在空间分布上的特点，因此目前常用的经验势基本上均隐含了量子力学的原理。但是本质上，经验势仍然依赖于给定系统已知的物理量。常用的经验势包括仅计入二体相互作用的对势（常用于描述气体分子）、考虑电荷密度分布的嵌入原子势（常用于描述金属体系）等等。本节对这些常用的势函数分别加以介绍。

5.2.1 对势

在分子动力学模拟中，势场一方面要求足够精确，可以比较准确地描述原子分子间的相互作用，另一方面需要相对简单，以便进行有效的数值求解。对势（pair potential）是最简单的一类经验势，在早期的材料模拟中得到了广泛的应用。从原理上讲，一个具有一定构型的原子体系的总能量，可以展开为单体、二体、三体和多体势的求和：

$$E_{\text{tot}} = \sum_i V_1(r_i) + \frac{1}{2}\sum_{i,j} V_2(r_i, r_j) + \frac{1}{3}\sum_{i,j,k} V_3(r_i, r_j, r_k) + \cdots \tag{5.3}$$

式(5.3)右端第一项与原子间的相互作用没有关系，可以认为是个常数项；第二项仅包含二体相互作用，且假设该相互作用是中心势场，即仅与两原子之间的距离有关，所以对势可以表示为 $V(r_{ij})$；第三项和后面的项分别为三体项和更高阶的项。在分子动力学模拟早期，人们所采用的经验势场大多是对势。随着计算机技术的发展和人们对模拟体系的精度要求的提高，对于过渡金属、共价晶体等，人们已经开始尝试在势场中包含三体势的作用，但是应用范围仍然局限于一些特定的体系。目前还没有非常完整的三体势的势库。而四体势目前仅出现于有机分子的模拟中。至于更高阶的势，由于涉及的自由参数过多，在实际计算模拟中非常少见。

对势的参数拟合、受力计算、编程实现都相对比较简单。到目前为止，对势仍然在材料的分子动力学模拟中发挥着重要的作用，因为气体-气体和气体-金属相互作用往往可以利用对势得到满意的精度。两个原子之间对势通常有如图 5.1 所示的大致趋势：当两个原子相距较远时，没有相互作用；当两者互相接近时，由于空间波函数的交叠，形成部分成键态导致能量降低，相互吸引直至达到平衡位置；当两原子间距小于平衡距离而继续接近时，电子与电子、核与核之间的斥力将导致能量快速上升。

5.2.1.1 Morse 势

描述一个双原子分子的相互作用，比较直观的选择是用谐振子势场。这种势场下两个原子做简谐振动。但是这种势有一个重大缺陷，即利用它来描述的分子永远不会分解。为了解决这个问题，Morse 在 1929 年提出了一个更加接近“真实”的、可导致分子分解的双体相互作用，形式为

$$V(r) = D[1 - \mathrm{e}^{-\alpha(r-r_0)/r_0}]^2 - D \tag{5.4}$$

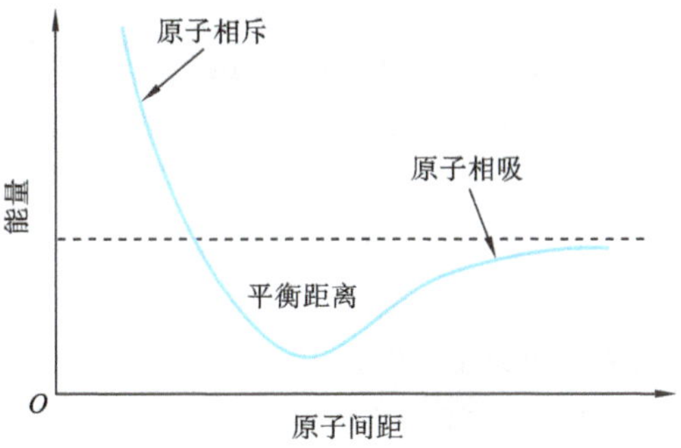

图 5.1　原子间对势的示意图

式中：参量 D 代表作用的强度；α 决定着两个原子间有效作用的距离，当 α 较小时，两个原子之间的作用范围较大，当 α 较大时，两个原子之间距离超过平衡距离 r_0 时，相互作用快速衰减至零。另外，可以注意到，Morse 势平衡位置两边不对称，因此要将两个原子压缩至一定的间距需要的能量要大于将两个原子分开相同的距离所需的能量。

5.2.1.2　Lennard-Jones 势

著名的 Lennard-Jones(LJ)势主要用于描述两个原子或分子间的相互作用，由英国数学家 John Lennard-Jones 于 1924 年提出。其数学形式为

$$V(r)=4\varepsilon\left[\left(\frac{\sigma}{r}\right)^{12}-\left(\frac{\sigma}{r}\right)^{6}\right]\Theta(r_c-r) \tag{5.5}$$

式中：$\Theta(\boldsymbol{r}_c-r)$是 Heaviside 阶跃函数，其中 r_c 是截断半径；ε、σ 是待定参数，分别具有能量和长度量纲；$1/r^{12}$的幂次方项代表两个原子靠近时由于电子云交叠而引起的泡利相斥作用，而 $1/r^6$ 的幂次方项则代表原子间范德瓦尔斯的弱吸引作用。

为了计算方便，在分子动力学中的相互作用势经常采用约化形式，这使得数值计算在无量纲的单位下进行。就 LJ 势而言，可分别将距离 r、能量 E 和质量 m 的单位分别设为 σ、ε 和 m，相应的时间 t 的单位取为 $\sqrt{m\sigma^2/\varepsilon}$。因此，有[186]

$$r\rightarrow\sigma r \tag{5.6}$$

$$E\rightarrow\varepsilon E \tag{5.7}$$

$$t\rightarrow t\sqrt{m\sigma^2/\varepsilon} \tag{5.8}$$

此外，可以进一步将玻尔兹曼常数 k_B 约化为 1，温度 T 的单位相应地变为 ε/k_B。这样，所有的物理量就可以表示为无量纲的形式。比如

$$\ddot{\boldsymbol{r}}_i = 48\sum_{j\neq i}(r_{ij}^{-14}-\frac{1}{2}r_{ij}^{-8})\hat{\boldsymbol{r}}_{ij} \tag{5.9}$$

$$E_T = \frac{1}{2}\sum_{i=1}^{N_{\text{atom}}}\boldsymbol{v}^2 \tag{5.10}$$

$$E_U = 4\sum_{1\leqslant i\leqslant j\leqslant N_{\text{atom}}}(r_{ij}^{-12}-r_{ij}^{-6}) \tag{5.11}$$

以氦的 LJ 势为例，我们可以依照上述讨论进行单位变换。

(1) 距离单位变为 $\sigma=2.556$ Å(1 Å$=10^{-10}$ m)。

(2) 能量单位变为 $\varepsilon=10.22\ \mathrm{K}\times k_B=10.22\times1.3806\times10^{-23}$ J。

(3) 质量单位变为 $m=4\times1.674\times10^{-27}$ kg。

(4) 时间单位变为 1.76×10^{-12} s，因此模拟中的时间步长 Δt 应为 0.0057，相当于 10^{-14} s。

(5) 不难看出，速度单位变为 1.452 Å/ps。

表 5.1 给出了典型的惰性气体的 LJ 势的相关参数。LJ 势在描述惰性气体分子间的相互作用时最为精确，也可以用来近似地描述中性原子或者分子在距离较近或者较远时候的相互作用。在成键距离附近，许多实际的物理体系不可避免地存在着电荷转移、方向性成键等现象，因此用 LJ 势描述会带来较大误差。

表 5.1 惰性气体的 LJ 势参数

参　数	Ne	Ar	Kr	Xe
σ/nm	0.275	0.341	0.360	0.410
$\varepsilon/(\mathrm{K}\times k_B)$	36	120	171	221

5.2.2 晶格反演势

在双原子体系中，对势的物理意义非常明确，即体系的能量随着原子间距的变化趋势。实际的材料体系往往不以单分子或者单原子的形式存在，而是形成一定的晶体结构，比如 BCC、FCC、HCP 结构等。在这种情况下，物质的结合能曲线是一个原子和多个近邻原子相互作用的共同结果。例如在 FCC 晶体中，晶格中的任意一个原子可与十二个第一近邻的原子作用，同时还与六个第二近邻的原子作用，与二十四个第三近邻的原子作用等，晶体的结合能曲线是所有这些作用的综合反映。那么，是否存在一种原子间的对势函数，能够完全复制精确的结合能曲线？如果存在，又如何得到它？

上述问题从本质上来说是根据对势函数求总能的逆问题。陈难先于 1990 年最早将数论中的 Mobius 反演公式扩展到物理中的实际问题，比如黑体辐射、比热容、费米系统的反演问题等。之后更进一步发现晶体结构中其实隐含着半群的算术结构，于是系统地建立了一系列的晶格反演方法，称为 Chen-Mobius 晶格反演。通过反演结合能曲线得到的对势曲线，称为晶格反演势，它已经被广泛地应用于模拟稀土过渡金属间化合物、离子晶体、金属陶瓷化合物、化合物半导体、过渡金属碳化物及过渡金属氮化物等体系。

我们以 FCC 晶格为例，简要阐述 Chen-Mobius 晶格反演的思想和具体实现过程。首先，我们注意到在对势近似下，晶体的结合能 $E(x)$ 可以表达成相互原子之间对势 $\phi(\boldsymbol{R}_{ij})$ 的总和：

$$E(x) = \frac{1}{2}\sum_{\boldsymbol{R}_{ij}\neq 0}\phi(\boldsymbol{R}_{ij}) \tag{5.12}$$

式中：x 表示晶体中的最近邻原子距离；$\boldsymbol{R}_{ij}$ 为晶格矢量。适当改写式(5.12)，将 $\boldsymbol{R}_{ij}$ 的模表示成 $b_0(n)x$ 的形式，这里 $b_0(n)$ 是一个单调递增的序列，代表在参考结构中第 n 阶晶格点的集合与最近的原子距离的相对比值，$r_0(n)$ 是 n 阶晶格点的数目。则有

$$E(x) = \frac{1}{2}r_0(n)\sum_{n=1}^{\infty}\phi(b_0(n)x) \tag{5.13}$$

晶格反演的关键在于从结合能曲线 $E(x)$ 直接导出原子之间的对势函数 $\phi(x)$。这里使用的技巧是将 $b_0(n)$ 扩展到 $b(n)$ 来获得乘法半群，从而使得对于任何 m 和 n，存在 k 使

$$b(k) = b(n)b(m) \tag{5.14}$$

因此，结合能的求和公式可以等价地表示为

$$E(x) = \frac{1}{2}r(n)\sum_{n=1}^{\infty}\phi(b(n)x) \tag{5.15}$$

式中：

$$r(n) = \begin{cases} r_0(b_0^{-1}[b(n)]), & b(n)\in\{b_0(n)\} \\ 0, & b(n)\notin\{b_0(n)\} \end{cases} \tag{5.16}$$

将 $b_0(n)$ 扩展到 $b(n)$ 的乘法半群后，可以通过反演公式，直接得到原子间的对势。反演公式为

$$\phi(x) = 2\sum_{n=1}^{\infty}I(n)E(b(n)x) \tag{5.17}$$

$I(n)$ 与 $r(n)$ 互为修正的 Dirichlet 反演关系，可用以下的递推关系求解

$$\sum_{b(n)\mid b(k)} I(n)r\left(b^{-1}\left(\frac{b(k)}{b(n)}\right)\right) = \delta_{k1} \tag{5.18}$$

表 5.2 中给出了 FCC 结构前几项的反演系数。以 BCC 结构的 Fe 为例的结合能曲线和反演对势曲线如图 5.2 所示。其他晶体，如 HCP 结构、金刚石结构等结构的晶体的反演系数均可以用式(5.17) 得到。作为一种理论严谨、公式简洁的反演方法，Chen-Mobius 反演方法应用到原子仿真计算的研究正在不断得到拓展。

表 5.2　FCC 结构反演系数

n	$b(n)\cdot b(n)$	$r(n)$	$I(n)$
1	1	12	0.083333
2	2	6	−0.041667
3	3	24	−0.166667
4	4	12	−0.062500
5	5	24	−0.166667
6	6	8	0.111111

续表

n	$b(n)\cdot b(n)$	$r(n)$	$I(n)$
7	7	48	−0.333333
8	8	6	0.031250
9	9	36	0.0833333
10	10	24	0
11	11	24	−0.166667
12	12	24	0.097222
13	13	72	−0.500000
14	14	0	0.333333
15	15	48	0.333333
16	16	12	−0.015625

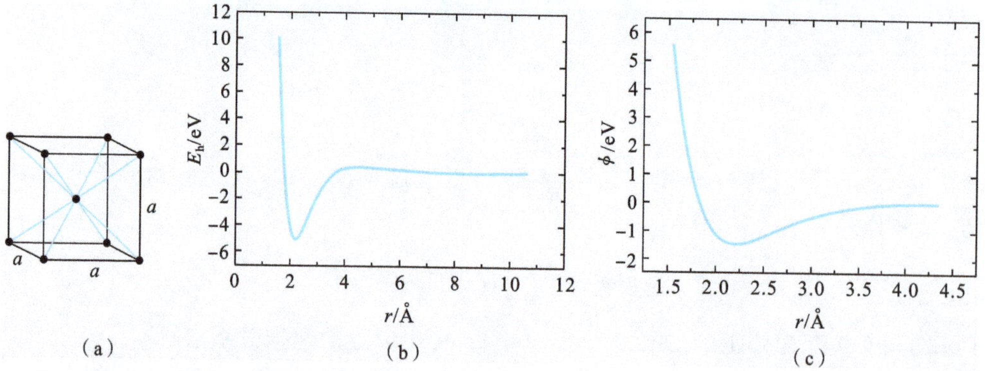

图 5.2　BCC 结构的 Fe 的结合能曲线和通过 Chen-Mobius 反演得到的对势曲线

(a) Fe 晶胞晶格；(b) 结合能曲线；(c) 反演对势曲线

5.2.3　嵌入原子势

虽然原子间对势在材料的微观模拟中得到了广泛的应用，但是由于其没有考虑原子间的实际成键状态，因此暴露出一些难以克服的严重缺点。例如，对于电子云分布呈非对称状态的体系(共价键晶体或者过渡金属等)，对势不能很好地描述体系中原子的相互作用。其中，几个最为突出的问题如下：

(1) 根据纯对势的模型，材料的弹性常数存在所谓的柯西关系，也就是 $C_{12}=C_{44}$。而真实金属体系中，C_{12} 与 C_{44} 的差别相当大，如 C_{12} 与 C_{44} 的比值对于镍为 1.2，对于钯等于 2.5，对于铂等于 3.3，对于金等于 3.7[187]。

(2) 材料的空位形成能恒等于原子的结合能，而在实际金属体系中，通常空位形成能仅为结合能的 20% ～ 50%。

(3) 在对势模型中，体系的结合能与最近邻原子数成正比，而实际材料中，结合能一般与近邻原子数的二次方根更加接近成正比。

以上的几个困难是由对势近似本身造成的，而与对势的具体函数形式无关。其根源是忽略了原子间复杂的多体相互作用，主要是键能对于局域环境的依赖效应。为了克服二体势的缺点，尤其是其在金属体系中的应用，Daw 与 Baskes 于 1984 年提出了引入嵌入项的嵌入原子势方法(embedded-atom method，EAM)[188]。他们将组成体系的原子看成是一个个嵌入由其他所有原子构成的有效介质中的客体原子的集合，从而将系统的总能量表达为嵌入能和相互作用的对势之和，如图 5.3 所示。图中原子嵌入势中总能分两部分，第一部分为将原子嵌入一定密度的电子气的能量，另一部分为原子核之间利用对势描述的相互作用。原子嵌入项的引入在很大程度上改进了对势对于材料性质预测的结果。本节中，我们具体讨论 EAM 的原理与构建方法[187]。

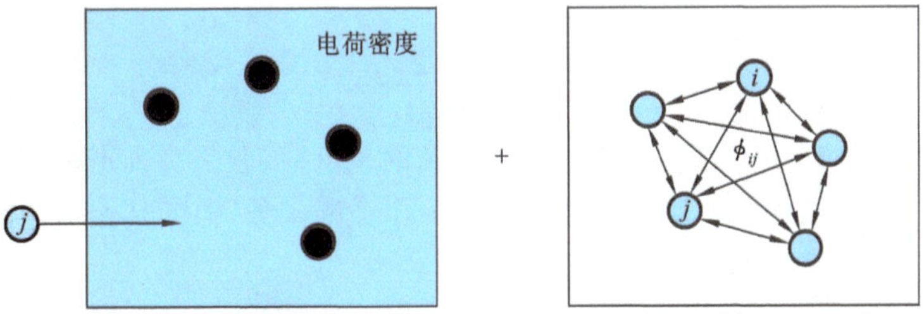

(a)　　　　(b)

$$E_{\mathrm{EAM}}=\sum_i F_i+\sum_i\sum_j \phi_{ij}$$

图 5.3　原子嵌入势

(a) 嵌入能；(b) 对势能

原子嵌入势的思想来源于对第一性原理理论中的 DFT 方法的近似。在 DFT 方法中，体系的总能通常可以表示为电子密度的泛函，即

$$E_{\mathrm{coh}}=G[\rho]+\frac{1}{2}\sum_{i\neq j}\frac{Z_iZ_j}{|\boldsymbol{R}_{ij}|}-\sum_i\int\frac{Z_i\rho(\boldsymbol{r})}{|\boldsymbol{r}-\boldsymbol{R}_i|}+\frac{1}{2}\iint\frac{\rho(\boldsymbol{r}_1)\rho(\boldsymbol{r}_2)}{\boldsymbol{r}_{12}}\mathrm{d}\boldsymbol{r}_1\mathrm{d}\boldsymbol{r}_2-E_{\mathrm{atom}}\tag{5.19}$$

根据 DFT 理论，$G(\rho)$ 包含了动能泛函和交换关联能的贡献，$\frac{Z_iZ_j}{R_{ij}}$ 代表原子核之间的库仑斥能，$\frac{Z_i\rho(\boldsymbol{r})}{|\boldsymbol{r}-\boldsymbol{R}_i|}$ 是电子在外势场中的势能，最后两项分别是电子之间的库仑斥能和原子的参考能量。

$G[\rho]$ 泛函可以近似展开为

$$G[\rho]=\int g(\rho(\boldsymbol{r}),\nabla\rho(\boldsymbol{r}),\nabla^2\rho(\boldsymbol{r}),\cdots)\mathrm{d}\boldsymbol{r}$$

同时，体系中的电荷密度可以近似为各个原子电荷的线性叠加，也就是

$$\rho(\boldsymbol{r})=\sum_i \rho_i^{\mathrm{a}}(\boldsymbol{r}-\boldsymbol{R}_i)$$

则式(5.19)可以简化为

$$E_{\mathrm{coh}}=G\Big[\sum_i \rho_i^{\mathrm{a}}(\boldsymbol{r}-\boldsymbol{R}_i)\Big]-\sum_i G[\rho_i^{\mathrm{a}}]+\frac{1}{2}\sum_i\sum_j\int \mathrm{d}\boldsymbol{r}_1\int \mathrm{d}\boldsymbol{r}_2\,\frac{n_i^{\mathrm{a}}(\boldsymbol{r}_1)n_j^{\mathrm{a}}(\boldsymbol{r}_2)}{r_{12}} \tag{5.20}$$

式中

$$n_i^{\mathrm{a}}(\boldsymbol{r})=\rho_i^{\mathrm{a}}(\boldsymbol{r}-\boldsymbol{R}_i)-Z_i\delta(\boldsymbol{r}-\boldsymbol{R}_i) \tag{5.21}$$

经推导[189]，嵌入原子势的总能表达式为

$$E_{\mathrm{EAM}}=\sum_{i=1}^{N}F_i(\rho_i)+\frac{1}{2}\sum_{i=1}^{N}\sum_{j=1}^{N}\phi(|\boldsymbol{r}_i-\boldsymbol{r}_j|) \tag{5.22}$$

在 EAM 理论发展初期，Baskes 和 Daw 将对势写成两个原子核间的库仑斥力的形式：

$$\phi(r_{ij})=\frac{Z_iZ_j}{r_{ij}} \tag{5.23}$$

因此通常取正值，式中 Z_i、Z_j 分别为元素 i 和 j 的核电荷。但是与真正长程作用的库仑势不同，两个原子之间的对势项通常会乘以一个截断函数，保证其在一定距离后衰减为零，从而提高计算效率。

然而，后续的理论证明，嵌入原子势的总能表达式具有变换不变性，因此在函数形式上也给了嵌入项 F 和对势项 ϕ 更大的自由度。更具体地说，嵌入原子势的总能在以下的变换下保持不变：

$$\begin{cases}G(\rho)=F(\rho)+k\rho\\ \psi(r)=\phi(r)-2kf(r)\end{cases} \tag{5.24}$$

证明如下：

$$\begin{aligned}E_{\mathrm{EAM}}&=\sum_i F(\rho_i)+\frac{1}{2}\sum_{i,j}{}'\phi(r_{ij})=\sum_i G(\rho_i)-k\sum_i\rho_i+\frac{1}{2}\sum_{i,j}{}'\psi(r_{ij})+k\sum_{i,j}{}'f(r_{ij})\\&=\sum_i G(\rho_i)+\frac{1}{2}\sum_{i,j}\psi(r_{ij})-k\sum_i\Big(\rho_i-\sum_j{}'f(r_{ij})\Big)\\&=\sum_i G(\rho_i)+\frac{1}{2}\sum_{i,j}{}'\psi(r_{ij})\end{aligned} \tag{5.25}$$

引入变换不变性的概念以后，出现了几种嵌入原子势的不同泛函形式，包括 Cai-Ye EAM、Zhou XEAM 泛函等。由于嵌入原子势中的电荷分布是球对称的，因此对于方向性较小的简单金属键描述较为精确，而过渡族中的金属则由于有较强的 d 电子间的方向性成键，用各向同性的嵌入原子势描述有一定的困难。

5.2.3.1 Cai-Ye EAM

Cai-Ye EAM 的函数形式较为简单，$f(r)$、$F(\rho_i)$、$\phi(|\boldsymbol{r}_i-\boldsymbol{r}_j|)$ 等参量采用了解析

的表达式，因此程序上较易实现。其函数形式具体如下[190]：

$$f_j(r) = f_e^{(j)} \exp[-\chi^{(j)}(r - r_e^{(j)})] \tag{5.26}$$

$$\rho_i = \sum_{j \neq i} f_j(|\boldsymbol{r}_i - \boldsymbol{r}_j|) \tag{5.27}$$

$$F(\rho) = -F_0\left[1 - \ln\left(\frac{\rho}{\rho_e}\right)^n\right]\left(\frac{\rho}{\rho_e}\right)^n + F_1\left(\frac{\rho}{\rho_e}\right) \tag{5.28}$$

$$\phi(r) = -\alpha[1 + \beta(r/r_a - 1)]\exp[-\beta(r/r_a - 1)] \tag{5.29}$$

$$E_{EAM} = \sum_{i=1}^{N} F_i(\rho_i) + \frac{1}{2}\sum_{i=1}^{N}\sum_{j=1}^{N}\phi(|\boldsymbol{r}_i - \boldsymbol{r}_j|) \tag{5.30}$$

图 5.4 给出了 Cai-Ye EAM 泛函中几种代表元素的嵌入能曲线和对势曲线。其主要适用于模拟 FCC 结构为基态的材料。

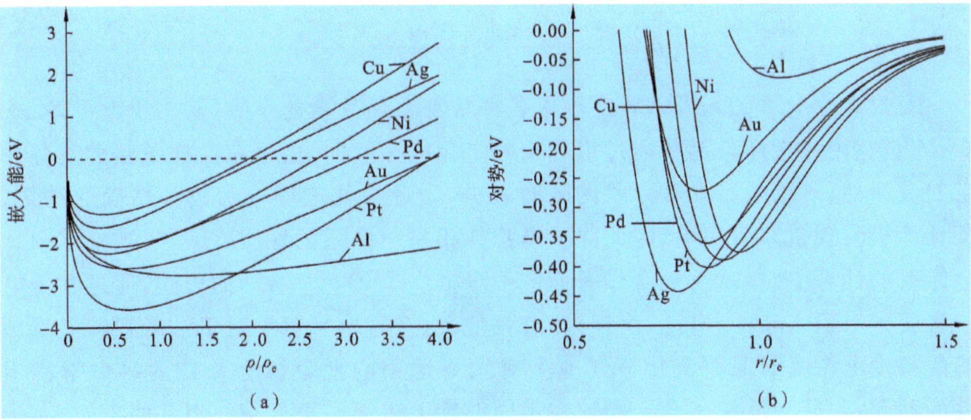

图 5.4　Cai-Ye EAM 泛函中的嵌入能曲线与对势曲线

(a) 嵌入能曲线；(b) 对势曲线

表 5.3 所示为 Cai-Ye EAM 泛函的参数表。

表 5.3　Cai-Ye EAM 泛函的参数表[190]

元素	a_0/Å	r_e/Å	α/eV	β	r_a/Å	F_0/eV	F_1/eV	n	χ /(1/Å)	f_e
Al	4.05	2.86	0.0834	7.5995	3.017	2.61	−0.1392	0.5	2.5	0.0716
Ag	4.09	2.89	0.4420	4.9312	2.269	1.75	0.7684	0.5	3.5	0.1424
Au	4.08	2.88	0.2774	5.7177	2.4336	3.00	0.4728	0.5	4.0	0.1983
Cu	3.615	2.55	0.3902	6.0641	2.3051	2.21	1.0241	0.5	3.0	0.3796
Ni	3.52	2.49	0.3768	6.5840	2.3600	2.82	0.8784	0.5	3.10	0.4882
Pd	3.89	2.75	0.3610	5.3770	2.3661	2.48	0.6185	0.5	4.30	0.2636
Pt	3.92	2.77	0.4033	5.6379	2.384	4.27	0.6815	0.5	4.3	0.3798

5.2.3.2 Zhou EAM

Zhou 及其合作者发展了另外一种函数形式的嵌入原子势，主要用于模拟过渡金属和过渡金属氧化物的行为。其函数具体形式为

$$F(\rho)=\begin{cases}\sum_{i=0}^{3}F_{ni}\left(\frac{\rho}{\rho_n}-1\right)^i, & \rho<\rho_n,\ \rho_n=0.85\rho_e\\ \sum_{i=0}^{3}F_i\left(\frac{\rho}{\rho_e}-1\right)^i, & \rho_n\leqslant\rho<\rho_0,\ \rho_0=1.15\rho_e\\ F_e\left[1-\ln\left(\frac{\rho}{\rho_s}\right)^\eta\right]\left(\frac{\rho}{\rho_s}\right)^\eta, & \rho>\rho_0\end{cases} \tag{5.31}$$

$$\phi(r)=\frac{A\exp[-\alpha(r/r_e-1)]}{1+(r/r_e-\kappa)^{20}}-\frac{B\exp[-\beta(r/r_e-1)]}{1+(r/r_e-\lambda)^{20}} \tag{5.32}$$

$$f_j(r)=\frac{f_e\exp[-\beta(r/r_e-1)]}{1+(r/r_e-\lambda)^{20}} \tag{5.33}$$

表 5.4 给出了 Zhou EAM 泛函中各种常见金属元素的参数。从本质上讲，Zhou EAM 是利用三次样条函数通过拟合来确定相应参数的。由于三次样条函数具备一定的灵活性，对函数形式和形状的限制较少，因此往往能够得出较为精确的结果。其计算机实现也非常简单，因此除了模拟纯相材料体系的性质之外，还被推广到合金体系的计算中。单斌及其合作者们进一步推广了 Zhou EAM 的形式，通过在低电子密度区域引入新的分段三次样条，有效地改进了 EAM 模型对于纳米颗粒能量预测的精度[191]。尤其是将其用于工业上有重要运用的钯金合金颗粒的热力学稳定性的预测，很好地反映了合金颗粒在不同温度下表面原子分布与组分的不同，对于催化剂的研发有重要的意义。

图 5.5 所示为单斌与合作者提出来的用于模拟 PdAu 合金的 EAM 势，非常好地描述了钯金纳米颗粒在不同构型下的相对能量稳定性[191]。

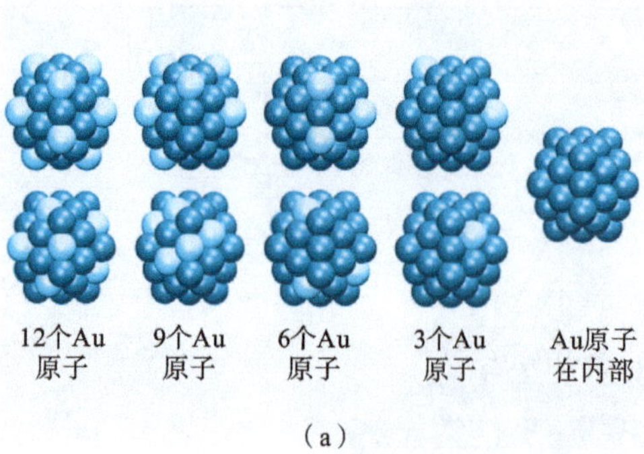

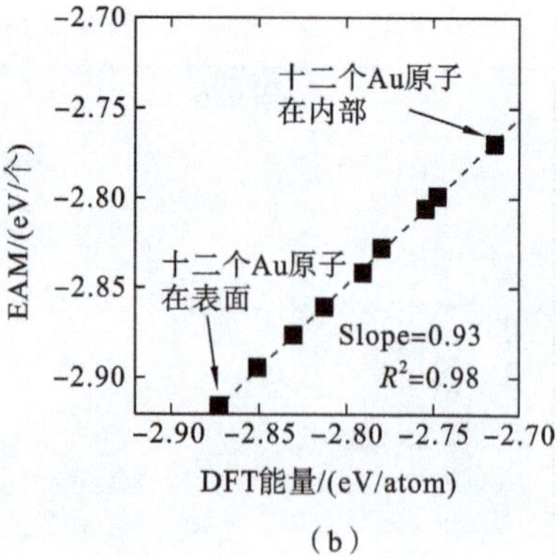

图 5.5　用于模拟 PdAu 合金的 EAM 势

表 5.4 Zhou EAM 泛函中各种常见金属元素的参数[192]

	Cu	Ag	Au	Ni	Pd	Pt	Al	Pb
r_e	2.556162	2.891814	2.885034	2.488746	2.750897	2.771916	2.863924	3.499723
f_e	1.554485	1.106232	1.529021	2.007018	1.595417	2.336509	1.403115	0.647872
ρ_e	21.175871	14.604100	19.991632	27.562015	21.335246	33.367564	20.418205	8.450154
ρ_s	21.175395	14.604144	19.991509	27.930410	21.940073	35.205357	23.195740	8.450063
α	8.127620	9.132010	9.516052	8.383453	8.697397	7.105782	6.613165	9.121799
β	4.334731	4.870405	5.075228	4.471175	4.638612	3.789750	3.527021	5.212457
A	0.396620	0.277758	0.229762	0.429046	0.406763	0.556398	0.314873	0.161219
B	0.548085	0.419611	0.356666	0.633531	0.598880	0.696037	0.365551	0.236884
κ	0.308782	0.339710	0.356570	0.443599	0.397263	0.385255	0.379846	0.250805
λ	0.756515	0.750758	0.748798	0.820658	0.754799	0.770510	0.759692	0.764955
F_{n0}	−2.170269	−1.729364	−2.937772	−2.693513	−2.321006	−4.094094	−2.807602	−1.422370
F_{n1}	−0.263788	−0.255882	−0.500288	−0.076445	−0.473983	−0.906547	−0.301435	−0.210107
F_{n2}	1.088878	0.912050	1.601954	0.241442	1.615343	0.528491	1.258562	0.682886
F_{n3}	−0.817603	−0.561432	−0.835530	−2.375626	−0.231681	1.222875	−1.247604	−0.529378
F_0	−2.19	−1.75	−2.98	−2.70	−2.36	−4.17	−2.83	−1.44
F_1	0	0	0	0	0	0	0	0
F_2	0.561830	0.744561	1.706587	0.265390	1.481742	3.010561	0.622245	0.702726
F_3	−2.100595	−1.150650	−1.134778	−0.152856	1.675615	−2.420128	−2.488244	−0.538766
η	0.310490	0.783924	1.021095	0.469000	1.130000	1.450000	0.785902	0.935380
F_e	−2.186568	−1.748423	−2.978815	−2.699486	−2.352753	−4.145597	−2.824528	−1.439436

续表

	Fe	Mo	Ta	W	Mg	Co	Ti	Zr
r_e	2.481987	2.728100	2.860082	2.740840	3.196291	2.505979	2.933872	3.199978
f_e	1.885957	2.723710	3.086341	3.487340	0.544323	1.975299	1.863200	2.230909
ρ_e	20.041463	29.354065	33.787168	37.234847	7.132600	27.206789	25.565138	30.879991
ρ_s	20.041463	29.354065	33.787168	37.234847	7.132600	27.206789	25.565138	30.879991
α	9.818270	8.393531	8.489528	8.900114	10.228708	8.679625	8.775431	8.559190
β	5.236411	4.476550	4.527748	4.746728	5.455311	4.629134	4.680230	4.564902
A	0.392811	0.708787	0.611679	0.882435	0.137518	0.421378	0.373601	0.424667
B	0.646243	1.120373	1.032101	1.394592	0.225930	0.640107	0.570968	0.640054
κ	0.170306	0.137640	0.176977	0.139209	0.5	0.5	0.5	0.5
λ	0.340613	0.275280	0.353954	0.278417	1.0	1.0	1.0	1.0
F_{n0}	−2.534992	−3.692913	−5.103845	−4.946281	−0.896473	−2.541799	−3.203773	−4.485793
F_{n1}	−0.059605	−0.178812	−0.405524	−0.148818	−0.044291	−0.219415	−0.198262	−0.293129
F_{n2}	0.193065	0.380450	1.112997	0.365057	0.162232	0.733381	0.683779	0.990148
F_{n3}	−2.282322	−3.133650	−3.585325	−4.432406	−0.689950	−1.589003	−2.321732	−3.202516
F_0	−2.54	−3.71	−5.14	−4.96	−0.90	−2.56	−3.22	−4.51
F_1	0	0	0	0	0	0	0	0
F_2	0.200269	0.875874	1.640098	0.661935	0.122838	0.705845	0.608587	0.928602
F_3	−0.148770	0.776222	0.221375	0.348147	−0.226010	−0.687140	−0.750710	−0.981870
η	0.391750	0.790879	0.848843	−0.582714	0.431425	0.694608	0.558572	0.597133
F_e	−2.539945	−3.712093	−5.141526	−4.961306	−0.899702	−2.559307	−3.219176	−4.509025

注：① 对Al元素中的 A 参数在原文献的基础上进行了勘误；

② 更新了 Pt 元素中的 F_e 值，保证 $F(\rho)$ 函数在 ρ_n 处的连续性；

③ 对 Pt 元素中的 F_{n0} 和 F_{n1} 参数也进行了更改，原文献中的 Pt 参数的值基于非 $0.85\rho_e$ 处的连续性方程，而作者又未明确说明该值；

④ $f_e=E_c/\Omega^{1/3}$。

5.2.4 改良的嵌入原子势方法

嵌入原子势在金属材料的模拟中取得了巨大的成功，然而，由于 EAM 中电荷分布是呈球对称性的，因此，如果所涉及材料体系中具有方向性的共价键，则效果不理想。在嵌入原子势的基础上，人们引入了非球对称性的电荷分布来克服这方面的困难。其中 EAM 最直接成功的外延当属改良的原子嵌入势方法（MEAM）。

相对于 EAM，MEAM 最大的特点就是电荷分布的表达式不再采取球对称的函数形式，而是借鉴了原子轨道分为 s、p、d 轨道等的思想，将电荷分布同样归类为各个分量：

$$\bar{\rho}_i^{(0)} = \sum_{j\neq i}\rho_{j\to i}^{a(0)}(r_{ij}) \tag{5.34}$$

$$(\bar{\rho}_i^{(1)})^2 = \sum_{\alpha}\Big[\sum_{j\neq i}\chi_{ij}^{\alpha}\rho_{j\to i}^{a(1)}(r_{ij})\Big]^2 \tag{5.35}$$

$$(\bar{\rho}_i^{(2)})^2 = \sum_{\alpha,\beta}\Big[\sum_{j\neq i}\chi_{ij}^{\alpha}\chi_{ij}^{\beta}\rho_{j\to i}^{a(2)}(r_{ij})\Big]^2 - \frac{1}{3}\Big[\sum_{j\neq i}\rho_{j\to i}^{a(2)}(r_{ij})\Big]^2 \tag{5.36}$$

$$(\bar{\rho}_i^{(3)})^2 = \sum_{\alpha,\beta,\gamma}\Big[\sum_{j\neq i}\chi_{ij}^{\alpha}\chi_{ij}^{\beta}\chi_{ij}^{\gamma}\rho_{j\to i}^{a(3)}(r_{ij})\Big]^2 - \frac{2}{5}\sum_{\alpha}\Big[\sum_{j\neq i}\chi_{ij}^{\alpha}\rho_{j\to i}^{a(3)}(r_{ij})\Big]^2 \tag{5.37}$$

式中：$x_{ij}=x_j-x_i$；$\chi_{ij}^{\alpha}=r_{ij}\alpha/r_{ij}$ 是原子 i 与原子 j 之间距离矢量的 α（α、β、γ 分别代表 x、y、z）分量；$\rho_{j\to i}^{a(0)}(r_{ij})$ 代表第 j 个原子在距离 i 为 $r_{ij}=|\boldsymbol{r}_j-\boldsymbol{r}_i|$ 时的贡献。通常 $\rho_{j\to i}^{a(l)}$ 取指数衰减的函数形式：

$$\rho_{j\to i}^{a(l)}(r_{ij}) = f_0\mathrm{e}^{-\beta^{(l)}(r_{ij}/r_e-1)} \tag{5.38}$$

在得到各个电荷分量后，需要用合适的函数形式将其组合成一个总电荷密度代入嵌入能项。为了保持理论简洁以及避免引入过多的拟合参数，Baskes 和 Johnson 保留了基态电子密度为各原子线性叠加的假设，添加了原子电子分布密度对于角度的依赖。在将 s、p、d、f 各个分量的原子电荷组合成总电荷时，需要为每个电荷分量定义一个权重 t_i，有

$$(\bar{\rho}_i)^2 = \sum_{l=0}^{3}t_i^{(l)}(\rho_i^{(l)})^2 \tag{5.39}$$

在 MEAM 中，通常用 Γ 参数来总括电荷密度的非球对称因素：

$$\Gamma_i = \sum_{l=1}^{3}t_i^{(l)}\left(\frac{\rho_i^{(l)}}{\rho^{(0)}}\right)^2 \tag{5.40}$$

引入参数 Γ 后，总电荷密度可以简洁地表达为

$$\bar{\rho}_i=\rho_i^{(0)}\sqrt{1+\Gamma_i} \tag{5.41}$$

在有些情况下，会出现 $\Gamma<-1$ 的情况，因此有时人们也采用以下的两个表达式：

$$\bar{\rho}_i=\rho_i^{(0)}\mathrm{e}^{\Gamma_i/2} \tag{5.42}$$

$$\bar{\rho}_i=\rho_i^{(0)}\frac{2}{1+\mathrm{e}^{-\Gamma_i}} \tag{5.43}$$

Baskes 和 Johnson 提出的最初的 MEAM 的理论基于第一近邻原子的相互作用，利用屏蔽函数考虑多体效应，并且将第一近邻外的原子间相互作用衰减为零。基于第一近邻的 MEAM 在描述过渡金属性质方面较 EAM 有大的改进，但是由于只考虑第一近邻的作用，而 BCC 结构中二近邻的原子距离仅比一近邻大 15%左右，因此在对一些 BCC 结构的分子动力学模拟中，有可能出现比 BCC 更加稳定的相，低指数面的表面能顺序也与实验相反[193]。为了克服这些困难，Lee 和 Baskes 提出了考虑第二近邻作用的 MEAM 势[194]，并且成功利用到了 α-Fe 等 BCC 结构金属的计算中。

5.3 微正则系综中的分子动力学

分子动力学模拟中，一个遵循牛顿定律演化的体系形成一个微正则系综（NVE 系综）分布。该系综与环境隔绝，不与外界交换能量及粒子，所以总能 E、粒子数 N 以及体积 V 在演化过程中保持不变。在微正则系综下实现分子动力学相对比较容易，而且是后续章节的基础。

5.3.1 Verlet 算法

Verlet 算法是应用最为广泛的确定分子动力学模拟中运动轨迹的一种方法，主要优点是形式简单，易于编写程序，并且在时间跨度较大的情况下可以保持体系的能量稳定（这一点对于微正则系综非常重要）。从 Verlet 算法出发，可以衍生出若干其他算法。此外，Verlet 算法虽然形式简单，但是有着非常丰富的物理、数学背景，因此有必要进行详细的讨论。

设在时刻 t，体系的位置 $\boldsymbol{r}(t)$、速度 $\boldsymbol{v}(t)$ 以及受力 $\boldsymbol{F}(t)$ 均已知，则下一时刻 $t+\Delta t$ 的位置 $\boldsymbol{r}(t+\Delta t)$ 在 Δt 足够小的情况下可以通过泰勒展开得到：

$$\boldsymbol{r}(t+\Delta t)=\boldsymbol{r}(t)+\boldsymbol{v}(t)\Delta t+\frac{\boldsymbol{F}(t)}{2m}\Delta t^2+\frac{\Delta t^3}{6}\dddot{\boldsymbol{r}}+\mathcal{O}(\Delta t^4) \tag{5.44}$$

式中：m 是体系中原子的质量（假设体系是单质）。类似的，前一时刻 $t-\Delta t$ 的位置为

$$\boldsymbol{r}(t-\Delta t)=\boldsymbol{r}(t)-\boldsymbol{v}(t)\Delta t+\frac{\boldsymbol{F}(t)}{2m}\Delta t^2-\frac{\Delta t^3}{6}\dddot{\boldsymbol{r}}+\mathcal{O}(\Delta t^4) \tag{5.45}$$

将式(5.44)与式(5.45)相加，可得

$$\boldsymbol{r}(t+\Delta t)=2\boldsymbol{r}(t)-\boldsymbol{r}(t-\Delta t)+\frac{\boldsymbol{F}(t)}{m}\Delta t^2+\mathcal{O}(\Delta t^4) \tag{5.46}$$

同时，速度 $\boldsymbol{v}(t)$ 可以由下式计算：

$$\boldsymbol{v}(t)=\frac{\boldsymbol{r}(t+\Delta t)-\boldsymbol{r}(t-\Delta t)}{2\Delta t}+\mathcal{O}(\Delta t^2) \tag{5.47}$$

方程(5.46)与方程(5.47)构成了 Verlet 算法，对于位置的精度为 $\mathcal{O}(\Delta t^4)$，对于速度的精度为 $\mathcal{O}(\Delta t^2)$。可以看到，位置 $\boldsymbol{r}$ 与速度 $\boldsymbol{v}$ 是分别更新的。因此 Verlet 算法严格来讲是一种非自启动的算法，体系的初始条件应给定最初两步的位置。实际应

用中往往给定 $\boldsymbol{r}(0)$ 和 $\boldsymbol{v}(0)$，由此计算出 $\boldsymbol{r}(\Delta t)$，再利用方程(5.46)与方程(5.47)更新体系的位置，得到相空间的运动轨迹。因为同一时刻的速度和位置均可求得，所以我们可以计算每一时刻体系的总能。

由上述推导过程可知，$\boldsymbol{r}(t+\Delta t)$ 与 $\boldsymbol{r}(t-\Delta t)$ 在方程中的地位对称，因此 Verlet 算法拥有时间反演性，将方程(5.46)中的 Δt 替换为 $-\Delta t$，方程的形式不变。因此在某一时刻 t，突然将每个原子上的速度反向，则经过时间 t，该体系将按照相同的轨迹回到初始点。这一性质也保证了在没有能量输入的情况下体系的能量不随时间变化。也即设体系在 $t=0$ 的时刻的总能 E_0 已知，且相空间中满足 $E=E_0$ 的所有轨迹均包含在体积为 Ω 的区域内，则从这个区域中的任意一点出发，利用 Verlet 算法生成的轨迹仍然处在区域 Ω 中。下面我们会看到，Verlet 算法有这个特点并不是偶然的，它是保守力系中刘维尔(Liouville)公式的一个必然结果[195]。

设 $\boldsymbol{f}$ 是动量 $\boldsymbol{p}$ 和位置 $\boldsymbol{x}$ 的函数，则其对时间的导数为

$$\dot{\boldsymbol{f}}=\dot{\boldsymbol{r}}\frac{\partial \boldsymbol{f}}{\partial \boldsymbol{r}}+\dot{\boldsymbol{p}}\frac{\partial \boldsymbol{f}}{\partial \boldsymbol{p}} \tag{5.48}$$

设刘维尔算符 $\hat{L}_{rp}=\dot{\boldsymbol{r}}\frac{\partial}{\partial \boldsymbol{r}}+\dot{\boldsymbol{p}}\frac{\partial}{\partial \boldsymbol{p}}$，则方程(5.48)可以写为

$$\boldsymbol{f}(t)=\mathrm{e}^{\mathrm{i}\hat{L}_{rp}t}\boldsymbol{f}_0 \tag{5.49}$$

现在人为地将 $\hat{L}_{rp}$ 分为坐标算符 $\hat{L}_r=\dot{\boldsymbol{r}}(0)\partial/\partial\boldsymbol{r}$ 与动量算符 $\hat{L}_p=\dot{\boldsymbol{p}}(0)\partial/\partial\boldsymbol{p}$ 的和，即

$$\mathrm{i}\hat{L}_{rp}=\mathrm{i}\hat{L}_r+\mathrm{i}\hat{L}_p \tag{5.50}$$

则前者只作用于坐标，而后者只作用于动量(速度)，但是因为 $\boldsymbol{r}$ 和 $\boldsymbol{p}$ 不对易，所以不能将方程(5.49)表示为 $\mathrm{e}^{\hat{L}_r}\times\mathrm{e}^{\hat{L}_p}\boldsymbol{f}(0)$。根据 Trotter 恒等式，有

$$\mathrm{e}^{A+B}=\lim_{N\to\infty}(\mathrm{e}^{A/2N}\mathrm{e}^{B/N}\mathrm{e}^{A/2N})^N \tag{5.51}$$

因此可以将方程(5.49)表示为

$$\boldsymbol{f}=(\mathrm{e}^{\mathrm{i}\hat{L}_p\Delta t/2}\mathrm{e}^{\mathrm{i}\hat{L}_r\Delta t}\mathrm{e}^{\mathrm{i}\hat{L}_p\Delta t/2})^N\boldsymbol{f}(\boldsymbol{r}(0),\boldsymbol{p}(0))+\mathcal{O}(\Delta t^{2n}) \tag{5.52}$$

式中：$\Delta t=t/N$；$\hat{L}_r$ 与 $\hat{L}_p$ 中的前置项 $\dot{\boldsymbol{r}}(0)$ 和 $\dot{\boldsymbol{p}}(0)$ 中包含的时间零点需要理解为前一个算符作用完毕之后的时刻 t。至此，我们已经完成了对于方程(5.49)的离散化。式(5.52)中存在高阶误差的原因在于 Δt 有限大，其中 n 是运动轨迹算法的阶数。考虑第一个 Δt，由式(5.52)可知

$$\begin{aligned}
\mathrm{e}^{\mathrm{i}\hat{L}_p\Delta t/2}\mathrm{e}^{\mathrm{i}\hat{L}_r\Delta t}\mathrm{e}^{\mathrm{i}\hat{L}_p\Delta t/2}\boldsymbol{f}(\boldsymbol{r}(0),\boldsymbol{p}(0))&=\mathrm{e}^{\mathrm{i}\hat{L}_p\Delta t/2}\mathrm{e}^{\mathrm{i}\hat{L}_r\Delta t}\boldsymbol{f}\left(\boldsymbol{p}(0)+\frac{\Delta t}{2}\dot{\boldsymbol{p}}(0),\boldsymbol{r}(0)\right)\\
&=\mathrm{e}^{\mathrm{i}\hat{L}_p\Delta t/2}\boldsymbol{f}\left(\boldsymbol{p}(0)+\frac{\Delta t}{2}\dot{\boldsymbol{p}}(0),\boldsymbol{r}(0)+\Delta t\,\dot{\boldsymbol{r}}(\Delta t/2)\right)\\
&=\boldsymbol{f}\left(\boldsymbol{p}(0)+\frac{\Delta t}{2}\dot{\boldsymbol{p}}(0)+\frac{\Delta t}{2}\dot{\boldsymbol{p}}(\Delta t),\boldsymbol{r}(0)+\Delta t\,\dot{\boldsymbol{r}}(\Delta t/2)\right)
\end{aligned}$$

即运动轨迹为

$$\boldsymbol{p}(\Delta t)=\boldsymbol{p}(0)+\frac{\Delta t}{2}(\boldsymbol{F}(0)+\boldsymbol{F}(\Delta t))$$

$$\boldsymbol{r}(\Delta t)=\boldsymbol{r}(0)+\Delta t\,\dot{\boldsymbol{r}}(0)+\frac{\Delta t^2}{2m}\boldsymbol{F}(0)$$

这是 Verlet 算法的递推形式。至此，我们证明了 Verlet 算法必然满足相空间守恒的条件。如果 Δt 取得足够小，则利用 Verlet 算法描述体系演化，在长时间范围内可以使体系保持较小的总能偏移。同时，因为每一步更新时速度只精确到 Δt^2，因此短时间范围内体系总能涨落较大。

需要注意的是，由 Verlet 算法求得的体系的轨迹并不是该体系在相同的初始条件下按照牛顿运动方程演化得到的轨迹。因为体系的势能面至少有一个正的特征值，因此由李雅普诺夫(Lyapunov)稳定性分析可知，势能面的微小差异(算法的离散化导致等效势能面是真实势能面的内接或外接的折面)都会导致这两条轨迹的偏差随时间按指数量级增大。但是这种偏差并不会影响 Verlet 算法的有效性。事实上，由伪轨跟踪引理(shadowing lemma)可知，相似的势能面总存在相似的轨迹。因此通过 Verlet 算法生成的轨迹总与一条真实的轨迹相近[196,197]。与这条 Verlet 轨迹相对应，有一个赝哈密顿量。即由该赝哈密顿量决定的体系的一条轨迹可以由Verlet算法给出，同时由其所决定的赝总能可以在 Verlet 算法下守恒。特殊情况下(如体系的相互作用可用谐振子势描述)可以构建出这个赝哈密顿量的具体形式[198]。

5.3.2 速度 Verlet 算法

由方程(5.44)可知，可以将同一时刻的位置 $\boldsymbol{r}$ 和速度 $\boldsymbol{v}$ 写为

$$\boldsymbol{r}(t+\Delta t)=\boldsymbol{r}(t)+\boldsymbol{v}(t)\Delta t+\frac{\boldsymbol{F}(t)}{2m}\Delta t^2 \tag{5.53}$$

$$\boldsymbol{v}(t+\Delta t)=\boldsymbol{v}(t)+\frac{\boldsymbol{F}(t)}{m}\Delta t \tag{5.54}$$

数值计算表明，利用以上两式描述体系演化会产生非常大的能量偏移。因此利用线性函数积分的中值定理将式(5.54)重新写为

$$\boldsymbol{v}(t+\Delta t)=\boldsymbol{v}(t)+\frac{\boldsymbol{F}(t)+\boldsymbol{F}(t+\Delta t)}{2m}\Delta t \tag{5.55}$$

方程(5.53)与方程(5.55)构成了速度 Verlet 算法。注意，更新速度时首先要确定该时刻的位置。可以证明，速度 Verlet 算法与原始的 Verlet 算法是等价的。由于速度 Verlet 算法中同时用到了 $\boldsymbol{F}(t)$ 和 $\boldsymbol{F}(t+\Delta t)$，因此需要保留两个力矢量。为了节省存储空间，往往将速度的更新拆成两部分，首先根据 $\boldsymbol{F}(t)$ 更新速度：

$$\boldsymbol{v}'=\boldsymbol{v}+\frac{\boldsymbol{F}(t)}{2m}\Delta t$$

利用式(5.53)得到体系构型 $\boldsymbol{r}(t+\Delta t)$ 之后，再计算 $\boldsymbol{F}(t+\Delta t)$，然后完成速度的更新，即

$$\boldsymbol{v}(t+\Delta t)=\boldsymbol{v}'+\frac{\boldsymbol{F}(t+\Delta t)}{2m}\Delta t$$

这样，在速度 Verlet 算法中也只需储存一个力矢量即可。

如果加大数据的存储量，可以进一步提高 Verlet 算法对于 $\boldsymbol{v}$ 的计算精度，这就是所谓速度校正 Verlet 算法。这种算法需要将 $\boldsymbol{r}(t+2\Delta t)$、$\boldsymbol{r}(t+\Delta t)$、$\boldsymbol{r}(t-\Delta t)$ 和 $\boldsymbol{r}(t-2\Delta t)$ 进行泰勒展开至 Δt^3，然后联立消去 Δt^2 以及 Δt^3 项，即可得

$$\boldsymbol{v}(t)=\frac{8[\boldsymbol{r}(t+\Delta t)-\boldsymbol{r}(t-\Delta t)]-[\boldsymbol{r}(t+2\Delta t)-\boldsymbol{r}(t-2\Delta t)]}{12\Delta t}+\mathcal{O}(\Delta t^4) \quad (5.56)$$

可以看出，由方程(5.56)计算的 $\boldsymbol{v}$ 精确到 Δt^4。利用式(5.56)计算速度的一个缺点是时间跨度太大，编写程序时易于混淆，所以利用半整数时间步长处的速度（见 5.3.3 节）对式(5.56)进行改写，最终结果为

$$\boldsymbol{v}(t)=\frac{\boldsymbol{v}(t+\Delta t/2)+\boldsymbol{v}(t-\Delta t/2)}{2}+\frac{\Delta t}{12m}[\boldsymbol{F}(t-\Delta t)-\boldsymbol{F}(t+\Delta t)]+\mathcal{O}(\Delta t^4) \quad (5.57)$$

5.3.3 蛙跳算法

蛙跳算法(leap frog)是另外一种常见的算法。与 Verlet 算法的主要区别在于蛙跳算法中的速度在半整数时间步长处估算，因此与位置不同步。蛙跳算法的总体思路如下。

半更新速度：
$$\boldsymbol{v}\left(t+\frac{1}{2}\Delta t\right)=\boldsymbol{v}(t)+\frac{\boldsymbol{F}(t)}{2m}\Delta t$$

更新位置：
$$\boldsymbol{r}(t+\Delta t)=\boldsymbol{r}(t)+\boldsymbol{v}\left(t+\frac{1}{2}\Delta t\right)\Delta t$$

计算力矢量：
$$\boldsymbol{F}(t+\Delta t)=-\frac{\partial V}{\partial r(t+\Delta t)}$$

更新速度：
$$\boldsymbol{v}(t+\Delta t)=\boldsymbol{v}\left(t+\frac{1}{2}\Delta t\right)+\frac{\boldsymbol{F}(t+\Delta t)}{2m}\Delta t$$

蛙跳算法的递推公式可由方程(5.47)及方程(5.55)导出。设重新选取时间步长为 $\Delta t/2$，则由方程(5.47)可定义半整数时间步长处的速度：

$$\boldsymbol{v}(t+\Delta t/2)=\frac{\boldsymbol{r}(t+\Delta t)-\boldsymbol{r}(t)}{\Delta t} \quad (5.58)$$

$$\boldsymbol{v}(t-\Delta t/2)=\frac{\boldsymbol{r}(t)-\boldsymbol{r}(t-\Delta t)}{\Delta t} \quad (5.59)$$

可以得到下一个整数时间步长处的位置，即

$$\boldsymbol{r}(t+\Delta t)=\boldsymbol{r}(t)+\boldsymbol{v}(t+\Delta t/2)\Delta t \quad (5.60)$$

再根据方程(5.55)，有

$$\boldsymbol{v}(t+\Delta t/2)=\boldsymbol{v}(t-\Delta t/2)+\frac{\boldsymbol{F}(t)}{m}\Delta t \quad (5.61)$$

式(5.60)与式(5.61)即为蛙跳算法的递推公式。给定初始条件 $\boldsymbol{r}(0)$ 以及 $\boldsymbol{v}(-\Delta t/2)$ 即可生成相空间内的一条轨迹。实际上，因为蛙跳算法可以由 Verlet 算法导出，因此两种方法生成的轨迹一致。但是因为蛙跳算法中速度与位置的更新时刻不一致，所以不能直接计算总能。

5.3.4 预测-校正算法

严格地说,求解运动轨迹等价于求解关于时间 t 的二阶常微分方程

$$\ddot{\boldsymbol{r}}=f(t,\boldsymbol{r},\boldsymbol{v}) \quad (\boldsymbol{r}(0)=r_0,\boldsymbol{v}(0)=\boldsymbol{v}_0) \tag{5.62}$$

例如方程(5.55)即为梯形欧拉(Euler)公式。因此可以利用预测-校正算法(prediction-correction algorithm,简称 PC 算法)更为精确地求解体系的运动轨迹。即在相同时间步长内获得更精确的位置与速度,或在相同精度要求下允许更大的时间步长。关于预测-校正算法的详细讨论已超出了本书的范围,这里只给出常用的 Adams-Bashforth-Moulton 算法基本的公式推导。

在分子动力学中,PC 算法的基本思想是将新时刻 $n+1$ 的位置和速度分别表示成前 k 个时刻[$(n-k+1),(n-k+2),\cdots,n$]的原子速度和受力的线性叠加,其中叠加系数使得 $n+1$ 时刻的位置、速度表达式与其泰勒展开式中的系数相同至 Δt^k(k 称为 PC 算法的阶数),该线性叠加方程称为预测步或者 Adams-Bashforth 显式形式。将体系移至预测的位置,计算该时刻原子的速度及受力,结果一般与预测值不同,因此利用预测值以及前几步的信息(包括位置、速度、受力)对预测值进行校正,称为校正步或者 Adams-Moulton 隐式形式。每一个校正步可以包含 m 次迭代校正。为简单起见,下面以一阶常微分方程为例,推导 PC 算法中的各项系数。

设有方程

$$\dot{\boldsymbol{r}}=f(t,\boldsymbol{r}), \quad \boldsymbol{r}(0)=\boldsymbol{r}_0$$

首先考虑预测步。将第 $n+1$ 步的 $\boldsymbol{r}_{n+1}$ 表示为第 n 步的 $\boldsymbol{r}_n$ 以及前 k 个时刻 $\dot{\boldsymbol{r}}_i$ 的线性叠加,即

$$\boldsymbol{r}_{n+1}=\boldsymbol{r}_n+\Delta t\sum_{i=1}^{k}\alpha_i\dot{\boldsymbol{r}}_{n+1-i} \tag{5.63}$$

然后将 $\dot{\boldsymbol{r}}_{n+1-i}$ 在 n 处做泰勒展开,有

$$\dot{\boldsymbol{r}}_{n+1-i}=\dot{\boldsymbol{r}}_n+[(1-i)\Delta t]\ddot{\boldsymbol{r}}_n+\frac{1}{2}[(1-i)\Delta t]^2\dddot{\boldsymbol{r}}_n+\cdots+\mathcal{O}(\Delta t^{k+1}) \tag{5.64}$$

将式(5.64)代入式(5.63)并合并同类项,得

$$\boldsymbol{r}_{n+1}=\boldsymbol{r}_n+\sum_{q=0}^{p}\Delta t^q\boldsymbol{r}_n^{q+1}\frac{1}{q!}\sum_{i=1}^{k}(1-i)^q\alpha_i+\mathcal{O}(\Delta t^{p+1}) \tag{5.65}$$

同时将 $\boldsymbol{r}_{n+1}$ 在 n 处做泰勒展开,有

$$\boldsymbol{r}_{n+1}=\boldsymbol{r}_n+\sum_{q=0}^{p}\frac{1}{(q+1)!}\Delta t^q\boldsymbol{r}_n^{(q+1)}+\mathcal{O}(\Delta t^{p+1}) \tag{5.66}$$

比较方程(5.65)和方程(5.66),为了使 Δt^q 的系数相同,相当于求解线性方程组

$$\sum_{i=1}^{k}(1-i)^q\alpha_i=\frac{1}{q+1}, \quad q=0,1,\cdots,k-1 \tag{5.67}$$

由此确定叠加系数$\{\alpha_i\}$,再通过方程(5.63)得到估计值 $\boldsymbol{r}_{n+1}^0$。

再考虑校正步。上述做法相当于根据 k 个数据点进行外推来预测第 $n+1$ 步的 $\boldsymbol{r}$，因此不可能完全准确。为了减小误差，可以将预测得到的 $\dot{\boldsymbol{r}}_{n+1}^{0}$ 作为新的数据点，连同前面的 k 个数据再进行一次内插，从而得到对于 $\boldsymbol{r}_{n+1}$ 的一个更好的估计值 $\boldsymbol{r}_{n+1}^{1}$，即对其进行校正：

$$\boldsymbol{r}_{n+1}^{1}=\boldsymbol{r}_{n}+\Delta t\sum_{i=1}^{k}\alpha'_{i}\dot{\boldsymbol{r}}_{n+2-i} \tag{5.68}$$

与方程(5.63)至方程(5.67)推导过程类似，可以得到校正步系数 α'_i 所要求的线性方程组

$$\sum_{i=1}^{k}(2-i)^{q}\alpha'_{i}=\frac{1}{q+1},\quad q=0,1,\cdots,k-1 \tag{5.69}$$

如果对结果仍不满意，可以再以 $\dot{\boldsymbol{r}}_{n+1}^{1}$ 代入式(5.69)，直至求得满意的校正结果为止。在一般的分子动力学算法中，每一步只进行一次校正。表 5.5 给出了一阶常微分方程 Adams-Bashforth-Moulton 算法中的系数 $\alpha_i(\alpha'_i)$。

表 5.5　一阶常微分方程 Adams-Bashforth-Moulton 算法中的系数 $\alpha_i(\alpha'_i)$

$k=3$	系　数	$i=1$	$i=2$	$i=3$	
预测步 P	$\alpha_i/12$	23	−16	5	
校正步 C	$\alpha'_i/12$	5	8	−1	
$k=4$	系　数	$i=1$	$i=2$	$i=3$	$i=4$
预测步 P	$\alpha_i/24$	55	−59	37	−9
校正步 C	$\alpha'_i/24$	9	19	−5	1

分子动力学中所需求解的 $\ddot{\boldsymbol{r}}=f(t,\boldsymbol{r},\boldsymbol{v})(\boldsymbol{r}(0)=\boldsymbol{r}_0,\boldsymbol{v}(0)=\boldsymbol{v}_0)$ 可以转化为关于 $\boldsymbol{r}$ 与 $\boldsymbol{v}$ 的一阶常微分方程组，再通过上述讨论求解系数 α_i 与 β_i。在这里不再详细推导，只给出待解的线性方程组。同时在表 5.6 中列出二阶常微分方程 Adams-Bashforth-Moulton 算法中的系数 $\alpha_i(\alpha'_i)$ 与 $\beta_i(\beta'_i)$。

表 5.6　二阶常微分方程 Adams-Bashforth-Moulton 算法中的系数 $\alpha_i(\alpha'_i)$ 与 $\beta_i(\beta'_i)$

$k=4$	系　数	$i=1$	$i=2$	$i=3$	
预测步 P	$\alpha_i/24$	19	−10	3	
	$\beta_i/24$	27	−22	7	
校正步 C	$\alpha'_i/24$	3	10	−1	
	$\beta'_i/24$	7	6	−1	
$k=5$	系　数	$i=1$	$i=2$	$i=3$	$i=4$
预测步 P	$\alpha_i/360$	323	−264	159	−38
	$\beta_i/360$	502	−621	396	−97
校正步 C	$\alpha'_i/360$	38	171	−36	7
	$\beta'_i/360$	97	114	−39	8

预测步：

$$\sum_{i=1}^{k-1}(1-i)^q\alpha_i = \frac{1}{(q+2)(q+1)}, \quad q=0,1,\cdots,k-2 \tag{5.70}$$

$$\sum_{i=1}^{k-1}(1-i)^q\beta_i = \frac{1}{q+2}, \quad q=0,1,\cdots,k-2 \tag{5.71}$$

校正步：

$$\sum_{i=1}^{k-1}(2-i)^q\alpha'_i = \frac{1}{(q+2)(q+1)}, \quad q=0,1,\cdots,k-2 \tag{5.72}$$

$$\sum_{i=1}^{k-1}(2-i)^q\beta'_i = \frac{1}{q+2}, \quad q=0,1,\cdots,k-2 \tag{5.73}$$

与 Verlet 算法类似，PC 算法也是非自启动的。需要给出最初 k 步的位置与速度信息。与 Verlet 算法及其衍生算法不同，PC 算法中，$n+1$ 步与 $n-1$ 步的信息在递推式中不对称，因此不具备时间反演性。所以，在没有外界干预的情况下 PC 算法给出的轨迹无法保持能量守恒。对于模拟微正则系综这是一个很大的缺点，但是对于正则系综等的模拟，却不是十分严重，因为在这类模拟中需要利用热浴或速度重标度技术对速度进行干预，使体系的温度保持恒定。

5.4 正则系综

上面的讨论都是在严格按照牛顿定律演化的微正则系综的框架下展开的。但是在实际工作中更经常遇到的是正则系综（NVT 系综）或者等温等压系综（NPT 系综）。因为这类系综需要与环境保持平衡，所以会有能量的交换。相应地，必须采用特殊的处理方法才可以使得分子动力学模拟获得需要的系综平均值。下面具体讨论在各种系综下如何求解体系的运动轨迹。

5.4.1 热浴和正则系综

对于正则系综，需要在分子动力学的演化过程中引入技术手段，对体系的温度加以控制。这主要由热浴方法实现。需要强调的是，一个宏观上的等温过程，从微观角度来看，仍然会有统计上的浮动，但是浮动的幅度可以通过模拟进行控制。因此，一个动能恒等于$\frac{3}{2}k_B T_{eq}$ 的体系其实并非严格意义上的温度等于 T_{eq} 的正则系综。在一个真正的正则系综中，体系的动能可以有涨落，而动能涨落过程中，各个微观态的出现概率由 $\exp(-\mathscr{H}/2mk_B T_{eq})$ 决定。

通过引入热浴，而将分子动力学模拟的范围由微正则系综拓展到正则系综、等温等压系综等大大增加了分子动力学的适用范围。从实现的手段划分，热浴可以大致分为以下几种：① 速度标度热浴，如 Brendsen 热浴；② 引入随机耗散力的热浴，如 Anderson 热浴、Langevin 热浴都属于这种；③ 增广拉格朗日量的热浴，如 Nosé-Hoover 热浴。

5.4.1.1　Anderson 热浴

Anderson 热浴通过在每一步随机选取部分原子，将其动量分布重新设置为符合高给定温度 T 下的麦克斯韦 - 玻尔兹曼分布。从物理图像上考虑，对部分原子动量重新赋值是用来模拟原子和热源分子相碰撞而达到热平衡的过程的。但是，这些随机的碰撞改变了体系粒子的轨迹，因此体系在 Anderson 热浴作用下的演化是一个随机的过程，也即体系在相空间内的运动轨迹是非连续的，也不存在时间反演性。

利用 Anderson 热浴模拟正则系综，首先需要确定体系与热浴间的耦合强度：将其等同于随机碰撞的频率 ν，即在 Δt 时间间隔内，每个原子被选中重置速度的概率为 $\nu\Delta t$。利用 5.3.2 节中介绍的速度 Verlet 公式，可以给出下列模拟正则系综的算法：

算法 5.1

(1) 设 $t=0$，给定初始状态：原子 i 的位置 $\boldsymbol{r}_i(t)$，速度 $\boldsymbol{v}_i(t)$，$i=1,2,\cdots,N$。设定碰撞频率 ν 以及目标温度 T_{eq}。

(2) 调用子程序 FORCE 计算原子受力 $\boldsymbol{F}_i(t)$，$i=1,2,\cdots,N$。

(3) 利用方程(5.53) 更新位置 $\boldsymbol{r}_i(t+\Delta t)=\boldsymbol{r}_i(t)+\boldsymbol{v}_i(t)\Delta t+\dfrac{\boldsymbol{F}_i(t)}{2m}\Delta t^2$；部分更新速度 $\boldsymbol{v}'_i=\boldsymbol{v}_i(t)+\dfrac{\boldsymbol{F}_i(t)}{2m}\Delta t$。

(4) 调用子程序 FORCE 计算受力 $\boldsymbol{F}(t+\Delta t)$。

(5) 更新速度 $\boldsymbol{v}_i(t+\Delta t)=\boldsymbol{v}'_i+\dfrac{\boldsymbol{F}_i(t+\Delta t)}{2m}\Delta t$。对于每一个原子 i，生成[0,1]之间平均分布的一个随机数 r，若 $r\leqslant\nu\Delta t$，则将该原子的速度重置为与 T_{eq} 相应的麦克斯韦 - 玻尔兹曼分布——$\boldsymbol{v}_{i,\alpha}(t+\Delta t)=\lambda$，其中 λ 是一个正态分布的随机数，该正态分布平均值为 0，标准偏差为 $\sigma=\sqrt{k_{\mathrm{B}}T_{\mathrm{eq}}/m_i}$。

(6) 设 $t=t+\Delta t$，重复步骤(2)。

5.4.1.2　Langevin 热浴

Langevin 热浴与 Anderson 热浴有些相似，同样认为热浴原子通过同时引入耗散项和随机碰撞，使得体系原子和热浴达到平衡。设体系浸泡在温度为 T_{eq} 的溶液中，则有 Langevin 运动方程

$$\dot{\boldsymbol{r}}_i=\frac{\boldsymbol{p}_i}{m_i}\tag{5.74}$$

$$\dot{\boldsymbol{p}}_i=-\frac{\partial\phi(\{\boldsymbol{r}_i\})}{\partial\boldsymbol{r}_i}-\gamma\boldsymbol{p}_i+\sigma\zeta_i\tag{5.75}$$

方程(5.75) 中，γ 是阻尼系数，因此方程(5.75) 右端第二项为耗散项，第三项是因溶液原子碰撞而随机产生的作用力，代表了布朗运动的贡献。ζ_i 符合正态分布，平均值为 0，标准偏差为 σ，有

$$\sigma^2=2\gamma m_i k_{\mathrm{B}}T_{\mathrm{eq}}\tag{5.76}$$

利用 Langevin 热浴进行正则系综分子动力学模拟的算法如下[199]。

算法 5.2

(1) 设 $t=0$，给定初始状态：原子 i 的位置 $\boldsymbol{r}_i(t)$，速度 $\boldsymbol{v}_i(t)$，$i=1,2,\cdots,N$。设定阻尼系数 γ 以及目标温度 T_{eq}。

(2) 调用子程序 FORCE 计算原子受力 $\boldsymbol{F}_i(t)$，$i=1,2,\cdots,N$。

(3) 利用方程(5.75) 更新位置 $\boldsymbol{r}_i(t+\Delta t)=\boldsymbol{r}_i(t)+\boldsymbol{v}_i(t)\Delta t+\dfrac{\boldsymbol{F}_i(t)}{2m}\Delta t^2$。

(4) 调用子程序 FORCE 计算受力 $\boldsymbol{F}(t+\Delta t)$。

(5) 对于每一个原子 i，生成一个正态分布的随机数 ζ，该正态分布平均值为 0，标准偏差为 $\sigma=\sqrt{2\gamma m_i k_{\text{B}} T_{\text{eq}}}$，由此更新速度

$$\boldsymbol{v}_i(t+\Delta t)=\boldsymbol{v}_i(t)+\left(\frac{\boldsymbol{F}_i(t)}{m}-\gamma\boldsymbol{v}_i(t)+\zeta\right)\Delta t$$

(6) 设 $t=t+\Delta t$，重复步骤(2)。

5.4.1.3 Nosé-Hoover 热浴

Nosé-Hoover 热浴的基本思想是通过改变时间的步长，达到改变系统中的粒子速度和平均动能的目的。因此，Nosé-Hoover 方法中引入了新的变量 s 用于重新调整时间单位。Nosé-Hoover 热浴将按微正则演化的虚体系映射到一个按正则系综演化的物理真实体系[200]。Nosé 证明了虚体系中的微正则系综分布等价于真实体系中 (p',r') 变量的正则分布。将真实体系中相对应的量加以撇号，以和未加撇号的虚体系相区别。它们之间的关系通过以下的方程相联系

$$r'=r \tag{5.77}$$

$$p'=p/s \tag{5.78}$$

$$p'_s=p_s/s \tag{5.79}$$

$$s'=s \tag{5.80}$$

$$\Delta t'=\Delta t/s \tag{5.81}$$

这个虚拟体系的拉格朗日量可以写成

$$\mathscr{L}=\sum_{i=1}^{3N}\frac{m_i}{2}s^2\dot{\boldsymbol{r}}_i^2-\phi(\boldsymbol{r}_1,\boldsymbol{r}_2,\cdots,\boldsymbol{r}_{3N})+\frac{Q}{2}\dot{s}^2-gk_{\text{B}}T_{\text{eq}}\ln s \tag{5.82}$$

式中：g 与体系自由度的概念非常相似，但是在后面可以看到，它的取值取决于如何保证体系的观测量符合正则分布。如果 $s=1$，则虚拟体系的拉格朗日量和真实体系完全相同。其中 Q 可以看作与 s 变量相关的有效质量，其单位为 $\text{J}\cdot\text{s}^2\cdot\text{mol}^{-1}$。首先研究虚拟体系在拉格朗日量作用下的演化。运用拉格朗日方程：

$$\frac{\mathrm{d}}{\mathrm{d}t}\left(\frac{\mathscr{L}}{\partial\boldsymbol{r}_i}\right)=\frac{\partial\mathscr{L}}{\partial\boldsymbol{r}_i},\quad \frac{\mathrm{d}}{\mathrm{d}t}\left(\frac{\mathscr{L}}{\partial s}\right)=\frac{\partial\mathscr{L}}{\partial s}$$

可以得到关于 $\boldsymbol{r}_i$ 和 s 的运动方程：

$$\ddot{\boldsymbol{r}}_i=-\frac{1}{m_i s^2}\frac{\partial\phi}{\partial\boldsymbol{r}_i}-\frac{2\dot{s}}{s}\dot{\boldsymbol{r}}_i \tag{5.83}$$

$$Q\ddot{s} = \sum_{i=1}^{N} m_i s \dot{\boldsymbol{r}}_i^2 - \frac{g}{s} k_B T_{eq} \tag{5.84}$$

广义坐标 $\boldsymbol{r}_i$ 和 s 所对应的广义动量分别为

$$\boldsymbol{p}_i = -\frac{\partial \mathscr{L}}{\partial \dot{\boldsymbol{r}}_i} = m_i s^2 \dot{\boldsymbol{r}}_i, \quad p_s = \frac{\partial \mathscr{L}}{\partial \dot{s}} = Q\dot{s} \tag{5.85}$$

用广义动量，可以构筑含 N 个粒子体系和额外自由度 s 的哈密顿量（一共 $6N+2$ 个自由度）。

$$\mathscr{H} = \sum_{i=1}^{N} \frac{\boldsymbol{p}_i^2}{2m_i s^2} + \phi(\boldsymbol{r}_1, \boldsymbol{r}_2, \cdots, \boldsymbol{r}_N) + \frac{p_s^2}{2Q} + g k_B T_{eq} \ln s \tag{5.86}$$

下面证明按微正则系综演化的虚拟体系对应于实际体系在正则系综中的演化。在微正则系综中，如果取 $g = 3N+1$，则配分函数的表达式为

$$\begin{aligned}
Z &= \frac{1}{N!}\iiiint \mathrm{d}p_s \mathrm{d}s \mathrm{d}\boldsymbol{p}^N \mathrm{d}\boldsymbol{r}^N \delta(E - \mathscr{H}) \\
&= \frac{1}{N!}\iiiint \mathrm{d}p_s \mathrm{d}s \mathrm{d}\boldsymbol{p}^N \mathrm{d}\boldsymbol{r}^N \delta\left(\sum_{i=1}^{N} \frac{\boldsymbol{p}_i^2}{2m_i s^2} + \phi(\boldsymbol{r}_1, \boldsymbol{r}_2, \cdots, \boldsymbol{r}_N) + \frac{p_s^2}{2Q} + g k_B T_{ep} \ln s - E\right) \\
&= \frac{1}{N!}\iiiint \mathrm{d}p_s \mathrm{d}s \mathrm{d}\boldsymbol{p}'^N \mathrm{d}\boldsymbol{r}^N s^{3N} \delta\left(\sum_{i=1}^{N} \frac{\boldsymbol{p}'^2_i}{2m_i} + \phi(\boldsymbol{r}_1, \boldsymbol{r}_2, \cdots, \boldsymbol{r}_N) + \frac{p_s^2}{2Q} + g k_B T_{eq} \ln s - E\right) \\
&= \frac{1}{N!}\iiiint \mathrm{d}p_s \mathrm{d}s \mathrm{d}\boldsymbol{p}'^N \mathrm{d}\boldsymbol{r}^N s^{3N} \delta\left(\mathscr{H}(\boldsymbol{p}', \boldsymbol{r}) + \frac{p_s^2}{2Q} + g k_B T_{eq} \ln s - E\right) \\
&= \frac{1}{N!}\iiiint \mathrm{d}p_s \mathrm{d}s \mathrm{d}\boldsymbol{p}'^N \mathrm{d}\boldsymbol{r}^N \frac{s^{3N+1}}{g k_B T_{eq}} \delta\left(s - \exp\left[-\frac{1}{g k_B T_{eq}}\left(\mathscr{H}(\boldsymbol{p}', \boldsymbol{r}) + \frac{p_s^2}{2Q} - E\right)\right]\right) \\
&= \frac{1}{N!} \frac{1}{g k_B T_{eq}} \exp\left[\frac{E(3N+1)}{g k_B T_{eq}}\right] \int \mathrm{d}p_s \exp\left[-\frac{1}{k_B T_{eq}} \frac{(3N+1) p_s^2}{2gQ}\right] \\
&\quad \cdot \iint \mathrm{d}\boldsymbol{p}'^N \mathrm{d}\boldsymbol{r}^N \exp\left[-\frac{\mathscr{H}(\boldsymbol{p}', \boldsymbol{r})(3N+1)}{g k_B T_{eq}}\right] \\
&= \underbrace{\frac{1}{g}\left[\frac{2g\pi Q}{(3N+1) k_B T_{eq}}\right]^{1/2} \exp\left[\frac{E(3N+1)/g}{k_B T_{eq}}\right]}_{\text{常数项}} \cdot \underbrace{\frac{1}{N!}\iint \mathrm{d}\boldsymbol{p}'^N \mathrm{d}\boldsymbol{r}^N \exp\left[-\frac{\mathscr{H}(\boldsymbol{p}', \boldsymbol{r})(3N+1)/g}{k_B T_{eq}}\right]}_{\text{正则系综配分函数}} \\
&= C \cdot Z_c
\end{aligned} \tag{5.87}$$

上面的推导中用到了

$$\boldsymbol{p}' = \boldsymbol{p}/s$$

$$\mathscr{H}(\boldsymbol{p}', \boldsymbol{r}) = \sum_{i=1}^{N} \frac{\boldsymbol{p}'^2_i}{2m_i} + \phi(\boldsymbol{r}_1, \boldsymbol{r}_2, \cdots, \boldsymbol{r}_N)$$

$$\delta(\mathrm{h}(s)) = \frac{\delta(s - s_0)}{\mathrm{h}'(s)}, \quad \mathrm{h}(s_0) = 0$$

现在假设我们在虚体系中用牛顿力学演化微正则系综，则一个以 $(\boldsymbol{p}', \boldsymbol{r})$ 为变量的可观测量 M 的系综平均遵循的是正则系综，而不是微正则系综。

$$\langle M(\boldsymbol{p}', \boldsymbol{r}) \rangle_{\text{ensemble}} = \lim_{T \to \infty} \frac{1}{T}\int_0^T M(\boldsymbol{p}(t)/s(t), \boldsymbol{r}(t)) \mathrm{d}t = \frac{\iint \mathrm{d}\boldsymbol{p}'^N \mathrm{d}\boldsymbol{r}^N M(\boldsymbol{p}', \boldsymbol{r}) \exp\left[-\frac{\mathscr{H}(\boldsymbol{p}', \boldsymbol{r})}{k_B T_{eq}}\right]}{\iint \mathrm{d}\boldsymbol{p}'^N \mathrm{d}\boldsymbol{r}^N \exp\left[-\frac{\mathscr{H}(\boldsymbol{p}', \boldsymbol{r})}{k_B T_{eq}}\right]} \tag{5.88}$$

有了上述的关系以后，剩下的问题就是虚的动力学系统在微正则系综中如何演化。由于加入了额外的 s 及其共轭动量项，体系的动力学方程和仅包含原子间相互作用的情况略有不同，但是仍然可以通过哈密顿方程得到。决定广义坐标(r^N,s)和广义动量(p_i,p_s)演化的哈密顿方程分别为

$$\frac{\mathrm{d}r_i}{\mathrm{d}t}=\frac{\partial\mathscr{H}}{\partial p_i}=\frac{p_i}{m_i s^2} \tag{5.89}$$

$$\frac{\mathrm{d}s}{\mathrm{d}t}=\frac{\partial\mathscr{H}}{\partial p_s}=\frac{p_s}{Q} \tag{5.90}$$

$$\frac{\mathrm{d}p_i}{\mathrm{d}t}=-\frac{\partial\mathscr{H}}{\partial r_i}=-\frac{\partial\phi(r_1,r_2,\cdots,r_N)}{\partial r_i} \tag{5.91}$$

$$\frac{\mathrm{d}p_s}{\mathrm{d}t}=-\frac{\partial\mathscr{H}}{\partial s}=\sum_{i=1}^{N}\frac{p_i^2}{m_i s^3}-\frac{(3N+1)k_{\mathrm{B}}T_{\mathrm{eq}}}{s} \tag{5.92}$$

理论上，至此已经得到了计算满足正则分布的可观测量 $M(\boldsymbol{p}',\boldsymbol{r})$ 的方法。在实际操作中，由于在虚体系中的演化通常采用固定步长 Δt，因此根据 $\Delta t'=\Delta t/s(t)$，实体系中相对应的为可变步长 $\Delta t'$，这给求平均操作带来了一定的麻烦。因此，我们通过一个变换，将实体系中对时间的平均改写成虚体系中对时间的平均（虚体系演化等步长）：

$$\begin{aligned}\langle M(\boldsymbol{p}',\boldsymbol{r}')\rangle&=\lim_{T'\to\infty}\frac{1}{T'}\int_0^{T'}M(\boldsymbol{p}',\boldsymbol{r}')\mathrm{d}t=\lim_{T'\to\infty}\frac{T}{T'}\frac{1}{T}\int_0^{T'}\frac{M(\boldsymbol{p}',\boldsymbol{r}')}{s(t)}\mathrm{d}t\\&=\frac{\displaystyle\lim_{T'\to\infty}\frac{1}{T}\int_0^{T'}\frac{M(\boldsymbol{p}',\boldsymbol{r}')}{s(t)}\mathrm{d}t}{\displaystyle\lim_{T'\to\infty}\frac{1}{T'}\int_0^{T'}\frac{1}{s(t)}\mathrm{d}t}=\frac{\langle M(\boldsymbol{p}',\boldsymbol{r}')/s\rangle}{\langle 1/s\rangle}\end{aligned} \tag{5.93}$$

同样考虑配分函数(5.87)，则由式(5.93)可得

$$\begin{aligned}\frac{\langle M(\boldsymbol{p}',\boldsymbol{r}')/s\rangle}{\langle 1/s\rangle}&=\frac{\dfrac{\iint\mathrm{d}\boldsymbol{p}'^N\mathrm{d}\boldsymbol{r}'^N[M(\boldsymbol{p}',\boldsymbol{r}')/s]\exp\left[-\frac{1}{k_{\mathrm{B}}T_{\mathrm{eq}}}\mathscr{H}(\boldsymbol{p}',\boldsymbol{r}')(3N+1)/g\right]}{\iint\mathrm{d}\boldsymbol{p}'^N\mathrm{d}\boldsymbol{r}'^N\exp[-\frac{1}{k_{\mathrm{B}}T_{\mathrm{eq}}}\mathscr{H}(\boldsymbol{p}',\boldsymbol{r}')(3N+1)/g]}}{\dfrac{\iint\mathrm{d}\boldsymbol{p}'^N\mathrm{d}\boldsymbol{r}'^N(1/s)\exp\left[-\frac{1}{k_{\mathrm{B}}T_{\mathrm{eq}}}\mathscr{H}(\boldsymbol{p}',\boldsymbol{r}')(3N+1)/g\right]}{\iint\mathrm{d}\boldsymbol{p}'^N\mathrm{d}\boldsymbol{r}'^N\exp\left[-\frac{1}{k_{\mathrm{B}}T_{\mathrm{eq}}}\mathscr{H}(\boldsymbol{p}',\boldsymbol{r}')(3N+1)/g\right]}}\\&=\frac{\iint\mathrm{d}\boldsymbol{p}'^N\mathrm{d}\boldsymbol{r}'^N M(\boldsymbol{p}',\boldsymbol{r}')\exp\left[-\frac{1}{k_{\mathrm{B}}T_{\mathrm{eq}}}\mathscr{H}(\boldsymbol{p}',\boldsymbol{r}')3N/g\right]}{\iint\mathrm{d}\boldsymbol{p}'^N\mathrm{d}\boldsymbol{r}'^N\exp\left[-\frac{1}{k_{\mathrm{B}}T_{\mathrm{eq}}}\mathscr{H}(\boldsymbol{p}',\boldsymbol{r}')3N/g\right]}\\&\quad\times\frac{\exp\left[\frac{1}{k_{\mathrm{B}}T_{\mathrm{eq}}}\left(\frac{p_s^2}{2Q}-E\right)\right]}{\exp\left[\frac{1}{k_{\mathrm{B}}T_{\mathrm{eq}}}\left(\frac{p_s^2}{2Q}-E\right)\right]}\\&=\frac{\iint\mathrm{d}\boldsymbol{p}'^N\mathrm{d}\boldsymbol{r}'^N M(\boldsymbol{p}',\boldsymbol{r}')\exp\left[-\frac{1}{k_{\mathrm{B}}T_{\mathrm{eq}}}\mathscr{H}(\boldsymbol{p}',\boldsymbol{r}')3N/g\right]}{\iint\mathrm{d}\boldsymbol{p}'^N\mathrm{d}\boldsymbol{r}'^N\exp\left[-\frac{1}{k_{\mathrm{B}}T_{\mathrm{eq}}}\mathscr{H}(\boldsymbol{p}',\boldsymbol{r}')3N/g\right]}\end{aligned} \tag{5.94}$$

式中用到了 $s=\exp\left[\left(\mathscr{H}(\boldsymbol{p}',\boldsymbol{r}')+\frac{p_s^2}{2Q}-E\right)\Big/(gk_\mathrm{B}T_\mathrm{eq})\right]$。如果取 $g=3N$，则式(5.94)即为

$$\frac{\langle M(\boldsymbol{p}',\boldsymbol{r}')/s\rangle}{\langle 1/s\rangle}=\langle M(\boldsymbol{p}',\boldsymbol{r}')\rangle_{NVT} \tag{5.95}$$

式(5.95)表明，可以取等步长的实际时间求得正则系综的热力学平均值。但是参数 g 为 $3N$，不同于式(5.87)中的 $3N+1$。虽然看起来差别很小，但是这意味着体系的演化轨迹和方程完全不同。

也可以通过实坐标和虚坐标的变换关系，将体系的运动方程用实体系的广义坐标和广义动量来表达[200,201]：

$$\frac{\mathrm{d}\boldsymbol{r}'_i}{\mathrm{d}t'}=\frac{\boldsymbol{p}'_i}{m_i} \tag{5.96}$$

$$\frac{\mathrm{d}\boldsymbol{p}'_i}{\mathrm{d}t'}=-\frac{\partial\phi(\boldsymbol{r}'_1,\boldsymbol{r}'_2,\cdots,\boldsymbol{r}'_N)}{\partial\boldsymbol{r}'_i}-\frac{p'_s s'}{Q}p'_i \tag{5.97}$$

$$\frac{1}{s}\frac{\mathrm{d}s'}{\mathrm{d}t'}=\frac{p'_s s'}{Q} \tag{5.98}$$

$$\frac{s'\mathrm{d}\boldsymbol{p}'_s}{Q\mathrm{d}t'}=\frac{1}{Q}\left[\sum_{i=1}^{N}\frac{\boldsymbol{p}'^2_i}{m_i}-(3N+1)k_\mathrm{B}T_\mathrm{eq}\right] \tag{5.99}$$

Hoover 通过引入变量 $\zeta=s'p'_s/Q$ 简化了上面的方程组[202]。引入新变量后，新的体系运动方程组变为

$$\begin{cases}\dfrac{\mathrm{d}\boldsymbol{r}'_i}{\mathrm{d}t'}=\dfrac{\boldsymbol{p}'_i}{m_i}\\[2ex] \dfrac{\mathrm{d}\boldsymbol{p}'_i}{\mathrm{d}t'}=-\dfrac{\partial\phi(\boldsymbol{r}'_1,\boldsymbol{r}'_2,\cdots,\boldsymbol{r}'_N)}{\partial\boldsymbol{r}'_i}-\zeta\boldsymbol{p}'_i\\[2ex] \dfrac{\mathrm{d}s'}{\mathrm{d}t'}=s\zeta\\[2ex] \dfrac{\mathrm{d}\zeta}{\mathrm{d}t'}=\dfrac{1}{Q}\left(\displaystyle\sum_{i=1}^{N}\dfrac{\boldsymbol{p}'^2_i}{m_i}-3Nk_\mathrm{B}T_\mathrm{eq}\right)\end{cases} \tag{5.100}$$

式(5.100)称为 Nosé-Hoover 方程，通常被用来描述体系的动力学演化。其中第三个方程是冗余的，在后面的讨论中不再出现。Nosé-Hoover 方程的物理意义非常明确。其中动量的导数项，除了真实受力外，另外多了一项阻尼项。此阻尼项的大小和正负与 ζ 的取值有关。而最后一个方程则非常明确地给出了 ζ 的取值趋向，其本质上是一个温度的负反馈。方程中 $\sum_{i=1}^{n}\frac{\boldsymbol{p}'^2_i}{m_i}$ 是体系的实际温度，而 $3Nk_\mathrm{B}T_\mathrm{eq}$ 则是设定的目标温度。因此当体系的实际温度高于设定温度时，通过一个正的 ζ 值来降低整个体系的动能。而 Q 则决定这个温度控制负反馈的速度。当 Q 值比较大时，负反馈比较慢，Q 值越小，则实际温度和设定温度的偏差就越小。在具体应用中，应注意对 Q 值的选择。Q 值过大，体系与热浴耦合过弱，会导致 Nosé-Hoover 相空间采样效率过于低下。反之，若 Q 选取过小，体系的温度振荡频率过高，将导致体系偏离正则分布。因此，一般而言，Q 的选取应使得体系的

温度振荡频率接近于其声子的频率。例如，可依据下式估算 Q：

$$Q = \frac{3Nk_B T_{eq}}{\bar{\omega}^2} = \frac{3Nk_B T_{eq}}{\frac{1}{3N}\sum_{i=1}^{3N}\omega_i^2} \tag{5.101}$$

再通过计算温度振荡频率的结果优化 Q 的取值。

Hoover 给出了严格的证明，指出式(5.100)是唯一可以正确描述正则系综相空间轨迹演化的运动方程[202]。为了证明这点，首先写出实变量下 Nosé-Hoover 热浴下的守恒量

$$\mathscr{H}_{Nosé} = \sum_{i=1}^{N}\frac{\boldsymbol{p}_i'^2}{2m_i} + \phi(\boldsymbol{r}_1', \boldsymbol{r}_2', \cdots, \boldsymbol{r}_N') + \frac{\zeta^2 Q}{2} + 3Nk_B T_{eq}\ln s' \tag{5.102}$$

式中：$gk_B T_{eq}\ln s'$ 使得 $\mathscr{H}_{Nosé}$ 并不是严格的哈密顿量，因为无法由其推出体系的运动方程(5.100)。但是在相空间中对于该增广体系仍然可以写出下列关于概率密度流 f 的守恒式：

$$\frac{\mathrm{d}f(\boldsymbol{r}', \boldsymbol{p}', \zeta)}{\mathrm{d}t'} = \frac{\partial f}{\partial t'} + \sum_{i=1}^{3N}\left\{\dot{\boldsymbol{r}}_i' \frac{\partial f}{\partial \boldsymbol{r}_i'} + \dot{\boldsymbol{p}}_i' \frac{\partial f}{\partial \boldsymbol{p}_i'}\right\} + \dot{\zeta}\frac{\partial f}{\partial \zeta} = 0 \tag{5.103}$$

即体系的运动轨迹在相空间内占据的体积随时间守恒。考虑如下情形：概率密度流 f 正比于正则分布函数 $f(\boldsymbol{r}', \boldsymbol{p}', \zeta)$，即

$$f(\boldsymbol{r}', \boldsymbol{p}', \zeta) \propto \exp\left[-\left(\sum_{i=1}^{N}\frac{\boldsymbol{p}_i'^2}{2m_i} + \phi(\boldsymbol{r}_1', \boldsymbol{r}_2', \cdots, \boldsymbol{r}_N') + \frac{\zeta^2 Q}{2}\right)/(k_B T_{eq})\right] \tag{5.104}$$

将式(5.104)代入式(5.103)，可得所有的非零项如下：

$$\begin{cases} \sum_{i=1}^{3N}\dot{\boldsymbol{r}}_i' \frac{\partial f}{\partial \boldsymbol{r}_i'} = \frac{f}{k_B T_{eq}}\sum_{i=1}^{3N}\frac{\boldsymbol{F}_i' \boldsymbol{p}_i'}{m_i} \\ \sum_{i=1}^{3N}\dot{\boldsymbol{p}}_i' \frac{\partial f}{\partial \boldsymbol{p}_i'} = \frac{f}{k_B T_{eq}}\sum_{i=1}^{3N}\frac{(-\boldsymbol{F}_i' + \zeta \boldsymbol{p}_i')\boldsymbol{p}_i'}{m_i} \\ \dot{\zeta}\frac{\partial f}{\partial \zeta} = \frac{f}{k_B T_{eq}}\sum_{i=1}^{3N}\boldsymbol{p}_i'^2\zeta/m_i + 3Nk_B T_{eq}\zeta \\ \sum_{i=1}^{3N}\frac{\partial \dot{\boldsymbol{p}}_i'}{\partial \boldsymbol{p}_i} = \frac{f}{k_B T_{eq}}(-3Nk_B T_{eq}\zeta) \end{cases} \tag{5.105}$$

其中第三个方程用到了 Hoover 方程组(5.100)中的第四个方程。可以看出，以上方程组中的所有项求和为零。因此正则分布函数式(5.104)是相空间中概率密度流的一个稳态平衡解。特别是，当且仅当 ζ 遵循方程(5.100)，正则分布函数式(5.104)才满足方程(5.103)。因此，Nosé-Hoover 热浴是唯一可以正确描述正则系综相空间轨迹演化的方法。

为了导出采用 Nosé-Hoover 热浴的正则系综的位置与速度的递推公式，我们重新写出 Hoover 方程组(5.100)。为了与大部分文献一致，对 Hoover 方程组做少许修改。首先将表示实参量的上标"′"去掉，其次引入一个新的变量 ξ，满足关系式

$$\zeta = \frac{\mathrm{d}\xi}{\mathrm{d}t} = \frac{p_\xi}{Q}$$

这样，Hoover 方程组的新形式为

$$\begin{cases} \dfrac{\mathrm{d}\boldsymbol{r}_i}{\mathrm{d}t} = \dfrac{\boldsymbol{p}_i}{m_i} \\ \dfrac{\mathrm{d}\boldsymbol{p}_i}{\mathrm{d}t} = -\dfrac{\partial \phi(\boldsymbol{r}_1, \boldsymbol{r}_2, \cdots, \boldsymbol{r}_N)}{\partial \boldsymbol{r}_i} - \dfrac{p_\xi}{Q}\boldsymbol{p}_i \\ \dfrac{\mathrm{d}\xi}{\mathrm{d}t} = \dfrac{p_\xi}{Q} \\ \dfrac{\mathrm{d}\boldsymbol{p}_\xi}{\mathrm{d}t} = \sum_{i=1}^{N} \dfrac{\boldsymbol{p}_i^2}{m_i} - 3Nk_\mathrm{B} T_\mathrm{eq} \end{cases} \tag{5.106}$$

根据运动方程(5.100)以及速度 Verlet 算法，可以写出要求的正则系综的递推公式[203]，即

$$\begin{cases} \boldsymbol{r}_i(t+\Delta t) = \boldsymbol{r}_i(t) + \boldsymbol{v}_i(t)\Delta t + \dfrac{\Delta t^2}{2}\left(\dfrac{\boldsymbol{F}_i(t)}{m_i} - v_\xi(t)\boldsymbol{v}_i(t)\right) \\ \boldsymbol{v}_i(t+\Delta t) = \boldsymbol{v}_i(t) + \dfrac{\Delta t}{2}\left(\dfrac{\boldsymbol{F}_i(t+\Delta t)}{m_i} - \xi(t+\Delta t)\boldsymbol{v}_i(t+\Delta t) + \dfrac{\boldsymbol{F}_i(t)}{m_i} - v_\xi(t)\boldsymbol{v}_i(t)\right) \\ \xi(t+\Delta t) = \xi(t) + v_\xi(t) + G_\xi(t)\,\dfrac{\Delta t^2}{2} \\ v_\xi(t+\Delta t) = v_\xi(t) + [G_\xi(t+\Delta t) + G_\xi(t)]\,\dfrac{\Delta t}{2} \end{cases} \tag{5.107}$$

式中

$$\boldsymbol{F}_i = -\partial\phi/\partial\boldsymbol{r}_i$$

$$G_\xi(t) = \frac{1}{Q}\left[\sum_{i=1}^{N} m_i \boldsymbol{v}_i^2 - 3Nk_\mathrm{B} T_\mathrm{eq}\right] \tag{5.108}$$

在求解方程组(5.107)时会遇到困难，即新时刻的速度 $\boldsymbol{v}'_i(t+\Delta t)$ 同时出现在方程的左、右两端。因此不能直接选用 5.3.2 节中介绍的速度 Verlet 算法更新体系轨迹。一般而言，需要迭代求解 $\boldsymbol{v}_i(t+\Delta t)$：

$$\boldsymbol{v}_i^k(t+\Delta t) = \frac{\boldsymbol{v}_i(t) + \left[\dfrac{\boldsymbol{F}_i(t)}{m_i} - \boldsymbol{v}_i(t)v_\xi(t) + \dfrac{\boldsymbol{F}_i(t+\Delta t)}{m_i}\right]\dfrac{\Delta t}{2}}{[1 + (\Delta t/2)v_\xi^{k-1}(t+\Delta t)]} \tag{5.109}$$

$$v_\xi^k(t+\Delta t) = v_\xi(t) + [G_\xi(t) + G_\xi^k(t+\Delta t)]\frac{\Delta t}{2} \tag{5.110}$$

式中：上标 k 代表迭代次数。初始值设为

$$v_\xi^0(t+\Delta t) = v_\xi(t-\Delta t) + 2G_\xi(t)\Delta t$$

由此开始迭代，直至 $\boldsymbol{v}_i$ 和 v_ξ 收敛。

5.4.1.4　Nosé-Hoover 链

在模拟固体的时候，Nosé-Hoover 热浴有可能会遇到困难。比如在模拟简谐振子的时候，Nosé-Hoover 热浴无法遍历体系的各个微观态。为了解决这个困难，Martyna 引入了 Nosé-Hoover 链(Nosé-Hoover chain，NHC) 方法[203]。

顾名思义，NHC 方法中，体系与一个热浴耦合，该热浴再与第二个热浴耦合，依

此类推，直至体系在相空间中的轨迹符合正则分布为止。设一共有 M 个热浴依次耦合，则类似于方程(5.107)，有

$$\begin{cases}\dfrac{\mathrm{d}\boldsymbol{r}_i}{\mathrm{d}t}=\dfrac{\boldsymbol{p}_i}{m_i}\\ \dfrac{\mathrm{d}\boldsymbol{p}_i}{\mathrm{d}t}=-\dfrac{\partial\phi(\boldsymbol{r}_1,\boldsymbol{r}_2,\cdots,\boldsymbol{r}_N)}{\partial\boldsymbol{r}_i}-\dfrac{p_{\xi_1}}{Q_1}\boldsymbol{p}_i\\ \dfrac{\mathrm{d}\xi_k}{\mathrm{d}t}=\dfrac{p_{\xi_k}}{Q_k},\quad k=1,2,\cdots,M\\ \dfrac{\mathrm{d}p_{\xi_1}}{\mathrm{d}t}=\displaystyle\sum_{i=1}^{N_{\mathrm{atom}}}\dfrac{\boldsymbol{p}_i^2}{m_i}-3Nk_{\mathrm{B}}T_{\mathrm{eq}}-\xi_2 p_{\xi_1}\\ \dfrac{\mathrm{d}p_{\xi_j}}{\mathrm{d}t}=\left(\dfrac{p_{\xi_{j-1}}^2}{Q_{j-1}}-k_{\mathrm{B}}T_{\mathrm{eq}}\right)-\xi_{j+1}p_{\xi_j},\quad j=2,3,\cdots,M-1\\ \dfrac{\mathrm{d}p_{\xi_M}}{\mathrm{d}t}=\dfrac{p_{\xi_{M-1}}^2}{Q_{M-1}}-k_{\mathrm{B}}T_{\mathrm{eq}}\end{cases}\tag{5.111}$$

显然，NHC 的递推算法也可以由上面介绍的迭代算法实现。但是这种算法会破坏 NHC 的时间反演性。因此，Martyna 等人利用 5.3.1 节中介绍的刘维尔算符发展了一套显式可逆运动方程积分算法(explicit reversible integrator, ERI)，用来求解上述 NHC 方程组[204]。体系的演化方程可以写为

$$\eta(t)=\mathrm{e}^{\mathrm{i}\hat{L}t}\eta(0)\tag{5.112}$$

该式等价于方程(5.49)。该式中刘维尔算符定义为

$$\mathrm{i}\hat{L}=\dot{\eta}\,\boldsymbol{\nabla}_\eta\tag{5.113}$$

其中：$\eta=\{\boldsymbol{r}',\boldsymbol{p}',\xi_k,p_{\xi_k}\}$，而 $\dot{\eta}$ 表示各变量对实时间 t' 的求导。由方程组(5.111)，不难得到 NHC 对应的刘维尔算符 $\mathrm{i}\hat{L}_{\mathrm{NHC}}$：

$$\begin{aligned}\mathrm{i}\hat{L}_{\mathrm{NHC}}=&\sum_{i=1}^{N}\boldsymbol{v}'_i\cdot\boldsymbol{\nabla}_{\boldsymbol{r}'_i}+\sum_{i=1}^{N}\left(\frac{\boldsymbol{F}'_i}{m_i}\right)\cdot\boldsymbol{\nabla}_{\boldsymbol{v}'_i}-\sum_{i=1}^{N}v_{\xi_1}\boldsymbol{v}'_i\cdot\boldsymbol{\nabla}_{\boldsymbol{v}'_i}+\sum_{k=1}^{M}v_{\xi_k}\frac{\partial}{\partial\xi_k}\\&+\sum_{k=1}^{M-1}(G_k-v_{\xi_k}v_{\xi_{k+1}})\frac{\partial}{\partial v_{\xi_k}}+G_M\frac{\partial}{\partial v_{\xi_M}}\end{aligned}\tag{5.114}$$

式中

$$G_1=\frac{1}{Q_1}\left(\sum_{i=1}^{N}m_i\boldsymbol{v}'^2_i-3Nk_{\mathrm{B}}T_{\mathrm{eq}}\right)\tag{5.115}$$

$$G_k=\frac{1}{Q_k}(Q_{k-1}v_{\xi_{k-1}}^2-k_{\mathrm{B}}T_{\mathrm{eq}}),\quad k=2,3,\cdots,M\tag{5.116}$$

与 5.3.1 节中的讨论类似，将 $\mathrm{i}\hat{L}_{\mathrm{NHC}}$ 分解为位型相关部分 $\mathrm{i}\hat{L}_r$(式(5.114) 右端第一项)、速度相关部分 $\mathrm{i}\hat{L}_v$(式(5.114) 右端第二项)以及与耦合热浴相关的部分 $\mathrm{i}\hat{L}_t$(式(5.114) 右端其余部分)，则有

$$\mathrm{i}\hat{L}_{\mathrm{NHC}}=\mathrm{i}\hat{L}_r+\mathrm{i}\hat{L}_v+\mathrm{i}\hat{L}_t$$

根据 Trotter 恒等式(5.51)，演化算符可以写为

$\exp(\mathrm{i}\hat{L}_{\mathrm{NHC}}\Delta t)$

$$= \exp(\mathrm{i}\hat{L}_t\Delta t/2)\exp(\mathrm{i}\hat{L}_v\Delta t/2)\exp(\mathrm{i}\hat{L}_r\Delta t)\exp(\mathrm{i}\hat{L}_v\Delta t/2)\exp(\mathrm{i}\hat{L}_t\Delta t/2) + \mathcal{O}(\Delta t^3) \tag{5.117}$$

式中：$\exp(\mathrm{i}\hat{L}_t\Delta t/2)$ 可以进一步分解到更小的时间步长上：

$$\exp(\mathrm{i}\hat{L}_t\Delta t/2) = \prod_{j=1}^{n_c}\exp\left(\frac{\mathrm{i}\hat{L}_t\Delta t}{2n_c}\right) \tag{5.118}$$

一般情况下可取 n_c 为 1。但是在 Q 比较大的情况下 n_c 必须取更大的值，以保证体系演化轨迹的精确度。写出 $\Delta t/2n_c$ 上的作用量，并避免更新 v_{ξ_k} 时出现含奇点的双曲正弦函数[204]，有

$$\begin{aligned}
\exp\left(\frac{\mathrm{i}\hat{L}_t\Delta t}{2n_c}\right) &= \exp\left(\frac{\Delta t}{4n_c}G_M\frac{\partial}{\partial v_{\xi_M}}\right)\exp\left(-\frac{\Delta t}{8n_c}v_{\xi_M}v_{\xi_{M-1}}\frac{\partial}{\partial v_{\xi_{M-1}}}\right)\exp\left(\frac{\Delta t}{4n_c}G_{M-1}\frac{\partial}{\partial v_{\xi_{M-1}}}\right)\\
&\times\exp\left(-\frac{\Delta t}{8n_c}v_{\xi_M}v_{\xi_{M-1}}\frac{\partial}{\partial v_{\xi_{M-1}}}\right)\times\cdots\times\exp\left(-\frac{\Delta t}{8n_c}v_{\xi_2}v_{\xi_1}\frac{\partial}{\partial v_{\xi_1}}\right)\\
&\times\exp\left(\frac{\Delta t}{4n_c}G_1\frac{\partial}{\partial v_{\xi_1}}\right)\exp\left(-\frac{\Delta t}{8n_c}v_{\xi_2}v_{\xi_1}\frac{\partial}{\partial v_{\xi_1}}\right)\exp\left(-\frac{\Delta t}{2n_c}\sum_{i=1}^{N_{\mathrm{atom}}}v_{\xi_1}\boldsymbol{v}'_i\,\boldsymbol{\nabla}_{v'_i}\right)\\
&\times\exp\left(\frac{\Delta t}{2n_c}\sum_{k=1}^{M}v_{\xi_k}\frac{\partial}{\partial\xi_k}\right)\exp\left(-\frac{\Delta t}{8n_c}v_{\xi_2}v_{\xi_1}\frac{\partial}{\partial v_{\xi_1}}\right)\exp\left(\frac{\Delta t}{4n_c}G_1\frac{\partial}{\partial v_{\xi_1}}\right)\\
&\times\exp\left(-\frac{\Delta t}{8n_c}v_{\xi_2}v_{\xi_1}\frac{\partial}{\partial v_{\xi_1}}\right)\times\cdots\times\exp\left(\frac{\Delta t}{4n_c}G_M\frac{\partial}{\partial v_{\xi_M}}\right)
\end{aligned} \tag{5.119}$$

方程(5.117)至方程(5.119)构成了满足时间反演的 NHC 递推算法。虽然方程(5.119)比较繁杂，但是将其转换为各变量的更新步骤后就显得非常简单和直接。以该方程中的一项为例：

$$\begin{aligned}
&\exp\left(\frac{\Delta t}{4n_c}G_M\frac{\partial}{\partial v_{\xi_M}}\right)\boldsymbol{f}(\{\boldsymbol{r}'_i\},\{\boldsymbol{p}'_i\},\{\xi_k\},\{v_{\xi_k}\})\\
&=\sum_{n=0}^{\infty}\frac{[G_M\Delta t/(4n_c)]^n}{n!}\frac{\partial^n}{\partial v_{\xi_M}^n}\boldsymbol{f}(\{\boldsymbol{r}'_i\},\{\boldsymbol{p}'_i\},\{\xi_k\},\{v_{\xi_k}\})
\end{aligned}$$

很显然，这正是 $\boldsymbol{f}(\{\boldsymbol{r}'_i\},\{\boldsymbol{p}'_i\},\{\xi_k\},\{v_{\xi_k}\},v_{\xi_M}+G_M\Delta t/4n_c)$ 的泰勒展开式。因此

$$\exp\left(\frac{\Delta t}{4n_c}G_k\frac{\partial}{\partial v_{\xi_k}}\right):\ v_{\xi_k}\rightarrow v_{\xi_k}+\frac{G_k\Delta t}{4n_c} \tag{5.120}$$

类似地有

$$\exp\left(\frac{\Delta t v_{\xi_k}}{2n_c}\frac{\partial}{\partial\xi_k}\right):\ \xi_k\rightarrow\xi_k+\frac{v_{\xi_k}\Delta t}{2n_c} \tag{5.121}$$

$$\exp(\mathrm{i}\hat{L}_r\Delta t):\ \boldsymbol{r}'_i\rightarrow\boldsymbol{r}'_i+\boldsymbol{v}'_i\Delta t \tag{5.122}$$

$$\exp(\mathrm{i}\hat{L}_v\Delta t/2):\ \boldsymbol{v}'_i\rightarrow\boldsymbol{v}'_i+\frac{\boldsymbol{F}'_i}{m_i}\frac{\Delta t}{2} \tag{5.123}$$

此外，式(5.118)中还有一类算符形如 $\exp\left(ax\frac{\partial}{\partial x}\right)$。利用复合函数的泰勒展开式，有恒等式[195]

$$\exp\left(ax\frac{\partial}{\partial x}\right)f(x)=\exp\left(a\frac{\partial}{\partial\ln x}\right)f(\exp(\ln x))$$

$$= f(\exp(\ln x + a)) = f(x\exp a)$$

因此可得

$$\exp\left(-\frac{\Delta t}{8n_c}v_{\xi_{k+1}}v_{\xi_k}\frac{\partial}{\partial v_{\xi_k}}\right): v_{\xi_k} \to v_{\xi_k}\exp\left(-v_{\xi_{k+1}}\frac{\Delta t}{8n_c}\right) \tag{5.124}$$

$$\exp\left(-\frac{\Delta t}{2n_c}v_{\xi_1 v'_i}\nabla v'_i\right): \boldsymbol{v}'_i \to \boldsymbol{v}'_i\exp\left(-v_{\xi_1}\frac{\Delta t}{2n_c}\right) \tag{5.125}$$

方程(5.119)至方程(5.124)明确给出了 NHC 中更新轨迹的方法。由此可得相应的 MD 算法如下。

算法 5.3

(1) 设 $t=0$，给定初始状态：原子 i 的位置 $\boldsymbol{r}_i(t)$、速度 $\boldsymbol{v}'_i(t)$，$i=1,2,\cdots,N$。设定各热浴的相关参数 Q_k、ξ_k、v_{ξ_k} $(k=1,2,\cdots,M)$ 以及目标温度 T_{eq}。

(2) 调用子程序 FORCE 计算原子受力 $\boldsymbol{F}'_i(t)$ $(i=1,2,\cdots,N)$ 以及体系动能 EKIN。

(3) 调用子程序 INTEGER。

(4) 利用方程(5.53)更新位置 $\boldsymbol{r}_i(t+\Delta t)=\boldsymbol{r}_i(t)+\boldsymbol{v}_i(t)\Delta t+\dfrac{\boldsymbol{F}_i(t)}{2m}\Delta t^2$；部分更新速度 $\boldsymbol{v}''_i=\boldsymbol{v}_i(t)+\dfrac{\boldsymbol{F}_i(t)}{2m_i}\Delta t$。

(5) 调用子程序 FORCE 计算受力 $\boldsymbol{F}'_i(t+\Delta t)$，$i=1,2,\cdots,N$。

(6) 更新速度 $\boldsymbol{v}'_i(t+\Delta t)=\boldsymbol{v}''_i+\dfrac{\boldsymbol{F}'_i(t+\Delta t)}{2m_i}\Delta t$。

(7) 调用子程序 INTEGER。

(8) 设 $t=t+\Delta t$，重复步骤(2)。

其中子程序 INTEGER 的具体内容如下。

算法 5.4

SCALE $=1$；$\Delta t_c=\Delta t/n_c$

DO $l=1,n_c$

$G_M=(Q_{M-1}v^2_{\xi_{M-1}}-k_\text{B}T_{\text{eq}})/Q_M$

$v_{\xi_M}=v_{\xi_M}+(\Delta t_c/4)G_M$

$v_{\xi_{M-1}}=v_{\xi_{M-1}}\exp(-\Delta t_c v_{\xi_M}/8)$

$G_{M-1}=(Q_{M-2}v^2_{\xi_{M-2}}-k_\text{B}T_{\text{eq}})/Q_{M-1}$

$v_{\xi_{M-1}}=v_{\xi_{M-1}}+(\Delta t_c/4)G_{M-1}$

$v_{\xi_{M-1}}=v_{\xi_{M-1}}\exp(-\Delta t_c v_{\xi_M}/8)$

⋮

$v_{\xi_1}=v_{\xi_2}\exp(-\Delta t_c v_{\xi_2}/8)$

$G_1=(\text{EKIN}-3Nk_\text{B}T_{\text{eq}})/Q_1$

$v_{\xi_1}=v_{\xi_1}+(\Delta t_c/4)G_1$

$v_{\xi_1}=v_{\xi_1}\exp(-\Delta t_c v_{\xi_2}/8)$

SCALE $=$ SCALE $\times\exp(-\Delta t_c v_{\xi_1}/2)$

```
EKIN = EKIN × exp(− Δt_c v_{ξ_1})
DO  k = 1,2,…,M
    ξ_k = ξ_k + Δt_c v_{ξ_k}/2
ENDDO
v_{ξ_1} = v_{ξ_2} exp(− Δt_c v_{ξ_2}/8)
G_1 = (EKIN − 3N_atom k_B T_eq)/Q_1
v_{ξ_1} = v_{ξ_1} + (Δt_c/4)G_1
v_{ξ_1} = v_{ξ_1} exp(− Δt_c v_{ξ_2}/8)
      ⋮
v_{ξ_{M−1}} = v_{ξ_{M−1}} exp(− Δt_c v_{ξ_M}/8)
G_{M−1} = (Q_{M−2} v²_{ξ_{M−2}} − k_B T_eq)/Q_{M−1}
v_{ξ_{M−1}} = v_{ξ_{M−1}} + (Δt_c/4)G_{M−1}
v_{ξ_{M−1}} = v_{ξ_{M−1}} exp(− Δt_c v_{ξ_M}/8)
G_M = (Q_{M−1} v²_{ξ_{M−1}} − k_B T_eq)/Q_M
v_{ξ_M} = v_{ξ_M} + (Δt_c/4)G_M
ENDDO
DO i = 1,2,…,N
  v'_i = v'_i × SCALE
ENDDO
```

5.4.2 等温等压系综

等温等压是在实验中更容易控制的条件。相应的系综为等温等压系综(isothermal-isobaric ensemble)。为简单起见，在这里只考虑静水压情况，即体系体积可以变化，但是形状不会改变。与正则系综类似，为了得到等温等压系综下物理量的平均值，同样需要构筑适当的增广拉格朗日量。

设体系与一个恒压器接触，而该恒压器又仅与一个热浴接触，则此等温等压系综的运动方程为

$$
\begin{cases}
\dfrac{\mathrm{d}\boldsymbol{r}_i}{\mathrm{d}t}=\dfrac{\boldsymbol{p}_i}{m_i}+\dfrac{p_\varepsilon}{W}\boldsymbol{r}_i \\
\dfrac{\mathrm{d}\boldsymbol{p}_i}{\mathrm{d}t}=-\dfrac{\partial\phi(\boldsymbol{r}_1,\boldsymbol{r}_2,\cdots,\boldsymbol{r}_N)}{\partial\boldsymbol{r}_i}-\left(1+\dfrac{\kappa}{3N}\right)\dfrac{p_\varepsilon}{W}\boldsymbol{p}_i-\dfrac{p_\xi}{Q}\boldsymbol{p}_i \\
\dfrac{\mathrm{d}V}{\mathrm{d}t}=\dfrac{\mathrm{d}Vp_\varepsilon}{W} \\
\dfrac{\mathrm{d}p_\varepsilon}{\mathrm{d}t}=\mathrm{d}V(P_{\mathrm{int}}-P_{\mathrm{ext}})+\dfrac{\kappa}{3N}\sum_{i=1}^{N}\dfrac{\boldsymbol{p}_i^2}{m_i}-\dfrac{p_\xi}{Q}p_\varepsilon \\
\dfrac{\mathrm{d}\xi}{\mathrm{d}t}=\dfrac{p_\xi}{Q} \\
\dfrac{\mathrm{d}p_\xi}{\mathrm{d}t}=\sum_{i=1}^{N_{\mathrm{atom}}}\dfrac{\boldsymbol{p}_i^2}{m_i}+\dfrac{p_\varepsilon^2}{W}-(3N+1)k_\mathrm{B}T_{\mathrm{eq}}
\end{cases}
\tag{5.126}
$$

式中：$3N$ 代表体系中粒子的自由度，若有约束条件则数值会相应改变。为了避免与微分符号混淆，这里以 κ 代表体系的维数。恒压器在式(5.126)中通过三个变量加以表现，即 p_ε、W、ε，其中 p_ε 为恒压器的动量，W 表现为 ε 的"质量"，而

$$\varepsilon = \ln (V/V_0) \tag{5.127}$$

式中：V_0 是初始时刻的系统体积。P_{ext} 为指定压强，且有

$$P_{\text{int}} = \frac{1}{\mathrm{d}V}\left[\sum_{i=1}^{N}\frac{\boldsymbol{p}_i^2}{m_i} + \sum_{i=1}^{N}\boldsymbol{r}_i \cdot \boldsymbol{F}_i - \mathrm{d}V\frac{\partial\phi(\boldsymbol{r},V)}{\partial V}\right] \tag{5.128}$$

而相应的守恒量为

$$H = \sum_{i=1}^{N}\frac{\boldsymbol{p}_i^2}{2m_i} + \phi(\boldsymbol{r}_1,\boldsymbol{r}_2,\cdots,\boldsymbol{r}_N) + \frac{p_\varepsilon^2}{2W} + \frac{p_\xi^2}{2Q} + (3N+1)k_{\mathrm{B}}\xi + P_{\text{ext}}V \tag{5.129}$$

Martyna 在文献[203]中给出了等温等压系综在静水压条件下演化轨迹的递推公式：

$$\begin{cases}
\boldsymbol{r}_i(t+\Delta t) = \mathrm{e}^{|\varepsilon(t+\Delta t)-\varepsilon(t)|}\left\{\boldsymbol{r}_i(t) + \boldsymbol{v}_i(t)\Delta t + \left[\dfrac{\boldsymbol{F}_i(t)}{m_i} - \boldsymbol{v}_i(t)v_\xi(t)\right.\right. \\
\qquad \left.\left. - \left(2+\dfrac{\kappa}{3N}\right)\boldsymbol{v}_i(t)v_\varepsilon(t)\right]\dfrac{\Delta t^2}{2}\right\} \\
\xi(t+\Delta t) = \xi(t) + v_\xi(t)\Delta t + G_\xi\dfrac{\Delta t^2}{2} \\
\varepsilon(t+\Delta t) = \varepsilon(t) + v_\varepsilon(t)\Delta t + \left[\dfrac{F_\varepsilon(t)}{W} - v_\xi(t)v_\kappa(t)\right]\dfrac{\Delta t^2}{2} \\
\boldsymbol{v}_i(t+\Delta t) = \mathrm{e}^{|\varepsilon(t+\Delta t)-\varepsilon(t)|}\left\{\boldsymbol{v}_i(t) + \left[\dfrac{\boldsymbol{F}_i(t)}{m_i} - \boldsymbol{v}_i(t)v_\xi(t) - \left(2+\dfrac{\kappa}{3N}\right)\boldsymbol{v}_i(t)v_\varepsilon(t)\right]\dfrac{\Delta t}{2}\right\} \\
\qquad + \left[\dfrac{\boldsymbol{F}_i(t+\Delta t)}{m_i} - \boldsymbol{v}_i(t+\Delta t)v_\xi(t+\Delta t)\right. \\
\qquad \left. - \left(2+\dfrac{\kappa}{3N}\right)\boldsymbol{v}_i(t+\Delta t)v_\varepsilon(t+\Delta t)\right]\dfrac{\Delta t}{2} \\
v_\xi(t+\Delta t) = v_\xi(t) + [G_\xi(t+\Delta t) + G_\xi(t)]\dfrac{\Delta t}{2} \\
v_\kappa(t+\Delta t) = v_\kappa(t) + \left[\dfrac{F_\varepsilon(t)}{W} - v_\varepsilon(t)v_\xi(t)\right]\dfrac{\Delta t}{2} \\
\qquad + \left[\dfrac{F_\varepsilon(t+\Delta t)}{W} - v_\varepsilon(t+\Delta t)v_\xi(t+\Delta t)\right]\dfrac{\Delta t}{2}
\end{cases} \tag{5.130}$$

式中

$$\begin{cases}
G_\xi(t) = \dfrac{1}{Q}\left[\sum\limits_i m\boldsymbol{v}_i(t) + Wv_\varepsilon(t)^2 - (3N+1)k_{\mathrm{B}}T_{\text{eq}}\right] \\
F_\varepsilon(t) = \mathrm{d}V(P_{\text{int}} - P_{\text{ext}}) + \dfrac{\kappa}{3N}\sum\limits_i m_i\boldsymbol{v}_i(t)^2
\end{cases} \tag{5.131}$$

与关于正则系综以及 NHC 方法的讨论相同，方程组(5.130)表示的递推关系也可以通过迭代方法，或者 ERI 方法求解。具体的步骤过于烦琐，请参看文献[204]。

5.5　第一性原理分子动力学

5.5.1　波恩-奥本海默分子动力学

将原子视为经典低速粒子，则其遵循的运动方程即为式(5.2)。其中原子 I 的受力即为 3.4.7 节中介绍的 Hellmann-Feynman 力(见式(3.513))。在波恩-奥本海默近似成立的情况下，因为原子与电子的运动完全分离，所以可以利用 Verlet 算法方程(5.46) 求解原子 I 的运动轨迹：

$$\boldsymbol{R}_I(t+\Delta t)=2\boldsymbol{R}_I(t)+\boldsymbol{R}_I(t-\delta t)+\frac{(\Delta t)^2\boldsymbol{F}_I(t)}{M_I} \tag{5.132}$$

式(5.132)称为波恩-奥本海默分子动力学(Born-Oppenheimer molecular dynamics, BOMD)方程。显然，BOMD 方法与本章前几节介绍的完全相同，唯一的区别在于原子受力不是通过经验势，而是通过求解 t 时刻下体系的 Hartree-Fock 方程或者 Kohn-Sham 方程得到电子本征态，再将其代入方程(3.516)而获得。因为整个过程不借助拟合参数，所以精度无疑提高了很多。但是在具体应用时往往需要进行$10^4\sim10^6$ 步位置以及速度的更新，BOMD 方法的每一步都需要自洽求解电子本征态，显然效率比较低。

5.5.2　Car-Parrinello 分子动力学

1985 年，Car 和 Parrinello 提出了一种开创性的算法，称为 Car-Parrinello 分子动力学(Car-Parrinello molecular dynamics, CPMD)方法[205]。经过多年的发展，该方法现在已成为第一性原理分子动力学中最重要的一种方法。CPMD 方法通过构造包含原子构型$\{\boldsymbol{R}_I\}$与电子组态$\{\psi_i\}$的增广拉格朗日量 $\mathscr{L}$，实现了原子运动以及电子弛豫的统一的运动方程。此外，CPMD 将电子轨道的变化理解为“粒子”在基函数张开的希尔伯特空间中的运动(也即“位置”的变化)，因此提出了求解体系本征方程的一条新思路，其效率远高于最传统的直接对角化哈密顿矩阵的算法。

5.5.2.1　CPMD 基本公式及算法

给出体系的拉格朗日量[205]

$$\mathscr{L}=\sum_i^{N_e}\frac{\mu}{2}\int|\dot{\psi}_i(\boldsymbol{r})|^2\mathrm{d}\boldsymbol{r}+\sum_I^{N_{\mathrm{atom}}}\frac{M_I}{2}\dot{\boldsymbol{R}}_I^2-E[\{\psi_i\},\{\boldsymbol{R}_I\}]+\sum_{ij}\Lambda_{ij}\left[\int\psi_i^*(\boldsymbol{r})\psi_j(\boldsymbol{r})\mathrm{d}\boldsymbol{r}-\delta_{ij}\right] \tag{5.133}$$

式(5.133)右端前两项分别为电子态的“动能”和原子的动能，而 μ 代表电子态的伪质量，也即电子态改变的难易程度(惯性)；第三项为“势能”项，即给定原子坐标$\{\boldsymbol{R}_I\}$时体系的总能(参见方程(3.174))；最后一项代表约束条件——电子的本征态彼此正交，即

$$\langle \psi_i \mid \psi_j \rangle = \int \psi_i^*(\boldsymbol{r})\psi_j(\boldsymbol{r})\mathrm{d}\boldsymbol{r} = \delta_{ij} \tag{5.134}$$

而 Λ_{ij} 为拉格朗日乘子。可以看到，在方程(5.133)中原子坐标$\{\boldsymbol{R}_I\}$以及电子态$\{\psi_i(\boldsymbol{r})\}$被看作独立的变量而受到了等同处理。

从上述拉格朗日量出发，可以得到体系的运动方程

$$\begin{aligned}\mu\ddot{\psi}_i(\boldsymbol{r},t) &= -\frac{\delta E[\{\psi_i\},\{\boldsymbol{R}_I\}]}{\delta\psi^*(\boldsymbol{r})} + \sum_j \Lambda_{ij}\psi_j(\boldsymbol{r},t)\\ &= -H\psi_i(\boldsymbol{r},t) + \sum_j \Lambda_{ij}\psi_j(\boldsymbol{r},t)\end{aligned} \tag{5.135}$$

$$M_I\ddot{\boldsymbol{R}}_I = -\frac{\partial E[\{\psi_i\},\{\boldsymbol{R}_I\}]}{\partial \boldsymbol{R}_I} \tag{5.136}$$

式(5.135)的第二步利用了方程(3.178)，而式(5.136)与5.5.1节介绍的BOMD方法中的原子受力一样，即为Hellmann-Feynman力。类似于方程(5.132)，同样可以利用Verlet算法，将式(5.135)与式(5.136)写为差分形式，有

$$\psi_i(\boldsymbol{r},t+\Delta t) = 2\psi_i(\boldsymbol{r},t) - \psi_i(\boldsymbol{r},t-\Delta t) - \frac{(\Delta t)^2}{\mu}\left[H\psi_i(\boldsymbol{r},t) - \sum_j \Lambda_{ij}\psi_j(\boldsymbol{r},t)\right] \tag{5.137}$$

$$\boldsymbol{R}_I(t+\Delta t) = 2\boldsymbol{R}_I(t) - \boldsymbol{R}_I(t-\delta t) + \frac{(\Delta t)^2\boldsymbol{F}_I(t)}{M_I} \tag{5.138}$$

原子核的运动与BOMD运动一致，本节不再重复。在这里重点讨论电子波函数的更新。除了 Λ_{ij} 外，体系的差分运动方程中的其他量均为已知。引入 Λ_{ij} 是为了保证每一步更新后电子波函数$\psi_i(\boldsymbol{r},t+\Delta t)$保持正交性不变，而Verlet算法给出的并不是粒子精确的运动轨迹，所以在每一步更新完成之后，必须额外进行一步对所有电子波函数的正交化处理。第1章中介绍的施密特正交化方法在这里并不适用，因为该方法不能保证体系的总能守恒，因此在实际应用当中经常采用的是Car与Parrinello根据SHAKE算法[206]发展的一种衍生方法[207]。

首先在不考虑 Λ_{ij} 的情况下更新电子波函数：

$$\varphi_i(\boldsymbol{r},t+\Delta t) = 2\psi_i(\boldsymbol{r},t) - \psi_i(\boldsymbol{r},t-\Delta t) - \frac{(\Delta t)^2}{\mu}H\psi(\boldsymbol{r},t) \tag{5.139}$$

然后设 $\lambda_{ij}^* = [\Lambda_{ij}(\Delta t)^2]/\mu$，则由式(5.137)可知，$t+\Delta t$ 时刻 $\psi_i(\boldsymbol{r},t+\Delta t)$ 应为

$$\psi_i(\boldsymbol{r},t+\Delta t) = \varphi_i(\boldsymbol{r},t+\Delta t) + \sum_j \lambda_{ij}\psi_j(\boldsymbol{r},t) \tag{5.140}$$

根据式(5.140)以及正交条件(见方程(5.134))，可得

$$\begin{aligned}&\langle \varphi_i(\boldsymbol{r},t+\Delta t) + \sum_j \lambda_{ij}\psi_i(\boldsymbol{r},t) \mid \varphi_k(\boldsymbol{r},t+\Delta t) + \sum_j \lambda_{kl}^*\psi_l(\boldsymbol{r},t)\rangle\\ &= \langle \varphi_i(\boldsymbol{r},t+\Delta t) \mid \varphi_k(\boldsymbol{r},t+\Delta t)\rangle + \sum_j \lambda_{ij}\langle \psi_j(\boldsymbol{r},t) \mid \varphi_k(\boldsymbol{r},t+\Delta t)\rangle\\ &\quad + \sum_l \lambda_{kl}^*\langle \varphi_l(\boldsymbol{r},t+\Delta t) \mid \psi_l(\boldsymbol{r},t)\rangle + \sum_j\sum_l \lambda_{ij}\lambda_{kl}^*\delta_{jl}\\ &= \delta_{ik}\end{aligned} \tag{5.141}$$

式(5.141) 即为正交化系数所需满足的非线性方程。将其写为矩阵形式，有

$$\boldsymbol{I}-\boldsymbol{A}=\boldsymbol{\lambda B}+\boldsymbol{B}^{\dagger}\boldsymbol{\lambda}^{\dagger}+\boldsymbol{\lambda\lambda}^{\dagger} \tag{5.142}$$

式中：† 代表转置共轭；$\boldsymbol{I}$ 是单位矩阵，而

$$A_{ij}=\langle \phi_i(\boldsymbol{r},t+\Delta t)\mid \varphi_j(\boldsymbol{r},t+\Delta t)\rangle \tag{5.143}$$

$$B_{ij}=\langle \psi_i(\boldsymbol{r},t)\mid \varphi_j(\boldsymbol{r},t+\Delta t)\rangle \tag{5.144}$$

求解方程(5.142) 一般采用迭代方法：给定初始值

$$\boldsymbol{\lambda}_0=\frac{1}{2}(\boldsymbol{I}-\boldsymbol{A}) \tag{5.145}$$

然后利用迭代公式

$$\boldsymbol{\lambda}_{n+1}=\frac{1}{2}[(\boldsymbol{I}-\boldsymbol{A})+\boldsymbol{\lambda}_n(\boldsymbol{I}-\boldsymbol{B})+(\boldsymbol{I}-\boldsymbol{B}^{\dagger})\boldsymbol{\lambda}_n^{\dagger}-\boldsymbol{\lambda}_n\boldsymbol{\lambda}_n^{\dagger}] \tag{5.146}$$

更新 $\boldsymbol{\lambda}$，直到收敛。因为 $\boldsymbol{\lambda}$ 是对称矩阵，所以迭代收敛比较快，一般可以在 5 ～ 10 步内完成。

5.5.2.2　定态解

如果方程(5.135) 左端的 $\ddot{\psi}_i$ 为零，则明显有

$$H\psi_i(\boldsymbol{r})=\sum_j \Lambda_{ij}\psi_j(\boldsymbol{r}) \tag{5.147}$$

式(5.147)中去掉了时间变量，因为 ψ_i 不再随时间变化。因为 $\boldsymbol{\Lambda}$ 是对称矩阵，所以可以找到一个使 $\boldsymbol{\Lambda}$ 对角化的幺正矩阵 $\boldsymbol{U}$，有

$$\boldsymbol{U\Lambda U}^{-1}=\boldsymbol{\varepsilon},\quad \boldsymbol{U\psi}=\boldsymbol{\varphi}$$

式中：$\boldsymbol{\varepsilon}$ 是对角矩阵，$\varepsilon_{ij}=\varepsilon_i\delta_{ij}$。则式(5.147)可重新写为

$$\boldsymbol{UHU}^{-1}\boldsymbol{U\psi}=\widetilde{\boldsymbol{H}}\boldsymbol{\varphi}=\boldsymbol{\varepsilon\varphi}=\boldsymbol{U\Lambda U}^{-1}\boldsymbol{U\psi} \tag{5.148}$$

即正则 Hartree-Fock 方程或者正则 Kohn-Sham 方程。式(5.148)表明，电子波函数在其为体系的真正基态波函数时达到定态解，此时体系严格处于绝热势能面上。

5.5.2.3　CPMD 物理图像的讨论

虽然 CPMD 将体系的运动方程统一地表示在拉格朗日量(式(5.133))中，但是其前提条件仍然是波恩-奥本海默近似可以成立，否则无法写出分离的动能项和 $E[\{\psi_i\},\{\boldsymbol{R}_I\}]$(这里称之为 BO 能)。因此 CPMD 若可正确地反映体系的演化轨迹，则其电子态的“速度”应远大于原子核的速度。电子态的运动方程(式(5.135))可视为一个谐振子，而原子核的运动也符合谐振子运动方程(声子)，所以容易想到可以利用电荷以及原子核的振动频率来反映二者运动的特点。理想状况下，电子态的振荡频率应明显高于体系最高的声子谱频率。这就要求电子态的伪质量 μ 远小于原子核的质量 M_I。因为在方程(5.133)中 $\psi_i(\boldsymbol{r})$ 也作为运动量出现，所以 $\psi_i(\boldsymbol{r})$ 与原子核的运动会产生能量交换。但是当 μ 和 M_I 差距过大时，电子与原子核的运动无耦合，所以电子波函数的伪动能 T_e 随时间不会产生整体性的平移，而是表现为在平均值附近快速振荡。

此外，CPMD 的拉格朗日量表明，体系的运动守恒量 E_{com} 为

$$E_{\mathrm{com}}=E_{\mathrm{phys}}+T_{\mathrm{e}}=\left[\sum_{I=1}^{N_{\mathrm{atom}}}\frac{1}{2}M_I\dot{\boldsymbol{R}}_I^2+E[\{\psi_i\},\{\boldsymbol{R}_I\}]\right]+T_{\mathrm{e}} \tag{5.149}$$

式中：E_{phys}为动力学系统真正的总能，包括了原子核的动能 T_I 与体系的势能。式(5.149)表明，E_{phys}也以 T_{e} 的频率振荡，但是它的振荡幅度非常小，而且该体系的约束是完整约束(与 $\dot{\psi}_i(\boldsymbol{r})$无关)，所以 E_{phys} 在典型的 MD 能量尺度与时间跨度下仍然被视为守恒量。如前所述，原子核的动能以声子的形式随时间振荡，而 E_{phys}守恒，因此系统的势能 $E_{\mathrm{pot}}=E[\{\psi_i\},\{\boldsymbol{R}_I\}]$也是个随时间振荡的函数，只是相位与 T_I 恰好相反。E_{pot}正是体系的波恩-奥本海默势能面(BO 面)，如果将 E_{pot}沿$\{\boldsymbol{R}_I\}$以及$\{\psi_i(\boldsymbol{r})\}$的坐标轴表示为一个超曲面，则由 CPMD 所描述的体系在 BO 面附近振荡，如图 5.6 所示。$E_{\mathrm{pot}}(\{\boldsymbol{R}_I\},\{\psi_i\})$的最低值代表严格的绝热面。在这个意义上，$T_{\mathrm{e}}$ 可以视为体系对于 BO 面偏离的一个测度。

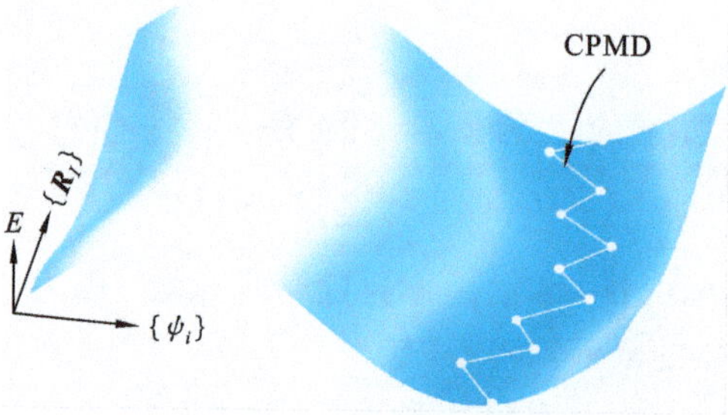

图 5.6　CPMD 运动轨迹示意图

5.5.2.4　求解 Kohn-Sham 方程

从 5.5.2.1～5.5.2.3 节的讨论中可以看出，当体系偏离绝热势能面时，电子波函数会受到一个“力”，将其拽回到绝热面上，而求得电子波函数定态解的同时将得到体系能量的变分最小值，在 DFT 框架下，此时的电子波函数即为 Kohn-Sham 方程的本征态。因此，可以利用 CPMD 在不考虑原子核运动的情况下求解 Kohn-Sham 方程。这个方法称为模拟退火，首先由 Car 和 Parrinello 提出[205]，此后不同研究组均独立地做了更进一步的研究[208-211]。有关这个问题的全面讨论，我们推荐 Payne 等人的综述文章[212]。

一般情况下，体系的本征函数都会表示为基函数的线性组合。如果将每个基函数都看作希尔伯特空间的一条坐标轴，则各项系数就是波函数 ψ_i 在该希尔伯特空间中的位置。显然，式(5.135)中 ψ_i 的加速度即为各项系数对时间的二阶导数。5.5.2.1节中的讨论明显可以用于求解 Kohn-Sham 方程。与 3.4.5 节中介绍的共轭梯度法相似，利用 CPMD 求解 Kohn-Sham 方程也属于迭代对角化方法的一种，因为出现在运动方程中的是$|\boldsymbol{H}\psi\rangle$。此外，在运动方程中必须加入波函数正交的约束条件。否则，经过充分的动力学过程之后，只有能量最低的本征轨道才可以存在。在前面的讨论中已经看到，依照方程(5.137)求解电子波函数的运动轨迹时，最困难的部

分在于确定拉格朗日乘子 Λ_{ij} 以及每步更新结束后波函数的正交化。离散求解轨迹使得额外的正交化不可避免。方程(5.139)至方程(5.146)正体现了这个额外的正交化过程。

很多时候为了保证波函数加速收敛到 Kohn-Sham 方程的本征态，需要加入阻尼作用。可以在式(5.135)的右端加入阻尼项 $-\gamma\dot{\psi}_i$ $(\gamma>0)$，相应地，离散运动方程也需要加以改变[53]：

$$\psi_i(\boldsymbol{r},t+\Delta t) = -\psi_i(\boldsymbol{r},t-\Delta t)+\frac{2}{1+\tilde{\gamma}}\left[\psi_i(\boldsymbol{r},t)+\psi_i(\boldsymbol{r},t-\Delta t)-\frac{(\Delta t)^2}{2\mu}H^{\mathrm{KS}}\psi_i(\boldsymbol{r},t)\right] + \sum_j \Lambda_{ij}\psi_j(\boldsymbol{r},t)\frac{1}{1+\tilde{\gamma}}\frac{(\Delta t)^2}{2\mu} \tag{5.150}$$

式中 $\tilde{\gamma}=[\gamma(\Delta t)]/(2\mu)$。

为了使下面的讨论更加具体，将 ψ_i 展开为平面波的线性组合，并重复上述讨论。

$$\psi_{i,\boldsymbol{k}}(\boldsymbol{r}) = \sum_{\boldsymbol{G}} c_{i,\boldsymbol{k}+\boldsymbol{G}}\exp[\mathrm{i}(\boldsymbol{k}+\boldsymbol{G})\cdot\boldsymbol{r}] \tag{5.151}$$

因此，不考虑阻尼作用时，可以写出运动方程为

$$\mu\ddot{c}_{i,\boldsymbol{k}}(\boldsymbol{G}) = -\frac{1}{2}|\boldsymbol{k}+\boldsymbol{G}|^2 c_{i,\boldsymbol{k}}(\boldsymbol{G}) - \sum_{\boldsymbol{G}'}V_H(\boldsymbol{G}-\boldsymbol{G}')c_{i,\boldsymbol{k}}(\boldsymbol{G}') - \sum_{\boldsymbol{G}'}\mu_{\mathrm{xc}}(\boldsymbol{G}-\boldsymbol{G}')c_{i,\boldsymbol{k}}(\boldsymbol{G}') - \sum_{\boldsymbol{G}'}\sum_{s=1}^{P_s}V_{\mathrm{ps}}^{\mathrm{loc},s}(\boldsymbol{G}-\boldsymbol{G}')c_{i,\boldsymbol{k}}(\boldsymbol{G}') - \sum_{\boldsymbol{G}'}\sum_{s=1}^{P_s}\delta V_{\mathrm{ps}}^{\mathrm{nl},s}(\boldsymbol{k}+\boldsymbol{G},\boldsymbol{k}+\boldsymbol{G}')c_{i,\boldsymbol{k}}(\boldsymbol{G}') + \sum_j \lambda_{ij}c_{j,\boldsymbol{k}}(\boldsymbol{G}) \tag{5.152}$$

式中右端各项均已在 3.4.6.3 节中给出。遵循 5.5.2.1 节中的推导过程以及方程(5.150)，可以给出计入阻尼项的离散运动方程(式(5.150))在平面波基下的表现形式[209]：

$$c_{i,\boldsymbol{k}}(\boldsymbol{G})(t+\Delta t) = \frac{1}{1+\tilde{\gamma}}[2c_{i,\boldsymbol{k}}(\boldsymbol{G})(t)-(1-\tilde{\gamma})c_{i,\boldsymbol{k}}(\boldsymbol{G})(t-\Delta t)] - \frac{1}{1+\tilde{\gamma}}\frac{(\Delta t)^2}{\mu}\frac{|\boldsymbol{k}+\boldsymbol{G}|^2}{2} \times c_{i,\boldsymbol{k}}(\boldsymbol{G})(t) - \frac{1}{1+\tilde{\gamma}}\frac{(\Delta t)^2}{\mu}\left[\sum_{\boldsymbol{G}'}V_{\mathrm{es}}^{\mathrm{loc}}(\boldsymbol{G}-\boldsymbol{G}')c_{i,\boldsymbol{k}}(\boldsymbol{G}')(t)\right] - \frac{1}{1+\tilde{\gamma}}\frac{(\Delta t)^2}{\mu}\left[\sum_{\boldsymbol{G}'}\delta V_{\mathrm{ps}}^{\mathrm{nl}}(\boldsymbol{k}+\boldsymbol{G},\boldsymbol{k}+\boldsymbol{G}')c_{i,\boldsymbol{k}}(\boldsymbol{G}')(t)\right] + \sum_j\frac{1}{1+\tilde{\gamma}}\lambda_{ij}c_{j,\boldsymbol{k}}(\boldsymbol{G})(t) \tag{5.153}$$

式中

$$V_{\mathrm{es}}^{\mathrm{loc}}(\boldsymbol{G}-\boldsymbol{G}') = V_{\mathrm{H}}(\boldsymbol{G}-\boldsymbol{G}')+\mu_{\mathrm{xc}}(\boldsymbol{G}-\boldsymbol{G}')+\sum_{s=1}^{P_s}S^s(\boldsymbol{G}-\boldsymbol{G}')V_{\mathrm{ps}}^{\mathrm{loc},s}(\boldsymbol{G}-\boldsymbol{G}') \tag{5.154}$$

$$\delta V_{\mathrm{ps}}^{\mathrm{nl}}(\boldsymbol{k}+\boldsymbol{G},\boldsymbol{k}+\boldsymbol{G}') = \sum_{s=1}^{P_s}\sum_{l=0}^{l_{\max}}\delta V_{\mathrm{ps},l}^{\mathrm{nl},s}(\boldsymbol{k}+\boldsymbol{G},\boldsymbol{k}+\boldsymbol{G}') \tag{5.155}$$

运动方程(5.153)的求解效率可以通过预处理得到进一步的提高。对于 CPMD 这类动力学方法，提高计算效率最重要的方式就是增加时间步长 Δt，同时可以保持体系演化的稳定。对 Kohn-Sham 方程的稳定性分析表明，稳定演化所允许的最大时间步长 Δt_{max} 为[209,212]

$$\Delta t_{max}^2 \approx \frac{4\mu}{\varepsilon_{max}-\varepsilon_0} \tag{5.156}$$

若基组取为平面波，则 $\varepsilon_{max} \propto |\boldsymbol{G}|_{cut}^2$，也即动能项占主要地位。由式(5.156)可知，当截断能 E_{cut} 取值增加时，Δt_{max} 会相应减小。如果对于高频分量取赝质量 $\mu \propto |\boldsymbol{G}|^2$，则可以使得 Δt_{max} 在高频端趋于某个常数，从而提高计算效率。因此，取

$$\mu(\boldsymbol{G}) = \begin{cases} \mu_0, & |\boldsymbol{G}| < |\boldsymbol{G}_p| \\ \mu_0\left(\dfrac{|\boldsymbol{G}|^2}{|\boldsymbol{G}_p|^2}\right), & |\boldsymbol{G}| \geqslant |\boldsymbol{G}_p| \end{cases} \tag{5.157}$$

式中：$\boldsymbol{G}_p$ 是一个预定参数。一般而言，取值使得相应的动能 $|\boldsymbol{G}_p|^2/2$ 为 $0.1E_{cut}$ 就可以取得比较好的实际效果。显然，预处理使得赝质量由一个常数变为一个对角张量。与之相应，方程(5.153)中对于每一项 $c_{n,\boldsymbol{k}}(\boldsymbol{G})$，需要分别使用正确的 $\mu(\boldsymbol{G})$ 以及 $\tilde{\gamma}_0$ 预处理也会影响到体系的正交化过程，需要对 5.5.2.1 节中介绍的方法略加修改。具体的讨论请参看文献[209]。

最后指出一点：CPMD 第一个利用迭代对角化方法求解 Kohn-Sham 方程。虽然从理论体系上讲 3.4.5 节中讨论的共轭梯度法以及 3.4.6 节中介绍的 RMM-DIIS 方法是彼此独立的，但是它们都基于对广义力 $\boldsymbol{H}\psi$ 的重新认识。而第一个注意到 $\boldsymbol{H}\psi$ 的重要性的正是 CPMD。从这一意义上说，CPMD 是目前所有迭代对角化方法的开端。

5.6 分子动力学的应用

分子动力学模拟是联系体系微观状态、演变及宏观表现的桥梁，也是物理、材料、工程力学、生物等学科在交叉领域内经常被采用的重要研究方法。下面给出一个利用分子动力学进行实际工作的例子。

本例中，我们研究在 α-Fe 中细小的 Cu 沉积块对〈111〉/2 螺位错运动的影响[213]。由于 Cu 原子在 α-Fe 中的溶解度非常低，小于 0.01%，因此在 α-Fe 中容易形成 Cu 沉积块。一般认为这是当 α-Fe 被用于核反应堆容器时所经历的辐照致脆的主要原因之一。传统的解释基于 Russell-Brown 理论[214]，认为 Cu 沉积物的弹性模量低于 α-Fe 的，因而螺位错由 Cu 沉积块中移出时会受到额外的阻力而使得运动受阻，从而致脆。但是近期的 MD 模拟表明，当 Cu 沉积块直径 d 小于 4 nm 时，其晶体结构与基体相同，同为 BCC 结构。这种情况下 Cu 沉积块的弹性模量更高[215,216]，不符合 Russell-Brown 理论的条件。这表明 BCC 结构的 Cu 沉积块与螺位错的相互作用机理需要更深入的研究。

图 5.7(a) 给出了 MD 模拟的体系示意图。体系的尺寸为 $12.2(X) \times 28.0(Y) \times 19.9(Z)\ nm^3$，共 576000 个原子。沿 X 以及 Y 方向采用固定边界条件，而沿 Z 方向采用周期性边界条件。Cu 沉积块的直径 d 选取了 1.0 nm 和 2.3 nm 两种情况。模拟开始时位错距离 Cu 沉积块中心 7 nm，σ_{xz} 所加方向如图 5.7(a) 所示。应变速率设为 $4 \times 10^7\ s^{-1}$，系统温度利用 Nosé-Hoover 热浴法保持在 5 K。

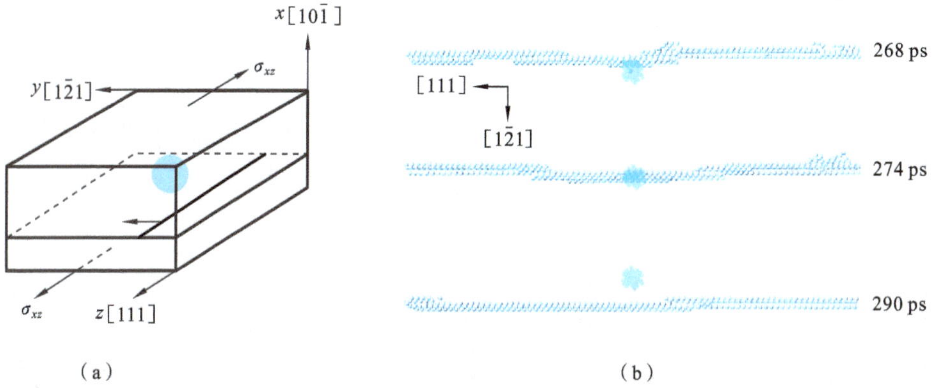

图 5.7　α-Fe 中细小的 Cu 沉积块对〈111〉/2 螺位错运动的影响(一)

(a) 体系示意图；(b) Cu 沉积块的直径 $d = 1.0$ nm 时，〈111〉/2 螺位错扫过时的原子图像

当 $d = 1.0$ nm 时，〈111〉/2 螺位错扫过 Cu 沉积块的过程如图 5.7(b) 所示。整个过程中没有发现 Cu 沉积块对〈111〉/2 螺位错有钉扎作用。而螺位错的移动遵循典型的模式是：在位错线上产生扭折，该扭折迅速沿位错线移动，使得位错线到达滑移方向上的下一个平衡位置。这说明，过于细小的 Cu 沉积块不会引起基体的脆化。

当 $d = 2.3$ nm 时，位错扫过 Cu 沉积块的过程如图 5.8(a) 所示。可以看到，在 700 MPa 的切应力作用下，螺位错可以切入 Cu 沉积块中，而不会在界面处留下类似于位错环之类的残片。在沉积块中螺位错仍然以上述模式移动，且位错线保持直线，但滑移速度由 120 m/s 降低到 80 m/s。进一步，螺位错从 Cu 沉积块移出时被钉扎在界面上，如图 5.8(c) 所示。随着 σ_{xz} 逐渐增加，位错线弓出的程度也越来越大，当 $\sigma_{xz} = 1\ 000$ MPa 时，弓出角 θ 达到临界值 144°。之后螺位错瞬间与 Cu 沉积块分离，进入 α-Fe 中，位错线也恢复为直线。弓出角的临界值与近期 Nogiwa 等人利用透射电子显微镜观测到的 150° 也吻合得很好[217,218]。上述过程虽然与 Russell-Brown 理论比较相像，但是如前所述，先决条件并不符合，因此有必要探讨这种钉扎过程的微观机理。

图 5.8(b) ~ (e) 给出了〈111〉/2 螺位错由穿越到脱离 Cu 沉积块全过程中芯区结构的变化。比较图 5.8(b) 与图 5.8(e)，可知螺位错芯在 Cu 沉积块中呈极性状态，即原子的位移场分布于三个{112} 半平面上，而在 α-Fe 中呈非极性状态，位移场均匀分布于六个{112} 半平面上。当钉扎开始时，芯区结构如图 5.8(c) 所示，此时位错芯

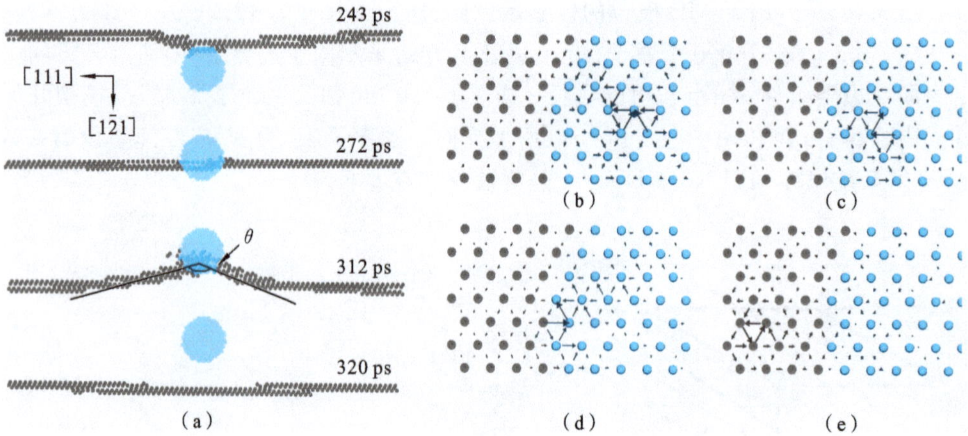

图 5.8　α-Fe 中细小的 Cu 沉积块对〈111〉/2 螺位错运动的影响(二)

(a) Cu 沉积块的直径 $d = 2.3$ nm 时，〈111〉/2 螺位错扫过时的原子图像；

(b) ～ (e) 被 Cu-Fe 界面 钉扎时螺位错芯区结构的变化过程

呈现一种分裂形态，虽然左上方有一个类极性芯，但是右下方也出现了一个接近于非极性芯的位移场分布。当 σ_{xz} 逐渐增强时，上述分裂形态中的类极性芯逐渐消失，而非极性芯逐渐清晰。在接近于临界点处，如图 5.8(d) 所示，螺位错在非常靠近界面的地方形成了非极性的芯区结构。而随着 σ_{xz} 进一步增加，螺位错得以越过界面，重新进入 α-Fe 中。由上述讨论不难看出，钉扎的过程也是螺位错芯区由极性态转为非极性态的相变过程。因为在 Cu 中极性芯区拥有更低的能量，所以位错芯的相变需要额外的能量输入，而这部分能量由位错线弯曲所增加的弹性能提供。由此，借助于分子动力学模拟，我们提供了第二相强化理论一种新的可能的机制，即两相间有不同的位错芯区稳态结构，在位错穿越界面的过程中需要额外的能量引发位错芯相变，从而阻碍了位错运动。

5.7　习　　题

1. 证明速度 Verlet 算法与 Verlet 算法等价，即由方程(5.53)、方程(5.55) 可以推出方程(5.46)。

2. 证明 Verlet 算法满足最小作用量原理。(提示：参考文献 R. E. Gillilan 和 K. R. Wilson1992 年发表于 J. Chem. Phys 第 3 期上的文章《Shadowing，rare events，and rubber bands. A variational Verlet algorithm for molecular dynamics》)

3. 证明方程(5.56)。

4. 证明当 $\tilde{\gamma} = 1$ 时，方程(5.150) 相当于最速下降法。

5. 利用分子动力学模拟，得到钨中〈111〉/2 螺位错以及刃位错运动的临界应力值，并在低温(10 K) 下研究该种螺位错的运动方式。

6. 研究李雅普诺夫稳定性：选择两个原子种类、构型完全相同的体系，利用同样

的势函数描述原子间相互作用。利用正态分布的随机数发生器生成符合 Maxwell 动量分布的各原子速度，作为体系 Ⅰ 的初始速度$\{\boldsymbol{v}_i\}$，并在每个 $\boldsymbol{v}_i$ 上加入一个微扰 $\delta\boldsymbol{v}_i$，要求 $|\delta\boldsymbol{v}_i|<0.01|\boldsymbol{v}_i|$，作为体系 Ⅱ 的初始速度。对二者进行微正则模拟，画出二者的均方位移随时间的变化。

第 6 章　蒙特卡罗方法

与前几章中所介绍的方法不同，蒙特卡罗方法（MC 方法）是一种随机方法，它所遵循的是描述系综行为的统计规律。因此，MC 方法实际上是将所研究的体系视为大量相同体系（即系综）中的一个，而按照一定规律依次检测所有这些体系所处的状态，再对系综进行平均。传统的 MC 方法被广泛应用于研究体系的热平衡状态，但是它无法给出体系的演化轨迹，这一点与第 5 章中介绍的分子动力学方法形成了鲜明的对比。但是随着动力学 MC 方法的引入，MC 方法也可以给出“粗粒化”的演化过程。因此，MC 方法是材料模拟中非常重要的一种工具。本章将详细介绍 MC 方法的基本原理、重要的模型以及动力学扩展。

6.1　蒙特卡罗方法实例简介

首先举两个例子。

例 6.1　计算单位圆面积 π。

如图 6.1(a) 所示，首先产生 N 对在区间[0,1]上均匀分布的随机数(x_i, y_i)，然后从中找出符合条件 $x_i^2 + y_i^2 \leqslant 1$ 的(x_i, y_i)对数 m，则单位圆面积为 $4 \times m/N$。在 $N \to \infty$ 时，$4 \times m/N$ 逼近 π。

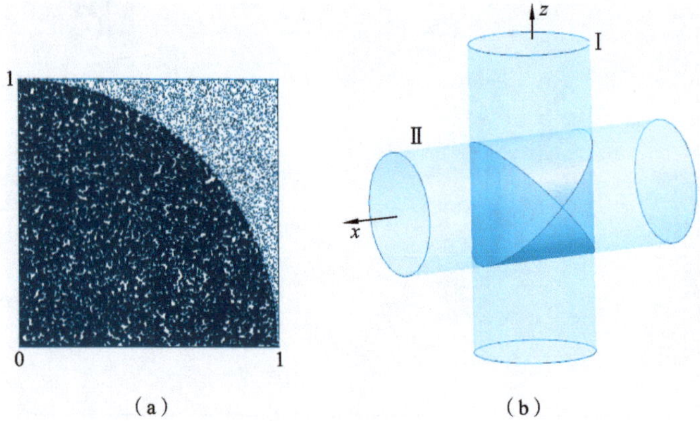

图 6.1　单位圆面积及牟合方盖体积计算示意图

(a) 用 MC 法计算单位圆面积；(b) 牟合方盖

注：图(a) 中单位正方形内均匀分布的随机数以及落在 1/4 单位圆内的随机数均用圆点表示。灰色虚线表明 1/4 单位圆的边界

例 6.2 计算牟合方盖的体积。

如图 6.1(b) 所示，牟合方盖是两个直径相同且彼此垂直的圆柱体相交的部分。为简单起见，设两个圆柱体的半径均为 1。圆柱体 Ⅰ 的轴线沿 z 方向，而圆柱体 Ⅱ 的轴线沿 x 方向。与上例类似，首先产生 N 对在区间[0,1]上均匀分布的随机数(x_i，y_i，z_i)，然后从中找出同时符合条件 $x_i^2+y_i^2\leqslant 1$ 以及 $y_i^2+z_i^2\leqslant 1$ 的(x_i，y_i，z_i) 对数 m，则该牟合方盖的体积为 $8\times m/N$。

表 6.1 中列出了以上两个例子用不同撒点数 N 所得出的结果，可以看到，当 N 比较大时，结果逐渐逼近精确值。设在 n 维空间内有一个闭合曲线 $g(\boldsymbol{x})$，其中 $\boldsymbol{x}$ 为 n 维矢量，采用随机撒点的策略，可以计算以 $g(\boldsymbol{x})$ 为边界的图形的面积。用这种随机方法可以获得比较直观的几何图像。这里需要指出，求面积相当于计算函数 $f(x)$ 的积分，且

$$f(x)=\begin{cases}1, & f(x)\leqslant g(x)\\0, & \text{其他}\end{cases} \tag{6.1}$$

式中：$g(x)$ 为边界函数。

表 6.1 MC 方法所得积分结果与撒点数 N 的关系

N	单位圆 MC 计算值 I_{MC}	$\lvert I-I_{\text{MC}}\rvert/I$	牟合方盖 MC 计算值 I_{MC}	$\lvert I-I_{\text{MC}}\rvert/I$
1000	3.1200	7×10^{-3}	5.400	1.25×10^{-2}
10000	3.1448	1×10^{-3}	5.348	2.75×10^{-3}
100000	3.1394	7×10^{-4}	5.326	1.33×10^{-3}

6.2 计算函数积分与采样策略

MC 方法的提出，主要是为了回答两个问题。

(1) 给定一个权重分布函数 $P(\boldsymbol{x})$ 如何得到一组随机数$\{\boldsymbol{x}_i\}$，而这组随机数的分布符合 $P(\boldsymbol{x})$；

(2) 如何求得函数 $f(\boldsymbol{x})$ 遵循权重函数 $P(\boldsymbol{x})$ 的加权平均值 I，且

$$I=\frac{\int P(\boldsymbol{x})f(\boldsymbol{x})\mathrm{d}\boldsymbol{x}}{\int P(\boldsymbol{x})\mathrm{d}\boldsymbol{x}} \tag{6.2}$$

若问题(1) 已经解决，假设已经得到遵循 $P(\boldsymbol{x})$ 分布的 N 个随机数$\{\boldsymbol{x}_i\}$，则

$$I=\frac{1}{NZ_P}\sum_{i=1}^{N}f(\boldsymbol{x}_i) \tag{6.3}$$

式中：Z_P 即权重函数 $P(\boldsymbol{x})$ 的归一化常数，$Z_P=\int\mathrm{d}\boldsymbol{x}P(\boldsymbol{x})$。因此，问题(1) 如何解决具有非常重要的意义。但是在 1.5.5 节中可以看到，随机点均匀分布也能解决问题，那么为什么要强调随机数的分布呢?下面详细地讨论这个问题。

6.2.1 简单采样

简单采样(simple sampling) 方法，即假设随机数在积分限所包含的空间中均匀分布的采样方法。本章开始以及 1.5.5 小节中的例子都利用这种方法予以解答。可以看到，这种采样策略是一种合理的选择。原则上讲，只要撒点数 N 足够大，利用 MC 方法总可以得出答案。但是，在实际操作中采用该种策略时的计算效率如何呢？为了讨论这个问题，再回到计算圆面积的例子，设该圆的半径为 0.05。继续沿用 6.1 节的做法，在区间[0,1] 上均匀撒点，其计算结果随撒点数 N 的变化列于表 6.2。很明显，在 N 一定的情况下，对这个圆面积的估算精度上差了很多。原因在于撒点分布的范围远远大于我们感兴趣的区域(即小圆)，导致 N 个随机点落入小圆中的概率很小。因此，这种情况下 MC 方法的效率比较低下。

表 6.2 用简单采样法计算半径 $r=0.05$ 的圆面积结果与撒点数 N 的关系

N	MC 计算值 I_{MC}	$\lvert I-I_{\mathrm{MC}}\rvert/I$
1000	0.0040	0.49
10000	0.0100	0.27
100000	0.0314	0.11

6.2.2 重要性采样

重复 6.2.1 节的例子，但是这次采取非均匀撒点方法，即 N 个点的坐标 (x,y) 的分布符合二元正态分布函数 $P(x,y)$。因为随机数的分布不再均匀，因此不能直接统计落入小圆中的点，而是需要乘以 $1/P(x,y)$，求和之后再除以 N。普遍来说，这种做法相当于如下数学处理(以一维函数为例)：

$$I=\int_a^b f(x)\mathrm{d}x=\int_a^b P(x)\frac{f(x)}{P(x)}\mathrm{d}x \tag{6.4}$$

当随机数分布符合 $P(x)$ 时，根据方程(6.3) 即可得到结果。考虑到 $P(x)$ 的归一性，在最后的求和结果中应乘以 $1/Z_P$。

运用 MC 方法时，为了提高效率，应该保证随机数的分布尽量与被积函数的权重行为相近，因此随机数不再均匀分布于积分区域中。这种向被积函数权重分布靠拢的随机数采样方法称为重要性采样(important sampling)。在详细讨论重要性采样之前，首先考察一下 MC 方法的应用范围。事实上，MC 方法的主要应用领域为高维空间内权重变化剧烈的函数积分求值。不难看出，热力学体系正适合 MC 模拟。对于一个包含 N 个经典粒子的热力学体系，需要用 $3N$ 个空间坐标 $\boldsymbol{x}$ 以及 $3N$ 个动量坐标 $\boldsymbol{p}$ 所组成的 $6N$ 维相空间加以描述。与第 5 章中的讨论类似，该体系的动能部分的积分可以解析地给出，我们在这里只考虑因位型变化而引起的势能差异。各态出现的概率(也即权重函数)P 符合玻尔兹曼分布 $\exp[(E-E_0)/k_{\mathrm{B}}T]$，其中 E_0 为参考常量，出于方便，一般取基态能量

$E_0 = E_{grd}$。虽然在高温下各态的分布趋于平均，但是绝大部分研究集中在低温或中温区，这种情况下权重函数对于能量的变化非常敏感。下面举例说明。

如图 6.2(a) 所示，取一个包含 750 个 Cu 原子的块体，用一个(111) 面将该块体分为两部分，然后保持平面以下部分不动，而将平面上半部分沿[11$\bar{2}$] 方向平移 u，计算平均面积上相应的能量变化 $\gamma(u)$，称为广义堆垛层错能(GSFE)，结果如图 6.2(b) 所示。设环境温度为 300 K，按照截面面积为 286 Å^2 计算上半部分平移 u 相对于完美晶格出现的概率 $P(u)/P(0)$，如图 6.2(b) 所示。很明显，热力学体系的分布函数在相空间中表现为离散分布的若干个尖锐的峰，每个峰对应于该体系的一个稳定态。这些稳定态只占据相空间中非常小的一部分。因此，对热力学体系而言，对物理量期待值有实际贡献的只是相空间中非常小的一部分。如前所述，必须采用重要性采样，否则 MC 方法的效率将会非常低。

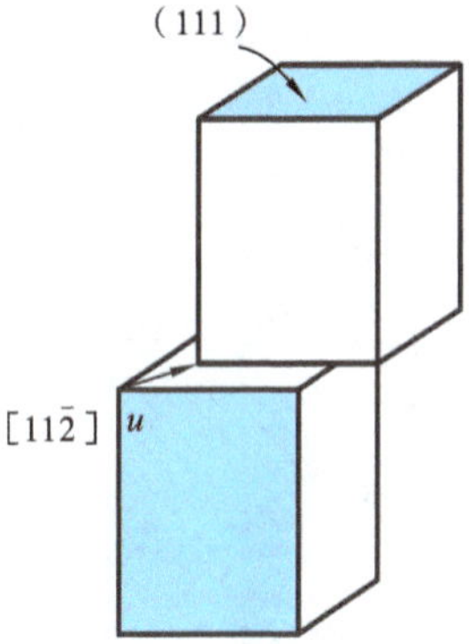

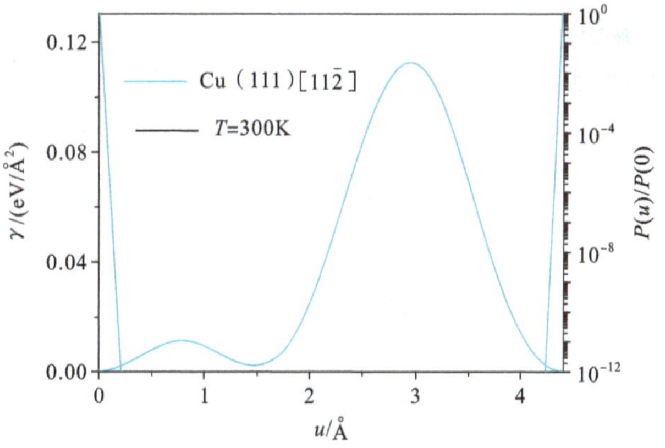

图 6.2　广义堆垛层错能及层错带来的变化

(a) 广义堆垛层错能 γ 示意图；

(b) 能量变化和在 300 K 下各态相对于完美晶格出现的概率 $P(u)/P(0)$

常用的重要性采样分为相似采样法、拒绝采样法、Metropolis 采样法等。Metropolis 采样法在实际材料模拟中应用广泛，而且与前两种方法有所不同，因此在 6.2.3 节中单独介绍。在本节中，我们详细讨论近似采样法以及拒绝采样法。

6.2.2.1　近似采样法

考虑一维情况，假设按照权重函数 $P(x)$ 分布的随机数生成比较困难，但是有另一个比较简单的权重函数 $Q(x)$，其曲线形状与 $P(x)$ 相似，那么可以用 $Q(x)$ 来生成一组随机数$\{x_i\}$ 来求解积分 I。与式(6.4) 的推导类似，由普遍积分式(6.2) 可得

$$I = \frac{\int P(x) f(x) \mathrm{d}x}{\int P(x) \mathrm{d}x} = \frac{\int [f(x) \cdot P(x)/Q(x)] Q(x) \mathrm{d}x}{\int [P(x)/Q(x)] Q(x) \mathrm{d}x} = \frac{\left(\sum_i \omega_i f(x_i)\right) \Big/ Z_Q}{\left(\sum_i \omega_i\right) \Big/ Z_Q}$$

$$= \frac{\sum_i \omega_i f(x_i)}{\sum_i \omega_i} \tag{6.5}$$

式中

$$\omega_i = \frac{P(x_i)}{Q(x_i)} \tag{6.6}$$

方程(6.6)所表达的方法称为近似采样法。这个方法在实践上有一个根本性的问题，即没有一个关于“近似”的明确定义。

6.2.2.2 拒绝采样法

设被积函数的权重分布为 $P(x)$，其形式比较复杂。为了产生按照 $P(x)$ 分布的随机数，可以另外找一个相对比较简单的分布函数 $Q(x)$。按 $Q(x)$ 分布的随机数可以很容易地生成。假定有一个常数 c 满足 $cQ(x)>P(x)$，且在积分域内恒成立，则可以通过下列方法得到 $P(x)$ 分布的随机数序列：

算法 6.1：

(1) 选定分布函数 $Q(x)$，在积分域内满足 $cQ(x)>P(x)$，首先生成按 $Q(x)$ 分布的一个随机数 x_i；

(2) 再生成一个在$[0, cQ(x_i)]$区间内均匀分布的随机数 y_i，若 $y_i>P(x_i)$，则将该 x 抛弃，反之，将 x_i 存于随机数序列中；

(3) 重复步骤(1)，在尝试次数 N 足够多的情况下保存下来的随机数序列$\{x_i\}$满足分布 $P(x)$。

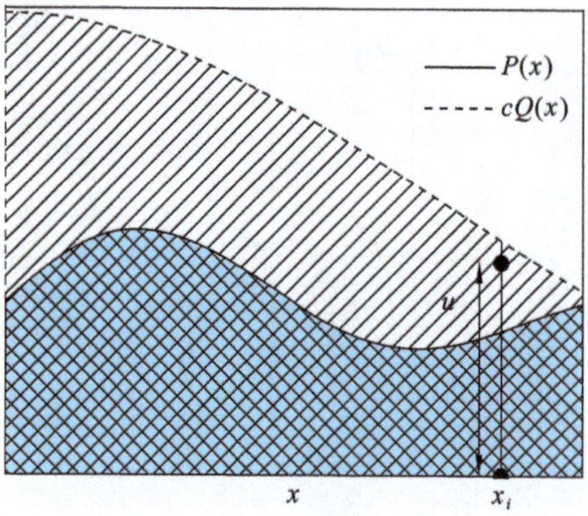

图 6.3　拒绝采样法示意

拒绝采样法的几何意义如图 6.3 所示。不难看出，用简单采样法在 1.5.5 节中计算定积分以及在 6.1.1 节中计算图形面积，实际上都是生成按被积函数或者边界函数分布的随机数序列。

拒绝采样法(rejection method)是非常普适的一种方法。但是缺点也很明显，对于任意的一个分布 $P(x)$，很难保证可以找到满足条件的函数 $Q(x)$以及预先知道 c 的值。即使有一个或几个通用的 $Q(x)$存在，也无法保证该算法的效率。实际上，在 6.2.1节的讨论中，我们已经清楚地看到，如果 $cQ(x)/P(x)$太大的话，由于拒绝的概率太大，所以生成随机数的效率是很低的。以 6.2.1 节的例子做简单估算，1/4 小圆的面积与单位正方形的面积比为 $6.25\times10^{-4}\pi$，且每两个随机数(x_i, y_i)中只有 x_i 保留，因此若 $P(x)=\sqrt{0.025-x^2}(0\leqslant x\leqslant 0.05)$，$0(0.05<x\leqslant 1)$，选取 $Q(x)\equiv 1(0\leqslant x\leqslant 1)$以及 $c=1$，则采样效率为 $3.125\times10^{-4}\pi$。

此外，考虑到 MC 方法的适用范围，需要特别注意在高维情况下拒绝采样法的效率。对于高维积分，Mackay 给出了一个非常著名的例子：设一个归一化的目标分布函数 $P(\boldsymbol{x})$为一个 N 维空间中的正态分布，即

$$P(\boldsymbol{x}) = \frac{1}{(2\pi\sigma_P^2)^{N/2}}\prod_{i=1}^{N}\exp\frac{x_i^2}{2\sigma_P^2}$$

利用一个与其相似的归一化函数

$$Q(\boldsymbol{x}) = \frac{1}{(2\pi\sigma_Q^2)^{N/2}}\prod_{i=1}^{N}\exp\frac{x_i^2}{2\sigma_Q^2}$$

为保证存在满足条件的常数 c，$Q(\boldsymbol{x})$ 的展宽 σ_Q 要比 $P(\boldsymbol{x})$ 的展宽 σ_P 略大，不妨设 $\sigma_Q = 1.01\sigma_P$。

如图 6.4 所示，目标函数 $P(\boldsymbol{x})$ 为一个高斯分布，$Q(\boldsymbol{x})$ 为展宽略大的另一个高斯分布。因此可以计算 c 的下限

$$c_{\min} = \frac{(2\pi\sigma_Q^2)^{N/2}}{(2\pi\sigma_P^2)^{N/2}} \tag{6.7}$$

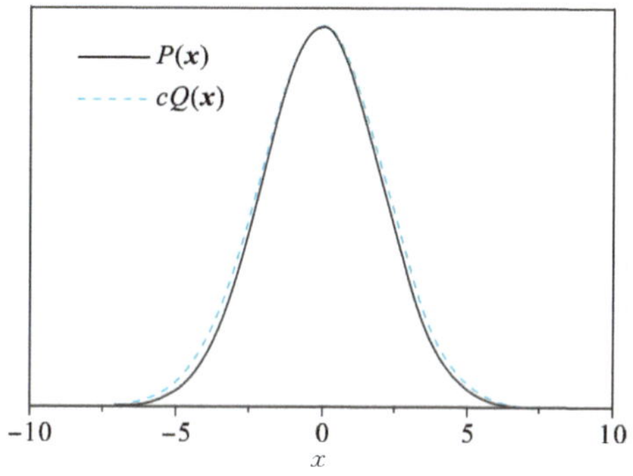

图 6.4　函数 $P(\boldsymbol{x})$ 与 $Q(\boldsymbol{x})$

假设某个体系的自由度 $N=1000$，则该体系仅相当于大约 334 个原子的体系，则 $c\approx 2\times 10^4$。依据算法 6.1，这种情况下撒点的接受率仅有 5×10^{-5}。因此，在高维情况下，拒绝采样法也没有应用价值。

6.2.3　Metropolis 采样

上面的例子表明，在高维情况下很难找到一种高效可行的算法用以产生按照给定函数 $P(\boldsymbol{x})$ 分布的随机数，但是这并不表明 6.2 节提出的问题(2) 无法解决。实际上，问题(1) 是问题(2) 的充分非必要条件，因此完全有可能直接求解高维空间内被积函数的加权积分值。设大量等同的系统组成系综，且该系综处于动态平衡状态下，即单位时间内，从某个态 $\boldsymbol{x}_0$ 跃迁到其他任意一个态 $\boldsymbol{x}_n$ 的系统数目恰好等于从 $\boldsymbol{x}_n$ 跃迁回到 $\boldsymbol{x}_0$ 的系统数目，即体系满足细致平衡原理，故有

$$N_e(\boldsymbol{x}_0)K(\boldsymbol{x}_0\rightarrow\boldsymbol{x}_n) = N_e(\boldsymbol{x}_n)K(\boldsymbol{x}_n\rightarrow\boldsymbol{x}_0) \tag{6.8}$$

式中：$N_e(\boldsymbol{x})$ 代表 $\boldsymbol{x}$ 附近的状态密度，下标 e 强调该系综处于平衡状态；$K(\boldsymbol{x}_0\rightarrow\boldsymbol{x}_n)$ 代表从 $\boldsymbol{x}_0$ 跃迁到 $\boldsymbol{x}_n$ 的概率。将方程(6.8) 写为比例形式：

$$\frac{N_e(\boldsymbol{x}_0)}{N_e(\boldsymbol{x}_n)} = \frac{K(\boldsymbol{x}_n\rightarrow\boldsymbol{x}_0)}{K(\boldsymbol{x}_0\rightarrow\boldsymbol{x}_n)} \tag{6.9}$$

进一步考察跃迁概率 $K(\boldsymbol{x}_0 \to \boldsymbol{x}_n)$，该概率可以表示为两项的乘积：第一项是始态为 $\boldsymbol{x}_0$ 而终态为 $\boldsymbol{x}_n$ 的概率 $T(\boldsymbol{x}_0 \to \boldsymbol{x}_n)$，第二项为该跃迁过程被接受的概率 $A(\boldsymbol{x}_0 \to \boldsymbol{x}_n)$。此外，$T(\boldsymbol{x}_0 \to \boldsymbol{x}_n)$ 只取决于 $\boldsymbol{x}_0$ 和 $\boldsymbol{x}_n$ 在相空间中的距离，所以拥有对称性，即

$$T(\boldsymbol{x}_0 \to \boldsymbol{x}_n) = T(\boldsymbol{x}_n \to \boldsymbol{x}_0) \tag{6.10}$$

将上述讨论代入方程(6.9)，可得

$$\frac{N_{\mathrm{e}}(\boldsymbol{x}_0)}{N_{\mathrm{e}}(\boldsymbol{x}_n)} = \frac{T(\boldsymbol{x}_n \to \boldsymbol{x}_0)A(\boldsymbol{x}_n \to \boldsymbol{x}_0)}{T(\boldsymbol{x}_0 \to \boldsymbol{x}_n)A(\boldsymbol{x}_0 \to \boldsymbol{x}_n)} = \frac{A(\boldsymbol{x}_n \to \boldsymbol{x}_0)}{A(\boldsymbol{x}_0 \to \boldsymbol{x}_n)} \tag{6.11}$$

因此，求解平衡条件下各态附近的密度比转化为寻找两个态之间跃迁过程被接受的概率 A。A 的取法并不唯一，但是实践表明，Metropolis 提出的关于 A 的计算公式易于实现。

设有 n 个态 $\boldsymbol{x}_1, \boldsymbol{x}_2, \cdots, \boldsymbol{x}_n$，为了寻找第 $n+1$ 个态，设 $\boldsymbol{x}_{\text{trial}} = \boldsymbol{x}_n + \delta$，计算这两个态对应的分布函数 $P(\boldsymbol{x}_n)$ 以及 $P(\boldsymbol{x}_{\text{trial}})$。若

$$\begin{cases} \dfrac{P(\boldsymbol{x}_{\text{trial}})}{P(\boldsymbol{x}_n)} \geqslant 1 \\ A(\boldsymbol{x}_n \to \boldsymbol{x}_{\text{trial}}) = 1 \end{cases} \tag{6.12}$$

即 $\boldsymbol{x}_{\text{trial}}$ 被接受为 $\boldsymbol{x}_{n+1}$ 的概率为 1。若

$$\begin{cases} \dfrac{P(\boldsymbol{x}_{\text{trial}})}{P(\boldsymbol{x}_n)} = r < 1 \\ A(\boldsymbol{x}_n \to \boldsymbol{x}_{\text{trial}}) = r \end{cases} \tag{6.13}$$

即 $\boldsymbol{x}_{\text{trial}}$ 被接受为 $\boldsymbol{x}_{n+1}$ 的概率为 r。在具体操作上，生成一个在区间[0,1]上平均分布的随机数 x。如果 $x \leqslant r$，则 $\boldsymbol{x}_{\text{trial}}$ 被接受为 $\boldsymbol{x}_{n+1}$；如果 $x > r$，则 $\boldsymbol{x}_{\text{trial}}$ 被拒绝。请注意这里的“拒绝”仅表示第 $n+1$ 个态不是 $\boldsymbol{x}_{\text{trial}}$，而仍然是 $\boldsymbol{x}_n$，也即 $\boldsymbol{x}_n$ 在保存的随机数序列中多出现一次。这一点与 6.2.2.2 节中介绍的拒绝采样法有很大区别。

按照式(6.12)、式(6.13)构造的 $A(\boldsymbol{x}_0 \to \boldsymbol{x}_n)$ 可以保证求得的随机数序列满足平衡状态下体系在各态上出现的相对概率，即

$$\frac{N_{\mathrm{e}}(\boldsymbol{x}_0)}{N_{\mathrm{e}}(\boldsymbol{x}_n)} = \frac{P(\boldsymbol{x}_0)}{P(\boldsymbol{x}_n)} \tag{6.14}$$

将式(6.12)、式(6.13)代入式(6.11)中很容易验证这一点。

从前面的讨论中可以看到，与前面介绍的重要性采样方法不同，Metropolis 方法每一步采样均与前一步相关，即 N 次采样并不是完全无关的。所以，Metropolis 采样法是马尔可夫 MC 的一种。应用 Metropolis 采样法需要特别注意 N 次采样间的相关性，如果 $\boldsymbol{x}_0$ 选取得不好，则在后续 n 步中生成的随机数序列又可能只有很少一部分符合 $P(\boldsymbol{x})$ 的分布。通常的做法是忽略从 $\boldsymbol{x}_0$ 开始的 m 步，而将从 $\boldsymbol{x}_{m+1}$ 开始的部分保存在随机数序列中。开始的 m 步采样被称为热弛豫。或者在按照 Metropolis 算法生成的数列中每隔 l 步抽取一个 $\boldsymbol{x}_i$ 保存在随机数序列中。因此，一般情况下采样数目 N 在 10^6 以上时，利用 Metropolis 算法方可得到比较好的结果。

6.3　几种重要的算法与模型

6.3.1　正则系综的 MC 算法

一般情况下，在实验中所研究的体系都与外界有接触，很少有孤立体系。因此，在 MC 模拟中很少针对微正则系综。在本节考察正则系综的 MC 算法。对于正则系综，体系与一个大热源相接触，所以有能量交换，热平衡时温度 T 恒定。此外，体系的体积 V 不变，且不与热源交换粒子，所以粒子数 N 也保持不变。可以提出正则系综的 MC 算法如下。

设体系 1 包含于一个大热源，记体系 1 与热源整体的能量为 E_0，则根据玻尔兹曼关系，使得体系 1 能量为 E 的热源总的方式数目 $\widetilde{W}$ 为

$$\widetilde{W} = \exp(\widetilde{S}/k_B) \tag{6.15}$$

式中：$\widetilde{S}$ 是热源的熵。因为热源的能量为 $E_0 - E$，且 $E_0 - E \gg E$，所以可将 $\widetilde{S}$ 展开：

$$\widetilde{S}(\widetilde{N}, E_0 - E) = \widetilde{S}(\widetilde{N}, E_0) - \left(\frac{\partial \widetilde{S}}{\partial E}\right)\bigg|_{N,V} E \tag{6.16}$$

$\widetilde{N}$ 是热源中的粒子数。根据熵的定义，有

$$\left(\frac{\partial \widetilde{S}}{\partial E}\right)\bigg|_{N,V} = \frac{1}{T} \tag{6.17}$$

将式(6.17)代入式(6.16)，再将所得结果代入方程(6.15)中，可得

$$\widetilde{W} = C\exp\left(-\frac{E}{k_B T}\right) \tag{6.18}$$

C 是常数。因为式(6.18)中 E 是所有粒子位置 r_i 和动量 p_i 的函数，配分函数 Z 是所有可能态数目的求和，即在 $6N$ 维相空间内积分，由此可写出正则系综的配分函数为

$$Z_{NVT} = \frac{1}{N!h^{3N}}\iint \mathrm{d}\boldsymbol{r}^N \mathrm{d}\boldsymbol{p}^N \exp\left\{-\beta\left[\sum_{i=1}^{3N}\frac{\boldsymbol{p}_i^2}{2m} + \mathcal{U}(\boldsymbol{r}^N)\right]\right\} \tag{6.19}$$

将 $\beta = 1/k_B T$ 对动量积分，有

$$Z_{NVT} = \frac{1}{N!\Lambda^{3N}}\int \mathrm{d}\boldsymbol{r}^N \exp[-\beta\mathcal{U}(\boldsymbol{r}^N)] \tag{6.20}$$

式中：Λ 为德布罗意波长，$\Lambda = h/\sqrt{2\pi m k_B T}$。由此可得某个粒子位移前后体系的概率之比为

$$\frac{P_{\text{new}}}{P_{\text{old}}} = \frac{\exp[-\beta\mathcal{U}(\boldsymbol{r}_{\text{new}}^N)]}{\exp[-\beta\mathcal{U}(\boldsymbol{r}_{\text{old}}^N)]} \tag{6.21}$$

将式(6.21)代入式(6.12)和式(6.13)中，可得相内移动粒子的接受率为

$$A_{\text{Move}} = \min\{1, \exp(-\beta\Delta\mathcal{U})\} \tag{6.22}$$

式中

$$\Delta\mathcal{U} = \mathcal{U}(\boldsymbol{r}_{\text{new}}^N) - \mathcal{U}(\boldsymbol{r}_{\text{old}}^N)$$

算法 6.2

(1) 给定初始状态 $\boldsymbol{r}_0$、温度 T、体积 V 以及 MC 采样数 N_{MC},设 $k=0$,$\boldsymbol{r}_{\mathrm{old}}=\boldsymbol{r}_0$。

(2) $k=k+1$,生成在区间[0,1]中随机分布的随机数 r,计算 $T=\mathrm{INT}(r\times(N_{\mathrm{Part}}+1))$,选择粒子 Q 进行位移,$\boldsymbol{r}_{\mathrm{trial}}^{Q}=\boldsymbol{r}_{\mathrm{old}}^{Q}+\Delta\boldsymbol{r}$,其中

$$\Delta\boldsymbol{r}=R^{\max}r_1\sin r_2\cos r_3\hat{i}+R^{\max}r_1\sin r_2\sin r_3\hat{j}+R^{\max}r_1\cos r_2\hat{k} \tag{6.23}$$

式中:r_1、r_2 与 r_3 分别是[0,1]、[0,π]、[0,2π]间均匀分布的随机数;$R^{\max}$ 是参数,使得粒子位移的平均接受率在50%左右。计算 $\Delta\mathcal{U}$;根据方程(6.22)判断当次位移是否成功,若是,$\boldsymbol{r}_{\mathrm{new}}=\boldsymbol{r}_{\mathrm{trial}}$,否则 $\boldsymbol{r}_{\mathrm{new}}=\boldsymbol{r}_{\mathrm{old}}$。

(3) 存储 $\boldsymbol{r}_k=\boldsymbol{r}_{\mathrm{new}}$,并更新 $\boldsymbol{r}_{\mathrm{old}}=\boldsymbol{r}_{\mathrm{new}}$。

(4) 若 $k\leqslant N_{\mathrm{MC}}$,重复步骤(2);若 $k>N_{\mathrm{MC}}$,则利用生成的 N_{MC} 个态计算各热力学函数的平均值。

步骤(2)中构造新状态可以是改变体系中各原子的位置,也可以是改变格点上的状态,例如自旋反向或者占据该格点的原子种类发生变化等等,需要依具体模型而定。

6.3.2 正则系综的 MC 算法

很多时候,对恒温恒压的正则系综进行的模拟与实验条件更相符。因为体系的体积 V 此时可以变化,所以体系的平均粒子密度 N/V 成为温度 T 和压强 p 的函数。可以看出,这一特点使得正则系综非常适用于研究体系在一阶相变点附近的行为。因此正则系综在 MC 模拟中得到了广泛的应用。1972 年,McDonald 提出了正则系综的 MC 算法(*NPT*-MC 算法)[219]。到目前为止,*NPT*-MC 的算法还没有发生过特别大的变化。下面对其进行详细的讨论。

设有体系 1 包含于一个大的压强恒定的热源,且有一个接触面为理想轻质活塞面。因此热平衡时,体系 1 的温度 T、压强 p 以及粒子数 N 都保持不变。记体系 1 与热源整体的能量和体积分别为 E_0 和 V_0,则根据玻尔兹曼关系,使得体系 1 能量为 E、体积为 V 的热源总的方式数目 $\widetilde{W}$ 为

$$\widetilde{W}=\exp(\widetilde{S}/k_{\mathrm{B}}) \tag{6.24}$$

式中:$\widetilde{S}$ 是热源的熵。因为热源的能量和体积分别为 E_0-E 和 V_0-V,且

$$V_0-V\gg V,\quad E_0-E\gg E$$

所以可以将 $\widetilde{S}$ 展开,即

$$\widetilde{S}(\widetilde{N},E_0-E,V_0-V)=\widetilde{S}(\widetilde{N},E_0,V_0)-\left(\frac{\partial\widetilde{S}}{\partial V}\right)\bigg|_{N,E}V-\left(\frac{\partial\widetilde{S}}{\partial E}\right)\bigg|_{N,V}E \tag{6.25}$$

$\widetilde{N}$ 是热源中的粒子数。又根据麦克斯韦关系以及熵的定义,有

$$\left(\frac{\partial\widetilde{S}}{\partial E}\right)\bigg|_{N,V}=\frac{1}{T} \tag{6.26}$$

$$\left(\frac{\partial \widetilde{S}}{\partial V}\right)\bigg|_E = \frac{p}{T} \tag{6.27}$$

将式(6.26)、式(6.27)代入式(6.25)，再将所得结果代入方程(6.24)，可得

$$\widetilde{W} = C\exp\left[-\frac{E+pV}{k_B T}\right] \tag{6.28}$$

式中：C 是常数。类似于对正则系综的讨论，可写出正则系综的配分函数，即

$$Z_{NPT} = \frac{1}{N!h^{3N}}\int_0^\infty dV\iint d\boldsymbol{r}^N d\boldsymbol{p}^N \exp\left\{-\beta\left[\sum_{i=1}^{3N}\frac{p_i^2}{2m} + \mathscr{U}(\boldsymbol{r}^N;V) + pV\right]\right\} \tag{6.29}$$

需要注意的是，式(6.28)中，体系 1 的体积 V 同样是一个积分变量。对动量部分积分，同时将粒子的坐标约化为分数坐标(约定体系 1 恒为立方体)

$$\boldsymbol{s}_i = \boldsymbol{r}_i/L,\quad L = V^{1/3}$$

则可将 Z_{NPT} 写为

$$Z_{NPT} = \frac{1}{N!\Lambda^{3N}}\int dV V^N \exp[-\beta pV]\int d\boldsymbol{s}^N \exp[-\beta\mathscr{U}(\boldsymbol{s}^N;V)] \tag{6.30}$$

由此可得，体系 1 中粒子构型为 $\boldsymbol{s}^N$、体积为 V 的概率 $N(\boldsymbol{s}^N;V)$ (为防止与压强 p 混淆，概率以 N 代替)满足

$$N(\boldsymbol{s}^N;V) \propto V^N \exp[-\beta pV]\exp[-\beta\mathscr{U}(\boldsymbol{s}^N;V)] \tag{6.31}$$

因此，当体系 1 的体积由 V 变为 V'，而粒子位形 $\boldsymbol{s}^N$ 保持不变时，变化前后的概率之比为

$$\frac{N_{new}}{N_{old}} = \left(\frac{V'}{V}\right)^N \frac{\exp[-\beta(\mathscr{U}(\boldsymbol{s}^N;V') + pV')]}{\exp[-\beta(\mathscr{U}(\boldsymbol{s}^N;V) + pV)]} \tag{6.32}$$

记

$$\Delta\mathscr{U} = \mathscr{U}(\boldsymbol{s}^N;V') - \mathscr{U}(\boldsymbol{s}^N;V),\quad \Delta V = V' - V$$

由此可得出体积变化的接受率为

$$A_{Vol} = \min\left\{1, \left(1+\frac{\Delta V}{V}\right)^N \exp[-\beta(\Delta\mathscr{U} + p\Delta V)]\right\} \tag{6.33}$$

根据上面的讨论，可以给出 NPT-MC 算法。实际上只需要对算法 6.2 略加修改即可。

算法 6.3

(1) 给定初始状态 $\boldsymbol{s}_0^{N_{Part}}$、体积 V、MC 采样数 N_{MC}、压强 p 和温度 T，设 $k=0$，$\boldsymbol{s}_{old} = \boldsymbol{s}_0$，$\boldsymbol{V}_{old} = \boldsymbol{V}_0$。

(2) $k = k+1$，生成在$[0,1]$区间内随机分布的随机数 r，计算 $T = \mathrm{INT}(r\times(N_{Part}+1))+1$，若 $T \leqslant N_{Part}$，转步骤(3)，否则转步骤(4)。

(3) 选择粒子 Q 进行位移：$\boldsymbol{s}_{trial}^Q = \boldsymbol{s}_{old}^Q + \Delta\boldsymbol{s}$，其中 $\Delta\boldsymbol{s}$ 由方程(6.23)确定。计算 $\Delta\mathscr{U}$，根据方程(6.22)判断当次位移是否成功，若是，$\boldsymbol{s}_{new} = \boldsymbol{s}_{trial}$，否则 $\boldsymbol{s}_{new} = \boldsymbol{s}_{old}$，转步骤(5)。

(4) 变化体积 V，$V_{trial} = V_{old} + \Delta V^{max}\times(2r-1)$，$V^{max}$ 是参数，使得体积变化的平

均接受率在50%左右。计算 $\Delta\mathscr{U}+p\Delta V$；根据方程(6.33)与随机数 r 判断当次体积变化是否成功，若是，$V_{\text{new}}=V_{\text{trial}}$，否则 $V_{\text{new}}=V_{\text{old}}$，转步骤(5)。

(5) 存储 $\boldsymbol{s}_k=\boldsymbol{s}_{\text{new}}$，$V_k=V_{\text{new}}$，并更新 $\boldsymbol{s}_{\text{old}}=\boldsymbol{s}_{\text{new}}$，$V_{\text{old}}=V_{\text{new}}$。

(6) 若 $k\leqslant N_{\text{MC}}$，重复步骤(2)；若 $k>N_{\text{MC}}$，则利用生成的 N_{MC} 个态计算各热力学函数的平均值。

Eppenga 和 Frenkel 提出，可以使 $\ln V$ 均匀变化。这种情况下体积变化的接受率稍有不同：

$$A_{\text{Vol}}=\min\left\{1,\left(1+\frac{\Delta V}{V}\right)^{N+1}\exp[-\beta(\Delta\mathscr{U}+p\Delta V)]\right\} \tag{6.34}$$

此时算法6.3仍然有效，只是在步骤(4)中，体积变化公式需要修改为 $\ln V_{\text{trial}}=\ln V_{\text{old}}+(2r-1)\Delta V^{\max}$[195,220]，相应地，$\Delta V^{\max}$ 的取值也应该与算法6.3中有所区别。

NPT-MC 算法的一个缺点是每次体积变化之后都需要重新计算能量，因此要求 ΔV 有合适的值，使得体积变化的尝试有较高的接受率。但该值并不容易找到。Schultz 与 Kofke 最近提出，在结晶态的固体中可以使用一种改进的算法来有效地解决这个问题。详细的讨论可参阅文献[221]。

6.3.3 巨正则系综的 MC 算法

6.3.1节与6.3.2节中体系的粒子数 N 保持不变。但是对于特定的研究这个条件并不现实。比如贵金属表面的氧分子吸附、衬底上进行的化学气相沉积、溶液中的晶体生长等。在这类研究对象中，体系与一个提供粒子的大热源联系在一起，两者之间允许交换粒子，所以研究体系中的粒子数不断地在发生变化。这正是巨正则系综(grand canonical ensemble)所描述的对象。因此，针对巨正则系综的MC(GCMC)模拟具有非常广泛的应用范围[222,223]。因为允许体系与热源交换粒子，所以整个复合系统热平衡时温度 T 以及粒子的化学势 μ 应当相等。事实上体系和热源的压强也应该相等。但是并不存在 μpT 系综，因为这三者都是强度量，而系综的独立参量中最少需要有一个广延量[195]。所以巨正则系综里第三个参量选为体系的体积 V，即 μVT 系综。

与前面的讨论一样，我们首先得到巨正则系综的配分函数 Ξ。记体系和热源分别为1和2，各自的体积和粒子数分别为 (V_1,N_2) 和 (V_2,N_2)，温度为 T，且总体积 V 和总粒子数 N 保持不变：

$$V=V_1+V_2,\quad N=N_1+N_2$$

忽略体系和热源间的相互作用，可以将复合体系总能量表示为

$$\begin{aligned}E(N,V,T)&=E_1(N_1,V_1,T)+E_2(N_2,V_2,T)\\&=\sum_{i=1}^{N_1}\frac{\boldsymbol{p}_{1,i}^2}{2m}+\mathscr{U}_1(\boldsymbol{r}^{N_1})+\sum_{i=1}^{N_2}\frac{\boldsymbol{p}_{2,i}^2}{2m}+\mathscr{U}_2(\boldsymbol{r}^{N_2})\end{aligned}$$

可以进一步假设体系和热源所含的粒子相同。如果1和2之间不允许交换粒子，

则复合体系的总配分函数为

$$\begin{aligned}Z(N,V,T) &= \frac{1}{N!h^{3N}}\iint \mathrm{d}\boldsymbol{r}^N \mathrm{d}\boldsymbol{p}^N \exp[-\beta E(N,V,T)] \\ &= \frac{N_1!N_2!}{N!}\frac{1}{N_1!h^{3N_1}}\iint \mathrm{d}\boldsymbol{r}^{N_1}\mathrm{d}\boldsymbol{p}^{N_1}\exp[-\beta E_1(N_1,V_1,T)] \\ &\quad\times\frac{1}{N_2!h^{3N_2}}\iint \mathrm{d}\boldsymbol{r}^{N_2}\mathrm{d}\boldsymbol{p}^{N_2}\exp[-\beta E_2(N_2,V_2,T)] \\ &= \frac{N_1!N_2!}{N!}Z_1(N_1,V_1,T)Z_2(N_2,V_2,T)\end{aligned} \tag{6.35}$$

允许交换粒子的情况下，总配分函数 $Z(N,V,T)$ 应为式(6.35)对所有允许的 N_1 的求和，有

$$\begin{aligned}Z(N,V,T) &= \sum_{N_1=0}^{N}\mathrm{C}_N^{N_1}\frac{N_1!N_2!}{N!}Z_1(N_1,V_1,T)Z_2(N_2,V_2,T) \\ &= \sum_{N_1=0}^{N}Z_1(N_1,V_1,T)Z_2(N_2,V_2,T)\end{aligned} \tag{6.36}$$

式中：二项式系数 $\mathrm{C}_N^{N_1}$ 来自于粒子的全同性。

根据方程(6.36)可以得到复合体系处于$(\boldsymbol{r}^N,\boldsymbol{p}^N,T)$的概率 P 为

$$P(\boldsymbol{r}^N,\boldsymbol{p}^N,T) = \frac{1}{N!h^{3N}}\frac{\exp[-\beta E(N,V,T)]}{Z(N,V,T)} \tag{6.37}$$

其中的前置因子使得 P 满足归一化条件

$$\int \mathrm{d}\boldsymbol{r}^N \mathrm{d}\boldsymbol{p}^N P(\boldsymbol{r}^N,\boldsymbol{p}^N,T) = 1 \tag{6.38}$$

考虑到热源非常大，$N_2 \approx N$，将 $P(\boldsymbol{r}^N,\boldsymbol{p}^N,T)$ 对热源占据的相空间积分，可以得到体系 1 处于$(\boldsymbol{r}^{N_1},\boldsymbol{p}^{N_1},T)$的概率为

$$\begin{aligned}P(\boldsymbol{r}^{N_1},\boldsymbol{p}^{N_1},T) &= \frac{1}{N_1!h^{3N_1}}\exp[-\beta E_1(N_1,V_1,T)] \\ &\quad\times\frac{1}{N_2!h^{3N_2}}\iint \mathrm{d}\boldsymbol{r}^{N_2}\mathrm{d}\boldsymbol{p}^{N_2}\exp[-\beta E_2(N_2,V_2,T)]\cdot\frac{1}{Z(N,V,T)} \\ &= \frac{1}{N_1!h^{3N_1}}\frac{Z_2(N_2,V_2,T)}{Z(N,V,T)}\exp[-\beta E_1(N_1,V_1,T)]\end{aligned} \tag{6.39}$$

与式(6.37)类似，前置因子同样是为了满足归一化条件

$$\sum_{N_1=0}^{N}\iint \mathrm{d}\boldsymbol{r}^{N_1}\mathrm{d}\boldsymbol{p}^{N_1}P(\boldsymbol{r}^{N_1},\boldsymbol{p}^{N_1},T) = 1 \tag{6.40}$$

与 6.3.2 节的讨论相似，由于 $N \gg N_1, V \gg V_1$，所以可以在 N、V 附近将E_2做泰勒展开，有

$$\begin{aligned}E_2(N-N_1,V-V_1,T) &= E(N,V,T) - \left.\frac{\partial E}{\partial N}\right|_{V_1,T}N_1 - \left.\frac{\partial E}{\partial V}\right|_{N_1,T}V_1 \\ &= E(N,V,T) - \mu N_1 + PV_1\end{aligned} \tag{6.41}$$

将式(6.41)代入方程(6.39),可得

$$P(\boldsymbol{r}^{N_1},\boldsymbol{p}^{N_1},T)=\frac{\exp(-\beta PV_1)}{N_1!h^{3N_1}}\exp[-\beta(E_1(N_1,V_1,T)-\mu N_1)] \tag{6.42}$$

将式(6.42)和 E_1 的表达式代入方程(6.40),有

$$\exp(-\beta PV)\left\{\sum_{N=0}^{\infty}\frac{1}{N!h^{3N}}\iint \mathrm{d}\boldsymbol{r}^N\mathrm{d}\boldsymbol{p}^N\exp\left[-\beta\left(\sum_{i=1}^{N}\frac{\boldsymbol{p}_i^2}{2m}+\mathcal{U}(\boldsymbol{r}^N,V)-\mu N\right)\right]\right\}=1 \tag{6.43}$$

注意,在式(6.43)中去掉了下标"1",并且将求和上限推至 ∞。由此可以定义巨配分函数 Ξ 为

$$\Xi(\mu,V,T)=\sum_{N=0}^{\infty}\frac{1}{N!h^{3N}}\iint \mathrm{d}\boldsymbol{r}^N\mathrm{d}\boldsymbol{p}^N\exp\left[-\beta\left(\sum_{i=1}^{N}\frac{\boldsymbol{p}_i^2}{2m}+\mathcal{U}(\boldsymbol{r}^N)-\mu N\right)\right] \tag{6.44}$$

进一步,对动量部分积分,同时将粒子的坐标约化为分数坐标,可得 GCMC 中常见的配分函数形式

$$\Xi(\mu,V,T)=\sum_{N=0}^{\infty}\frac{V^N}{N!\Lambda^{3N}}\int \mathrm{d}\boldsymbol{s}^N\exp[-\beta(\mathcal{U}(\boldsymbol{s}^N)-\mu N)] \tag{6.45}$$

下面将会看到,将粒子位形化为分数坐标,从量纲的角度能很方便地处理粒子数的变化。向体系中插入一个粒子并保持其他粒子位置不变,则粒子插入前后体系概率之比为

$$\frac{P_{\text{new}}(N+1)}{P_{\text{old}}(N)}=\frac{V}{(N+1)\Lambda^3}\exp(\beta\mu-\beta\Delta\mathcal{U}_{\text{in}}) \tag{6.46}$$

式中

$$\Delta\mathcal{U}_{\text{in}}=\mathcal{U}(\boldsymbol{s}^N;\boldsymbol{s}_{\text{in}})-\mathcal{U}(\boldsymbol{s}^N)$$

所以插入一个粒子的接受率为

$$A_{\text{in}}=\min\left\{1,\frac{V}{(N+1)\Lambda^3}\exp(\beta\mu-\beta\Delta\mathcal{U}_{\text{in}})\right\} \tag{6.47}$$

通过相似的讨论可知,从体系中移除一个粒子并保持其他粒子位置不变,则粒子移除前后体系概率之比为

$$\frac{P_{\text{new}}(N-1)}{P_{\text{old}}(N)}=\frac{N\Lambda^3}{V}\exp(-\beta\mu-\beta\Delta\mathcal{U}_{\text{out}}) \tag{6.48}$$

式中

$$\Delta\mathcal{U}_{\text{out}}=\mathcal{U}(\boldsymbol{s}^{N-1})-\mathcal{U}(\boldsymbol{s}^N)$$

相应地,移除一个粒子的接受率为

$$A_{\text{out}}=\min\left\{1,\frac{N\Lambda^3}{V}\exp(-\beta\mu-\beta\Delta\mathcal{U}_{\text{out}})\right\} \tag{6.49}$$

方程(6.47)与方程(6.49)构成了 GCMC 算法的基础。只需对算法 6.3 略加修改,即可得到 GCMC 算法。

算法 6.4

(1) 给定初始状态 $\boldsymbol{s}_0^{N_{\text{Part}}}$、体积 V、化学势 μ、温度 T 和 MC 采样数 N_{MC}，设 $k=0$，$\boldsymbol{s}_{\text{old}}=\boldsymbol{s}_0$，$N_{\text{old}}=N_0$。

(2) $k=k+1$，生成在[0,1]区间内随机分布的随机数 r，计算 $T=\text{INT}(r\times(N_{\text{Part}}+1))+1$，若 $T\leqslant N_{\text{Part}}$，转步骤(3)，否则转步骤(4)。

(3) 选择粒子 Q 进行位移：$\boldsymbol{s}_{\text{trial}}^Q=\boldsymbol{s}_{\text{old}}^Q+\Delta\boldsymbol{s}$，其中 $\Delta\boldsymbol{s}$ 由方程(6.23)确定。计算 $\Delta\mathscr{U}$；根据方程(6.22)判断当次位移是否成功，若是，$\boldsymbol{s}_{\text{new}}=\boldsymbol{s}_{\text{trial}}$，否则 $\boldsymbol{s}_{\text{new}}=\boldsymbol{s}_{\text{old}}$。转步骤(7)。

(4) 变化粒子数 N：若 $r\geqslant 0.5$，转步骤(5)，否则转步骤(6)。

(5) 插入粒子：按照方程(6.33)确定新粒子插入位置，计算 $\Delta\mathscr{U}_{\text{in}}$；根据方程(6.47)与随机数 r 判断当次粒子插入是否成功，若是，$N_{\text{new}}=N_{\text{old}}+1$，否则 $N_{\text{new}}=N_{\text{old}}$。转步骤(7)。

(6) 移除粒子：计算 $O=\text{INT}(r(N_{\text{Part}}+1))$，移除粒子 O，并计算 $\Delta\mathscr{U}_{\text{out}}$；根据方程(6.49)与随机数 r 判断当次粒子移除是否成功，若是，$N_{\text{new}}=N_{\text{old}}-1$，否则 $N_{\text{new}}=N_{\text{old}}$。转步骤(7)。

(7) 存储 $\boldsymbol{s}_k=\boldsymbol{s}_{\text{new}}$，$N_k=N_{\text{new}}$，并更新 $\boldsymbol{s}_{\text{old}}=\boldsymbol{s}_{\text{new}}$，$N_{\text{old}}=N_{\text{new}}$。

(8) 若 $k\leqslant N_{\text{MC}}$，重复步骤(2)；若 $k>N_{\text{MC}}$，则利用生成的 N_{MC} 个态计算各热力学函数的平均值。

6.3.4　Ising 模型

Ising 模型是应用极为广泛的一种简化模型。这种模型假设体系中的格点只与其最近邻的格点有相互作用 J，哈密顿量表示为

$$\mathscr{H}=-J\sum_{\langle i,j\rangle,i<j}\sigma_i\sigma_j-B\sum_i\sigma_i \tag{6.50}$$

式中：B 代表外势场强度；每个格点的“状态”σ_i 可以取 1 和 -1 两个值。因此 Ising 模型适合于描述体系的自旋组态或者二元合金体系[224]。

6.3.5　Lattice Gas 模型

Lattice Gas 模型与 Ising 模型比较相似，只考虑最近邻格点间的相互作用且每个格点的“状态”仅取两个值。不同的是这两个值分别是 0 和 1，通常用 c_i 来表示，用以区别于 Ising 模型。不难看到，$c_i=(\sigma_i+1)/2$。因此将这个关系式代入方程(6.50)，即可得 Lattice Gas 模型的哈密顿量为

$$\mathscr{H}=-4J\sum_{\langle i,j\rangle,i<j}c_ic_j-2(H-zJ)\sum_i c_i+E_0=-\phi\sum_{\langle i,j\rangle,i<j}c_ic_j-\mu\sum_i c_i+E_0 \tag{6.51}$$

式中：z 是格点的最近邻数；E_0 是常数项。这种模型比较适合于描述表面上吸附分子的组态。

6.3.6 Potts 模型

Potts 模型是 Ising 模型的一种扩展，该模型同样只考虑最近邻格点间的相互作用。每个格点的“状态”不再仅取±1两个值，而是可以取从1到 q 的任意一个值，而且当且仅当最近邻的两个格点处于相同的态时，彼此间才有相互作用。由此写出 Potts 模型的哈密顿量为

$$\mathscr{H} = -J\sum_{\langle i,j\rangle, i<j}\delta_{\sigma_i\sigma_j} + B\sum_i \delta_{\sigma_i 0} \tag{6.52}$$

当 $q=2$ 时，Potts 模型等价于 Ising 模型（形式上与 Lattice Gas 模型更为接近）；当 $q=3$ 时，Potts 模型成功地描述了某些稀土元素氧化物的一阶相变。关于 Potts 模型的详细讨论，可进一步参阅文献[225]。

6.3.7 *XY* 模型

XY 模型本质上是一种经典模型，因为这种模型中格点的“状态”是一个在 Oxy 平面内连续变化的矢量，而非分立值。*XY* 模型的哈密顿量为

$$\mathscr{H} = -J\sum_{\langle i,j\rangle, i<j}(S_i^x S_j^x + S_i^y S_j^y) - B\sum_i S_i^x \tag{6.53}$$

当 $\boldsymbol{S}_j$ 取分立值，即 $\boldsymbol{S}_i$ 有 q 个取向时，每两个取向之间的夹角为

$$\theta_n = 2\pi n/q, \quad n = 0,1,\cdots,q-1 \tag{6.54}$$

则此时的 *XY* 模型也被称为平面 Potts 模型[225]。

6.4 Gibbs 系综

前面几节介绍的 MC 模拟中，体系的所有原子都处于同一种相（固相、液相等）中。这种情况下原子模拟和实验过程比较类似。但是当研究两相共存或一级相变（例如蒸发）时，在实验中可以轻易地观察到两相以及将它们隔开的界面，但是原子模拟往往会遇到很大的困难。原因在于原子模拟中体系的尺度局限[195]。到目前为止，原子模拟中所采用的体系均没有达到宏观尺度。因此，如果在这个体系中有两相共存，则处于相界处的原子数目所占的百分比会远远大于实际情况。这种对实际状况的严重偏离会导致模拟结果不可信。因此，对多相共存的非均匀体系而言，为了得到合理的模拟结果，必须使用宏观尺度的超原胞。这将会使得模拟所需的时间过长，难以在实际工作中完成。

为了克服这个问题，由 20 世纪 80 年代中期开始，不少新的 MC 算法被相继提出，使得利用有限体系模拟多相共存成为可能。这方面开创性的工作由 Panagiotopoulos 完成。他在一系列文章中指出，可以将两相各自置于一个有限盒子中，然后允许这两相交换粒子，并在每个相中进行粒子弛豫，最终达到热平衡[226,227]。这种方法通常被称为 Gibbs 系综蒙特卡罗方法（Gibbs ensemble Monte-Carlo method，GEMC 方法）。

6.4.1　随机事件及其接受率

当两个或多个热力学相处于热平衡时，系统要求各相间压强相同、温度相同、粒子化学势也必须相同，且每个相自身也处于热平衡状态。为简单起见，在本节中只讨论两相共存的情况。在 MC 模拟中，温度是预先给定的参数，因此 GEMC 包含了三种随机事件，以处理三个平衡条件：① 在每个相中移动粒子（达到相内热平衡）；② 改变每个盒子的体积（达到相间压强平衡）；③ 在不同相中交换粒子（达到相间化学势平衡）。为了得到正确的统计分布，必须确定每一种随机事件的接受率。设体系温度恒为 T，总体积 V 不变、总粒子数 N 不变。处于两相中的粒子数分别为 N_{I} 和 N_{II}，分别处在盒子 Ⅰ 和盒子 Ⅱ 中，体积分别为 V_{I} 和 V_{II}，且 $V_{\mathrm{I}}+V_{\mathrm{II}}=V$。这个正则系综的配分函数为

$$Z_{NVT}^{\mathrm{G}}=\frac{1}{\Lambda^{3N}N!}\sum_{N_{\mathrm{I}}=0}^{N}\frac{N!}{N_{\mathrm{I}}!(N-N_{\mathrm{I}})!}\int_0^V \mathrm{d}V_{\mathrm{I}}\,V_{\mathrm{I}}^{N_{\mathrm{I}}}V_{\mathrm{II}}^{N_{\mathrm{II}}}\int \mathrm{d}\boldsymbol{s}_{\mathrm{I}}^{N_{\mathrm{I}}}\exp[-\beta\mathscr{U}_{\mathrm{I}}(\boldsymbol{s}_{\mathrm{I}}^{N_{\mathrm{I}}};V_{\mathrm{I}})]$$
$$\times\int \mathrm{d}\boldsymbol{s}_{\mathrm{II}}^{N_{\mathrm{II}}}\exp[-\beta\mathscr{U}_{\mathrm{II}}(\boldsymbol{s}_{\mathrm{II}}^{N_{\mathrm{II}}};V_{\mathrm{II}})] \tag{6.55}$$

式中：Λ 是体系的德布罗意波长；$\beta=(k_{\mathrm{B}}T)^{-1}$；$\boldsymbol{s}_i^{N_i}$ 表示第 i 个盒子中的粒子位型，即粒子在盒子 i 中的分数坐标；$\mathscr{U}(\boldsymbol{s}^N;V)$ 表示给定相中体系的内能。注意：在 GEMC 中允许各相的体积变化，因此 $\mathscr{U}$ 由体积 V 和粒子位型 $\boldsymbol{s}^N$ 共同确定。这表明，若两相体积分别增加、减少 ΔV，即使体系的粒子位型保持不变，由于粒子间物理距离发生变化，$\mathscr{U}_{\mathrm{I}}$ 及 $\mathscr{U}_{\mathrm{II}}$ 仍然需要重新计算。

由式(6.55)，可以得出体系处于状态$(N_{\mathrm{I}},V_{\mathrm{I}},\boldsymbol{s}_{\mathrm{I}}^{N_{\mathrm{I}}},\boldsymbol{s}_{\mathrm{II}}^{N_{\mathrm{II}}},N,V,T)$下的概率为

$$P(N_{\mathrm{I}},V_{\mathrm{I}},\boldsymbol{s}_{\mathrm{I}}^{N_{\mathrm{I}}},\boldsymbol{s}_{\mathrm{II}}^{N_{\mathrm{II}}},N,V,T)\propto\frac{N!}{N_{\mathrm{I}}!N_{\mathrm{II}}!}V_{\mathrm{I}}^{N_{\mathrm{I}}}V_{\mathrm{II}}^{N_{\mathrm{II}}}\exp\{-\beta[\mathscr{U}_{\mathrm{I}}(\boldsymbol{s}_{\mathrm{I}}^{N_{\mathrm{I}}};V_{\mathrm{I}})+\mathscr{U}_{\mathrm{II}}(\boldsymbol{s}_{\mathrm{II}}^{N_{\mathrm{II}}};V_{\mathrm{II}})]\} \tag{6.56}$$

与 6.2.3 节中 Metropolis 采样法的推导相同，可根据三种随机事件发生前后 P 的变化得出随机事件的接受率。

1. 相内移动粒子

在这种随机事件中，不同的相是彼此独立的。这里以盒子 Ⅰ 为例。设随机选中盒子 Ⅰ 中的一个粒子，改变它的位置，盒子 Ⅰ 中的粒子位型由 $\boldsymbol{s}_{\mathrm{I},\mathrm{o}}^{N_{\mathrm{I}}}$ 变为 $\boldsymbol{s}_{\mathrm{I},\mathrm{n}}^{N_{\mathrm{I}}}$，而 N_{I} 和 V_{I} 保持不变，则由式(6.56)可知：

$$\frac{P_{\mathrm{new}}}{P_{\mathrm{old}}}=\frac{\exp[-\beta\mathscr{U}_{\mathrm{I}}(\boldsymbol{s}_{\mathrm{I},\mathrm{n}}^{N_{\mathrm{I}}};V_{\mathrm{I}})]}{\exp[-\beta\mathscr{U}_{\mathrm{I}}(\boldsymbol{s}_{\mathrm{I},\mathrm{o}}^{N_{\mathrm{I}}};V_{\mathrm{I}})]} \tag{6.57}$$

将式(6.57)代入方程(6.12)和方程(6.13)，可得相内移动粒子的接受率为

$$A_{\mathrm{Move}}=\min\{1,\exp[-\beta(\mathscr{U}_{\mathrm{I}}(\boldsymbol{s}_{\mathrm{I},\mathrm{n}}^{N_{\mathrm{I}}};V_{\mathrm{I}})-\mathscr{U}_{\mathrm{I}}(\boldsymbol{s}_{\mathrm{I},\mathrm{o}}^{N_{\mathrm{I}}};V_{\mathrm{I}}))]\} \tag{6.58}$$

与普通的正则系综 MC 算法相同。

2. 改变盒子体积

因为体系的总体积 V 保持不变，所以两个盒子体积的变化彼此关联。盒子 Ⅰ 的

体积增大 ΔV，盒子 Ⅱ 的体积则相应地减小 ΔV，反之亦然。如前所述，盒子体积的变化同样会改变各相的内能。注意体系平衡时，两相的压强应该相等，而各相中的粒子数 N_{I} 和 N_{II} 保持不变。直接利用式(6.56)可得

$$\frac{P_{\text{new}}}{P_{\text{old}}}=\frac{(V_{\mathrm{I}}+\Delta V)^{N_{\mathrm{I}}}(V_{\mathrm{II}}-\Delta V)^{N_{\mathrm{II}}}}{(V_{\mathrm{I}})^{N_{\mathrm{I}}}(V_{\mathrm{II}})^{N_{\mathrm{II}}}}\frac{\exp[-\beta\mathcal{U}_{\mathrm{I}}(\boldsymbol{s}_{\mathrm{I}}^{N_{\mathrm{I}}};V_{\mathrm{I}}+\Delta V)]}{\exp[-\beta\mathcal{U}_{\mathrm{I}}(\boldsymbol{s}_{\mathrm{I}}^{N_{\mathrm{I}}};V_{\mathrm{I}})]}\cdot\frac{\exp[-\beta\mathcal{U}_{\mathrm{II}}(\boldsymbol{s}_{\mathrm{II}}^{N_{\mathrm{II}}};V_{\mathrm{II}}-\Delta V)]}{\exp[-\beta\mathcal{U}_{\mathrm{II}}(\boldsymbol{s}_{\mathrm{II}}^{N_{\mathrm{II}}};V_{\mathrm{II}})]} \tag{6.59}$$

为了简化表达式，记

$$\begin{cases}\Delta\mathcal{U}_{\mathrm{I}}=\mathcal{U}_{\mathrm{I}}(\boldsymbol{s}_{\mathrm{I}}^{N_{\mathrm{I}}};V_{\mathrm{I}}+\Delta V)-\mathcal{U}_{\mathrm{I}}(\boldsymbol{s}_{\mathrm{I}}^{N_{\mathrm{I}}};V_{\mathrm{I}})\\ \Delta\mathcal{U}_{\mathrm{II}}=\mathcal{U}_{\mathrm{II}}(\boldsymbol{s}_{\mathrm{II}}^{N_{\mathrm{II}}};V_{\mathrm{II}}-\Delta V)-\mathcal{U}_{\mathrm{II}}(\boldsymbol{s}_{\mathrm{II}}^{N_{\mathrm{II}}};V_{\mathrm{II}})\end{cases} \tag{6.60}$$

改变盒子体积的接受率为

$$A_{\text{Vol}}=\min\left\{1,\frac{(V_{\mathrm{I}}+\Delta V)^{N_{\mathrm{I}}}(V_{\mathrm{II}}-\Delta V)^{N_{\mathrm{II}}}}{V_{\mathrm{I}}^{N_{\mathrm{I}}}V_{\mathrm{II}}^{N_{\mathrm{II}}}}\exp[-\beta(\Delta\mathcal{U}_{\mathrm{I}}+\Delta\mathcal{U}_{\mathrm{II}})]\right\} \tag{6.61}$$

3. 不同相间交换粒子

因为体系包含的总粒子数 N 不变，所以盒子 Ⅰ 中增加(减少)的一个粒子必然转移自(转移到)盒子 Ⅱ。体系平衡时，两相的粒子化学势应该相等，而各相的体积 V_{I} 和 V_{II} 保持不变。设一个粒子由盒子 Ⅰ 转移至盒子 Ⅱ 中，且除这个粒子之外，体系中所有其他的粒子位置保持不变，则由式(6.56)可得

$$\frac{P_{\text{new}}}{P_{\text{old}}}=\frac{N_{\mathrm{I}}N_{\mathrm{II}}}{(N_{\mathrm{II}}+1)V_{\mathrm{I}}}\frac{\exp[-\beta\mathcal{U}_{\mathrm{I}}(\boldsymbol{s}_{\mathrm{I}}^{N_{\mathrm{I}}-1};V_{\mathrm{I}})]}{\exp[-\beta\mathcal{U}_{\mathrm{I}}(\boldsymbol{s}_{\mathrm{I}}^{N_{\mathrm{I}}};V_{\mathrm{I}})]}\frac{\exp[-\beta\mathcal{U}_{\mathrm{II}}(\boldsymbol{s}_{\mathrm{I}}^{N_{\mathrm{II}}+1};V_{\mathrm{II}})]}{\exp[-\beta\mathcal{U}_{\mathrm{II}}(\boldsymbol{s}_{\mathrm{II}}^{N_{\mathrm{II}}};V_{\mathrm{II}})]} \tag{6.62}$$

同样将粒子转移前、后各相内能的变化用 $\Delta\mathcal{U}$ 表示：

$$\begin{cases}\Delta\mathcal{U}_{\mathrm{I}}=\mathcal{U}_{\mathrm{I}}(\boldsymbol{s}_{\mathrm{I}}^{N_{\mathrm{I}}-1};V_{\mathrm{I}})-\mathcal{U}_{\mathrm{I}}(\boldsymbol{s}_{\mathrm{I}}^{N_{\mathrm{I}}};V_{\mathrm{I}})\\ \Delta\mathcal{U}_{\mathrm{II}}=\mathcal{U}_{\mathrm{II}}(\boldsymbol{s}_{\mathrm{II}}^{N_{\mathrm{II}}+1};V_{\mathrm{II}})-\mathcal{U}_{\mathrm{II}}(\boldsymbol{s}_{\mathrm{II}}^{N_{\mathrm{II}}};V_{\mathrm{II}})\end{cases} \tag{6.63}$$

不同相间交换粒子的接受率为

$$A_{\text{Trans}}=\min\left\{1,\frac{N_{\mathrm{I}}N_{\mathrm{II}}}{(N_{\mathrm{II}}+1)V_{\mathrm{I}}}\exp[-\beta(\Delta\mathcal{U}_{\mathrm{I}}+\Delta\mathcal{U}_{\mathrm{II}})]\right\} \tag{6.64}$$

上面的讨论只针对粒子是单一组分且体系总体积不变的情况。Panagiotopoulos 将讨论扩展到多组分以及体系压强恒定的情况[227]。对于多组分体系，唯一需要修改的地方是，式(6.64)中的 N_{I} 和 N_{II} 分别由第 i 种组分在两相中的粒子数 $N_{\mathrm{I},i}$ 和 $N_{\mathrm{II},i}$ 替代。而在压强恒定的情况下，仅需要修改接受率表达式(6.61)。因为这时体系总体积 V 不再恒定，所以各相体积的变化 ΔV_{I} 和 ΔV_{II} 是相互独立的。因此，在正则系综情况下，改变盒子体积的接受率为

$$A_{\text{Vol}}=\min\left\{1,\frac{(V_{\mathrm{I}}+\Delta V_{\mathrm{I}})^{N_{\mathrm{I}}}(V_{\mathrm{II}}+\Delta V_{\mathrm{II}})^{N_{\mathrm{II}}}}{V_{\mathrm{I}}^{N_{\mathrm{I}}}V_{\mathrm{II}}^{N_{\mathrm{II}}}}\exp[-\beta(\Delta\mathcal{U}_{\mathrm{I}}+\Delta\mathcal{U}_{\mathrm{II}}+P(\Delta V_{\mathrm{I}}+\Delta V_{\mathrm{II}}))]\right\} \tag{6.65}$$

虽然原则上可以同时改变两个盒子的体积，但是实际应用中，一次只改变一个盒子的体积可以更快地收敛。Panagiotopoulos 进一步将讨论扩展到多组分体系中只有

一种组分的化学势需要相间平衡的情况。此外，Lopes 和 Tildesley 讨论了多相共存的 GEMC。我们这里不再详细讨论，可参阅文献[227]、[228]。

从上面的讨论也可以看出，GEMC 只适用于低粒子密度的多相共存问题，例如液气相。原因在于 GEMC 允许粒子在不同相中交换。但是对于高密度的相，如固体，空穴的密度很低，因此在该相中插入一个粒子成功的概率非常小。这使得 GEMC 的效率非常低，体系达到相平衡所需时间超出实用范围。因此，对于固液相之类的高密度相，模拟时经常采用的是 Gibbs-Duhem 积分方法(Gibbs-Duhem integration method)。详细讨论可参阅文献[195]、[229]。

6.4.2 GEMC 算法实现

根据 6.4.1 小节中的讨论，可以给出正则系综情况下单一组分的 GEMC 实现过程。体系由两个盒子组成。每个盒子沿各方向都采用周期性边界条件。整个模拟由 N_{GEMC} 步 Gibbs 循环组成。在每个 Gibbs 循环中按顺序进行 N_{Par} 次相内粒子位移、一次体积变化以及 N_{Ex} 次相间交换粒子。对于相内粒子位移，可以按照 6.3.1 节中算法 6.2 中介绍的办法进行。这里重新给出：产生一个在[0,1] 区间内均匀分布的随机数 r_1，计算 $i = \text{INT}(N_{\text{Par}} \times r_1) + 1$，作为被选中粒子的序号，之后再生成在[0,π] 区间内均匀分布的随机数 r_2 以及在[0,2π] 区间内均匀分布的随机数 r_3，由此给出该粒子的位移：

$$\Delta \boldsymbol{r}_i = R_I^{\max} r_1 \sin r_2 \cos r_3 \hat{\boldsymbol{i}} + R_I^{\max} r_1 \sin r_2 \sin r_3 \hat{\boldsymbol{j}} + R_I^{\max} r_1 \cos r_2 \hat{\boldsymbol{k}} \tag{6.66}$$

式中：$R_I^{\max}$ 是粒子位移的最大移动距离，需要在每个相中分别确定，原则是使粒子位移的成功率大约为 50%。移动粒子之后，计算相应盒子中的内能变化，并利用式(6.58) 和随机数 r_1 确定本次位移是否成功，若成功，则保持新的粒子位型，否则将粒子 i 退回位移前的位置。在 N_{Par} 次相内粒子位移之后进行一次盒子体积变化。生成一个在[0,1] 区间内均匀分布的随机数 r_1，计算体积变化为

$$\Delta V = (r_1 - 0.5) V_{\max} \tag{6.67}$$

式中：$V_{\max}$ 是体积变化的最大值，确定的原则也是使体积变化的成功率保持在 50% 左右。更新两个盒子的体积

$$\begin{cases} V_{\mathrm{I}}^{\text{new}} = V_{\mathrm{I}}^{\text{old}} + \Delta V \\ V_{\mathrm{II}}^{\text{new}} = V_{\mathrm{II}}^{\text{old}} - \Delta V \end{cases} \tag{6.68}$$

然后按比例改变体系中每个粒子的空间位置

$$\alpha_{\mathrm{I}} = \frac{V_{\mathrm{I}}^{\text{new}}}{V_{\mathrm{I}}^{\text{old}}}, \quad \boldsymbol{r}_{\mathrm{I},j}^{\text{new}} = \boldsymbol{r}_{\mathrm{I},j}^{\text{old}} \alpha_{\mathrm{I}}$$

$$\alpha_{\mathrm{II}} = \frac{V_{\mathrm{II}}^{\text{new}}}{V_{\mathrm{II}}^{\text{old}}}, \quad \boldsymbol{r}_{\mathrm{II},j}^{\text{new}} = \boldsymbol{r}_{\mathrm{II},j}^{\text{old}} \alpha_{\mathrm{II}}$$

之后计算各个盒子中的内能变化，然后利用式(6.61) 和随机数 r_1 确定本次体积变化的尝试是否成功，若成功，则每个盒子均保持新的体积，否则将每个盒子的体积以及每个粒子的位置都退回尝试之前的值。最后进行 N_{Ex} 次相间交换粒子的尝试。N_{Ex} 没

有特定的要求，它不会影响最后的结果，但是会影响收敛的速率。一般而言可以取 10 左右。对于每一次交换粒子的尝试，产生三个在[0,1]区间内均匀分布的随机数 r_1、r_2 与 r_3，然后利用 r_1 确定粒子从其迁出的盒子Ⅰ，再确定转移的粒子 $i = \mathrm{INT}(N_{\mathrm{I}} \times r_1) + 1$，之后在粒子迁入的盒子Ⅱ中随机确定一个位置，有

$$|\boldsymbol{r}_{\mathrm{II},i}^{\mathrm{trial}}| = L_{\mathrm{II},i} |\boldsymbol{r}_i|, \quad i = 1,2,3 \tag{6.69}$$

式中：$L_{\mathrm{II},i}$ 是盒子Ⅱ在各方向上的长度。在盒子Ⅰ中取消粒子 i，而在盒子Ⅱ中 $\boldsymbol{r}_{\mathrm{II}}^{\mathrm{trial}}$ 的终点处放置一个粒子，分别计算各个盒子中的内能变化，之后利用式(6.64)和随机数 r_1 确定本次交换粒子的尝试是否成功，若成功，将该粒子保持在新的位置，否则将其重置于交换前的位置。在 GEMC 模拟过程中，一般设定开始的 N_{therm} 步 Gibbs 循环为热平衡步，所得结果不计入最后的系综统计中。

6.5 统计力学中的应用

6.5.1 随机行走

6.4 节中我们强调了重要性采样对于提高 MC 模拟效率的重要性。但是简单采样在某些情况下仍然可以发挥重要的作用。随机行走即是最常见的一个例子。随机行走常常被用来描述有机分子在良好溶液中的聚合或者粒子在胶质环境中由粒子源开始的扩散。最简单的随机行走模型不考虑外势场，粒子间没有相互作用，而且粒子只可能等概率地跃迁到其当前位置的最近邻格点上。在二维四方格子中，用简单采样方法确定包含 N 个无相互作用的粒子的空间分布。为此生成在[0,1]区间内均匀分布的随机数 r，[0,1]区间分为四个等大的区域，即[0,1/4)、[1/4,1/2)、[1/2,3/4)和[3/4,1)，r 落在这四个区域中，分别代表向左、向右、向下、向上的跃迁。设粒子数 $N = 6000$，每个粒子经历了 2000 步随机行走，采用 MC 算法得到的结果如图 6.5 所示。很明显，该系统符合二维正态分布。利用第 5 章中介绍的 Einstein 方程，可以计算该体系的扩散系数。

实际的情况当然要更为复杂，比如需要计入粒子间相互作用，即使考虑最粗糙的硬球模型，也需要对哈密顿量及算法实现进行比较大的、实质性的调整。

6.5.2 利用 Ising 模型观察铁磁-顺磁相变

6.3.4 节中已经给出了 Ising 模型的哈密顿量。这个模型虽然简单，但是却可以成功地用于观察铁磁-顺磁相变。本节不涉及关于相变的严格讨论，我们只给出零外势场下二维四方格子的 Ising 模型解。采用方程(6.50)，仅考虑第一近邻相互作用，则将格点(i,j)上的自旋 $s_{i,j}$ 翻转之后，体系的能量变化 ΔE 可以表示为

$$\Delta E = 2Js_{i,j}^{\mathrm{old}}(s_{i+1,j} + s_{i-1,j} + s_{i,j+1} + s_{i,j-1}) = -2Js_{i,j}^{\mathrm{trial}}(s_{i+1,j} + s_{i-1,j} + s_{i,j+1} + s_{i,j-1}) \tag{6.70}$$

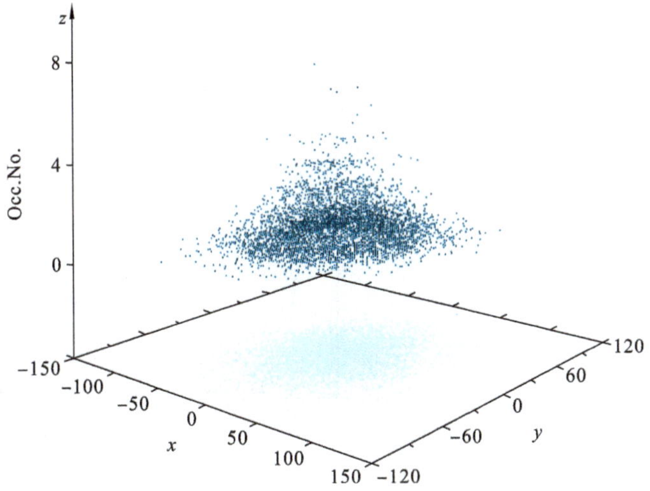

图 6.5 二维随机行走的 MC 模拟结果

注：粒子数为 6000，每个粒子在 x-y 平面上进行 2000 步最近邻随机跃迁。z 轴表示每个格点上的粒子密度。粒子密度在 x-y 平面上的分布在图中用浅灰色标出

式中：$s_{i,j}^{\text{old}}$ 为翻转之前格点(i,j)上的自旋态；$s_{i,j}^{\text{trial}}$ 为翻转之后(i,j)上的试探自旋态。利用 ΔE 的表达式可以显著提高计算效率，因为如果该次自旋翻转不成功，则不需更新体系能量 E，如果成功，则只需按式(6.70)计算 ΔE 再叠加到 E 上。这样就避免了每次体系更新后，为了利用方程(6.50)，更新能量都需要遍历所有格点。

对于一个 $N\times N$ 周期性体系，我们采用正则系综的 MC 模拟(算法 6.2)研究其总能 E、总磁矩 M、热容 C_V、磁化率 χ 随温度 T 的变化。其能量和磁矩的系综平均为

$$\langle E\rangle = \frac{1}{N_{\text{ens}}}\sum_k\Big\{-J\sum_{\langle i,j\rangle,i<j}\sigma_i^k\sigma_j^k\Big\},\quad \langle M\rangle = \frac{1}{N_{\text{ens}}}\sum_k\Big\{\sum_i\sigma_i^k\Big\}$$

$$C_V = \frac{1}{k_B T^2}(\langle E^2\rangle - \langle E\rangle^2),\quad \chi = \frac{1}{k_B T}(\langle M^2\rangle - \langle M\rangle^2)$$

前两个方程中求和下标 k 代表第 k 个体系。在 6.2.3 节中我们已经指出，采用 Metropolis 算法需要注意避免初始值的影响以及采样之间的相关性。因此在模拟中对随机给定的初始组态先进行 N_{therm} 步热弛豫，从第 $N_{\text{therm}}+1$ 步开始将采样计入系综平均值。每一步采样都需要随机选取体系中某个格点，将该格点上的自旋翻转，然后根据方程(6.12)和方程(6.13)确定该次翻转是否被接受。因此，每一步采样都会生成系综中的一个体系。此外，为了计算热容 C_V 以及磁化率 χ 随温度的变化，还需要得到 E^2 和 M^2 的系综平均。为简单起见，此处设 $k_B = J = 1$，利用算法 6.2，得到 Ising 模型的模拟结果，如图 6.6 所示。体系为 20×20 正方格子，每个温度下进行 8×10^5 步随机的自旋翻转。其中前 100 000 次翻转作为热平衡步不计入统计次数。注意图 6.4(b) 中所示为 M 的绝对值。可以看到，当 $T=2.4$ 时，C_V 和 χ 均出现了奇点。这

表明，体系在该温度下将发生铁磁到顺磁的相变。此外，因为⟨E⟩与⟨$|M|$⟩保持光滑连续，因此，该相变是二级相变。

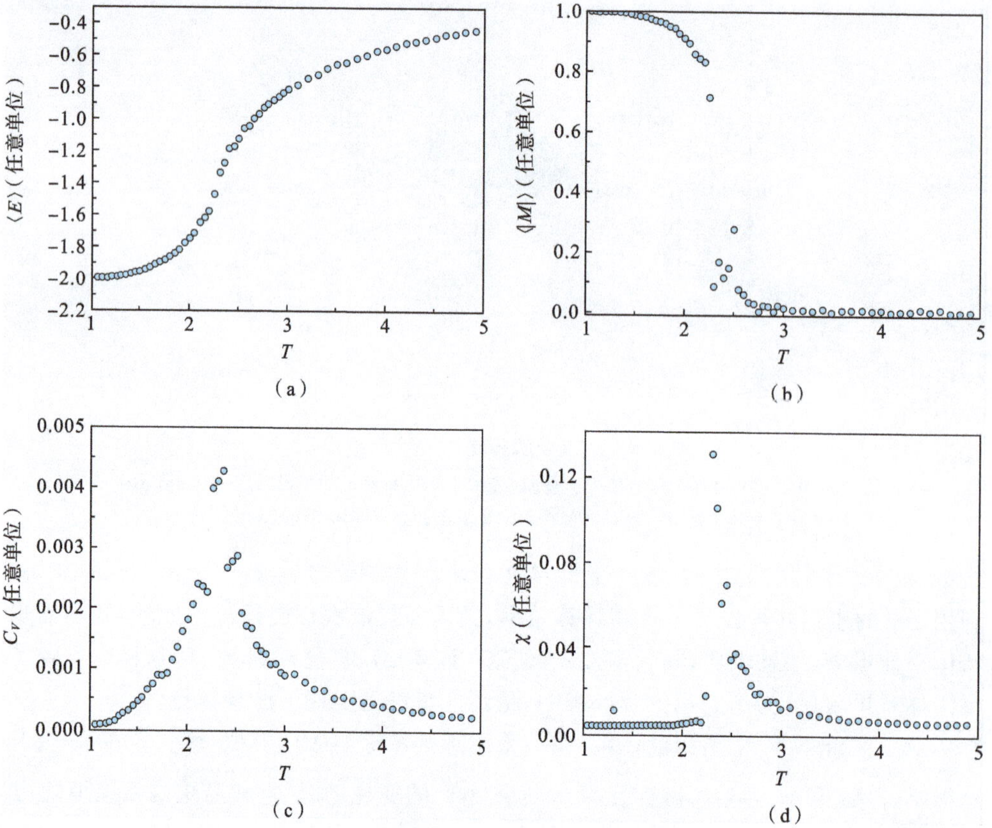

图 6.6　二维 Ising 模型的 MC 模拟结果

(a) 能量 E 随温度 T 的变化；(b) 磁矩 M 随温度 T 的变化；

(c) 热容 C_V 随温度 T 的变化；(d) 磁化率 χ 随温度 T 的变化

6.5.3　逾渗

将逾渗（percolation）问题仅作为一小节列出显然与其应有的地位以及重要性不符[230]。这里将其特别列出是因为逾渗是随机性方法的一个重要组成部分，可以用来说明随机性方法广泛的应用范围。

考虑一个二维的 $N\times N$ 正方格子，其上、下边界分别与正、负电极相连。每个格子都有 P 的概率会被导体占据。如果认为每个格子只与上、下、左、右四个格子连通的话，我们可以提出问题，即导体的占据概率 P 为多大时，该体系才会导电？这就是一个典型的逾渗问题。当 P 比较小时，“导通”的格子不可能连成足够大的、贯穿体系上下边界的集团。P 越大，符合要求的集团就越有可能出现，体系也就越可能导电。当这种集团第一次形成时，体系就经历绝缘-导电的相变，即导电集团成功地“逾渗”整个体系，而此时的 P 即逾渗的临界阈值。图 6.7 展示了 P 逐渐增大时一个 40×40 二维四方格子的变化。当 $P=0.2$ 时，仅有少数格点被导体占据，这些导体彼此形成一些较小的孤立集团。当 P 逐渐增大时，这些集团经由新占据的导体彼此连通，生长为若干个大集团。如图 6.7 所示：当 $P=0.55$ 时仍然没有由上至下连通的导体集团；当 P 进一步增大至 0.8 时，导体占据的格子连通成了一个大集团，此时逾渗成功，体系由绝缘态转为导电态。

图 6.7　40×40 的二维正方格子的逾渗过程

(a) $P=0.2$；(b) $P=0.55$；(c) $P=0.8$

上述简单例子表明逾渗研究的是多元无序体系中某种成分连通程度与浓度的关系以及所引发的效应。该成分的长程连通会在某一浓度上突然实现，而其引发的效应会相应产生剧烈的变化。除了上述导体-绝缘体相变之外，逾渗理论可以用于研究诸如材料断裂、磁畴生长乃至疾病传播模式等多学科领域。在逾渗模拟中，一个非常重要的问题是如何设计有效的算法用于确定选定成分的连接状况，即如何确定哪些“导通”了的格点连接在一起组成了集团。这里介绍 Hoshen 和 Kopelman 提出的集团复标度方法(cluster multiple labeling technique，CMLT)[231]。这种算法适用范围广、效率比较高，因此目前应用比较广泛。CMLT 可以在随机撒点组成二元无序体系的同时加以实施，这样当体系最终完成的同时就可以得到成分组团的结果。但是为了叙述方便，本节中我们考虑一个预先生成的二元无序晶体。该晶体包含 A、B 两种成分，其中 A 是研究者的兴趣所在。

以图 6.7(导体的占据概率 P 分别为 0.2、0.55 和 0.8，白色、蓝色方块分别代表导体和绝缘体)为例，被 A 占据的格点会组成若干个独立的集团。每个集团都应该有一个标签，而属于同一个集团的所有格点都应该由同一个标签所表示。比如，第一个出现的集团的标签为 1，第二个集团的标签为 2，等等。被 B 占据的格点统一标注为 0。因为标注是按照一定的顺序遍历(行优先或者列优先)所有格点，所以当考察一个新的格点时，不外乎有三种情况：标注一个新集团、一个已标注集团延伸或者几个原本独立的集团联合为一个更大的集团。例如，对于图 6.7 所示的 40×40 正方格子，按照由左至右行优先的方式逐点考察 A 的占据情况。位于 (i,j) 处的格点被 A 占据，而此前已经有 k 个独立的集团出现，每个集团包含 A 的个数为 $N(r)$，$r=1,2,\cdots,k$。现检查其左侧 $(i-1,j)$ 以及上方 $(i,j-1)$ 处的格子。若这两个近邻格子都被标注为 0,表明(i,j)是一个新出现的独立集团,则该格点应被标注为 $k+1$,同时设 $N(k+1)=1$;若一个近邻格子为 0,另一个属于集团 q,或者两个格点均属于集团 q,则(i,j)处的集团也应被标注为 q,$N(q)=N(q)+1$,以表示其为已知集团 q 的延伸;若一个近邻格子标注为 s,另一个近邻格子标注为 t,且 $s<t$,则(i,j)格点上的 A 使得集团 s 和集团 t 合并成一个更大的集团,或者说集团 s 吸收集团 t,因此应将(i,j)标注为 s,同时更新集团 s 的大小 $N(s)=N(s)+N(t)+1$,而集团 t 不复存在。

到目前为止,标注过程中没有任何非常规的处理。但是因为每考察一个新格点都有可能出现第三种情况,所以可以预料到对每个格点的标注可能会重复多次,当 A 的占据概率 P 较大时更是如此。无疑这种办法效率是比较低下的,处理大型体系比较困难。CMLT 则另辟蹊径,在每次发生集团合并的情况时,并不更新属于被吸收集团 t 的格点标注,而是将表示该集团大小的变量 $N(t)$ 改为负数,其绝对值为将其吸收的集团的标注,即

$$N(t)=-s \tag{6.71}$$

这种处理方法意味着 $N(t)$ 失去物理意义而成为一个指针,指向并入的集团 s。当集团合并多次发生时,$N(t)$ 可能会成为高阶指针。例如当集团 s 被集团 r 吞并后,相应地 $N(s)=-r$。如果考察标注为 t 的格点,可知 $N(t)$ 是负数,所以需要将其视为标注为 $s=-N(t)$ 的集团的一员。但是相应地 $N(s)$ 仍然是负数,所以需要继续寻找标注为 $r=-N(s)$ 的集团,直至 $N(r)>0$ 为止。而所有标注为 t 和 s 的格点都属于集团 r。图 6.8 为 CMLT 算法的流程图。

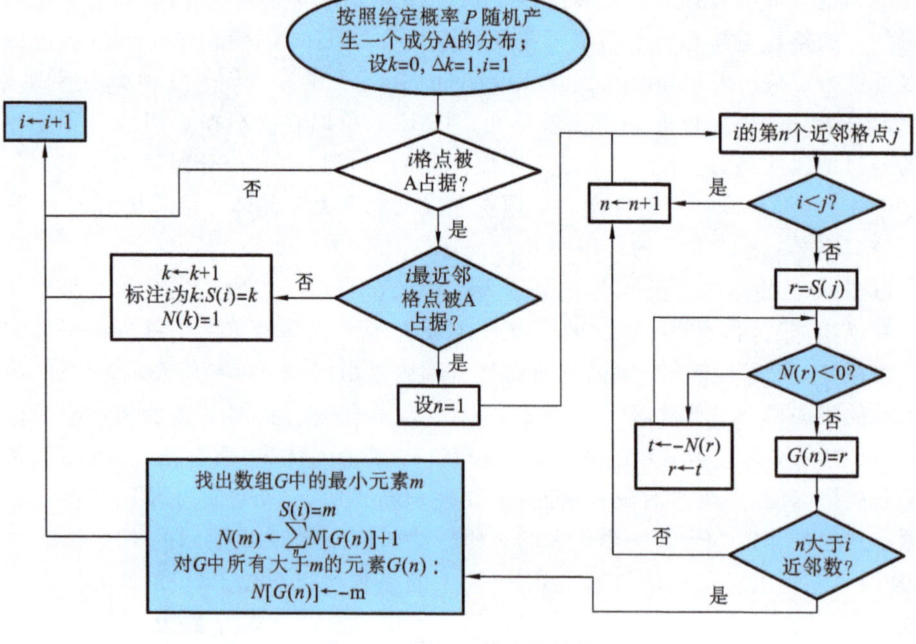

图 6.8　CMLT 算法流程图

CMLT 算法提供了一种比较直接的判断逾渗成功与否的标准。用一个一维数组记录第一行中 A 所占据的格点所属的集团。再逐点考察最后一行中的格点标注，如果至少有一个标注与该一位数组中的某个元素相同(0 除外，因为 0 代表格点被 B 占据)，则逾渗成功，否则表明逾渗尚未达成。此外，CMLT 算法扩展到三维立方格子或者二维三角格子也比较直接，这里不再展开讨论。

在同一篇文章中，Hoshen 和 Kopelman 还提出了一种定量确定逾渗发生的算法[231]。定义约化平均集团尺寸(reduced averaged cluster size) 为

$$I'_{\mathrm{av}} = \Big(\sum_{n=1}^{n_{\max}} i_n n^2\Big)\Big/G - n_{\max}^2/G \tag{6.72}$$

式中：G 为该体系中 A 的总数；n 为某个集团所包含的 A 的个数；i_n 为尺寸为 n 的集团的个数。逾渗发生前，I'_{av} 随 A 的浓度增大逐渐增加，当到达临界浓度 C_{C} 时，I'_{av} 出现一个尖锐的峰值，浓度再增大，I'_{av} 急剧下降[232]。

6.6 动力学蒙特卡罗方法

动态模拟在目前的计算科学中占据着非常重要的位置。随着计算能力和第一性原理算法的发展，复杂的动态参数(扩散势垒、缺陷相互作用能等)均可利用第一性原理计算得出。因此，部分复杂的体系动态变化，如表面形貌演化或辐射损伤中缺陷集团的聚合-分解演变等，已可以较为精确地予以研究。动力学蒙特卡罗(kinetic Monte Carlo，KMC)方法原理简单，适应性强，在不同的领域，如表面生长[233,234]、自组织[235,236]、固态燃料电池[237,238]等，均有着广泛的应用。此外，KMC 在复杂体系或复杂过程中的算法发展也非常活跃。在这一节中，我们介绍 KMC 方法的基础理论和若干进展。

6.6.1 KMC 方法的基本原理

在原子模拟领域内，分子动力学具有突出的优势，它可以非常精确地描述体系演化的轨迹。一般情况下分子动力学的时间步长在飞秒(1fs=10^{-15} s)数量级，因此足以追踪原子振动的具体变化。但是这一优势同时限制了分子动力学在大时间尺度模拟上的应用。现有的计算条件足以支持分子动力学的时间步长到 10 ns，运用特殊的算法可以达到 10 μs 的尺度。即便如此，很多动态过程，如表面生长和材料老化等，时间跨度均在秒数量级以上，大大超出了分子动力学的应用范围。有什么方法可以克服这种局限呢？

当体系处于稳定状态时，我们可以将其描述为处于 $3N$ 维势能函数面的一个局域极小值(势阱底)处。有限温度下，虽然体系内的原子不停地进行热运动，但是绝大部分时间内原子都是在势阱底附近振动。偶然情况下体系会越过不同势阱间的势垒而完成一次“演化”，这类小概率事件才是决定体系演化的重点。因此，如果我们将关

注点从“原子”升格到“体系”,同时将“原子运动轨迹”粗粒化为“体系组态跃迁”,那么模拟的时间跨度就将从原子振动的尺度提高到组态跃迁的尺度。这是因为这种处理方法摈弃了与体系穿越势垒无关的微小振动,而只着眼于体系的组态变化。图 6.9 描述了这种粗粒化过程(忽略所有不会引发跃迁的振动轨迹,而将跃迁视为拥有一定概率的“直线”跳跃)。因此,虽然不能描绘原子的运动轨迹,但是作为体系演化,其“组态轨迹”仍然是正确的。此外,因为组态变化的时间间隔很长,体系完成的连续两次演化是独立的、无记忆的,所以这个过程是一种典型的马尔可夫过程(Markov process),即体系从组态 i 到组态 j ($i \rightarrow j$)这一过程只与其跃迁速率 k_{ij} 有关。如果精确地知道 k_{ij},便可以构造一个随机过程,使得体系按照正确的轨迹演化。这里“正确”的意思是指某条给定演化轨迹出现的概率与 MD 模拟结果完全一致(假设我们进行了大量的 MD 模拟,每次模拟中每个原子的初始动量随机给定)。这种通过构造随机过程研究体系演化的方法即为 KMC 方法[239]。

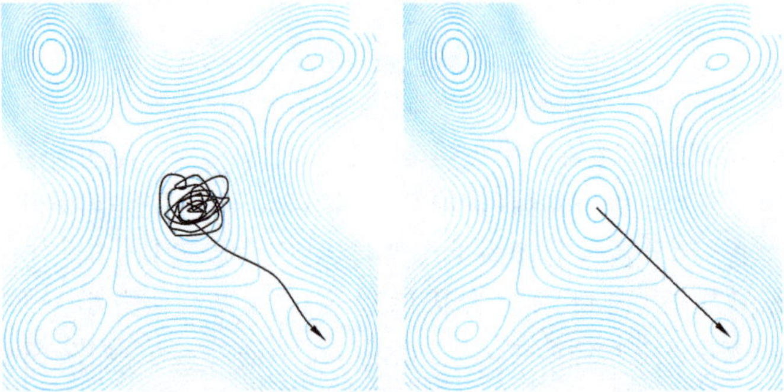

(a)　　　　　　　　(b)

图 6.9　KMC **粗粒化过程**

(a) 真实的原子轨迹;(b) KMC 对体系跃迁的描述

6.6.2　指数分布与 KMC 方法的时间步长

在 KMC 模拟中,构造呈指数分布的随机数是一个相当重要的步骤。在这一节中我们对此进行讨论。

因为体系在势能面上是做无记忆地随机行走,所以在任意单位时间内,它找到跃迁途径的概率不变,设为 k_{tot}。因此在区间$[t,t+\Delta t)$上,体系不发生跃迁的概率为

$$P_{\text{stay}}(\Delta t) = 1 - k_{\text{tot}}\Delta t + \mathcal{O}(\Delta t)^2$$

类似地,在区间$[t,t+2\Delta t)$ 上,体系不发生跃迁的概率为

$$P_{\text{stay}}(2\Delta t) = (1 - k_{\text{tot}}\Delta t + \mathcal{O}(\Delta t)^2)^2 = 1 - 2k_{\text{tot}}\Delta t + \mathcal{O}(\Delta t)^2$$

依此类推,当 $\tau = K\Delta t$ 时,在区间$[t,t+\tau)$ 上,体系不发生跃迁的概率为

$$P_{\text{stay}}(\tau) = \left(1 - k_{\text{tot}}\frac{\tau}{K} + \mathcal{O}(K^{-2})\right)^K$$

因此，当 τ 趋于 ∞ 时，体系不发生跃迁的概率为

$$P_{\text{stay}}(\tau)=\lim_{\tau\to\infty}\left(1-k_{\text{tot}}\frac{\tau}{K}+\mathcal{O}(K^{-2})\right)^{K}=\exp(-k_{\text{tot}}\tau) \tag{6.73}$$

这一行为类似于原子核的衰变方程。从方程(6.73)可以得到单位时间内体系跃迁概率 $p(t)$。由方程(6.73)的推导过程可以看出，体系的跃迁概率是一个随时间积累的物理量，因此 $p(t)$ 对时间积分到某一时刻 t' 必然等于 $1-P_{\text{stay}}(t')$，也即 $p(t)=\partial(1-P_{\text{stay}}(t'))/\partial t$。因此可以得到[239]

$$p(t)=k_{\text{tot}}\exp(-k_{\text{tot}}t) \tag{6.74}$$

式中：k_{tot} 是体系处于组态 i 时所有可能的跃迁途径的速率 k_{ij} 之和，即

$$k_{\text{tot}}=\sum_{j}k_{ij} \tag{6.75}$$

对于每个具体的跃迁途径 k_{ij}，上述讨论均成立。因此，可以定义单位时间内体系进行 $i\to j$ 跃迁的概率为

$$p_{ij}(t)=k_{ij}\exp(-k_{ij}t) \tag{6.76}$$

单位时间内体系的跃迁概率呈指数分布这一事实说明 KMC 的时间步长 δt 也应呈指数分布，因此需要产生一个按指数分布的随机数序列，这一点可以非常容易做到：通过一个在区间(0,1]上平均分布的随机数序列 r 转化得

$$r=1-P_{\text{stay}}(k_{\text{tot}}\delta t)$$

因为 $1-r$ 和 r 的分布相同，从而

$$\delta t=-\frac{1}{k_{\text{tot}}}\ln(1-r)=-\frac{1}{k_{\text{tot}}}\ln(r) \tag{6.77}$$

δt 也可以通过上述步骤由方程(6.76)得到。

6.6.3　计算跃迁速率

6.6.3.1　过渡态理论

k_{ij} 决定了 KMC 模拟的精度甚至准确性。为避开通过原子轨迹来确定 k_{ij} 的做法(这样又回到了分子动力学的情况)，一般情况下采用过渡态理论(transition state theory，TST)进行计算[240]。在过渡态理论中，体系的跃迁速率取决于体系在鞍点处的行为，而平衡态(势阱)处的状态对其影响可以忽略不计。如果大量相同的体系组成正则系综，则在平衡状态下体系在单位时间内越过某个垂直于 $i\leftrightarrow j$ 跃迁途径的纵截面的流量即为 k_{ij}。为简单起见，假设有大量相同的一维双组态(势阱)体系，平衡状态下鞍点所在的假想面(对应于流量最小的纵截面)为 $x=q$，则过渡态理论给出该体系从组态 A 迁出到 B 的速率为[241,242]

$$k_{\text{A}\to\text{B}}=\frac{1}{2}\langle\delta(x-q)\mid\dot{x}\mid\rangle_{\text{A}} \tag{6.78}$$

式中：$\langle\cdots\rangle_{\text{A}}$ 表示在组态 A 所属态空间里对正则系综的平均。$\frac{1}{2}$ 表示只考虑体系从组

态 A 迁出而不考虑迁入 A 的情况(后一种情况体系也对通过纵截面的流量有贡献)。根据普遍公式

$$\langle \hat{O} \rangle = \frac{\iint \hat{O} \exp\left(-\frac{H}{k_B T}\right) \mathrm{d}x \mathrm{d}p}{\iint \exp\left(-\frac{H}{k_B T}\right) \mathrm{d}x \mathrm{d}p}$$

设体系的哈密顿量 $H = p^2/2m + V(x)$，即可分解为动能和势能两部分，同时设粒子坐标 $x \leqslant q$ 时体系处于组态 A，则方程(6.78) 可写为

$$\begin{aligned} k_{A\to B} &= \frac{\frac{1}{2}\int_{-\infty}^{\infty} \mathrm{d}p \int_{-\infty}^{q+\varepsilon} \mathrm{d}x \left[\delta(x-q) \mid \dot{x} \mid \exp \frac{p^2/2m + V(x)}{k_B T}\right]}{\int_{-\infty}^{\infty} \mathrm{d}p \int_{-\infty}^{q+\varepsilon} \mathrm{d}x \exp \frac{p^2/2m + V(x)}{k_B T}} \\ &= \frac{1}{2}\left[\frac{\int_{-\infty}^{\infty} \mid \dot{x} \mid \exp\left(-\frac{p^2/2m}{k_B T}\right) \mathrm{d}p}{\int_{-\infty}^{\infty} \exp\left(-\frac{p^2/2m}{k_B T}\right) \mathrm{d}p}\right] \frac{\int_{-\infty}^{q+\varepsilon} \delta(x-q) \exp\left(-\frac{V(x)}{k_B T}\right) \mathrm{d}x}{\int_{-\infty}^{q+\varepsilon} \exp\left(-\frac{V(x)}{k_B T}\right) \mathrm{d}x} \\ &= \frac{1}{2}\langle \mid \dot{x} \mid \rangle \langle \delta(x-q) \rangle_A = \frac{1}{2}\left(\frac{2k_B T}{\pi m}\right)^{1/2} \langle \delta(x-q) \rangle_A \end{aligned} \tag{6.79}$$

式中考虑无限小量 ε 是为了将 δ 函数全部包含进去。最后一项对 δ 函数的系综平均可以直接通过 Metropolis MC 方法计算出来：计算粒子落在 $[q-\omega, q+\omega]$ 范围内的次数相对于 Metropolis 行走总次数的比例 f_B。方程(6.79) 最后可写成

$$k_{A\to B} = \frac{1}{2}\left(\frac{2k_B T}{\pi m}\right)^{1/2} \left(\frac{f_B}{\omega}\right) \tag{6.80}$$

将上述讨论扩展到三维情况非常直接，这里只给出结果：

$$k_{A\to B} = \frac{1}{2}\left(\frac{2k_B T}{\pi m}\right)^{1/2} \langle \delta[f(\boldsymbol{R})] \mid \nabla f \mid \rangle_A \tag{6.81}$$

式中：$f(\boldsymbol{R})$ 是纵截面方程；$\mid \nabla f \mid$ 代表三维情况中粒子流动方向与截面 f 法向不平行对计数的影响。

详细讨论请参阅文献[241]。

6.6.3.2 简谐近似下的过渡态理论

虽然 6.6.3.1 节已经给出了过渡态理论中计算跃迁速率的方法，但是在具体工作中，k_{ij} 更多地是利用简谐近似下的过渡态理论(harmonic TST，hTST) 通过解析表达式给出。根据过渡态理论，跃迁速率为[240]

$$k_{ij} = \frac{k_B T}{h} \exp[-\Delta F_{ij}/(k_B T)] \tag{6.82}$$

式中：ΔF_{ij} 为在跃迁 $i \to j$ 中体系在鞍点和态 i 处的自由能之差，

$$\Delta F_{ij} = E_{ij}^{\mathrm{sad}} - TS_{ij}^{\mathrm{vib}} - (E_i - TS_i) = \Delta E_{ij} - T\Delta S_{ij}^{\mathrm{vib}} \tag{6.83}$$

将式(6.83) 代入方程(6.82)，可以得到

$$k_{ij}=\frac{k_{\mathrm{B}}T}{h}\exp(-\Delta E_{ij}/k_{\mathrm{B}}T)\exp(\Delta S_{ij}^{\mathrm{vib}}/k_{\mathrm{B}}) \tag{6.84}$$

简谐近似下的过渡态理论认为体系在稳态附近的振动可以用谐振子表示，因此可将该体系视为经典谐振子体系。据此分别写出体系在态 i 和鞍点处的配分函数 Z^0 和 Z^{sad}[243]：

$$Z^0=\left(\frac{k_{\mathrm{B}}T}{h}\right)^{3N}\prod_{i=1}^{3N}\frac{1}{\nu_{ij}^0}$$

$$Z^{\mathrm{sad}}=\left(\frac{k_{\mathrm{B}}T}{h}\right)^{3N-1}\prod_{i=1}^{3N-1}\frac{1}{\nu_{ij}^{\mathrm{sad}}}$$

根据玻尔兹曼公式

$$S=k_{\mathrm{B}}\ln Z \tag{6.85}$$

并将配分函数代入，则由方程(6.84)得

$$k_{ij}=\frac{\prod_{i=1}^{3N}\nu_{ij}^0}{\prod_{i=1}^{3N-1}\nu_{ij}^{\mathrm{sad}}}\exp\left(-\frac{\Delta E_{ij}}{k_{\mathrm{B}}T}\right) \tag{6.86}$$

方程(6.86)常见于文献中。声子谱可通过 Hessian 矩阵对角化或密度泛函微扰法(DFPT)求出，而 ΔE_{ij} 就是 $i\rightarrow j$ 的势垒，可以通过 NEB 或者 Dimer 方法求出。因此，方程(6.86)保证了可以通过原子模拟(MD 算法或者 DFT 方法)解析地求出 k_{ij}。事实上对这个方程有两点需要注意。首先，虽然方程(6.82)中出现了普朗克常数 h，但是在最终结果中 h 被抵消了。这是因为过渡态理论本质上是一个经典理论，所以充分考虑了统计效应后 h 不会出现[239]。其次，方程(6.86)表明，对于每一个跃迁过程，鞍点处的声子谱应该单独计算。这样会大大增加计算量，因此在绝大部分计算中均设前置因子为常数，不随跃迁过程而变化。前置因子的具体数值取决于体系，对金属而言，一般取约 10^{12} Hz。

6.6.4　KMC 几种不同的实现算法

6.6.4.1　点阵映射

到目前为止，进行 KMC 模拟的所有理论基础均已具备。但是前面所进行的讨论并没有联系到具体的模型。KMC 在固体物理领域的应用中，往往利用点阵映射将原子与格点联系起来，从而将跃迁(事件)具象化为原子 ↔ 格点关系的变化，比如空位(团)/吸附原子(岛)迁移等。虽然与实际情况并不完全一致，但这样做在很多情况下可以简化建模的工作量，而且是非常合理的近似。很多情况下体系中的原子虽然对理想格点均有一定的偏离，但是并不太大(约 $0.01a_0$)，因此这种原子 ↔ 点阵映射是有效的。这种做法的另一个好处是可以对跃迁进行局域化处理。每条跃迁途径只与其近邻的体系环境有关，这样可以极大地减少跃迁途径的数目，从而简化计算[239]。需要指出的是，这种映射对于 KMC 模拟并不是必需的。比如化学分子反应炉或者生物分

子的生长等，这些情况下根本不存在点阵。

6.6.4.2 无拒绝方法

KMC 的实现方法有很多种，这些方法大致可以分为拒绝(rejection) 和无拒绝(rejection-free) 两种范畴。每种范畴之下还有不同的实现方式。本文只选择几种最为常用的方法加以介绍。

1. 直接法

直接法(direct method) 是最常用的一种 KMC 方法，其效率非常高。每一步只需要产生两个在区间(0,1] 上平均分布的随机数 r_1 和 r_2，其中 r_1 用于选定跃迁途径，r_2 用于确定模拟的前进时间。设体系处于态 i，将每条跃迁途径 j 想象成长度与跃迁速率 k_{ij} 成正比的线段。将这些线段首尾相连。如果 $r_1 k_{\text{tot}}$ 落在线段 j_k 中，这个线段所代表的跃迁途径 j_k 就被选中，体系移动到态 j_k，同时体系时间根据方程(6.77) 前进。总结其算法如下：

(1) 根据方程(6.84) 计算体系处于组态 i 时的各条路径跃迁速率 k_{ij}，以及总跃迁速率 $k_{\text{tot}} = \sum_j k_{ij}$；

(2) 选择随机数 r_1；

(3) 寻找途径 j_k，满足 $\sum_{j=1}^{j_k-1} k_{ij} \leqslant r_1 k_{\text{tot}} < \sum_{j=1}^{j_k} k_{ij}$；

(4) 体系移动到态 j_k，同时模拟时间前进 $\delta t = -\dfrac{1}{k_{\text{tot}}}\ln r_2$；

(5) 重复上述过程。

需要指出的是，虽然一般步骤(4) 中的 δt 根据方程(6.77) 生成，但是如果将其换为 $\delta t = \dfrac{1}{k_{\text{tot}}}$ 并不会影响模拟结果。在文献[241]、[242] 中均采用这种方式。

2. 第一反应法

第一反应法(first reaction method, FRM) 在思路上比后面将要介绍的选择路径法更为自然。前面说过，对处于稳态 i 的体系而言，它可以有不同的跃迁途径 j 可以选择。每条途径均可以根据方程(6.76) 给出一个指数分布的"发生时间"δt_{ij}，也即从当前算起 $i \to j$ 第一次发生的时间。然后从 $\{\delta t_{ij}\}$ 中选出最小值(最先发生的"第一反应")，体系跃迁到相应的组态 $j_{\min}$，模拟时间相应地前进 $\delta t_{ij_{\min}}$。总结其算法如下：

(1) 设共有 M 条反应途径，生成 M 个随机数 $r_1, r_2, \cdots, r_M$；

(2) 根据公式 $\delta t_{ij} = -\dfrac{1}{k_{ij}}\ln r_j$，给出每条路径的预计发生时间；

(3) 找出 $\{\delta t_{ij}\}$ 的最小值 $\delta t_{ij_{\min}}$；

(4) 体系移动到态 $j_{\min}$，同时模拟时间前进 $\delta t_{ij_{\min}}$；

(5) 重复上述过程。

可以看出，这种算法的效率比选择路径法低，因为每一步 KMC 模拟需要生成 M

个随机数。通常情况下 KMC 模拟需要 10^7 步来达到较好的统计性质，如果每一步都需要生成 M 个随机数，则利用这种方法需要一个高质量的伪随机数发生器，这一点在 M 比较大时尤为重要。

3. 次级反应法

次级反应法（next reaction method，NRM）是由第一反应法发展出来的一种衍生方法，其核心思想是假设体系的一次跃迁并不会导致处于新态的体系对于其他跃迁途径的取舍（比如充满可以发生 M 种化学反应的分子，第一种反应发生并不会造成别的反应物的变化），这样体系还可以选择 $\{\delta t_{ij}\}$ 中的次小值 $\delta t_{ij_{\text{2nd}}}$，从而跃迁到态 j_{2nd}，模拟时间前进 $\delta t_{ij_{\text{2nd}}} - \delta t_{ij_{\min}}$。如果这次跃迁还可以满足上述假设条件，再重复上述过程。理想情况下，平均每一步 KMC 模拟只需要生成一个随机数，这无疑会大大提高效率以及加大时间跨度。但是实际上次级反应法的假设条件很难在体系每次跃迁之后都得到满足，在固体物理的模拟中尤其如此，因此其应用范围集中于研究复杂化学环境下的反应过程。

6.6.4.3　试探-接受/拒绝方法

这一大类算法虽然在效率上不如无拒绝方法，但是它们所采用的试探-接受/拒绝方法在形式上更接近蒙特卡罗方法，而且可以很方便地引入恒定步长，即 δt 固定，因此有必要进行详细的介绍。

1. 选择路径法

选择路径法在决定体系是否跃迁方面与蒙特卡罗方法在形式上非常相像，均是通过产生随机数并与预定的阈值比较，来决定事件是否被采纳。具体算法如下：

(1) 设共有 M 条反应途径，选择反应速率最大值 $k^{\max}$，设为 $\hat{k}$，生成在 $[0,M)$ 区间内均匀分布的随机数 r；

(2) 设 $j = \text{INT}(r) + 1$；

(3) 如果 $j - r < k_{ij}/\hat{k}$，则体系跃迁至新态 j，否则保持在组态 i；

(4) 模拟时间前进 $\delta t = -\dfrac{1}{k_{\text{tot}}}\ln r$；

(5) 重复上述过程。

选择路径法流程如图 6.10 所示。

这种方法的长处在于每一步只需要生成一个随机数。但是缺点也很明显，对反应速率相差太大，尤其是只有一个低势垒途径（与其他途径相比 k_{ij} 过大）的体系来讲，这种方法的效率会非常低下。某些情况下，这种低效率问题可以通过如下方法改进：将全部途径按照 k_{ij} 的大小分为几个亚组，每个亚组选定一个上限 $\hat{k}^n$。但是这一步骤在整个 KMC 模拟过程中可能需要重复很多次，因此并不能完全解决问题。事实上低势垒在 KMC 中是个普遍的问题。这一点在后面还要简要提及。

2. 恒定步长法

与前面介绍的直接法、第一反应法、次级反应法和选择直接法四种方法不同，恒

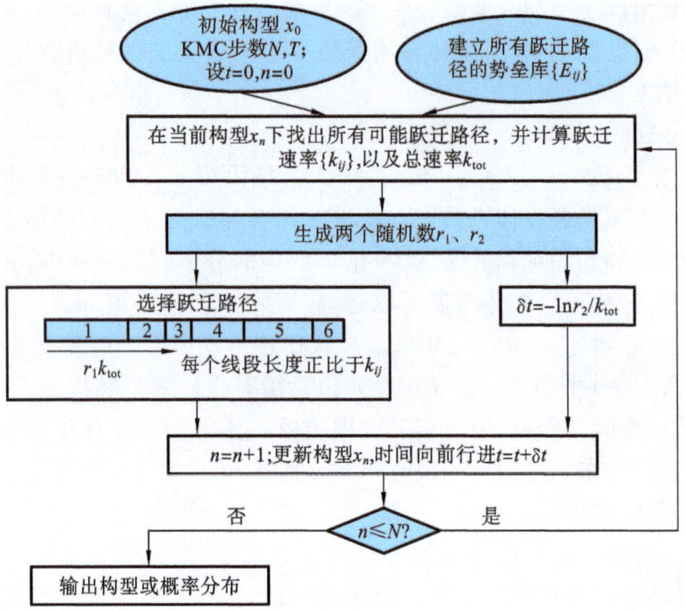

图 6.10　选择路径法流程

定步长法(constant time step method,CTSM)中体系的前进时间是个给定的参数[245]。在理想情况下，恒定步长法与选择路径法效率相同，每一步只需产生两个随机数。具体算法如下：

(1) 给定恒定时间步长 δt；

(2) 将所有途径 j(共有 M 个)设为长度恒为 $1/M$ 的线段，生成在区间[0,1]上均匀分布的随机数 r_1，选择途径 $j=\mathrm{INT}(r_1M)+1$；

(3) 生成在区间[0,1]上均匀分布的随机数 r_2，如果 $r_2<k_{ij}\delta t$，则体系跃迁至新态 j，否则保持在态 i；

(4) 模拟时间前进 δt；

(5) 重复上述过程。

实际模拟中，δt 需要满足：① 小于 $\delta t_{ij_{\min}}$(见“第一反应法”)；② 对于 k_{ij} 最大的途径，接受率大致为 50%。其中第一个条件保证了所有的迁移途径发生概率都小于 1，第二个条件则保证体系演化的效率不会过于低下。恒定步长法是非常行之有效的一类 KMC 算法，但是选择 δt 时需要特别注意以保证效率。δt 取决于具体体系以及模拟温度。这在一定程度上增加了 CTSM 法的实现及使用难度。

6.6.5　低势垒问题与小概率事件

前面已经指出，对低势垒的途径需要特别注意。如果体系在演化过程中一直存在着势垒较其他途径低很多的一个或几个途径，会对模拟过程产生不利的影响。这个问题称为低势垒问题。低势垒途径对 KMC 模拟最直接的影响就是大大缩短了模拟过程所涵盖的时间跨度。这一点可以从方程(6.77)中看出。更为深刻的影响在于，这些由低势垒的途径联系起来的组态会组成一个近似于封闭的族。体系会频繁地访问这些态，而其他的对体系演化更为重要的高势垒途径被选择的概率非常低，这显然会降低 KMC 的模拟效率。例如，吸附原子在高指数金属表面扩散，其沿台阶的迁移所对应的势垒要远低于与台阶分离的移动。这样，KMC 模拟的绝大部分时间内吸附原子都在台阶处来回往复，而不会选择离开台阶在平台上扩散。这显然不是我们希望看到的情形。一种解决办法是人为地将这些低势垒加高以降低体系访问这些组态的概率，但是无法预测这种干扰是否会造成体系对真实情况的严重偏离。另一种解决办法是利用 6.6.4 节中介绍的次级反应法或者恒定步长法进行模拟，但是其效果如何尚待检测。

如果考察体系的势能面，这类低势垒的途径一般处在一个“超势阱”之中。体系在这个超势阱中可以很快达到热平衡，所需时间要短于从其中逸出的时间。如果可以明确地知道超势阱所包含的组态以及从超势阱逸出的所有途径，我们就可以按照玻尔兹曼分布合理地选择其中一条途径，使得体系向前演化。但是如何确定包含在超势阱之中的组态以及体系是否已在其中达到热平衡本身就是两个难题。对于前一个问题，Mason 提出可以利用 Zobrist 密钥法标定访问过于频繁的组态[246]；Novotny 则提出通过建立及对角化一个描述体系在这些组态间演化的传递矩阵来解决后一个问题[247]。对这个问题的详细讨论已超出了本书的讨论范围，可参阅文献[246]～[248]。

相应地，势垒非常高的跃迁途径同样会导致 KMC 模拟失败。从高势垒的途径跃迁被称为小概率事件，但是并不意味着这些事件不重要。事实上，往往正是模拟过程中的小概率事件推动了整个体系实质性的演化。例如，在研究等离子轰击下 W 表面形貌演化过程时，W(110)表面上的 W 原子沿台阶向上跃迁的势垒高达 2.2 eV，而沿台阶跃迁势垒仅有 1.03 eV，$T=300$ K 时，W 原子沿台阶向上跃迁的发生概率仅约为沿台阶跃迁的 2×10^{-20}，但是离子轰击下钨晶须的形成主要依赖前者。在低温甚至中温条件下，小概率事件很难被选中，因此 KMC 的模拟结果很难收敛。为了解决这个问题，Voter 提出了所谓“超动力学”方法(hyper-dynamics)[249]。虽然该方法针对的是 MD 模拟，但是对于 KMC 模拟同样有效。简单来讲，超动力学方法在原本的势能面(potential energy surface，PES)上加入一个偏置势 V_{bia}。V_{bia} 在鞍点处为零，而在势能面极小值处为非负值，相当于人为降低了某些途径的势垒，使得这些高势垒的途径被选中的概率与其他途径相当。但是当体系向前演化时，相应的时间并不是预设的或名义上的 δt，而变为 $\delta t\exp(\beta\Delta V)$，其中 ΔV 为加入 V_{bia} 前后势垒变化的绝对值。图 6.11 给出了超动力学算法示意图，图中 $\delta t'$ 代表实际演化时间，δt 代表预设演化时间。更具体的讨论请参阅文献[249]、[250]。

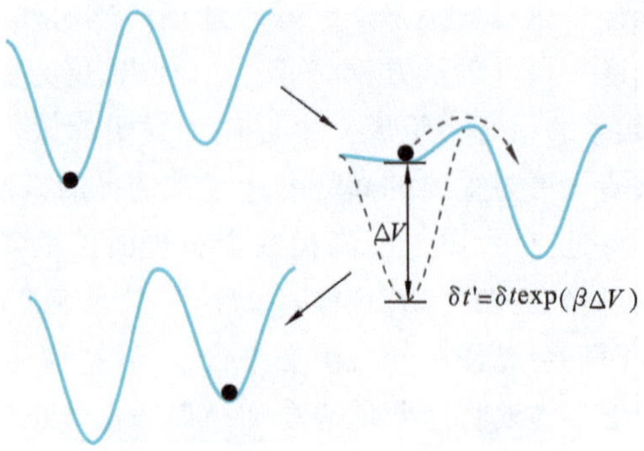

图 6.11　超动力学算法示意图

6.6.6　实体动力学蒙特卡罗方法

上述的 KMC 方法都假设任何时候原子均处于其理想点阵格子上。但是，在很多情况下这种点阵映射是无效的，比如间隙原子或者位错。这类结构缺陷的运动在材料的辐射损伤和老化过程中扮演着非常重要的角色。而且与单个原子或者空位的运动相比，这类缺陷的运动时间跨度更长，也更为复杂，比如间隙原子团和空穴的湮没，间隙原子团的解构 / 融合，或者位错的攀移 / 交滑移等。传统的 KMC 方法很难有效地处理这类问题，一方面是因为时间跨度太大，另一方面是因为这类缺陷各自均可视为独立的实体(object)，其运动更近似于系统激发，因此单个或几个原子运动的积累效果很多情况下并不能有效地反映这些实体的整体运动。实体动力学蒙特卡罗(object kinetic Monte Carlo，OKMC) 方法就是为了处理这类问题而被提出的。OKMC 方法在算法上与普通的 KMC 方法完全一样。需要注意的地方是在 OKMC 中并不存在原子点阵。所有的实体在一个真空的箱子中按照其物理实质离散化运动，比如：位错环的最小移动距离是其 Burgers 矢量大小，方向则为 Burgers 矢量方向；空位的移动距离为第一近邻或第二近邻的原子间距；等等。模拟过程中需要追踪该实体的形心，从而决定其位置、移动距离等。此外，OKMC 中对跃迁速率 k 的确定也和普通的 KMC 方法有所区别。前文已经指出，k_{ij} 可以表达为 $k_{ij} = \nu_0 \exp[-\Delta E_{ij}/(k_B T)]$ 的形式。普通的 KMC 方法假定 ν_0 为常数，不同途径的 k_{ij} 由 ΔE_{ij} 决定。但是在 OKMC 模拟中，ΔE_{ij} 的直接确定非常困难，因此一般的策略是对于特定的事件(包括实体自身的运动以及不同实体间的反应等)，跃迁势垒 ΔE_{ij} 保持恒定，而将前置因子 ν_0 视为实体规模(所包含的原子 / 空位数目)的函数。通过 MD 模拟得出，该函数一般而言可以表示为形如 $\nu_0(m) = \nu_0(q^{-1})^{m-s}$ 的表达式，其中 q 和 s 是拟合参量，m 是实体规模。最后需要注意的是，在 OKMC 方法的模型中实体有空间范围，因此需要一个额外的参数 R_{entity} 来表征其空间半径(假设为球形分布，否则 R_{entity} 的数目多于一个)。在模拟不同实体间的反应时，需要特别考虑其形心的间距，如果小于反应距离，即 $R^1 + R^2$，反应一定进行，否则认为两个实体互相独立。

Fu、Domain 等分别利用 OKMC 方法研究了 Fe-Cu 合金的辐射损伤[251,252]，在模拟中考虑了间隙原子(空位)的聚合、间隙原子(空位)团的发射、间隙原子-空位湮没、空位团对杂质的捕获、表面对空位(团)的捕获，甚至辐射轰击引起的间隙原子(空位)萌生、增殖等事件。从中可以看出，对于 OKMC 方法，一个棘手的问题是需要预先考虑到所有的事件。此外，OKMC 方法所需要的所有参量基本上不可能通过原子模拟直接获得，人为设定参数不可避免。这些参数会在多大程度上决定 OKMC 方法的准确程度无法预先得知，需要根据现有的实验数据进行修改、调试。这些困难都限制了 OKMC 方法的普及。但是如前所述，采用这种方法可以有效地进行大尺度的时间(天) 和空间模拟(微米级以上)，而且该方法对缺陷的描述更为直接和直观，因此在材料研究中同样占有重要的地位。

6.6.7 KMC 方法的若干进展

6.6.7.1 等时蛙跳算法

引入这类算法前，先简要介绍两个常用的离散分布：泊松分布(Poisson distribution，PD)和二项式分布(binomial distribution，BD)。

泊松随机数 $\mathscr{P}(k_{ij},\tau)$ 定义为给定事件发生率 k_{ij} 以及观测时间 τ 下事件发生的数目。如果用 n 代表给定的发生数目，则 $\mathscr{P}(k_{ij},t)$ 恰好等于 n 的概率是一个泊松分布：

$$P(n;k_{ij},\tau)=\Pr\{\mathscr{P}(k_{ij},\tau)=n\}=\frac{[\exp(-k_{ij}\tau)](k_{ij}\tau)^n}{n!} \tag{6.87}$$

即如果产生一个泊松随机数序列 $\{\mathscr{P}(k_{ij},\tau)\}$，则这个序列符合泊松分布。需要指出，$\mathscr{P}(k_{ij},\tau)$ 是无界的，范围是任意非负整数。

与泊松随机数类似，二项式随机数 $\mathscr{B}(N,p)$ 定义为重复 N 次独立的成功率均为 p 的伯努利实验的成功数。如果给定成功数 n，则 $\mathscr{B}(N,p)$ 恰好等于 n 的概率是一个二项式分布：

$$B(n;N,p)=\Pr\{\mathscr{B}(N,p)=n\}=\frac{N!}{n!(N-n)!}p^n(1-p)^{N-n},\quad n=0,1,\cdots,N \tag{6.88}$$

为了和本文中的标号一致，我们将跃迁 $i\to j$ 的成功率 p 表示为 $k_{ij}\tau/N$，将方程(6.88) 重新写为

$$B(n;N,k_{ij},\tau)=\frac{N!}{n!(N-n)!}\left(\frac{k_{ij}\tau}{N}\right)^N\left(1-\frac{k_{ij}\tau}{N}\right)^{N-n} \tag{6.89}$$

与泊松分布不同，二项式分布中的 n 是有界的，为 $0\sim N$ 之间的任意整数。

可以看出，如果将这两种随机数理解为给定跃迁(发生率为 k_{ij}) 在一定的时间步长(τ) 内发生的次数，则可以将其运用于粒子数空间 **N** 内的 KMC 模型中，其时间范围可以得到大幅度的拓宽，这就是等时蛙跳算法(τ-leap KMC 算法)[253,254]。τ-leap KMC 算法最早由 Gillespie 提出，通过泊松分布(见方程(6.87))，在给定时间步长 τ 下决定每个跃迁 j 发生的次数 n_j，然后将体系移到这些跃迁累计发生后产生的新态

上。因为每一步模拟体系不止发生一次跃迁,所以模拟的速度可以大大加快。我们以多种反应物在化学反应炉中的演化为例加以详细说明。

设在炉内共有 L 种分子 $\{S_1, S_2, \cdots, S_L\}$,在 t 时刻各自的个数为 $X_l(t)$,那么在粒子数空间 $\mathbf{N}$ 中 $[X_1(t), X_2(t), \cdots, X_L(t)]^{\mathrm{T}}$ 构成一个矢量 $\boldsymbol{X}(t)$,或称为一个组态 i。总共有 M 条反应途径。对于给定的反应 $R_j(j=1,2,\cdots,M)$,反应速率 $k_j[\boldsymbol{X}(t)]$ 是占据态 $\boldsymbol{X}(t)$ 的函数。此外,我们单独定义一个矢量 $\boldsymbol{v}_j = \boldsymbol{X}^1 - \boldsymbol{X}^0$,其中 $\boldsymbol{X}^1$ 由 $\boldsymbol{X}^0$ 通过反应 R_j 而得,即 $\boldsymbol{X}^0 \xrightarrow{R_j} \boldsymbol{X}^1$。因此 $\boldsymbol{v}_j$ 的元素 ν_{lj} 代表反应 R_j 所引起的 S_l 种分子的数目变化。由此建立算法如下[253]。

1) PD-τ-leap KMC **算法**

(1) 给定恒定时间步长 τ。

(2) 对于每条反应途径,按照方程(6.87)生成泊松随机数序列 $\{\mathscr{P}^j(k_j[\boldsymbol{X}(t)], \tau)\}$,按照模拟步数从序列中找出每种反应发生的次数 n_j。

(3) 按照 $\boldsymbol{X}(t+\tau) = \boldsymbol{X}(t) + \sum_{j=1}^{M} \boldsymbol{v}_j n_j$ 更新体系。

(4) 模拟时间前进 τ。

(5) 重复上述过程。

Gillespie 仔细考虑了 τ 的选择条件,称之为蛙跳条件(leap condition):

$$\tau = \min_{j \in [1,M]} \left\{ \frac{\varepsilon k_{\text{tot}}(\boldsymbol{X})}{\mu_j(\boldsymbol{X})}, \frac{\varepsilon^2 k_{\text{tot}}^2(\boldsymbol{X})}{\sigma_j^2(\boldsymbol{X})} \right\} \tag{6.90}$$

式中

$$\mu_j(\boldsymbol{X}) = \sum_{m=1}^{M} f_{jm}(\boldsymbol{X}) k_m(\boldsymbol{X}), \quad j = 1,2,\cdots,M$$

$$\sigma_j^2(\boldsymbol{X}) = \sum_{m=1}^{M} f_{jm}^2(\boldsymbol{X}) k_m(\boldsymbol{X}), \quad j = 1,2,\cdots,M$$

其中

$$f_{jm}(\boldsymbol{X}) = \sum_{l=1}^{L} \frac{\partial k_j(\boldsymbol{X})}{\partial X_l} \nu_{lm}, \quad j,m = 1,2,\cdots,M$$

如前所述,$\mathscr{P}(k_{ij}, \tau)$ 没有上限,因此即使 τ 满足方程(6.90),在模拟过程中也可能会出现某种分子总数为负数的情况,这显然不符合实际,也是 PD-τ-leap KMC 的一个弱点。Tian 和 Burrage 提出可以用二项式分布取代泊松分布,因为 $\mathscr{B}(N, p)$ 有上限,所以可以有效地解决这个问题。此外,他们对某种分子参与多种反应的情况也进行了考虑,从而提高了 τ-leap KMC 算法的稳定性和普适性。

2) BD-τ-leap KMC **算法**

(1) 给定恒定时间步长 τ,满足 $0 \leqslant \frac{k_j(\boldsymbol{X})\tau}{N_j} \leqslant 1$。

(2) 对于每条反应途径,按照方程(6.89)生成二项式随机数序列 $\{\mathscr{B}^j(N_j; k_j[\boldsymbol{X}(t)], \tau)\}$,按照模拟步数从序列中找出每种反应发生的次数 n_j;如果有某种分子

S_l 同时参与了 R_j 和 R_m，则首先生成 $\mathscr{B}\left[n_{jm};\dfrac{k_j(\boldsymbol{X})}{k_j(\boldsymbol{X})+k_m(\boldsymbol{X})}\right]$，然后通过 $n_m=n_{jm}-n_j$ 确定 R_m 的发生次数。

(3) 按照 $\boldsymbol{X}(t+\tau)=\boldsymbol{X}(t)+\sum_{j=1}^{M}\boldsymbol{v}_j n_j$ 更新体系。

(4) 模拟时间前进 τ。

(5) 重复上述过程。

步骤(1)、(2) 中出现的 N_j 是参与反应 R_j 的各类分子的个数的最小值，即

$$N_j=\min_{m\in R_j}\{\{X_m\}\}$$

此外 Gillespie、Tian 和 Burrage 还考虑用预测 $\tau/2$ 时刻体系状态的方法来进一步提高精度。具体请参阅文献[253]、[254]。如果将 τ-leap 算法和 OKMC 方法结合起来，可以进一步加大模拟的时间尺度，但是目前还没有关于这方面工作的介绍。

6.6.7.2　基于实时动态分析的 KMC 方法

到目前为止，所有的 KMC 方法都是在模拟之前建立好所有可能的跃迁途径。但是实际上“所有”是很难达到的目标。因为很多途径远离一般的直觉，而且在演化过程中体系有可能寻找到新的途径。因此，跃迁途径应该随着体系的演化而不断更新，是动态的过程。Henkelman 和 Jónsson 将途径搜索和 KMC 方法结合起来，提出了即时动态的 KMC 方法(on-the-fly KMC)[255]：在每一个稳态(势阱)处，选定一个激活原子(一般是近邻不饱和的原子)，在以其为中心的局部区域内引入呈高斯分布的随机位移，即加入扰动，然后利用 Dimer 方法[256]寻找所有可能的跃迁途径。建立起即时的途径库之后再通过普通 KMC 方法进行模拟。显然，这种方法的计算量非常大，而且需要一个有效的标识方法来识别所有已经遇到过的途径(例如最近邻原子环境) 以避免重复计算。以 Cu(111)表面吸附原子团的迁移为例，Trushin 提出可以利用包括至激活原子第三壳层的所有格点(顺时针排列)的占据与否(分别标记为 1 和 0)来构建二进制数，从而根据始态和终态的标号来唯一地标识某条途径[257]。例如，激活原子标为“1”，其第一壳层的原子标记为 2，3，…，N_1，依此类推，然后将原子的标号“i”作为二进制的数位 2^i，这样，每一个稳态都有唯一的一个二进制数与之对应。这种方法虽然仍不完善，但是具有非常清晰的逻辑结构，同时具有良好的扩展性。近期的研究成果表明，实时分析的 KMC 方法可以依据研究对象和体系而采取不同的激活-弛豫策略，从而达到满意的效果[258,259]。

6.6.7.3　$\mathscr{O}(\log_2 N)$和 $\mathscr{O}(1)$KMC 方法

一般情况下 KMC 算法的大部分时间都花费在选择途径上。如果采用普通的方法，即循环叠加 k_{ij} 直至 $r_1 k_{\text{tot}}<\sum_{j=1}^{j_k}k_{ij}$，从而选择 j_k，则计算用时与途径数目 M 将呈线性增长。此即 $\mathscr{O}(N)$ 算法。按照二叉树安排不同数目的 k_{ij} 之和可以改进到

$\mathcal{O}(\log_2 N)$[260]：将所有 k_{ij} 作为树叶(不足 2 的整数次幂的叶子由 0 填补)，每两片叶子之和作为父节点，依此类推，直至树根 k_{tot}。一株二叉树构建完毕后，生成一个随机数 r_1，由树根开始寻找 $s=r_1 k_{tot}$，若 s 不大于左子节点 k_{left}，沿左分支向下寻找；否则设 $s=s-k_{left}$，沿右分支向下寻找，直至树叶 j，体系按途径 j 演化。

Slepoy 和 Thompson 等人进一步提出了分流-拒绝(composition-rejection，CR)算法，以实现搜索用时与途径总数无关的 $\mathcal{O}(1)$ 算法[261]。该算法要点如下：

(1) 找出 k_{min} 和 k_{max}，之后按照(k_{min}，$2k_{min}$，$4k_{min}$，…，k_{max})将 M 条途径分为 G 个组，$G=\log_2\left(\dfrac{k_{max}}{k_{min}}\right)$；

(2) 生成随机数 r_1，按照上述二叉树寻找 $s=r_1 k_{tot}$ 所落入的组别 G_j；

(3) 生成两个随机数 r_2 和 r_3，设 $l=\mathrm{INT}(r_2/N_{G_j})$，其中 N_{G_j} 为该组中包含的途径数，$t=r_3 k_{max}$，如果 $t\leqslant k_l$，则选择途径 l，否则重复步骤(3)，直至有一条途径被选中为止。

可以看出，CR 算法虽然搜索速度很快，但是每一步 KMC 模拟需要产生至少四个随机数(r_4 用于确定前进时间)，因此需要高质量的随机数发生器。不过对跃迁途径复杂的体系演化而言，CR 算法的 $\mathcal{O}(1)$ 效率无疑是很有吸引力的。

6.7 KMC 方法的应用

6.7.1 表面迁移

作为KMC方法应用的第一个例子，我们模拟Cu原子在含Sn的Cu(111)面的迁移情况[262]。为简单起见，只考虑单吸附原子在表面的跃迁。为建立 KMC 模型，首先进行若干 NEB 计算，用于确定吸附原子的跃迁特性以及势能面。第一性原理计算表明：① 因原子体积较大，Sn 原子强烈地趋向在 Cu(111) 表面偏聚；② 表面偏聚的 Sn 原子相互排斥，在超单胞计算中，两个 Sn 原子为第四近邻的情况为体系的最稳态，取该状态为研究对象。单个 Cu 原子在该表面上迁移的势能面如图 6.12 所示。可以看到，Cu 原子在 Cu(111) 面可以有两种稳定吸附位置，分别是 FCC 位和 HCP 位。在 Sn 原子附近，势能面发生了畸变。最明显的变化是 Sn 原子取消了它附近的六个吸附位，即这些位置上的势能面由局部极小值变化为有限坡度的非稳定点。换言之，每个 Sn 原子引入了一个“禁区”，Cu 原子无法在禁区内稳定吸附。此外，图 6.12 也表明，Sn 原子抬高了其附近吸附位的势阱，由此弱化了 Cu 原子在这些位置上的吸附。因为 Sn 原子的存在，(111) 面不再均匀。更定量的分析显示，Sn 原子对势能面只影响到第四近邻的吸附位，该范围之外势能面与洁净 Cu(111) 表面相同。为了确定不等价的跃迁个数(即 Sn 原子的存在所导致的不同的跃迁势垒值的个数)，我们计算了单 Sn 原子掺杂和相距为第四近邻的双 Sn 原子掺杂两种体系下具有代表性的两条跃迁途径，结果如图 6.13 所示。该结果表明，当 Cu 吸附原子向 Sn 逐渐靠近时，会感受到逐渐增高的迁移势垒以及逐渐减弱的吸附能。因此，该吸附原子相当于在爬坡。这个特点在 Cu 吸附原子穿越两个 Sn 原子之间的空隙时表现得更为明显。如图 6.13(c) 所示，穿越两 Sn 原子之间的空隙时的势垒 E_m 为清洁 Cu(111) 面上的两倍。这进一步证实了 Sn 对 Cu 原子迁移起着阻碍作用。为了解释 Sn 原子附近弱吸附位置反而拥有高势垒的原因，图 6.13(b) 给出了双 Sn 掺杂的 Cu(111) 面上费米能级处的电子密度分布 $\rho(\boldsymbol{r} \mid E_F)$。可以看到，因为 Sn 原子有不饱和的 p 轨道，所以 $\rho(\boldsymbol{r} \mid E_F)$ 的峰值出现在两个 Sn 原子处。而其相邻的 Cu 原子由于 sp 杂化，拥有比清洁面更高的 $\rho(\boldsymbol{r} \mid E_F)$，这一点在两个 Sn 原子之间表现得更为明显。对照图 6.13(a)、(b) 可知，$\rho(\boldsymbol{r} \mid E_F)$ 与迁移势垒的变化保持一致。这表明高密度的表面电子对吸附原子起到了限制作用。相同的讨论也见于相关文献[263]。

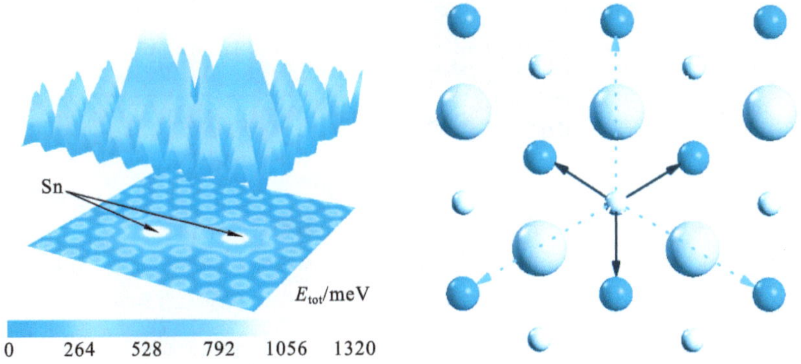

(a)　　　(b)

图 6.12　Cu 原子在含 Sn 的 Cu(111) 表面迁移的情况(一)

(a) Cu 原子在含 Sn 的 Cu(111) 表面跃迁的势能面；

(b)KMC 模拟中 Cu 原子在 Cu(111) 表面跃迁的可能途径

表 6.3 中详细列出了图 6.13 未给出的其余有别于洁净表面的迁移势垒，路径标号如图 6.13(a) 所示。表 6.3 中“atop”与“ex”分别代表吸附原子越过表面原子和与表面原子交换两种情况。有了上述参数，我们可以构造 KMC 模型，对该体系进行模拟。当前的模型只考虑到第三近邻的跃迁，共十二条路径(图 6.12(b) 中给出了几条有代表性的路径)。这个模型是合理的。因为前期的 NEB 计算表明，对于第二近邻的 FCC-FCC 或者 HCP-HCP 跃迁，其跃迁途径会自动分解为两次连续的最近邻间的 FCC-HCP 跃迁(见图 6.12(b))。因此，更远处的跃迁途径也可分解为若干步最近邻的跃迁之积。对于第三近邻间的跃迁，模型中考虑了跨越(atop) 和交换(exchange) 两种情况。其中前者代表吸附原子由表面原子正上方跨越至最终位置，而后者代表吸附原子占据表面原子位置，并将该表面原子挤到跃迁途径的终点。根

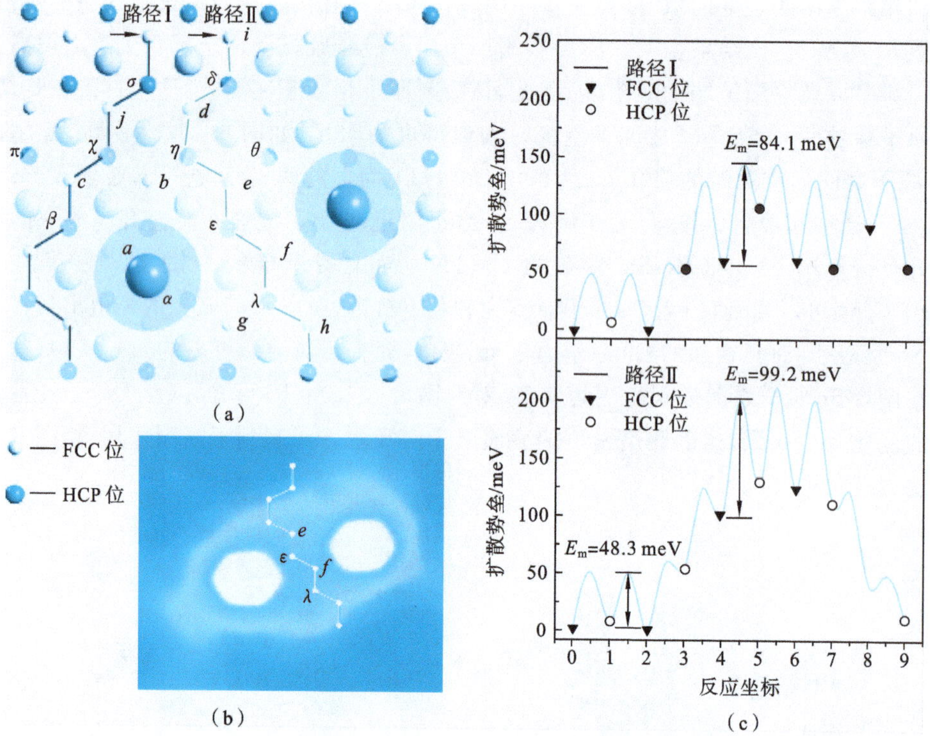

图 6.13　Cu 原子在含 Sn 的 Cu(111) 表面迁移的情况(二)

(a) Cu 原子在含 Sn 的 Cu(111) 表面迁移的两条典型途径；

(b) Cu(111) 表面费米能级处的态密度分布；(c) 相应的迁移势垒

据前面介绍的简谐近似下的过渡态理论以及第一性原理声子频率计算，可求得 $f_0 = 1.6\times10^{12}$ Hz。

表 6.3　Sn 掺杂情况下 Cu(111) 面上若干跃迁路径的势垒值

跃迁路径	$E_m^{FCC\to HCP}$/meV	$E_m^{HCP\to FCC}$/meV
FCC $\longleftrightarrow$ HCP (纯铜)	48.3	41.7
$a \longleftrightarrow \beta$	∞	∞
$b \longleftrightarrow \chi$	42.1	78.9
$c \longleftrightarrow \pi$	7.0	36.5
$e \longleftrightarrow \theta$	29.7	37.4
$g \longleftrightarrow \lambda$	51.4	27.4
$b \overset{atop}{\longleftrightarrow} \sigma$	427.7	421.1
$b \overset{ex}{\longleftrightarrow} \sigma$	1289.1	1282.5

由此，我们利用 6.6.4.3 节中介绍的选择路径法模拟了不同温度下 Cu 原子在稀

释合金面 Cu(111)-2Sn(Sn 浓度为 0.5%)及双相面 $Cu(111)-Cu_3Sn$ 上占据概率 $P(\boldsymbol{r})$ 的分布图，结果如图 6.14 所示。为了获得最佳的对比度，图中所示概率分布为 $\ln(1+P)$。KMC 模拟的结果表明 Sn 原子会阻碍 Cu 原子在表面上的跃迁。而当温度升高时，由于热运动足以克服高势垒，Sn 的阻碍作用将在很大程度上被削弱。因为 Sn 原子会引入吸附禁区，所以合金面上 Sn 的浓度和组态是决定其阻碍效果的重要因素。如图 6.14(d) ～(f) 所示，因为在 Cu_3Sn 相中 Sn 的禁区交叠，所以 Cu 只能经由第三近邻间的途径在表面跃迁。由于其势垒明显高于其他情况，所以即便在 600 K 时，Cu_3Sn 相对于 Cu 原子仍然处于半关闭的状态，而此温度下稀释合金面 Cu(111)-2Sn 的通道已经开启。

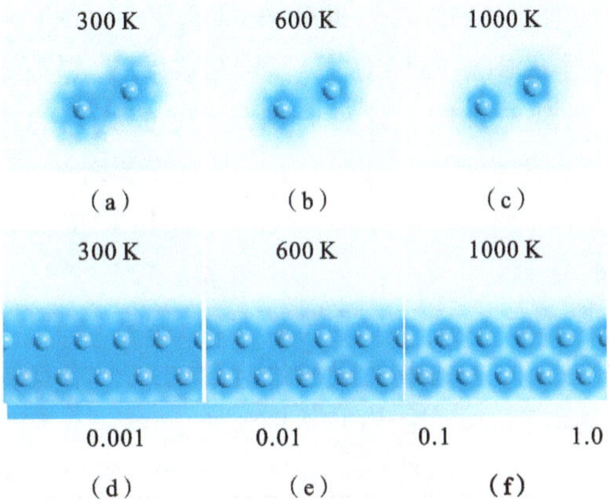

图 6.14　取对数后 Cu 原子在含 Sn 的 Cu(111)表面各点出现的概率分布图

(a)、(b)、(c)稀释合金面 Cu(111)-2Sn 上的结果；

(d)、(e)、(f)双相面 $Cu(111)-Cu_3Sn$ 上的结果

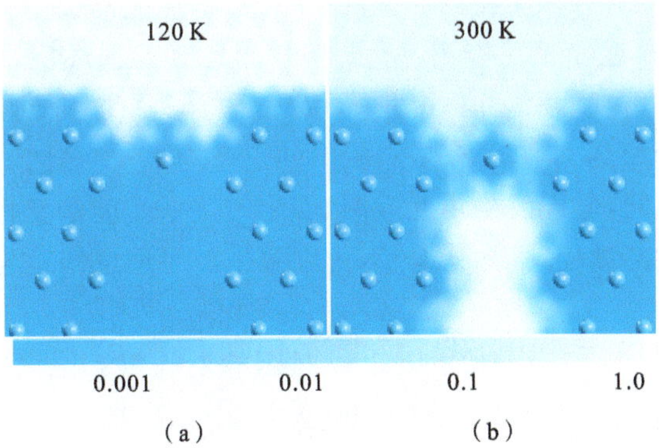

图 6.15　根据 KMC 模拟的结果设计的利用温度控制开启-关闭的表面原子跃迁开关

(a) 温度为 120 K 时；(b) 温度为 300 K 时

该工作表明,由于合金元素的原子组态足以决定吸附原子的跃迁速率,所以可控的表面跃迁是可以实现的。图 6.15 显示了一个可以用温度控制状态的原子跃迁开关。该开关分为两部分 Cu_3Sn,中间的间隙处放置一个距离两边均为第四近邻的 Sn 原子。当温度低于 120 K 时,因为穿越该界面的概率太低,因此开关处于关闭状态,Cu 吸附原子无法进入表面的下半部分。而当系统处于 300 K 时,互为第四近邻的 Sn 原子之间的通道已经开启,因此虽然吸附原子仍然无法进入 Cu_3Sn 相中,但是整个开关却处于开启状态。功能更为复杂的机构也可类似地建立。

6.7.2 晶体生长

利用 KMC 模拟液体环境中晶体的生长过程已经取得了非常引人注目的成果[264,265]。进行该类模拟最困难的地方在于环境(如最近邻原子数、台阶等)对跃迁势垒、吸附势垒等重要参数的影响。这种影响常常是非线性的,即使利用第一性原理方法,也很难精确地、完备地得到所有的数值。因此需要对模型进行必要的简化。这里我们介绍最为著名的 Gilmer-Bennema 模型[266]。尽管提出已有 40 多年,但是该模型一直是同类研究的基础。

Gilmer-Bennema 模型首先假定体系为正方格子,且已有一个单元(可以是分子或者原子)厚度的固态层。固态的单元只与最近邻的四个格点有相互作用。此外,模型做了严格堆垛假定(solid-on-solid,SOS),即固态的单元只能生长于其他固态单元的正上方且与其有接触面,不允许有桥梁式跨越或者吊臂式悬挂的单元出现。这种设定有效地简化了晶体生长的模拟。Gilmer-Bennema 模型考虑了三种重要的“事件”,即单元吸附于表面(creation)、单元由表面脱附(annihilation)及单元在表面上的跃迁(hopping)。不同环境下的跃迁势垒通过唯象模型给出。

6.7.2.1 吸附速率与脱附速率

首先讨论吸附速率 k^+ 和脱附速率 k^-。固态-液态界面处有两类格子:一类已被固态单元占据,记为 S;另一类在界面处的正上方,是可能的吸附位,记为 F。因为是正方格子且仅考虑最近邻相互作用,所以 S 和 F 各有五种环境,即被固态单元占领的最近邻格点数为 0~4。相应地,这些 S 和 F 分别记为 S_i 和 $F_i(i=0,1,2,3,4)$,吸附于 F_i 格点上的速率为 k_i^+,由 S_i 格点脱附的速率为 k_i^-。显然,晶体的生长速率取决于 k_i^+ 与 k_i^- 的不同,也即发生单元吸附、脱附时体系的能量变化。考虑图 6.16 所示 B 与 C 的相互转换过程,平衡状态下,由细致平衡原理可知

$$N_B k_4^- = N_C k_4^+ \tag{6.91}$$

式中:N_B 与 N_C 分别为系综内处于 B 和 C 组态的系统数。但仅凭式(6.91)无法求出 k_i^+/k_i^- 的关系。为此,Gilmer-Bennema 模型额外考虑了 A 与 C 的转换。如图 6.16所示,这是一个微观可逆的过程。平衡时有

$$N_A k_2^- = N_C k_2^+$$

因为平衡时扭折的产生、湮没速率相同,即 $k_2^- = k_2^+$,因此 $N_A = N_C$。以此为基准

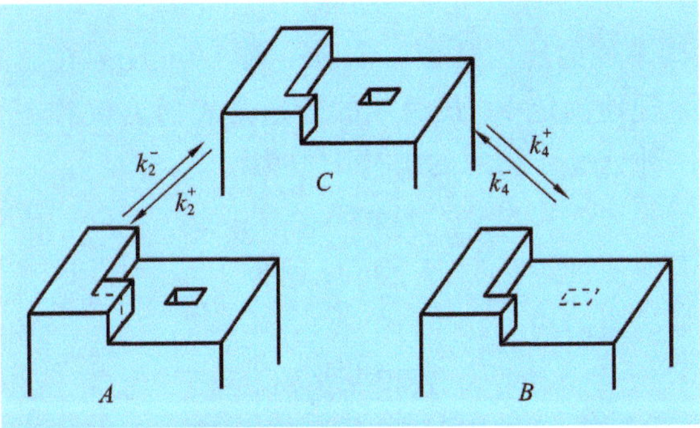

图 6.16 Gilmer-Bennema 模型中固态单元转换示意

点,可以由式(6.91)及玻尔兹曼分布得到

$$\frac{k_4^-}{k_4^+}=\frac{N_A}{N_B}=\exp\frac{E_B-E_A}{k_B T} \tag{6.92}$$

由图 6.16 可知,A、B 之间的转换涉及固态-固态、固态-液态、液态-液态相互作用的重新计数,分别以$-\phi_{ss}$、$-\phi_{sf}$、$-\phi_{ff}$代表上述三种相互作用(涉及液态的$-\phi_{sf}$与$-\phi_{ff}$表示平均每个单元对的相互作用),可得

$$E_B-E_A=4\phi_{sf}-2\phi_{ss}-2\phi_{ff} \tag{6.93}$$

因此

$$k_4^-/k_4^+=\exp[(4\phi_{sf}-2\phi_{ss}-2\phi_{ff})/(k_B T)]$$

通过类似的分析,可以得出对于不同 i 的普遍表达式

$$k_i^-/k_i^+=\exp[(-2\phi_{sf}+\phi_{ss}+\phi_{ff})(2-i)/(k_B T)]=\exp[(\gamma/2)(2-i)] \tag{6.94}$$

实际上,晶体生长过程中单元数不断发生变化,因此需要由巨正则系综来描述。这意味着对 $k_i^{\pm}$ 有贡献的还有一个因素,即单元在固相、液相中化学势的差别 $\Delta\mu$,有

$$\Delta\mu=\mu^{f}-\mu^{s}$$

这使得构成晶体的单元在结晶时会受到一个额外的推动力。考虑到这个因素,将式(6.94)调整为

$$k_i^-/k_i^+=\exp[(\gamma/2)(2-i)-\Delta\mu/(k_B T)] \tag{6.95}$$

式(6.95)仍然仅给出了吸附、脱附速率之间的比值,而非各自的表达式。Bennema 等给出了一个形式上比较对称的算式[267]:

$$k_i^+=f_0\exp[-(\gamma/4)(2-i)+\Delta\mu/(2k_B T)]$$
$$k_i^-=f_0\exp[(\gamma/4)(2-i)-\Delta\mu/(2k_B T)] \tag{6.96}$$

6.7.2.2 表面迁移速率

表面迁移是决定晶体生长形貌的另一个重要因素。按照 Gilmer-Bennema 模型,表面跃迁只可能由当前占据位置迁移至最近邻格点处。因为 SOS 假定,跃迁过程可以视为连续发生的一次脱附和一次吸附。因此记 k_{ij} 为固态单元由 S_i 到 F_j 的迁移速率,则有

$$k_{ij}=bk_i^-k_j^+ \tag{6.97}$$

式中：b 为一个带时间单位的比例常数。Gilmer 和 Bennema 在原始文献中利用扩散的爱因斯坦模型来合理地确定 b。最简单的情形是表面上仅有一个孤立的固态单元跃迁，此时仅有 k_{00} 一种情况。相应的扩散系数为

$$D=k_{00}a^2 \tag{6.98}$$

而一个固态单元在表面上的存活时间 τ 可以记为 $1/k_0^-$。因此，在该时间段内，此固态单元在表面上迁移的距离为

$$X_s=\sqrt{D\tau}=\sqrt{a^2k_{00}/k_0^-} \tag{6.99}$$

将方程(6.96)、方程(6.97)和方程(6.99)联立可得

$$k_{ij}=f_0\left(\frac{X_s}{a}\right)^2\frac{k_i^-k_j^+}{k_0^+}=f_0\left(\frac{X_s}{a}\right)^2\exp[-(\gamma/4)(2+j-i)+\Delta\mu/(2k_BT)] \tag{6.100}$$

6.7.2.3 模拟的若干细节

由 6.7.2.1 节和 6.7.2.2 节的讨论可知，晶体生长的环境与条件可以用 γ、β 和 X_s 三个参数来调节，分别描述表面形貌、溶液饱和度（或称固-液相偏置）以及表面迁移的影响。在现有条件下，这三个参数均可用 DFT 或者 MD 模拟的结果直接或者通过拟合得出。在原始文献中，Gilmer 和 Bennema 给出的算法类似于 6.6.4.3 节中介绍的恒定步长法。考虑到体系比较大，所以他们采用了两个均匀分布的随机数选取“事件”：第一步利用随机数 IX 确定格点 A 及其格点类型 S_i 或 F_i，第二步利用随机数 IY 确定吸附、脱附或者跃迁。这之后比较 IY 与触发阈值 $L_{i,A}$，其中

$$L_{i,A}=\frac{k_i}{(k_i^+)_{max}+(k_{ij})_{max}+(k_i^-)_{max}} \tag{6.101}$$

若 $IY\leqslant L_{i,A}$，则“事件”发生，否则，体系不变。对于某些高势垒的体系，这种方法可能会出现效率低下的情况。Rak 等人在他们的工作中采用了 6.6.4.3 节中讨论的选择路径法进行了模拟[264]。两种方法都取得了比较好的效果。

6.7.3 模拟程序升温脱附过程

程序升温脱附(temperature programmed desorption，TPD)在研究表面催化机理中是很重要的分析方法。在受控条件下逐步加热处于真空中的样品，则表面吸附的分子会逐步获得足够的动能而脱离样品表面，逃逸到真空中。通过测量具有特定质量的成分分压可以得到该成分随温度升高的脱附情况。通常情况下程序升温脱附的结果会有若干峰值，每个峰值均对应一个特定的吸附能。因此，利用程序升温脱附，可以获得表面吸附强度、活化位置及吸附分子间相互作用等方面的相关信息。对程序升温脱附的模拟工作在最近二十年间也取得了很大的进展。早期的工作所用模型往往只包含两三个参数[268-270]。随着计算条件的提高和成熟，最近的工作和 DFT 计算及 3.8.4 节中介绍的集团展开方法相结合，可以比较精确地描述吸附原子/分子间的相

互作用[271,272]。本节中以 Meng 和 Weinberg 的模型为例，介绍利用 KMC 方法是如何模拟程序升温脱附的。

考虑一个 $N\times N$ 的二维正方格子，边长为1，吸附于其上的单原子分子只与四个最近邻位置上的吸附分子有相互作用，设为 E_{nn}。因此与6.7.2节中的讨论相同，所有的吸附位可以按最近邻的分子占据数分为五种。每个格点的吸附能 $E_{\mathrm{d},i}$ 利用线性模型表示为

$$E_{\mathrm{d},i}=E_{\mathrm{d}}(0)-N_{\mathrm{nn}}(i)E_{\mathrm{nn}} \tag{6.102}$$

式中：$N_{\mathrm{nn}}(i)$ 表示第 i 个位置的最近邻上的吸附分子个数；$E_{\mathrm{d}}(0)$ 代表孤立吸附位置上的吸附能，也即分子脱附的势垒。

由此可以写出程序升温脱附的主方程

$$-\frac{\mathrm{d}N}{\mathrm{d}t}=\sum_i N_i r_{\mathrm{d},i}=\sum_i N_i f_{\mathrm{d}}\exp\left(-\frac{E_{\mathrm{d},i}}{k_{\mathrm{B}}T}\right) \tag{6.103}$$

式中：f_{d} 是前置因子，设为常数；N 为当前吸附分子总数；N_i 代表当前处于第 i 类吸附位的分子个数。

除了脱附外，吸附分子也会在表面上跃迁。孤立分子的跃迁势垒为 E_{h}^{0}，位于最近邻格点连线的中点。从吸附位到跃迁势垒的能量变化为距离的二次函数，即

$$E_0(x)=E_{\mathrm{d}}(0)+4E_{\mathrm{h}}^{0}x^2 \tag{6.104}$$

此外，设吸附分子间的相互作用不会改变上述二次函数的形状，只是将该函数刚性地上下平移。Meng 和 Weinberg 指出，分子从 i 跃迁到 j，跃迁势垒 $E_{\mathrm{h}}(i,j)$ 由两个位置上的能量二次函数的交点决定。由方程(6.104)不难得到

$$E_{\mathrm{h}}(i,j)=E_{\mathrm{h}}^{0}-\frac{E_{\mathrm{d},j}-E_{\mathrm{d},i}}{2}+\frac{(E_{\mathrm{d},j}-E_{\mathrm{d},i})^2}{16E_{\mathrm{h}}^{0}} \tag{6.105}$$

由此可得分子跃迁速率

$$r_{\mathrm{h}}(i,j)=f_{\mathrm{h}}\exp\left(-\frac{E_{\mathrm{h}}(i,j)}{k_{\mathrm{B}}T}\right) \tag{6.106}$$

为简单起见，设 f_{h} 也是常数，且 $f_{\mathrm{h}}=f_{\mathrm{d}}$。

至此，已经可以利用6.6.4.3节中介绍的选择路径法模拟程序升温脱附。首先按照给定的覆盖率 θ 计算 $t=0$ 时的吸附分子数 $N=\theta L^2$，并将其随机地分布在 $L\times L$ 的正方格子上，设温度 $T=0$ K。按照当前的分子组态，利用方程(6.102)、方程(6.103)和方程(6.106)计算各分子的脱附速率 $r_{\mathrm{d},i}$ 以及跃迁速率 $r_{\mathrm{h},i}$。考虑到二者的大小关系，可能有以下三种情况：

(1) 若 $r_{\mathrm{d},i}\ll r_{\mathrm{h},i}$，表明某个分子脱附后，表面上剩余的吸附分子仍保持不动。因此，按照概率 $r_{\mathrm{d},i}\Big/\sum_i r_{\mathrm{d},i}$ 选择分子 i 脱附，且不弛豫剩余分子构型。

(2) 若 $r_{\mathrm{d},i}\gg r_{\mathrm{h},i}$，表明每次发生分子脱附后，表面上剩余的吸附分子迅速弛豫到新的平衡位置，因此程序升温脱附总是处于准平衡态。按照概率 $r_{\mathrm{d},i}\Big/\sum_i r_{\mathrm{d},i}$ 选择分子

i 脱附，之后进行 $m \times \min[N, L^2 - N]$ 步正则系综 MC 模拟，使得余下的分子达到当前温度下的热平衡。其中 m 是个参数，一般取 500 左右。需要注意的是这里所说的热平衡并不是指得到能量最低的分子构型，而是指连续几步 MC 更新之后，体系能量在平均值上下浮动。

(3) 若 $r_{\mathrm{d},i}$ 和 $r_{\mathrm{h},i}$ 相互可以比拟，则分子的脱附或者跃迁均为可选择的事件，记为 k，按照 $r_k \Big/ \sum_i (r_{\mathrm{d},i} + r_{\mathrm{h},i})$ 进行选择。

选择其中一种情况，如果一个分子脱附，则时间 t 前进

$$\delta t(N) = \frac{1}{\sum_i r_{\mathrm{d},i}} \tag{6.107}$$

同时更新吸附分子数 N，以及温度 $T = T + \beta\delta t(N)$，其中 β 为加热速率。重复上述过程直到所有分子都脱离表面。根据每一步所储存的信息，可以画出覆盖率 θ 随温度 T 变化的曲线。将 θ-T 曲线对时间 t 求导，就可以得到程序升温脱附的谱线。

附　录　A

A.1　角动量算符在球坐标中的表达式

经典角动量算符在量子力学中的表达式为 $\hat{L}=r\times\hat{p}$，在直角坐标中写成分量形式为

$$\hat{L}_x=-\mathrm{i}\hbar\left(y\frac{\partial}{\partial z}-z\frac{\partial}{\partial y}\right)$$

$$\hat{L}_y=-\mathrm{i}\hbar\left(z\frac{\partial}{\partial x}-x\frac{\partial}{\partial z}\right)$$

$$\hat{L}_z=-\mathrm{i}\hbar\left(x\frac{\partial}{\partial y}-y\frac{\partial}{\partial x}\right)$$

$$\hat{L}^2=\hat{L}_x^2+\hat{L}_y^2+\hat{L}_z^2=-\hbar^2\left[\left(y\frac{\partial}{\partial z}-z\frac{\partial}{\partial y}\right)^2+\left(z\frac{\partial}{\partial x}-x\frac{\partial}{\partial z}\right)^2+\left(x\frac{\partial}{\partial y}-y\frac{\partial}{\partial x}\right)^2\right]$$

直角坐标中的变量 x、y、z 和球坐标中的变量 r、θ、ϕ（见图 A.1）满足如下的变换关系

$$\begin{cases}x=r\sin\theta\cos\phi\\ y=r\sin\theta\sin\phi\\ z=r\cos\theta\end{cases}$$

其逆变换为

$$\begin{cases}r^2=x^2+y^2+z^2\\ \cos\theta=\dfrac{z}{\sqrt{x^2+y^2+z^2}}\\ \tan\phi=y/x\end{cases}$$

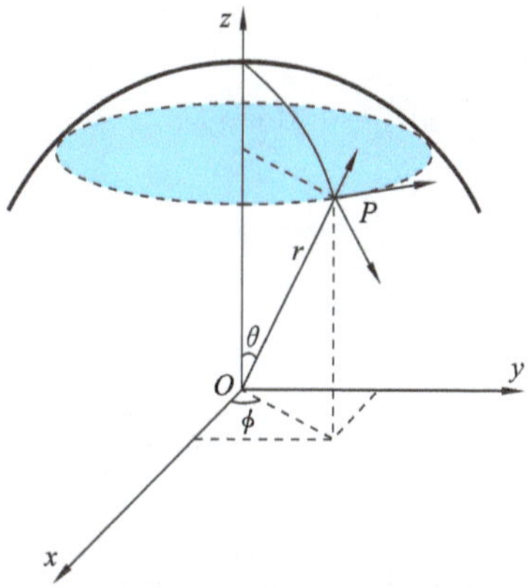

图 A.1　球坐标与直角坐标

由此变换关系，可以得到

$$\begin{cases}\dfrac{\partial r}{\partial x}=\sin\theta\cos\phi\\ \dfrac{\partial r}{\partial y}=\sin\theta\sin\phi\\ \dfrac{\partial r}{\partial z}=\cos\theta\end{cases}\tag{A.1}$$

$$\begin{cases}\dfrac{\partial\theta}{\partial x}=\dfrac{\cos\theta\cos\phi}{r}\\ \dfrac{\partial\theta}{\partial y}=\dfrac{\sin\phi\cos\theta}{r}\\ \dfrac{\partial\theta}{\partial z}=-\dfrac{\sin\theta}{r}\end{cases}\tag{A.2}$$

$$\begin{cases}\dfrac{\partial\phi}{\partial x}=-\dfrac{\sin\phi}{r\sin\theta}\\ \dfrac{\partial\phi}{\partial y}=\dfrac{\cos\phi}{r\sin\theta}\\ \dfrac{\partial\phi}{\partial z}=0\end{cases}\tag{A.3}$$

将式(A.1)至式(A.3)代入链式求导法则,则表达式$\dfrac{\partial}{\partial y}=\dfrac{\partial r}{\partial y}\dfrac{\partial}{\partial r}+\dfrac{\partial\theta}{\partial y}\dfrac{\partial}{\partial\theta}+\dfrac{\partial\phi}{\partial y}\dfrac{\partial}{\partial\phi}$中,有

$$\begin{aligned}\hat{L}_z&=-\mathrm{i}\hbar\left(x\frac{\partial}{\partial y}-y\frac{\partial}{\partial x}\right)\\&=-\mathrm{i}\hbar\left[r\sin\theta\cos\phi\left(\frac{\partial r}{\partial y}\frac{\partial}{\partial r}+\frac{\partial\theta}{\partial y}\frac{\partial}{\partial\theta}+\frac{\partial\phi}{\partial y}\frac{\partial}{\partial\phi}\right)-r\sin\theta\sin\phi\left(\frac{\partial r}{\partial x}\frac{\partial}{\partial r}+\frac{\partial\theta}{\partial x}\frac{\partial}{\partial\theta}+\frac{\partial\phi}{\partial x}\frac{\partial}{\partial\phi}\right)\right]\\&=-\mathrm{i}\hbar\left[r\sin\theta\cos\phi\left(\sin\theta\sin\phi\frac{\partial}{\partial r}+\frac{\sin\phi\cos\theta}{r}\frac{\partial}{\partial\theta}+\frac{\cos\phi}{r\sin\theta}\frac{\partial}{\partial\phi}\right)\right.\\&\quad\left.-r\sin\theta\sin\phi\left(\sin\theta\cos\phi\frac{\partial}{\partial r}+\frac{\cos\theta\cos\phi}{r}\frac{\partial}{\partial\theta}-\frac{\sin\phi}{r\sin\theta}\frac{\partial}{\partial\phi}\right)\right]\\&=-\mathrm{i}\hbar(\cos^2\phi+\sin^2\phi)\frac{\partial}{\partial\phi}=-\mathrm{i}\hbar\frac{\partial}{\partial\phi}\end{aligned}$$

$$\begin{aligned}\hat{L}_x&=-\mathrm{i}\hbar\left(y\frac{\partial}{\partial z}-z\frac{\partial}{\partial y}\right)\\&=-\mathrm{i}\hbar\left[r\sin\theta\cos\phi\left(\frac{\partial r}{\partial z}\frac{\partial}{\partial r}+\frac{\partial\theta}{\partial z}\frac{\partial}{\partial\theta}+\frac{\partial\phi}{\partial z}\frac{\partial}{\partial\phi}\right)-r\cos\theta\left(\frac{\partial r}{\partial y}\frac{\partial}{\partial r}+\frac{\partial\theta}{\partial y}\frac{\partial}{\partial\theta}+\frac{\partial\phi}{\partial y}\frac{\partial}{\partial\phi}\right)\right]\\&=-\mathrm{i}\hbar\left[r\sin\theta\sin\phi\left(\cos\theta\frac{\partial}{\partial r}-\frac{\sin\theta}{r}\frac{\partial}{\partial\theta}\right)\right.\\&\quad\left.-r\cos\theta\left(\sin\theta\sin\phi\frac{\partial}{\partial r}+\frac{\sin\phi\cos\theta}{r}\frac{\partial}{\partial\theta}+\frac{\cos\phi}{r\sin\theta}\frac{\partial}{\partial\phi}\right)\right]\\&=-\mathrm{i}\hbar\left(\sin\phi\frac{\partial}{\partial\theta}+\cot\theta\cos\phi\frac{\partial}{\partial\phi}\right)\end{aligned}$$

$$\begin{aligned}\hat{L}_y&=-\mathrm{i}\hbar\left(z\frac{\partial}{\partial x}-x\frac{\partial}{\partial z}\right)\\&=-\mathrm{i}\hbar\left[r\cos\theta\left(\frac{\partial r}{\partial x}\frac{\partial}{\partial r}+\frac{\partial\theta}{\partial x}\frac{\partial}{\partial\theta}+\frac{\partial\phi}{\partial x}\frac{\partial}{\partial\phi}\right)-r\sin\theta\cos\phi\left(\frac{\partial r}{\partial z}\frac{\partial}{\partial r}+\frac{\partial\theta}{\partial z}\frac{\partial}{\partial\theta}+\frac{\partial\phi}{\partial z}\frac{\partial}{\partial\phi}\right)\right]\\&=-\mathrm{i}\hbar\left[r\cos\theta\left(\sin\theta\cos\phi\frac{\partial}{\partial r}+\frac{\cos\theta\cos\phi}{r}\frac{\partial}{\partial\theta}-\frac{\sin\phi}{r\sin\theta}\frac{\partial}{\partial\phi}\right)-r\sin\theta\cos\phi\left(\cos\theta\frac{\partial}{\partial r}-\frac{\sin\theta}{r}\frac{\partial}{\partial\theta}\right)\right]\end{aligned}$$

$$=-\mathrm{i}\hbar\left(\cos\phi\frac{\partial}{\partial\theta}-\cot\theta\sin\phi\frac{\partial}{\partial\phi}\right)$$

最后，得到总角动量二次方在球坐标下的表达式为

$$\begin{aligned}\hat{L}^2 &= \hat{L}_x^2+\hat{L}_y^2+\hat{L}_z^2\\ &=-\hbar^2\Big[\Big(\sin^2\phi\frac{\partial}{\partial\theta^2}-\csc^2\theta\sin\phi\cos\phi\frac{\partial}{\partial\phi}+\cot\theta\sin\phi\cos\phi\frac{\partial^2}{\partial\theta\partial\phi}+\cot\theta\cos^2\phi\frac{\partial}{\partial\theta}\\ &\quad+\cot\theta\sin\phi\cos\phi\frac{\partial^2}{\partial\theta\partial\phi}-\cot^2\theta\sin\phi\cos\phi\frac{\partial}{\partial\phi}+\cot^2\theta\cos^2\phi\frac{\partial^2}{\partial\phi^2}\Big)\\ &\quad+\Big(\cos^2\phi\frac{\partial^2}{\partial\theta^2}+\csc^2\theta\sin\phi\cos\phi\frac{\partial}{\partial\phi}-\cot\theta\sin\phi\cos\phi\frac{\partial^2}{\partial\theta\partial\phi}+\cot\theta\sin^2\phi\frac{\partial}{\partial\theta}\\ &\quad-\cot\theta\sin\phi\cos\phi\frac{\partial^2}{\partial\phi\partial\theta}+\cot^2\theta\sin\phi\cos\phi\frac{\partial}{\partial\phi}+\cot^2\theta\sin^2\phi\frac{\partial^2}{\partial\phi^2}\Big)+\Big(\frac{\partial^2}{\partial\phi^2}\Big)\Big]\\ &=-\hbar^2\left[\frac{\partial^2}{\partial\theta^2}+\cot\theta\frac{\partial}{\partial\theta}+(1+\cot^2\theta)\frac{\partial^2}{\partial\phi^2}\right]\\ &=-\hbar^2\left[\frac{1}{\sin\theta}\frac{\partial}{\partial\theta}\left(\sin\theta\frac{\partial}{\partial\theta}\right)+\frac{1}{\sin^2\theta}\frac{\partial^2}{\partial\phi^2}\right]\end{aligned}$$

有了角动量算符的表达式，就可以求解其在球坐标下所对应的本征函数。由于总角动量二次方和角动量各个分量相对易，因此，用分离变量的方法求解本征函数。假设本征函数可以写为

$$\mathrm{Y}_{lm}(\theta,\phi)=\Theta(\theta)\Phi(\phi)$$

并将其代入角动量二次方算符的本征方程

$$\hat{L}^2\mathrm{Y}_{lm}(\theta,\phi)=-l(l+1)\hbar^2\mathrm{Y}_{lm}(\theta,\phi)$$

可以得到

$$\frac{\Phi(\phi)}{\sin\theta}\frac{\partial}{\partial}\left(\sin\theta\frac{\partial}{\partial\theta}\right)\Theta(\theta)+\frac{\Phi(\phi)}{\sin^2\theta}\frac{\partial^2\Phi(\phi)}{\partial\phi^2}=-l(l+1)\Theta(\theta)\Phi(\phi)$$

故有
$$\frac{1}{\Phi(\phi)}\frac{\partial^2\Phi(\phi)}{\partial\phi^2}=-l(l+1)\sin^2\theta-\frac{\sin\theta}{\Theta(\theta)}\frac{\partial}{\partial\theta}\left(\sin\theta\frac{\partial}{\partial\theta}\right)\Theta(\theta)$$

根据分离变量的原理，由于等号两边自变量和函数不同却保持恒等，只可能两边的表达式都为常数，不妨暂且将该常数记为 $-m^2$。$\Phi(\phi)$ 的表达式可以通过方程

$$\frac{\mathrm{d}^2\Phi(\phi)}{\mathrm{d}\phi^2}=-m^2\Phi(\phi)$$

求得，其本征值为 $\exp(\mathrm{i}m\phi)$。

而关于空间角的方程可以写成

$$\frac{1}{\sin\theta}\frac{\mathrm{d}}{\mathrm{d}\theta}\left(\sin\theta\frac{\mathrm{d}}{\mathrm{d}\theta}\right)\Theta(\theta)-l(l+1)\Theta(\theta)-\frac{m^2}{\sin^2\theta}\Theta(\theta)=0 \qquad (\mathrm{A}.4)$$

式(A.4)在数学上称为缔合勒让德方程，其特殊函数解为缔合勒让德多项式。

$$\Theta(\theta)=\mathrm{P}_l^m(\cos\theta)$$

其中 m 满足条件 $|m|\leqslant l$。

A.2　拉普拉斯算符在球坐标中的表达式

在求解氢原子基态波函数的过程中，我们用到了拉普拉斯算符∇^2在球坐标中的表达式。其具体推导如下。

拉普拉斯算符在直角坐标系中等于沿着x、y、z三个方向的二阶微分之和

$$\nabla^2=\frac{\partial^2}{\partial x^2}+\frac{\partial^2}{\partial y^2}+\frac{\partial^2}{\partial z^2}$$

因此，先来求解$\frac{\partial^2}{\partial x^2}$在球坐标系中的表达式。其中一阶微分在球坐标中的表达式在A.1节中已经得出，故有

$$\frac{\partial}{\partial x}=\frac{\partial r}{\partial x}\frac{\partial}{\partial r}+\frac{\partial\theta}{\partial x}\frac{\partial}{\partial\theta}+\frac{\partial\phi}{\partial x}\frac{\partial}{\partial\phi}=\sin\theta\sin\phi\frac{\partial}{\partial r}+\frac{\cos\theta\cos\phi}{r}\frac{\partial}{\partial\theta}-\frac{\sin\phi}{r\sin\theta}\frac{\partial}{\partial\phi}$$

$$\frac{\partial}{\partial y}=\frac{\partial r}{\partial y}\frac{\partial}{\partial r}+\frac{\partial\theta}{\partial y}\frac{\partial}{\partial\theta}+\frac{\partial\phi}{\partial y}\frac{\partial}{\partial\phi}=\sin\theta\sin\phi\frac{\partial}{\partial r}+\frac{\sin\phi\cos\theta}{r}\frac{\partial}{\partial\theta}+\frac{\cos\phi}{r\sin\theta}\frac{\partial}{\partial\phi}$$

$$\frac{\partial}{\partial z}=\frac{\partial r}{\partial z}\frac{\partial}{\partial r}+\frac{\partial\theta}{\partial z}\frac{\partial}{\partial\theta}+\frac{\partial\phi}{\partial z}\frac{\partial}{\partial\phi}=\cos\theta\frac{\partial}{\partial r}-\frac{\sin\theta}{r}\frac{\partial}{\partial\theta}$$

二阶微分的计算更为复杂：

$$\begin{aligned}
\frac{\partial^2}{\partial x^2}&=\left(\frac{\partial r}{\partial x}\frac{\partial}{\partial r}+\frac{\partial\theta}{\partial x}\frac{\partial}{\partial\theta}+\frac{\partial\phi}{\partial x}\frac{\partial}{\partial\phi}\right)\left(\frac{\partial r}{\partial x}\frac{\partial}{\partial r}+\frac{\partial\theta}{\partial x}\frac{\partial}{\partial\theta}+\frac{\partial\phi}{\partial x}\frac{\partial}{\partial\phi}\right)\\
&=\left(\sin\theta\cos\phi\frac{\partial}{\partial r}+\frac{\cos\theta\cos\phi}{r}\frac{\partial}{\partial\theta}-\frac{\sin\phi}{r\sin\theta}\frac{\partial}{\partial\phi}\right)\left(\sin\theta\cos\phi\frac{\partial}{\partial r}+\frac{\cos\theta\cos\phi}{r}\frac{\partial}{\partial\theta}-\frac{\sin\phi}{r\sin\theta}\frac{\partial}{\partial\phi}\right)\\
&=\left(\sin^2\theta\cos^2\phi\frac{\partial^2}{\partial r^2}-\frac{\sin\theta\cos^2\phi\cos\theta}{r^2}\frac{\partial}{\partial\theta}+\frac{\sin\theta\cos^2\phi\cos\theta}{r}\frac{\partial^2}{\partial r\partial\theta}+\frac{\cos\phi\sin\phi}{r^2}\frac{\partial}{\partial\phi}\right.\\
&\quad\left.-\frac{\cos\phi\sin\phi}{r}\frac{\partial^2}{\partial r\partial\phi}\right)+\left(\frac{\cos^2\theta\cos^2\phi}{r}\frac{\partial}{\partial r}+\frac{\cos\theta\sin\theta\cos^2\phi}{r}\frac{\partial^2}{\partial\theta\partial r}-\frac{\cos\theta\sin\theta\cos^2\phi}{r^2}\frac{\partial}{\partial\theta}\right.\\
&\quad\left.+\frac{\cos^2\theta\cos^2\phi}{r^2}\frac{\partial^2}{\partial\theta^2}+\frac{\cos\phi\sin\phi\cos^2\theta}{r^2\sin^2\theta}\frac{\partial}{\partial\phi}-\frac{\cos\theta\cos\phi\sin\phi}{r^2\sin\theta}\frac{\partial^2}{\partial\theta\partial\phi}\right)\\
&\quad+\left(\frac{\sin^2\phi}{r}\frac{\partial}{\partial r}-\frac{\sin\phi\cos\phi}{r}\frac{\partial^2}{\partial\phi\partial r}+\frac{\sin^2\phi\cos\theta}{r^2\sin\theta}\frac{\partial}{\partial\theta}-\frac{\sin\phi\cos\theta\cos\phi}{r^2\sin\theta}\frac{\partial^2}{\partial\phi\partial\theta}\right.\\
&\quad\left.+\frac{\sin\phi\cos\phi}{r^2\sin^2\theta}\frac{\partial}{\partial\phi}+\frac{\sin^2\phi}{r^2\sin^2\theta}\frac{\partial^2}{\partial\phi^2}\right)
\end{aligned}$$

$$\begin{aligned}
\frac{\partial^2}{\partial y^2}&=\left(\frac{\partial r}{\partial y}\frac{\partial}{\partial r}+\frac{\partial\theta}{\partial y}\frac{\partial}{\partial\theta}+\frac{\partial\phi}{\partial y}\frac{\partial}{\partial\phi}\right)\left(\frac{\partial r}{\partial y}\frac{\partial}{\partial r}+\frac{\partial\theta}{\partial y}\frac{\partial}{\partial\theta}+\frac{\partial\phi}{\partial y}\frac{\partial}{\partial\phi}\right)\\
&=\left(\sin\theta\sin\phi\frac{\partial}{\partial r}+\frac{\sin\phi\cos\theta}{r}\frac{\partial}{\partial\theta}+\frac{\cos\phi}{r\sin\theta}\frac{\partial}{\partial\phi}\right)\left(\sin\theta\sin\phi\frac{\partial}{\partial r}+\frac{\sin\phi\cos\theta}{r}\frac{\partial}{\partial\theta}+\frac{\cos\phi}{r\sin\theta}\frac{\partial}{\partial\phi}\right)\\
&=\left(\sin^2\theta\sin^2\phi\frac{\partial^2}{\partial r^2}-\frac{\sin\theta\sin^2\phi\cos\theta}{r^2}\frac{\partial}{\partial\theta}+\frac{\sin^2\phi\sin\theta\cos\theta}{r}\frac{\partial^2}{\partial r\partial\theta}-\frac{\sin\phi\cos\phi}{r^2}\frac{\partial}{\partial\phi}\right.\\
&\quad\left.+\frac{\sin\phi\cos\phi}{r}\frac{\partial^2}{\partial r\partial\phi}\right)+\left(\frac{\cos^2\theta\sin^2\phi}{r}\frac{\partial}{\partial r}+\frac{\sin\theta\cos\theta\sin^2\phi}{r}\frac{\partial^2}{\partial\theta\partial r}-\frac{\sin\theta\cos\theta\sin^2\phi}{r^2}\frac{\partial}{\partial\theta}\right.
\end{aligned}$$

$$+\frac{\cos^2\theta\sin^2\phi}{r^2}\frac{\partial^2}{\partial\theta^2}-\frac{\cos^2\theta\sin\phi\cos\phi}{r^2\sin^2\theta}\frac{\partial}{\partial\phi}+\frac{\cos\theta\sin\phi\cos\phi}{r^2\sin\theta}\frac{\partial^2}{\partial\theta\partial\phi}\Big)+\Big(\frac{\cos^2\phi}{r}\frac{\partial}{\partial r}$$
$$+\frac{\sin\phi\cos\phi}{r}\frac{\partial^2}{\partial\phi\partial r}+\frac{\cos\theta\cos^2\phi}{r^2\sin\theta}\frac{\partial}{\partial\theta}+\frac{\cos\theta\sin\phi\cos\phi}{r^2\sin\theta}\frac{\partial^2}{\partial\phi\partial\theta}-\frac{\sin\phi\cos\phi}{r^2\sin^2\theta}\frac{\partial}{\partial\phi}$$
$$+\frac{\cos^2\phi}{r^2\sin^2\theta}\frac{\partial^2}{\partial\phi^2}\Big)$$

$$\begin{aligned}\frac{\partial^2}{\partial z^2}&=\left(\frac{\partial r}{\partial z}\frac{\partial}{\partial r}+\frac{\partial\theta}{\partial z}\frac{\partial}{\partial\theta}+\frac{\partial\phi}{\partial z}\frac{\partial}{\partial\phi}\right)\left(\frac{\partial r}{\partial z}\frac{\partial}{\partial r}+\frac{\partial\theta}{\partial z}\frac{\partial}{\partial\theta}+\frac{\partial\phi}{\partial z}\frac{\partial}{\partial\phi}\right)\\&=\left(\cos\theta\frac{\partial}{\partial r}-\frac{\sin\theta}{r}\frac{\partial}{\partial\theta}\right)\left(\cos\theta\frac{\partial}{\partial r}-\frac{\sin\theta}{r}\frac{\partial}{\partial\theta}\right)\\&=\cos^2\theta\frac{\partial^2}{\partial r^2}+\frac{\cos\theta\sin\theta}{r^2}\frac{\partial}{\partial\theta}-\frac{\cos\theta\sin\theta}{r}\frac{\partial^2}{\partial r\partial\theta}+\frac{\sin^2\theta}{r}\frac{\partial}{\partial r}\\&\quad-\frac{\sin\theta\cos\theta}{r}\frac{\partial^2}{\partial\theta\partial r}+\frac{\sin\theta\cos\theta}{r^2}\frac{\partial}{\partial\theta}+\frac{\sin^2\theta}{r^2}\frac{\partial^2}{\partial\theta^2}\end{aligned}$$

将上述的表达式并项，并且参照角动量 $\hat{L}^2$ 的表达式，可以看到，拉普拉斯算符 ∇^2 在球坐标下可以分解为径向部分和角动量算符之和：

$$\begin{aligned}\nabla^2&=\frac{\partial^2}{\partial x^2}+\frac{\partial^2}{\partial y^2}+\frac{\partial}{\partial z^2}\\&=\frac{\partial^2}{\partial r^2}+\frac{2}{r}\frac{\partial}{\partial r}+\frac{1}{r^2}\frac{\partial^2}{\partial\theta^2}+\frac{\cos\theta}{r^2\sin\theta}\frac{\partial}{\partial\theta}+\frac{1}{r^2\sin^2\theta}\frac{\partial^2}{\partial\phi^2}\\&=\frac{1}{r^2}\frac{\partial}{\partial r}\left(r^2\frac{\partial}{\partial r}\right)+\frac{1}{r^2\sin\theta}\frac{\partial}{\partial\theta}\left(\sin\theta\frac{\partial}{\partial\theta}\right)+\frac{1}{r^2\sin^2\theta}\frac{\partial}{\partial\phi^2}\\&=\frac{1}{r^2}\frac{\partial}{\partial r}\left(r^2\frac{\partial}{\partial r}\right)-\frac{\hat{L}^2}{\hbar^2r^2}\end{aligned}$$

A.3 勒让德多项式、球谐函数与角动量耦合

定态薛定谔方程的径向部分已在第2章中讨论。现在考虑角向部分 $Y(\theta,\phi)$，满足球函数方程

$$\frac{1}{\sin\theta}\frac{\partial}{\partial\theta}\left(\sin\theta\frac{\partial Y}{\partial\theta}\right)+\frac{1}{\sin^2\theta}\frac{\partial^2 Y}{\partial\phi^2}+l(l+1)Y=0 \tag{A.5}$$

将 $Y(\theta,\phi)$ 进一步分离变量

$$Y(\theta,\phi)=P(\theta)\Phi(\phi) \tag{A.6}$$

将式(A.5)代入式(A.6)中，用 $\sin^2\theta/P(\theta)\Phi(\phi)$ 遍乘各项并适当移项，有

$$\frac{\sin\theta}{P(\theta)}\frac{d}{d\theta}\left(\sin\theta\frac{dP(\theta)}{d\theta}\right)+l(l+1)\sin^2\theta=-\frac{1}{\Phi(\phi)}\frac{d^2\Phi(\phi)}{d\phi^2} \tag{A.7}$$

式(A.7)两端若相等，则两个表达式均等于同一个常数，记为 m^2，则

$$\frac{d^2\Phi(\phi)}{d\phi^2}+m^2\Phi(\phi)=0 \tag{A.8}$$

$$\frac{1}{\sin\theta}\frac{\mathrm{d}}{\mathrm{d}\theta}\left(\sin\theta\frac{\mathrm{dP}(\theta)}{\mathrm{d}\theta}\right)+\left[l(l+1)-\frac{m^2}{\sin^2\theta}\right]\mathrm{P}(\theta)=0 \tag{A.9}$$

方程(A.8)有周期性边界条件 $\Phi(\phi+2\pi)=\Phi(\phi)$，则其通解为

$$\Phi(\phi)=A\mathrm{e}^{\mathrm{i}m\phi}+B\mathrm{e}^{-\mathrm{i}m\phi},\quad m=0,1,2,\cdots$$

而对于方程(A.9)，由 $\eta=\cos\theta$，做变量代换可得

$$(1-\eta^2)\frac{\mathrm{d}^2\mathrm{P}(\eta)}{\mathrm{d}\eta^2}-2\eta\frac{\mathrm{dP}(\eta)}{\mathrm{d}\eta}+\left[l(l+1)-\frac{m^2}{1-\eta^2}\right]\mathrm{P}(\eta)=0 \tag{A.10}$$

同时有自然边界条件：在 $\eta=\pm1$ 处 $\mathrm{P}(\eta)$ 有界。直接求解上述方程比较困难。首先考虑 $m=0$ 的简单情形。此时 $\Phi(\phi)\equiv1$，所以球函数与 ϕ 无关。而方程(A.10)化为

$$(1-\eta^2)\frac{\mathrm{d}^2\mathrm{P}(\eta)}{\mathrm{d}\eta^2}-2\eta\frac{\mathrm{dP}(\eta)}{\mathrm{d}\eta}+l(l+1)\mathrm{P}(\eta)=0 \tag{A.11}$$

方程(A.11)称为 l 阶勒让德方程，可以通过 $\eta=0$ 邻域上的级数解法求解[273]。自然边界条件下 $\mathrm{P}(\eta)$ 为一个 l 次多项式，称为 l 阶勒让德多项式，用 $\mathrm{P}_l(\eta)$ 表示，有

$$\mathrm{P}_l(\eta)=\frac{1}{2^l l!}\frac{\mathrm{d}^l}{\mathrm{d}\theta^l}(\eta^2-1)^l \tag{A.12}$$

式(A.12)即为 $\mathrm{P}_l(\eta)$ 的罗德里格(Rodrigues)公式。

回到 $\mathrm{P}(\eta)$ 的普遍方程式(A.10)，为了利用已求得的勒让德多项式，可做变换

$$Q(\eta)=\frac{\mathrm{P}(\eta)}{(1-\eta^2)^{m/2}} \tag{A.13}$$

将其代入式(A.10)，可得

$$(1-\eta^2)\frac{\mathrm{d}^2Q(\eta)}{\mathrm{d}\eta^2}-2(m+1)\eta\frac{\mathrm{d}Q(\eta)}{\mathrm{d}\eta}+[l(l+1)-m(m+1)]Q(\eta)=0 \tag{A.14}$$

式(A.14)正是对(A.11)求导 m 次所得的结果。因此有

$$\mathrm{P}_l^m(\eta)=(1-\eta^2)^{m/2}Q(\eta)=(1-\eta^2)^{m/2}\mathrm{P}_l^{[m]}(\eta) \tag{A.15}$$

式中：$\mathrm{P}_l^m(\eta)$称为缔合勒让德多项式，而 $\mathrm{P}_l^{[m]}(\eta)=\mathrm{d}^m\mathrm{P}_l(\eta)/\mathrm{d}\eta^2$。显然，若 $m>l$，则因为 $\mathrm{P}_l(\eta)$的最高次为 l，$\mathrm{P}_l^m(\eta)=0$，所以 m 的取值范围为$[0,1,2,\cdots,l]$。由式(A.15)立即可以得到缔合勒让德多项式的罗德里格公式

$$\mathrm{P}_l^m(\eta)=\frac{(1-\eta^2)^{m/2}}{2^l l!}\frac{\mathrm{d}^{l+m}}{\mathrm{d}\eta^{l+m}}(\eta^2-1)^l \tag{A.16}$$

实际上 m 也可以取负整数，$\mathrm{P}_l^{-m}(\eta)$ 与 $\mathrm{P}_l^m(\eta)$ 的关系为

$$\mathrm{P}_l^{-m}(\eta)=(-1)^{-m}\frac{(l-m)!}{(l+m)!}\mathrm{P}_l^m(\eta) \tag{A.17}$$

下面根据方程(A.16)写出前几个缔合勒让德多项式：

$$\mathrm{P}_0^0(\eta)=1$$

$$\mathrm{P}_1^{-1}(\eta)=-\frac{1}{2}(1-\eta^2)^{1/2},\quad \mathrm{P}_1^0(\eta)=\eta,\quad \mathrm{P}_1^1(\eta)=(1-\eta^2)^{1/2}$$

$$\mathrm{P}_2^{-2}(\eta)=\frac{1}{8}(1-\eta^2),\quad \mathrm{P}_2^{-1}(\eta)=-\frac{1}{2}(1-\eta^2)^{1/2}\eta,\quad \mathrm{P}_2^0(\eta)=\frac{1}{2}(3\eta^2-1)$$

$$\mathrm{P}_2^1(\eta)=3(1-\eta^2)^{1/2}\eta,\quad \mathrm{P}_2^2(\eta)=3(1-\eta^2)$$

至此，可以得到关于一般球函数方程(A.5)的解 $\mathrm{Y}_l^m(\theta,\phi)$：

$$\mathrm{Y}_l^m(\theta,\phi)=(-1)^m\mathrm{P}_l^m(\theta)\mathrm{e}^{\mathrm{i}m\phi},\quad m=-l,-l+1,\cdots,l-1,l \tag{A.18}$$

$\mathrm{Y}_l^m(\theta,\phi)$ 称为球谐函数。如前所述，式(A.18)中加入了 Condon-Shortley 相位因子 $(-1)^m$。考虑归一化，可得

$$\mathrm{Y}_l^m(\theta,\phi)=(-1)^m\sqrt{\frac{2l+1}{4\pi}\frac{(l-m)!}{(l+m)!}}\mathrm{P}_l^m(\theta)\mathrm{e}^{\mathrm{i}m\phi} \tag{A.19}$$

需要说明，Condon-Shortley 相位因子可以包括在 P_l^m 的罗德里格公式(A.16)中，而不显示在球谐函数的定义式(A.18)里。以上两种定义方法都是允许的，但是必须保证二者在使用时的一致性。

根据式(A.18)定义的球谐函数满足正交性关系

$$\int_0^{\pi}\int_0^{2\pi}\sin\theta\mathrm{Y}_l^{m*}(\theta,\phi)\mathrm{Y}_{l'}^{m'}(\theta,\phi)=\delta_{ll'}\delta_{mm'} \tag{A.20}$$

由方程(A.17)可得

$$\mathrm{Y}_l^{m*}(\theta,\phi)=(-1)^m\mathrm{Y}_l^{-m}(\theta,\phi) \tag{A.21}$$

由于式(A.19)与式(A.21)包含复数，所以应用中经常采用球谐函数的实数形式，即 Y_l^m 与 Y_l^{-m} 的线性组合：

$$\mathrm{Y}_l^m=\begin{cases}\dfrac{1}{\sqrt{2}}[\mathrm{Y}_l^m+(-1)^m\mathrm{Y}_l^{-m}], & m>0\\ \mathrm{Y}_l^0, & m=0\\ \dfrac{1}{\mathrm{i}\sqrt{2}}[\mathrm{Y}_l^{-m}-(-1)^m\mathrm{Y}_l^m], & m<0\end{cases} \tag{A.22}$$

下面给出几个低阶的球谐函数：

$$\mathrm{Y}_0^0(\theta,\phi)=\sqrt{\frac{1}{4\pi}},\quad \mathrm{Y}_1^{-1}(\theta,\phi)=\sqrt{\frac{3}{8\pi}}\sin\theta\mathrm{e}^{-\mathrm{i}\phi}$$

$$\mathrm{Y}_1^0(\theta,\phi)=\sqrt{\frac{3}{4\pi}}\cos\theta,\quad \mathrm{Y}_1^1(\theta,\phi)=-\sqrt{\frac{3}{8\pi}}\sin\theta\mathrm{e}^{\mathrm{i}\phi}$$

$$\mathrm{Y}_2^{-2}(\theta,\phi)=\sqrt{\frac{15}{32\pi}}\sin^2\theta\mathrm{e}^{-\mathrm{i}2\phi},\quad \mathrm{Y}_2^{-1}(\theta,\phi)=\sqrt{\frac{15}{8\pi}}\cos\theta\sin\theta\mathrm{e}^{-\mathrm{i}\phi}$$

$$\mathrm{Y}_2^0(\theta,\phi)=\sqrt{\frac{5}{16\pi}}(3\cos^2\theta-1),\quad \mathrm{Y}_2^1(\theta,\phi)=-\sqrt{\frac{15}{8\pi}}\cos\theta\sin\theta\mathrm{e}^{\mathrm{i}\phi}$$

$$\mathrm{Y}_2^2(\theta,\phi)=\sqrt{\frac{15}{32\pi}}\sin^2\theta\mathrm{e}^{\mathrm{i}2\phi}$$

第 4 章中建立紧束缚哈密顿矩阵元普遍公式的时候用到了 Wigner-3j 系数。这个系数由角动量理论中非常重要的 Clebsch-Gordon (CG) 系数定义。CG 系数是联系耦合表象与非耦合表象的转换矩阵。设有两个子空间，各自由 $|j_1m_1\rangle$ 与 $|j_2m_2\rangle$ 张开。则这两个子空间的直积空间的基矢可以表示为 $|j_1m_1\rangle\otimes|j_2m_2\rangle$。也可将这两个子

系统看作一个大系统，其总角动量 $\boldsymbol{j}^2=(\boldsymbol{j}_1+\boldsymbol{j}_2)^2$，$j_z=j_{1z}+j_{2z}$，因此其基矢为 $|j_1j_2jm\rangle$。不难看出，$|j_1m_1\rangle\otimes|j_2m_2\rangle$ 和 $|j_1j_2jm\rangle$ 张开的是同一个函数空间，前者称为非耦合表象，后者称为耦合表象。这两组基矢可以通过一个幺正矩阵互相转换：

$$
\begin{aligned}
|j_1j_2jm\rangle &= \sum_{m_1}\sum_{m_2}|j_1m_1\rangle|j_2m_2\rangle\langle j_1j_2m_1m_2|j_1j_2jm\rangle \\
&= \sum_{m_1}\sum_{m_2}|j_1m_1\rangle|j_2m_2\rangle C^{jm}_{j_1m_1,j_2m_2}
\end{aligned}
\tag{A. 23}
$$

$C^{jm}_{j_1m_1,j_2m_2}$ 即为 CG 系数，具体的计算公式为[274]

$$
\begin{aligned}
& C^{jm}_{j_1m_1,j_2m_2} \\
&= \delta_{(m_1+m_2)m}\sqrt{(2j+1)\frac{(j+j_1-j_2)!(j-j_1+j_2)!(j_1+j_2-j)!(j+m)!(j-m)!}{(j+j_1+j_2+1)!(j_1+m_1)!(j_1-m_1)!(j_2+m_2)!(j_2-m_2)!}} \\
&\cdot\sum_k(-1)^{j_2+m_2+k}\frac{(j+j_2+m_1-k)!(j_1-m_1+k)!}{k!(j-j_1+j_2-k)!(j+m-k)!(j_1-j_2-m+k)!}
\end{aligned}
\tag{A. 24}
$$

其中 k 为所有使得上式中的阶乘不为零的整数。

据此定义 Wigner-3j 系数：

$$
\begin{pmatrix} j_1 & j_2 & j \\ m_1 & m_2 & m \end{pmatrix} = \frac{(-1)^{j_1-j_2-m}}{\sqrt{2j+1}}C^{j_1j_2}_{m_1m_2,j,-m}
\tag{A. 25}
$$

因为球谐函数 $|jm\rangle$ 同时是正当转动群 $SO(3)$ 的基矢，因此CG系数密切联系于转动矩阵 $\boldsymbol{D}^j_{m',m}(\alpha,\beta,\gamma)$。这里沿用文献[274]中的推导过程。对方程(A. 25) 两端同时施加一个转动 $\hat{R}(\alpha,\beta,\gamma)$，并利用普遍公式

$$
\hat{R}(\alpha,\beta,\gamma)|jm\rangle = \sum_{m'}|jm'\rangle D^j_{m'm}(\alpha,\beta,\gamma)
\tag{A. 26}
$$

可得

$$
\begin{aligned}
& \hat{R}(\alpha,\beta,\gamma)|j_1j_2jm\rangle \\
&= \sum_{m_1,m_2}\hat{R}_1(\alpha,\beta,\gamma)|j_1m_1\rangle\hat{R}_2(\alpha,\beta,\gamma)|j_2m_2\rangle C^{j_1j_2}_{m_1m_2,jm} \\
&= \sum_{m_1,m_2}\sum_{m_1',m_2'}|j_1m_1'\rangle|j_2m_2'\rangle(D^{j_1}_1\otimes D^{j_2}_2)_{m_1'm_2',m_1m_2}C^{j_1j_2}_{m_1m_2,jm} \\
&= \sum_{m_1,m_2}\sum_{m_1',m_2'}\sum_{j',m'}|j_1j_2j'm'\rangle[C^{j_1j_2}_{m_1'm_2',j'm'}]^{-1}(D^{j_1}_1\otimes D^{j_2}_2)_{m_1'm_2',m_1m_2}C^{j_1j_2}_{m_1m_2,jm} \\
&= \sum_{j'm'}|j_1j_2j'm'\rangle[C^{-1}(D^{j_1}_1\otimes D^{j_2}_2)C]_{j'm',jm}
\end{aligned}
\tag{A. 27}
$$

同时有

$$
\hat{R}(\alpha,\beta,\gamma)|j_1j_2jm\rangle = \sum_{m'}|j_1j_2jm'\rangle D^j_{m'm}(\alpha,\beta,\gamma)
\tag{A. 28}
$$

比较式(A. 28) 与式(A. 30)，可得

$$
[C^{-1}(D^{j_1}_1\otimes D^{j_2}_2)C]_{j'm',jm} = \delta_{j'j}D^j_{m'm}(\alpha,\beta,\gamma)
\tag{A. 29}
$$

这正是我们要求的 CG 系数与转动矩阵的关系式。方程(A. 29) 也可改写为

$$
\sum_j(CD^j(\alpha,\beta,\gamma)C^{-1})_{m_1'm_2',m_1m_2} = (D^{j_1}(\alpha,\beta,\gamma)\otimes D^{j_2}(\alpha,\beta,\gamma))_{m_1'm_2',m_1m_2}
\tag{A. 30}
$$

不难验证，该方程等同于方程(4.28)。

A.4 三次样条

通常重要的描述粒子间相互作用的函数，如分子动力学的原子嵌入势函数或者第一性原理中的电子交换关联势函数等，都是将给定网格上的数值存储在相应文件中，而非直接调用连续的解析函数。因此，利用这些数值点构建行为良好的、与原函数近似相等的插值函数对最终的结果具有重要的意义。实践表明，三次样条函数可以方便地满足上述要求，因此在实际工作中得到了广泛的应用。三次样条函数要求在各个节点(插值点)处函数值、一阶导数值、二阶导数值连续。这个要求同时具有明显的几何与力学意义。从几何角度而言，最高到二阶导数连续的函数在各节点上光滑且对称地连续，即在节点处左右微小范围内该样条函数是一段圆弧，曲率半径相等。因为细梁(样条函数)的弯矩与曲率成正比，因此在力学意义上，三次样条函数等价于将弹性杆压在各节点处自然弯曲所得到的结果[275]。

三次样条函数可通过如下方法构建：设有 n 组数据 $(x_i, y_i = f(x_i))$，$i = 1, 2, \cdots, n$，因为样条函数 $S(x)$ 在每个区间 $[x_i, x_{i+1}]$ $(1 \leqslant i \leqslant n-1)$ 上是次数不大于 3 的多项式，则可设其形式为

$$S(x) = s_i(x) = a_i(x - x_i)^3 + b_i(x - x_i)^2 + c_i(x - x_i) + d_i \tag{A.31}$$

对式(A.31)求一阶及二阶导数，可得

$$S'(x) = s'_i(x) = 3a_i(x - x_i)^2 + 2b_i(x - x_i) + c_i \tag{A.32}$$

$$S''(x) = s''_i(x) = 6a_i(x - x_i) + 2b_i \tag{A.33}$$

根据三次样条函数的性质，即各节点处到二阶导数连续，可写出下列关于系数 $\{a_i, b_i, c_i, d_i\}$ 的各个方程：

$$d_i = a_{i-1}h_{i-1}^3 + b_{i-1}h_{i-1}^2 + c_{i-1}h_{i-1} + d_{i-1}, \quad i = 2, 3, \cdots, n-1 \tag{A.34}$$

$$c_i = 3a_{i-1}h_{i-1}^2 + 2b_{i-1}h_{i-1} + c_{i-1}, \quad i = 2, 3, \cdots, n-1 \tag{A.35}$$

$$b_{i+1} = 3a_i h_i + b_i, \quad i = 1, 2, \cdots, n-2 \tag{A.36}$$

式中 $h_i = x_{i+1} - x_i$。设 $S''(x_i) = M_i$，并注意到有两个明显的等式

$$d_i = y_i$$

$$2b_i = M_i$$

于是容易通过求解上述方程组得到系数的表达式

$$\begin{cases} a_i = \dfrac{M_{i+1} - M_i}{6h_i} \\ b_1 = \dfrac{M_i}{2} \\ c_i = \dfrac{y_{i+1} - y_i}{h_i} - \left(\dfrac{M_{i+1} + 2M_i}{6}\right)h_i \\ d_i = y_i \end{cases} \tag{A.37}$$

将式(A.37)代入方程(A.35),可得

$$\omega_i M_i + 2M_{i+1} + (1-\omega_i)M_{i+2} = \mu_i, \quad i = 1,2,\cdots,n-2 \tag{A.38}$$

式中

$$\omega_i = \frac{h_i}{h_i + h_{i+1}}, \quad \mu_i = \frac{6}{h_i + h_{i+1}}\left(\frac{y_{i+2} - y_{i+1}}{h_{i+1}} - \frac{y_{i+1} - y_i}{h_i}\right)$$

可见,构建三次样条函数归结为求解关于 M_i 的线性方程组,其中未知数 M_i 有 n 个,而方程只有 $n-2$ 个,因此需要额外补充两个边界条件从而唯一地确定该样条函数。常用的有三种边界条件。

1. 固支边界条件

给定两端 x_1 与 x_n 处的函数导数值 f'_1 和 f'_n。相应地,在方程(A.38)中添加两个方程

$$2M_1 + M_2 = \frac{6}{h_1}\left(\frac{y_2 - y_1}{h_1} - f'_1\right) \tag{A.39}$$

$$M_{n-1} + 2M_n = \frac{6}{h_{n-1}}\left(f'_n - \frac{y_n - y_{n-1}}{h_{n-1}}\right) \tag{A.40}$$

2. 二级约束条件

给定两端 x_1 与 x_n 处的函数二阶导数值分别为 f''_1、f''_n,即

$$M_1 = f''_1, \quad M_n = f''_n$$

这大类条件下有两类特殊情况值得单独指出。首先是自然边界条件,即 $M_1 = M_n = 0$,相当于样条函数在端点处以直线方程(即自由)延伸。其次是抛物线边界条件,即 $M_1 = M_2$ 且 $M_n = M_{n-1}$,相当于样条函数以抛物线逼近端点且向外延伸,适合于处理指数函数的插值。

3. 周期性边界条件

给定两端 x_1 与 x_n 处的函数值为

$$f_n = f_1, \quad f'_n = f'_1, \quad f''_n = f''_1$$

相应添加的两个方程为

$$M_1 = M_n \tag{A.41}$$

$$(1-\omega_n)M_1 + \omega_n M_{n-1} + 2M_n = \mu_n \tag{A.42}$$

式中

$$\omega_n = \frac{h_{n-1}}{h_1 + h_{n-1}}, \quad \mu_n = \frac{6}{h_1 + h_{n-1}}\left(\frac{f_2 - f_1}{h_1} - \frac{f_n - f_{n-1}}{h_{n-1}}\right)$$

至此,根据实际问题选择合适的边界条件,可以建立起唯一确定的关于 M_i 的线性方程组,其系数矩阵是三对角矩阵或拟三对角矩阵。可以通过 ***LU*** 分解或比较简单的追赶法进行求解。这里总结构建三次样条函数 $S(x)$ 的算法如下。

算法 A.1

(1) 读取 n 组数据$(x_i, y_i = f(x_i))$,$i = 1,2,\cdots,n$,对 $i = 1,2,\cdots,n-2$ 计算 ω_i

以及 μ_i；

(2) 选择特定边界条件，形成待解线性方程组 $\boldsymbol{M}$；

(3) 用追赶法求解 $\boldsymbol{M}$，得到 $M_1, M_2, \cdots, M_n$；

(4) 依照方程组(A.39)求得样条函数的所有系数。

下面简要介绍追赶法的主要步骤。设三对角矩阵为 $\boldsymbol{M}$，以其为系数矩阵的线性方程组为 $\boldsymbol{Mx} = \mu$，则得到算法如下。

算法 A.2

(1) $u_1 = b_1$；

(2) 对于 $i = 2, 3, \cdots, n, l_i = a_i / u_{i-1}, u_i = b_i - l_i c_{i-1}$；

(3) $y_1 = \mu_1$；

(4) 对于 $i = 2, 3, \cdots, n, y_i = \mu_i - l_i y_{i-1}$；

(5) $x_n = y_n / u_n$；

(6) 对于 $i = n-1, n-2, \cdots, 1, x_i = (y_i - c_i x_{i+1}) / u_i$。

更详细的讨论可参阅文献[275]。

A.5 傅里叶变换

A.5.1 基本概念

为简单起见，本节中只讨论一维情况。周期函数一般表示为

$$f(x) = f(x + 2L) \tag{A.43}$$

式中：$2L$ 为该函数的周期。利用三角函数，可以将周期函数做如下展开：

$$f(x) = \frac{1}{2}a_0 + \sum_{m=1}^{\infty}\left[a_m \cos\left(\frac{m\pi x}{L}\right) + b_m \sin\left(\frac{m\pi x}{L}\right)\right] \tag{A.44}$$

式中：展开系数 a_m 和 b_m 分别为

$$a_m = \frac{1}{2L}\int_{-L}^{L} f(x)\cos\left(\frac{m\pi x}{L}\right)\mathrm{d}x \tag{A.45}$$

$$b_m = \frac{1}{2L}\int_{-L}^{L} f(x)\sin\left(\frac{m\pi x}{L}\right)\mathrm{d}x \tag{A.46}$$

更多情况下，我们利用欧拉公式将式(A.45)和式(A.46)中的两个级数合并成一个，即

$$f(x) = \sum_{l=-\infty}^{\infty} g_l \mathrm{e}^{\mathrm{i}\frac{l\pi}{L}x} \tag{A.47}$$

式中

$$g_l = \frac{1}{2L}\int_{-L}^{L} f(x)\mathrm{e}^{\mathrm{i}\frac{l\pi}{L}x}\mathrm{d}x \tag{A.48}$$

当 $L \to \infty$ 时，方程(A.44)以及式(A.47)中的求和指标变为连续变化的参量。因

此，求和式变为积分式。将 $l\pi/L$ 记为 ω，并取对称形式，则方程(A.47) 可写为

$$f(x)=\frac{1}{\sqrt{2L}}\int_{-\infty}^{\infty}g(\omega)\mathrm{e}^{\mathrm{i}\omega x}\,\mathrm{d}\omega \tag{A.49}$$

而 $g(\omega)$ 为

$$g(\omega)=\frac{1}{\sqrt{2L}}\int_{-\infty}^{\infty}f(x)\mathrm{e}^{-\mathrm{i}\omega x}\,\mathrm{d}\omega \tag{A.50}$$

可以看到，两个方程是对称的，只有 e 的指数符号相反。将式(A.50) 称为傅里叶变换式，表示将一个周期函数分解为不同频率谐波时各成分的系数，而将式(A.49) 称为傅里叶逆变换式，表示根据谐波的权重叠加组合成的任意 x 处的周期函数值。此外，不难看到，方程(A.47) 中的指数函数正是 3.4 节中的平面波基函数。这也说明了傅里叶变换在现代量子力学中得到广泛应用的原因。

推广到三维的情况，可以定义如下的傅里叶变换和逆变换：

$$g(\boldsymbol{k})=\frac{1}{(\sqrt{2\pi})^3}\int_{-\infty}^{\infty}f(\boldsymbol{r})\mathrm{e}^{-\mathrm{i}\boldsymbol{k}\cdot\boldsymbol{r}}\,\mathrm{d}\boldsymbol{r}$$

$$f(\boldsymbol{r})=\frac{1}{(\sqrt{2\pi})^3}\int_{-\infty}^{\infty}g(\boldsymbol{k})\mathrm{e}^{\mathrm{i}\boldsymbol{k}\cdot\boldsymbol{r}}\,\mathrm{d}\boldsymbol{k}$$

表 A.1 给出了几种计算物理学中常用的傅里叶变换。

表 A.1　几种常见函数的傅里叶变换

$f(\boldsymbol{r})$	$g(\boldsymbol{k})$
$\frac{1}{r}$	$\frac{2}{\sqrt{2\pi}}\frac{1}{k^2}$
$\mathrm{e}^{-\alpha r^2}$	$\frac{1}{(\sqrt{2\alpha})^3}\mathrm{e}^{-k^2/(4\alpha)}$
$\delta(r)$	$\frac{1}{(\sqrt{2\pi})^3}$

A.5.2　离散傅里叶变换

离散傅里叶变换并不要求知道函数 $f(x)$ 的解析表达式。设在一个周期内，等距地分布着 $N+1$ 个采样点 $x_0,x_k,\cdots,x_N$，则有

$$f(x_k)=f(x_{k+N+1})$$

则各点相距

$$h=\frac{2L}{N+1}$$

这样，有 $x_k=kh$。所以按照方程(A.47)，有

$$f_i=f(x_k)=\sum_{l=-\infty}^{\infty}g_l\mathrm{e}^{\mathrm{i}\frac{l\pi}{L}kh}=\sum_{l=-\infty}^{\infty}g_l\alpha^{lk} \tag{A.51}$$

式中 $\alpha = e^{ih\pi/L}$。因此，离散傅里叶变换可以表示为如下方程组：

$$\begin{cases} g_0 + g_1 + g_2 + \cdots + g_N = f_0 \\ g_0 + \alpha g_1 + \alpha^2 g_2 + \cdots + \alpha^N g_N = f_1 \\ g_0 + \alpha^2 g_1 + \alpha^4 g_2 + \cdots + \alpha^{2N} g_N = f_2 \\ \qquad\qquad \vdots \\ g_0 + \alpha^N g_1 + \alpha^{2N} g_2 + \cdots + \alpha^{NN} g_N = f_N \end{cases} \tag{A.52}$$

将以上方程组写为矩阵形式，即

$$\mathbf{A}\boldsymbol{g} = \boldsymbol{f} \tag{A.53}$$

式中

$$\mathbf{A} = \begin{bmatrix} 1 & 1 & 1 & \cdots & 1 \\ 1 & \alpha & \alpha^2 & \cdots & \alpha^N \\ 1 & \alpha^2 & \alpha^4 & \cdots & \alpha^{2N} \\ \vdots & \vdots & \vdots & & \vdots \\ 1 & \alpha^N & \alpha^{2N} & \cdots & \alpha^{NN} \end{bmatrix},\quad \boldsymbol{g} = \begin{bmatrix} g_0 \\ g_1 \\ g_2 \\ \vdots \\ g_N \end{bmatrix},\quad \boldsymbol{f} = \begin{bmatrix} f_0 \\ f_1 \\ f_2 \\ \vdots \\ f_N \end{bmatrix}$$

对于线性方程(A.53)，只需要求出系数矩阵 **A** 的逆矩阵即可。可以看出，矩阵 **A** 中的任意矩阵元 A_{ij} 可写为

$$A_{ij} = \alpha^{ij},\quad i,j = 0,1,2,\cdots,N \tag{A.54}$$

此外，**A** 显然是一个对称阵，而且每一行(列) 均为一个等比数列，且有 $\alpha^{N+1} = 1$。**A** 的这些特点使得它的逆矩阵有非常简单的形式，故

$$A_{ij}^{-1} = \frac{1}{N+1}\alpha^{-ij} \tag{A.55}$$

因此，离散傅里叶变换可以通过如下方程组完成：

$$\begin{cases} (N+1)g_0 = f_0 + f_1 + f_2 + \cdots + f_N \\ (N+1)g_1 = f_0 + \alpha^{-1} f_1 + \alpha^{-2} f_2 + \cdots + \alpha^{-N} f_N \\ (N+1)g_2 = f_0 + \alpha^{-2} f_1 + \alpha^{-4} f_2 + \cdots + \alpha^{-2N} f_N \\ \qquad\qquad \vdots \\ (N+1)g_N = f_0 + \alpha^{-N} f_1 + \alpha^{-2N} f_2 + \cdots + \alpha^{-NN} f_N \end{cases} \tag{A.56}$$

虽然应用式(A.56) 已经可以完成所要求的计算任务。但是仔细考察计算过程，可知，为了得到 $N+1$ 个 g_l，需要进行$(N+1)^2$ 次基本操作。但是对于常见的任务，$N+1$ 一般在 10^6 数量级以上。因此，按照上述过程进行傅里叶变换或逆变换的效率会非常低下。为了解决这个问题，从 20 世纪 60 年代开始，快速傅里叶变换算法被提出并逐步发展起来。

A.5.3 快速傅里叶变换

快速傅里叶变换的提出是为了避免大型任务中傅里叶变换所需操作数过多的弱点。它充分利用了式(A.56) 中矩阵元素排列的特点，将变换过程归约为若干次关于

某对元素的基本操作，从而可极大地节省计算时间。本节中我们首先介绍普遍的快速傅里叶变换算法，之后通过一个具体的例子进行实践操作。

由 A.5.2 节可知，傅里叶变换及逆变换具有对称的形式，可以分别表示为

$$\boldsymbol{f} = \boldsymbol{A}\boldsymbol{g} \tag{A.57}$$

$$\boldsymbol{g} = \boldsymbol{A}^{-1}\boldsymbol{f} \tag{A.58}$$

因此在快速傅里叶变换中，过程也可统一表达。写出方程(A.57)的统一表达式：

$$\psi_{\eta,l} = \sum_{s=0}^{\infty}\beta^{ls}\phi_s \tag{A.59}$$

在做傅里叶变换时，$\psi_{\eta,l} = (N+1)g_l$，$\phi_s = f_s$，$\beta = \mathrm{e}^{-\mathrm{i}2\pi/(N+1)}$；在做快速傅里叶变换时，$\psi_{\eta,l} = f_l$，$\phi_s = g_s$，$\beta = \mathrm{e}^{\mathrm{i}2\pi/(N+1)}$。其中 $\psi_{\eta,l}$ 的下标 η 代表第 η 次归约操作。为了讨论方便，设 $N+1 = 2^n$，且 $\eta = 0$。则(A.59)可以写为

$$\psi_{0,l} = \sum_{s=0}^{[N/2]}\beta^{l(2s)}\phi_{2s} + \sum_{s=0}^{[N/2]}\beta^{l(2s+1)}\phi_{2s+1} \tag{A.60}$$

式中$[N/2]$代表对 $N/2$ 取整。对于快速傅里叶算法，式中的下标 l 应该限制在区间$[0,(N+1)/2]$上，而将该范围之外的分量表示为 $l+(N+1)/2$，则有

$$\begin{aligned}\psi_{0,l+(N+1)/2} &= \sum_{s=0}^{[N/2]}\beta^{l(2s)}\beta^{(N+1)s}\phi_{2s} + \sum_{s=0}^{[N/2]}\beta^{[l+(N+1)/2](2s+1)}\phi_{2s+1}\\ &= \beta^{(N+1)s}\sum_{s=0}^{[N/2]}\beta^{l(2s)}\phi_{2s} + \beta^{(N+1)s}\beta^{l}\beta^{(N+1)/2}\sum_{s=0}^{[N/2]}\beta^{l(2s)}\phi_{2s+1}\\ &= \sum_{s=0}^{[N/2]}\beta^{l(2s)}\phi_{2s} - \beta^{l}\sum_{s=0}^{[N/2]}\beta^{l(2s)}\phi_{2s+1}\end{aligned} \tag{A.61}$$

其中最后一步用到了关系式

$$\beta^{N+1} = 1,\quad \beta^{(N+1)/2} = -1$$

比较方程(A.60)和方程(A.61)，可以看到两者有非常高的相似性，区别仅在于求和的第二项的前置符号。因此，可以将式(A.59)写为

$$\begin{cases}\psi_{0,l} = \psi_{1,l} + \mathrm{P}_1^l\psi_{1,l+\frac{N+1}{2}}\\ \psi_{0,l+\frac{N+1}{2}} = \psi_{1,l} - \mathrm{P}_1^l\psi_{1,l+\frac{N+1}{2}}\end{cases} \tag{A.62}$$

式中

$$\psi_{1,l} = \sum_{s=0}^{[N/2]}\beta^{l(2s)}\phi_{2s},\quad \psi_{1,l+\frac{N+1}{2}} = \sum_{s=0}^{[N/2]}\beta^{l(2s)}\phi_{2s+1},\quad \mathrm{P}_1^l = \beta^l$$

显然，形如式(A.62)中对求和的划分可以持续下去：

$$\begin{aligned}\psi_{1,l} &= \sum_{s=0}^{[N/2]}\beta^{2ls}\phi_{2s} = \sum_{s=0}^{[N/4]}\beta^{2l2s}\phi_{2(2s)} + \sum_{s=0}^{[N/4]}\beta^{2l(2s+1)}\phi_{2(2s+1)}\\ &= \sum_{s=0}^{[N/4]}\beta^{4ls}\phi_{4s} + \beta^{2l}\sum_{s=0}^{[N/4]}\beta^{4ls}\phi_{4s+2} = \psi_{2,l} + \mathrm{P}_2^l\psi_{2,l+\frac{N+1}{4}}\end{aligned} \tag{A.63}$$

$$\psi_{1,l+\frac{N+1}{4}} = \sum_{s=0}^{[N/2]}\beta^{(l+\frac{N+1}{4})2s}\phi_{2s} = \sum_{s=0}^{[N/4]}\beta^{4s\frac{N+1}{4}}\beta^{2l2s}\phi_{2(2s)} + \sum_{s=0}^{[N/4]}\beta^{(4s+2)\frac{N+1}{4}}\beta^{2l(2s+1)}\phi_{2(2s+1)}$$

$$= \sum_{s=0}^{[N/4]} \beta^{4ls}\phi_{4s} - \beta^{2l}\sum_{s=0}^{[N/4]}\beta^{4ls}\phi_{4s+2} = \psi_{2,l} - \mathrm{P}_2^l\psi_{2,l+\frac{N+1}{4}} \tag{A.64}$$

$$\psi_{1,l+\frac{N+1}{2}} = \sum_{s=0}^{[N/2]}\beta^{2ls}\phi_{2s+1} = \sum_{s=0}^{[N/4]}\beta^{2l2s}\phi_{2(2s)+1} + \sum_{s=0}^{[N/4]}\beta^{2l(2s+1)}\phi_{2(2s+1)+1}$$

$$= \sum_{s=0}^{[N/4]}\beta^{4ls}\phi_{4s+1} + \beta^{2l}\sum_{s=0}^{[N/4]}\beta^{4ls}\phi_{4s+3} = \psi_{2,l+\frac{N+1}{2}} + \mathrm{P}_2^l\psi_{2,l+\frac{3(N+1)}{4}} \tag{A.65}$$

$$\psi_{1,l+\frac{3(N+1)}{4}} = \sum_{s=0}^{[N/2]}\beta^{\left(l+\frac{N+1}{4}\right)(2s)}\phi_{2s} = \sum_{s=0}^{[N/4]}\beta^{2l2s}\phi_{2(2s)} + \sum_{s=0}^{[N/4]}\beta^{2l(2s+1)}\phi_{2(2s+1)}$$

$$= \sum_{s=0}^{[N/4]}\beta^{4ls}\phi_{4s+1} + \beta^{2l}\sum_{s=0}^{[N/4]}\beta^{4ls}\phi_{4s+3} = \psi_{2,l+\frac{N+1}{2}} - \mathrm{P}_2^l\psi_{2,l+\frac{3(N+1)}{4}} \tag{A.66}$$

其中 $\mathrm{P}_2^l = \beta^{2l}$，而 $l \in [0, N/4]$。

从上述过程可以看出，第 η 次归约操作将求和分为 2^η 个组，每个组包含 ϕ_s 值的个数为 $(N+1)/2^\eta$。在第 $n-1$ 次操作之后，每个组里包含两个 ϕ_s，而由方程(A.60)至方程(A.66)可知，每组只需要进行两个 ϕ_s 的加法及减法(考虑相位因子 P_η^l)。因此，快速傅里叶变换所需的操作数为 $(N+1)\log_2(N+1)$。显然，当离散点数目为 2^n 时，快速傅里叶变换拥有最理想的效率。这种算法也称为 Cooley-Tukey 算法[276]。

虽然上述讨论给出了快速傅里叶变换的理论基础，但是从算法的角度来考虑，还需要进一步讨论若干技术细节以保证快速傅里叶变换的高效率。最重要的一个问题是如何排列 $\{\phi_s\}$ 从而使得分组和加减操作变得简单易行。在 Cooley-Tukey 算法中，这一点是通过二进制逆序(bit-reversal order)表示而得以实现的。这种表示根据的是序数 s 的"偶数性"强弱。很显然，0 是偶数性最强的序数，因为它可以被 2 整除无限多次。其次是 2^{n-1}，再其次是 $2^{n-2}, 2^{n-2}+2^{n-1}, 2^{n-3}$，依此类推。当 s 为奇数时，其偶数性指的是 $s-1$ 的偶数性。因此，1 是偶数性最强的奇数，其次是 $2^{n-1}+1, 2^{n-2}+1$ 等等。而更为清楚的讨论基于这些数字的二进制逆序表示。对于 2^n 个数，将其分为 2^{n-1} 个组，每个组包含序号为 s 及 $s+2^{n-1}$ 的两个数据点。每个序号的二进制表示和二进制逆序表示均列在表 A.2 中。这个表说明了一个数的偶数性越强，其二进制逆序表示所组成的值 l 越小。因此，当我们将一组输入数据按照其序数的二进制逆序表示值 l 升序排列时，即可获得"偶数性"单调递减的一个新数列。例如，有八个输入值 $\phi_0, \phi_1, \cdots, \phi_7$，按照上述原则，可将其排列为

$$\{\phi_0, \phi_4, \phi_2, \phi_6, \phi_1, \phi_5, \phi_3, \phi_7\}$$

依次填入一个数组 G_0，作为进行快速傅里叶变换的初始设定。将含有 2^n 个数据的数组 G 按照其序号的二进制逆序表示值 l 升序排列的算法如下[14]。

算法 A.3

(1) 输入 n，设 $s=0$，$M_v = 2^n$，循环次数 $k=1$，产生操作次数 $l=0$；

(2) $M_v = M_v/2$，将其加在所有已经产生的数字上，每运行一次加法，均设 $l = l+1$；

表 A.2　快速傅里叶变换中序号的二进制表示和二进制逆序表示

序号 s		二进制表示		二进制逆序表示	
0	2^{n-1}	000 ⋯000	100⋯000	000 ⋯000	000 ⋯001
2^{n-2}	$2^{n-2}+2^{n-1}$	010 ⋯000	110⋯000	000 ⋯010	000 ⋯011
2^{n-3}	$2^{n-3}+2^{n-1}$	001 ⋯000	101⋯000	000 ⋯ 100	000 ⋯ 101
$2^{n-3}+2^{n-2}$	$2^{n-3}+2^{n-2}+2^{n-1}$	011 ⋯000	111⋯000	000 ⋯ 110	000 ⋯ 111
⋮	⋮	⋮	⋮	⋮	⋮
2^{n-r}	$2^{n-r}+2^{n-1}$	000⋯10⋯00⋯000	100⋯10⋯00⋯000	000⋯00⋯01⋯000	000⋯00⋯01⋯001
$2^{n-r}+2^{n-2}$	$2^{n-r}+2^{n-2}+2^{n-1}$	010⋯10⋯00⋯000	110⋯10⋯00⋯000	000⋯00⋯01⋯010	000⋯00⋯01⋯011
⋮	⋮	⋮	⋮	⋮	⋮
$2^{n-r}+2^{n-r+1}+\cdots+2^{n-2}$	$2^{n-r}+2^{n-r+1}+\cdots+2^{n-2}+2^{n-1}$	011⋯10⋯00⋯000	111⋯10⋯00⋯000	000⋯00⋯01⋯110	000⋯00⋯01⋯111
⋮	⋮	⋮	⋮	⋮	⋮
$2^{n-1}-1$	$2^{n}-1$	011 ⋯ 111	111⋯ 111	111⋯ 110	111⋯ 111

(3) 设第 l 次产生的数字为 s，若 $l<s$，则对调 $G[l]$ 和 $G[s]$，否则不变；

(4) $k=k+1$，若 $k\leqslant n$，则重复步骤(3)，否则输出最终结果。

按照上述算法排列而成的数组 G_0 在进行快速傅里叶变换运算时具有很高的效率、简便的算法以及最小的所需内存空间。这一点由第 $n-1$ 次归约操作（或称第一步变换）看得比较明显。根据方程(A.60)至方程(A.66)的讨论，此时所划分的 $(N+1)/2$ 个组中，每组包含的两个数必然为 ϕ_s 和 $\phi_{s+2^{n-1}}$，其中 $s\in[0,N/2]$。例如，序号偶数性最强的 ϕ_0 与 $\phi_{2^{n-1}}$ 组成第一组，次强的 $\phi_{2^{n-2}}$ 与 $\phi_{2^{n-2}+2^{n-1}}$ 组成第二组。显然，这正是表A.2中的排列顺序。而且此时相位因子 $\mathrm{P}_{n-1}^{l}=\pm1$，因此，快速傅里叶变换的第一步变换可以取数组 G_0 中相邻的两个数据进行加减运算：

$$
\begin{cases}
\psi_{n-1,0}=\sum\limits_{s=0}^{l}\beta^{2^{n-1}\times 0s}\phi_{2^{n-1}s}=\phi_0+\phi_{2n-1}\\
\psi_{n-1,1}=\sum\limits_{s=0}^{l}\beta^{2^{n-1}\times 1s}\phi_{2^{n-1}s}=\phi_0-\phi_{2^{n-1}}\\
\psi_{n-1,2}=\sum\limits_{s=0}^{l}\beta^{2^{n-1}\times (2-2)s}\phi_{2^{n-2}+2^{n-1}s}=\phi_{2^{n-2}}+\phi_{2^{n-2}+2^{n-1}}\\
\psi_{n-1,3}=\sum\limits_{s=0}^{l}\beta^{2^{n-1}\times (3-2)s}\phi_{2^{n-2}+2^{n-1}s}=\phi_{2^{n-2}}-\phi_{2^{n-2}+2^{n-1}}\\
\quad\vdots
\end{cases}
\tag{A.67}
$$

这种排列方式以及快速傅里叶变换的递归性实际上带来了在存储方面的额外优势。因为第 r 步变换所产生的 $\psi_{n-r,l}$ 仅与前一次的结果 $\psi_{n-r+1,l}$ 有关，所以可以把每一步变换的输出重新填入数组中相应的位置，而"洗掉"之前的元素值。举例而言，第一步变换完成之后，数组 G_0 中依次保存的是 $\psi_{n-1,0}, \psi_{n-1,1}, \psi_{n-1,2}, \cdots, \psi_{n-1,N}$。这意味着我们只需要分配一个 $N+1$ 的一维数组就可以进行快速傅里叶变换计算。对大型计算而言，这无疑具有重要的价值。

上述做法虽然能极大地节省内存，但是也带来了一些需要特别注意的地方。仍旧以方程组(A.67)为例，进行快速傅里叶变换的第 $n-2$ 次归约操作(或第二步变换)时，有

$$\begin{aligned}\psi_{n-2,0} &= \psi_{n-1,0} + \psi_{n-1,2}\\ \psi_{n-2,1} &= \psi_{n-1,1} - \mathrm{i}\psi_{n-1,3}\\ \psi_{n-2,2} &= \psi_{n-1,0} - \psi_{n-1,2}\\ \psi_{n-2,3} &= \psi_{n-1,1} + \mathrm{i}\psi_{n-1,3}\\ &\vdots\end{aligned}$$

即参与每组运算的两个输入数据在 G_0 中不再毗邻，而是相隔一个位置。依据进一步推导可知，进行第 $n-3$ 次归约操作(或第三步变换)时，参与计算的数据相隔三个位置，依此类推。进行第 $n-r$ 次归约操作(或第 r 步变换)时，参与计算的数据相隔 $2^{r-1}-1$ 个位置。这种规律性的变化，虽然从人工角度看起来非常繁复，但是对程序编写而言并不存在困难。根据上述讨论，给出快速傅里叶变换算法[14]。

算法 A.4

(1) 读取所有输入值 $\phi_0, \phi_1, \cdots, \phi_N$。

(2) 按照算法 A.3 得到输入值序号的二进制逆序表示值 l，并将所有 ϕ_s 按照各自的 l 升序排列，存于数组 G 中。

(3) 设定初始化条件：组数 $N_g = N+1$，每组中的元素数 $m_g = 1$，变换步数 $\eta = 0$，基础相位因子 $\beta = \alpha^{-1} = \mathrm{e}^{-\mathrm{i}2\pi/(N+1)}$(傅里叶变换)，$\beta = \alpha = \mathrm{e}^{\mathrm{i}2\pi/(N+1)}$(傅里叶逆变换)，$\alpha$ 的连乘次数 $n_b = N+1$。

(4) 设 $\eta = \eta + 1, N_g = N_g/2, m_g = m_g \times 2, n_b = n_b/2$。

计算参与计算的两元素之间位置间隔 $t = 2^{\eta-1}-1$，计算相位因子 $P = \alpha^{nb}$。对于第 i 个组：选取元素 $G[(i-1)m_g + l]$ 以及 $G[(i-1)m_g + l + t]$，$l \in [0, m_g/2]$；计算 $G[(i-1)m_g + l] + P^l G[(i-1)m_g + l + t]$，存储于 $G[(i-1)m_g + l]$ 中；计算 $G[(i-1)m_g + l] - 2P^l G[(i-1)m_g + l + t]$，存储于 $G[(i-1)m_g + l + t]$ 中。

(5) 若 $\eta \leqslant \log_2(N+1)$，则重复步骤(4)，否则输出最后结果。

至此已完成了一维快速傅里叶变换的全部讨论。对于三维情况，可以将其分解为若干次一维快速傅里叶变换，每次进行一个方向上的快速傅里叶变换。对于一般数目的快速傅里叶变换，上述讨论仍然有效，但是在分组时需要考虑每个组包含的输入数据个数有所不同。这些更为专门的算法和讨论可参阅更专门的著述[277]。

在本节的最后,我们以含有八个数据点的一维快速傅里叶变换作为例子来帮助读者理解上面的讨论和算法。

设数组 $G=\{\phi_0,\phi_1,\phi_2,\phi_3,\phi_4,\phi_5,\phi_6,\phi_7\}$,首先考察算法 A.3,其排序过程如下:

$$0\rightarrow 0,4\rightarrow 0,4,2,6\rightarrow 0,4,2,6,1,5,3,7$$

而相应的数组存储变化为

$$\{\phi_0,\phi_1,\phi_2,\phi_3,\phi_4,\phi_5,\phi_6,\phi_7\}\rightarrow\{\phi_0,\phi_4,\phi_2,\phi_3,\phi_1,\phi_5,\phi_6,\phi_7\}\rightarrow\{\phi_0,\phi_4,\phi_2,\phi_6,\phi_1,\phi_5,\phi_3,\phi_7\}$$

计算
$$\beta=\alpha^{-1},\quad \beta^2=-\mathrm{i},\quad \beta^4=-1$$

则根据算法 A.4 进行的变换过程见表 A.3。该结果可以通过直接计算来验证。根据 A.5.2 节中的讨论,容易写出

表 A.3　含有八个数据点的一维傅里叶变换计算过程

l	$\psi_{0,l}$	$\psi_{1,l}$	$\psi_{2,l}$	$\psi_{3,l}=8gl$
0	ϕ_0	$\phi_0+\phi_4$	$(\phi_0+\phi_4)+(\phi_2+\phi_6)$	$[(\phi_0+\phi_4)+(\phi_2+\phi_6)]+[(\phi_1+\phi_5)+(\phi_3+\phi_7)]$
1	ϕ_4	$\phi_0-\phi_4$	$(\phi_0-\phi_4)-\mathrm{i}(\phi_2-\phi_6)$	$[(\phi_0-\phi_4)-\mathrm{i}(\phi_2-\phi_6)]-\mathrm{i}\alpha[(\phi_1-\phi_5)-\mathrm{i}(\phi_3-\phi_7)]$
2	ϕ_2	$\phi_2+\phi_6$	$(\phi_0+\phi_4)-(\phi_2+\phi_6)$	$[(\phi_0+\phi_4)-(\phi_2+\phi_6)]-\mathrm{i}[(\phi_1+\phi_5)-(\phi_3+\phi_7)]$
3	ϕ_6	$\phi_2-\phi_6$	$(\phi_0-\phi_4)+\mathrm{i}(\phi_2-\phi_6)$	$[(\phi_0-\phi_4)+\mathrm{i}(\phi_2-\phi_6)]-\alpha[(\phi_1-\phi_5)+\mathrm{i}(\phi_3-\phi_7)]$
4	ϕ_1	$\phi_1+\phi_5$	$(\phi_1+\phi_5)+(\phi_3+\phi_7)$	$[(\phi_0+\phi_4)+(\phi_2+\phi_6)]-[(\phi_1+\phi_5)+(\phi_3+\phi_7)]$
5	ϕ_5	$\phi_1-\phi_5$	$(\phi_1-\phi_5)-\mathrm{i}(\phi_3-\phi_7)$	$[(\phi_0-\phi_4)-\mathrm{i}(\phi_2-\phi_6)]+\mathrm{i}\alpha[(\phi_1-\phi_5)-\mathrm{i}(\phi_3-\phi_7)]$
6	ϕ_3	$\phi_3+\phi_7$	$(\phi_1+\phi_5)-(\phi_3+\phi_7)$	$[(\phi_0+\phi_4)-(\phi_2+\phi_6)]+\mathrm{i}[(\phi_1+\phi_5)-(\phi_3+\phi_7)]$
7	ϕ_7	$\phi_3-\phi_7$	$(\phi_1-\phi_5)+\mathrm{i}(\phi_3-\phi_7)$	$[(\phi_0-\phi_4)+\mathrm{i}(\phi_2-\phi_6)]+\alpha[(\phi_1-\phi_5)+\mathrm{i}(\phi_3-\phi_7)]$

$$\mathbf{A}=\begin{bmatrix}1&1&1&1&1&1&1&1\\1&\alpha&\mathrm{i}&\mathrm{i}\alpha&-1&-\alpha&-\mathrm{i}&-\mathrm{i}\alpha\\1&\mathrm{i}&-1&-\mathrm{i}&1&\mathrm{i}&-1&-\mathrm{i}\\1&\mathrm{i}\alpha&-\mathrm{i}&\alpha&-1&-\mathrm{i}\alpha&\mathrm{i}&-\alpha\\1&-1&1&-1&1&-1&1&-1\\1&-\alpha&\mathrm{i}&-\mathrm{i}\alpha&-1&\alpha&-\mathrm{i}&\mathrm{i}\alpha\\1&-\mathrm{i}&-1&\mathrm{i}&1&-\mathrm{i}&-1&\mathrm{i}\\1&-\mathrm{i}\alpha&-\mathrm{i}&-\alpha&-1&\mathrm{i}\alpha&\mathrm{i}&\alpha\end{bmatrix}\tag{A.68}$$

其逆矩阵为

$$\mathbf{A}^{-1}=\frac{1}{8}\begin{bmatrix}1&1&1&1&1&1&1&1\\1&-\mathrm{i}\alpha&-\mathrm{i}&-\alpha&-1&\mathrm{i}\alpha&\mathrm{i}&\alpha\\1&-\mathrm{i}&-1&\mathrm{i}&1&-\mathrm{i}&-1&\mathrm{i}\\1&-\alpha&\mathrm{i}&-\mathrm{i}\alpha&-1&\alpha&-\mathrm{i}&\mathrm{i}\alpha\\1&-1&1&-1&1&-1&1&-1\\1&\mathrm{i}\alpha&-\mathrm{i}&\alpha&-1&-\mathrm{i}\alpha&\mathrm{i}&-\alpha\\1&\mathrm{i}&-1&-\mathrm{i}&1&\mathrm{i}&-1&-\mathrm{i}\\1&\alpha&\mathrm{i}&\mathrm{i}\alpha&-1&-\alpha&-\mathrm{i}&-\mathrm{i}\alpha\end{bmatrix}\tag{A.69}$$

由方程(A.53)可得

$$\begin{cases}8g_0=\phi_0+\phi_1+\phi_2+\phi_3+\phi_4+\phi_5+\phi_6+\phi_7\\8g_1=\phi_0-\mathrm{i}\alpha\phi_1-\mathrm{i}\phi_2-\alpha\phi_3-\phi_4+\mathrm{i}\alpha\phi_5+\mathrm{i}\phi_6+\alpha\phi_7\\8g_2=\phi_0-\mathrm{i}\phi_1-\phi_2+\mathrm{i}\phi_3+\phi_4-\mathrm{i}\phi_5-\phi_6+\mathrm{i}\phi_7\\8g_3=\phi_0-\alpha\phi_1+\mathrm{i}\phi_2-\mathrm{i}\alpha\phi_3-\phi_4+\alpha\phi_5-\mathrm{i}\phi_6+\mathrm{i}\alpha\phi_7\\8g_4=\phi_0-\phi_1+\phi_2-\phi_3+\phi_4-\phi_5+\phi_6-\phi_7\\8g_5=\phi_0+\mathrm{i}\alpha\phi_1-\mathrm{i}\phi_2+\alpha\phi_3-\phi_4-\mathrm{i}\alpha\phi_5+\mathrm{i}\phi_6-\alpha\phi_7\\8g_6=\phi_0+\mathrm{i}\phi_1-\phi_2-\mathrm{i}\phi_3+\phi_4+\mathrm{i}\phi_5-\phi_6-\mathrm{i}\phi_7\\8g_7=\phi_0+\alpha\phi_1+\mathrm{i}\phi_2+\mathrm{i}\alpha\phi_3-\phi_4-\alpha\phi_5-\mathrm{i}\phi_6-\mathrm{i}\alpha\phi_7\end{cases}\tag{A.70}$$

方程组(A.70)正对应表A.3的最后一行。仔细考察快速傅里叶变换的运算过程表A.3以及矩阵$\boldsymbol{A}^{-1}$(方程(A.69)),可以看到快速傅里叶变换的高效在于充分利用了系数矩阵的对称性和排列特点。

A.6 结构分析

结构分析在原子模拟中有着非常重要的作用。一般的MD模拟都包含$10^5\sim10^7$个原子。如果不借助结构分析,要在原子数如此庞大的体系中找出我们感兴趣的区域,如缺陷或某类性质变化比较剧烈的部分是非常困难的。因此,本节中我们介绍几种实践中比较常用的结构分析方法。

A.6.1 辨别BCC、FCC以及HCP结构

对于金属体系的结构分析往往需要确定某部分区域的相,也即该区域的晶体结构。一般而言,常见的金属主要以BCC、FCC或者HCP三种结构出现。因此确定、辨别原子处于哪种结构中有很强的应用价值。这里主要介绍两种比较常用和有效的识别算法,分别由Cleveland和Ackland提出。

A.6.1.1 共配位分析

Cleveland指出,金属结构可以通过分析给定最近邻原子,区分所共享的最近邻原子构型的晶体结构,即所谓共配位分析(common neighbor analysis,CNA)[278]。在共配位分析中,首先给定最近邻判据r_{NN},之后对给定原子确定满足该判据的最近邻原子,该原子与其每个最近邻原子所处环境可以用三个数字表示。遍历所有最近邻原子对之后,将所得结果与标准结构库相对应,从而确定该原子处于何种结构的环境当中。第一个数字表示当前原子与给定的某最近邻原子所共有的处于r_{NN}所确定的范围之内的原子数(共配位数),第二个数字表示这些共配位原子所组成的最近邻原子对的数目,而第三个数字则表示相连的上述最近邻原子对的个数的最大值。对于FCC和HCP结构,r_{NN}取理想晶格第一近邻和第二近邻间距之间的某个数值;对于

BCC 结构,则取其为理想晶格第二近邻和第三近邻间距之间的某个数值。下面以 BCC 结构为例,对共配位分析方法进行说明。

如图 A.2 所示,设 $r_{NN}=1.1a_0$(a_0 为立方单胞的晶格常数)。则对于原子 i 可以找到两类近邻原子:第一近邻(左) 以及第二近邻(右)。首先讨论第一近邻的情况。选定原子 i 与某第一近邻原子组成的原子对(图中蓝色圆点),可以找到六个原子(标记为 1 ~ 6) 同时满足距离这两个选定原子小于 r_{NN} 的条件;这六个原子当中有六对满足最近邻条件(参见图中六条细实线);最后,这六对近邻原子的连接线有六条首尾相连。这样,这种情况下共配位分析的标号为 666。原子 i 的八个第一近邻原子情况相同,因此可以写为 666(8)。类似地可以得到第二近邻的共配位分析的标识为 444(6)。上述两组数就是 BCC 结构的特征数。同样地,可以得到 FCC 以及 HCP 结构的特征数,和上面讨论的 BCC 结构一起列于表 A.4。

表 A.4 BCC、FCC 及 HCP 结构的共配位分析特征数

晶格结构	最近邻原子数	CNA1	CNA2
BCC	14	666(8)	444(6)
FCC	12	421(12)	—
HCP	12	421(6)	422(6)

注:括号中数值为符合 CNA 的最近邻原子数。

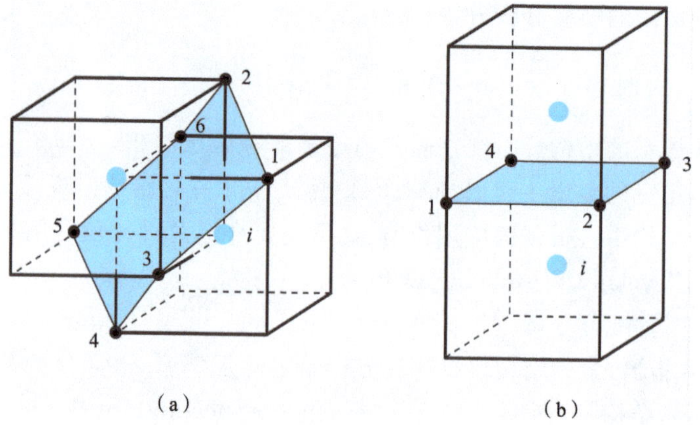

图 A.2 BCC 结构中给定最近邻原子对的共配位原子及这些共配位原子间的最近邻关系

从上述分析可以看出,共配位分析的条件是很严格的。在存在空位的情况下由于最近邻原子数的变化,辨别效果会大打折扣。Cleveland 也意识到这个问题,强调“这种方法的结果是很保守的,很多情况下必须进行人为的干预”。

A.6.1.2 余弦分布分析

采用径向分布函数或角分布函数进行结构分析是比较直观和自然的选择,在早期的工作中也确实有这样做。如拟合给定原子的径向分布或角分布函数,然后和标准

结构的数值比较，选出一个最接近的结构标定为该原子所处环境。但是效果并不是很好。Ackland 提出，利用角分布分析结构本身没有错，但是判据应该更灵活，而不应拘泥于与标准结构值进行匹配[279]。从理想结构出发，Ackland 通过对每个原子引入随机的最大值为原子间最小间距 1/10 的位移构造出若干个体系，据此找出原子 i 的近邻原子。然后统计以原子 i 为顶点的夹角 θ_{jik} 余弦在区间[−1,1]上出现的频率。根据不同体系频率的峰位分布不同，Ackland 将整个区间分为八个亚区间，通过每个亚区间的频率以及某几个亚区间频率的比值、总和等指标来判断原子所处的环境。区间的划分、出现次数χ_m($m=0,1,\cdots,7$)和几个参考点见表 A.5。

表 A.5 θ_{jik} 余弦的分布范围、理想结构中 θ_{jik} 在各范围中的出现次数χ_m 及参考点

	下限 $\cos\theta_{jik}$	上限 $\cos\theta_{jik}$	BCC	理想体系 FCC	HCP
χ_0	−1.0	−0.945	7	6	3
χ_1	−0.945	−0.915	0	0	0
χ_2	−0.915	−0.755	0	0	6
χ_3	−0.755	−0.195	36	24	21
χ_4	−0.195	0.195	12	12	12
χ_5	0.195	0.245	0	0	0
χ_6	0.245	0.795	36	24	24
χ_7	0.795	1.0	0	0	0
δ_{BCC}	$0.35\chi_4/(\chi_5+\chi_6+\chi_7-\chi_4)$				
δ_{CP}	$0.61\lvert 1-\chi_6/24\rvert$				
δ_{FCC}	$0.61(\lvert\chi_0+\chi_1-6\rvert+\chi_2)/6$				
δ_{HCP}	$(\lvert\chi_0-3\rvert+\lvert\chi_0+\chi_1+\chi_2+\chi_3-9\rvert)/12$				

注：$\cos\theta_{jik}$ 是$\boldsymbol{r}_{ij}$与$\boldsymbol{r}_{ik}$的夹角；最近邻条件是 r_{ij}，$r_{ik}<1.204r_0$，其中 r_0 是最小原子间距。

表 A.5 中几个参考点 δ 的几何意义是对理想结构的偏离。在畸变较大的情况下 δ 可以强调不同结构，特别是 FCC 结构与 HCP 结构的区别。基于对大量位移体系的分析和优化，Ackland 提出辨别结构的算法如下。

算法 A.5

(1) 确定第 i 个原子的六个与其间距最小的原子，并计算平均最小原子间距 $r_0^2=\sum_{j=1}^{0}r_{ij}^2/6$。

(2) 找出满足条件 $r_{ij_0}^2<1.45r_0^2$ 的最近邻原子 j_0，总数为 N_0；找出满足条件 $r_{ij_1}^2<1.55r_0^2$ 的最近邻原子 j_1，总数为 N_1。

(3) 计算所有 $N_0(N_0-1)/2$ 个以原子 i 为顶点的夹角余弦值，并依据表 A.5 的上、下限确定χ_m。

(4) 若$\chi_7 > 0$或$N_0 < 11$,则将原子i标记为“结构未知”。

(5) 若$\chi_0 = 7$,则原子i结构为BCC;若$\chi_0 = 6$,则i结构为FCC;若$\chi_0 = 3$,则i结构为HCP。

(6) 依照表A.5计算δ_{BCC}、δ_{CP}、δ_{FCC}和δ_{HCP}。

(7) 若所有$\delta > 0.1$,则将原子i标记为“结构未知”。

(8) 若$\delta_{BCC} < \delta_{CP}$且$10 < N_1 < 13$,则原子$i$结构为BCC。

(9) 若不满足(8),则若$N_0 < 12$,则将原子i标记为“结构未知”。否则比较δ_{FCC}及δ_{HCP},将原子i标记为δ较小的结构。

余弦分布分析的一个优势在于它对理想结构的依赖性有所降低,因此在畸变较大或者空位/间隙原子浓度较高的情况(如高温或强辐照)下仍可保证辨别效率。而且对于HCP结构,原则上可以确定其晶体取向(即c轴取向)。此外,通过调整亚区间的上、下限,这种方法可以很好地扩展到识别具有四面体群对称性的晶体结构(如金刚石结构、闪锌矿结构等等)上。但是这种方法的参数完全由经验得来。因此适用范围和可移植性仍需检验。到目前为止,还不存在一种可以完全脱离人工干预的高效识别晶体结构的算法。

A.6.2 中心对称参数

利用分子动力学进行模拟的体系,一般而言,原子数均在$10^6 \sim 10^7$范围内。这种情况下如何确定材料缺陷(如位错、孪晶、晶界、表面等)的位置是一个重要和实际的问题。由于原子数众多,不可能直接利用体系可视化软件进行分析。为了解决这个问题,Plimpton提出了一个辨别缺陷芯区原子与远离缺陷处原子的方法——利用中心对称参数p_i(centersymmetric parameter,CSP),即对于给定原子i,找出理想晶格内该原子与其最近邻原子的零和矢量。在靠近结构缺陷的地方,由于晶格畸变严重,该矢量会产生明显的变化,因此可通过甄别不同的p_i值而达到确定缺陷位置的目的。显而易见,p_i的具体定义取决于体系的晶体结构。以FCC结构和BCC结构为例,可以给出p_i的计算公式。

对于FCC结构,有
$$p_i = \sum_{j=1}^{6} |\boldsymbol{R}_{i,j} + \boldsymbol{R}_{i,j+6}| \tag{A.71}$$

对于BCC结构,有
$$p_i = \sum_{j=1}^{4} |\boldsymbol{R}_{i,j} + \boldsymbol{R}_{i,j+4}| \tag{A.72}$$

如图A.3所示,在FCC结构中,原子i有十二个最近邻原子,可以找到六对关于原子i对称的最近邻原子对$(j, j+6)$。其相对位置的矢量和$\boldsymbol{R}_{i,j} + \boldsymbol{R}_{i,j+6} = \boldsymbol{0}$。但在缺陷附近,这种对称性被破坏,因此由式(A.71)计算出的p_i明显地大于零。类似

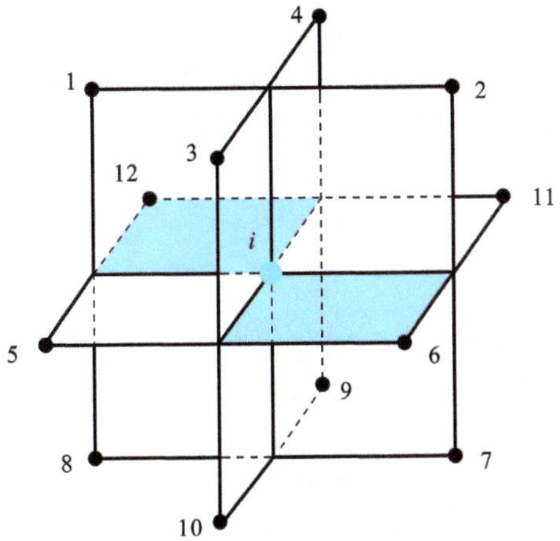

图 A.3　FCC 结构中第 i 个原子(大圆点)的最近邻原子(小圆点)分布

地，在 BCC 结构中，原子 i 有八个最近邻原子，关于其对称的最近邻原子对有四个 $(j,j+4)$，因此 p_i 由方程(A.72)给出。

在实际工作中，预先确定对称原子对比较困难，而在某些缺陷附近，如自由表面或空位团边缘处，一部分原子根本不存在对称原子。因此上述定义式并不能直接使用，需要按照下式计算 p_i(以 FCC 结构为例)：

$$p_i = \min\left\{\sum_{l=1}^{6}\Delta_i^{(j,k)}\right\},\quad \Delta_i^{(j,k)} = |\boldsymbol{R}_{i,j} + \boldsymbol{R}_{i,k}|\quad \forall j,k \in \langle i\rangle \tag{A.73}$$

式中：$\langle i\rangle$ 代表第 i 个原子的最近邻。也即，在原子 i 的最近邻集合中任意选两个原子 j 和 k，计算 $\Delta_i^{(j,k)}$，然后找出其中数值最小的六个求和。同样，对于 BCC 结构有

$$p_i = \min\left\{\sum_{l=1}^{4}\Delta_i^{(j,k)}\right\} \tag{A.74}$$

需要说明的是，方程(A.73)和方程(A.74)并不是计算中心对称参数唯一的公式。实际上，在一些开放视图软件如 ATOMEYE 中，p_i 由如下方法计算(以 FCC 结构为例)：

(1) 确定第 i 个原子的十二个最近邻原子；

(2) 任取两个原子，计算 $\Delta_i^{(j,k)}$。遍历所有可能的 (j,k) 组合，找出最小值 $\Delta_i^{(j_0,k_0)}$；

(3) 将 j_0 和 k_0 从最近邻集合中移除，重复步骤(2)，找出当前的最小值 $\Delta_i^{(j_l,k_l)}$，直到最近邻集合为空；

(4) 对所有六个 $\Delta_i^{(j_l,k_l)}$ 求和，得到 p_i。

利用这种计算方式得到的 p_i 一般而言会更大一些。

在给定 p_i 阈值进行结构分析时要注意选择。因为数值精度以及有限温度下热运动的影响，即使在完整晶格中 p_i 也不可能严格为零。此外，尽管缺陷类型和 p_i 的数值有一定的关系，但是并不能简单地将二者一一对应。一般来讲，对于 p_i 数值，孤立原子 > 自由表面 > 晶界 > 位错。但是在实际工作中需要具体地加以区分。

常见的材料还有 HCP 结构及金刚石／闪锌矿结构的材料。在这两种材料中，没有简单的关于目标原子成中心对称的最近邻原子对。因此 p_i 分析很少见诸于这两类材料的结构分析中。当然，对于后者，可以类似地定义

$$p_i = \left| \sum_{l=1}^{4} (\boldsymbol{R}_{i,j} + \boldsymbol{R}_{i,j+l}) \right| \tag{A.75}$$

对于理想金刚石／闪锌矿结构，$p_i = 0$，但是在缺陷附近会有较大的偏差。而 HCP 结构的分析用 p_i 并不优于 A.6.1 节中介绍的方法，因此这里不再讨论。

A.6.3　Voronoi 算法构造多晶体系

多晶材料，特别是纳米晶粒材料现在受到了越来越多的关注。利用分子动力学模拟多晶体系也逐渐普遍起来。因此需要有一种算法可以方便地创建含有多个晶粒体系的原子坐标。Voronoi 算法因其几何意义明确，实现简单而成为目前很多研究人员的首选。

利用 Voronoi 算法构造多晶体系时，首先要确定整个体系的大小。为简单起见，设其为立方体，体积为 V。然后根据预设的晶粒平均体积 V_{gr} 确定晶粒的个数 N_{gr}，每个晶粒用它的中心点代表，再将这些点尽量均匀地撒在整个体系中。比较直观的办法是将这些点设想为同种气态原子，彼此间相互作用可以用 Morse 势或者 Lennard-Jones 势等对势函数描述，这时只需保证该对势的平衡距离为$(0.8 \sim 1.1)V_{\mathrm{gr}}^{1/3}$ 即可，其他的描述相互作用强弱的参数可设为 1。除此之外还需要考虑体系的边界条件。如果在各个方向上均采用周期性边界条件，则可直接利用第 1 章中的共轭梯度法或牛顿法弛豫这些点的位置，得到最佳的初始位置。如果在某一方向上采用自由边界条件，则需要利用约束条件下的最优化方法（如拉格朗日乘子法等）来求解。例如在这个方向的边界处设置一个惩罚势：

$$V(x\alpha) = V_0 \frac{1}{\exp(x_\alpha - x_\alpha^0)} [1 - \Theta(x_\alpha - x_\alpha^0)], \quad \alpha = 1,2,3 \tag{A.76}$$

其中假设边界的位置为 $x_\alpha = 0$，$\Theta(x)$ 是 Heaviside 阶跃函数，V_0 和 x_α^0 是人为给定的确定该惩罚势强度和作用范围的参数。由此将体系转化为无约束条件的优化问题，再进行弛豫。

确定各晶粒的中心位置之后，需要给定各个晶粒内晶体的取向，然后据此由中心点向四周添加原子。每次添加原子之后需要计算该原子与它的中心点以及与其他中心点的距离，如果与其他中心点距离更小的话说明在这个方向上该晶粒已经逾渗至其他晶粒中，应停止添加原子。实际过程中为了防止边角处（如三晶粒分界点等）出现空洞，常常设置一个容忍范围，若该原子到第 i 个中心的距离 d_i 与它到自身晶粒中心的距离 d_0 的比值 $d_i / d_0 > 1 - \delta$，仍然允许将其添加到体系中。

最后，在边界逾渗范围$[-\delta, \delta]$内有可能出现两个原子距离过近的情况。在这种情况下，按照 0.5 的概率随机删除这两个原子中的一个。如果距离过近的原子数 N 大

于 2,则按照 $1/N$ 的概率每次随机删除一个原子,过程重复 $N-1$ 次即可。至此,可以成功建立多晶体系以供研究。

对于 Voronoi 算法的更详细介绍,可参阅文献[280]。图 A.4 给出了利用 Voronoi 算法建立的多晶 α-Fe 以及多晶 FCC-Cu 体系。

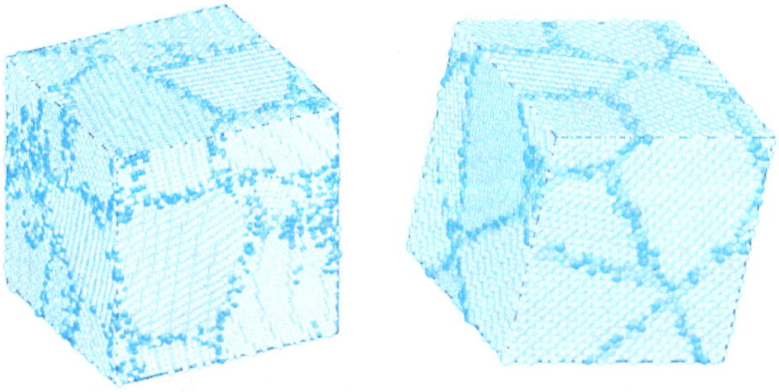

(a)　　　　　　　　(b)

图 A.4　利用 Voronoi 算法建立的多晶 α-Fe 和多晶 FCC-Cu 体系

(a) 多晶 α-Fe;(b) 多晶 FCC-Cu

A.7　NEB 常用的优化算法

A.7.1　Quick-Min 算法

Quick-Min(QM) 算法是一种阻尼动力学算法,被诸如 XMD 或者 VASP 等原子模拟软件所采用。QM 算法逐步将动能移除,使得体系到达稳态。QM 算法与其他常用优化方法,如共轭梯度法、拟牛顿法等的最大区别在于前者不涉及能量计算。文献[127] 里,Sheppard 等人将 QM 算法和欧拉法结合在一起,用于 NEB 计算。QM 算法如下:

(1) 给出初始构型 $\boldsymbol{R}$,计算力 $\boldsymbol{F}$,并给定初始速度 v_0 以及时间步长 Δt;

(2) 将各原子的速度在其受力方向上投影,

$$\boldsymbol{v}_i = (\boldsymbol{v}_i \cdot \hat{\boldsymbol{F}}_i)\hat{\boldsymbol{F}}_i \tag{A.77}$$

(3) 若 $\boldsymbol{v}_i \cdot \hat{\boldsymbol{F}}_i < 0$,则 $\boldsymbol{v}_i = 0$;

(4) 利用欧拉方法更新体系构型 $\boldsymbol{R}$ 和速度 $\boldsymbol{v}$:

$$\boldsymbol{R}_i \leftarrow \boldsymbol{R}_i + \boldsymbol{v}_i \Delta t$$

$$\boldsymbol{v}_i \leftarrow \boldsymbol{v}_i + \boldsymbol{F}_i \Delta t$$

计算力 $\boldsymbol{F}$,重复步骤(2)。

这种方法最大的问题在于对于时间步长 Δt 没有普遍的选择标准。如果 Δt 取得太大,体系振荡过于严重,有可能不收敛;取得太小,优化的效率太低。因此,在实际工作中需要做几次测试以得到最优的时间步长。

A.7.2 FIRE 算法

快速惯性弛豫引擎(fast inertial relaxation engine，FIRE)算法，是 Bitzek 等人在 2006 年提出的一种与 A.7.1 节介绍的 QM 算法类似的优化算法[281]。其基本思想同样是根据与能量梯度的相互关系随时调整体系的速度矢量，从而使体系尽快地达到能量最低点。与阻尼动力学方法不同的是，FIRE 算法除了在爬坡(即速度与负能量梯度成钝角)情况下将速度重新归零以外，对于下坡情况也有对速度相应的操作。Bitzek 提出，最优的策略是在体系沿负能量梯度前进时根据下式调整体系速度：

$$\dot{\boldsymbol{v}} = \boldsymbol{F}(t)/m - \gamma(t)\,|\,\boldsymbol{v}(t)\,|\,[\hat{\boldsymbol{v}}(t) - \hat{\boldsymbol{F}}(t)] \tag{A.78}$$

除了通常的加速度以外，还有一项附加的阻尼作用，其效果相当于让系统转向(或尽量转向)到能量变化更“陡”的方向上来。显然，速度的变化也依赖于体系原先的运动状态，即“惯性”，这也是 FIRE 名称的由来。对于方程(A.78)，还需要注意参数 $\gamma(t)$ 不能太大，否则体系在两步之间会丢失过多的信息，从而使得优化的效率降低。在离散化的情况下，我们可以写出体系速度的递推形式

$$\boldsymbol{v}(t+\Delta t) = (1-\gamma(t)\Delta t)\boldsymbol{v}(t) + \gamma(t)\Delta t\hat{\boldsymbol{F}}(t)\,|\,\boldsymbol{v}(t)\,| + \boldsymbol{F}(t)\Delta t/m \tag{A.79}$$

即

$$\boldsymbol{v}(t+\Delta t) = (1-\alpha)\boldsymbol{v}(t) + \alpha\hat{\boldsymbol{F}}(t)\,|\,\boldsymbol{v}(t)\,| + \boldsymbol{F}(t)\Delta t/m \tag{A.80}$$

式中 $\alpha = \gamma\Delta t$。利用标准的 MD 蛙跳算法可更新方程(A.79)的最后一项。因此 FIRE 算法需要额外添加的对于速度的操作实际上可表示为

$$\boldsymbol{v}(t+\Delta t) = (1-\alpha)\boldsymbol{v}(t) + \alpha\hat{\boldsymbol{F}}(t)\,|\,\boldsymbol{v}(t)\,| \tag{A.81}$$

基于上述讨论，可以构建 FIRE 算法如下：

(1) 给出初始构型 $\boldsymbol{x}$，计算力 $\boldsymbol{F}$，并给定初始参数 α_{start}，Δt，$\boldsymbol{v} = \boldsymbol{0}$；

(2) 利用标准 MD 程序，更新 $\boldsymbol{v}(\boldsymbol{v} = \boldsymbol{v} + \boldsymbol{F}\Delta t/m)$，更新体系构型 $\boldsymbol{x}$，计算力 $\boldsymbol{F}$；

(3) 计算 $P = \boldsymbol{F}\cdot\boldsymbol{v}$；

(4) 更新速度 $\boldsymbol{v} \to (1-\alpha)\boldsymbol{v} + \alpha\hat{\boldsymbol{F}}\,|\,\boldsymbol{v}\,|$；

(5) 如果 $P > 0$，且 $P > 0$ 的次数连续达到了 $N_{\min}$ 以上，则增加时间步长 $\Delta t \to \min \Delta t f_{\text{inc}}, \Delta t_{\max}$，同时减小阻尼系数 $\alpha \to \alpha f_{\alpha}$；

(6) 如果 $P \leqslant 0$，则减小时间步长 $\Delta t \to \Delta t f_{\text{dec}}$，将体系速度 $\boldsymbol{v}$ 重新置零，重设 α 为初始值 α_{start}；

(7) 重复步骤(2)。

对上述算法需要注意，在进行步骤(2)时应首先更新 $\boldsymbol{v}$，否则方程(A.79)中速度和力的同时性会被破坏。此外，体系连续沿能量下降方向前进表明该体系找到了“正确”的前进方向，因此可以减小阻尼而使得体系趋向于沿受力方向加速前进。而在体系开始沿着能量上升方向前进时，为避免振荡而将体系速度重置。这一做法与共轭梯度法中的重置相似。FIRE 算法并没有严格的数学证明来保证它的全局收敛性。而上述算法中所涉及的参数都是经验值。Bitzek 等人在多次实践的基础上给出下列优化值：

$$N_{min}=5,\quad f_{inc}=1.1,\quad f_{dec}=0.5,\quad \alpha_{start}=0.1,\quad f_{\alpha}=0.99,\quad \Delta t_{max}=10\Delta t$$

其中 Δt 可取为典型的MD步长，如1 fs。对于一般的函数，Δt 是个无量纲的数。在很多单纯优化甚至过渡态寻找的情况下，FIRE 算法具有非常高的效率，是共轭梯度法的两倍左右，而且每一步所需的存储单元要远小于拟牛顿法算法[127,281]。因此，FIRE 算法目前获得了越来越多的关注。FIRE 算法的成功也表明阻尼动力学在系统优化方面的应用有很大的潜力。这方面的工作有待进一步发展。

A.8 Pulay 电荷更新

定义优化的残余矢量 $|R_n\rangle$ 为

$$|R_n\rangle=\rho_n^{out}-\rho_n^{in} \tag{A.82}$$

下标 n 表示第 n 步优化。将第 $n+1$ 步的残余矢量 $|R_{n+1}\rangle$ 表示为前 p 个 $|R\rangle$ 的线性叠加，有

$$|R_{n+1}\rangle=\sum_{i=n-p+1}^{n}\alpha_i|R_i\rangle \tag{A.83}$$

式中：α_i 满足约束条件 $\sum_i\alpha_i=1$。如果希望达到最好的估值，则 $\langle R_{n+1}|R_{n+1}\rangle$ 应该最小。显然，这是一个带约束条件的优化问题。按照 1.3.7 节中介绍的拉格朗日乘子法，可定义

$$F=\langle R_{n+1}|R_{n+1}\rangle-\lambda\left(1-\sum_i\alpha_i\right)=\sum_{i,j}\alpha_i\alpha_j\langle R_i|R_j\rangle-\lambda\left(1-\sum_i\alpha_i\right) \tag{A.84}$$

根据方程(1.139)求出 ∇F，并设 $\nabla F=0$，可得下列方程组

$$\begin{bmatrix}\langle R_{n-p+1}|R_{n-p+1}\rangle & \langle R_{n-p+1}|R_{n-p+2}\rangle & \cdots & \langle R_{n-p+1}|R_n\rangle & 1\\ \langle R_{n-p+2}|R_{n-p+1}\rangle & \langle R_{n-p+2}|R_{n-p+2}\rangle & \cdots & \langle R_{n-p+2}|R_n\rangle & 1\\ \vdots & \vdots & & \vdots & \vdots\\ \langle R_n|R_{n-p+1}\rangle & \langle R_n|R_{n-p+2}\rangle & \cdots & \langle R_n|R_n\rangle & 1\\ 1 & 1 & \cdots & 1 & 0\end{bmatrix}\begin{bmatrix}\alpha_{n-p+1}\\ \alpha_{n-p+2}\\ \vdots\\ \alpha_n\\ \frac{\lambda}{2}\end{bmatrix}=\begin{bmatrix}0\\0\\ \vdots\\0\\1\end{bmatrix} \tag{A.85}$$

将由此解得的 $\{\alpha_i\}$ 代回式(A.83)即得第 $n+1$ 步电荷分布的最优估计值 ρ_{n+1}^{in}。

A.9 最近邻原子的确定

一般而言，分子动力学处理的体系原子数目都比较大，在 $10^5\sim10^7$ 之间，特殊情况下可以达到或接近 10^9。计算各个原子的受力、对总能的贡献以及结构分析时，需要耗费大量的时间。本节中我们介绍几个常用的改进效率的方法。

如果不考虑截断距离的话，原则上讲每一步都需要进行$N(N-1)/2$次计算来获得体系的能量和每个原子的受力。这显然是效率非常低下的做法。更为合理的做法是为每个原子建立一个最近邻原子列表，称为Verlet列表。建立Verlet列表时需要给定一个截断距离r_{Ver}，一般而言取值应略大于作用势的截断距离r_{cut}。采用Verlet列表，每一步原子受力计算所需的操作数正比于$N\times M_{\mathrm{Ver}}$，其中$M_{\mathrm{Ver}}=(3\pi/4)r_{\mathrm{Ver}}^3/V_{\mathrm{atom}}$。对于$N$比较大的体系，$M_{\mathrm{Ver}}$远小于$N$，因此利用Verlet列表可以极大地提高计算效率。此外，可以利用$r_{\mathrm{Ver}}-r_{\mathrm{cut}}$来控制更新列表的频率：每一步更新位置之后，统计原子的最大移动距离Δr_i，如果$\Delta r_i>r_{\mathrm{Ver}}-r_{\mathrm{cut}}$，则需要更新列表，否则维持已有的列表不变。

显然，增大r_{Ver}，可以在更长时间内不需更新列表。因为每次构建Verlet列表的操作数正比于N^2，所以降低更新频率有利于节省计算时间。但是与此同时，每个原子的Verlet列表将会包含更多的近邻原子，计算受力时计算量会相应增大。因此，对于r_{Ver}的取值需要综合考虑，一般取$r_{\mathrm{Ver}}\approx 1.1r_{\mathrm{cut}}$。

进一步考虑Verlet列表的构建过程，可以发现没有必要遍历体系中的每一对原子。如果将体系依据r_{cut}划分成若干个区域，对于给定的一个原子只在其所在区域及最近邻的27个区域内寻找近邻原子，则一方面效率会有很大的提高，操作数可以由正比于N^2下降到正比于N，另一方面可以将这种分区方法便捷地与并行计算结合起来，从而进一步提高计算速度。

考虑用分数坐标$\boldsymbol{r}_i$表示原子i的位置，可以给出分区构建列表的算法如下。

(1) 利用r_{cut}计算沿各基矢排列的分区数目$N_\alpha=\mathrm{INT}(|a_\alpha|/r_{\mathrm{cut}}),\alpha=1,2,3$。

(2) 计算分区的边长$r_\alpha^{\mathrm{cell}}=|a_\alpha|/N_\alpha$，并用$(n_1,n_2,n_3)$标记每个分区，$n_\alpha=1,2,\cdots,N_\alpha$。

(3) 初始化各原子已确定的最近邻原子数($l_i=0$)以及Verlet列表($V(i,:)=\mathbf{0}$)，其中$i=1,2,\cdots,N$。

(4) 建立分区与原子的映射关系：对于原子i，$n_\alpha=\mathrm{int}(x_\alpha^i/r_{\mathrm{cell}})+1$，将原子$i$置入相应的分区。

(5) 设$i=1$，遍历原子i所在及其最近邻的二十七个分区($\{n_\alpha-1,n_\alpha,n_\alpha+1\}$)内的所有原子$j$，确定$i$原子的Verlet列表：若$j>i$且$r_{ij}^{\min}\leqslant r_{\mathrm{cut}}$，则$l_i=l_i+1,V(i,l_i)=j,l_j=l_j+1,V(j,l_j)=i$。

(6) 设$i=i+1$，重复上述过程。

对于采用周期性边界条件的体系，在步骤(5)中需要注意边界上的分区近邻，若$n_\alpha-1=0$，则遍历N_α分区中的原子。类似地，若$n_\alpha+1>N_\alpha$，则遍历$n_\alpha=1$分区中的原子。此外，还应在Verlet列表中标明近邻原子j的实际位置。

参考文献

[1] BEURDEN P V. On the Surface Reconstruction of Pt-Group Metals[D]. Technische Universiteit Eindhoven,2003.

[2] 居余马,胡金德,林翠琴,等.线性代数[M].2版.北京:清华大学出版社,2002.

[3] WATKINS D S. The Matrix Eigenvalue Problem[M]. Philadelphia:Society for Industrial and Applied Mathematics,2007.

[4] GOLUB G H,VAN LOAN C F. Matrix Computations[M]. 3rd ed. Baltimore:The Johns Hopkins University Press,1996.

[5] 徐婉棠,喀兴林.群论及其在固体物理中的应用[M].北京:高等教育出版社,1999.

[6] 陈宝林.最优化理论与算法[M].2版.北京:清华大学出版社,2005.

[7] NOCEDAL J,WRIGHT S. Numerical Optimization[M]. New York:Springer-Verlag,1999.

[8] NOCEDAL J. Updating Quasi-Newton matrices with limited storage[J]. Math. Comput.,1980,35(151):773-782.

[9] LI D H,FUKUSHIMA M. A modified BFGS method and its global convergence in nonconvex minimization[J]. J. Comput. Appl. Math.,2001,129(1-2):15-35.

[10] XIAO Y,WEI Z X,WANG Z. A limited memory BFGS-type method for large-scale unconstrained optimization[J]. Comput. Math. Appl.,2008,56(4):1001-1009.

[11] SUN W,YUAN Y X. Optimization theory and methods[M]. Berlin:Springer-Verlag,2006.

[12] NELDER J A,MEAD R. A simplex method for function minimization[J]. Computer Journal,1965,7(4):308-313.

[13] KELLEY C T. Detection and remediation of stagnation in the Nelder-Mead algorithm using a sufficient decrease condition[J]. SIAM Journal on Optimization,1999,10(1):43-55.

[14] WONG S S M. Computational methods in physics and engineering[M]. 2nd ed. Singapore:World Scientific,1997.

[15] 曾谨严.量子力学导论[M].2版.北京:北京大学出版社,2004.

[16] 齐兴义.晶体学14种空间点阵形式的对称性分析与导出[J].大学化学,2008,24:59-65.

[17] 俞文海.晶体结构的对称群:平移群、点群、空间群和色群[M].合肥:中国科学技术大学出版社,1991.

[18] HAHN T. International Tables for Crystallography, Volume A: Space-Group Symmetry[M]. 5th ed. Berlin:Springer-Verlag,2002.

[19] BRANDON D,RALPH B,RANGANATHAN S,et al. A field ion microscope study of atomic configuration at grain boundaries[J]. Acta Met.,1964,13(64):813-821.

[20] BOLLMANN W. Crystal Defects and Crystalline Interfaces[M]. Berlin:Springer-Verlag,1970.

[21] BOLLMANN W. Crystal Lattices, Interfaces, Matrices: An Extension of Crystallography

[M]. Gevena:Bollmann,1982.

[22] LU L,SHEN Y F,CHEN X H,et al. Ultrahigh strength and high electrical conductivity in copper[J]. Science,2004,304(16):422-426.

[23] LU L,CHEN X H,HUANG X,et al. Revealing the maximum strength in nanotwinned copper[J]. Science,2009,323(5914):607-610.

[24] LU K. The future of metals[J]. Science,2010,328(4):319-320.

[25] MURNAGHAN F D. The compressibility of media under extreme pressures[J]. Proceedings of the National Academy of Sciences of the United States of America,1944,30(9):244-247.

[26] YU R,ZHU J,YE H Q. Calculations of single-crystal elastic constants made simple[J]. Comput. Phys. Commun.,2010,181(3):671-675.

[27] 李正中. 固体理论[M]. 2 版. 北京:高等教育出版社,2002.

[28] MADELUNG O. Introduction to Soli-State Theory[M]. 3rd ed. Berlin: Springer-Verlag, 1996.

[29] 黄昆. 固体物理学[M]. 北京:高等教育出版社,1998.

[30] SLATER J C. A soluble problem in energy bands[J]. Phys. Rev.,1952,87:807-835.

[31] GROSSO G,PARRAVICINI G P. Solid State Physics[M]. San Diego:Academic Press,2000.

[32] EHRENREICH H,COHEN M. Self-consistent field approach to the many-electron problem [J]. Phys. Rev.,1959,115(4):786-790.

[33] WISER N. Dielectric constant with local field effects included[J]. Phys. Rev.,1963,129(1): 62-69.

[34] HYBERTSEN M,LOUIE S G. Ab initio static dielectric matrices from the density-functional approach,I. Formulation and application to semiconductors and insulators[J]. Phys. Rev. B, 1987,35(11):5585-5601.

[35] FRANK W,ELSASSER C,FAHNLE M. Ab initio force-constant method for phonon dispersions in alkali metals[J]. Phys. Rev. Lett.,1995,74(10):1791-1794.

[36] KOOPMANS T. Ordering of wave functions and eigenenergies to the individual electrons of an atom[J]. Physica,1933,1:104-113.

[37] MARTIN R M. Electronic Structure Basic Theory and Practical Methods[M]. Cambridge: Cambridge University Press,2004.

[38] GELLMANN M,BRUECKNER K A. Correlation energy of an electron gas at high density [J]. Phys. Rev.,1957,106(2):364-368.

[39] MAHAN G D. Many-Particle Physics[M]. New York:Plenum Press,1981.

[40] MACKE W. Über die Wechselwirkungen im Fermi-Gas. Polarisationserscheinangen,correlationsenergie,elektronenkondensation[J]. Z. Naturforsch,1950,5a:192.

[41] PINE D. A Collective description of electron interactions:IV. Electron Interaction in Metals [J]. Phys. Rev.,1953,92(3):626-636.

[42] ONSAGER L,MITTAG L,STEPHEN M J. Integrals in the theory of electron correlations [J]. Ann. Phys. (Leipzig),1966,473(1-2):71-77.

[43] WIGNER E P. On the interaction of electrons in metals[J]. Phys. Rev.,1934,46(11):1002-

1011.

[44] HOHENBERG P,KOHN W. Inhomogeneous electron gas[J]. Phys. Rev. ,1964,136(313):864-871.

[45] KOHN W,SHAM L. Self-consistent equations including exchange and correlation effects [J]. Phys. Rev. ,1965,140(4A):1133-1138.

[46] GORI-GIORGI P,SACCHETTI F,BACHELET G B. Analytic structure factors and pair correlation functions for the unpolarized electron gas[J]. Phys. Rev. B,1999,61(11):7353-7363.

[47] CEPERLEY D M,ALDER B J. Ground state of the electron gas by a stochastic method[J]. Phys. Rev. Lett. ,1980,45(7):566-569.

[48] PERDEW J P,ZUNGER A. Self-interaction correction to density-functional approximations for many-electron systems[J]. Phys. Rev. B,1981,23(10):5048-5079.

[49] VOSKO S,WILK L. Influence of an improved local-spin-density correlation-energy functional on the cohesive energy of alkali metals[J]. Phys. Rev. B,1980,22(8):3812-3815.

[50] VOSKO S,WILK L,NUSAIR M. Accurate spin-dependent electron liquid correlation energies for local spin density calculations:a critical analysis[J]. Can. J. Phys. ,1980,58(8):1200-1211.

[51] PERDEW J P,WANG Y. Accurate and simple analytic representation of the electron-gas correlation energy[J]. Phys. Rev. B,1992,45(23):13244-13249.

[52] BARTH U V,HEDIN L V. A local exchange-correlation potential for the spin polarized case. I[J]. J. Phys. C,1972,5(13):1629.

[53] KOHANOFF J. Electronic Structure Calculations for Solids and Molecules[M]. New York: Cambridge University Press,2006.

[54] OLIVER G L,PERDEW J P. Spin-density gradient expansion for the kinetic energy[J]. Phys. Rev. A,1979,20(2):397-403.

[55] SHANG-KENG M A,BRUECKNER K A. Correlation energy of an electron gas with a slowly varing high density[J]. Phys. Rev. ,1968,165(1):18-31.

[56] KLEINMAN L,LEE S. Gradient expansion of the exchange-energy density functional:effect of taking limits in the wrong order[J]. Phys. Rev. B,1988,37(9):4634-4636.

[57] PERDEW J P,BURKE K. Comparison shopping for a gradient-corrected density functional [J]. Int. J. Quant. Chem. ,1996,57(3):309-319.

[58] SVENDSEN P S,VON B U. Gradient expansion of the exchange energy from second-order density response theory[J]. Phys. Rev. B,1996,54(24):17402-17413.

[59] BECKE A D. Density-functional exchange-energy approximation with correct asymptotic behavior[J]. Phys. Rev. A,1988,38(6):3098-3100.

[60] LEE C,YANG W T,PARR R G. Development of the Colle-Salvetti correlation-energy formula into a functional of the electron density[J]. Phys. Rev. B,1988,37(2):785-789.

[61] PERDEW J P,CHEVARY J A,VOSKO S H,et al. Atoms,molecules,solids,and surfaces: applications of the generalized gradient approximation for exchange and correlation[J]. Phys.

Rev. B,1992,46(11):6671-6687.

[62] RASOLT M,GELDART D J W. Exchange and correlation energy in a nonuniform fermion fluid[J]. Phys. Rev. B,1986,34(2):1325-1328.

[63] PERDEW J P,BURKE K,ERNZERHOF M. Generalized gradient approximation made simple[J]. Phys. Rev. Lett.,1996,77(18):3865-3868.

[64] HAMMER B,HANSEN L B,NØRSKOV J K. Improved adsorption energetics within density-functional theory using revised Perdew-Burke-Ernzerhof[J]. Phys. Rev. B,1999,59(11):7413-7421.

[65] HEYD J,SCUSERIA G E,ERNZERHOF M. Hybrid functionals based on a screened Coulomb potential[J]. J. Chem. Phys.,2003,118(18):8207-8215.

[66] HEYD J,SCUSERIA G E,ERNZERHOF M. Erratum:"Hybrid functionals based on a screened Coulomb potential"[J]. J. Chem. Phys.,2006,124(21):219906.

[67] ANISIMOV V I,ARYASETIAWAN F,LICHTENSTEIN A I. First-principles calculations of the electronic structure and spectra of strongly correlated systems:the LDA+U method[J]. J. Phys.:Condens. Matter,1997,9(4):767-808.

[68] LICHTENSTEIN A I,ANISIMOV V I,ZAANEN J. Density-functional theory and strong interactions:orbital ordering in Mott-Hubbard insulators[J]. Phys. Rev. B,1995,52(8):R5467-R5470.

[69] JUDD B P. Operator Techniques in Atomic Spectroscopy[M]. New York:McGraw-Hill,1963.

[70] DE GROOT F,FUGGLE J C,THOLE B T,et al. 2p x-ray absorption of 3d transition-metal compounds:an atomic multiplet description including the crystal field[J]. Phys. Rev. B,1992,42(9):5459-5408.

[71] PHILLIPS J C,KLEINMAN L. New method for calculating wave functions in crystals and molecules[J]. Phys. Rev.,1959,116(2):287-294.

[72] HAMANN D R,SCHLUTER M,CHIANG C. Norm-conserving pseudopotentials[J]. Phys. Rev. Lett.,1979,43(20):1494-1497.

[73] SHIRLEY E L,ALLAN D C,MARTIN R M,et al. Extended norm-conserving pseudopotentials[J]. Phys. Rev. B,1989,40(6):3652-3660.

[74] TROULLIER N,MARTINS J L. Efficient pseudopotentials for plane-wave calculations[J]. Phys. Rev. B,1991,43(3):1993-2006.

[75] KERKER G P. Nonsingular atomic pseudopotentials for solid state applications[J]. J. Phys. C,1980,13(9):396.

[76] GIANNOZZI P. Notes on Pseudopotentials Generation[DB/OL](2004-2-27). http://www.nest.sns.it/~giann022.

[77] BACHELET G B,HAMANN D R,SCHLUTER M. Pseudopotentials that work:from H to Pu[J]. Phys. Rev. B,1982,26(8):4199-4228.

[78] KLEINMAN L,BYLANDER D M. Efficacious form for model pseudopotentials[J]. Phys. Rev. Lett.,1982,48(20):1425-1428.

[79] BLOCH P E. Generalized separable potentials for electronic-structure calculations[J]. Phys. Rev. B,1990,41(8):5414-5416.

[80] VANDERBILT D. Soft self-consistent pseudopotentials in a generalized eigenvalue formalism [J]. Phys. Rev. B,1990,41(11):7892-7895.

[81] HAMANN D R. Generalized norm-conserving pseudopotentials[J]. Phys. Rev. B,1989,40(5):2980-2987.

[82] BLOCH P E. Projector augmented-wave method[J]. Phys. Rev. B,1994,50(24):17953-17979.

[83] KRESSE G,JOUBERT D. From ultrasoft pseudopotentials to the projector augmented-wave method[J]. Phys. Rev. B,1999,59(3):1758-1775.

[84] CHADI D J,COHEN M L. Special points in the brillouin zone[J]. Phys. Rev. B,1973,8(12):5747-5753.

[85] MONKHORST H J,PACK J D. Special points for Brillouin-zone integrations[J]. Phys. Rev. B,1976,13(12):5188-5192.

[86] 王喜坤. 固体物理学[M]. 北京:清华大学出版社,1989:15.

[87] CHADI D J. Special points for Brillouin-zone integrations[J]. Phys. Rev. B,1977,16(4):1746-1747.

[88] PACK J D,MONKHORST H J. "Special points for Brillouin-zone integrations"— a reply [J]. Phys. Rev. B,1977,16(12):5188-5192.

[89] CUNNINGHAM S L. Special points in the two-dimensional Brillouin zone[J]. Phys. Rev. B,1974,10(12):4988-4994.

[90] CHADI D J,COHEN M L. Electronic structure of $Hg_{1-x}Cd_x$ Te alloys and charge-density calculations using representative k points[J]. Phys. Rev. B,1973,7:692.

[91] MOLENAAR J,COLERIDGE P T,LODDER A. An extended tetrahedron method for determining Fourier components of Green functions in solids[J]. J. Phys. C: Solid State Phys.,2000,15(34):6955-6969.

[92] ZAHARIOUDAKIS D. Tetrahedron methods for Brillouin zone integration[J]. Comput. Phys. Commun.,2004,157(1):17-31.

[93] LEHMANN G,TAUT M. On the numerical calculation of the density of states and related properties[J]. Phys. Status Solidi B,1972,54(2):469-477.

[94] JEPSEN O,ANDERSEN O K. The electronic structure of h. c. p. Ytterbium[J]. Solid State Commun.,1971,88(20):1763-1767.

[95] BLOCH P E,JEPSEN O,ANDERSEN O K. Improved tetrahedron method for Brillouin-zone integrations[J]. Phys. Rev. B,1994,49(23):16223-16233.

[96] KLEINMAN L. Error in the tetrahedron integration scheme[J]. Phys. Rev. B,1983,28(2):1139-1141.

[97] JEPSEN O,ANDERSEN O K. No error in the tetrahedron integration scheme[J]. Phys. Rev. B,1984,29(10):5965.

[98] ABRAMOWITZ M,STENON I A. Handbook of Mathematical Functions[M]. New York:

Dover Publications,1972.

[99] IHM J,ZUNGER A,COHEN M L. Momentum space formalism for the total energy of solids[J]. J. Phys. C,1979,12(21):4409-4422.

[100] MARX D,HUTTER J. Ab Initio Molecular Dynamics-Basic Theory and Advanced Methods [M]. New York:Cambridge University Press,2009.

[101] EWALD P. Die Berechnung optischer und elektrostatischer gitterpotentiale[J]. Ann. Der Phys. ,1921,369(3):253-287.

[102] GAO G H. Large Scale Molecular Simulations with Applications to Polymers and Nanoscale Materials[M]. California Institute of Technology:PhD thesis,1998.

[103] LEE H,CAI W. Ewlad Summation for coulomb interactions in a periodic supercell[DB/OL] (2009-1-10). http://micro. stanford. edu/mediawiki/images/4146/Ewald_notes. pdf? origin=publication_detail.

[104] WOOD D M,ZUNGER A. A new method for diagonalising large matrices[J]. J. Phys. A: Math. Gen. ,1985,18(9):1343-3159.

[105] PULAY P. Convergence acceleration of iterative sequences:the case of SCF iteration[J]. Chem. Phys. Lett. ,1980,73(2):393-398.

[106] KRESSE G,FURTHMULLER J. Efficiency of ab-initio total energy calculations for metals and semiconductors using a plane-wave basis set[J]. Comput. Mat. Sci. ,1996,6(1):15-50.

[107] KRESSE G,FURTHMULLER J. Efficient iterative schemes for ab initio totalenergy calculations using a plane-wave basis set[J]. Phys. Rev. B,1996,54(16):11169-11186.

[108] HELLMANN H. Einjühncng in die quantenchemie[M]. Leipzig:Franz Deuticke,1937.

[109] FEYNMAN R. Forces in molecules[J]. Phys. Rev. ,1939,56(4):340-343.

[110] BENDT P,ZUNGER A. Simultaneous relaxation of nuclear geometries and electric charge densities in electronic structure theories[J]. Phys. Rev. B,1983,50(21):1684-1688.

[111] SRIVASTAVA G P,WEAIRE D. The theory of the cohesive energies of solids[J]. Adv. Phys. ,1987,36(4):463-517.

[112] PULAY P. Ab initio calculation of force constants and equilibrium geometries in polyatomic molecules[J]. Molec. Phys. ,1969,17(2):197-204.

[113] SAVRASOV S Y,SAVRASOV D Y. Full-potential linear-muffin-tin-orbital method for calculating total energies and forces[J]. Phys. Rev. B,1992,46(19):12181-12195.

[114] SLATER J C. Wave functions in a periodic potential[J]. Phys. Rev. ,1937,51(10):846-851.

[115] LOUCKS T L. Augmented Plane Wave Method[M]. New York:Benjamin,1967.

[116] SCHLOSSER H,MARCUS P M. Composite wave variational method for solution of the energy band problem in solids[J]. Phys. Rev. ,1963,131(6):2529-2546.

[117] ANDERSON O K. Linear Methods in band theory[J]. Phys. Rev. B,1975,12(8):3060-3083.

[118] MARCUS P M. Variational methods in the computation of energy bands[J]. Int. J. Quantum Chem. Suppl. ,1967,1:567-588.

[119] KOELLING D D,ARBMAN G O. Use of energy derivative of the radial solution in an augmented plane wave method:application to copper[J]. J. Phys. F:Metal Phys. ,1975,5(11):2041-2054.

[120] ERN V,SWITENDICK A C. Electronic band structure of TiC,TiN and TiO[J]. Phys. Rev,1965,137(6A):1927-1936.

[121] SCOP P M. Band Structure of silver chloride and silver bromide[J]. Phys. Rev,1965,139(3A):934-940.

[122] SCHWARTZ S D. Theoretical methods in condensed phase chemistry[M]. Dordrecht:Kluwer Academic Publishers,2000.

[123] MILLS G,JONSSON H. Quantum and thermal effects in H2 dissociative adsorption:evaluation of free energy barriers in multidimensional quantum systems[J]. Phys. Rev. Lett. ,1994,72(7):1124-1127.

[124] MILLS G,JONSSON H,SCHENTER G K. Reversible work transition state theory:application to dissociative adsorption of hydrogen[J]. Surf. Sci. ,1995,324(2):305-337.

[125] BERNE J B,COKER D,CICOTTI G. Classical and Quantum Dynamics in Condensed Phase Simulations[M]. Singapore:World Scientific,1998.

[126] HENKELMAN G,JONSSON H. Improved tangent estimate in the nudged elastic band method for finding minimum energy paths and saddle points[J]. J. Chem. Phys. ,2000,113(22):9978-9985.

[127] SHEPPARD D,TERRELL R,HENKELMAN G. Optimization methods for finding minimum energy paths[J]. J. Chem. Phys. ,2008,128(13):134106.

[128] HENKELMAN G,UBERUAGA B P,JONSSON H. A climbing image nudged elastic band method for finding saddle points and minimum energy paths[J]. J. Chem. Phys. ,2000,113(22):9901-9904.

[129] TRYGUBENKO S A,WALES D J. A doubly nudged elastic band method for finding transition states[J]. J. Chem. Phys. ,2004,120(5):2082-2094.

[130] CHEN Z Z,GHONIEM N. Biaxial strain effects on adatom surface diffusion on tungsten from first principles[J]. Phys. Rev. B,2013,88(3):3605-3611.

[131] FEIBELMAN P J. Diffusion path for an Al adatom on Al(001)[J]. Phys. Rev. Lett. ,1990,65(6):729-732.

[132] HENKELMAN G,JONSSON H. A dimer method for finding saddle points on high dimensional potential surfaces using only first derivatives[J]. J. Chem. Phys. ,1999,111(15):7010-7022.

[133] HEYDEN A,BELL A T,KEIL F J. Efficient methods for finding transition states in chemical reactions:comparison of improved dimer method and partitioned rational function optimization method[J]. J. Chem. Phys. ,2005,123(22):224101.

[134] KASTNER J,SHERWOOD P. Superlinearly converging dimer method for transition state search[J]. J. Chem. Phys. ,2008,128(1):014106.

[135] ONIDA G,REINING L,RUBIO A. Electronic excitations:density-funtional versus many-

body Green's-function approaches[J]. Rev. Mod. Phys. ,2002,74(2):601-659.
[136] ARYASETIAWAN F,GUNNARSSON O. The GW method[J]. Rep. Prog. Phys. ,1998,61(3):237-312.
[137] HEDIN L. New method for calculating the one-particle Green's funtion with application to the electron-gas problem[J]. Phys. Rev. ,1965,139(3A):796-823.
[138] HYBERTSEN M S,LOUIE S G. Electron correlation in semiconuctors and insulators: band gaps and quasiparticle energies[J]. Phys. Rev. B,1986,34(8):5390-5413.
[139] SHISHKIN M,KRESSE G. Implementation and performance of the frequency-dependent GW method within the PAW framework[J]. Phys. Rev. B,2006,74(3):5101.
[140] GAJDOS M,HUMMER K,KRESSE G,et al. Linear optical properties in the projector-augmented wave methodology[J]. Physical Review B,2006,20(4):5112.
[141] PAIER J,HIRSCHL R,MARSMAN M,et al. The Perdew-Burke-Ernzerhof exchange-correlation functional applied to the G2-1 test set using a plane-wave basis set[J]. J. Chem. Phys. ,2005,122(23):460-470.
[142] BENEDICT L X,SHIRLEY E,BOHN R. Optical absorption of insulators and the electron-hole interaction: an ab initio calculation[J]. Phys. Rev. Lett. ,1998,80(20):4514-4517.
[143] ROHLFING M,LOUIE S G. Electron-hole excitations in semiconductors and insulators [J]. Phys. Rev. Lett. ,1998,81(11):2312-2315.
[144] LANY S,ZUNGER A. Assessment of correction methods for the band-gap problem and for finitesize effects in supercell defect calculations: Case studies for ZnO and GaAs[J]. Phys. Rev. B,2008,78(23):1879-1882.
[145] VAN DE WALLE C G,NEUGEBAUER J. First-principles calculations for defects and impurities: applications to III-nitrides[J]. J. Appl. Phys. ,2004,95(8):3851-3879.
[146] LAKS D B,VAN DE WALLE C G,NEUMARK G F,et al. Native defects and self-compensation in ZnSe[J]. Phys. Rev. B,1992,45(19):10965-10978.
[147] WEI S H. Overcoming the doping bottleneck in semiconductors[J]. Comput. Mater. Sci. , 2004,30(53-4):337-348.
[148] MAKOV G,PAYNE M C. Periodic boundary conditions in ab initio calculations[J]. Phys. Rev. B,1995,51(7):4014-4022.
[149] CASTLETON C W M,HOGLUND A,MIRBT S. Managing the supercell approximation for charged defects in semiconductors: finite-size scaling, charge correction factors, the band-gap problem, and the ab initio dielectric constant[J]. Phys. Rev. B,2006,73(3):035215.
[150] LEE Y,KLEIS J,ROSSMEISL J,et al. Ab initio energetics of $LaBO_3$(001) (B=Mn,Fe, Co,and Ni) for solid oxide fuel cell cathodes[J]. Phys. Rev. B,2009,80(22):308-310.
[151] EGLITIS R I,VANDERBILT D. Ab initio calculations of $BaTiO_3$ and $PbTiO_3$ (001) and (011) surface structures[J]. Phys. Rev. B,2007,76(15):155439.
[152] EGLITIS R I,VANDERBILT D. Ab initio calculations of the atomic and electronic structure of $CaTiO_3$(001) and (011) surfaces[J]. Phys. Rev. B,2008,78(15):155420.
[153] PICCININ S,STAMPFL C,SCHEFFLER M. First-principles investigation of Ag-Cu alloy

surfaces in an oxidizing environment[J]. Phys. Rev. B,2008,77(7):075426.

[154] PICCININ S,ZAFEIRATOS S,STAMPFL C,et al. Alloy catalyst in a reactive environment:the example of Ag-Cu particles for ethylene epoxidation[J]. Phys. Rev. Lett.,2010,104(3):338-346.

[155] BOTTIN F,FINOCCHI F,NOGUERA C. Stability and electronic structure of the (1×1) $SrTiO_3$(110) polar surfaces by first-principles calculations[J]. Phys. Rev. B,2003,68(3):035418.

[156] REUTER K,SCHEFFLER M. Oxide formation at the surface of late 4d transition metals:insights from first-principles atomistic thermodynamics[J]. Appl. Phys. A,2004,78(6):793-798.

[157] REUTER K,SCHEFFLER M. Composition,structure,and stability of RuO_2(110) as a function of oxygen pressure[J]. Phys. Rev. B,2002,65(3):321-325.

[158] REUTER K,SCHEFFLER M. First-principles atomistic thermodynamics for oxidation catalysis:surface phase diagrams and catalytically interesting regions[J]. Phys. Rev. Lett.,2003,90(4):47-102.

[159] REUTER K,SCHEFFLER M. Composition and structure of the RuO_2(110) surface in a O_2 and CO environment:implications for the catalytic formation of CO_2[J]. Phys. Rev. B,2003,68:045407.

[160] VAN DE WALLE A,ASTA M,CEDER G. The alloy theoretic automated toolkit:a user guide[J]. CALPHAD Journal,2002,26(02):539-553.

[161] VAN DE WALLE A,CEDER G. Automating first-principles phase diagram calculations[J]. J. Phase Equilib.,2002,23(4):348-359.

[162] VAN DE WALLE A,ASTA M. Self-driven lattice-model Monte Carlo simulations of alloy thermodynamic properties and phase diagrams[J]. Modelling Simul. Mater. Sci. Eng.,2002,10(5):521-538.

[163] ZARKEVICH N A,JOHNSON D D. Reliable first-principles alloy thermodynamics via truncated cluster expansions[J]. Phys. Rev. B,2004,92(25):107-110.

[164] DRAUTZ R,DÍAZ-ORTIZ A,FAHNLE M,et al. Ordering and magnetism in Fe-Co:dense sequence of ground-state structures[J]. Phys. Rev. B,2004,93(6):067202.

[165] SLATER J C,KOSTER G F. Simplified LCAO method for the periodic potential problem[J]. Phys. Rev.,1954,94(6):1498-1524.

[166] HARRISON W A. Elementary Electronic Structure[M]. Singapore:World Scientific,1999.

[167] SHARMA R R. General expressions for reducing the Slater-Koster linear combination of atomic orbitals integrals to the two-center approximation[J]. Phys. Rev. B,1979,19(6):2813-2823.

[168] SHARMA R R. Improved general expressions for the Slater-Koster integrals in the two-center approximation[J]. Phys. Rev. B,1980,21(6):2647-2649.

[169] PODOLSKIY A V,VOGL P. Compact expressions for the angular dependence of tight-binding Hamiltonian matrix elements[J]. Phys. Rev. B,2004,69(23):1681-1685.

[170] SHI L,PAPACONSTANTOPOULOS P. Modifications and extensions to Harrison's tight-binding theory[J]. Phys. Rev. B,2004,70(20):205101.

[171] LEW YAN VOON L C,ROM-MOHAN L R. Tight-binding representation of the optical matrix elements:theory and applications[J]. Phys. Rev. B,1993,47(23):15500-15508.

[172] OHNO K,ESFARJANI K.,KAWAZOE Y. Computational Materials Science[M]. Berlin: Springer-Verlag,1999.

[173] BERNSTEIN N. Linear scaling nonorthogonal tight-binding molecular dynamics for nonperiodic systems[J]. Euro. Phys. Lett.,2001,55(1):52-58.

[174] HARRIS J. Simplified method for calculating the energy of weakly interacting fragments [J]. Phys. Rev. B,1985,31(4):1770-1779.

[175] FOULKES W M C. Interatomic forces in solids[D]. Cambridge:University of Cambridge, 1987.

[176] FOULKES W M C,HAYDOCK R. Tight-binding models and density-functional theory[J]. Phys. Rev. B,1989,39(17):12520-12536.

[177] ELSNTER M,POREZAG D,JUNGNICKEL G,et al. Self-consistent-charge density-functional tight-binding method for simulations of complex materials properties[J]. Phys. Rev. B,1998,58(11):7260-7268.

[178] FRAUENHEIM T,SEIFERT G,ELSNTER M,et al. A self-consistent charge density-functional based tight-binding method for predictive materials simulations in physics,chemistry and biology[J]. Phys. Stat. Sol. (b),2000,217(1):41-62.

[179] PARR R G,PEARSON R G. Absolute hardness:companion parameter to absolute electronegativity[J]. J. Am. Chem. Soc.,1983,105:7512-7516.

[180] LIU F. Self-consistent tight-binding method[J]. Phys. Rev. B,1995,52(15):10677-10680.

[181] FINNIS M W,PAXTON A T,METHFESSEL M,et al. Crystal structures of zirconia from first principles and self-consistent tight binding[J]. Phys. Rev. Lett.,1998,81(23):5149-5152.

[182] FABRIS S,PAXTON A T,FINNIS M W. Free energy and molecular dynamics calculations for the cubic-tetragonal phase transition in zirconia[J]. Phys. Rev. B,2001,63(9):385-392.

[183] CHADI D J,COHEN M L. Tight-binding calculations of the valence band of diamond and zincblende[J]. Phys. Stat. Sol. B,1975,68(1):405-419.

[184] SHAN B,LAKATOS G W,PENG S,et al. First-principles study of band-gap change in deformed nanotubes[J]. Appl. Phys. Lett.,2005,87(17):173109.

[185] SHAN B,CHO K. First principles study of work functions of single wall carbon nanotubes [J/OL]. Phys. Rev. Lett.,2005,94(23):236602.

[186] RAPAPORT D C. The Art of Molecular Dynamics Simulation[M]. Cambridge:Cambridge University Press,2004.

[187] DAW M S,FOILES S M,BASKES M I. The embedded-atom method—a review of theory and applications[J]. MATERIALS SCIENCE REPORTS,1993,9(7-8):251-310.

[188] DAW M S,BASKES M I. Embedded-atom method:derivation and application to impurities,

surfaces, and other defects in metals[J]. Phys. Rev. B, 1984, 29(12): 6443-6453.

[189] DAW M S. Model of metallic cohesion: The embedded-atom method [J]. Phys. Rev. B, 1989, 39(1): 7441-7452.

[190] CAI J, YE Y Y. Simple analytical embedded-atom-potential model including a long-range force for fcc metals and their alloys. [J]. Phys. Rev. B, 1996, 54(12): 8398-8410.

[191] SHAN B, WANG L, YANG S, et al. First-principles-based embedded atom method for PdAu nanoparticles[J]. Phys. Rev. B, 2009, 80(3): 1132-1136.

[192] ZHOU X W, WADLEY H N G, FILHOL J S, et al. Modified charge transfer -embedded atom method potential for metal/metal oxide systems[J]. Phys. Rev. B, 2004, 69(3): 1129-1133.

[193] SUNDQUIST B. A direct determination of the anisotropy of the surface free energy of solid gold, silver, copper, nickel, and alpha and gamma iron[J]. Acta Metallurgica, 1964, 12(1): 67-86.

[194] LEE B-J, BASKES M I. Second nearest-neighbor modified embedded-atom-method potential [J]. Phys. Rev. B, 2000, 62(13): 8564-8567.

[195] FRENKEL D, SMIT B. Understanding Molecular Simulation from Algorithms to Applications[M]. San Diego: Academic Press, 2002.

[196] GILLILAN R E, WILSON K R. Shadowing, rare events, and rubber bands. A variational Verlet algorithm for molecular dynamics[J]. J. Chem. Phys., 1992, 97(3): 1757-1772.

[197] ANOSOV D. Geodesic flows on closed Riemannian manifolds with negative curvature[J]. Proc. Steklov Inst. Math., 1967, 90: 1-235.

[198] TOXVAERD S. Hamiltonians for discrete dynamics[J]. Phys. Rev. E, 1994, 50(3): 2271-2274.

[199] SCHNEIDER T, STOLL E. Molecular-dynamics study of a three-dimensional one-component model for distortive phase transitions[J]. Phys. Rev. B, 1978, 17(3): 1302 -1322.

[200] NOSE S. A unified formulation of the constant temperature molecular dynamics methods [J]. J. Chem. Phys., 1984, 81(1): 511-519.

[201] HUNENBERGER P. Thermostat algorithms for molecular dynamics simulations[J]. Adv. Polymer. Sci., 2005, 173: 104-149.

[202] HOOVER W G. Canonical dynamics: Equilibrium phase-space distributions[J]. Phys. Rev. A, 1985, 31(3): 1695-1697.

[203] MARTYNA G J, TOBIAS D J, KLEIN M L. Constant-pressure molecular-dynamics algorithms[J]. J. Chem. Phys., 1994, 101(5): 4177-4189.

[204] MARTYNA G J, TUCKERMAN M E, TOBIAS D J, et al. Explicit reversible integrators for extended systems dynamics[J]. Mol. Phys., 1996, 87(5): 1117-1157.

[205] CAR R, PARRINELLO M. Unified approach for molecular dynamics and density functional theory[J]. Phys. Rev. Lett., 1985, 55(22): 2471-2474.

[206] RYCKAERT J P, CICCOTTI G, BERENDSEN H J C. Numerical integration of the cartesian equations of motion of a system with constrains: molecular dynamics of n-alkanes[J].

J. Comput. Phys. ,1977,23(3):327-341.

[207] CAR R,PARRINELLO M. Simple Molecular Systems at Very High Density[M]. New York: Plenum Press,1989.

[208] BLOCH P,PARRINELLO M. Adiabaticity in first-principles molecular dynamics[J]. Phys. Rev. B,1992,45(5):9413-9416.

[209] TASSONE F,MAURI F,CAR R. Acceleration schemes for ab initio molecular-dynamics simulations and electronic-structure calculations[J]. Phys. Rev. B,1994,50(15):10561-10573.

[210] UEHARA K,TSE J S. The implementation of the iterative diagonalization scheme and ab initio molecular dynamics simulation with the LAPW method[J]. Mol. Simul. ,2000,23(6):343-361.

[211] BLAHA B,HOFSTATTER H,KOCH O,et al. Iterative diagonalization in augmented plane wave based methods in electronic structure calculations[J]. J. Comput. Phys. ,2010,229(2):453-460.

[212] PAYNE M C,TETER M P,ALLAN D C,et al. Interative minimization techniques for ab initio total-energy calculations:molecular dynamics and conjugate gradients[J]. Rev. Mod. Phys. ,1992,64(4):1045-1097.

[213] CHEN Z Z,KIOUSSIS N,GHONIEM N. Influence of nanoscale Cu precipitates in α-Fe on dislocation core structure and strengthening[J]. Phys. Rev. B,2009,80(18):184104.

[214] RUSSELL K C,BROWN L M. A dispersion strengthening model based on differing elastic moduli applied to the iron-copper system[J]. Acta Metall. ,1972,20(7):969-974.

[215] HARRY T,BACON D. Computer simulation of the core structure of the ⟨111⟩ screw dislocation in α-iron containing copper precipitates: I. structure in the matrix and a precipitate [J]. Acta Mater. ,2002,50(1):209-222.

[216] SHIM J,CHO Y,KWON S,et al. Screw dislocation assisted martensitic transformation of a bcc Cu precipitate in bcc Fe[J]. Appl. Phys. Lett. ,2007,90(2):021906.

[217] NOGIWA K,YAMAMOTO T,FUKUMOTO K,et al. In situ TEM observation of dislocation movement through the ultrafine obstacles in an Fe alloy[J]. J. Nucl. Mater. ,2002,S307-311(3):946-950.

[218] NOGIWA K,NITA N,MATSUI H. Quantitative analysis of the dependence of hardening on copper precipitate diameter and density in Fe-Cu alloys[J]. J. Nucl. Mater. ,2007,367(26):392-398.

[219] MCDONALD I R. NpT-ensemble Monte Carlo calculations for binary liquid mixtures[J]. Mol. Phys. ,2002,100(1):95-105.

[220] EPPENGA R,FRENKEL D. Monte Carlo study of the isotropic and nematic phases of infinitely thin hard platelets[J]. Mol. Phys. ,1984,52(6):1303-1334.

[221] SCHULTZ A J,KOFKE D A. Algorithm for constant-pressure Monte Carlo simulation of crystalline solids[J]. Phys. Rev. E,2011,84(42):787-804.

[222] HONKALA K,HELLMANN A,REMEDIAKIS I N,et al. Ammonia synthesis from first-

principles calculations[J]. Science, 2005, 307(5709): 555-558.

[223] WU C, SCHMIDT D J, WOLVERTON C, et al. Accurate coverage-dependence incorporated into first-principles kinetic models: Catalytic NO oxidation on Pt(111)[J]. J. Catal., 2012, 286(4): 88-94.

[224] HAN B C, VAN DER A V, CEDER G, et al. Surface segregation and ordering of alloy surfaces in the presence of adsorbates[J]. Phys. Rev. B, 2005, 72(20): 205409.

[225] WU F Y. The potts model[J]. Rev. Mod. Phys., 1982, 54(1): 235-268.

[226] PANAGIOTOPOULOS A Z. Direct determination of phase coexistence properties of fluids by Monte Carlo simulation in a new ensemble[J]. Mol. Phys., 1987, 100(4): 237-246.

[227] PANAGIOTOPOULOS A Z, QUIRKE N, STAPLETON M R, et al. Phase equilibria by simulations in the Gibbs ensemble: alternative derivation, generalization and application to mixtures and membrane equilibria[J]. Mol. Phys., 1988, 63(4): 527-545.

[228] LOPES J N C, TILDESLEY D J. Multiphase equilibria using the Gibbs ensemble Monte Carlo method[J]. Mol. Phys., 1997, 92(2): 187-196.

[229] KOFKE D A. Gibbs-Duhem integration: a new method for direct evaluation of phase coexistence by molecular simulations[J]. Mol. Phys., 1993, 78(6): 1331-1336.

[230] STAUFFER D, AHARONY A. Introduction to the percolation theory[M]. 2nd ed. London: Taylor & Francis, 1994.

[231] HOSHEN J, KOPELMAN R. Percolation and cluster distribution. I. cluster multiple labeling technique and critical concentration algorithm[J]. Phys. Rev. B, 1976, 14(8): 3438-3445.

[232] HOSHEN J, KOPELMAN R, MONBERG E M. Percolation and cluster distribution. II. layers, variable-range interactions, and exciton cluster model[J]. J. Stat. Phys., 1978, 19(3): 219-242.

[233] ZHU R, PAN E, CHUNG P W. Fast multiscale kinetic Monte Carlo simulations of three-dimensional self-assembled quantum dot islands[J]. Phys. Rev. B, 2007, 75(20): 205339.

[234] HUANG H, GILMER G H, TOMAS P D L R. An atomistic simulator for thin film deposition in three dimensions[J]. J. Appl. Phys., 1998, 84(7): 3636-3649.

[235] ZIEGLER M, KROEGER J, BERNDT R, et al. Scanning tunneling microscopy and kinetic Monte Carlo investigation of cesium superlattices on Ag(111)[J]. Phys. Rev. B, 2008, 78(24): 1879-1882.

[236] NEGULYAEV N N, STEPANYUK V S, HERGERT W, et al. Atomic-scale self-organization of Fe nanostripes on stepped Cu(111) surfaces: Molecular dynamics and kinetic Monte Carlo simulations[J]. Phys. Rev. B, 2008, 77(8): 085430.

[237] PORNPRASERTSUK R, CHENG J, HUANG H, et al. Electrochemical impedance analysis of solid oxide fuel cell electrolyte using kinetic Monte Carlo technique[J]. Solid State Ionics, 2007, 178(3): 195-205.

[238] WANG X, LAU K C, TURNER C H, et al. Kinetic Monte Carlo simulation of the elementary electrochemistry in a hydrogen-powered solid oxide fuel cell[J]. J. Power Sources, 2010,

195(13):4177-4184.

[239] VOTER A. Radiation Effects in Solids[M]. Berlin:Springer-verlag,2006.

[240] EYRING H. The activated complex in chemical reactions[J]. J. Chem. Phys. ,1935,3(2):107-115.

[241] VOTER A F,DOLL J D. Transition state theory description of surface self-diffusion:comparison with classical trajectory results[J]. J. Chem. Phys. ,1984,80(11):5832-5838.

[242] VOTER A F. Classically exact overlayer dynamics: diffusion of rhodium clusters on Rh (100)[J]. Phys. Rev. B,1986,34(10):6819-6829.

[243] KRATZER P. Multiscale Simulation Method in Molecular Science[M]. Jülich:Forschungszentrum,2009.

[244] BORTZ A B,KALOS M H,LEBOWITZ J L. A new algorithm for Monte Carlo simulation of Ising spin systems[J]. J. Comp. Phys. ,1975,17(1):10-18.

[245] DAWNKASKI E J,SRIVASTAVA D,GARRISON B J. Time dependent Monte Carlo simulations of H reactions on the diamond {001}(2×1) surface under chemical vapor deposition conditions[J]. J. Chem. Phys. ,1995,102(23):9401-9411.

[246] MASON D R,HUDSON T S,SUTTON A P. Fast recall of state-history in kinetic Monte Carlo simulations utilizing the Zobrist key[J]. Comp. Phys. Comm. ,2005,165(1):37-48.

[247] NOVOTNY M A. Monte Carlo Algorithms with absorbing markov chains:fast local algorithms for slow dynamics[J]. Phys. Rev. Lett. ,1995,74:1-5.

[248] MIRON R A,FICHTHORN K A. Multiple-time scale accelerated molecular dynamics:addressing the small-barrier problem[J]. Phys. Rev. Lett. ,2004,93(12):128301.

[249] VOTER A F. Hyperdynamics:accelerated molecular dynamics of infrequent events[J]. Phys. Rev. Lett. ,1997,78(20):3908-3911.

[250] MIRON R A,FICHTHORN K A. Accelerated molecular dynamics with the bond-boost method[J]. J. Chem. Phys. ,2003,119(12):6210-6216.

[251] FU C C,TORRE J D,WILLAIME F,et al. Multiscale modelling of defect kinetics in irradiated iron[J]. Nat. Mater. ,2004,4(1):68-74.

[252] DOMAIN C,BECQUART C S,MALERBA L. Simulation of radiation damage in Fe alloys:an object kinetic Monte Carlo approach[J]. J. Nucl. Mater. ,2004,335(1):121-145.

[253] GILLESPIE D T. Approximate accelerated stochastic simulation of chemically reacting systems[J]. J. Chem. Phys. ,2001,115(4):1716-1733.

[254] TIAN T,BURRAGE K. Binomial leap methods for simulating stochastic chemical kinetics [J]. J. Chem. Phys. ,2004,121(21):10356-10364.

[255] HENKELMAN G,JONSSON H. Long time scale kinetic Monte Carlo simulations without lattice approximation and predefined event table[J]. J. Chem. Phys. ,2001,115(21):9657-9666.

[256] HENKELMAN G,JONSSON H. A dimer method for finding saddle points on high dimensional potential surfaces using only first derivatives[J]. J. Chem. Phys. ,1999,111(15):7010-7022.

[257] TRUSHIN O,KARIM A,KARA A,et al. Self-learning kinetic Monte Carlo method:application to Cu(111)[J]. Phys. Rev. B,2005,72(11):115401.

[258] FAN Y,KUSHIMA A,YIP S,et al. Mechanism of void nucleation and growth in bcc Fe:atomistic simulations at experimental time scales[J]. Phys. Rev. Lett.,2011,106(12):812-819.

[259] XU H X,OSETSKY Y N,STOLLER R E. Simulating complex atomistic processes:on-the-fly kinetic Monte Carlo scheme with selective active volumes[J]. Phys. Rev. B,2011,84(13):3942-3946.

[260] GIBSON M A,BRUCK J. Efficient exact stochastic simulation of chemical systems with many species and many channels[J]. J. Phys. Chem. A,2000,104(9):1876-1889.

[261] SLEPOY A,THOMPSON A P,PLIMPTON S J. A constant-time kinetic Monte Carlo algorithm for simulation of large biochemical reaction networks[J]. J. Chem. Phys.,2008,128(20):205101.

[262] CHEN Z Z,KIOUSSIS N,TU K N,et al. Inhibiting adatom diffusion through surface alloying[J]. Phys. Rev. Lett.,2010,105(1):015703.

[263] NEGULYAEV N,STEPANYNK V S, NIEBERGALL L,et al. Direct evidence for the effect of quantum confinement of surface-state electrons on atomic diffusion[J]. Phys. Rev. Lett.,2008,101(22):4473-4475.

[264] RAK M,IZDEBSKI M,BROZI A. Kinetic Monte Carlo study of crystal growth from solution[J]. Comp. Phys Commun.,2001,138(3):250-263.

[265] PIANA S,REYHANI M,GALE J D. Simulating micrometre-scale crystal growth from solution[J]. Nature,2005,438(7064):70-73.

[266] GILMER G H,BENNEMA P. Simulation of crystal growth with surface diffusion[J]. J. Appl. Phys.,1972,43:1347-1360.

[267] BENNEMA P, VAN DER EERDEN J P. Crystal growth from solution-Development in computer simulation[J]. J. Cryst. Growth,1977,42(27):201-213.

[268] FICHTHORN K A,WEINBERG W H. Monte Carlo studies of the origins of the compensation Effect in a catalytic reaction[J]. Langmuir,1991,7(11):2539-2543.

[269] MENG B,WEINBERG W H. Monte Carlo simulations of temperature programmed desorption spectra[J]. J. Chem. Phys.,1994,100(7):5280-5289.

[270] MENG B,WEINBERG W H. Non-equilibirum effects on thermal desorption spectra[J]. Surf. Sci.,1997,374(1-3):443-453.

[271] HANSEN E,NEUROCK M. First-principles-based Monte Carlo methodology applied to O/Rh(100)[J]. Surf. Sci.,2000,464(2-3):91-107.

[272] FRANZ T,MITTENDORFER F. Kinetic Monte Carlo simulations of temperature programed desorption of O/Rh(111)[J]. J. Chem. Phys.,2010,132(19):194701.

[273] 梁昆淼. 数学物理方法[M]. 2 版. 北京:高等教育出版社,1978.

[274] 喀兴林. 高等量子力学[M]. 2 版. 北京:高等教育出版社,2001.

[275] 关治,陈景良. 数值计算方法[M]. 北京:清华大学出版社,1989.

[276] COOLEY J W, TUKEY J W. An algorithm for the machine calculation of complex Fourier series[J]. Math. Comput., 1965, 19: 297-301.

[277] PRESS W H, TEUKOLSKY S A, VETTERLING W T, et al. Numerical Recipes: The Art of Scientific Computing[M]. 2nd. Cambridge: Cambridge University Press, 1992.

[278] CLEVELAND C L, LUEDTKE W D, LANDMAN U. Melting of gold clusters[J]. Phys. Rev. B, 1999, 60(7): 5065-5077.

[279] ACKLAND G J, JONES A P. Applications of local crystal structure measures in experiment and simulation[J]. Phys. Rev. B, 2006, 73(5): 054104.

[280] OKABE A, BOOTS B, SUGIHARA K. Spatial Tessellations: Concepts and Applications of Voronoi Diagrams[M]. Chichester: John Wiley and Sons, 1992.

[281] BITZEK E, KOSKINEN P, GAHLER F, et al. Structural relaxation made simple[J]. Phys. Rev. Lett., 2006, 97(17): 170201.